家具中VOCs国家质量基础集成技术研究与应用

季　飞　主编

中国质量标准出版传媒有限公司
中　国　标　准　出　版　社

北　京

图书在版编目（CIP）数据

家具中 VOCs 国家质量基础集成技术研究与应用/季飞主编.—北京：中国质量标准出版传媒有限公司，2021.7

ISBN 978-7-5026-4907-4

Ⅰ.①家… Ⅱ.①季… Ⅲ.①家具—挥发性有机物—质量管理—研究 Ⅳ.①TS664

中国版本图书馆 CIP 数据核字（2021）第 048600 号

内 容 提 要

本书全面阐述了家具中挥发性有机化合物（VOCs）释放机理、国内外标准和检测方法、家具中高关注度（出现频率高、对生物危害大）的 VOCs 种类、风险预测模型（释放速率模型、体积承载率模型、多种 VOCs 共存累计风险评估模型）、有证标准物质、气候舱检测方法和现场快速检测方法、认证技术、家具企业降低 VOCs 的管控技术的研究与应用。

本书可供家具中 VOCs 的研究和检测人员、广大家具企业及有关部门管理人员阅读参考。

中国质量标准出版传媒有限公司
中 国 标 准 出 版 社 出版发行
北京市朝阳区和平里西街甲 2 号（100029）
北京市西城区三里河北街 16 号（100045）
网址：www.spc.net.cn
总编室：(010)68533533 发行中心：(010)51780238
读者服务部：(010)68523946
中国标准出版社秦皇岛印刷厂印刷
各地新华书店经销

*

开本 787×1092 1/16 印张 26.5 字数 623 千字
2021 年 7 月第一版 2021 年 7 月第一次印刷

*

定价 **108.00** 元

编 委 会

主　编：季　飞

副主编：（按该著作相关科研项目课题顺序）

罗菊芬　高翠玲　毕　哲　沈　虹　古　鸣
陈　璐　夏美霞

编　委：（按该著作相关科研项目课题顺序）

季　飞　罗菊芬　高翠玲　毕　哲　沈　虹
古　鸣　陈　璐　夏美霞　刘萌萌　韩智峰
于　洋　王德发　吴　海　宁占武　于雪斐
孙丽华　罗　炘　吴静霞　汪　进　武　博
樊武琨　王瑞蕴　韩光辉　李　倩　姜　艳
张　涵　刘晨光　石钰婷

前　言

2005年，联合国贸易和发展组织和世界贸易组织共同提出国家质量基础（NQI）的理念。2006年，联合国工业发展组织和国际标准化组织在总结质量领域一百多年实践经验基础上，正式提出计量、标准、合格评定（检验检测和认证认可）共同构成国家质量基础，指出计量、标准、合格评定已成为未来世界经济可持续发展的三大支柱，是政府和企业提高生产力、维护生命健康、保护消费者权利、保护环境、维护安全和提高质量的重要技术手段。

世界发达国家纷纷将NQI纳入国家战略，美、德等44个国家将计量写入宪法。2015年11月美国“3.0版创新战略”，2014年德国“工业4.0”计划（提升制造业智能化水平），2014年12月英国“我们的增长计划：科学与创新”，2015年5月法国“未来工业计划（工业新法国二期计划）、更具竞争力的法国工业支柱”，2016年1月日本“第五个科学技术基本计划”，2016年1月韩国“第一次政府R&D中长期投资计划”以及欧盟“地平线2020计划”等都把提升NQI技术水平作为核心任务。

2015年，在科技部、国家质检总局的组织下，在工业和信息化部、公安部、国土资源部、住房和城乡建设部、交通运输部、农业部、卫生计生委、国家安监总局、国家食品药品监管总局、国家海洋局、国家测绘地信局、国家认监委、国家标准委等部委共同参与下，我国编制了“国家质量基础的共性技术研究与应用2016—2020”重点专项实施方案。

家具是与广大消费者息息相关的耐用消费品，其挥发性有机化合物（VOCs）“气味”及其危害的问题长期困扰消费者。我国在家具中VOCs管控方面，缺少标准物质、限值标准和检测方法标准、检测设备，认证技术规范等均不完善，或为空白。为链条式研究家具产品中VOCs计量—标准—检验检测—认证认可技术，2016年，科技部下达了“家具产品中挥发性有机物NQI技术集成及示范应用”重点研发计划项目国家质量基础专项。该项目由上海市质量监督检验技术研究院牵头承担，项目分为6个课题，分别由山东省产品质量检验研究院、中国计量科学研究院、北京市产品质量监督检验院、上海市质量监督检验技术研究院（承担2个课题）、中国建材检验认证集团股份有限公司承担，由“产、学、研、用”的20个单位组成科研团队。

本书是该科研项目成果的总结汇编，由上海市质量监督检验技术研究院组织编写，全书由季飞担任主编，负责审核编写的主要技术内容；由罗菊芬承担本书结构的构建、审稿和内容的协调完善。本书相关研究内容及编写情况如下：

山东省产品质量检验研究院承担“家具产品中挥发性有机物（VOCs）广谱筛查、高通量筛查技术的研究”课题。本书第一章第六节以及第二章、第三章由高翠玲负责编写，刘萌萌、韩智峰、于洋参加编写。

中国计量科学研究院承担“家具产品中挥发性有机物（VOCs）高关注度物质标准物质及其检测设备的研究”课题。本书第一章第五节以及第四章由毕哲负责编写，王德发、吴海、宁占武参加编写。

北京市产品质量监督检验院承担“家具产品中挥发性有机物（VOCs）综合释放机理、承载模型、限量值的研究”课题。本书第一章的第三节以及第五章的第一节、第三节、第四节等由沈虹负责编写，于雪斐、孙丽华、罗炘参加编写。

上海市质量监督检验技术研究院承担“家具产品中挥发性有机物（VOCs）国内外检测技术和标准的验证比对、现场检测设备的研究”以及“家具产品中挥发性有机物（VOCs）NQI 集成技术典型应用示范”课题。本书第一章第四节以及第五章的第二节、第四节等由古鸣负责编写，吴静霞、汪进、武博参加编写。本书第一章第二节以及第七章等由夏美霞负责编写，李倩、姜艳、张涵参加编写。

中国建材检验认证集团股份有限公司承担“家具产品中挥发性有机物（VOCs）释放标识和认证体系的研究”课题。本书第一章第七节以及第六章等由陈璐负责编写，樊武琨、王瑞蕴、韩光辉参加编写。

另外，刘晨光、石钰婷在组稿、统稿编辑等方面做出了贡献。

本书编写过程得到了上海市质量监督检验技术研究院、山东省产品质量检验研究院、中国计量科学研究院、北京市产品质量监督检验院、中国建材检验认证集团股份有限公司、北京市劳动保护科学研究所、北京国建联信认证中心有限公司以及其他科研相关单位的大力支持与帮助。本书部分章节参阅了参考文献中所列著作和文献，在此向引用的参考文献的作者一并表示感谢。本书的编写还得到了国家科技部重点研发计划项目（2016YFF0204500）的资助，谨致谢意！

本书内容涉及多种专业学科，受编者时间和水平限制，疏漏和不足之处在所难免，敬请广大读者批评指正。

编者

2020 年 12 月

目　　录

第一章　家具中挥发性有机化合物（VOCs）基础研究

第一节　概　　述

本书内容是国家重点研发计划项目国家质量基础的共性技术研究与应用（NQI）专项“家具产品中挥发性有机物NQI技术集成及示范应用”项目科研内容的总结。该科研项目由上海市质量监督检验技术研究院牵头承担，项目分为6个课题，分别由山东省产品质量检验研究院、中国计量科学研究院、北京市产品质量监督检验院、上海市质量监督检验技术研究院（承担2个课题）、中国建材检验认证集团股份有限公司承担，由“产、学、研、用”的20个单位组成科研团队。

项目对家具产品中VOCs释放机理、释放源、筛查技术、影响因子、危害性及多元叠加浓度影响进行研究；识别家具中释放VOCs的种类，研究对人身健康和环境影响较大、检出率高的高关注度物质和急需限量的物质；开展高关注度VOCs有证国家标准物质研制技术的研究（如样品分离纯化、多维色谱分离、高气质、称量重量法和质量平衡法等手段进行标准物质制备过程的纯度分析、气瓶筛选、标物制备、定值、溯源、不确定度评定等核心技术研究），参加国际比对；开展家具中VOCs国内外检测方法、标准的比对和现场影响VOCs释放因子、远程数据实时传输技术、现场快速检测的采样方法、气体分析方法的研究；开展家具产品中VOCs组成标识体系的指标参数、检测要求、标识方法等的研究；开展家具中VOCs计量、标准、检验检测、认证认可等技术集成和控制技术研究及企业示范。

项目还建立了300种以上VOCs种类数据库；验证发现了30种以上家具中高关注度的VOCs，形成了可查阅的列表；研制有证国家标准物质5种（含特性组分30种以上，不确定度为1%～5%；建立典型家具产品中VOCs释放速率、体积承载率、共存风险评估等模型；制定了木家具、软体家具中VOCs（10种以上）限值的国家标准；研发3台家具中VOCs现场快速智能检测设备，制定现场快速检测方法、设备关键技术条件等国家标准；建立典型绿色家具产品中VOCs释放标识、认证体系和认证技术规范等。

项目将家具产品中VOCs的计量、标准、检验检测、认证认可等研究的NQI技术进行了集成，并在30家家具企业进行了典型示范应用，指导家具企业从原材料采购、设计、生产、包装、储藏运输等方面全面管控降低家具产品中VOCs，选用低VOCs释放材料、培育企业改进生产工艺、淘汰落后产能，促进了家具产品VOCs释放量的降低，提高了家具产品质量安全。同时建立在线评价系统，推广应用家具产品中VOCs管控NQI技术。

本书展示了项目研究的家具行业VOCs现状，国内外相关检测方法、限量标准、认证认可比较分析情况，以及家具产品中VOCs释放机理；介绍了对家具原材料和典型家具产品中VOCs种类的验证和高关注度VOCs种类的确定，以及混合VOCs筛查技术方法学的研究论证情况；阐述了VOCs气态标准物质制备与定值方法，以及包装容器的处理办法等；给出了家具中VOCs释放速率、体积承载率、多种VOCs共存累计风险等模型及其验证预评估方法；首次推出了家具中VOCs现场检测和分析设备，以及快速检测方法及其原理；介绍了家具中VOCs认证技术规范和实施细则的研究情况以及推广应用措施；展示了家具企业管控降低产品VOCs的措施指南研究情况和相关技术内容。

第二节 我国家具行业VOCs现状

家具行业是我国国民经济重要的民生产业和具有显著国际竞争力的产业，在满足消费需求、提升生活品质、促进国际贸易、充分吸纳就业、推动区域经济、构建和谐社会等方面起到重要作用。随着我国人民生活水平的提高，对居住环境的逐步重视，对家具的个性化需求、产品安全需求日益增加。家具行业的发展呈现：整体平稳增长，增幅下降；研发、设计、生产、制造、销售等产业链布局日趋均衡化；投入加大，投资面扩大化；二三线城市消费潜力日益趋大；电子商务蓬勃发展；国际品牌抢占国内市场；家具中的“气味”及其危害（VOCs）问题长期困扰等特点。

近年来，国家层面、社会层面、行业层面都非常关注家具中的“气味”及其危害的问题，投入了很多人力、物力和财力进行解决。国家加大了监管、标准研制和科技投入，生态环境部发布了HJ 1027—2019《排污许可证申请与核发技术规范　家具制造工业》，规定了木质家具制造、竹藤家具制造、金属家具制造、塑料家具制造及其他家具制造企业排放大气污染物的排放要求，提供了排污许可管理的依据；国家强制性标准GB 37822—2019《挥发性有机物无组织排放控制标准》规定了无组织排放废气许可排放浓度污染物为挥发性有机物（非甲烷总烃）的要求；各级地方政府也从标准化方面规定了家具生产企业大气排放标准，如上海市地方标准DB31/1059—2017《家具制造业大气污染物排放标准》、北京市地方标准DB11/1202—2015《木质家具制造业大气污染物排放标准》、江西省地方标准DB36/1101.6—2019《挥发性有机物排放标准　第6部分：家具制造业》、山东省地方标准DB37/2801.3—2017《挥发性有机物排放标准　第3部分：家具制造业》、重庆市地方标准DB50/757—2017《家具制造业大气污染物排放标准》等标准。家具企业从家具生产制造的原材料采购、设计、生产工艺、包装、储藏、运输、销售等各个环节加大了管理力度，同时也与科研院所联合，开展了降低家具生产场所和家具产品中VOCs的研究，许多家具企业已经着手改进生产工艺，如油性漆改水性漆、改进涂装干燥工序等；增加大型除尘及VOCs处理装置，主要包括：洗涤吸收装置、吸附装置、热力燃烧装置、催化氧化装置等。我国每年由于室内空气污染而造成的超额死亡人数达11.1万人次，超额急诊数达430万人次，超额门诊人数达22万人次，这些由室内空气污染所导致的问题已造成了严重的经济损失。消费者广泛关注家具中的“气味”及其危害的问题，此问题相关的质量安全纠纷较难解决，没有标准作为检验判断的依据。消费者对生活、工作环境要求进一步提升，健康保障要求进一步提高。对于家居新环境的使用，消费者一般要求环保检测符合标准规定才放心使用。同时，消费者希望快速获得检测数据和精准判断各产品中“气味”及其危害的严重程度。

家具产品在国家各方面加大监管的情况下，“气味”问题虽有改善，但主要集中在甲醛释放量方面，其他VOCs改善情况不明。2001年，我国发布实施了GB 18584—2001《室内装饰装修材料　木家具中有害物质限量》，该标准实施以来对我国家具中甲醛释放量的管控发挥了重大作用，但该标准在挥发性有害物质方面仅规定了甲醛释放量的限量要求，致使有的家具甲醛释放量符合要求了，但是“气味”及其危害还是很严重。同时，我国检测和评价家具中 VOCs 释放浓度的标准不完善，也缺少标准物质，没有合格评定规范等。面对这些问题、困惑，我国急需解决家具产品中 VOCs 管控的计量标准物质—标准—检验检测—认证认可等国家质量基础的共性技术。

第三节　家具中 VOCs 释放机理的研究基础

按照与建材类似的研究方法，最初将木质家具简化为使用多层结构材料加工而成的产品。家具中 VOCs 释放特性可由 3 个关键参数表征：初始可散发浓度 C_0，指在外界环境浓度为零时家具能够释放的 VOCs 总量；传质扩散系数 D_m，表征家具内部 VOC 扩散过程的强弱；分配系数 K，表征 VOCs 在家具表面的吸附特性。

家具中 VOCs 在实际环境中的释放速率和浓度是上述 3 个关键参数综合作用的结果，将释放关键参数代入合适的模型，即可模拟指定条件下的全周期释放特性。可见释放过程需研究两方面的内容：一是建立家具中 VOCs 释放过程的数学模型；二是测定 VOCs 释放的关键参数。

一、家具中 VOCs 的释放速率模型

现有释放速率模型的研究主要是针对建材的，专门用于描述家具中 VOCs 释放过程的比较少。考虑到家具一般由建材加工而成，其虽然为多层结构，但在一定条件下可以等效处理为单层材料的散发。因此建材释放的模型对于家具中 VOCs 的释放规律仍有一定的借鉴意义。现有模型主要分为两类：经验模型和理论模型。

（一）经验模型

经验模型是指根据大量实验数据总结出的预测 VOCs 释放速率的模型，使用最广泛的经验模型是一阶衰减模型，其认为建材或家具中 VOCs 的释放速率随时间 t 呈指数衰减，释放速率 R 可表达为以下关系：

$$R = R_0 e^{-k_1 t} \tag{1-1}$$

式中：

R_0——0 时刻的初始释放速率，μg/h；

k_1——一阶衰减常数，h^{-1}。

一阶衰减模型一般对短期释放预测很好，而往往会低估长期释放速率。为克服这个问题，Chang，Guo 等人发展了双一阶衰减模型，能分别表示快速释放和长期释放，其认为释放速率 R 可表达为以下关系：

$$R = R_1 e^{-k_1 t} + R_2 e^{-k_2 t} \tag{1-2}$$

式中：

R_1、R_2——分别为阶段一、阶段二的初始释放速率，μg/h；

k_1、k_2——分别为阶段一、阶段二释放速率的衰减常数，h^{-1}。

除了最常用的一阶衰减模型之外，一些研究者还发展了幂指数衰减模型，认为释放速

率 R 可表达为以下关系：

$$R = at^{-k_n} \tag{1-3}$$

式中：

k_n——无量纲指数；

a——常数。

Liu 等人在全尺寸环境舱内对 4 种不同类型复合实木家具的挥发物释放进行了多达 4 000h 的研究，结果显示，幂指数衰减模型比常用的一阶衰减模型与实验数据的吻合度更高，特别是对于长期释放过程（如 14d），一阶衰减模型严重低估了挥发物的释放速率。

从上述可以看出，经验模型一般形式都较为简单，并且易用。但由于其建立过程主要基于对精确控制的环境舱中材料及目标污染物的观察和数据分析，缺乏物理基础，且条件发生改变时无法应用，通用性较差，近年来理论模型逐渐受到重视。

（二）理论模型

理论模型是根据传质学方程建立的，其参数均有明确的物理意义，能较好地克服经验模型存在的一些不足，通用性较好。

1. 单相传质模型

单相传质模型从宏观的唯象层次出发，将建材作为一个不可细分的整体（固相）来处理。最经典的单相传质模型（单层均质材料释放的解析模型）由 Little 等人于 1994 年提出。Little 模型所采用的控制方程、边界条件和初始条件与非稳态导热过程类似，其不同之处在于：非稳态传质过程界面处的浓度不连续，而非稳态导热过程界面处的温度则是连续变化。模型根据斐克扩散定律，但其忽略了对流传质阻力，导致存在一定偏差，且仅适用于通风条件。此后，在 Little 模型的基础上，Huang 和 Haghighat 等提出了考虑对流传质阻力的解析模型，但忽略了气候箱中污染物阻力、背景浓度和进气浓度，假设环境舱浓度恒为零，与实际不符。Xu 和 Zhang 等提出了改进上述不足的半解析模型。Deng 和 Kim 将 Xu 和 Zhang 的模型进一步改进，给出了完全解析解，但忽略了背景浓度和进气浓度，且仅适用于通风条件，不适用于密闭条件。Zhang 和 Jia 提出了数值模型，但也一并忽略了对流传质阻力、背景浓度和进气浓度，且为保证精度必须牺牲运算速度。

2. 多孔介质传质模型

单相传质模型虽然能较好地预测建材中 VOCs 散发特性，但其散发关键参数 D_m 和 K 的物理图像及影响因素均不明确，因而不便于对建材的散发特性进行设计和控制。为此，Lee 和 Murakami 等提出了多孔介质传质模型，该模型假设 VOCs 在多孔建材内部的存在状态为两相：孔内传质的气相和固体骨架界面传质的吸附相。多孔介质传质模型虽然比单相传质模型更能反映建材中 VOCs 散发的实际情况，但由于引进了建材的结构参数，其使用起来往往不如单相传质模型方便。但是，多孔介质传质模型有利于认识建材中 VOCs 散发传质的微观机理，理解散发过程的主导因素，从而为设计和控制建材散发特性提供科学指导。

理论模型考虑了与源释放有关的物理和化学过程，将释放速率及 VOCs 浓度表示成释放关键参数（初始可散发浓度、扩散系数和分配系数）的函数关系，具有广泛的适用性。

总结以往研究成果，可得出以下结论：理论模型比经验模型适用性更强，更容易由测定的释放关键参数预测家具中 VOCs 的释放特性；应该更多地检验各模型的合理性，包括基本的理论模型和其他经验模型，进而加以改进和完善；目前仍缺乏针对多层家具中 VOCs 释放过程的解析模型及特定条件下的简化模型。

二、家具中 VOCs 的释放关键参数的测定

模型作为一种计算工具，需要结合具体的释放关键参数才能实现应用。释放关键参数的测定方法主要分为两类：强制散发法和自由释放法。

（一）强制散发法

强制散发法是通过低温研磨技术，将试样粉碎使 VOCs 释放出来直接测定。据此发展的流化床脱附法和常温萃取法等方法可以直接测出初始可散发浓度 C_0。但这些方法的实验设备较为复杂，耗时较长，且破坏了样品。

（二）自由释放法

自由释放法通常将样品置于环境舱中自然释放，通过间接的方式来获得释放关键参数。自由释放法可分为两类，一类利用释放过程的瞬态 VOCs 浓度，如直接拟合法、逐时浓度法等；另一类利用释放过程的稳态 VOCs 浓度，如多平衡态回归法、多次散发回归法等。需要指出的是，最近针对建材提出的密闭舱逐时浓度（C－history）方法可同时获得 3 个释放关键参数，测试时间通常不超过 24h，且具有较高的测试精度，其可为家具中 VOCs 的释放测定研究提供有益参考。Yao 等人应用并扩展该方法，在 $30m^3$ 环境舱内测试两种家具，发现舱内 VOCs 浓度的实验数据和模拟结果吻合较好。自由释放法除了可以获得释放关键参数，也可用于直接测定家具中 VOCs 的释放速率。Ho 等人在 $5m^3$ 的环境舱内测试了 5 种常见家具的释放速率，发现出厂两周的 5 种家具中 VOCs 释放速率的排序为：餐桌＞沙发＞写字椅＞床头柜＞橱柜。若按不同化学组分分类，则 VOCs 释放速率的排序为：芳香族(AR)＞萜烯(TER)＞羰基(CBN)＞其他＞链烷烃(PR)＞烯烃(HOL)＞卤化物(HPR)。此外，作者对比了有涂层包覆和未经涂层包覆的家具，发现二者在数量级上没有明显区别，说明涂层剂（PVC 和 LPM）对整体家具中 VOCs 的释放速率没有显著影响。龙等人利用 $30m^3$ 大气候室对整体木家具释放的 VOCs 进行测定，并用气相色谱仪和液相色谱仪等分析，发现承载率为 2.1、换气条件为 0.8 次/h 时，家具中释放的总挥发性有机化合物（TVOC）超过 GB/T 18883—2002《室内空气质量标准》限量值；TVOC 中二甲苯、乙酸丁酯和正十一烷相对较多。

自由释放法对设备要求较低，能较快测出多个参数，不损坏样品，而且舱内模拟实际环境，所得结果更可靠，是当前研究的热点，发展潜力巨大。

三、环境因子对家具中 VOCs 释放的影响

家具中 VOCs 的释放受到多种因素的影响，有些因素是无法控制的，例如蒸气压；但有些因素是可以控制的，例如环境因素、家具的承载率等。在实际中，可以通过改变室内温、湿度条件，家具的承载率，增大通风量等措施，降低室内污染物浓度，提高室内空气质量。

室内家具中VOCs释放的强弱与环境因子有关，环境因子主要有承载率、换气次数、周围环境温度、相对湿度、通风速率、室内活动（如吸烟）以及墙壁的吸附等。

（一）温度

室内的温、湿度也是影响家具中VOCs释放的两个重要因素。多项研究均表明随着室内空气温度升高，VOCs释放加强。可能是由于常温下VOCs大部分是以一种束缚态的形式存在，难以释放出来；当温度升高时，VOCs分子的动能增大，从建材中脱附出来，使VOCs的含量显著增加。Netten等人对室内不同材料进行了环境舱实验，发现VOCs的释放浓度随着温度或湿度的增大（或同时增大）而增大，且在温度较高的环境下，增大相对湿度对增强VOCs的释放更显著。总体而言，温度和相对湿度对VOCs释放率呈正比例影响。Carder等对办公家具中VOCs释放的影响因素进行了评价，定义了一定尺寸和体积的办公空间，评价家具表面积、家具类型和空气流速对室内空气中家具中VOCs浓度的影响。

温度影响VOCs的蒸气压、解吸速率和扩散系数，所以温度是一个主要的影响因素。Dunn和Tichenor表示温度是影响VOCs平衡浓度和平衡速率的一个主要因素。Girman等人通过供暖系统升高温度来加速TVOC的释放，结果经过一段时间，供暖办公楼里的浓度比供暖前减少了71%。Renata利用环境舱研究了温度对层压地板中VOCs的影响，从而得出结论：在有地暖的情况下，层压地板会影响室内空气的化学性污染。Sollinger等人通过测定平衡浓度来研究温度对纺织地毯释放VOCs的影响，发现温度变化对低挥发性化合物（苯并噻唑）的释放影响较大，但温度对苯乙烯和烷基苯的影响非常小。Wolkoff测量5种建材（地毯、PVC地板、密封剂、水性漆和地板清漆）中VOCs释放的时间曲线，证明随着温度的升高，大部分VOCs的释放量增加。Yang等人用数值模拟研究环境和测试状态对湿建材释放VOCs的影响发现：温度不仅影响短期释放，对长期释放也有影响。在排放初期，温度越高，排放速率越快，随后由于初期释放了大量VOCs，材料中的VOCs含量很少，排放速率减慢。

（二）湿度

研究证明湿度影响建材中VOCs的释放，湿度可能同样地影响其他水溶性气体和材料中易于水解的气体。Lin Chi - Chi等基于环境舱评估VOCs释放的影响因子，当湿度从50%增加到80%时，各种VOCs的特定排放速率和浓度不同程度地增加。Wolkoff发现地毯、密封剂和墙漆中VOCs的释放随着湿度的增加而增加，但是湿度的影响很大程度上取决于建材的类型和VOCs的种类。Sollinger等人在地毯的研究中，除了苯胺，湿度对地毯中其他VOCs的影响可以忽略不计。

（三）换气次数

换气次数是一个重要的参数，因为它反映了进入室内或环境舱内洁净空气的量。湿建材中膜形成之前，VOCs的释放一般由蒸发控制，此过程中VOCs的释放容易受到换气次数的影响：Tichenor和Guo发现释放速率正比于空气交换次数与材料表面积承载率之比；Wolkoff等人通过现场和实验室释放测定，证明水性漆中目标VOCs的排放速率几乎正比于换气次数。膜形成后，释放过程可能由膜/材料内部的扩散控制，也可能由蒸发和内部扩散同时控制。如果 VOCs 的释放是由内部扩散控制，改变换气次数对 VOCs 的释放速率影响很小。

（四）空气流速

空气流速对 VOCs 的影响可能与 VOCs 的释放过程紧密相连。Knudsen 等人评估了 VOCs 的释放源来区分初级释放和次级释放，结果证明大部分建材中 VOCs 初级来源的释放不受空气流速的影响，但如果建材表面易于发生氧化降解，加大空气流速会使次级来源的 VOCs 增加。Wolkoff 表示初级来源的排放在一定程度上不受空气流速的影响。空气流速对建材表面 VOCs 释放速率的影响可以通过改变接近表面边界层的流动形态来实现。增加空气流速可以增加传质系数，从而加速了建材表面 VOCs 的蒸发。空气流速对液态产品的最大影响是在排放初期（蒸发控制）。Yang 等人用数值模拟研究环境和测试状态对湿建材释放 VOCs 的影响发现，空气流速只影响初期的释放曲线。

四、家具本身性质对 VOCs 释放的影响

家具本身的性质是决定 VOCs 释放的主要因素，也是决定性因素。不同类型的家具所含有 VOCs 种类和浓度不同，且散发持续时间也不同，室内家具数量和类型及所含 VOCs 的性质和浓度直接影响着室内空气污染物浓度。

（一）家具产品的使用年限

家具使用年限是一个重要因素，因为随着时间的变化，大部分家具产品的释放速率也在变化。湿建材中 VOCs 的释放速率在数小时内可以改变几个数量级，不过有些湿建材（水性漆）可能会持续几个月。有些家具产品（经过加压处理的木产品）中 VOCs 的释放可能要经历好几年。

（二）家具产品的漆膜厚度

在材料的排放测试中，漆膜厚度经常被忽略。Lee 等人研究了饰面漆膜厚的影响，得出结论：湿膜厚度越厚，VOCs 的浓度越高。Yang 等人通过数值模拟研究，得出结论：漆膜厚度对 VOCs 的早期释放没有影响，但影响长期释放。这可能是因为湿建材初期的释放速率主要由蒸发控制，此阶段膜厚不重要；随着时间变化，较薄的膜中 VOCs 很快耗尽，导致材料相、材料与空气交界面的浓度很小，所以较薄的膜中 VOCs 的释放速率很小。

（三）家具产品的基材

家具产品基材主要是各种木质板。Kim 等人在研究封边对不同木质板释放 VOCs 的影响时，发现板材的厚度、结构、密度和孔隙度也影响 VOCs 的释放。家具产品基材的厚度、孔隙度也影响 VOCs 的释放，但目前还没有对刷漆的家具中基材厚度和孔隙度影响的研究。目前，大部分排放测试使用基质包括不锈钢、玻璃、玻璃盘来研究乳胶漆的蒸发和干燥机制。这些基质的优点是不渗透、不吸附、易于操作。但是并不能代表漆在真实家具基质上的释放，应该采用真实基质木质板来评估 VOCs 的释放。

五、VOCs的蒸气压、沸点和扩散性对VOCs释放的影响

未经预处理的湿建材在最初释放VOCs时，蒸气压的影响至关重要，因为建材边界层中VOCs的浓度很高。Tichenor和Guo观察到木材着色剂和聚氨酯中释放VOCs时蒸气压的作用，TVOC的浓度比平时室内浓度高3倍~5倍。蒸气压（舱浓度）在一定程度上可以通过控制舱中表面积承载率和空气交换次数来实现。

对VOCs沸点和扩散性的研究只有Lin Chi - Chi等，其基于环境舱研究木地板中VOCs特性对VOCs浓度和排放速率的影响，结果证明：VOCs的蒸气压与VOCs浓度和排放速率呈现正线性相关；VOCs的沸点与VOCs浓度和排放速率呈现负线性相关；在温度为15℃，湿度为50%时，VOCs的沸点和VOCs浓度与排放速率呈现正线性相关。

六、吸附效应对VOCs释放的影响

吸附效应的影响分为两部分：一是气候舱的吸附效应，例如舱壁的吸附；二是建材的吸附和解吸附性能。环境舱的吸附可以用一些数学模型来解释，不过，一定的竞争效应可能发挥作用。例如，水性漆中高沸点VOC（醇酯十二）的释放没有表现出明显的舱吸附效应，基本原理可能是浓度最大的VOC（丙二醇）竞争吸附在舱壁上。一种建材释放的VOCs可能吸附到另一种材料上，随后的解吸取决于气候条件；同样粉尘颗粒也可以吸附VOCs。一些研究已经测定了在高VOCs浓度下建材的吸附效应。吸附效应延长了VOCs的停留时间，因此延长了暴露时间。在评估建材时，必须考虑材料的吸附效应。不过，如果存在完全可逆的吸附效应，稳态的室内浓度将不会受到影响。

七、空气中的化学反应对VOCs释放的影响

空气氧化剂（如：臭氧）的出现，可能会影响家具中VOCs释放的测量。Weschler等人在测量地毯中释放的VOCs时，添加臭氧后发现：苯乙烯和4 - 苯基环己烯的释放明显减少，但醛类和TVOC的释放量增加。漆布中脂肪酸与相应醛类的比也依赖于氧化反应，因为它们的比在厌氧（氮气）条件下下降了。Wolkoff在夏季居住的房间里发现己醛增加，合理的解释是增加的氧化反应使得漆布地板中的脂肪酸和其他脂肪酸残留物的键断裂。有研究指出，臭氧是增加醛和酸形成以及家具表面损坏的原因。

第四节　家具中VOCs国内外检测方法、标准现状

家具释放的VOCs中有不少成分是有毒、有害物质，危害人体健康安全，已经广受国际社会关注，美国、欧盟、日本等发达国家和地区已开展相关家具产品中VOCs检测认证多年。我国是家具生产和出口大国，家具品类繁多，设计千变万化，实现对家具产品中VOCs的管控，是我国家具行业的大事。家具是由各种原辅材料加工制造形成的终端产品，其原材料主要有人造板、木材、油漆、胶黏剂、纺织面料、皮革、塑料等。根据家具主要用材可分为木家具（包括全实木家具、人造板家具、人造板与实木混合型家具等）、软体家具（包括沙发、床垫等）、塑料家具、金属家具等品类。据研究，家具原辅材料中释放的VOCs及家具涂饰、胶粘过程中未充分化合反应时残留的化合物，是家具中VOCs

的主要来源。家具是与人民生活息息相关的耐用消费品，家具中释放的 VOCs 也是室内空气污染的重要来源。

经查阅，国际上有关于建材、室内空气、办公家具中 VOCs、家具检测认证标准，主要采用气候舱法，检测周期较长，检测成本较高，通常用于实验室检测。目前国际上尚无家具中 VOCs 现场快速检测方法的标准。

国内外有关家具、建材和室内空气中 VOCs 相关的检测方法和标准现状比较分析情况如下。

一、国内外对 VOCs 的不同定义

VOCs 是挥发性有机化合物（volatile organic compounds）的英文缩写。国内外对 VOCs 有多种定义，这些定义根据研究对象不同而有所差异，见表 1－1。

表 1－1　国内外标准关于 VOCs 的定义

组织或机构	标准编号	定　义
美国联邦环保署（US EPA）	—	除 CO、CO_2、H_2CO_3、金属碳化物、金碳酸盐和碳酸铵外，任何参加大气光化学反应的碳化物
世界卫生组织（WHO）	—	熔点低于室温，而沸点在 50℃～260℃之间，室温下饱和蒸气压超过 133.32Pa，在常温下以蒸气形式存在于空气中的一类有机物
欧盟（EU）	—	在 20℃条件下，蒸气压大于 0.01kPa 的所有化合物
澳大利亚环保署（Australia EPD）	—	在 25℃条件下，蒸气压大于 0.27kPa 的所有有机化合物
国际标准化组织	EN ISO4618：2014 ISO 11890－2：2013 ISO 11890－1：2012 ISO 17895：2005	挥发性有机化合物：在常温常压下任何能自发挥发的有机液体或固体；挥发性有机化合物含量：在规定条件下测定的涂料中存在的挥发性有机化合物的质量
国际标准化组织	ISO 16000－6：2004	沸点范围为 50℃～100℃和 240℃～260℃的有机物
美国办公家具协会（BIFMA） 美国材料与试验协会（ASTM）	ANSI/BIFMA M7.1—2011、 ANSI/BIFMA X7.1—2011、 ASTM D1914—1995（2010）	在 25℃条件下，有机化合物的饱和蒸气压大于 10Pa 的物质
美国材料与试验协会（ASTM）	ASTM D3960—2005（2013）	任何能参加大气光化学反应的有机化合物
德国标准化学会（DIN）	DIN 55649—2001	常压下沸点或初馏点低于或等于 250℃的任何有机化合物

表1－1（续）

组织或机构	标准编号	定义
国家环境保护总局	HJ/T 201—2005	在101.3kPa标准压力下，任何初沸点低于或等于250℃的有机化合物
国家质量监督检验检疫总局、卫生部、国家环境保护总局	GB/T 18883—2002、GB/T 31106—2014	总挥发性有机化合物（TVOC）：利用TenaxGC或Tenax TA采样，非极性色谱柱（极性指数<10）进行分析，保留时间在正己烷和正十六烷之间的挥发性化合物

从表1－1中可以看出，不同组织和标准化机构发布的标准，对于VOCs的定义是存在差异的。VOCs定义主要分为4类，分别为依据沸点范围、蒸气压、极性指数（保留时间）及是否参与大气光化学反应对VOCs进行定义。

二、国内外VOCs检测方法标准

（一）国际检测方法标准

国际标准化组织于2006年发布了关于室内空气的ISO 16000系列标准，规定了关于室内环境中甲醛、VOCs的主要采样和测定方法。其中ISO 16000－9：2006《室内空气　第9部分：建筑产品和家具中释放挥发性有机化合物的测定　释放试验室法》(Indoor air—Part 9：Determination of the emission of volatile organic compounds from building products and furnishing—Emission test chamber method）是欧洲应用最为广泛的气候舱收集检测方法标准，该标准规定了在固定环境条件下、特定承载率建筑产品和家具产品释放的VOCs的测试方法。测试试验所获得的释放速率数据可以通过一个模型用于计算房间内的VOCs浓度。该方法适用于室内各种建筑产品或装饰装修材料（包括家具）。空气取样和分析测定VOCs的方法依据ISO 16000－6《室内空气　第6部分：通过Tenax TA吸附剂、热解吸以及使用质谱（MS）或质谱－火焰离子化检测器（MS－FID）的气相色谱主动取样来测定室内和试验舱空气中的挥发性有机化合物》(Indoor air—Part 6：Determination of volatile organic compounds in indoor and test chamber air by active sampling on Tenax TA sorbent，thermal desorption and gas chromatography using MS or MS－FID）和ISO 16017－1：2000《室内、环境和工作场所空气　用吸附管/热解吸/毛细管气相色谱法对挥发性有机化合物的取样和分析　第1部分：抽吸式取样》(Indoor，ambiant and workplace air—Sampling and analysis of volatile organic compounds by sorbent tube/thermal desorption/capillary gas chromatography—Part 1：Pumped sampling)。

（二）欧洲检测方法标准

欧盟于2002年发布了EN 13419－1：2002《建筑产品　VOCs释放量的测定　第1部分：排放试验室法》(Building products—Determination of the emission of volatile organic compounds—Part 1：Emission test chamber method)。该标准已被ISO 16000－9：2006代替。

（三）美国检测方法标准

2007 年 9 月，美国国家标准化组织将美国办公家具协会（BIFMA）制定的 ANSI/BIFMA M7.1《办公家具体系、配件及座椅中 VOCs 释放测试方法》(Standard test method for determining VOCs emissions from office furniture systems, components and seating)(以下简称 M7.1）和 ANSI/BIFMA X7.1《低排放办公设备和座椅的甲醛和挥发性有机化合物排放标准》(Standard for formaldehyde and TVOC emissions of low - emitting office furniture and seating)(以下简称 X7.1）作为美国办公家具中 VOCs 释放的国家标准（ANSI）执行。美国于 2011 年、2016 年对 M7.1 和 X7.1 进行了修订，发布了修订版本。

M7.1 包括家具产品或样品选择的外置、试验方法、空气样品的收集等，主要测试由办公家具和座椅在一定工作环境一组产品使用条件下释放的 VOCs（包括醛类）。这些测试条件在办公家具方面应用非常典型，并且给出了鉴定 VOCs 释放种类的方法和计算 TVOC 释放速率的方法，标准规定了大气候舱体积 $20m^3 \sim 55m^3$、中气候舱体积 $1m^3 \sim 6m^3$ 和小气候舱体积 $0.05m^3 \sim 0.1m^3$ 测定 VOCs 的气候舱参数以及采样方法和样品分析方法。X7.1 包括确认低释放量产品的定义和准则。

美国加州作为美国室内空气标准要求最为严格的州之一，于 2010 年发布了《使用气候舱测量室内材料物品挥发性有机化学物质排放的标准方法》(California Specificaton 01350，简称 CA 01350 的文件)。该文件规定了样品的收集、包装、运输和储存的条件，实验室分析测试方法及 35 种 VOCs 的限量值。

美国材料与试验协会（ASTM）颁布了 ASTM D5116—2010《通过小型环境室测定室内材料/制品有机排放物的指南》(Standard guide for small - scale environmental chamber determinations of organic emissions from indoor materials/products)、ASTM D6670—2013《全尺寸室测定室内材料/制品散发的挥发性有机物的规程》(Standard practice for full - scale chamber determination of volatile organic emissions from indoor materials/products)。ASTM D6670—2013 主要针对建筑材料、家具和空气净化器等设备在一定环境和使用条件下 VOCs 释放量的测试方法。

（四）日本标准

日本发布了 JIS A1962—2015《室内空气　甲醛和其他羟基化合物的测定　活性取样法》、JIS A1965—2015《通过在 Tenax TA(R)吸附剂上活性取样、热解吸附作用和使用 MS/MS - FID 气相色谱法测定室内和试验室空气中挥发性有机化合物》、JIS A1901—2015《建筑产品用挥发性有机化合物和醛类排放量测定　小室法》、JIS A1912—2015《建筑材料和建筑相关制品用挥发性有机化合物和无甲醛醛类的排放的测定　大室法》。家具主要用材——人造板及其制品中甲醛和 VOCs 可采用该标准测定释放速率。

（五）法国标准

法国标准化协会于 2011 年发布了 NF X43 - 404 - 3—2011《室内空气　室内空气及试验舱空气中甲醛和其他羰基化物含量的测定　第 3 部分：主动采样法》(Indoor air—Determination of formaldehyde and other carbonyl compounds in indoor air and test chamber air—Part

3：Active sampling method），规定了室内空气和试验舱内甲醛和 VOCs 的测定方法。目前法国还没有发布关于家具中 VOCs 的检测方法标准。

（六）国内标准

国家标准化管理委员会（以下简称国标委）于 2014 年发布了 GB/T 31107—2014《家具中挥发性有机化合物检测用气候舱通用技术条件》、GB/T 31106—2014《家具中挥发性有机化合物的测定》。GB/T 31106—2014 是国内首项完整地针对家具中 VOCs 测定的方法标准，适用于家具中释放的甲醛、苯系物、总挥发性有机化合物释放量的测定，但是没有规定家具中 VOCs 的收集方法。

国标委 2015 年发布了 GB/T 32443—2015《家具中挥发性有机物释放量的测定　小型散发罩法》。该标准规定了小型散发罩法测定家具中 VOCs 释放量的术语和定义、原理、小型散发罩系统、设备、试验条件、试验条件的校准、测试试样、小型散发罩的准备、分析步骤、结果计算、检验报告，适用于家具中 VOCs 释放量的测定。

2015 年，国标委还发布了 GB/T 31762—2015《木质材料及其制品中苯酚释放量测定　小型释放舱法》，规定了木质材料及其制品中苯酚释放量的小型释放舱测定方法，适用于木质材料及其制品中苯酚释放量的测定，如酚醛胶人造板及其制品、酚醛胶浸渍木质材料、酚醛胶重组竹等材料中苯酚释放量的测定。

2017 年，国标委发布了 GB/T 35607—2017《绿色产品评价　家具》。该标准对绿色家具进行了定义，是指在全生命过程中，符合环境保护要求，对生态环境和人体健康无害或危害小、资源能源消耗少、品质高的家具产品。该标准规定了绿色家具产品的甲醛、苯、甲苯、二甲苯、TVOC 的基准值。这是目前我国首次发布的家具中 VOCs 释放量要求标准，也首次规定了木家具、软体家具等家具产品中 VOCs 释放的收集方法。

国内外有关家具、建材及室内空气中 VOCs 检测方法标准的发布国家、地区或组织和标准编号及标准名称汇总见表 1－2。

表 1－2　国内外相关标准

发布国家、地区或组织	标准编号及标准名称
美国办公家具协会（BIFMA）	ANSI/BIFMA M 7.1 办公家具体系、配件及座椅中 VOCs 释放测试方法（Standard test method for determining VOCs emissions from office furniture systems，components and seating）
	ANSI/BIFMA X 7.1 低排放办公设备和座椅的甲醛和挥发性有机化合物排放标准（Standard for formaldehyde and TVOC emissions of low－emitting office furniture and seating）
美国加州	CA 01350 使用气候舱测量室内材料物品挥发性有机化学物质排放的标准方法（Standard method for the testing and evaluation of volatile organic chemical emissions from indoor sources using environmental chambers）

表 1-2（续）

发布国家、地区或组织	标准编号及标准名称
美国材料与试验协会（ASTM）	ASTM D5116—2010 通过小型环境室测定室内材料/制品有机排放物的指南（Standard guide for small - scale environmental chamber determinations of organic emissions from indoor materials/products）
	ASTM D6670—2013 全尺寸室测定室内材料/制品散发的挥发性有机物的规程（Standard practice for full - scale chamber determination of volatile organic emissions from indoor materials/products）
	ASTM D6345—2010 空气中挥发性有机化合物的主动和综合采样方法的选择指南（Standard guide for selection of methods for active，integrative sampling of volatile organic compounds in air）
	ASTM D7911—2014 使用与挥发性有机化合物排放室试验相关的测量偏差表征的参考材料的标准指南（Standard guide for using reference material to characterize measurement bias associated with volatile organic compound emission chamber test）
	ASTM D7706—2011 采用微空腔快速扫描产品的挥发性有机化合物排放物的标准操作规程（Standard practice for rapid screening of VOCs emissions from products using micro - scale chambers）
国际标准化组织	ISO 16000-9：2006 室内空气　第 9 部分：建筑产品和家具中释放挥发性有机化合物的测定　释放试验室法（Indoor air - Part 9：Determination of the emission of volatile organic compounds from building products and furnishing—Emission test chamber method）
	ISO 16000-3：2011 室内空气　第 3 部分：室内空气和试验室空气中甲醛和其他羰基化合物含量的测定　主动抽样法（Indoor air—Part 3：Determination of formaldehyde and other carbonyl compounds in indoor air and test chamber air—Active sampling method）
	ISO 16000-29：2015 室内空气　第 29 部分：VOCs 探测器的试验方法（ISO 16000-29：2014）(Indoor air—Part 29：Test methods for VOCs detectors)(ISO 16000-29：2014)
	ISO 16017-1：2000 室内、环境和工作场所空气　用吸附管/热解吸/毛细管气相色谱法对挥发性有机化合物的取样和分析　第 1 部分：抽吸式取样（Indoor，ambient and workplace air —Sampling and analysis of volatile organic compounds by sorbent tube/thermal desorption/capillary gas chromatography—Part 1：Pumped sampling

表 1-2（续）

发布国家、地区或组织	标准编号及标准名称
欧盟	EN 13419-1：2002 建筑产品　VOCs 释放量的测定　第 1 部分：排放试验室法（Building products—Determination of the emission of volatile organic compounds—Part 1：Emission test chamber method）
日本工业部	JIS A1901—2015 建筑产品用挥发性有机化合物和醛类排放量测定　小室法（ケンチクザイリョウノキハッセイユウキカゴウブツ（VOCs），ホルムアルデヒドオヨビタノカルボニルカゴウブツホウサンソクテイホウホウ—コガタチャンバーホウ）
	JIS A1962—2015 室内空气　甲醛和其他羟基化合物的测定　活性取样法（シツナイオヨビシケンチャンバーナイクウキチュウノホルムアルデヒドオヨビタノカルボニルカゴウブツノテイリョウ—ポンプサンプリング）
	JIS A1965—2015 通过在 Tenax TA(R)吸附剂上活性取样、热解吸附作用和使用 MS/MS-FID 气相色谱法测定室内和试验室空气中挥发性有机化合物（シツナイオヨビシケンチャンバーナイクウキチュウキハッセイユウキカゴウブツノTenaxTA（R）キュウチャクザイヲモチイタポンプサンプリング，カネツダツリオヨビMSマタハMS-FIDヲモチイタガスウロマトグラフィーニヨルテイリョウ）
	JIS A1912—2015 建筑材料和建筑相关制品用挥发性有机化合物和无甲醛醛类的排放的测定　大室法（ケンチクザイリョウナドカラノキハッセイユウキカゴウブツ（VOCs），オヨビホルムアルデヒドヲノゾクタノカルボニルカゴウブツホウサンソクテイホウホウ—オオガタチャンバーホウ）
法国标准化协会	NF X43-404-3—2011 室内空气　室内空气及试验舱空气中甲醛和其他羰基化物含量的测定　第 3 部分：主动采样法（Indoor air—Determination of formaldehyde and other carbonyl compounds in indoor air and test chamber air—Part 3：Active sampling method）
中国	GB/T 31107—2014 家具中挥发性有机化合物检测用气候舱通用技术条件
	GB/T 31106—2014 家具中挥发性有机化合物的测定
	GB/T 32443—2015 家具中挥发性有机物释放量的测定　小型散发罩法
	GB/T 31762—2015 木质材料及其制品中苯酚释放量测定　小型释放舱法
	GB/T 35607—2017 绿色产品评价　家具

三、国内外 VOCs 检测方法标准比较

国际和国外标准一般采用气候舱法收集、测定建筑材料和装饰装修材料、家居产品中 VOCs 释放量，在实验室检测中被广泛采用。其原理是采用气候舱模拟各种产品的使用环境，家具或建材在气候舱内 VOCs 量释放达到相对稳定后，采集舱内气体，通过特定化学分析方法测定所采集气体 VOCs 组分及含量。试验方法具有较高的准确度和实用性，能比较客观地反映家具及建材中 VOCs 释放情况。

气候舱法的试验过程包括产品预处理、舱内平衡、采集空气、化学分析、计算结果等各个阶段，对各阶段中的主要技术参数进行解读和比较。

（一）样品预处理条件

为了避免由运输或存储条件不同而造成的的检测结果差异，家具放入气候舱测试前需对样品进行预处理。国内外气候舱法检测家具中 VOCs 预处理条件比较见表 1－3。

表 1－3　气候舱法检测家具中 VOCs 的样品预处理条件

标准编号	预处理条件					
	温度 ℃	相对湿度 %	预处理时间	空气流速 m/s	预处理环境要求	样品状态
ISO 16000－9：2006 JIS A1901—2015	23	50	—	0.1～0.3	避免交叉污染	不开封
ANSI/BIFMA M 7.1—2011(R2016)	23±1.0	50±15	≤10d	大舱 6.0L/s～10.0L/s；中舱 0.6L/s～2.0L/s；小舱 0.3L/s～0.7L/s	TVOC ≤ 20μg/m³；总醛≤5mg/m³；单个 VOC ≤2.0μg/m³	不开封
GB/T 35607—2017	23±2	45±10	(120±2)h	0.1～0.3	甲醛≤0.10mg/m³，TVOC ≤0.60mg/m³	所有表面均暴露

（二）气候舱技术参数的控制

各国标准规定了气候舱的技术控制参数，如气候舱的内壁材料应无吸附性以及气候舱运行技术参数，如温度、相对湿度、换气率、洁净空气等。美国和国际标准规定气候舱工作时温度为 23℃，日本 JIS A 1901 中的测试温度为 28℃。相对湿度、空气交换率、空气流速、承载率、背景浓度等技术参数的规定也各有不同，各标准气候舱运行控制参数比较见表 1－4。

表1－4　气候舱运行控制参数

标准编号	参数						
	气候舱容积 m^3	温度 ℃	相对湿度 %	空气交换率 次/h	承载率 m^2/m^3	空气流速 m/s	背景浓度 mg/m^3
ASTM D6670—2013	≥22	23±0.5	50±5	—	—	0.1～0.25	TVOC≤0.01，单个VOC≤0.002
ASTM D5116—2010	≤5	偏差±0.5	偏差±5	0.5/1.0/2.0	0.2/0.4		TVOC≤0.01，单个VOC≤0.002
EN 13419－1：2002	—	23±1	50±5	根据试验要求	—	—	TVOC≤0.01，单个VOC≤0.002
ISO 16000－9：2006	—	23±2	50±5	1.0	—	0.1～0.5±0.1	TVOC≤0.02，单个VOC≤0.002
JIS A1901—2015	0.02～1	28±1	50±5	0.5±0.01	—	0.1～0.3	—
ANSI/BIFMA M 7.1—2011（R2016）	0.05～55	23±1	50±5	1.00±0.05	小型舱 0.3～0.7	—	TVOC≤0.02，单个VOC≤0.002
GB/T 35607—2017	—	23±2	45±5	1.0	体积承载率 $0.15m^3/m^3$	0.1～0.3	苯≤0.05，甲苯≤0.1，二甲苯≤0.1，TVOC≤0.3

（三）采样方法

ISO和ASTM标准中规定的采样方式被广泛采用。ISO 16000－6和ASTM D6196规定了VOCs分析方法，ISO 16000－3和ASTM D5197规定了醛类分析方法。BIFMA标准要求同时采集两个平行样本，要求较高。对于醛酮类典型的采样管为涂渍2,4－二硝基苯肼（2,4－dinitrophenyl hydrazine，DNPH的采样管），其他大分子VOCs，采样管为Tenax－TA管。分析VOCs含量的通用仪器设备为气相色谱－质谱联用分析系统GC－MS，分析DNPH样品使用液相色谱分析仪（HPLC），分析测试方法比较见表1－5。

表1－5　分析测试方法

标准编号	分析方法	采样时间点	采样数量
ASTM D6670—2013	ASTM D6670	—	—
EN 13419－1：2002	未说明	—	—
ISO 16000－9：2006	ISO 16000－3、ISO 16000－6	72h±2h和28d±2d	2
JIS A1901—2015	ISO 16000－3、ISO 16000－6、ISO 16017－1	—	—
ANSI/BIFMA M 7.1—2011（R2016）	ANSI/BIFMA X7.1、ASTM D5116、ASTM D6670、ASTM D6345	第72h、168h	2
GB/T 35607—2017	GB/T 31106—2014	第20h	—

（四）国内外对 VOCs 分析方法的研究

国内外对 VOCs 分析方法中，气相色谱法仍是一种最为广谱适用的标准物质分析方法，它具有高效能、高选择性、高灵敏度、分析速度快和应用范围广等特点，尤其对异构体和多组分混合物的定性、定量分析更能发挥其作用，因而得到了较多的运用。

气相色谱法的优点是：分离效率高，分析速度快；样品用量小；检测灵敏度高；选择性好，可分离异构体和某些同位素；应用范围广。缺点是在对组分直接进行定性分析时，必须用已知物或已知数据与相应的色谱峰进行对照，或与其他方法如质谱、光谱联用，才能获得肯定的结果。定量分析时，常需要用已知纯样品对输出的信号进行校正。

搭载了质谱检测器的气相色谱（GC－MS），无论是定量能力还是定性能力均有较大幅度提升。GC－MS 作为一种通用的检测方法，其灵敏度要比气相色谱中任何通用型检测器如火焰离子化检测仪（FID）、热导型浓度检测器（TCD）要高得多；但同时气质联用仪器结构复杂，其稳定性比单纯的气相色谱要差，需要操作者对其性能、适用条件及校准方法有较深入的了解。伴随着同位素稀释和内标技术以及随着质谱进样系统的不断改进，气质联用在定量分析上的精度已经大大地提高，在一些低浓度成分分析中气质联用具有显著优势。

便携式气相色谱仪是一种新型的气相色谱仪，它体积小、重量轻，能对 VOCs 进行现场直接分析测定，完全避免了 VOCs 监测中的样品的保存问题。便携式气相色谱仪内部带有充装载气的装置，使用之前可把载气充入仪器内部，其对样品处理及进样方法与其他仪器不同，不需要另外的采样装置和顶空装置；不需要对样品进行预处理，仪器直接对现场空气进行采样，采样时由内载气带入内部毛细管柱，采样时间可自定。但是，仪器在使用之前必须校准，否则测量数据会产生显著误差。

四、家具中 VOCs 检测标准数据库

为便于对国内外家具产品中 VOCs 检测方法标准的查询及结果输出，根据对国内外家具中 VOCs 检测方法标准的研究结果，建立了家具中 VOCs 检测标准数据库。该数据库标题栏设计了文件、数据录入和编辑、刷新、导出数据到 Excel、退出（见图 1－1），系统界面主要分为标题栏、“条件检索”功能区、“显示”功能区、“数据录入和编辑”功能区。有关功能使用如下。

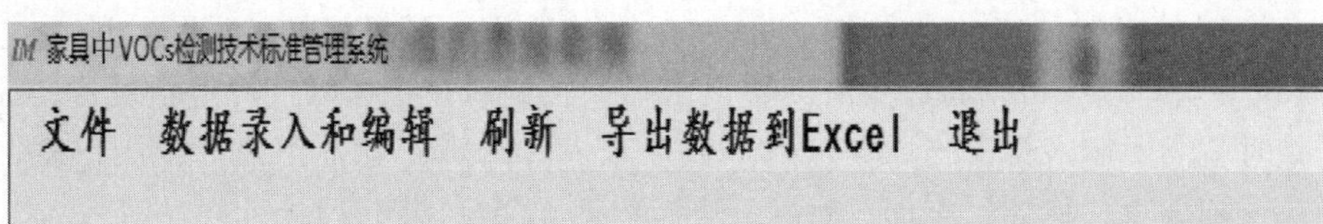

图 1－1 家具中 VOCs 检测技术标准管理系统

（一）“文件”按钮

点击此按钮之后会出现“打印”“打印标准信息表”“打印样品预处理表”“打印气候舱运行控制参数表”“打印分析测试方法表”等选项，用户通过单击其中某一个选项，会出

现一个打印的窗口，该窗口当中的表格显示的内容就是用户需要打印的表格内容，然后点击该窗口当中的“打印”按钮就可将表格内容打印出来；选择“取消”则取消打印，退出打印窗口。例如，点击“打印样品预处理表”后，出现如图 1－2 的界面。

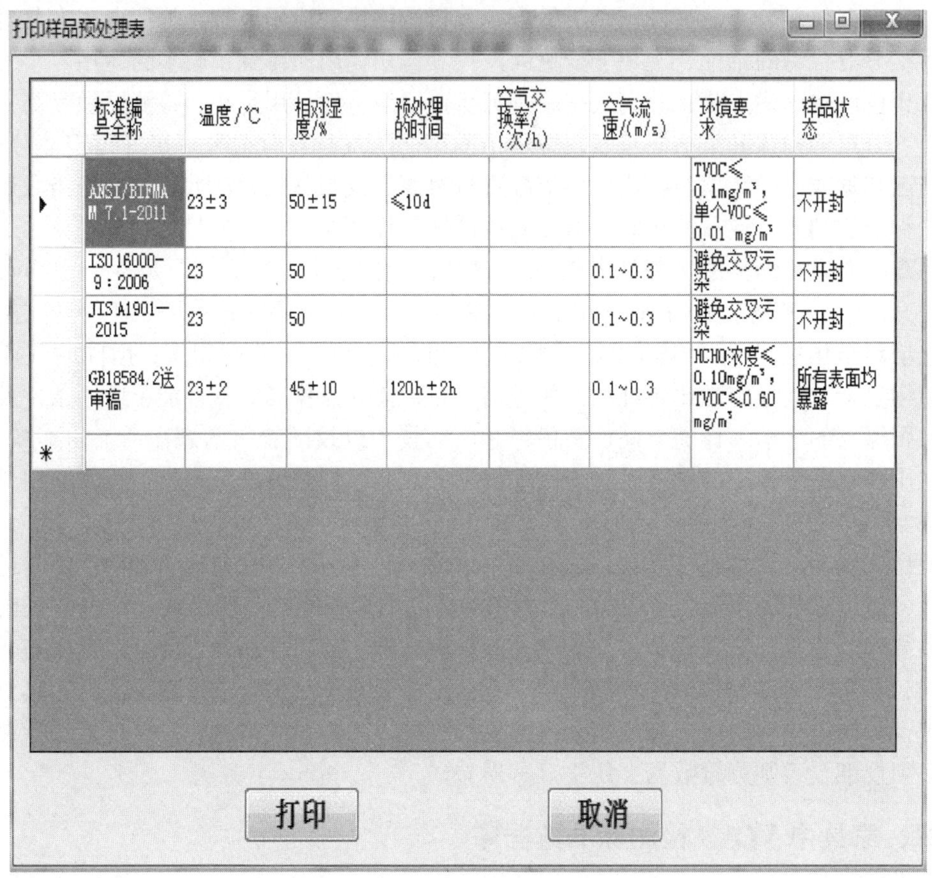

标准编号全称	温度/℃	相对湿度/%	预处理的时间	空气交换率/(次/h)	空气流速/(m/s)	环境要求	样品状态
ANSI/BIFMA M 7.1-2011	23±3	50±15	≤10d			TVOC≤0.1mg/m³，单个VOC≤0.01 mg/m³	不开封
ISO 16000-9：2006	23	50			0.1~0.3	避免交叉污染	不开封
JIS A1901—2015	23	50			0.1~0.3	避免交叉污染	不开封
GB18584.2送审稿	23±2	45±10	120h±2h		0.1~0.3	HCHO浓度≤0.10mg/m³，TVOC≤0.60 mg/m³	所有表面均暴露

图 1－2 “打印样品预处理表”

（二）“数据录入和编辑”按钮

点击该按钮，如果是第一次登录该系统，会出现一个“密码登录”窗口，用户需要输入自己设置的密码才能够登录到“数据录入和编辑”页面（初始密码为空）。另外，“密码登录”窗口当中可以通过点击“重设密码”按钮对登录密码进行重新设置，那么下一次登录时就需要输入新密码。登录到“数据录入和编辑”功能区之后，用户就可以进行数据录入和编辑（例如：添加、删除、更新数据库当中的内容）。

“密码登录”及“密码重置”窗口如图 1－3。

（三）“刷新”按钮

点击“刷新”按钮后，系统会切换到“显示”功能区，如果用户在“数据录入和编辑”页面对数据库当中的内容进行过“添加记录”“删除记录”等操作，那么“显示”功能区就会将最新的当前数据库中所有的内容显示出来，方便用户更好地观察与操作。

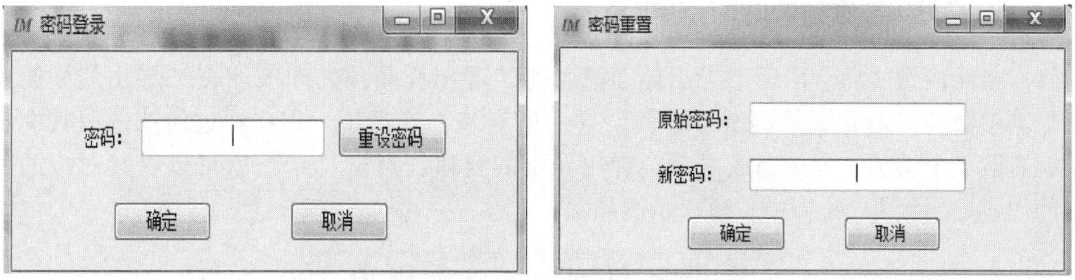

IM 密码登录

密码：　重设密码

确定　取消

IM 密码重置

原始密码：

新密码：

确定　取消

图 1－3　“密码登录”及“密码重置”窗口

“显示”功能区窗口如图 1－4。

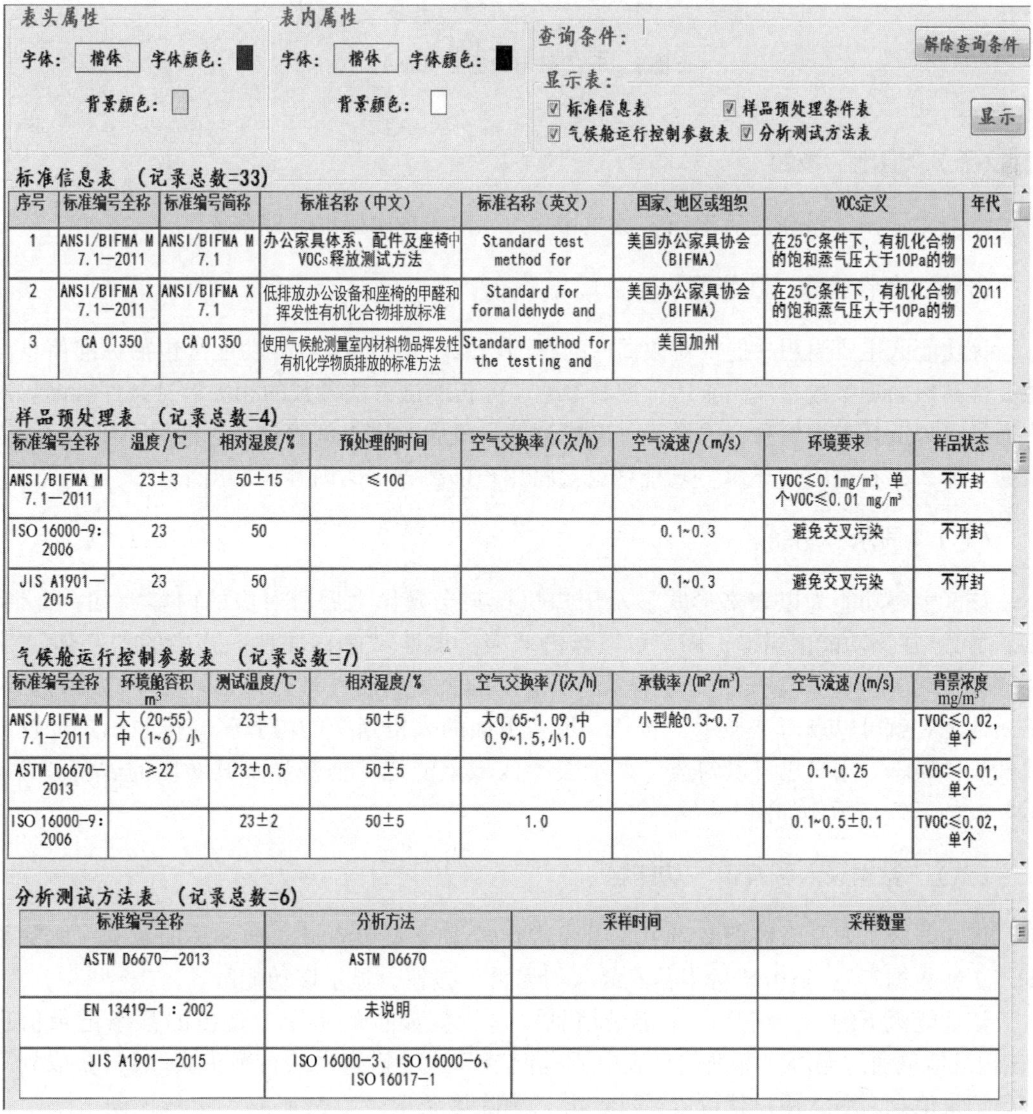

表头属性

字体：楷体　字体颜色：

背景颜色：

表内属性

字体：楷体　字体颜色：

背景颜色：

查询条件：　解除查询条件

显示表：

☑ 标准信息表　☑ 样品预处理条件表

☑ 气候舱运行控制参数表　☑ 分析测试方法表

显示

标准信息表　（记录总数=33）

序号	标准编号全称	标准编号简称	标准名称（中文）	标准名称（英文）	国家、地区或组织	VOCs定义	年代
1	ANSI/BIFMA M 7.1—2011	ANSI/BIFMA M 7.1	办公家具体系、配件及座椅中VOCs释放测试方法	Standard test method for	美国办公家具协会（BIFMA）	在25℃条件下，有机化合物的饱和蒸气压大于10Pa的物	2011
2	ANSI/BIFMA X 7.1—2011	ANSI/BIFMA X 7.1	低排放办公设备和座椅的甲醛和挥发性有机化合物排放标准	Standard for formaldehyde and	美国办公家具协会（BIFMA）	在25℃条件下，有机化合物的饱和蒸气压大于10Pa的物	2011
3	CA 01350	CA 01350	使用气候舱测量室内材料物品挥发性有机化学物质排放的标准方法	Standard method for the testing and	美国加州		

样品预处理表　（记录总数=4）

标准编号全称	温度/℃	相对湿度/%	预处理的时间	空气交换率/(次/h)	空气流速/(m/s)	环境要求	样品状态
ANSI/BIFMA M 7.1—2011	23±3	50±15	≤10d			TVOC≤0.1mg/m³，单个VOC≤0.01 mg/m³	不开封
ISO 16000-9:2006	23	50			0.1~0.3	避免交叉污染	不开封
JIS A1901—2015	23	50			0.1~0.3	避免交叉污染	不开封

气候舱运行控制参数表　（记录总数=7）

标准编号全称	环境舱容积 m³	测试温度/℃	相对湿度/%	空气交换率/(次/h)	承载率/(m²/m³)	空气流速/(m/s)	背景浓度 mg/m³
ANSI/BIFMA M 7.1—2011	大（20~55）中（1~6）小	23±1	50±5	大0.65~1.09，中0.9~1.5，小1.0	小型舱0.3~0.7		TVOC≤0.02，单个
ASTM D6670—2013	≥22	23±0.5	50±5			0.1~0.25	TVOC≤0.01，单个
ISO 16000-9:2006		23±2	50±5	1.0		0.1~0.5±0.1	TVOC≤0.02，单个

分析测试方法表　（记录总数=6）

标准编号全称	分析方法	采样时间	采样数量
ASTM D6670—2013	ASTM D6670		
EN 13419-1：2002	未说明		
JIS A1901—2015	ISO 16000-3、ISO 16000-6、ISO 16017-1		

图 1－4　“显示”功能区窗口

（四）“导出数据到 Excel”按钮

点击此按钮之后会出现“导出标准信息表”“导出样品预处理条件表”“导出气候舱运行控制参数表”“导出采样测试方法表”“导出所有表”等选项。用户通过勾选选取其中某个或者若干个选项，勾选完成之后会弹出导出的窗口，点击“是”就可以将其对应的表中的内容导出至 Excel 当中。窗口示例如图 1－5。

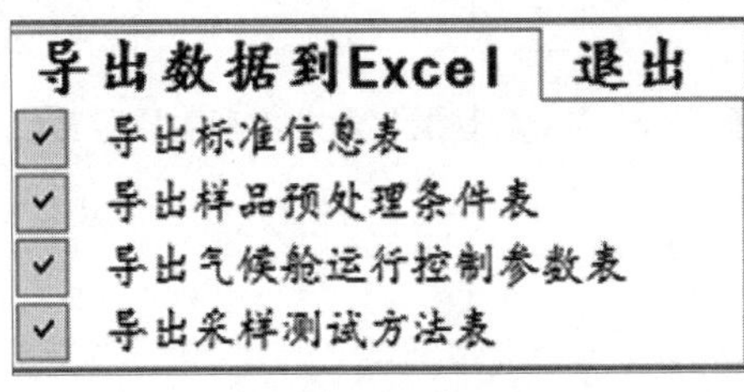

图 1－5 “导出数据到 Excel”

（五）“退出”按钮

点击“退出”按钮之后退出“家具中 VOCs 检测技术标准管理系统”。

（六）“条件检索”功能区

该功能区主要为用户提供对数据库的查询功能。“条件检索”功能区包括标准信息参数、样品预处理参数、气候舱运行控制参数、分析测试方法参数的相关信息条件查询。用户通过点击选择查询参数、关系符、连接符等，最后形成查询表达式。然后点击“确定”按钮。那么，右边的“显示”功能区就会将用户需要查询的内容显示出来。

（七）“显示”功能区

该区主要功能为以表格形式显示用户执行某个操作之后所对应的内容（如：查询、刷新等）。在该功能区当中，用户可以点击“表头属性”“表内属性”当中的“字体”“字体颜色”“背景颜色”等按钮，对其下面所显示的表格的属性进行设置。当用户设置好表格属性之后就可以点击“显示”按钮，那么下面的表格当中的内容就会按照用户设置的属性进行显示。用户也可以勾选“显示表”区域下的选项框来显示其对应的表格。“显示”功能区窗口示例如图 1－6。

（八）“数据录入和编辑”功能区

该功能区主要是对数据库当中的内容进行数据录入和编辑（如：添加数据、删除数据、更新数据等）。点击“标准信息录入与编辑”按钮，显示该功能区。

该功能区下的“当前某一条记录信息”这一栏显示的是用户选出的某条记录信息（该记录信息通过点击“标准信息表中所有记录”这一栏当中的行表头获取），获取到某一条记录信息之后，用户就可以通过点击“删除该条记录”按钮或“更新该条记录”按钮来删除或更新该条记录，该窗口示例如图 1－7。

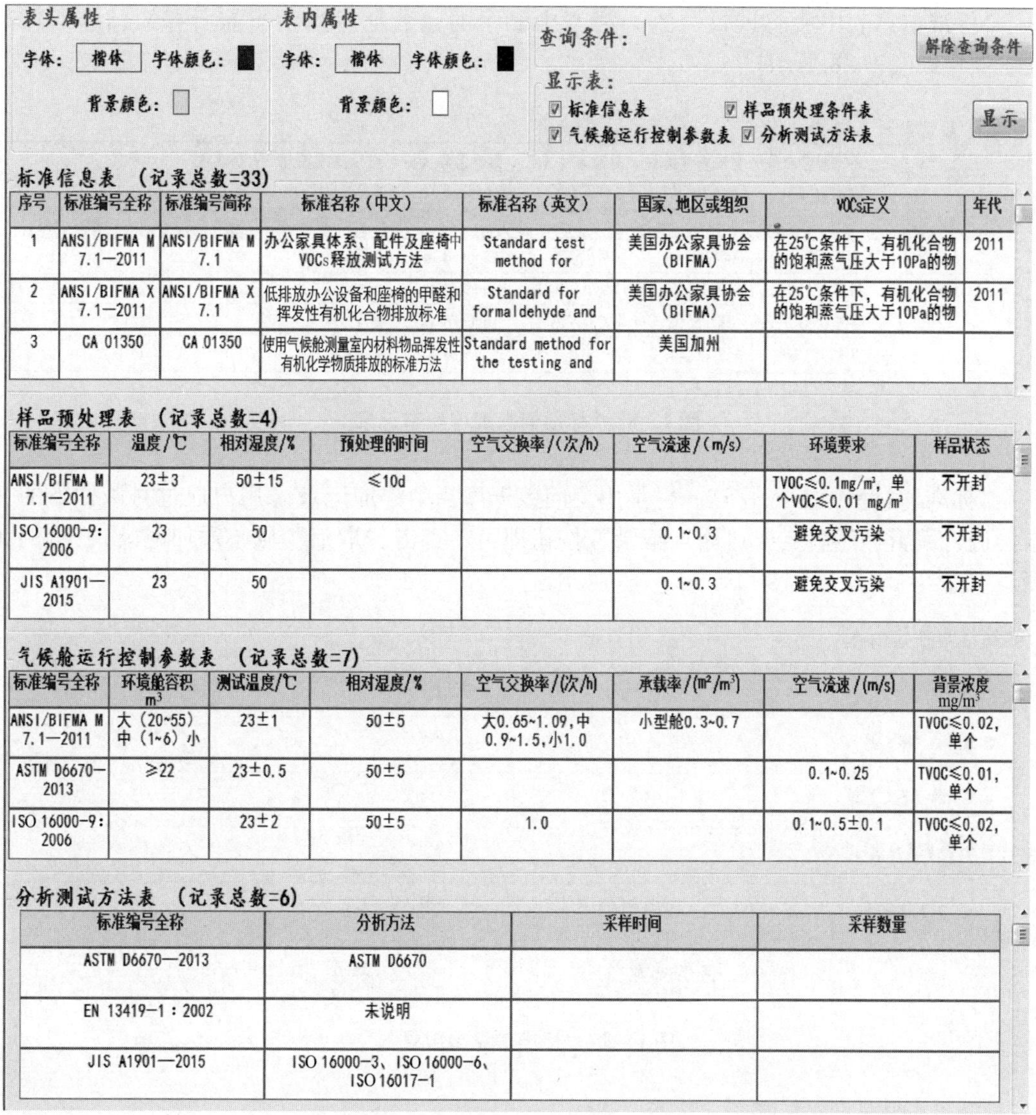

表头属性
字体：楷体　字体颜色：
背景颜色：

表内属性
字体：楷体　字体颜色：
背景颜色：

查询条件：
解除查询条件

显示表：
☑标准信息表　☑样品预处理条件表
☑气候舱运行控制参数表　☑分析测试方法表
显示

标准信息表（记录总数=33）

序号	标准编号全称	标准编号简称	标准名称（中文）	标准名称（英文）	国家、地区或组织	VOCs定义	年代
1	ANSI/BIFMA M 7.1—2011	ANSI/BIFMA M 7.1	办公家具体系、配件及座椅中VOCs释放测试方法	Standard test method for	美国办公家具协会（BIFMA）	在25℃条件下，有机化合物的饱和蒸气压大于10Pa的物	2011
2	ANSI/BIFMA X 7.1—2011	ANSI/BIFMA X 7.1	低排放办公设备和座椅的甲醛和挥发性有机化合物排放标准	Standard for formaldehyde and	美国办公家具协会（BIFMA）	在25℃条件下，有机化合物的饱和蒸气压大于10Pa的物	2011
3	CA 01350	CA 01350	使用气候舱测量室内材料物品挥发性有机化学物质排放的标准方法	Standard method for the testing and	美国加州		

样品预处理表（记录总数=4）

标准编号全称	温度/℃	相对湿度/%	预处理的时间	空气交换率/(次/h)	空气流速/(m/s)	环境要求	样品状态
ANSI/BIFMA M 7.1—2011	23±3	50±15	≤10d			TVOC≤0.1mg/m³，单个VOC≤0.01 mg/m³	不开封
ISO 16000-9:2006	23	50			0.1~0.3	避免交叉污染	不开封
JIS A1901—2015	23	50			0.1~0.3	避免交叉污染	不开封

气候舱运行控制参数表（记录总数=7）

标准编号全称	环境舱容积 m³	测试温度/℃	相对湿度/%	空气交换率/(次/h)	承载率/(m²/m³)	空气流速/(m/s)	背景浓度 mg/m³
ANSI/BIFMA M 7.1—2011	大（20~55）中（1~6）小	23±1	50±5	大0.65~1.09，中0.9~1.5，小1.0	小型舱0.3~0.7		TVOC≤0.02，单个
ASTM D6670—2013	≥22	23±0.5	50±5			0.1~0.25	TVOC≤0.01，单个
ISO 16000-9:2006		23±2	50±5	1.0		0.1~0.5±0.1	TVOC≤0.02，单个

分析测试方法表（记录总数=6）

标准编号全称	分析方法	采样时间	采样数量
ASTM D6670—2013	ASTM D6670		
EN 13419-1：2002	未说明		
JIS A1901—2015	ISO 16000-3、ISO 16000-6、ISO 16017-1		

图1－6　“显示”功能区窗口示例

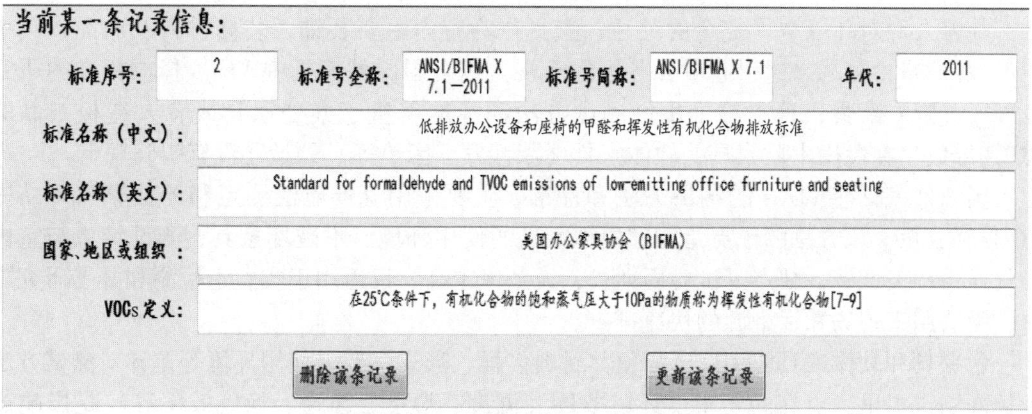

当前某一条记录信息：

标准序号：2　标准号全称：ANSI/BIFMA X 7.1—2011　标准号简称：ANSI/BIFMA X 7.1　年代：2011

标准名称（中文）：低排放办公设备和座椅的甲醛和挥发性有机化合物排放标准

标准名称（英文）：Standard for formaldehyde and TVOC emissions of low-emitting office furniture and seating

国家、地区或组织：美国办公家具协会（BIFMA）

VOCs定义：在25℃条件下，有机化合物的饱和蒸气压大于10Pa的物质称为挥发性有机化合物[7-9]

删除该条记录　更新该条记录

图1－7　“当前某一条记录信息”

“标准信息表中所有记录”这一栏当中显示的是数据库当中当前所有的标准信息记录。该栏如图 1－8 所示。

标准信息表中所有记录：

序号	标准编号全称	标准编号简称	标准名称（中	标准名称（英	国家、地区或组	VOCs定义	年代
1	ANSI/BIFMA ...	ANSI/BIFMA ...	办公家具体...	Standard te...	美国办公家...	在25℃条件...	2011
2	ANSI/BIFMA ...	ANSI/BIFMA ...	低排放办公设备...	Standard fo...	美国办公家...	在25℃条件...	2011
3	CA 01350	CA 01350	使用气候舱...	Standard me...	美国加州		
4	ASTM D5116-...	ASTM D5116	通过小型环...	Standard gu...	美国材料与...		2010
5	ASTM D6670-...	ASTM D6670	全尺寸室测 ...	Standard pr...	美国材料与...		2013
6	ASTM D6345-...	ASTM D6345	空气中挥发...	Standard gu...	美国材料与...		2010

图 1－8 “标准信息表中所有记录”

“标准信息参数录入”这一栏是用户向数据库当中添加记录（用户通过对该栏下的文本框进行编辑，然后点击“添加记录”按钮即可，点击“取消”则不添加记录），示例如图 1－9。

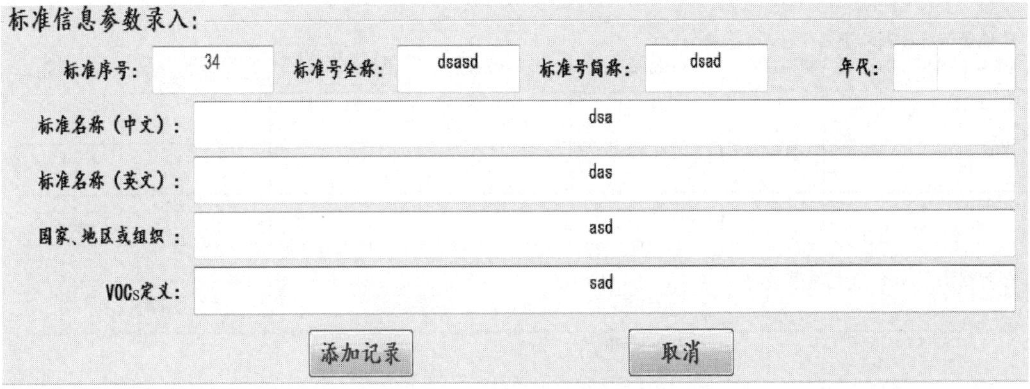

标准信息参数录入：

标准序号：34　标准号全称：dsasd　标准号简称：dsad　年代：

标准名称（中文）：dsa

标准名称（英文）：das

国家、地区或组织：asd

VOCs定义：sad

添加记录　取消

图 1－9 “标准信息参数录入”

五、国内外 VOCs 标准与消费需求的补充完善方向

随着人们对环境空气安全的关注，家具作为室内主要装饰、装修材料及产品，其中 VOCs 释放量检测越来越引起世界各国的重视。综合国内外家具中 VOCs 释放标准的研究发现，美国、欧盟、日本等推出的测试方法和标准着重于办公家具或者人造板制品的 VOCs 释放，在民用木质家具、软体家具（如沙发、床垫等）领域还没有明确规定。

国内外家具等 VOCs 的测试方法和标准，主要采用气候舱法测定和评估家具产品中 VOCs 释放量。该方法的优点是能够模拟家具的使用环境、不破坏家具、测试结果与室内空气质量相关性好，缺点是试验周期长，设备成本高，仅适用于实验室检测和开展研究工作，无法用于现场和污染源的快速排查。

木家具和软体家具应用广泛，但其材料多样、形式多变、使用环境等差异对测试方法和标准制定提出了更高的要求。环境条件（温度、湿度、风速、换气效率等）是影响产品中 VOCs 释放速率的重要因素，通过比较研究国内外家具中 VOCs 检测方法标准，对预

处理条件和运行参数等进行分析研究，对我国制定家具中 VOCs 现场快速检测方法具有较大的参考指导意义。

第五节　国内外检测 VOCs 标准物质的现状

标准物质的正确使用是 VOCs 准确检测的基础前提，VOCs 标准物质在家具检测行业发挥着广泛的作用。VOCs 标准物质的应用与合成树脂胶黏剂和胶合技术以及人造新材料在家具产品中的广泛应用密切相关。由于各种合成材料的使用，家具产品中 VOCs 污染物的组成成分日趋复杂，有必要对其成分进行单独区分与测量，以确定有害成分的来源。目前，家具产品中 VOCs 已成为引起室内空气污染的重要原因，家具产品中 VOCs 对室内空气质量的影响及家具产品与室内环境功效性的联系的相关研究已经获得了高度重视。同时，从产品质量监督的角度，家具产品中 VOCs 的管控已逐步从总量控制（TVOC 指标）走向单项限量。因此，针对家具产品中 VOCs 管控需求，研究对应的标准物质十分重要。

然而，VOCs 的组成种类繁多，而每一单项组分释放出的环境浓度通常在几十 10^{-9}mol/mol 左右，且不同组分的 VOCs 的物理化学性质有较大差异，将其准确混合配制成一种标准物质仍有较大难度。为了应对家具产品中 VOCs 的法制管控需求，需要评估各种组分浓度的微小变化，并准确地测量各种 VOCs 浓度，同时其测量结果不确定度和计量溯源性也必须具有准确的表述。因此，VOCs 类有证标准物质的研制对提升家具产品质量，家具产业链升级和家具产品 VOCs 法制管控具有重要意义。

一、国外对 VOCs 标准物质的研究进展

目前国际上已有众多计量与学术研究机构开发了 VOCs 气体标准物质，旨在解决 VOCs 测量时的数据溯源问题。这些机构间开展了大量的合作，力求保持彼此测量数据的准确与一致。如美国北卡莱罗纳州立大学、美国国家海洋与大气管理局（NOAA）、美国标准与技术研究院（NIST）、德国马普地球化学研究所（MPI－BGC）、韩国国家计量院（KRISS）和英国国家物理实验室（NPL）等均开发了不同种类的 VOCs 气体标准物质。

然而，这些气体标准物质的开发主要针对本底大气环境观测或污染源排放监测的需求，在标准物质种类选择时侧重天然排放的 VOCs 或者汽车等污染源排放的 VOCs 类物质。而家具中包含的 VOCs 种类多由人工涂料或合成粘合剂引起，因此在浓度覆盖范围和 VOCs 物质种类方面不能完全适用于家具产品的管控需求。以美国开展的 VOCs 类标准物质的研究为例，NIST 最早于 1992 年针对大气污染控制需求开发了浓度覆盖范围为 5nmol/mol～125nmol/mol 的非甲烷烃类物质（NMHCs），物质种类以汽车尾气中的汽油挥发物为主。又如 KRISS 对 VOCs 的关注点在于本底浓度量级的氟利昂类物质(10^{-12}mol/mol～10^{-9}mol/mol)，NPL 等则侧重开发森林排放的天然半挥发有机物标准物质（SVOCs）。因此，有必要专门针对家具产品中的 VOCs 开发相应浓度量级与物质种类的气体标准物质。

由于 VOCs 的标准制备与测量受多种环境与人为因素影响，因此 VOCs 的准确测量仍具有相当的技术难度。如何保持不同机构测量值的一致性与等效性是国际研究机构的热点。2003 年，世界气象组织（WMO）的大气本底观测计划（GAW）提出了针对大气本底中的 NMHCs 的比对计划，旨在全方位地比较各个观测站的观测能力。随后，由位于美

国科罗拉多州的美国大气研究中心（NCAR）制备了多组分的 VOCs 比对标样，并分发至巴西、加拿大、捷克、芬兰、德国、爱尔兰和斯洛伐克等国设立的本底观测站。通过比对，NCAR 评估了其中 21 种 VOCs 组分的测量结果在各大气本底观测站一致性状况，并认为其不确定度在 ±5% 以内。对于另外 73 种 VOCs 组分，各实验室的比对一致性在 0.1% ~100% 之间。在剔除其中一家的离群值后，比对一致性在 20% 以内。于 2006 年，WMO - GAW 对多年观测数据的审查结果表明，仅仅在部分的 VOCs 组分间具有良好的一致性。

二、国内对 VOCs 标准物质的研究进展

我国已经将家具产品中的 VOCs 挥发量作为一项产品的质量指标，但目前与检测相配套的 VOCs 气体标准物质的研究工作相对滞后，目前 VOCs 类气态标准物质的研究还处在起步阶段。所查到的相关报道有中国预防医学科学院研制的活性碳中苯、甲苯和邻二甲苯标准物质和国家环保总局标样所研制的氮中苯系物标准物质，另外中国测试技术研究院也对 VOCs 标准物质开展了相应研究。

我国从事 VOCs 类物质的研究始于人体健康风险的研究。最早见于 20 世纪 80 年代，中国预防医学科学院何兴舟研究员所领导的环境流行病研究室开始了云南省曲靖市宣威地区农村室内燃料燃烧与癌症发病率关系的研究，1983 年开始发表一系列的文章，进一步深入地研究了室内空气污染与健康的关系。1993 年，杨旭副主任医师首先开始了建筑物的装饰材料（以下简称装饰建材）污染的研究。1995 年秦钰慧研究员组织“室内化学品与健康关系的研究”。2001 年 5 月，中国科学技术协会过程学会联合会举办了“全国室内环境质量研讨会”。近两年，电台、报纸以及网络等媒体也相继对室内环境问题做了相当多的报道，VOCs 作为室内环境质量的重要影响因素已成为关注重点。

目前，我国制定的与室内环境空气质量相关的标准主要有：《室内空气质量标准》（GB/T 18883—2002）和《民用建筑工程室内环境污染控制规范》（GB 50325—2020），涉及的环境污染物测量达 20 多种。自 2003 年以来，中国计量科学研究院在国家资助下开展了甲醛、苯系物、醇系物、酮系物等相关标准物质的研制。解决了甲醛、部分苯系物、部分醇系物、部分酮系物的标准物质和测量溯源问题。但对标准涉及的 ppb（$1ppb = 1mg/m^3$）级 VOCs，如十一烷、乙酸丁酯等，还没有解决钢瓶装气体标准物质的研制。部分 VOCs 气体标准物质的研制仍处于技术攻关阶段。与国外相比，我国 VOCs 气体标准物质的种类和覆盖面仍有待提高。

第六节　国内外 VOCs 广谱、高通量筛查技术的现状

高通量筛查（high throughput screening，HTS）技术是一种对样品中的化合物进行全面筛查识别的分析技术，可简单通俗地解释为可以通过一次实验获得大量的信息，并从中找到有价值的信息的一种技术手段，具有快速、灵敏和准确等特点。高通量筛查技术是 20 世纪 80 年代后期发展起来的一种筛选新技术，最初应用于药物筛选。通过几十年的发展，高通量筛查技术已经成为一种发现特征污染物的新分析方法，应用于食品安全、环境监测、环境工程、环境健康等领域。

有机污染物种类多、数量大，具有不同的物理化学性质，对环境分析方法提出了巨大的挑战。目前识别环境中化合物主要使用靶向分析这一传统方法。该方法通常采用气相色谱－质谱联用（GC－MS）(从非极性到半极性，挥发性化合物）或液相色谱－质谱联用(LC－MS)(从半极性到极性，非挥发性化合物)，针对目标化合物，购买标准品建立明确的离子对监控方法，通过保留时间定性、标准曲线定量的方式，实现对目标物质的分析检测。然而，受色谱分离能力的限制，通常情况下靶向分析方法最多分析百余种物质，这就意味着还有大量的未知污染物没有得到有效的监测。此外，由于很多物质的标准品购买周期比较长或者价格比较昂贵，有些新型污染物也无法获得其标准品，同时还存在着很多未知化合物和中间体、代谢产物等。采用传统的标准品检测工作量大，工作效率低，因此高通量筛查技术逐渐成为环境分析的热点。由于高通量筛查技术是一种对样品中的有机化合物进行全面识别鉴定的分析方法，具有高通量、灵敏和快速的特点，通常可以一次性识别出几千种以上的物质。

家具中 VOCs 种类繁多，释放到空气中的污染物造成环境污染，对人体健康构成威胁，而现有标准对家具中 VOCs 的检测覆盖面窄，无法从家具样品中识别出未知污染物。这里将 HTS 技术首次引入到家具行业，以期可以通过较少的步骤、在短时间内完成对家具中 VOCs 的筛查检测，识别出更多未知污染物。

高通量筛查技术的特色是将各种技术方法有机结合而形成的一种新技术体系。高通量筛查流程一般分成 4 个步骤：1）样品采集及前处理；2）仪器分析；3）数据处理；4）物质鉴定。

一、样品采集及前处理方法

目前常用的 VOCs 前处理方法有吹扫捕集法、固相微萃取法、静态释放法和动态释放法等。对于不同基态的样品选择不同的方法。

（一）吹扫捕集法

吹扫捕集法属于气相萃取范畴，它是用氮气、氦气或其他惰性气体将被测物从样品中抽提出来，使气体连续通过样品，将其中的挥发组分萃取后在吸附剂或冷阱中捕集，再进行分析测定，因而是一种非平衡态的连续萃取。

吹扫捕集法适用于从液体或固体样品中萃取沸点低于 200℃、溶解度小于 2% 的挥发性或半挥发性有机物、有机金属化合物。吹扫捕集法对样品的前处理无需使用有机溶剂，对环境不造成二次污染，而且具有取样量少、富集效率高、受基体干扰小及容易实现在线检测等优点。但是吹扫捕集法易形成泡沫，使仪器超载。此外伴随有水蒸气的吹出，不利于下一步的吸附，给非极性气相色谱分离柱的分离带来困难，并且水对火焰类检测器也具有淬灭作用。

工业长期发展的结果，导致大量有毒化合物进入水体循环体系，成为危害人、牲口健康的潜在威胁。缘于此，为数众多的科研团队或个人对地表水、地下水、饮用水、海水、天然水、废水等与生存环境息息相关的水资源进行了深入研究，并制定了标准的分析方法。空气中 VOCs 因成分复杂、含量微小、检测难度大而成为人们研究的热点。周密等利用吹扫捕集浓缩仪的后两个步骤即捕集热脱附法对空气中的苯系物测定方法进行了研究，

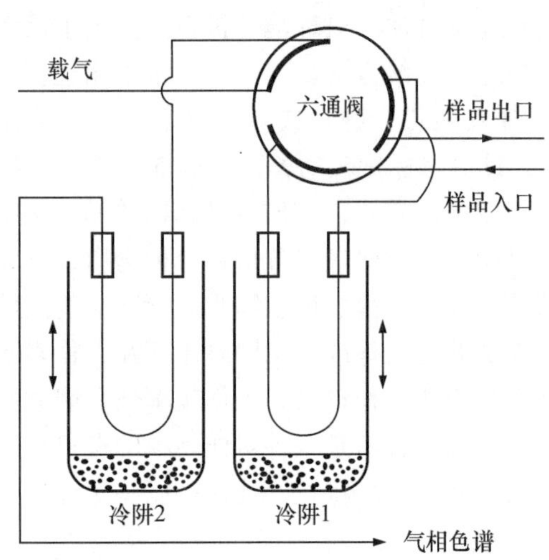

图1-10　冷阱捕集测试磷化氢的装置示意图

结果令人满意。张荣贤等使用自制的吹扫捕集装置，用 Tenax GC 采样管在常温下富集大气中的有机污染物，热解吸进样，GC - MS 联用分析了大气中的 40 种 VOCs，主要为苯系物和挥发性卤代烃。Glindemann 等利用冷阱捕集技术测定了空气中磷化氢的含量，所采用的装置如图 1-10 所示。空气样品首先经氢氧化钠处理除去硫化氢和二氧化碳后，进入冷阱 1 捕集，其捕集温度为 -130℃ ~ -100℃，此时甲烷和空气未被捕集而被排出。切换六通阀加热冷阱 1，被捕集分析物进入冷阱 2 捕集，捕集温度为 -196℃，分析物经热解吸后，用气相色谱/氮磷检测器检测。

Pecheyran 等建立了一种同时测定空气中挥发性有机金属化合物和准金属化合物的多元素形态分析方法，空气样品首先经过一个过滤器除去悬浮物颗粒，然后经过一个 -20℃的水冷阱除去水蒸气后，将分析物在 -175℃低温富集在一小段的玻璃棉填充柱上，再利用低温气相色谱与电感耦合等离子发射光谱联用检测。载气中的氧化剂可以降低样品中挥发性含碳的金属形态干扰，同时用氙作为内标连续检测分析过程中等离子体的稳定性。方法的绝对检测限：四甲基铅和四乙基铅为 0.06pg ~ 0.07pg，四甲基锡和四乙基锡为 0.2pg，二甲基汞和二乙基汞为 0.8pg，二乙基硒为 2.5pg。

除水体和空气污染引人注目外，土壤污染也成为人们关注的焦点。近年来出现了很多利用吹扫 - 捕集法研究土壤污染物的报道。关于土壤的研究集中在一般土壤样品、污染型土壤、垃圾、底泥等几种类型，主要研究土壤本身所含污染物及其挥发出来的气味。

吹扫 - 捕集法可以解决液上顶空低灵敏度缺陷，分析范围取决于选用的吸附剂，一般适合于低黏度液体中 VOCs 的测试。吹扫温度、管路温度均对分析精度有很大的影响，吹扫气体流速与吹脱时间均受样品基体特性的影响，一般通过吹扫时间与加标回收关系试验来确定，气提效率较低，回收率低于 90%。

（二）固相微萃取法

固相微萃取装置类似于一支气相色谱的微量进样器，萃取头是在一根石英纤维上涂上固相微萃取涂层，外面套上细不锈钢管以保护石英纤维不被折断，纤维头可在钢管内伸缩。将纤维头浸入样品溶液中或顶空气体中一段时间，同时搅拌溶液以加速两相间达到平衡，待平衡后将纤维头取出插入气相色谱汽化室，热解吸涂层上吸附的物质。被萃取物在汽化室内解吸后，靠流动相将其导入色谱柱，完成提取、分离、浓缩的全过程。固相微萃取技术几乎可以用于气体、液体、生物、固体等样品中各类挥发性或半挥发性物质的分析。发展至今短短的 10 年时间，已在环境、生物、工业、食品、临床医学等领域的各个方面得到广泛的应用。

该法特点是集取样、萃取、浓缩和进样于一体，操作方便，耗时短，测定快速高效。无需任何有机溶剂，避免了对环境的二次污染。仪器简单，无需附属设备，适用于现场分析，易于操作。灵敏度高，可以实现超痕量分析，能直接从样品中采集挥发和半挥发性化合物，如穿孔萃取法测定人造板中游离甲醛。

固相微萃取法最早的应用就是在环境样品的检测中，至今其在环境样品的微量元素分析中仍发挥着巨大的作用。应用比较广泛的有固态（如沉积物、土壤等）、液态（饮用水和废水等）及气态（空气、香料和废气等）的样品分析。该技术应用于越来越多的实际生产和生活领域上，如应用于纺织品中杀虫剂残留和偶氮染料的检测、蔬菜中残余有机磷农药的检测以及在洗发香波中四氯化碳的检测，而且在烟草行业也得到了广泛的应用，如在成品香烟中香料、香精成分的分析，卷烟烟丝中的香气成分和在烟叶中有机酸含量的分析。

（三）静态释放法

该法是在特定温度条件下，样品中 VOCs 释放至一定体积的密闭容器中，测定其释放平衡或特定释放时间条件下气相中 VOCs 浓度。常用于测定固体、液体中的 VOCs，包括静态顶空法和密闭容器（舱）法。

① 静态顶空法

将样品放在一个密封的顶空瓶中，在一定温度和时间下，使瓶内基质中的挥发性有机物挥发并达到气固平衡或气液平衡，然后抽取一部分气体进入色谱柱进行分析，几乎不需要处理样品，减少了样品的制备时间。虽然该方法具有样品前处理简单，节省人力、试剂和减少样品基体干扰与仪器污染的优点，但仍存在因浓缩倍数小，对于分配系数小、沸点高的组分灵敏度较低，分析化合物的范围较窄的缺陷。

② 密闭容器（舱）法

在一定的温、湿度环境下，测定样品释放到一定体积的密闭容器中的 VOCs，如干燥器法检测家具中甲醛释放量。国内多用于装饰材料所释放单体的定性测定、VOCs 释放模拟试验和模型研究。

（四）动态释放法

常用于模拟一定室内环境条件下装饰材料中 VOCs 的释放现象、释放率分析研究，由材料 VOCs 的释放技术、气态 VOCs 采样技术和分析技术构成。即一定气体交换率、温度、湿度、风速、样品负载率条件下气候舱（室）内样品中 VOCs 释放至舱（室）内载气中，吸附剂或溶剂吸附主动采样，捕集样品洗脱后，选用合适仪器分析测定。

在实际使用环境中，家具中的 VOCs 通过挥发扩散进入空气中造成环境污染。家具中 VOCs 来源丰富、种类多，不同物质的物理化学性质迥异，且多数物质以低浓度释放到环境中，而且还要考虑到环境中存在干扰物和适合家具本身尺寸和材质的多样性，因此需要选择一种合适的前处理方法，尽可能全面采集化合物进行分析。环境气候舱法是目前国内外检测科研机构最广泛采用的方法。环境气候舱法是一种动态释放量测试方法，该方法不破坏家具而且能更好地模拟居家环境，模拟使用条件下（温度、湿度、空气交换率）VOCs 释放情况，提供测试样品向空气中释放 VOCs 的可能程度。该方法操作简便，人为干预小。有3种类型实验舱：释放舱（chamber）、实地与实验室小空间释放室（FLEC）和模拟房。

气候舱中的空气样品采集是筛查技术的基础，决定结果的可靠性和准确性。采样方法通常有两种：全量空气采样法和吸附采样法。

① 全量空气采样法

一般适用于中低相对分子质量碳氢单体与卤代烃单体的测定。采样方法有聚合物袋、玻璃容器、不锈钢采样罐3种方式，样品采集后直接进入分析仪器进行VOCs检测。聚合物袋价格便宜，使用方便，适用于高浓度样品。低浓度气体的采集可采用罐采样，罐采样能够保持样品的完整性。不锈钢采样罐具有低渗透、光稳定性好、样品完整性好、增压扩大采样体积和回收率高的优点。该类型的采样方法消除了采样效率或测定采样体积引起的不确定度，适合于准确度和重现性要求较高的全分析。

② 吸附采样法

根据目标物VOCs的物理化学性质选择合适的吸附剂作为吸附介质进行吸附采样。吸附剂主要有3类：碳分子筛（carbon molecular sieves）、石墨化碳黑（graphitized carbon black）和多孔聚合物材料（porous polymers）。吸附剂需要具备的特点主要包括：比表面积大、孔结构及表面结构丰富；对吸附质有强烈的吸附能力；吸附质和介质之间不发生化学反应；制造方便、容易再生；有极好的吸附性和机械特性等。目前最常用的Tenax吸附剂是一种疏水性多孔聚合物树脂，温度耐受性好，可以捕捉范围在C6～C26之间的目标化合物。

吸附采样可分为主动采样和被动采样两种方式。主动采样利用采样泵抽取一定量的空气样品，使其通过装有吸附剂的吸附管完成采样，既可以用于长期采样，也可以用于短期采样。被动采样在采样过程中不需要采样装置，依赖于待测VOCs分子扩散到吸附剂表面，一般适用于室外多浓度、多采样点、长时间个体暴露的监测。

相比苏玛罐采样，吸附管的检测成本较低，但存在易穿透、采样时间长、热解析效率低和二次污染的问题。

二、VOCs分析技术

采集的样品可通过热脱附、溶剂萃取两种技术方法进行处理后再进行VOCs的分析。气相色谱法（GC－FID）、气质联用法（GC－MS）、高效液相色谱法（HPLC）和液质联用法（HPLC－MS/MS）、在线VOCs监测检测分析质谱仪（PTR－MS）、光谱分析法、光离子化检测器（PID）检测技术、比色管检测法等分析技术是当前主要的分析技术。由于具有更高的质量分辨率，更高的质量精确度，更宽的化合物覆盖范围和更好的定性能力，高分辨率质谱法（high resolution mass spectrum，HRMS）已经成为高通量筛查中最重要的技术手段。其中，飞行时间质谱（time of flight mass spectrometer，TOF）和轨道离子阱（Orbitrap）质谱是常用的HRMS。

（一）气相色谱法（GC－FID）

主要用于VOCs的总量或特定低碳烃类的测定，无法识别具体成分及含量，只用于特定场合或与质谱搭配使用。

（二）气质联用法

家具中 VOCs 的高通量筛查研究可通过环境舱释放—吸附剂捕集—热脱附—气相色谱/质谱法技术体系实现。GC－MS 适用于所有气体样品，可以测定很多化合物。

（三）高效液相色谱法和液质联用法

溶剂萃取色谱法和衍生反应色谱法因溶剂的干扰、衍生反应的限制，只能适合于特定目标单体如苯系物的测定。对于甲醛、乙醛和丙酮等低分子羟基化合物，采用2,4－二硝基苯肼(DHPN)采集，乙腈溶剂脱洗，高效液相色谱/质谱分析具有更高的灵敏度和准确度。

（四）在线 VOCs 监测检测分析质谱仪（PTR－MS）

这是近年来兴起的一种痕量 VOCs 检测仪。针对 GC/MS 的电子电离（EI）方式测量痕量 VOCs 时灵敏度偏低，定性分析难等缺点，奥地利 Lindinger 等利用化学电离（CI）提出质子传递反应质谱方法，其基本原理是利用软电离技术，对测量前的 VOCs 分子进行离子化，即利用母体离子 H_3O^+ 与 VOCs 反应，把 VOCs 分子转换成离子。测量的一般过程为：离子源产生母体离子 H_3O^+，进入流动管与空气中 VOCs 发生质子转移反应，将 VOCs 离子化为唯一的 $VOCsH^+$ 离子，产生的离子进入流动管末端的质谱进行检测。同时 PTR－MS 采用在离子－分子反应区加可调电场的技术，消除了水的影响，使得质谱图像非常简单，易于对有机物的识别。

目前 PTR－MS 的灵敏度、选择性和实时监测能力虽然都有所提高，但其应用还远不及 GC－MS 等广泛。虽然 PTR－MS 在快速测量痕量 VOCs 方面有着成功的应用和很好的潜力，但仍然存在应用的局限性。鉴于 PTR－MS 与 GC－MS 在 VOCs 分析方面各有优势，在以后 VOCs 样品的检测中，可以将这两种仪器联合使用，对某些复杂样品，可先用 PTR－MS 分析，快速了解样品成分的相对分子质量范围、成分的复杂程度、挥发性、极性、沸点范围、热稳定性等，由此确定更为准确可靠的 GC－MS 分析方法和条件，在节省检测时间的同时避免样品污染损害仪器。

（五）光谱分析法——现场快速检测和实时在线分析

光谱分析法基于与物质结构和组成相关的特征信息，能够选择适宜的波段范围和方法，具有很高的灵敏度和好的选择性，且无需样品准备，具有快速、非破坏、高效、动态等优点，适用于现场快速检测和实时在线分析，可以避免采样方式的繁琐过程以及采样过程带来干扰的可能，使测量结果更为准确。近年来，光谱分析法在环境 VOCs 监测领域获得了长足的发展和应用。

光谱分析法主要有非色散红外分析（NDIR）、傅里叶变换光谱（FTIR）和光学差分吸收光谱（DOAS）等。

光谱分析法与 GC－MS 相比缺点较为明显，目前尚在不断完善和发展之中。光谱分析法的分辨率和灵敏度要比 GC－MS 低得多，而其谱库数据库存量较少，也难以提供复杂组分 VOCs 的检索；光谱分析法更适合对某种或某几种 VOCs 的检测和监测；然而，由于 GC－MS 只能提供分子碎片和相对分子质量信息，难以有效分析组成复杂、结构相似的

VOCs，而光谱分析法可提供直接的分子结构信息，更适合对几何异构体的鉴定，因此，光谱分析法可成为与 GC－MS 互补的一种分析技术，将两者结合起来，可大大提高 VOCs 的分析能力。

（六）PID 检测技术——现场检测

PID 检测技术是国际上推广应用的光离子化新技术，可现场检测 ppb（$1ppb=1mg/m^3$）级挥发性 TVOC，该仪器可以准确测量空气中 VOCs 浓度范围为 1ppb 到 $10\ 000\times10^{-6}$（ppm），被认为是不带色谱柱的色谱仪，是一种高度灵敏的宽范围检测器。PID 使用了一个氩或氪的紫外灯光源，将有机物电离成可被极检测到的正负离子（离子化过程）。检测器测量离子化了的气体的电荷并将其转化为电流信号，电流被放大并显示出“10^{-6}（ppm）”或“ppb”浓度值。被检测后，离子重新复合成为原来的气体和蒸气。绝大多数的 VOCs 的电离电位都低于 PID 的能量，所以绝大多数的 VOCs 都可以被 PID 准确检出。目前 PID 技术多被用来现场检测气体中的 TVOC。

（七）比色管检测法——快速检测

该法借助于一个充满显色物质的玻璃管和一个抽气采样泵，检测时将含 VOCs 的空气抽入玻璃管，吸入的气体和显色物质反应，气体浓度与显色长度成比例关系，从而可以直观地得到气体的大致浓度。

该方法的不足之处是检测范围难以覆盖 TVOC 全部成分，数据代表性差，有一定的局限性。但可用来快速判断待测样品中 TVOC 的大致浓度，发现超标后再采用 GC－MS 或 HPLC 等方法加以确认，从而达到快速检测的目的。

三、数据处理

高通量筛查将产生巨大的数据集，为减少数据量，尽可能全面找到特征峰，可以先从全扫描色谱图中提取物质峰，过滤掉同一化合物的加合离子、同位素离子和碎片离子，通过设置精确质量数误差、保留时间等关键参数进行峰校正和对齐，将其转换为更简单的数据集。其次，通过一些方法来减少干扰。例如通过相应的质控来减少溶剂和分析过程中产生的干扰，通过重复分析排除不稳定的干扰离子，使用质量缺陷滤波器（MDF）作为预滤波器来减少内源化合物和背景干扰等。

还可以利用数据导向策略和实验导向策略来简化数据处理。数据导向策略倾向于关注高浓度、高丰度的化合物，可以对物质信号强度进行排序、对数据出现的频率要求进行筛选。实验导向策略即目标导向策略，根据实际的研究目的确定化合物。利用效应导向分析、暴露驱动等生物效应测试可以确定具有特定毒性效应的未知化合物。用计算机模拟效应导向分析替代实验确定具有毒性的污染。利用同位素标记，通过实验室模拟可以确定特定污染物在环境中的未知转化物。在家具中 VOCs 高通量筛查研究中，可以建立起目标数据库，重点关注高风险、高富集和高暴露的化合物。

四、物质鉴定

可疑物筛查方法是在没有标准品的情况下通过数据库信息的比对进行污染物的筛查分

析。在可疑物分析过程中，首先根据分子式计算出预期离子的精确质量数，从高分辨全扫描色谱图中提取对应物质峰；其次，根据精确质量数误差、预测保留时间误差、同位素分布以及特征 MS/MS 谱图等信息可识别出可能存在的物质，但对于可疑物筛查，仅凭精确的质量匹配不足以准确鉴定物质，因此仍需要同位素分布、特征 MS/MS 谱图等信息来进一步确认。非靶向筛查方法是在没有任何先验信息的条件下对未知物进行的筛查分析。在非靶向分析中，首先从高分辨全扫描色谱图中提取物质峰，并根据其精确质量数、同位素分布和质量缺陷等计算出可能的元素组成，获得分子式；其次通过质谱库或计算模拟等方式获取化合物的可能结构，并将这些候选化合物的 MS/MS 谱图与实际的比对，筛选出碎片相似度最高的化合物；最后，通过标准品确认筛查结果。由于缺乏明确信息，仅靠有限的离子碎片信息难以鉴定未知化合物的主要官能团，其鉴定过程更耗时、耗力，筛查成功率更低。采用特征结构分析和碎片离子分析等策略来进行未知化合物的结构解析和识别鉴定。某些特定种类的化合物通常具有特征子结构，它们可以产生相同或相似的特征碎片离子或中性丢失，以此识别未知化合物。

此外，多级串联质谱也是鉴定未知化合物的强大工具。它不仅可以提供精确质量数，还能提供更多元素和结构信息。质谱树代表了连续 MS 之间的联系，而碎片树描述了化合物分子的碎裂途径，结合质谱树和碎片树的结构解析方法可被用于鉴定未知化合物。

第七节　国内外家具产品中 VOCs 认证方法

随着对室内空气品质要求的不断提升，消费者购买家具等室内装饰、装修物品时对于 VOCs 释放污染物的关注程度也不断提高。国内外陆续建立室内材料有害物质标识制度，尤其是欧、美、日等许多发达国家和地区对建材方面的环境标识的发展非常重视，特别是 20 世纪 90 年代以后，发展速度明显加快。继 1992 年联合国环境与发展大会召开后，1994 年联合国又增设了“可持续产品开发”工作组。随后，国际标准化组织（ISO）等也开始讨论制定环境调和制品（ECP）的标准，先后制定了 VOCs 散发量的试验方法，规定了环境友好型产品的性能标准，并开发了许多新产品，在要求实用功能及外表美观之外，更强调对人体、环境无毒害、无污染。发达国家为促进绿色产品的发展，还从制定、实施产品环境标志认证制度入手，通过法律、法规先行建设，为产品绿色健康发展营造良好的氛围与环境。各国和地区 VOCs 释放的相关标识体系，见表 1－6、图 1－11；相关国家和国际组织的环境标志计划见表 1－7；图 1－12 为世界各国、地区和国际组织的环境标志汇总。

表 1－6　各国、地区 VOCs 释放的相关标识体系汇总

区域	标　识	数量
美洲	美国 BIFMA（2005）、CA 01350（2001）、CARB（2008）、CHPS（2002）、CRI Green Label Plus（1992）、Floorscore（2005）、Greenguard（2001）、Green Seal（1989）、Indoor airPLUS（2009）、LEED（2000）、SCS Indoor Advantage（2004）；巴西 Environmental Quality（1993）；加拿大 Environmental Choice（1988）	13

表 1-6（续）

区域	标　识	数量
欧洲	欧盟 EU Flower（1992）；北欧 Swan（1989）；德国 AgBB（2000）、Blue Angel（1978）、EMICODE（1997）、GUT（1990）、Natureplus（2002）；法国 AFSSET（2004）、CESAT（2003）、NF Environment（1991）；丹麦 ICL（1994）；芬兰 M1（1995）；瑞典 Good Environmental Choice（1992）、TCO（1992）；荷兰 Milieukeur（1992）；葡萄牙 LQAI（2000）；西班牙 Aenor（1993）；奥地利 Umweltzeichen（1990）；捷克 Environmentally Friendly Products（1993）；匈牙利 Environmentally Friendly（1994）；斯洛伐克 Environmental Friendly Product（1996）；克罗地亚 Environmental Friendly（1993）；波兰 Eco Mark（1998）	23
大洋洲	新西兰 Environmental Choice（1992）；澳大利亚 Environmental Choice（1991）	2
亚洲	日本 Eco Mark（1989）；韩国 Eco-label（1992）；印度 Ecomark（1991）；以色列 Green Label（1993）；菲律宾 Green Choice（2001）；新加坡 Green Label（1992）；马来西亚 Eco-label（1996）；泰国 Green Label（1993）；中国香港 Eco-label（1995）、Green Label（2000）；中国台湾 Green Mark（1992）	11
总计		49

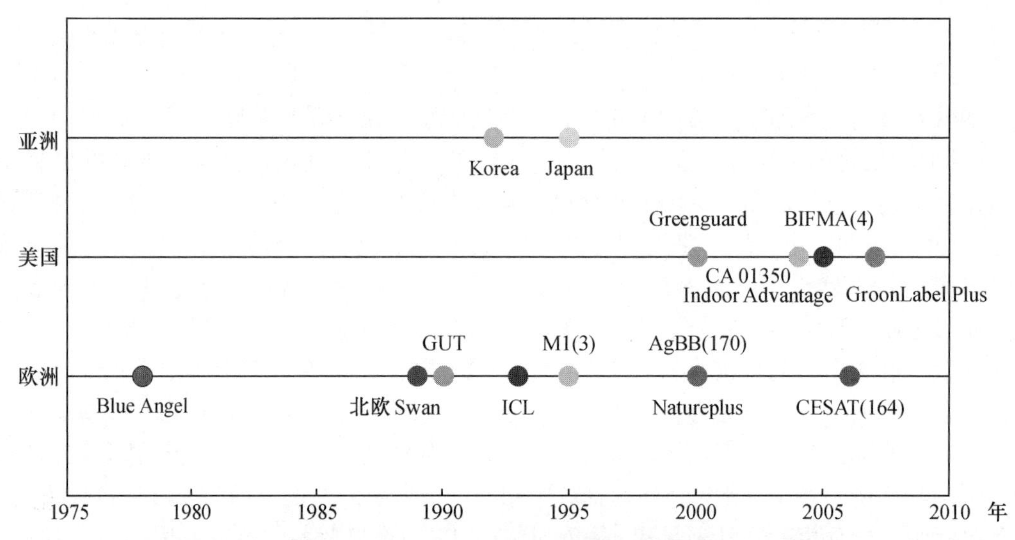

图 1-11　各国、地区 VOCs 释放的相关释放标识体系的出现时间

表 1-7　相关国家、地区/国际组织的环境标志计划列表

国家、地区/国际组织	建立年份	环境标志计划名称	国家、地区/国际组织	建立年份	环境标志计划名称
德国	1977	蓝天使计划	葡萄牙	1991	生态产品
日本	1989	生态标志制度	瑞典	1992	良好环境选择
美国	1989，1990	绿色签章科学证书制度	韩国	1992	生态标章制度
奥地利	1991	奥地利生态标章	荷兰	1992	Stichting；Milieukeur

表1－7（续）

国家、地区/国际组织	建立年份	环境标志计划名称	国家、地区/国际组织	建立年份	环境标志计划名称
丹麦	1992	DICL 认证标志计划	欧盟	1992	欧洲联盟制度
捷克	1994	环保标章	新西兰	1992	环境选择制度
加拿大	1988	Ecologo 环境标志计划	新加坡	1992	绿色标章制度
北欧	1989	白天鹅制度	克罗地亚	1993	环境友好
印度	1991	生态标志制度	泰国	1993	绿色标签
法国	1991	NF 环境	奥地利	1991	生态标志

图1－12　世界各国、地区和国际组织的环境标志汇总

一、国外环境标识认证发展

20 世纪 70 年代末，欧洲国家从制定、实施环境标志认证制度入手，有力地促进了家具等产品绿色化发展。

（一）环境标识在欧洲的发展

德国是世界上最早执行环境标志制度的国家。1977 年经德国国家政府环境部和联邦政府批准，由德国联邦内政部发起创立了针对世界范围内产品和服务的第一个环境标志——“蓝天使”，其考虑的因素主要包括污染物散发、废料产生、再次循环使用、噪声和有害物质等。在德国带“蓝天使”标志的产品已超过 7500 多个，占全国商品的 30%。“蓝天使”标志已为约 80% 的德国用户所接受，如一张“绿色通行证”，在市场上扮演着越来越重要的角色。

丹麦、芬兰、冰岛、挪威、瑞典等北欧各国于 1989 年实施了统一的北欧“白天鹅”环境标志。北欧“白天鹅”标志是世界上第一个多国合作式的环境标志计划，目的是向消费者提供消费指南，以便帮助消费者从市场上选择对环境危害最小的产品和服务。丹麦为了促进建材环境标识的发展，推出了健康建材（HBM）标准，标准规定所有出售的建材产品在使用说明书上除了标出产品质量标准外，还必须标出健康指标。丹麦还是实施健康住宅工程较早的国家，早在 1984 年年底，就在奥胡斯（ArhuS）市建成了“非过敏住宅建筑”示范工程。

瑞典也是积极推行和发展环境标识的北欧国家。瑞典在实施的新的建筑法规中规定用于室内的建筑材料必须实行安全标签制。瑞典最大的住宅银行于 1995 年宣布只向生态建筑开发商贷款。

英国是研究开发环境标识较早的欧洲国家之一。1991 年，英国建筑研究院（BRE）研究了家具等室内建筑用品对室内空气质量产生的有害影响。其对室内空气质量的控制、防治提出了建议，并着手研究开发了一些绿色产品。

（二）环境标识在北美的发展

加拿大是积极推行和发展环境标识的北美国家。1988 年，加拿大开始执行 Ecologo 环境标志计划。1993 年 3 月颁布了第一个产品标志，至今已有 14 个类别的 800 多种产品被授予了环境标志。

美国也是较早提出环境标志的国家，均由地方组织实施，至今还没有国家统一的标志要求，但各州、市对 VOCs 污染物已有严格的限制，而且要求愈来愈高。生产厂家都感觉到各地环保规定的压力，不符合限定的产品要交纳重税和罚款。

美国消费者产品安全委员会 2008 年消费品安全促进法案要求对儿童物品中的邻苯二甲酸酯和铅含量进行测试。加州空气资源委员会复合木质材料中甲醛控制措施要求在加州销售的所有复合木质材料都应满足甲醛散发要求，所有包含复合木质材料的家具和成品都应有一系列的合格认证。1986 年加州安全饮用水和毒性强制法案（法案 65）要求对消费品中的致癌物质和对生殖系统有毒性的物质进行标识。美国环保部（U. S. EPA）在认证和标识中发挥着重要作用，它是标识产品的重要用户（政府主持的采购），它还是标识的开发者、主持者和促进者。尽管政府在标识中扮演着重要角色（例如管制和采购），但是大部分的测试、认证和标识是由市场推动的。其实，认证的真正需求是由工业界、大公司等推动的，普通民众并不懂。许多非政府组织也建立了 VOCs 散发、化学物质含量测试和其他环境相关的标识，见图 1－13，并且一些标识已经在市场上占据了重要位置。目前，测试、认证和标识已开始从关注单一属性转变为关注多属性和全生命周期评估（life cycle assessment，LCA）。全生命周期评估是对产品环境性能从原材料到生产、使用直至终结进行测试评估和管理，在物品的整个生命周期内综合评价输入和输出对环境造成的潜在影响。对于家具，目前整体测试成本高，而单板测试成本较低，是未来发展的趋势，但如何建立合适的预测模型以保证各种原材料都达标的情况下家具整体达标，有待进一步研究。

图 1－13　美国市场上现有的部分标识

（三）环境标识在亚洲的发展

日本政府对环境友好型产品的发展非常重视。日本于 1988 年开展环境标志工作，于 1989 年制定生态标志计划，至今环境标志产品已有 2500 多种。日本科技厅于 1993 年制定并实施了“环境调和材料研究计划”。中国台湾也有环境标志计划，将绿色产品分为生态、健康、高性能、再生4类，评价侧重点不同。

二、国外典型家具中VOCs认证情况

（一）德国“蓝天使”计划——最严格的认证

德国的环境标志认证制度起源于1978年，由联邦政府内政部长和各州环境保护部部长共同建立，亦称“蓝天使”标志认证。德国“蓝天使”标志隶属于德国联邦环保局、自然保护部和核安全部，由联邦环保部门、质量和产品认证委员会（RAL）德国协会共同发起，所有受理产品和服务的技术标准均由独立的环境标志委员会来决定，其认证主要通过文件审核依据标准的检测报告和企业自我声明的形式来进行。

图1-14　德国蓝天使认证标识

“蓝天使”的标识采用联合国环境规划署（UNEP）的标识语，其人形图形标志代表渴望环保生活环境的人类和“为人类规划和保存适宜的居住环境”的环境政策的契合点，如图1-14所示。

“蓝天使”认证对产品原材料、产品生产、产品使用以及后续的产品再利用和处置，采用全过程监控。对认证标准和技术手段，每3年~4年进行一次审核，以确保采用了最先进的环保检测手段。“蓝天使”计划是至今为止世界公认的最为严格的环保产品认证。

（二）美国UL“绿色卫士”认证——最权威的认证

该认证是“GREENGUARD”室内空气质量认证的简称，中文译名为“绿色卫士”，是北美第一个自愿性室内空气质量认证，始于2001年，标识变化如图1-15所示，是世界上最权威的室内空气质量认证测试。作为国际公认的产品化学释放认证和标签，“GREENGUARD”认证专门为商业建筑产品开发，面向低释放室内产品、清洁剂及建筑材料制造商。涉及家具、建材等20多个类别，主要针对产品在室内空气的化学挥发情况。

图1-15　UL环境标识演变

美国UL公司旗下的“GREENGUARD”在室内空气质量监测和认证采用全球最大、最先进的“动态环境模拟舱”检测技术，模拟产品实际用途和真实的室内环境；通过对家具等产品中的VOCs、醛类（如甲醛）、邻苯二甲酸酯等污染物的来源与释放量进行严

格检测与评估，来确定这些产品是否对室内空气造成污染。认证结果分为普通级和金级，标识样式见图 1－16、图 1－17 所示。普通级产品需要满足 360 多项 VOCs 的严格释放标准以及对总化学释放量的限制。普通级认证的家具产品也符合美国家具协会 ANSI/BIFMA X7.1 标准要求。“GREENGUARD” 金级认证，主要是考虑到敏感个体（如儿童和老人）的安全因素，在满足普通级各项 VOCs 认证限值的基础上，通过其他有害化学释放量限值的考核，同时符合加州公共卫生部 CA 01350 的要求，完全可以放心安全地用于学校和医疗机构等特殊环境。

图 1－16　UL 普通级标识

图 1－17　UL 金级标识

作为北美空气质量认证的领导者，该项认证推广效果较好，是众多绿色建筑规范、标准、指南、采购政策和评级系统的重要参考，包括 LEED（Leadership in Energy and En－vironmental Design）认证，美国暖通空调工程师协会（American Society of Heating，Refrigerating and Air－Conditioning Engineers，ASHRAE）等。同时“GREENGUARD” 认证已被 U. S. EPA 引用在美国联邦政府采购指南中，推荐作为联邦使用产品的采购参考，认证产品超过 12 000 多种。

“GREENGUARD” 认证项目已经根据 3 组不同的产品类型组设立测试方法和释放限值，针对建筑材料、家具以及装饰材料要求为 UL 2818GREENGUARD certification program for chemical emissions for building materials，finishes and furnishings 和 UL 2821 UL GREENGUARD certification program method for measuring and evaluating chemical emissions from building materials，finishes and furnishings。其中 UL 2818 是针对建筑材料、家具以及装饰材料的化学释放标准，而 UL 2821 是针对建筑材料、家具以及装饰材料的测试评价及认证文件。

（三）北欧“白天鹅”认证——获多国认可的认证

北欧“白天鹅”（the Nordic Ecolabel）认证，是世界上第一个多国合作式的环境标签计划，标识见图 1－18 所示。它于 1989 年由北欧部长会议决议发起，统合北欧国家，发

图 1 – 18　北欧“白天鹅”认证标识

展出一套独立公正的标签制度，是对北欧全境实施的一项官方生态标签系统，并且在北欧各国都建立了生态标签组织来管理该标签的应用。

作为全球第一个跨国性的环保标签系统，统一由厂商自愿申请，是一个极具正面鼓励性质的产品环境标签制度，参与国包括挪威、瑞典、冰岛、丹麦及芬兰 5 个国家，并组成北欧合作小组共同主管。产品规格分别由 4 个国家研究拟定，但经过其中一国的验证后，即可通行各国。产品必须在整个使用周期中符合严苛的环境标准才被授予北欧“白天鹅”生态标签。北欧“白天鹅”生态标签为消费者提供消费指南，以便帮助消费者从商场上挑选那些对环境危害最小的产品和相应的服务，在考虑质量问题的同时，还考虑环境问题，从而促进产品的改进。

（四）加拿大“Ecologo”认证

加拿大对一些产品制定了《住宅室内空气质量指南》。“Ecologo”环境标志计划规定的一些产品的有机物挥发物指标要求见表 1 – 8。

表 1 – 8　“Ecologo”环境标志计划规定的一些产品的有机物挥发物指标要求

产品类别	技术指标	
水性涂料	TVOC	100g/L ~ 150g/L
胶黏剂	TVOC	≤20g/L
密封膏	TVOC	≤20g/L
刨花板	VOCs	现用值≤120μg/m³，目标值≤60μg/m³
中密度纤维板和硬木板	VOCs	≤180μg/m³
地毯	4 – 甲基环已烯	≤0.1mg/(m²·h)
	甲醛	≤0.05mg/(m²·h)
	苯	≤0.4mg/(m²·h)
	TVOC	≤0.5mg/(m²·h)
聚合物缓冲层和纤维底衬	4 – 甲基环已烯	≤0.1mg/(m²·h)
PVC 弹性地板	TVOC	≤1.0mg/(m²·h)
预装饰硬木地板的饰面料	TVOC	≤0.5mg/m³
办公室用装饰板材	TVOC	≤0.5mg/m³

（五）日本“F4 星”认证

日本“F4 星”认证唯一的认证机构是日本国土交通部，该认证主要内容是关于产品甲醛释放量的检测，针对家具等木制建材产品。认证基于“F4 星”标准开展，所谓“F4

星”标准，其实就是日本的“F☆☆☆☆”认证标准。“F4 星”源于日本农林省的法律、法规，这个标准是日本对游离甲醛的标准体系，由低到高分别分为“F☆”“F☆☆”“F☆☆☆”“F☆☆☆☆”4 个等级。在日本的标准里，F1 级、F2 级分别对应着我国 E_2 级、E_1 级。其中 F1 级产品不允许在室内使用，F2 级虽允许在室内使用，但会严格控制使用总量；如果达到 F4 级（≤0.3mg/L），则不受使用总量限制，因为这种产品是非常安全的。“F4 星”是日本环保标准最高的健康等级，更被认为是国际上最健康的环保标准之一。

三、国内环境标识认证发展与 VOCs 认证发展

环境标识认证在我国发展历史虽短，但国内政策落实较为完善，如国务院《关于落实科学发展观加强环境保护的决定》提出，要大力倡导环境友好的消费方式，实行环境标识、环境认证和政府绿色采购制度；国务院《关于印发节能减排综合性工作方案的通知》第四十五条明确规定要加强政府机构节能和绿色采购，认真落实财政部、国家环保总局联合印发的《环境标志产品政府采购实施意见》，进一步完善政府采购环境标志产品清单制度，不断扩大环境标志产品政府采购范围。在国内政策背景和技术日益成熟的过程中，国内环境标识认证逐步发展，主要环境标识见图 1－19。

图 1－19　国内主要环境标识

（一）中国环境标志产品认证

中国环境标志始于 1993 年，是中国环境管理的新手段，即强制性的法律、法规为一种手段，导向性的推荐与认证为另一种手段。以政府参与为主体，通过在政府、企业和消费者之间架起绿色桥梁，引导企业、消费者选择和识别绿色产品、进行可持续消费，同时

为企业和公众自觉参与环境报告提供途径。其目标是发展中国绿色经济、引导中国绿色消费、促进中国环境与经济的协调发展、建设环境友好型社会。家具是中国环境标志产品认证一类产品。中国环境标志认证主要对产品从设计生产、使用到废弃处理全程进行控制。不仅要求产品尽可能把污染消除，在生产阶段，还要最大限度地减少产品在使用及处置过程中对环境的危害程度。产品从“摇篮到摇篮”的设计、生产、运输、销售、使用、维修和回收处理等一系列阶段，都应该满足绿色环保要求，才可能获得认证标识。

此外，中国环境标志开展广泛国际合作，在与国际“生态标志”技术发展保持同步的同时，积极开展环境互认工作，已与德国“蓝天使”、北欧“白天鹅”、日本生态标签、韩国生态标志、澳大利亚环境选择、新西兰环境选择等签订合作和互认协议，得到国际社会的高度认可。

（二）绿色产品认证

为了加快推进生态文明体制建设，扩大绿色产品有效供给，引导可持续的绿色生产和消费，规范绿色产品标识认证活动，依据《中华人民共和国产品质量法》《中华人民共和国认证认可条例》等法律、法规以及《生态文明体制改革总体方案》(中发〔2015〕25号)、国务院办公厅《关于建立统一的绿色产品标准、认证、标识体系的意见》(国办发〔2016〕86号）的规定，统一的绿色产品标准、认证、标识体系建设作为中央深化改革的一项重点任务，是加强供给侧改革、提升绿色产品供给力量和效率的重要举措，是培育绿色市场的必然要求，也是引导产业转型升级、引领绿色消费的有效途径。“绿色产品标准、标识、认证体系整合”工作包含一系列体系文件的制定和保障措施的完善。国务院办公厅《关于建立统一的绿色产品标准、认证、标识体系的意见》在充分考虑到政府和市场对绿色产品体系需求的基础上，从现有技术能力、实施条件等实际情况出发，按照全面规划、渐进推行的原则，在深入开展可行性论证的基础上，提出按照统一目录、统一标准、统一评价、统一标识的方针，到2020年初步建立系统科学、开放融合、指标先进、权威统一的绿色产品标准、认证、标识体系。家具是绿色产品认证目录首批12个产品之一，为家具产品绿色认证开展提供了先机。

GB/T 35607—2017《绿色产品评价　家具》在GB/T 33761—2017《绿色产品评价通则》的框架下，涵盖了资源属性、环境属性和品质属性3项一级指标和原材料要求等6项二级指标（分指标共40项)。在生产、使用和处置过程中对与绿色相关资源、环境、品质的属性提出了要求。其中品质属性方面，GB/T 35607—2017对家具甲醛和TVOC做出了要求，仅对木家具中苯、甲苯、二甲苯做出了规定，对家具中其他VOCs未做出规定。

与国外欧盟生态标签（Eco-label)、北欧“白天鹅”、德国“蓝天使”等这些主要针对某一类具体的产品在产品属性上的环境友好性的技术规范覆盖相比，中国环境标志产品认证以及绿色产品认证等国内认证属于较为综合性的认证体系，囊括了对家具产品各个阶段的要求，同时其技术指标包括多种VOCs限量指标。因此，针对我国家具产品在产品中VOCs的认证具有较为重要的意义，明确家具产品中VOCs释放符合要求，能够直接体现家具产品品质属性管理日趋严格，促进家具行业产品质量进一步提升。

参考文献

[1] 周中平，赵寿堂，朱立．室内污染检测与控制［M］．北京：化学工业出版社，2002.

[2] 李光荣．大气候室测定板式家具挥发性有机化合物的研究［D］．中国林业科学研究院，2010.

[3] 姚远．家具化学污染物释放标识若干关键问题研究［D］．清华大学，2011.

[4] 祁忆青，孙明明，黄琼涛．木制品挥发性有机化合物标准的比较研究［J］．家具，2013，34（2）：89－93＋97.

[5] 刘巍巍，张寅平，姚远，李景广．室内装饰、装修材料和家具中 VOCs 释放标识体系述评［J］．科学通报，2012，57（17）：1533－1543.

[6] 马晓霞．绿色建材的发展研究［J］．硅谷，2008（12）：90.

[7] 刘巍巍．家具中 VOCs 散发标识中的若干关键问题研究［D］．清华大学，2013.

[8] Kephalopoulos S，Koistinen K，Kotzias D. Report No. 24 – Harmonisation of indoor material emissions labelling systems in the EU：Inventory of existing schemes［R］．Luxembourg：European Communities，2005.

[9] Miller B，Dahms A，Bitter F，et al. Material labelling：Combined material emission tests and sensory eva－luations. Proceedings of the llth international conference on indoor air quality and climate［R］．Copenhagen：Technical University of Denmark，2008：1066.

[10] Neuhaus T，Oppl R. Comparison of emission specifications in the US and in Europe. Proceedings of the 11th international conference on indoor air quality and climate［R］．Copenhagen：Technical University of Denmark，2008：954.

[11] Crump D，Daumling C，Winther－Funch L，et al. Report No. 27 – Harmonisation framework for indoor material labelling schemes in the EU［R］．Luxembourg：European Communities，2010.

[12] Wolkoff P. Trends in Europe to reduce the indoor air pollution of VOCs［J］．Indoor air，2003，13（s6）：5－11.

[13] 罗菊芬，钟文翰，王武康．“环保理念”下的“绿色家具时代”［J］．标准生活，2018（6）：22－27.

第二章　家具及其原材料中 VOCs 种类的研究与验证

家具作为各种原辅材料（主要包括人造材、木材、胶黏剂、油漆、皮革、软体材料等）通过加工制作的终端产品，其中 VOCs 来自于各类原辅材料及在表面涂饰、封边、防腐阻燃等制作过程中残留的化学反应物。因此，研究家具释放 VOCs 情况，可以从研究其材料中 VOCs 开始。

第一节　家具用原辅材料中 VOCs 种类研究

家具用原材料主要有木材、人造板材、纺织面料、皮革、塑料等，在家具制造过程中还会用到木器涂料、胶黏剂等化工材料，这些材料在制造过程中都会添加有机化学原料，在应用过程中未经充分化合反应后会有游离物残留其中，并不断释放出大量的有机化合物。材料种类不同，释放的 VOCs 种类也不尽相同。

一、木材中 VOCs 种类

研究发现，在常温下天然木材本身会释放少量的 VOCs[1]。木材中 VOCs 主要来自木材的内含物，以萜烯类和醛类居多，部分木材含有酸类。不同树种木材都有自身特有的挥发性物质，因此不同木材具有不同的气味。

龙玲等[2]利用高效液相色谱仪和气相色谱仪分析杉木、杨木、马尾松和尾叶桉中有机挥发物的成分及含量，结果表明：4 种木材生材常温均可释放甲醛、乙醛、丙烯醛等多种醛和 D－柠檬烯、α－蒎烯等萜烯挥发物。木家具常用木材中，松木中的 VOCs 主要是萜类化合物，主要有 α－蒎烯，单萜、倍半萜烯，樟木中 VOCs 主要有醛类、烯类、醇类、酮类、酯类、萜类和酸类 7 类化合物，柏木中 VOCs 包括橡胶基质（异戊二烯）、柏木脑、α－和 β－寸白木烯、罗汉柏烯，柚木中 VOCs 主要有二甲乙氧基、二联苯、角鲨烯、蒽醌，杉木中主要有左旋－α－蒎烯、崁烯和 D－柠檬烯等萜烯类物质。

二、人造板材中 VOCs 种类

人造板是木材等生物质材料通过胶黏剂在高温高压条件下压制而成的，会释放大量的游离甲醛和 VOCs。目前我国对人造板材释放的 VOCs 研究多集中在甲醛释放量方面，对 VOCs 种类研究较少。日本[3-7]曾研究发现刨花板等板材会释放出丁酮、乙醛、甲苯甲醛等醛酮类物质，以及苯乙烯、甲酸、杜松烯等挥发物。我们选取家具常用的 10 种板材，采用 $1m^3$ 环境舱法检测样品中 VOCs 的种类。总体来说，板材中 VOCs 释放总量较低，萜烯类在板材中检出量较大，其次是酯类、醛酮类。相对而言，细木工板中 VOCs 释放总量最大，细木工板中萜烯类 VOCs 检出率较高。整理试验数据，将样品按照人造板基材分类，每种板材检出率较高的 VOCs 种类见表 2－1。

表 2－1 人造板中检出率较高的 VOCs 种类

样品分类	VOCs 识别结果
覆面胶合板	正己烷、乙酸、甲苯、N,N－二甲基甲酰胺、(S)－(＋)－1,3－丁二醇、十六醇、甲醛、乙醛、丙烯醛丙酮、丁醛、已醛、丙烯酸丁酯、苯甲醛、乙苯、异戊烷、正戊烷、丙酮、2－甲基戊烷、正已烷、庚烷、乙基苯、对间二甲苯、邻二甲苯、1,2－戊二醇、1,2,3－三甲苯、2－乙基己醇、正癸醛、(－)－α－柏木烯
覆面刨花板	乙酸异丁酯己醛、乙酸丁酯、1－甲基乙酸丁酯、丙二醇甲醚醋酸酯、对间二甲苯、异戊烷、正戊烷、丙酮、甲基磺酰氯、乙酸、正己烷、L－乳酸、二丙二醇、双(1－甲基－2－羟乙基)醚、2－(2－羟基丙氧基)－1－丙醇、双(1－甲基－2－羟乙基)醚、甲醛、乙醛、丙烯醛丙酮、丁醛、α－蒎烯、已醛、蒈烯、β－蒎烯、甲基异丙基苯、柠檬烯、甲苯、乙苯
细木工板（素板）	丙酮、乙酸甲酯、甲苯、糠醛、蒎烯、月桂烯、左旋－beta－蒎烯、罗勒烯、邻异丙基甲苯、水芹烯、3－亚甲基－6－（1－甲基乙基）环己烯、萜品油烯、2－莰醇、alpha－松油醇、乙酸小茴香酯、(1,7,7－三甲基降冰片烷－2－YL)乙酸、乙酸松油酯、1－methyl－2,4－di(prop－1－en－2－yl)－1－vinylcyclohexane、alpha－柏木烯、甲醛、乙醛、丙烯醛丙酮、丁醛
覆面中密度纤维板	亚硝酸丁酯、乙酸、乙酸乙酯、乙酸丙酯、乙酸异丁酯、乙酸丁酯、1－甲基乙酸丁酯、108－65－6、对间二甲苯、邻二甲苯、丁二酸二甲酯、戊二酸二甲酯、甲醛、乙醛、丙烯醛丙酮、丁醛、四甲基苯、1－甲基－3 异丙基苯、α－蒎烯、三甲基苯、萘、二乙基苯、已醛、乙苯、甲苯、乙氧基乙醇、邻－二甲苯、甲基乙基苯、2－甲氧环戊酮

三、软体材料中 VOCs 种类

一般软体家具面料可以是各类皮、棉、毛、化纤织品或棉缎织品。纺织面料可能含有甲醛及可分解芳香胺染料等污染物。泡棉中因为需要使用胶来粘接，可能含有甲醛、苯等挥发物。

我们采用 $1m^3$ 环境舱法对市场采购的 15 种软体材料（9 种布衣类软体材料、6 种皮革类软体材料）中的 VOCs 进行研究。将检测到的 VOCs 进行分类研究，发现所有样品中苯系物、醇类、烷烃类、酯类的检出率为 100%，几乎所有软体材料中都有乙酸释放且释放量较大。面料中释放的 VOCs 主要是苯、甲苯、乙基苯、二甲苯等苯系物，涤纶面料和黄麻面料释放的 VOCs 的量多，可能是因为其材质中含有大量的纤维材料。

四、家具用涂料中 VOCs 种类研究

目前，我国有涂料中 VOCs 的检测方法和限值标准。为了保证数据和试验方法的一致性，我们采用环境舱法测试涂料中 VOCs 的组分，即将待测样品均匀涂于钢化玻璃板表面后置于 $1m^3$ 环境舱，将 TD－GC－MS 仪用于涂料样品中 VOCs 的检测，高效液相色谱仪用于样品中醛酮类 VOCs 的检测。

从市场采购了不同品牌的 4 种家具用水性涂料、13 种家具用溶剂型涂料，1 种家具用生漆，2 种家具用清漆，共计 20 种家具涂料作为研究对象。从试验结果看，溶剂型涂料

是以有机溶剂为分散介质而制得，其VOCs的量相对较大；水性涂料是用水作溶剂或者作分散介质的涂料，是以水溶性树脂为成膜物质，以聚乙烯醇及其各种改性物为代表，其VOCs的释放量较低。家具用生漆、清漆的VOCs释放量情况也较低。

分析各样品中不同种类VOCs释放情况：13种家具用溶剂型涂料中，苯系物的释放情况占比最大，其中有8种样品中苯系物的释放量占总VOCs释放量的50%以上；家具用溶剂型涂料中第二大释放量是酯类VOCs，13种家具用溶剂型涂料基本都有检出，检出量高的样品高达80%以上；家具用溶剂型涂料中萜烯类VOCs检出率较低，大部分未检出。4种家具用水溶型涂料苯系物释放占比远远低于溶剂型涂料，但苯系物、醇类、酯类还是最为主要的释放VOCs种类，萜烯类VOCs均未检出。生漆、清漆的释放情况：醛酮类VOCs释放占比量较前两种涂料要高，主要释放的VOCs为醛酮类和苯系物。

为了获得更好的溯源性，另从家具生产企业获取了10个批次的家具用涂料用作VOCs种类研究。经试验发现，家具用面漆中主要以二甲苯、乙苯等苯系物、酯类和醇类VOCs为主，底漆中主要以二甲苯、乙苯等苯系物、烯烃类和酯类等VOCs为主。水性漆中以苯系物和酯类VOCs为主。油性漆和水性漆中的VOCs都以苯系物为主，且含有酯类VOCs。苯系物类VOCs在溶剂型油性漆中的比例比水性漆大，这是区别两种涂料的重要特征。固化剂中以卤代烃、芳香烃和酯类VOCs为主。稀释剂中主要以邻二甲苯、间/对二甲苯和乙苯等苯系物为主。涂料中识别的主要VOCs种类见表2－2。

表2－2　涂料中识别的主要VOCs种类

样品分类	VOCs识别结果
PU木器漆	正己烷、乙酸乙酯、正丁醇、2－戊醇、乙酸丙酯、丙二醇、乙酸仲丁酯、乙酸异丁酯、甲苯、乙酸丁酯、1－甲基乙酸丁酯、丙二醇甲醚醋酸酯、乙苯、对间二甲苯、邻二甲苯、环已酮、2,2－二甲基－1,3－丙二醇、二乙二醇、苯酚、三甲基苯、异辛醇、丁二酸二甲酯、乙酸异丁酯、乙酸甲氧三甘酯、戊二酸二甲酯、已二酸二甲酯、甲醛、丙烯醛丙酮、丁醛、异戊醛
水性木器色漆	三乙胺、乙二醇、甘油醚、1－(2－甲氧基－1－甲基乙氧基）异丙醇、PPG－2甲醚、N－甲基吡咯烷酮、壬醛、二乙二醇丁醚、癸醛、二丙二醇丁醚、2－(2－羟基丙氧基）－1－丙醇、2,4,7,9－四甲基－5－癸炔－4,7－二醇、丙烯醛丙酮、丁醛

五、胶黏剂中VOCs种类研究

目前，我国胶黏剂的检测方法标准及限值标准主要都是针对胶黏剂中苯系物含量进行限量，GB 18583—2008《室内装饰装修材料　胶黏剂中有害物质限量》规定了室内装饰材料胶黏剂中苯系物、甲醛、VOCs等物质的限量和检测方法。

我们对家具用不同产地、不同品牌的白乳胶、水性胶黏剂等12种胶黏剂进行VOCs种类研究。所测样品前处理方法和涂料相同，也主要采用1m^{3}环境舱法进行试验验证。不同品牌的胶黏剂由于配方不同，其中VOCs种类差异较大。但总体相比于涂料，胶黏剂中VOCs释放量要低很多。对于大部分胶黏剂样品来说，邻二甲苯、甲苯等苯系物仍是最主要的VOCs，其次是乙酸乙酯等酯类、羟基丙酮、丙酮过氧化物等酮类和烷烃类、醇类。

胶黏剂中识别的主要 VOCs 种类见表 2－3。

表 2－3　胶黏剂中识别的主要 VOCs 种类

样品分类	VOCs 识别结果
水性胶黏剂	乙酸、甲基环己烷、乙基环戊烷、丙二醇、butyl 2－ethylbutyrate、甲苯、3－乙基己烷、反式－1,3－二甲基环己烷、正丙基环戊烷、乙基环己烷、乙苯、对间二甲苯、邻二甲苯、二乙二醇、2－乙基己醇、邻异丙基甲苯、2－乙基己基乙酸酯、Octane,2,3,6,7－tetramethyl－、2－溴壬烷、Octane,2,3,6,7－tetramethyl－、alpha－松油醇、(＋)－长叶环烯、长叶烯、甲醛、乙醛、丙烯醛丙酮、丁醛
生态环保胶	乙酸、乙酸异丁酯、乙酸丁酯、1－甲基乙酸丁酯、丙二醇甲醚醋酸酯、对间二甲苯、邻二甲苯、壬醛、邻苯二甲酸二乙酯、癸醛、Pentadecane,2,6,10－trimethyl－、反式－2－癸烯醇、Dodecane,2,6,10－trimethyl－、甲醛、乙醛、丙烯醛丙酮、丁醛
脱醛白胶	乙酸、丙二醇、壬醛、邻苯二甲酸二乙酯、癸醛、甲醛、乙醛、丙烯醛丙酮、丁醛
白乳胶	乙酸、(S)－1,2－丙二醇、壬醛、癸醛、十六醇、甲醛、乙醛、丙烯醛丙酮、丁醛、三氯氟甲烷、正戊烷、正己烷、冰醋酸、苯、丙二醇、甲苯、L－乳酸、乙基苯、对间二甲苯、邻二甲苯、苯酚、均三甲苯、1,2－二乙苯、2－乙基对二甲苯、2－乙基对二甲苯、1,3－二甲基－4－乙基苯、2－乙基对二甲苯、3,4,5－三甲基甲苯、1,3－二甲基－4－乙基苯、1,3－二甲基－4－乙基苯、2,4－二甲基苯乙烯、1,2,3,4－四氢萘、萘
快干乳白胶	异戊烷、正戊烷、丙酮、甲基磺酰氯、正己烷、1－辛醛、2－乙基己基硫醇、三乙烯二胺、反式－2－壬烯－1－醇、2－癸烯－1－醇、甲醛、乙醛、丙烯醛丙酮、丁醛

第二节　家具中 VOCs 种类研究

目前，我国对整体家具有甲醛、苯、甲苯、TVOC 项目的检测方法和限量值规定，但鉴于家具用材料繁杂，释放的 VOCs 种类丰富，因此需要对整体家具中甲醛、苯系物之外的 VOCs 种类的进行研究评价。下面主要以消费者较为关注的木质家具和软体家具为研究对象。

一、实木家具中 VOCs 种类

实木家具中主要的 VOCs 主要来源于漆膜、胶黏剂及木材天然含有的油脂成分。使用者反映的实木家具中“油漆味”主要是家具在进行表面涂饰过程中受涂层干燥工艺、环境温湿度等条件影响，家具表面漆膜涂层中残存的挥发性物质释放出来。孙克亮[8]用气相色谱－质谱联用（GC－MS）研究实木床中 VOCs 挥发量，分析结果显示：实木家具中浓度较高的代表性有害物质分别是乙酸乙酯、1,2－二氯乙烷、氯乙烯、二氯乙烯、苯、甲苯、乙酸正丁酯、乙苯、对间二甲苯、苯乙烯、邻二甲苯、1,2,4－三甲基苯等，其中甲苯、乙酸正丁酯、乙苯、对间二甲苯部分样品检出浓度较高。

在油漆类家具中，检出频次（以峰面积最大的 10 个峰为统计依据）最高的是甲苯、乙苯、二甲苯、三甲苯、二氯苯等苯系物，其次是酯类化合物，如乙酸乙酯、乙酸丁酯，还有少量的酮类、烷类和萜烯类 VOCs。

选取同一木材的实木床头柜涂饰不同的涂料进行表面处理。试验结果显示油性漆实木家具中浓度较高的 VOCs 为二氯乙烯、3 - 甲基戊烷、乙酸乙酯、乙酸甲酯、三氯甲烷、四氯化碳和四氯乙烯。水性漆实木家具中浓度较高的 VOCs 为四氯乙烯、1,2 - 二氯丙烷、二氯苯和乙酸乙酯。水性漆实木家具中 VOCs 含量远远低于油漆实木家具。

二、板式家具中 VOCs 种类

板式家具是经表面装饰的以人造板材为主要基材，经五金件连接而成的家具。板式家具多以覆面为主，常见的饰面材料有薄木、三聚氰胺浸渍胶膜纸、木纹纸、PVC 胶板、聚脂烤漆面。为考察板式家具中的 VOCs 种类，项目组从市场采购了不同材质的板式家具 30 批次。通过试验发现，板式家具中检出率较高的物质为对/间二甲苯、乙二醇二乙酸酯、乙酸丁酯、乙苯、邻 - 二甲苯、乙酸仲丁酯、二乙氧基甲烷、甲苯、已醛、1,2,3 - 三甲苯、1 - 丁醇、乙酸甲酯、乙酸乙酯 13 种物质。

通过对板材类型的分析发现，细木工板、中纤板、多层板的家具中 VOCs 检出率较高，密度板、颗粒板和指接板的家具中 VOCs 检出率较低。不同类型的板材家具都有一定量的苯系物检出，其中中纤板、多层板、颗粒板家具的检出率较高；密度板家具没有酯类物质检出，中纤板、细木工板、多层板、生态板家具的检出率较高。

通过对板式家具饰面类型的分析发现，非饰面材料和贴皮板材中的 VOCs 检出率较高；烤漆板材中的 VOCs 检出率较低，且无酯类物质检出，可见烤漆封面技术对板式家具中的 VOCs 封闭有较好的效果。

三、软体家具中 VOCs 种类

为了提高纺织品的质量和柔软度，VOCs 常常作为溶剂、合成中间体、脱脂剂和干洗剂被广泛用于纺织工业中[9]。因此，在软体家具的生产过程中会残留部分 VOCs。目前，国际纺织生态学研究与检测协会颁布的 Oeko - Tex 100 标准中，已明确规定了纺织品中 VOCs（甲醛、甲苯、乙烯基环已烯、苯乙烯、4 - 苯基环已烯和氯乙烯）的限量。但软体家具中 VOCs 种类的研究和报道较少。项目组采用环境气候舱 - 热脱附 - 气相色谱 - 质谱联用法（ETC - TD - GC/MS）检测了市场上 40 种软体家具产品以分析其 VOCs 组分。由试验结果可知，软体家具中释放的 VOCs 主要是烷烃化合物、酯类化合物、芳烃化合物、醛酮类化合物、醇类等，检出较高的 VOCs 种类见表 2 - 4。

表 2 - 4　软体家具中检出较高的 VOCs 种类

产品	VOCs 种类
床垫	苯、甲苯、对/间二甲苯、三甲苯、萘、丙醇、苯酚、二氯甲烷、四氯乙烯、三氯甲烷、α - 蒎烯、丁香烯、环已烷、正辛烷、乙酸乙酯、丁醛、甲基丙酸甲酯、乙苯、已醛、4 - 羟基 - 4 - 甲基 - 2 - 戊酮、N - 甲基苯胺、十甲基环五硅氧烷
布艺沙发	苯、甲苯、对/间二甲苯、邻二甲苯、三甲苯、丙醇、苯酚、二氯甲烷、四氯乙烯、三氯甲烷、α - 蒎烯、2 - 乙基 - 1 - 已醇、丁香烯、环已烷、正庚烷、正十四烷、乙酸乙酯、乙酸甲酯、丁醛、甲基丙酸甲酯、乙苯、已醛、4 - 羟基 - 4 - 甲基 - 2 - 戊酮、N - 甲基苯胺、十甲基环五硅氧烷、N,N - 二甲基甲酰胺

表 2-4（续）

产品	VOCs 种类
皮革沙发	正戊烷、丙酮、乙酸、正己烷、丁醛、乙酸乙酯、1,2,4-三氟苯、庚烷、甲苯、正辛醛、2-乙基己醇、癸醛、1-氟-1,1-二氯乙烷、乙酸、正丁醇、甲苯、N,N-二甲基甲酰胺、对间二甲苯、环己酮、蒎烯、2-乙基己醇、异辛酸、癸醛、α-松油醇、十四烷、2,6,10-三甲基十二烷、长叶烯、2,6-二叔丁基对甲酚、正丁醇

四、家具中高关注度 VOCs

家具中高关注度 VOCs 指家具中已被证明或确认对人体、环境有毒害性，需严格控制的挥发性有机化合物。基于此定义原则，结合上述筛查研究和我国室内空气标准 GB/T 18883、GB 18582、GB 18583、GB 50325 等室内装修材料和民用建筑标准、美国环保局 NATA 等标准与文件中筛选出空气中高关注度的 VOCs 有毒、有害物质，共同确认家具中 50 种高关注度 VOCs 物质名录，见表 2-5。

表 2-5　家具中 50 种高关注度 VOCs 物质名录

类属	序号	名　称	分子式	相对分子质量	饱和蒸气压	CAS 登录号
芳香烃	1	苯	C_6H_6	78.111 84	13.3kPa/(26.1℃)	71-43-2
	2	甲苯	C_7H_8	92.138 42	4.89kPa/(30℃)	108-88-3
	3	邻二甲苯	$m-C_8H_{10}$	106.165	1.33kPa/(30℃)	95-47-6
	4	间二甲苯	$o-C_8H_{10}$	106.165	1.33kPa/(30℃)	108-38-3
	5	对二甲苯	$p-C_8H_{10}$	106.165	1.33kPa/(30℃)	106-42-3
	6	乙苯	C_8H_{10}	106.165	1.33kPa/(25.9℃)	100-41-4
	7	1,3,5-三甲苯	C_9H_{12}	120.191	1.33kPa/(48.2℃)	108-67-8
卤代烃	8	一氯甲烷	CH_3Cl	50.455	506.6kPa/(22℃)	74-87-3
	9	二氯甲烷	CH_2Cl_2	84.933	47.39kPa/(20℃)	75-09-2
	10	三氯甲烷	$CHCl_3$	119.377 64	13.33kPa/(10.4℃)	67-66-3
	11	四氯化碳	CCl_4	16.042 46	15.26kPa(25℃)	56-23-5
	12	三氟氯甲烷	CF_3Br	148.910	3263.47kPa(21℃)	75-69-4
	13	氯乙烯	C_2H_3Cl	62.498 22	39.8kPa/(20℃)	75-01-4
	14	二氯乙烯	$C_2H_2Cl_2$	96.943 28	14.7kPa/(10℃)	25323-30-2
	15	三氯乙烯	C_2HCl_3	131.388 34	13.3kPa/(32℃)	79-01-6
	16	四氯乙烯	C_2Cl_4	165.833 4	2.11kPa/(20℃)	127-18-4
	17	1,2-二氯乙烷	$C_2H_4Cl_2$	98.959 16	13.3kPa/(29.4℃)	107-06-2
	18	1,1,2-三氯乙烷	$C_2H_3Cl_3$	133.404 22	5.3kPa/(35.2℃)	79-00-5

表2-5(续)

类属	序号	名　　称	分子式	相对分子质量	饱和蒸气压	CAS登录号
卤代芳香烃	19	氯苯	C_6H_5Cl	112.561	1.33kPa/(20℃)	108-90-7
	20	苄基氯	C_7H_7Cl	126.584	—	100-44-7
酯类	21	2,4-甲苯二异氰酸酯	$C_9H_6N_2O_2$	174.156 14	0.13kPa/(20℃)	584-84-9
	22	2,6-甲苯二异氰酸酯	$C_9H_6N_2O_2$	174.156 14	0.13kPa/(20℃)	91-08-7
	23	乙酸乙酯	$C_4H_8O_2$	88.111	13.33kPa/(27℃)	141-78-6
	24	正醋酸丁酯	$C_6H_{12}O_2$	116.16	2.00kPa/(25℃)	123-86-4
	25	乙二醇醋酸酯	$C_6H_{12}O_3$	132.16	—	111-15-9
	26	乙二醇二醋酸酯	$C_6H_{10}O_4$	146.141 2	—	111-55-7
	27	二乙二醇单乙醚醋酸酯	$C_8H_{16}O_4$	176.21	—	112-15-2
脂肪烃	28	正丁烷	C_4H_{10}	58.12	106.39kPa(0℃)	106-97-8
	29	正己烷	C_6H_{14}	86.18	17kPa(20℃)	110-54-3
	30	环己烷	C_6H_{12}	84.16	13.098kPa(25.0℃)	110-82-7
	31	甲基环戊烷	C_6H_{12}	84.16	13.33kPa/(17.9℃)	96-37-7
	32	正庚烷	C_7H_{16}	100.201 9	5.33kPa(22.3℃)	142-82-5
	33	异戊烷	C_5H_{12}	72.15	—	78-78-4
	34	正戊烷	C_5H_{12}	72.15	53.32kPa(18.5℃)	109-66-0
	35	正壬烷	C_9H_{20}	128.26	1.33kPa(39℃)	111-84-2
	36	癸烷	$C_{10}H_{22}$	142.29	0.13kPa(16.5℃)	124-18-5
烯烃	37	1,3-丁二烯	C_4H_6	54.090 44	24.5kPa/(21℃)	106-99-0
	38	丙烯腈	C_3H_3N	53.062 62	11.17kPa/(20℃)	107-13-1
	39	苯乙烯	C_8H_8	104.153	1.3kPa/(30.8℃)	100-42-5
酮类	40	丙酮	C_3H_6O	58.08	53.3kPa/(39.5℃)	67-64-1
	41	环己酮	$C_6H_{10}O$	98.14	1.33kPa/(38.7℃)	108-94-1
	42	2-丁酮	C_4H_8O	72.11	9.49kPa/(20℃)	78-93-3
萜烯类	43	α-蒎烯	$C_{10}H_{16}$	136.242	1.33kPa/(37.3℃)	80-56-8
	44	莰烯	$C_{10}H_{16}$	136.242	—	565-00-4
	45	3-蒈烯	$C_{10}H_{16}$	136.242	—	13466-78-9
	46	柠檬烯	$C_{10}H_{16}$	136.242	—	5989-27-5
醇类	47	甲醇	CH_4O	32.046 81	12.88kPa/(20℃)	67-56-1
	48	乙醇	C_2H_6O	46.07	6.95kPa/(20℃)	64-17-5
	49	乙二醇	$C_2H_6O_2$	62.068	6.21kPa/(20℃)	107-21-1
	50	丁醇	$C_4H_{10}O$	74.121	0.82kPa/(25℃)	71-36-3

参 考 文 献

[1] 任玺廷. 木材中有机挥发物（VOCs）的研究［D］. 南京：南京林业大学，2012.

[2] 龙玲，王金林. 4 种木材常温下醛和萜烯挥发物的释放［J］. 木材工业，2007（03）：14－17.

[3] 塔村真一郎，宫本康太，井上明生，等. 木材和集成材中 VOCs 的释放［C］. 第 54 回日本木材学会大会研究发表要旨集，2004：163.

[4] Baumann M G D，Battermann S A，Zhang G Z. Terpene emissions from particleboard and medium－density fiberboard products［J］. Forest Prod J，1999，49（1）：49－56.

[5] Baumann M G D，Lorenz L F，Battermann A，et al. Aldehyde emissions from particleboard and medium－density fiberboard products［J］. Forest Prod J，2000，50（9）：75－82.

[6] 吉田弥明. 木质材料释放的 VOCs 与室内空气污染问题［J］. APAST，2002（44）：5－11.

[7] 松田俊一，寺村明憲，八木繁和，等. 木质材料中醛类和 VOCs 释放量［J］. 木材工業（日本），2004，59（2）：69－72.

[8] 孙克亮. 实木家具 VOCs 释放组分水平分析［J］. 广东化工，2014，41（22）：196－197.

[9] Spilak M P，Boor B E，Novoselac A，et al. Impact of bedding arrangements，pillows，and blankets on particle resuspension in the sleep microenvironment［J］. Building Environment，2014，81（nov.）：60－68.

第三章　家具及其原材料中 VOCs 筛查技术的研究

鉴于目前国内外对家具产品及原材料的技术法规和标准测试方法的局限性，进行家具产品及其原材料中 VOCs 筛查技术研究，实现一次性同步筛查 100 种以上 VOCs，同时研究其释放的多种 VOC 单体的分布、VOCs 释放规律有重要意义。

经大量的试验研究和论证，家具及其原材料中 VOCs 筛查可通过环境舱释放—吸附剂捕集—热脱附(ATD)—气相色谱/质谱（GC/MS）或高效液相/质谱（HPLC）分析技术体系实现，该方法具有良好的灵敏度和稳定性以及同时捕集分析多类几十至百种目标单体的优势。

第一节　目标 VOCs 的选取

家具产品及相关材料中释放的 VOCs 组分复杂，种类较多，物理化学性质各异。为了更好地评价不同家具产品及相关材料样品释放 VOCs 的情况，以尽可能多地筛查出不同材料释放的 VOCs 物质，在研究相关标准文献资料、企业生产工艺的基础上，按照“对人体健康和环境影响较大、家具及其原材料中出现频率较高、国内外技术法规中明确限制要求”的原则，根据实际家具产品及相关材料释放的 VOCs 情况，选择了 100 余种 VOCs 作为家具产品及相关材料释放考察目标物，按照化学性质进行分类，见表 3－1。

表 3－1　家具产品及相关材料中 VOCs 筛查目标物列表

分类	物　质
苯系物	苯、甲苯、乙烯基环己烯、乙苯、苯乙烯、对－二甲苯、间－二甲苯、苯乙烯、邻二甲苯、异丙基苯、3－乙基甲苯、n－丙基苯、2－乙基甲苯、1,3,5－三甲苯、乙烯基甲苯、α－苯丙烯、1，2，4－三甲苯、1,2,3－三甲苯、1－异丙基－4－甲苯、茚、1－异丙基－2－甲苯、n－丁基苯、1,2,4,5－四甲苯、1,4－二异丙苯、1,3－二异丙苯、萘、4－苯基环己烯、辛基苯
醇类	2－丙醇、叔丁基醇（2－甲基－2－丙醇）、丙醇、2－甲基－1－丙醇、丁醇、己醇、环己醇、苯酚、2－乙基－1－己醇、辛醇、丁基羟基甲苯
卤代烃	四氯化碳、二氯甲烷、三氯甲烷、二氯乙烷、三氯乙烷、三氯乙烯、1,3－二氯丙烯、四氯乙烯、氯苯、α－氯甲苯、1,3－二氯苯、1,2－二氯苯、1,4－二氯苯、1,2－二溴－3－氯丙烷、α,α－二氯甲苯
萜烯类	α－蒎烯、莰烯、β－蒎烯、香叶烯、蒈烯、柠檬烯、松油醇、长叶烯、雪松烯、柏木烯、丁香烯、罗汉柏烯
烷烃类	3－甲基戊烷、正己烷、环己烷、正庚烷、甲基环己烷、正辛烷、正癸烷、正十一烷、正十二烷、正十四烷、正十六烷

表 3－1（续）

分类	物　　质
醛酮类	丙酮、丙醛、丁烯醛、丁醛、苯甲醛、异戊醛、戊醛、邻－甲苯甲醛、间－甲苯甲醛、对－甲苯甲醛、己醛、2,5－二甲基苯、甲醛、壬醛、环己酮
酯类	乙酸甲酯、乙酸乙烯酯、乙酸乙酯、乙酸异丙酯、丙烯酸乙酯、乙酸丙酯、甲酸丁酯、乙酸异丁酯、乙酸丁酯、2－甲氧基－1－甲基乙酸、乙酯、丙烯酸丁酯、乙酸 2－乙基己酯、丙烯酸 2－乙基己酯
其他	N,N－二甲基甲酰胺

第二节　样品前处理方法

在筛查试验中，样品的前处理过程是十分重要的部分。实际家具样品释放出来的 VOCs 种类多，不同物质之间物理化学性质存在较大差异，且释放浓度不同，受环境影响较大。因此需要合适的前处理方法来排除环境基质干扰，尽可能全面获取化合物，减少信息损失[1]。家具中 VOCs 高通量筛查过程前处理可以分为两个步骤：样品中 VOCs 的释放和采集。

一、样品中 VOCs 释放

考虑家具样品的体积大、材质多样的特点，为保证取样的均匀性，家具及原材料中 VOCs 释放采用实验舱法。实验舱是一种动态释放方法，既可以模拟样品的实际使用环境，亦可保证样品的完整性，是当前国内外实验室最主流的方法。目前主要有 3 种类型实验舱：气候舱（chamber）、实地与实验室小空间释放室（FLEC）和模拟房[2]。根据家具体积或者被测家具样品总面积尺寸，按照一定承载率选择不同容积的气候舱，将家具样品置入舱内，通过控制舱温度、相对湿度、换气次数、表面风速等测试条件，模拟家具实际使用条件，经一定时间后采集舱内空气样品进行分析。

在实际样品筛查试验时，要打开气候舱的门将测试样品放入其中，然后迅速关闭气候舱门进行试验。这个过程中环境空气不可避免地将进入气候舱中，增加了舱内的 VOCs 水平。随着舱内空气的交换，外界空气带入的 VOCs 逐渐为载气所置换出。如果设置空气交换率为 1，经试验验证需等至少 3h 后方能进行样品采集，尤其是对那些释放量很低的测试样品，这样可尽量减少环境空气中 VOCs 对样品释放测试的影响。

二、VOCs 采集

家具释放到气候舱内的 VOCs 与进入气候舱的洁净空气混合后，并从气候舱出口排出，以吸附剂或衍生化采样管在气候舱出口处分别捕集一定体积量的气体中的目标化合物。由于释放的 VOCs 种类不一，组分差异很大，吸附捕集难度较大，采样时由于穿透现象的存在使得不同家具产品及相关材料释放的 TVOC 的横向对比困难，需要采取一特定的手段进行吸附捕集并进行后续分析。在现行标准中 VOCs 捕集管均采用国际上通行采用的 Tenax TA 吸附管，该吸附管可以对大部分有机物有效捕集，但对于如苯、萜烯类等物质的捕集效果很差，很容易发生穿透，极大影响测试结果的准确性[3]。

经试验验证，复合型吸附管吸附剂 Carbopack B/Car - bosieveTM S - Ⅲ对萜烯具有更好的吸附性能，可有效满足 VOCs 捕集要求。对于家具中甲醛、乙醛等羟基化合物可采用涂有衍生化试剂的固体吸附剂采集，然后溶剂洗脱，最后用高效液相色谱/紫外（HPLC/UV）或气相色谱/质谱（GC/MS）分离检测。

在筛查试验前，应将吸附管装于吸附管老化装置上，进行老化处理；老化温度为 280℃，老化时间为 60min；老化后吸附管中不含有目标 VOCs。

第三节　筛查分析方法研究

采集的 VOCs 样品可通过热脱附、溶剂萃取两种技术方法进行处理后再进行 VOCs 的筛查分析。当前主要的分析技术有气相色谱法（GC - FID）、气质联用法（GC - MS）、高效液相色谱法（HPLC）和液相色谱质谱联用法（HPLC - MS/MS）等。由于具有更高的质量分辨率和精确度，更宽的化合物覆盖范围和更好的定性能力，高分辨率质谱已成为高通量筛查中最重要常用的技术之一[4]。GC - MS 广泛用于挥发性有机物的分析检测，可以测定所有的气体，但待测化合物必须在测定温度下（一般低于 350℃）易挥发且受热稳定。对于甲醛、乙醛和丙酮等低分子羟基化合物，采用 2,4 - 二硝基苯阱（DHPN）采集，乙腈溶剂脱洗，高效液相色谱/质谱分析具有更高的灵敏度和准确度。

一、色谱柱及分析条件

为合理分离多种 VOCs，选择非极性的 DB - 1MS 或 DB - 5MS 色谱柱，规格为 60m × 0.25mm × 0.25μm。由于分析结果与所使用的分析仪器有关，因此不可能给出 GC - MS 分析的通用参数。分析过程中，可以通过对不同的色谱升温条件进行比较，优化选择多种 VOCs 的分离条件。设定参数的原则是在最短的时间内获得最好的分离效果。

二、热脱附条件优化

由于二次热解吸具有较高的灵敏度、准确度和精密度，因而得到广泛应用。采样管经一级脱附后，管中吸附的 VOCs 脱附出来，由载气带入至冷阱中并被冷阱所吸附。一级脱附温度越高，脱附时间越长，那么采样管中 VOCs 的脱附效果就越好。然而，对采样管本身而言，脱附温度越高，其寿命越短，重复使用的次数也会急剧下降。经一级热脱附后，采样管中 VOCs 进入到冷阱中并被冷阱所捕集。冷阱的捕集温度越低，VOCs 的捕集效果越好，尤其是对于液化温度较低的小分子 VOCs 化合物更是如此。VOCs 被冷阱捕集后，冷阱将瞬间进行二次脱附，使冷阱中 VOCs 进入色谱分析。脱附流量的大小对 VOCs 的脱附行为具有较大的影响。在一定条件下，脱附流量越大，有机物脱附越彻底。

吸取 1μL 质量浓度为 500μg/mL 的 VOCs 标准溶液，注入到吸附管（采样管）中制成标准试样管，进行自动热脱附仪（ATD）热脱附条件的优化选择试验，详细数据见表 3 - 2。

表 3－2　ATD 热脱附条件的选择

一级脱附温度/℃	一级脱附时间/min	冷阱捕集温度/℃	二级脱附温度/℃	二级脱附时间/min	一级脱附流量 mL/min	脱附效率 %
230	10	－20	280	5	50	98.1
260	10	－20	280	5	50	99.2
280	10	－20	280	5	50	99.2
230	5	－20	280	5	80	95.8
230	15	－20	280	5	80	98.2
260	5	－20	280	5	50	98.7
260	15	－20	280	5	50	99.2
260	10	－10	280	5	50	98.7
260	10	－30	280	5	50	99.3
260	10	－20	250	5	50	98.8
260	10	－20	300	5	50	99.3
260	10	－20	280	2	50	98.7
260	10	－20	280	10	50	99.3
260	10	－20	280	5	20	96.8
260	10	－20	280	5	80	99.3

注：二级脱附流量为 50mL/min。

为了达到最优脱附效果，建议一级脱附温度和时间分别选择为 260℃和 10min；冷阱温度选择为－20℃；二级热脱附温度和时间分别选择为 280℃和 5min。一级脱附流量选择为 50mL/min，二级脱附流量的大小将影响色谱分析的进口分流比，因此从色谱分析灵敏度和检出能力角度考虑分流比。

三、质量控制

（一）标准溶液的配置

采用 VOCs 目标筛查物的标准物质，用色谱纯级甲醇作稀释剂自行制备不同质量浓度梯度的标准溶液。目标筛查物较多，可按组别配置混合标准溶液，也可单独配置标准溶液。标准溶液在 4℃下可保存 1 个月。

（二）标准工作曲线的绘制

采用外标法：吸取 1μL 不同浓度的标准溶液，注入到已经老化处理的吸附管中，同时以 100mL/min 左右的高纯 N_2 吹扫 10min，后进行 ATD－GC/MS 分析。

第四节　数据处理和物质识别

筛查将产生大量数据，因此必须采用合适的方法来简化数据，以尽可能全面找到特征峰。首先对数据进行预处理，从全扫描色谱图中提取对应物质峰，通过设置保留时间、采用特征结构分析和碎片离子分析等策略来进行未知化合物的结构解析，随后进行质谱图分析来鉴定未知化合物。用标准 VOCs 试样对照，保留时间定性是最简单的定性方法。但是在实际高通量筛查中很多物质的保留值十分接近，因而用保留值定性常受到限制。对于没有标准 VOCs 试样比对的物质，可以通过搜索数据库信息的比对进行 VOCs 的筛查分析。

在研究过程中，由于选择的目标 VOCs 较多，有些有机物在分离时会出现重叠现象。实际样品分析时，测试样品释放的目标 VOCs 中可能会出现目标峰相互重叠，分离困难，致使计算结果与实际结果差别较大。对于限值附近的目标峰，不同的积分条件可能会对最终的测试结果产生错误的判断。

为解决这个问题，可采用峰拟合的方法，对重叠峰进行拟合计算，对目标峰的定量给出准确计算值。下面以 p－二甲苯和 m－二甲苯为例，对二者进行重叠峰拟合计算。图 3－1 给出了 p－二甲苯和 m－二甲苯的分离色谱图。在实际结果计算中，重叠峰一般

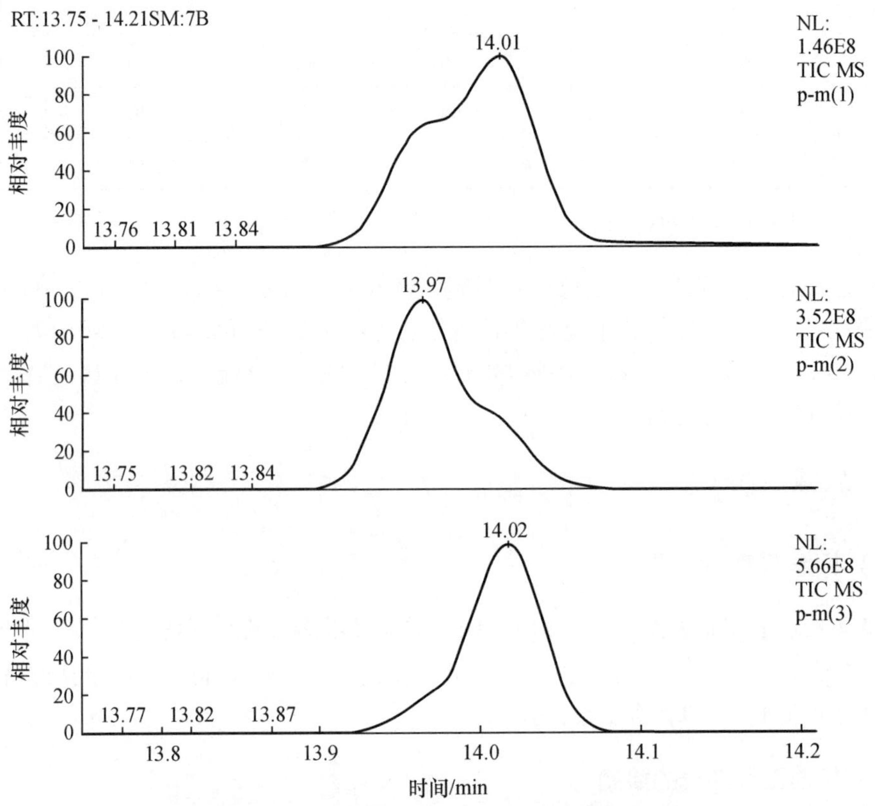

图 3－1　p－二甲苯和 m－二甲苯的分离色谱图

p－m(1)—150ng p－二甲苯＋480ng m－二甲苯；p－m(2)—480ng p－二甲苯＋280ng m－二甲苯；p－m(3)—490ng p－二甲苯＋80ngm－二甲苯

采用峰谷切割法进行分离计算，对于图中的 p－m(1) 和 p－m(2) 的情况，可以采用该法进行积分计算，但结果误差较大；但对于 p－m(3) 的情况，由于两个峰的峰谷不明显，难以采用峰谷切割，只能将这两个峰作为一个峰进行计算。

将图 3－1 中的色谱峰形采用 Orign 软件进行色谱峰拟合，可以有效地将难以分离的色谱峰拟合为两个独立峰，结果见图 3－2。由图 3－2 可以看出，3 个色谱图中峰的拟合度良好，拟合系数高于 0.996。图 3－3 给出了 p－二甲苯和 m－二甲苯重叠峰的拟合计算结果与实际值的对比。图中，横坐标为实际添加的 p－二甲苯和 m－二甲苯的质量比例，纵坐标为拟合结果 p－二甲苯和 m－二甲苯的质量比例。可以看出，3 个色谱图中的二者质量比例几乎一致。

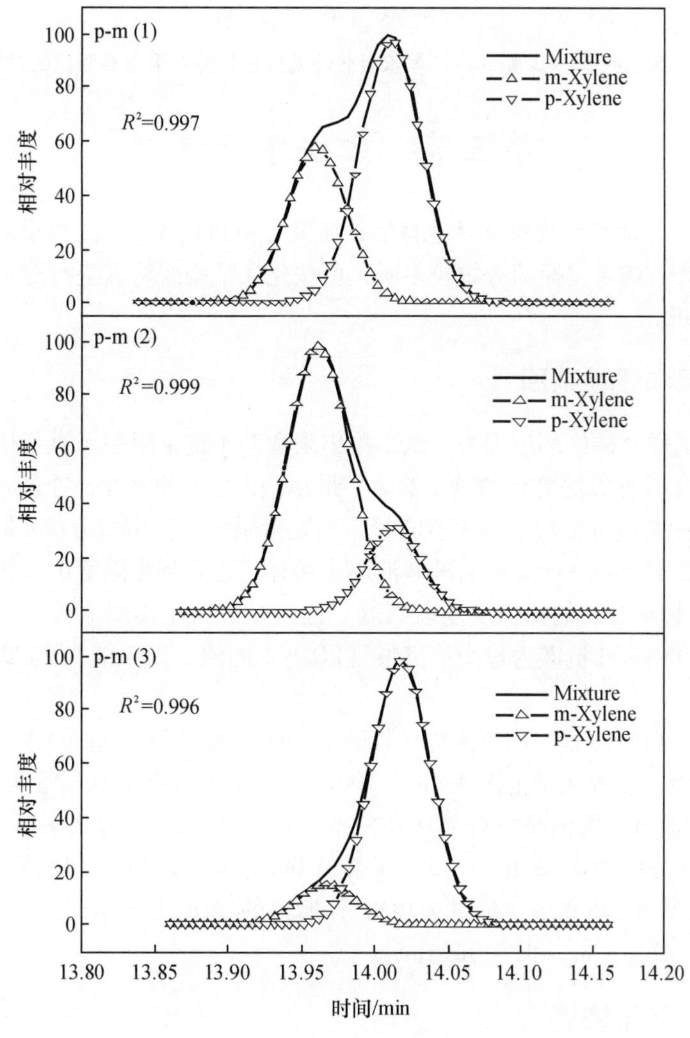

注：为保持仪器设备的读数真实性，图中英文不宜译成中文

图 3－2 p－二甲苯和 m－二甲苯重叠峰的拟合处理分析

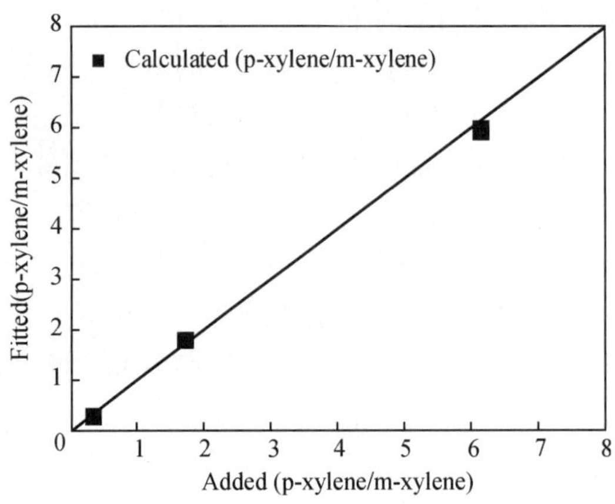

图 3-3　p-二甲苯和 m-二甲苯重叠峰的拟合计算结果与实际值的对比

第五节　方法学验证

色谱分析条件、捕集吸附剂优化选择后，研究分析目标 VOCs 的检出限、回收率和精密度等指标。对于 VOCs 目标筛查物较多时，可按化学结构式将其进行分类后配置成混合标样进行研究分析。

一、检出限和线性范围

在对 VOCs 试样分析检测过程中，最小检出限和最小定量限表示试样中目标物的最低检测程度，是衡量一种方法可行的重要参数。最小检出限是指产生一个能可靠地被检出的分析信号所需要的某成分的最小浓度或含量，而定量限则是指定量分析实际可以达到的极限。在本方法中，将不同 VOCs 的标准溶液逐步稀释，注入到吸附管中，然后进行 ATD-GC/MS 分析。目标化合物的峰强度逐渐减低，色谱峰信噪比逐渐减少，在其 3 倍信噪比时所注入的目标 VOCs 的量即为最小检出限（LODs）的值，而 3 倍 LODs 即为最小定量限（LOQs）。

取已老化的空白吸附管，用气相进样针吸取 2μL 浓度范围在 1μg/mL～50μg/mL 之间的混合标准工作液，制成质量范围在 2ng～100ng 之间的系列标准吸附管。结果显示 VOCs 在 2ng～100ng 的质量范围内呈良好的线性关系，相关系数（R^2）为 0.996 5～0.999 9，所得的 LOD 和 LOQ 分别为 0.027ng～2.525ng 和 0.090ng～8.417ng。以吸附管的采样体积，计算方法检测限（MDL）和方法定量限（MQL），所得的 MDL 和 MQL 分别为 0.006μg/m^3～0.561μg/m^3 和 0.020μg/m^3～1.870μg/m^3。

二、回收率和精密度

吸取 2μL 质量浓度为 5μg/mL 和 10μg/mL 的混合标准工作液注入已老化的吸附管中，同时以 100mL/min 的高纯 N_2 吹扫 5min 后进行 ATD-GC/MS 分析，每个浓度平行 6 份。目标 VOCs 的方法回收率在 83.8%～106.5% 之间，相对标准偏差（RSD）为 1.1%～10.0%。

参 考 文 献

[1] Knolhoff A M, Croley T R. Non – targeted screening approaches for contaminants and adulterants in food using liquid chromatography hyphenated to high resolution mass spectrometry [J]. Journal of Chromatogrphy A, Elsevier B. V. , 2016, 1428: 86 – 96.

[2] 卢志刚，朱益梅，朱海鸥．装饰材料挥发性有机化合物研究现状与进展 [J]. 中国建材科技，2009，18 (03)：146 – 150.

[3] 朱海欧，卢志刚，汪蓉，李翔，李建军，张桂珍．热脱附气相色谱质谱法测定空气中萜烯有机物 [J]. 环境科学与技术，2013，36 (03)：160 – 164.

[4] Ibáñez M, Sancho J V, Bijlsma L, et al. Comprehensive analytical strategies based on high – resolution time – of – flight mass spectrometry to identify new psychoactive substances [J]. Trac Trends in Analytical Chemistry, 2014, 57: 107 – 117.

第四章　家具中 VOCs 检测标准物质的研究

第一节　家具中 31 组分高关注度物质的标准物质

通过对家具原辅材料（人造板、涂料、胶黏剂、皮革、纺织面料等）及家具产品木制家具、软体家具等不同类型的样本筛查检测，结合检出频次与检出率、对人体危害性、国内外法规等综合信息，通过大量样品广谱筛查获得了家具中 31 组分高关注度 VOCs 物质。其种类见表 4 – 1 所示。

表 4 – 1　家具中 31 组分高关注度物质标准物质

序号	组分名称	认定值 μmol · mol⁻¹	相对标准不确定度	稀释气	有效期限
1	氯苯	1	2%	氮气	12 个月
2	1,4 – 二氯苯				
3	1,3 – 二氯苯				
4	1,2 – 二氯苯				
5	苯				
6	甲苯				
7	乙苯				
8	邻二甲苯				
9	间二甲苯				
10	对二甲苯				
11	苯乙烯				
12	1,3,5 – 三甲苯				
13	二氯甲烷				
14	三氯甲烷				
15	四氯化碳				
16	顺式 – 1,2 – 二氯乙烯				
17	三氯乙烯				
18	四氯乙烯				
19	1,2 – 二氯乙烷				
20	1,1,2 – 三氯乙烷				
21	乙酸乙酯				

表 4－1（续）

序号	组分名称	认定值 $\mu mol \cdot mol^{-1}$	相对标准不确定度	稀释气	有效期限
22	乙酸丁酯	1	2%	氮气	12 个月
23	正己烷				
24	环己烷				
25	甲基环戊烷				
26	环己酮				
27	丙酮				
28	1,3－丁二烯				
29	氯乙烯				
30	正丁烷				
31	一氯甲烷				

第二节　标准物质研制

一、制备与定值方法的选择

VOCs 气体标准物质的制备与定值方法包括称量法、体积法和渗透法。本项目研制采用的是称量法，技术依据为 GB/T 5274.1—2018《气体分析　校准用混合气体的制备　称量法》。其制备步骤为，称取一定量的 VOCs 液体，注射进入具塞安瓿瓶，与其余组分混匀后，用注射器吸取混合液，注射入真空气瓶中。称量注射前后注射器的质量差和稀释气的加入量，便可计算得知配制组分的摩尔浓度。

二、气体充装设备

使用的充气设备如图 4－1 所示。该配气装置采用高真空分子泵系统，常温下极限真空度 $<4.0\times10^{-6}$ mbar[1]。同时配备了防腐隔膜泵，用于系统的粗真空处理。采用高压隔膜阀门和 EP 级管路系统，系统整体最高耐压 20MPa。系统的气体管路及阀门接头均包覆伴热恒温系统，采用光离子化检测器（PID）控温，温度控制范围：室温 ~ 100℃，控温精度 ±1℃。对配气装置内的管路进行加热可减少系统达到预定真空度的时间，提高配气效率。同时，加热也可提高配气系统抽极限真空度，当加热至 60℃ 以上时，系统的极限真空度可达到 7.0×10^{-7} mbar。此外，通过加热使可使吸附在配气装置管道上的水分等杂质释放出来，保证稀释气的纯度，降低干扰，提高配气的速度和准确性。原料气瓶与加热系统保持一定长度，在实际使用过程中放置于实验室内常温环境，通过不锈钢管路连接到

[1] $1\,bar = 10^5\,Pa$。

配气装置上。系统在经常拆装的进出口处均采用金属面密封接头（VCO）接口，其密封件为 O 型圈，只需很少的应力便可达到密封效果，通常可采用手工旋紧实现密封，从而最大程度地减小了气瓶安装和拆卸的质量损失。配气时的充气终点控制使用的是质量指示法，采用粗称天平指示充装终点质量，具有良好的操控性。

图 4－1　标准气体充装站

配气用的气瓶通过自动称量系统（图 4－2）实现自动称量，该系统的称量能力为 26kg，精度为 1mg。使用国产铝合金 4L 容积的气瓶。在气瓶称量过程中，根据程序的设定，天平上的旋转控制系统可以自动将参考气瓶和样品气瓶交替地放置在天平的托盘上，实现反复多次的交替称量，并同时记录称量时的温度、湿度、大气压力信息，用于辅助对称量结果的质量控制。该自动称量天平置于双层恒温、恒湿室的内层，可最大限度地降低温、湿度波动对称量结果的影响。

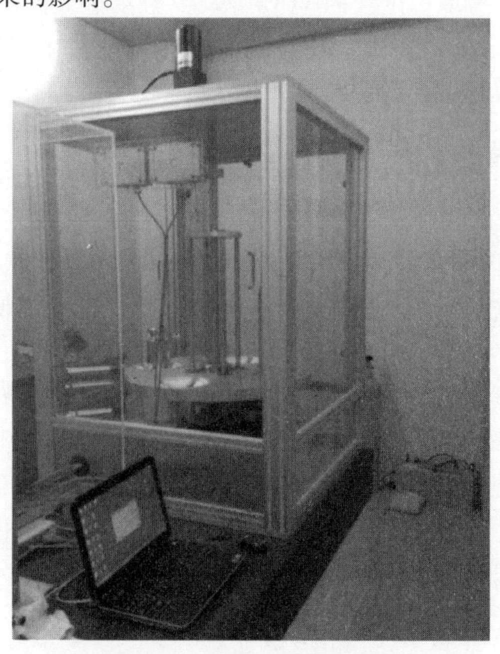

图 4－2　气瓶自动称量系统

三、气体充装工艺

利用称量法配制混合气体的流程如图 4－3 所示，在整个配气程序中，关键环节的操作控制如下：

（1）在配气之前，对于全新的钢瓶，首先要进行加热抽真空的清洗处理，一般处理时间在 3h 以上，要求真空度小于 4×10^{-4}Pa。

（2）向钢瓶内充入原料气之前，配气系统要求先抽真空处理，真空度小于 4×10^{-4}Pa。

（3）通过注射法添加原料溶液时，应保证系统的温度高于溶液中沸点最高的物质，注射完成后，应给予一定的保温时间，确保所有注射液挥发。当溶液中有高沸点物质时，应该适当延长挥发等待时间，并在挥发等待时间结束后，用 10bar 氮气吹扫管路 10 次以上。

（4）当不同挥发性有机溶液的饱和蒸气压差异较大时，应采用分组的方法，分别配制混合溶液。结构与饱和蒸气压在数量级上无差异的组分，应优先配制成混合溶液，再进行注射配气。饱和蒸气压接近或高于 1 个大气压的溶液，应采用单独注射的方法，不宜配制混合溶液，以减少配制过程因挥发造成的质量损失。

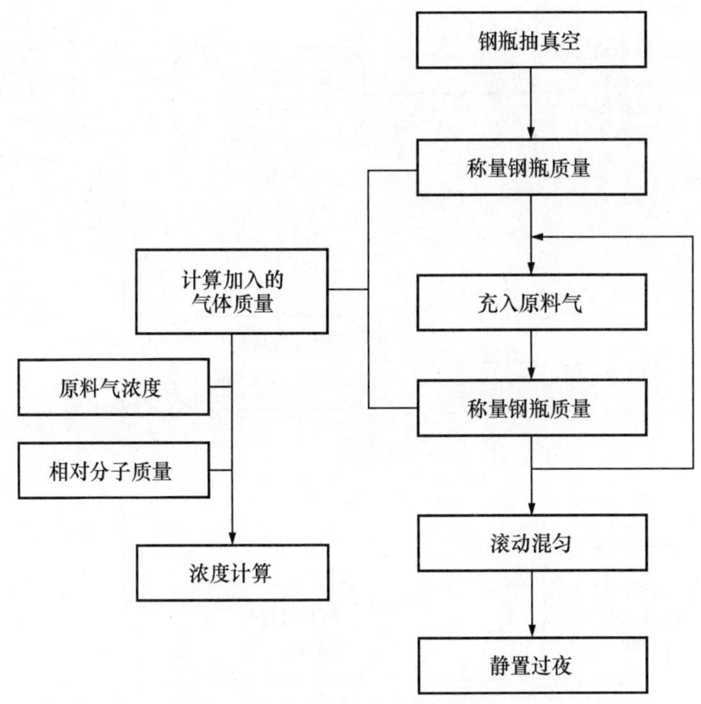

图 4－3　称量法配气流程

不同类型的混合溶液经一步稀释或多步稀释达到最终浓度，制备后的混合气体，通过气相色谱分析方法进行量值核验及稳定性考查。

本研究中，根据原料的饱和蒸气压及物理化学性质，将原料分成 5 组，如图 4－4 所示。

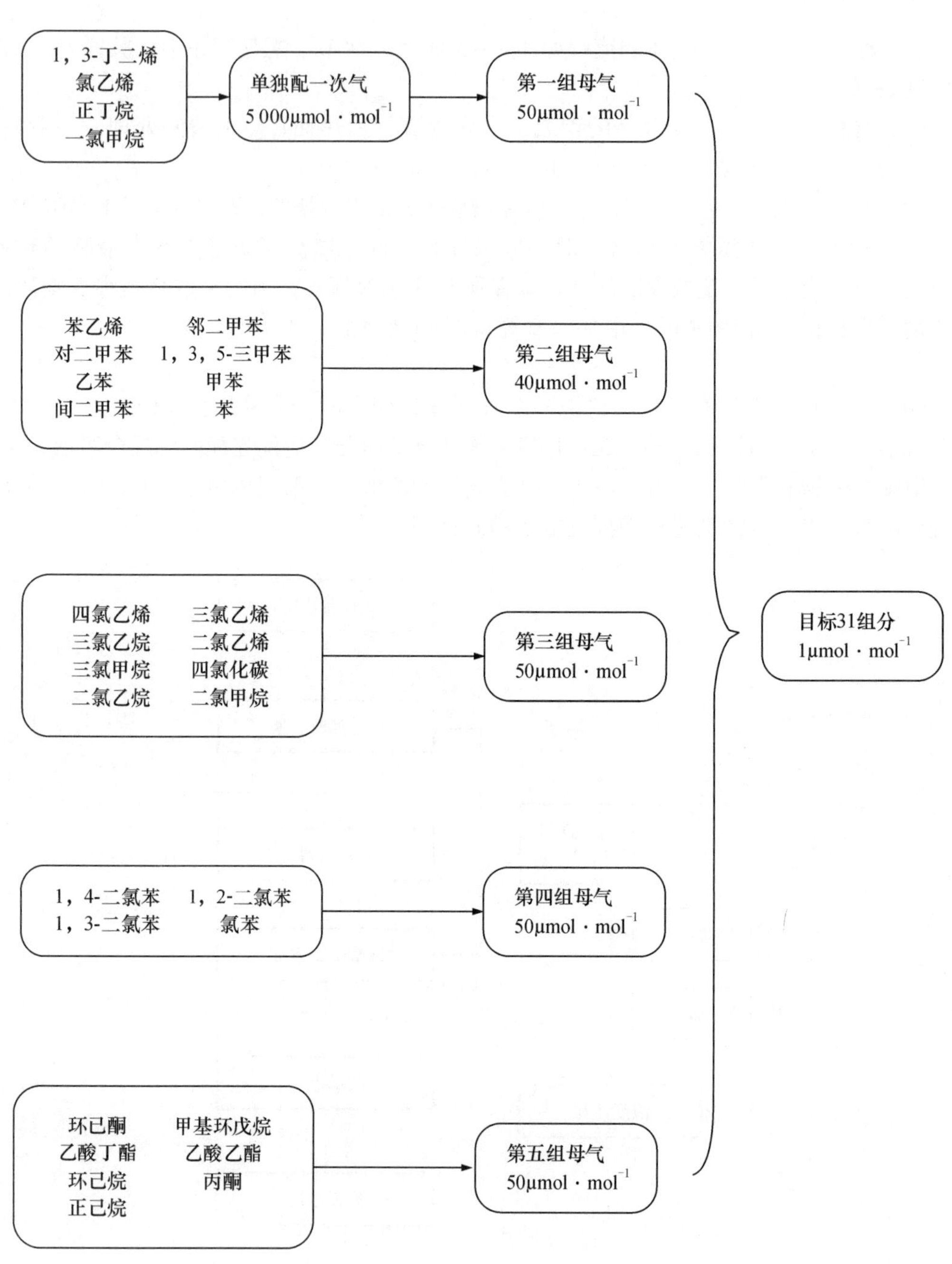

图 4－4　31 组分的配制流程

第一组母气
50μmol · mol^{-1}

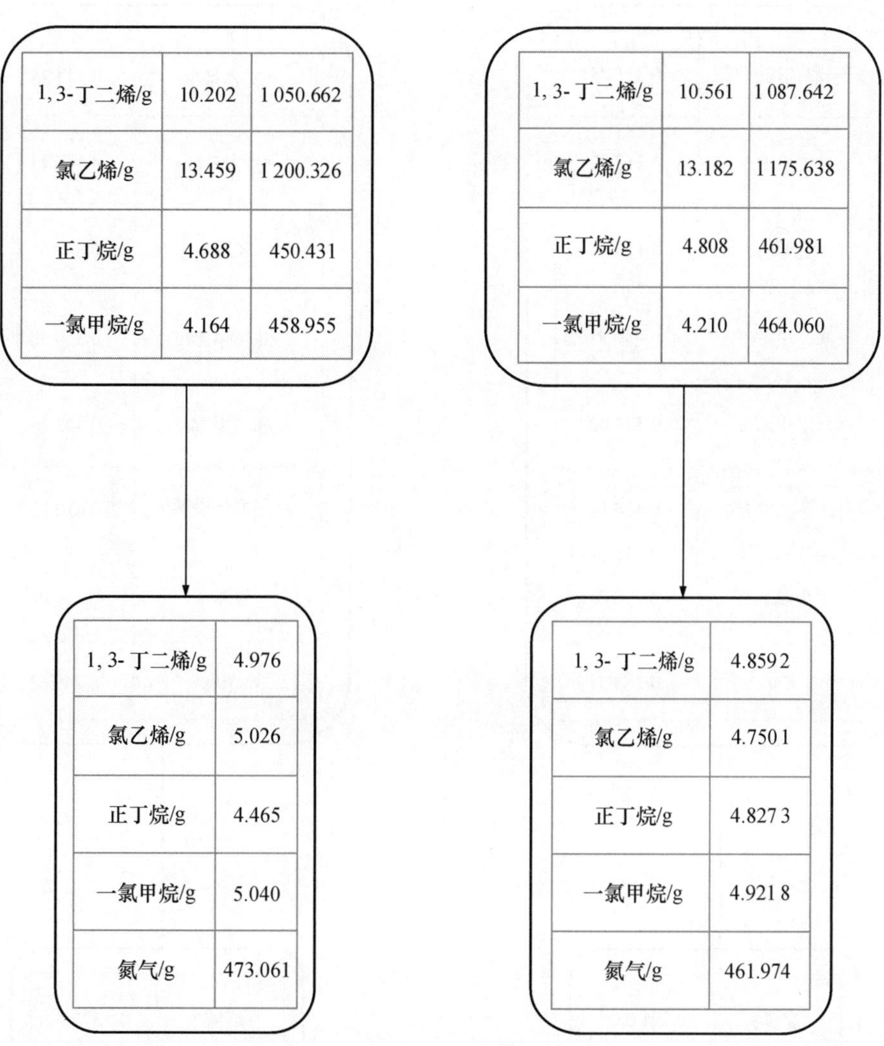

图 4 – 4（续）

第二组母气
40μmol · mol^{-1}

苯乙烯/g	0.311 75
对二甲苯/g	0.318 07
乙苯/g	0.353 44
间二甲苯/g	0.336 91
邻二甲苯/g	0.324 00
1, 3, 5-三甲苯/g	0.428 14
甲苯/g	0.290 23
苯/g	0.265 34

混液/g	0.291 03

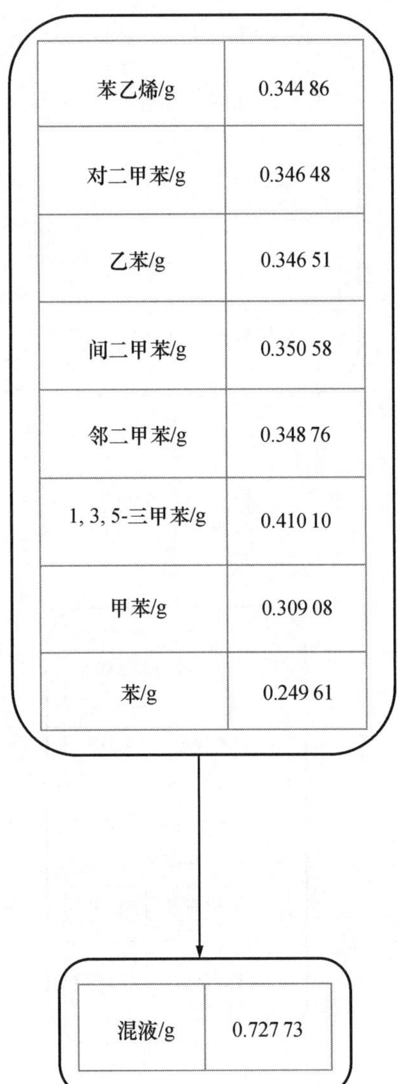

苯乙烯/g	0.344 86
对二甲苯/g	0.346 48
乙苯/g	0.346 51
间二甲苯/g	0.350 58
邻二甲苯/g	0.348 76
1, 3, 5-三甲苯/g	0.410 10
甲苯/g	0.309 08
苯/g	0.249 61

混液/g	0.727 73

图4－4（续）

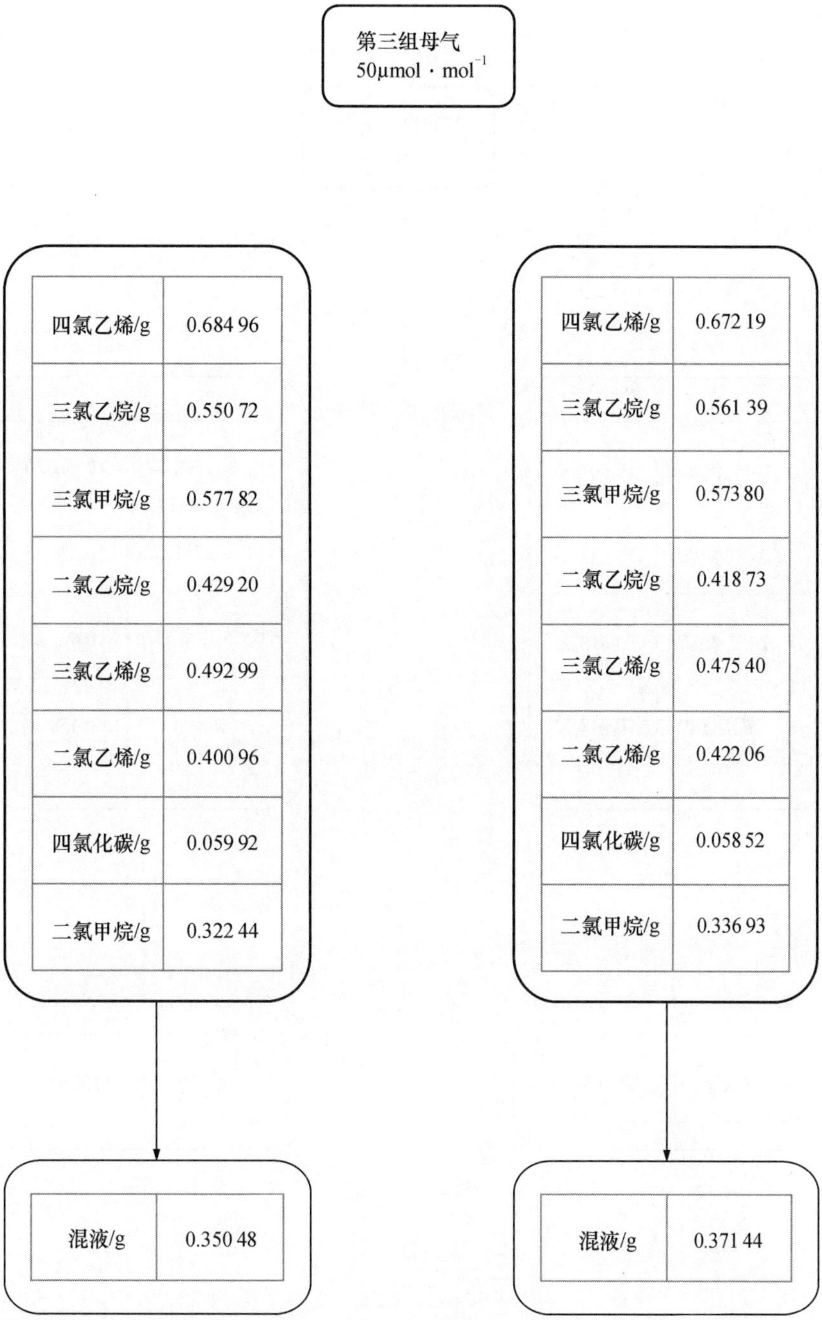

第三组母气
50μmol · mol^{-1}

四氯乙烯/g	0.684 96
三氯乙烷/g	0.550 72
三氯甲烷/g	0.577 82
二氯乙烷/g	0.429 20
三氯乙烯/g	0.492 99
二氯乙烯/g	0.400 96
四氯化碳/g	0.059 92
二氯甲烷/g	0.322 44

混液/g	0.350 48

四氯乙烯/g	0.672 19
三氯乙烷/g	0.561 39
三氯甲烷/g	0.573 80
二氯乙烷/g	0.418 73
三氯乙烯/g	0.475 40
二氯乙烯/g	0.422 06
四氯化碳/g	0.058 52
二氯甲烷/g	0.336 93

混液/g	0.371 44

图4－4（续）

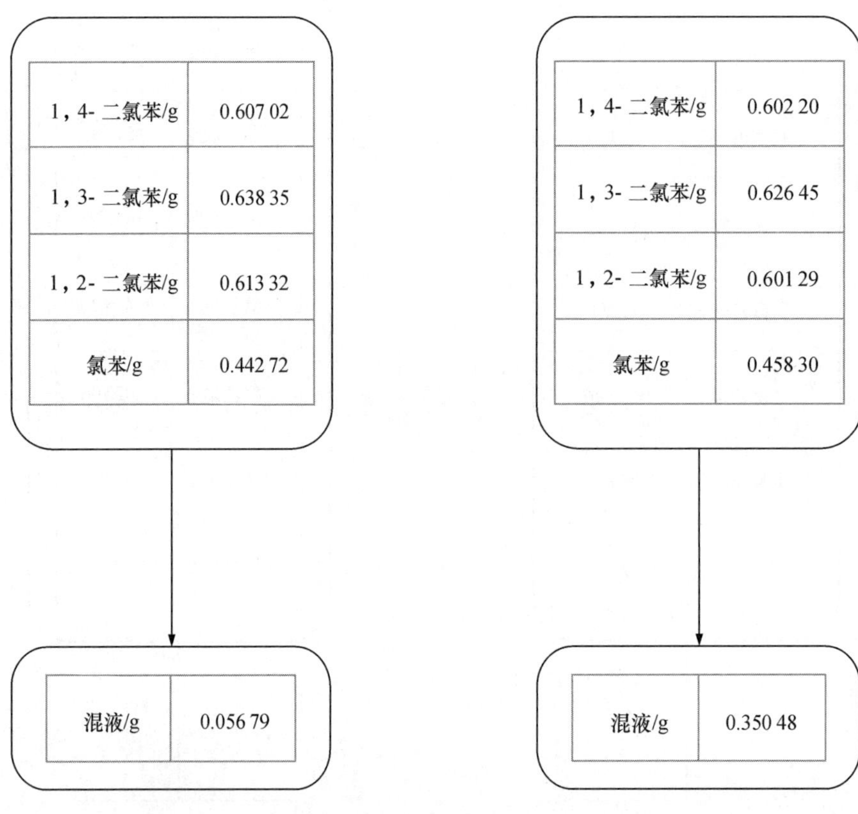
第四组母气
50μmol · mol⁻¹
1，4- 二氯苯/g | 0.607 02
1，3- 二氯苯/g | 0.638 35
1，2- 二氯苯/g | 0.613 32
氯苯/g | 0.442 72
1，4- 二氯苯/g | 0.602 20
1，3- 二氯苯/g | 0.626 45
1，2- 二氯苯/g | 0.601 29
氯苯/g | 0.458 30
混液/g | 0.056 79
混液/g | 0.350 48

图 4 –4（续）

第五组母气
50μmol · mol^{-1}

环已酮/g	0.394 12
乙酸丁酯/g	0.481 57
环已烷/g	0.322 11
正已烷/g	0.337 08
甲基环戊烷/g	0.339 99
乙酸乙酯/g	0.386 77
丙酮/g	0.239 34

混液/g	0.262 50

环已酮/g	0.412 26
乙酸丁酯/g	0.477 75
环已烷/g	0.332 76
正已烷/g	0.355 94
甲基环戊烷/g	0.339 31
乙酸乙酯/g	0.401 63
丙酮/g	0.240 78

混液/g	0.259 64

图 4 – 4（续）

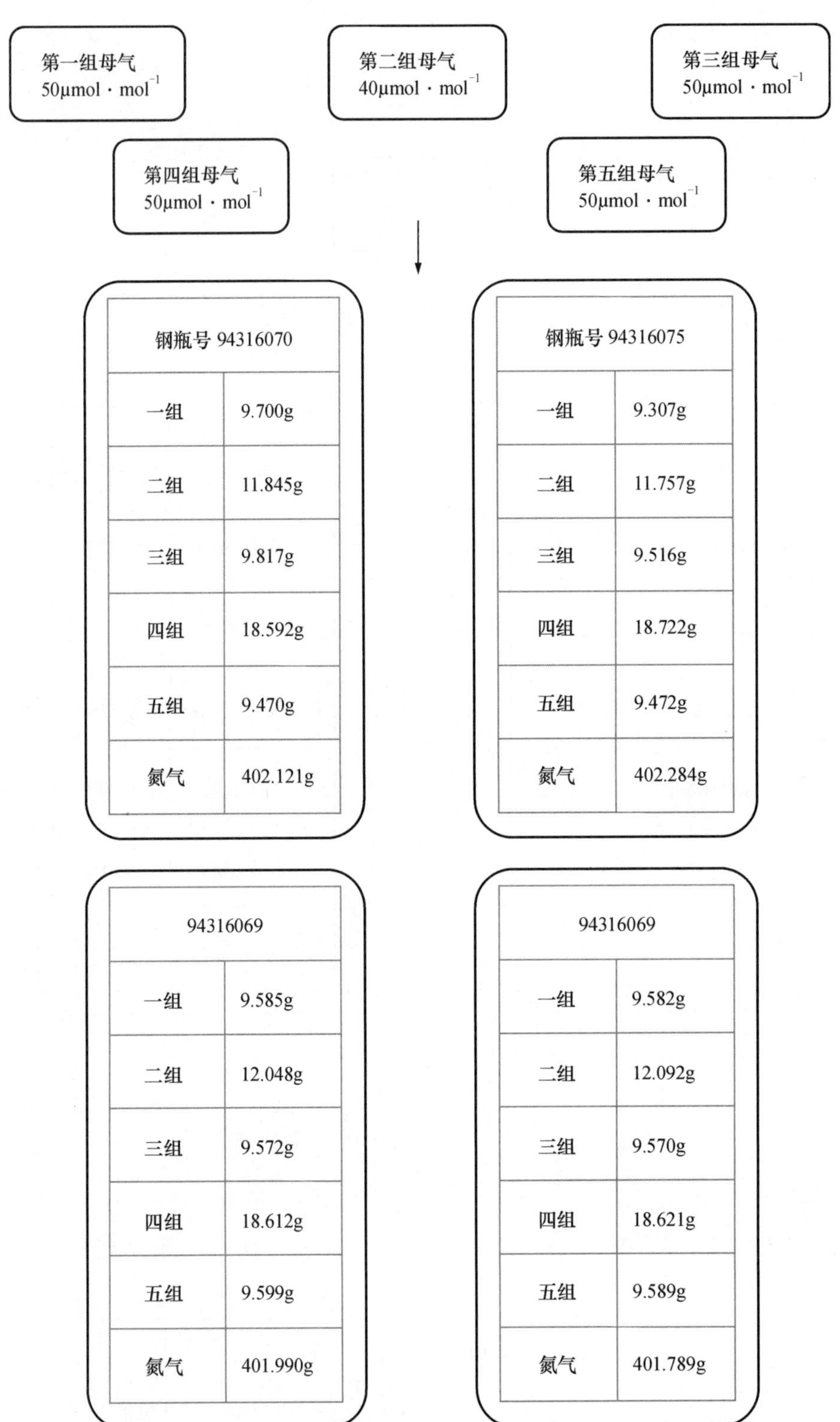

钢瓶号 94316070	
一组	9.700g
二组	11.845g
三组	9.817g
四组	18.592g
五组	9.470g
氮气	402.121g

钢瓶号 94316075	
一组	9.307g
二组	11.757g
三组	9.516g
四组	18.722g
五组	9.472g
氮气	402.284g

94316069	
一组	9.585g
二组	12.048g
三组	9.572g
四组	18.612g
五组	9.599g
氮气	401.990g

94316069	
一组	9.582g
二组	12.092g
三组	9.570g
四组	18.621g
五组	9.589g
氮气	401.789g

图 4－4（续）

四、包装容器的考察与选择

选取 TO14A 和 PAMs 气体组分中最不稳定的代表性化合物 4 种，包括正十二烷、苯乙烯、1,2,3 - 三甲苯和苄基氯，将其溶解于乙醇溶液中，通过注射法配制于大瓶中，浓度约 1×10^{-6}(ppm) 左右，此气瓶作为母瓶。配后放置 1 个月，待浓度稳定后将母瓶的部分气体分装至待测试的气瓶中，分析子瓶对母瓶浓度的降低。为避免分装过程中配气站对微量组分的吸附影响，最大程度地还原气瓶测试的真实结果，分装实验不经过配气站，而采样气瓶与气瓶直接对接的方式连接，连接线路采用 1/16 钝化管线。为避免分装过程的“焦汤效应”，分装的流速控制在 0. 01g/s ~0. 1g/s。

所选取的 4 种化合物均为实际测试结果中容易降低的组分，根据其物质结构与理化性质分析，导致其浓度降低的原理各不相同，其中正十二烷为高沸点低饱和蒸气压组分，苯乙烯容易自身聚合，1,2,3 - 三甲苯为强极性低饱和蒸气压组分，苄基氯为强极性易水解卤代组分。因此，在实际配气的过程中，针对具有上述特性的组分均应重点关注。评价混合液及称量量值见表 4 - 2 所示。

表 4 - 2　测试评价液的配制

化 合 物	CAS 号	相对分子质量	饱和蒸气压/kPa	密度/(g/cm^3)	质量分数/%	质量/g
乙醇	64 - 17 - 5	46. 070	5. 8	0. 79	72. 66	4. 855 758
正十二烷	110 - 40 - 3	170. 340	0. 02	0. 75	8. 41	0. 562 210
苄基氯	100 - 44 - 7	126. 580	0. 12	1. 10	6. 95	0. 464 754
1,2,3 - 三甲基苯	526 - 73 - 8	120. 195	0. 22	0. 89	6. 51	0. 435 076
苯乙烯	100 - 42 - 5	104. 152	0. 85	0. 91	5. 46	0. 364 925

评价液以乙醇为稀释溶液，一方面可以降低混合液的浓度，增加不稳定组分的稳定性，另一方面乙醇作为溶剂的出峰时间靠前，不影响其他组分的分析结果。其在色谱中的出峰顺序为正十二烷、苄基氯、1,2,3 - 三甲苯和苯乙烯，分析条件为 GC - FID，色谱柱为 CarbonWax 30m ×0. 32m ×0. 5μm，其典型色谱图如图 4 - 5 所示。

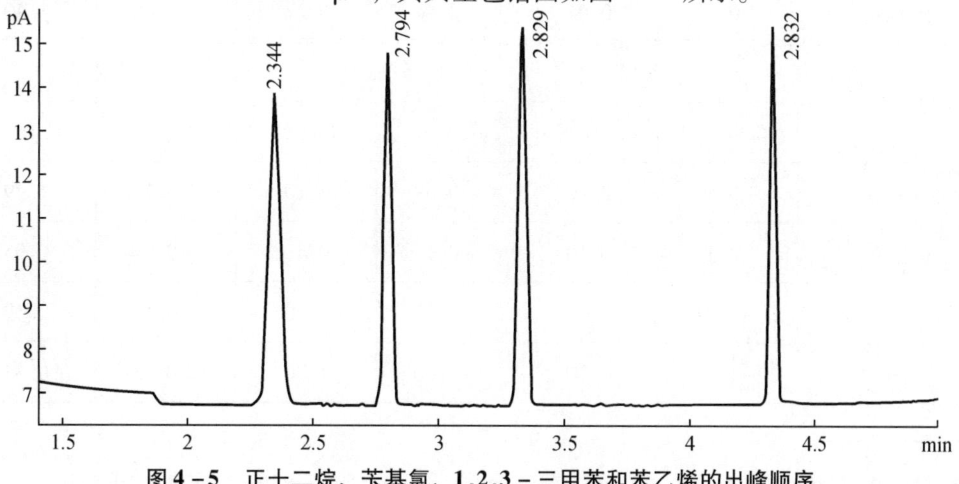

图 4 - 5　正十二烷、苄基氯、1,2,3 - 三甲苯和苯乙烯的出峰顺序

单次注射的混合液的总质量为0.08746g，通过表4-2的质量分数和相对分子质量，可计算得到各个组分的物质的质量和最终配备浓度，见表4-3。

表4-3 评价气母瓶的制备

气瓶号L91812152	制备物质的质量/g	加入物质的量/mol	制备浓度/(mol/mol)
乙醇	0.063 55	0.001 379 52	3.289E-05❶
正十二烷	0.007 36	4.319 9E-05	1.030E-06
苄基氯	0.006 08	4.805 6E-05	1.146E-06
1,2,3-三甲基苯	0.005 69	4.737 7E-05	1.130E-06
苯乙烯	0.004 78	4.585 9E-05	1.093E-06
氮气	1 174.814	41.937 556 1	—

表4-4罗列了所考察的不同种类的气瓶，除了组分浓度相对母瓶的降低值，同时也附上每个组分测试时的重复性指标（RSD），该指标可反映出所得到的分析结果的可信度。当RSD低于配气分装衰减比例时，分装的结果更加可信。从分装结果表4-4可以看出，气体组分在气瓶A1、气瓶A2和气瓶E均具有良好稳定性，其中气瓶E的效果最佳。因此选用E类气瓶作为本次研制的包装容器。

表4-4 不同种类涂层气瓶筛选

种类	气瓶A1		气瓶A2		气瓶T	
	降低/%	RSD/%	降低/%	RSD/%	降低/%	RSD/%
正十二烷	-0.09	0.77	-0.65	0.46	-2.72	4.30
苯乙烯	-0.05	0.08	-0.35	0.19	-0.26	0.50
1,2,3-三甲苯	-0.26	0.03	-0.37	0.19	-0.60	0.90
苄基氯	-0.49	0.04	-0.66	0.22	-1.06	1.40
种类	气瓶C		气瓶D		气瓶E	
	降低/%	RSD/%	降低/%	RSD/%	降低/%	RSD/%
正十二烷	-0.50	0.10	-0.68	6.10	-0.12	1.79
苯乙烯	-0.41	0.10	-0.14	0.40	-0.04	0.05
1,2,3-三甲苯	-1.24	0.01	-0.23	0.70	-0.16	0.09
苄基氯	-1.75	0.20	-1.00	1.70	-0.15	0.33

❶ “E-01，E-02，…，E-05，…”分别表示“$\times10^{-1}$，$\times10^{-2}$，…，$\times10^{-5}$，…”，余类同。

第三节　原料的考察与选择

原料采用空气化工、光明化工研究设计院、国药试剂、Sigma - Aldrich、J&K、Alfa Aesar等国内外知名公司生产的纯气与试剂，部分可购买到纯品标准物质的试剂直接购买纯品标准物质，见表4 - 5。

表4 - 5　原料气标称纯度及厂家　　%

化合物组分	厂　家	标称纯度	分析纯度	化合物组分	厂　家	标称纯度	分析纯度
氯苯	Sigma - Aldrich	≥99	99.89	三氯乙烯	Sigma - Aldrich	99.1	99.66
1,4二氯苯	Sigma - Aldrich	≥99	99.85	四氯乙烯	Sigma - Aldrich	99.2	99.87
1,3二氯苯	Sigma - Aldrich	≥99	99.12	1,2 - 二氯乙烷	Sigma - Aldrich	99	99.84
1,2二氯苯	Sigma - Aldrich	≥99	99.53				
苯	Alfa Aesar	≥99	99.70	1,1,2 - 三氯乙烷	Sigma - Aldrich	99.8	99.30
甲苯	Alfa Aesar	≥99	99.45	乙酸乙酯	Sigma - Aldrich	99.8	99.54
乙苯	Alfa Aesar	≥99	99.16	乙酸丁酯	Sigma - Aldrich	99.8	99.38
邻二甲苯	Alfa Aesar	≥99	99.81	正己烷	J&K	99.5	99.12
间二甲苯	Alfa Aesar	≥99	99.63	环己烷	J&K	99.5	99.60
对二甲苯	Alfa Aesar	≥99	99.69	甲基环戊烷	J&K	99.5	99.60
苯乙烯	Alfa Aesar	≥99	99.72	环己酮	J&K	99.5	99.87
1,3,5 - 三甲苯	Sigma - Aldrich	99.8	99.69	丙酮	国药	≥99	99.85
二氯甲烷	Sigma - Aldrich	99	99.79	1,3 - 丁二烯	光明化工研究设计院	99.9	99.98
三氯甲烷	Sigma - Aldrich	99	99.93				
四氯化碳	Sigma - Aldrich	≥99	99.88	氯乙烯	光明化工研究设计院	99.0	99.70
一氯甲烷	光明化工研究设计院	99.9	99.88				
				正丁烷	光明化工研究设计院	99.9	99.97
顺式 - 1,2 - 二氯乙烯	Sigma - Aldrich	≥99	99.63	BIP氮气	AP	6N	99.9998%

纯度和纯度不确定度的计算依据公式如下：

$$x_{pure} = 1 - \sum_{i=1}^{N} x_i \tag{4-1}$$

式中：

x_{pure}——纯气中的主成分；

x_i——纯气中的杂质组分。

主成分浓度的不确定度则根据杂质组分浓度和不确定度计算得到：

$$u(x_{\text{pure}}) = \sqrt{\sum_{i=1}^{N} u^2(x_i)} \tag{4-2}$$

式中：

$u(x_{\text{pure}})$——纯气中的主成分浓度的不确定度；

x_i——纯气中的杂质组分。

一、稀释气的纯度分析

仪器设备：华爱气相色谱 GC－9560、HALO CRDs、Delta－F 微氧仪

色谱测试条件：定量环体积为 0.5mL，PDD 极性为 0，量程为 9，载气压力为 400kPa，驱动气空气压力为 300kPa，样品进样压力为 20kPa，色谱柱组合如下：0.6m CST 1 根（柱炉），3m Q1 根（柱炉），4m Q1 根（柱炉），1.8m 5A（40～60 目）1 根（辅助 2），1.8m 5A（40～60 目）1 根（辅助 3）。

氦离子化检测器（PDHID）切阀时间见表 4－6。PDHID 气相色谱气路和阀位见图 4－6，PDHID 标准样品图见图 4－7，高纯氮色谱图见图 4－8，BIP 氮气的纯度见表 4－7。

表 4－6　氦离子化检测器（PDHID）切阀时间　min

时间程序	事件 1	事件 2	事件 3	事件 4	事件 5
1 阶	0.00	0.00	5.80	0.00	0.90
2 阶	0.00	4.20	6.90	0.20	2.30
3 阶	0.00	0.00	0.00	0.00	3.20
4 阶	0.00	0.00	0.00	0.00	5.20

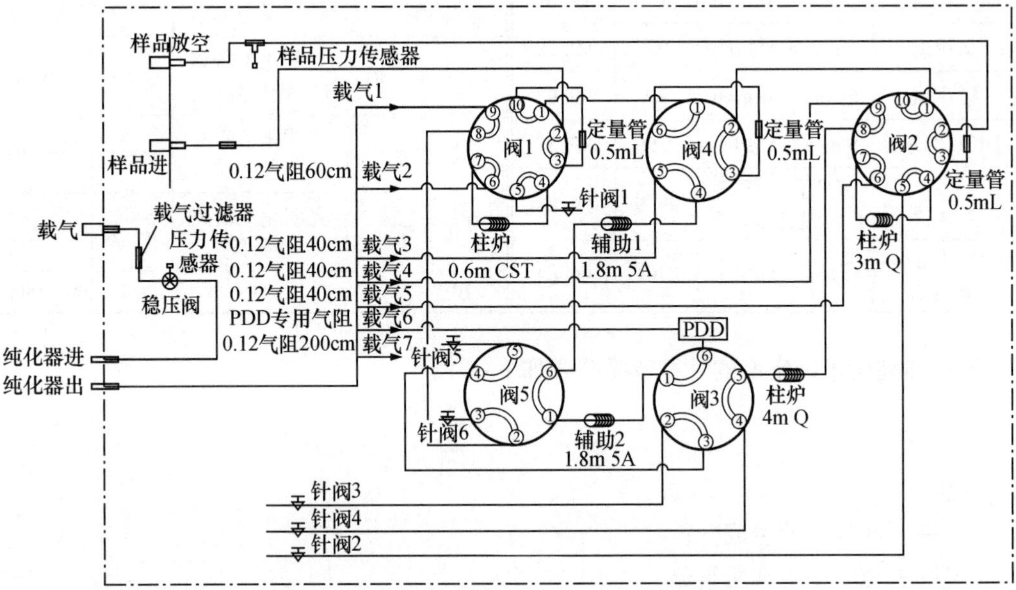

图 4－6　PDHID 气相色谱气路和阀位图

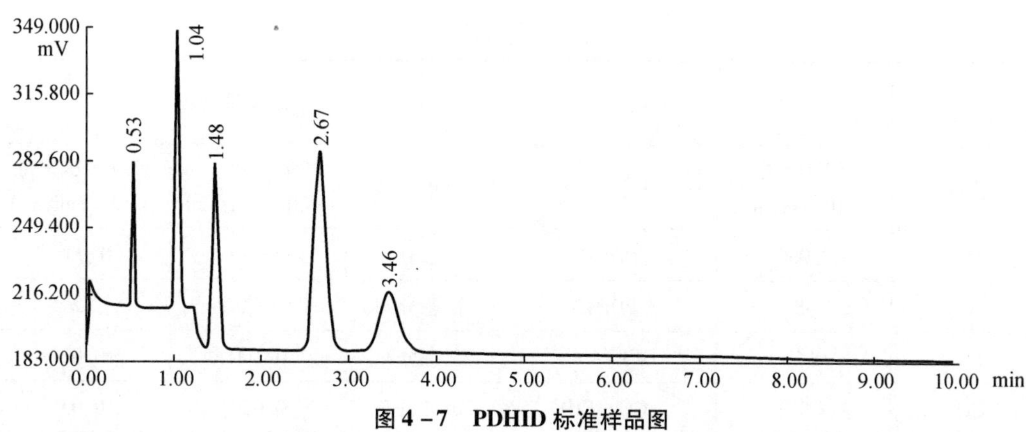

图 4－7　PDHID 标准样品图

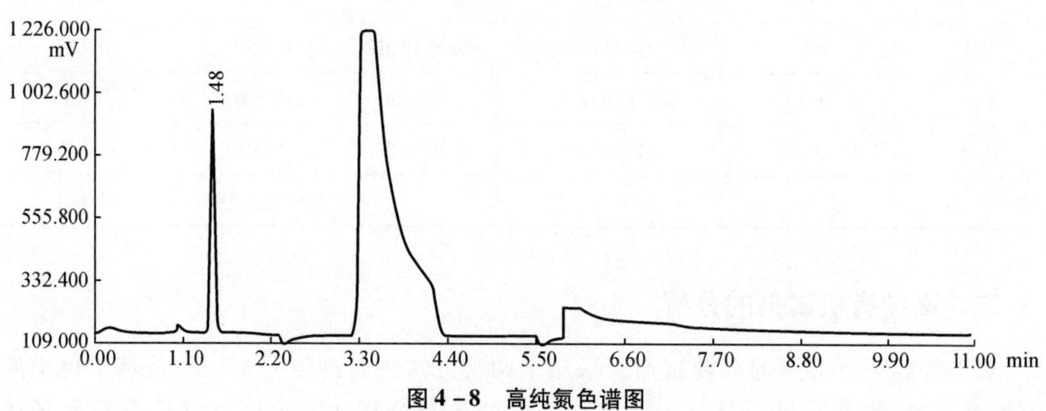

图 4－8　高纯氮色谱图

表 4－7　BIP 氮气的纯度表

瓶号 #11M223023	氮气（N_2）		不确定度评定		
组分	测量结果 $\times 10^{-6}$mol/mol	检测方法	分布类型	浓度值 $\times 10^{-6}$mol/mol	标准不确定度 $\times 10^{-6}$mol/mol
H_2	0.050	PDHID	正态分布	0.050	0.005
Ar	120	PDHID	正态分布	120	12
O_2	0.20	DELTA－F	正态分布	0.20	0.02
CO	<0.1	气相色谱分析——火焰离子化检测器（GC－FID）	矩形分布	0.05	0.03
CH_4	<0.1	GC－FID	矩形分布	0.05	0.03
CO_2	<0.1	GC－FID	矩形分布	0.05	0.03
H_2O	0.50	CRDs	正态分布	0.50	0.05
C_3H_8	<0.01	GC－FID	矩形分布	0.005	0.003
氮气（N_2）	—	—	—	999 879.545	12.001

表4-7（续）

瓶号 #11M223168	氮气（N_2）		不确定度评定		
组分	测量结果 $\times10^{-6}$mol/mol	检测方法	分布类型	浓度值 $\times10^{-6}$mol/mol	标准不确定度 $\times10^{-6}$mol/mol
H_2	0.050	PDHID	正态分布	0.050	0.005
Ar	48	PDHID	正态分布	48.0	12
O_2	0.10	DELTA-F	正态分布	0.100	0.02
CO	<0.1	GC-FID	矩形分布	0.050	0.03
CH_4	<0.1	GC-FID	矩形分布	0.050	0.03
CO_2	<0.1	GC-FID	矩形分布	0.050	0.03
H_2O	0.50	CRDs	正态分布	0.500	0.05
C_3H_8	<0.01	GC-FID	矩形分布	0.005	0.003
氮气（N_2）	—	—		999 951.195	12.001

二、高纯有机试剂的分析

对于常温下呈液态的高纯试剂，采用了两种方法进行纯度分析：一是基于色谱原理的GC-MS方法，另一是基于凝固点下降的差热分析法。采用电感耦合等离子体质谱（ICP-MS）检测了溶液试剂的金属元素含量，以及采用燃烧法抽选了苯、三氯乙烯和乙酸丁酯进行了灰分含量测定，以证明所购得的有机试剂中的重金属及灰分含量可忽略不计。对于常温下呈气态的高纯试剂，采用了GC-MS气体直接进样分析其中的有机杂质成分，另外将这些气体配制到1%浓度的氦气中，通过PDHID分析其中的无机气体成分。

依据ISO 19229：2015（E）《气体分析　纯度分析及纯度数据的处理》纯度分析规范，对所有原料的关键杂质和重要杂质进行了评估。以下为两者的定义：

满足以下一种或多种条件的杂质称为关键杂质：

——存在于混合气所用气体或液体原料中的杂质，同时也是该混合气中的一种低浓度微量组分；

——对混合气组分的分析检验结果可能产生影响的杂质；

——存在于一个多组分混合气所用原料气或原料液中的杂质，同时也是该混合气中的一种微量组分；

——可能与混合气中其他组分发生反应的杂质。

预计对校准混合气中的任一组分浓度的预期不确定度影响超过10%的杂质称为重要杂质。

1. 气相色谱图（图4-9~图4-46）

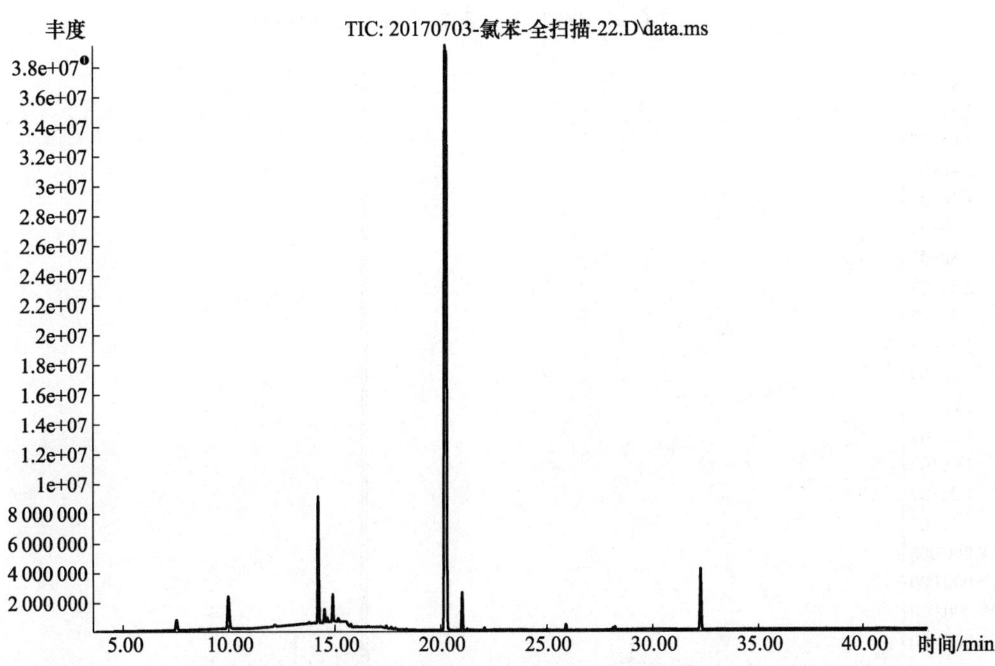

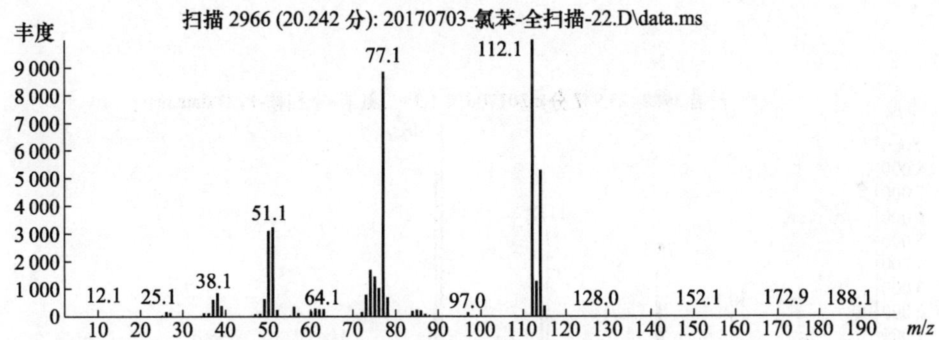

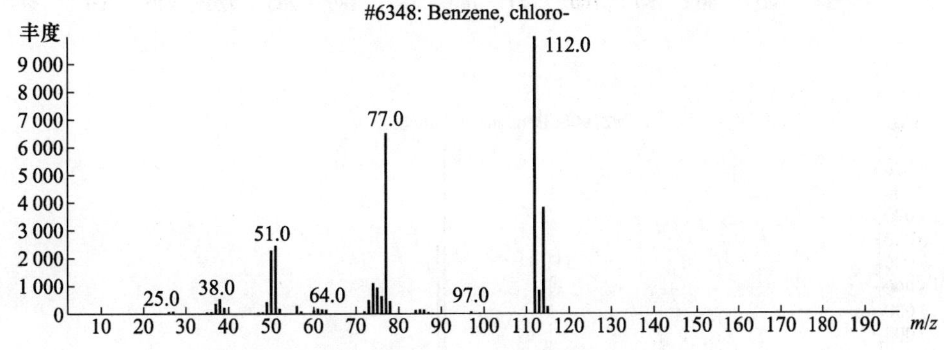

图 4－9　氯苯总离子流图、提取离子流及标准离子图❶

❶ “e+0.1，e+0.2，…，e+0.7，…”分别表示“×10¹，×10²，…，×10⁷，…，”余类同。

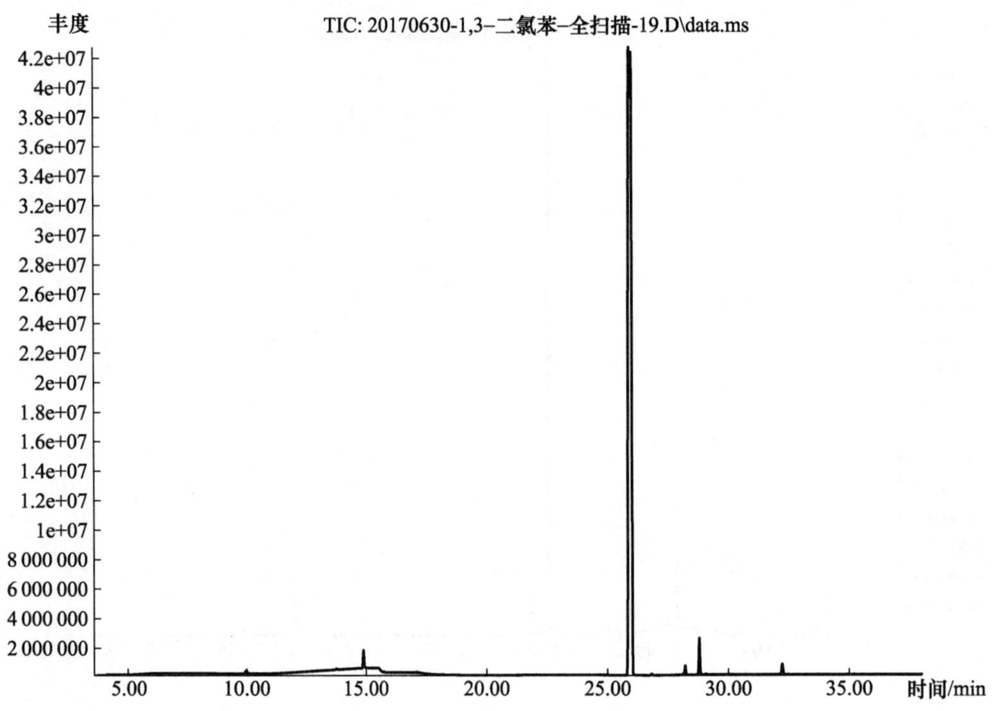

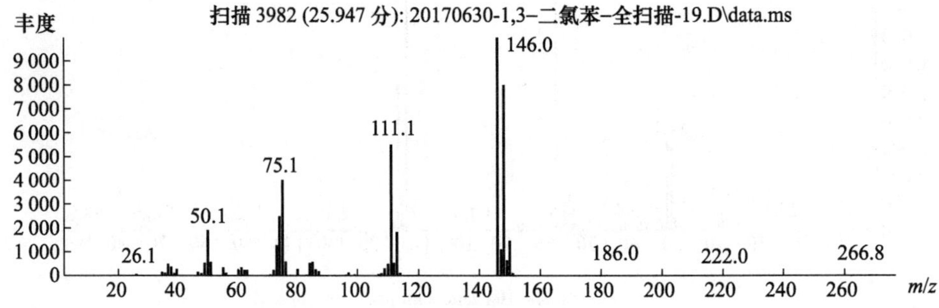

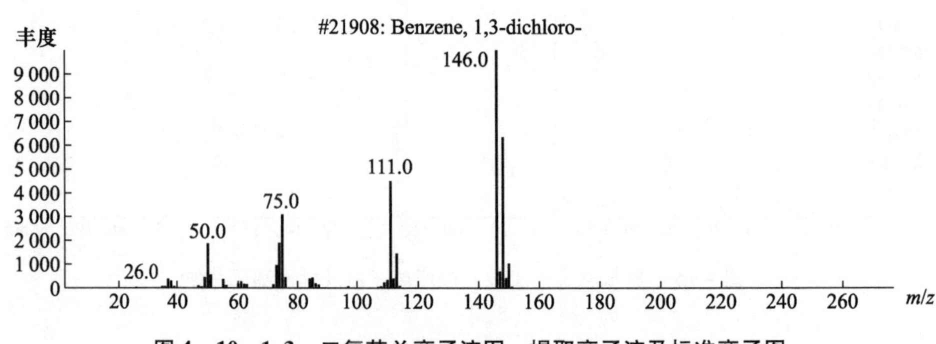

图4-10　1,3-二氯苯总离子流图、提取离子流及标准离子图

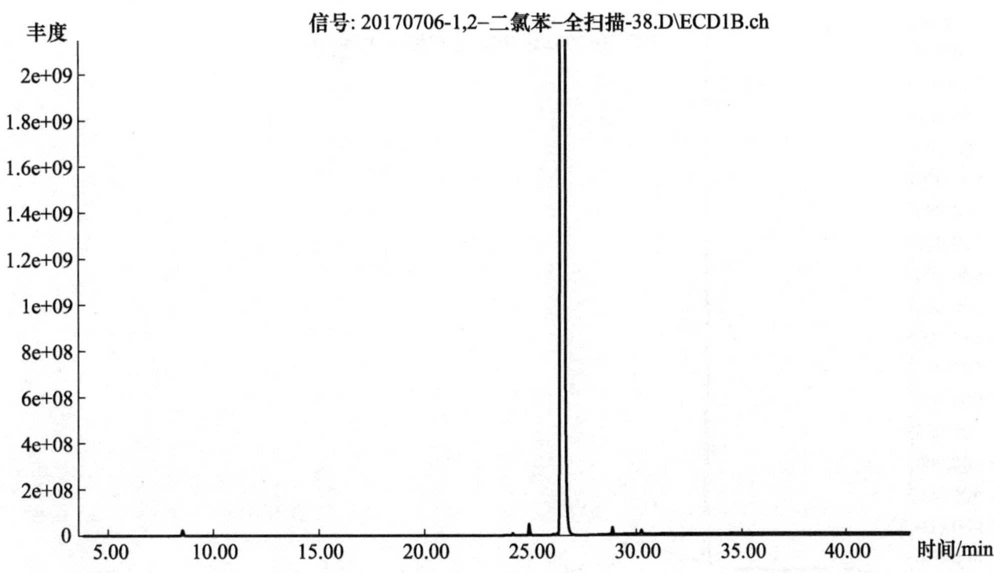

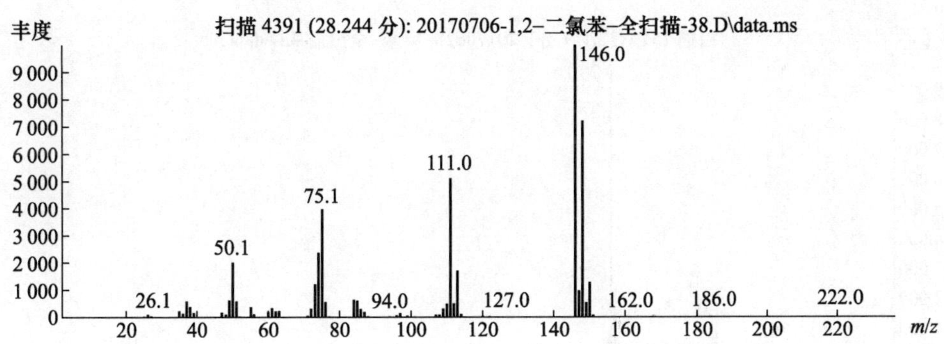

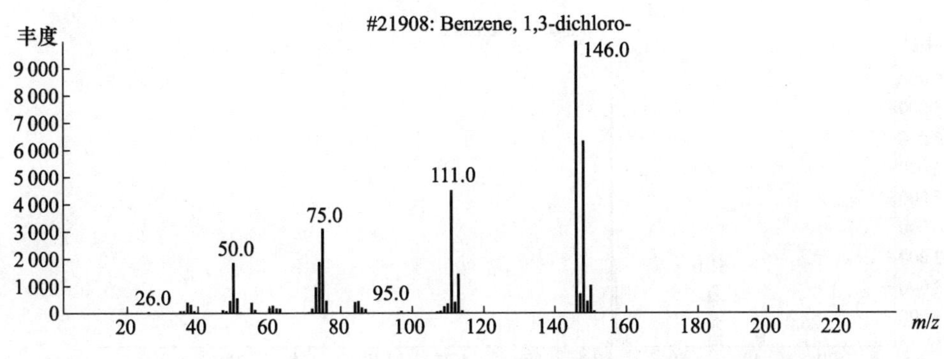

图 4－11　1,2－二氯苯总离子流图、提取离子流及标准离子图

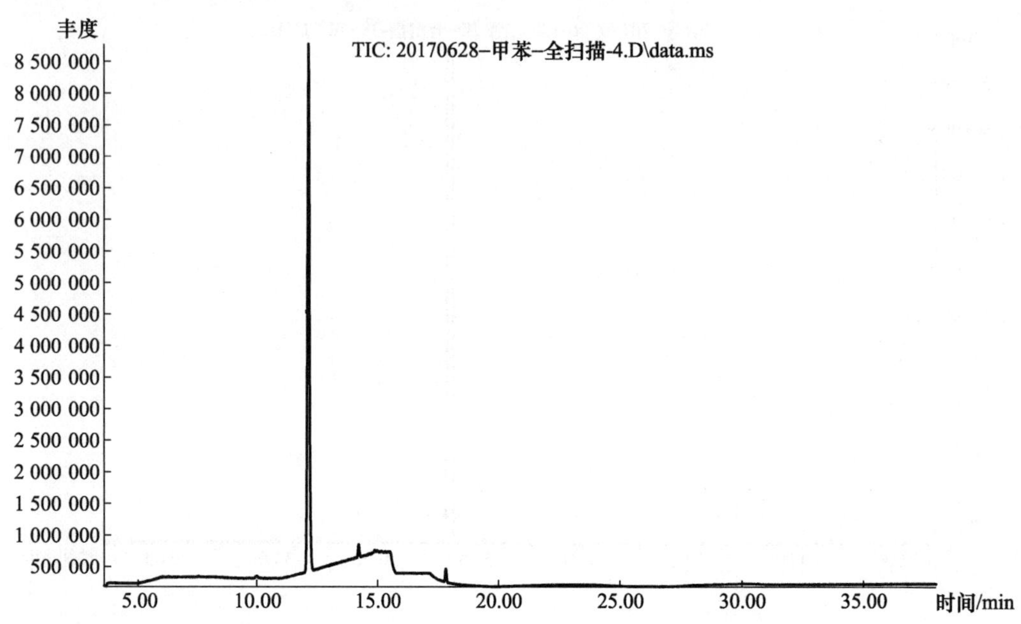

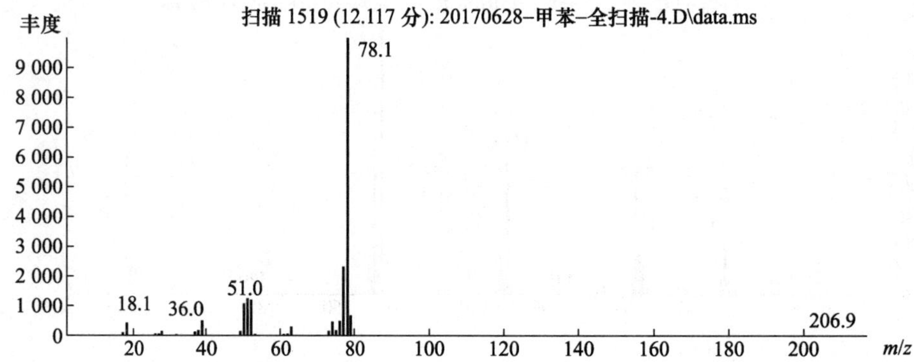

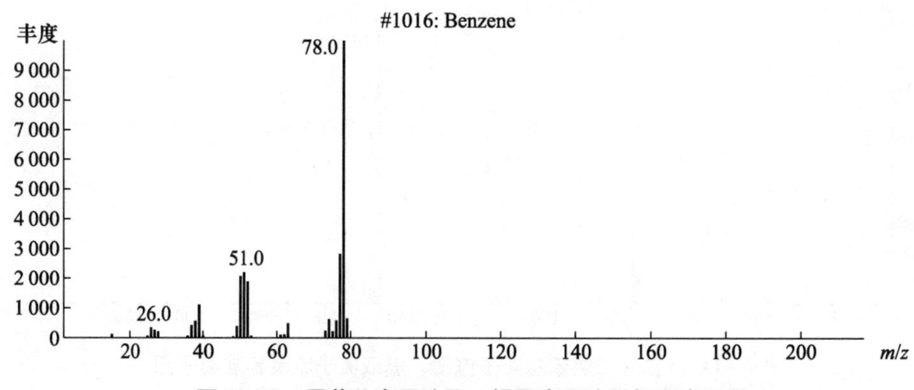

图 4－12　甲苯总离子流图、提取离子流及标准离子图

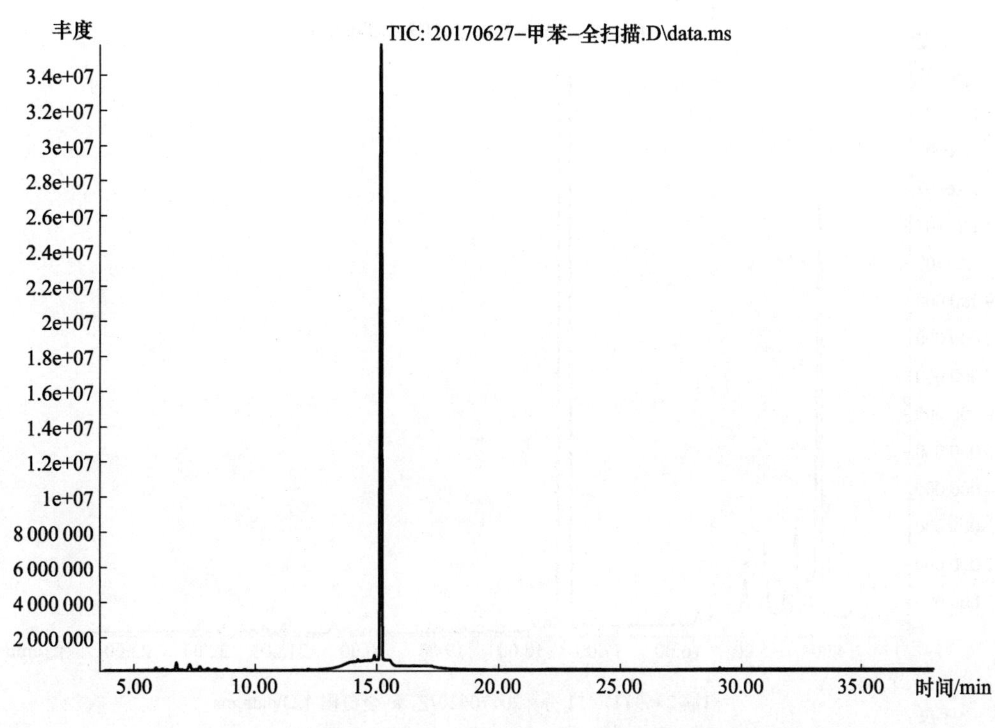

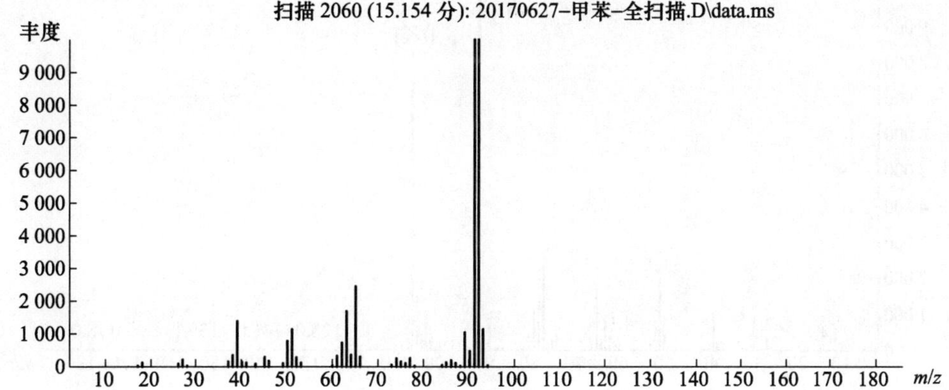

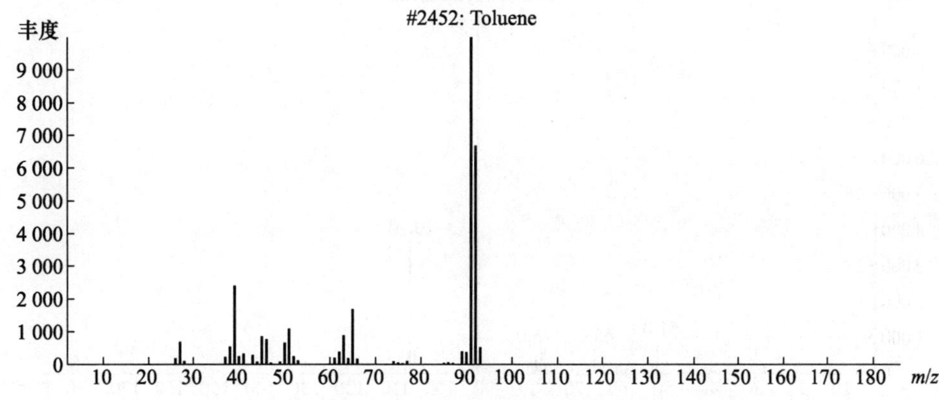

图 4－13　甲苯总离子流图、提取离子流及标准离子图

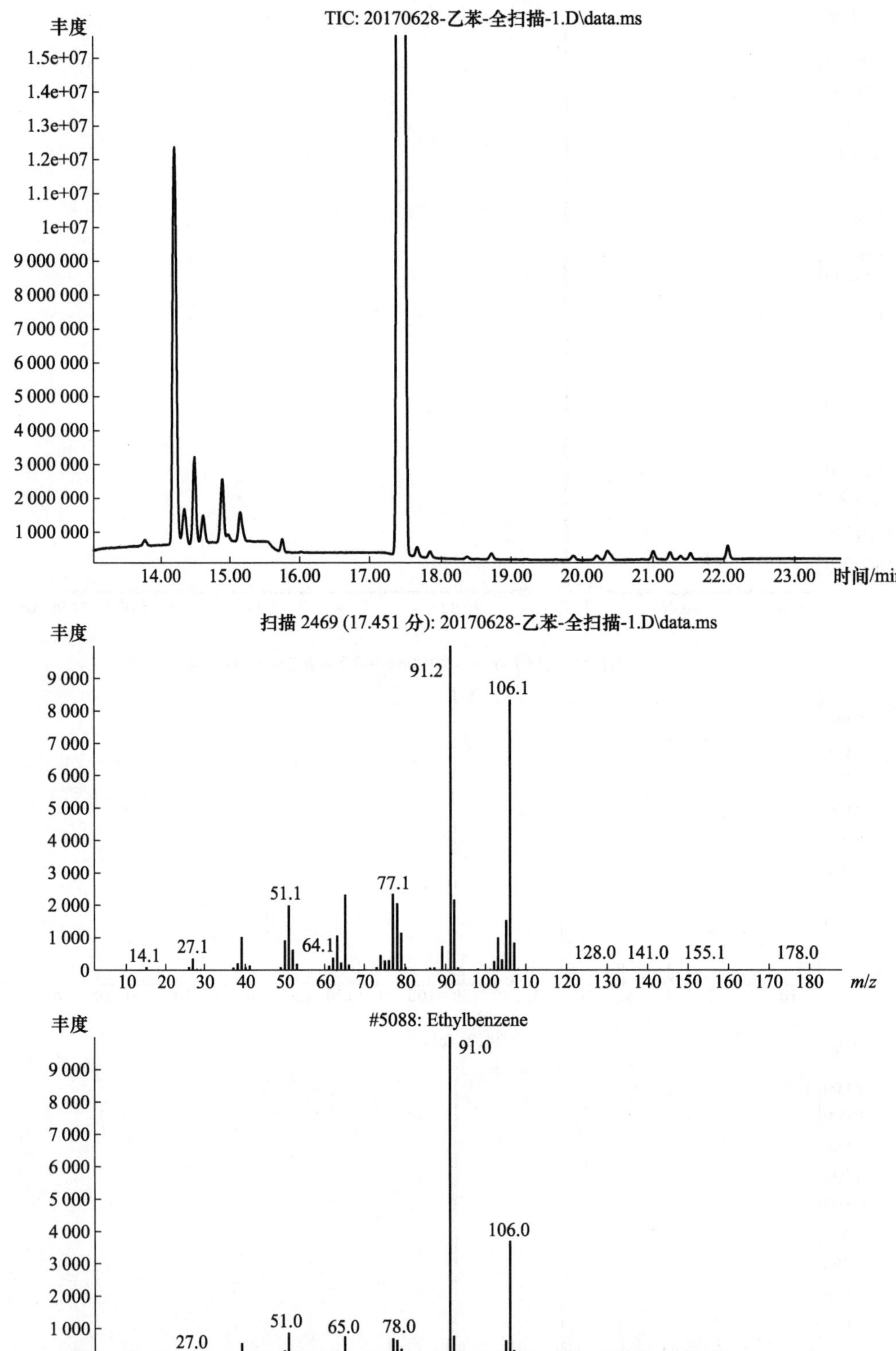

图 4－14　乙苯总离子流图、提取离子流及标准离子图

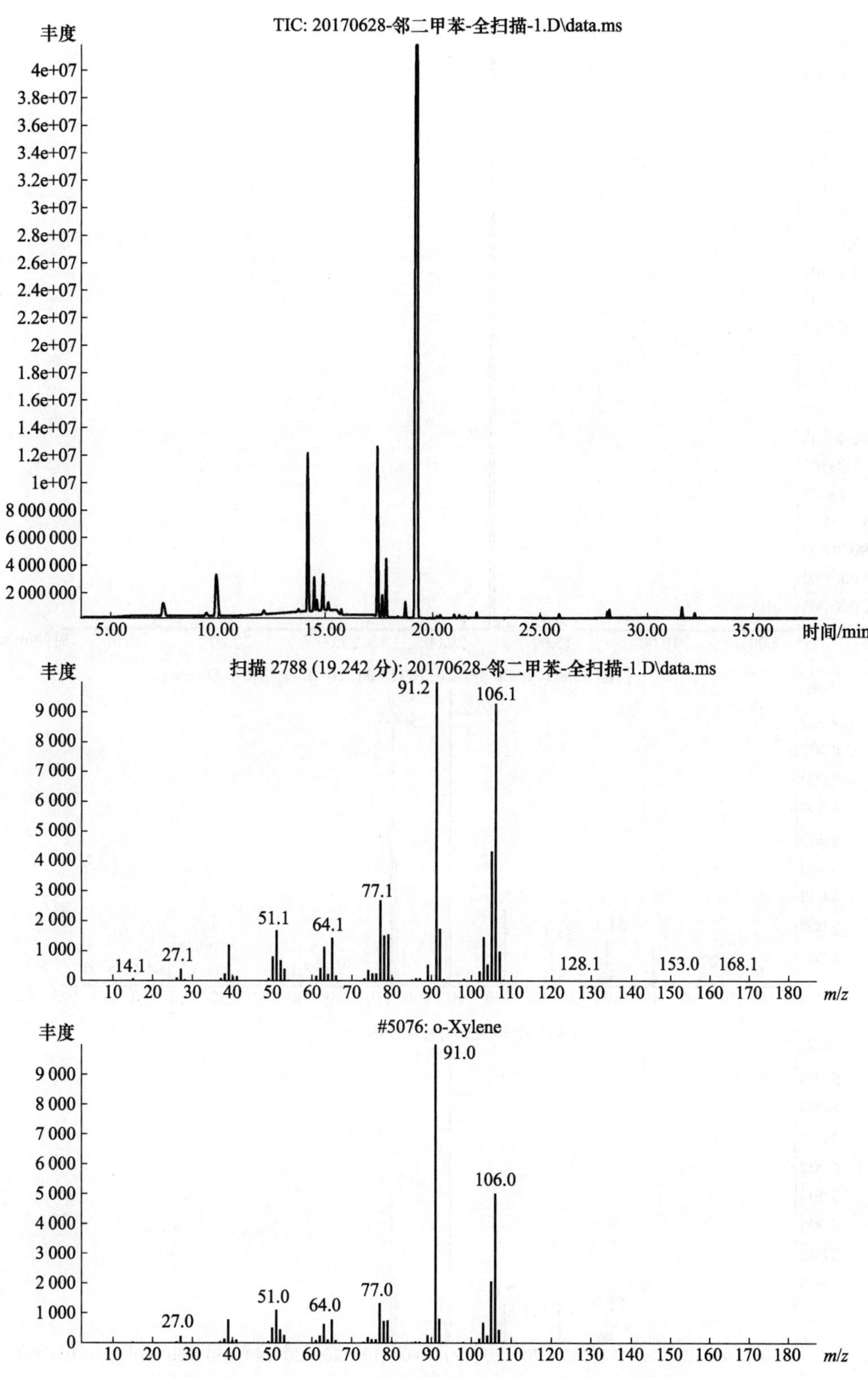

图 4-15　邻二甲苯总离子流图、提取离子流及标准离子图

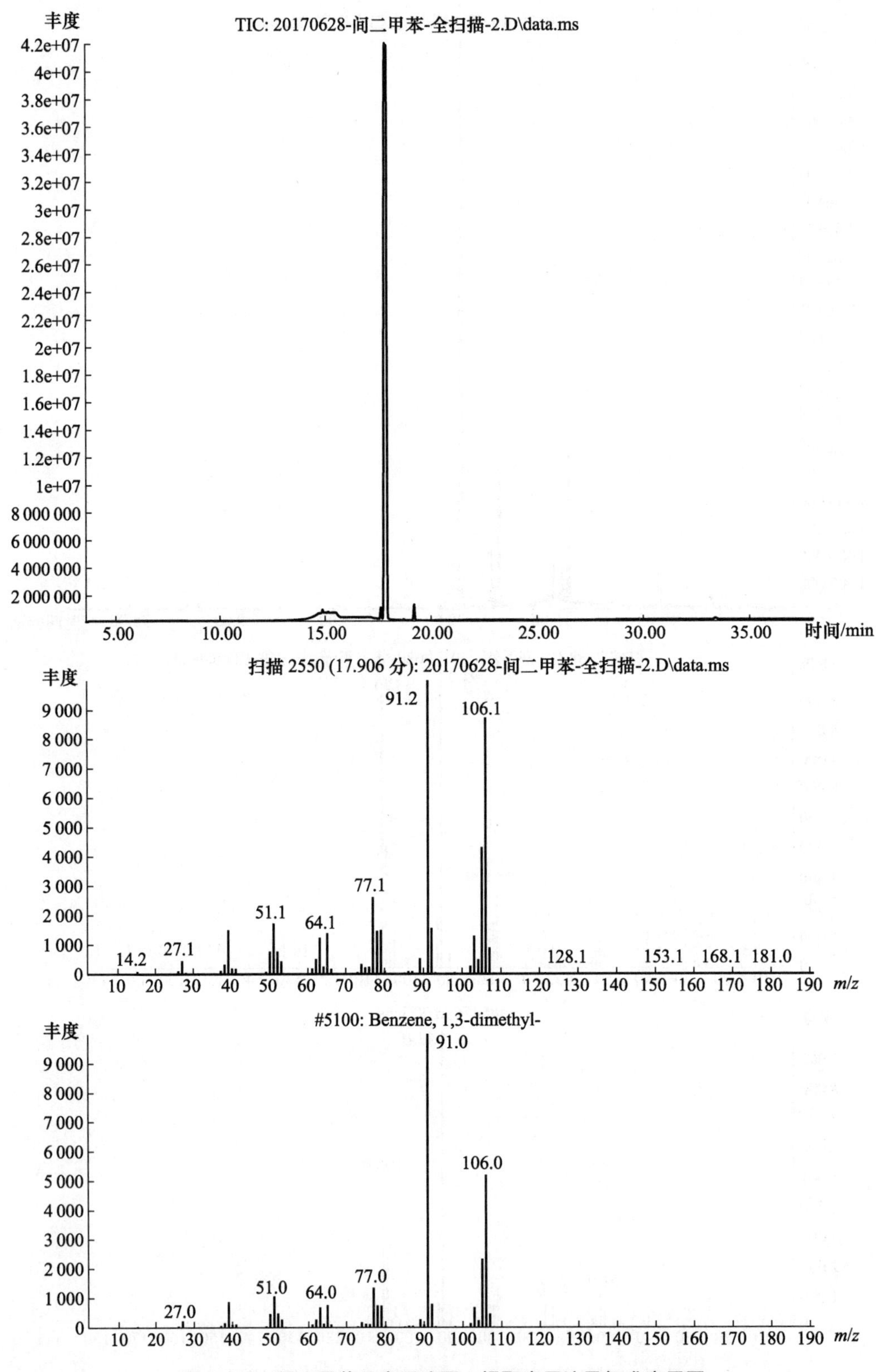

图 4-16　间二甲苯总离子流图、提取离子流及标准离子图

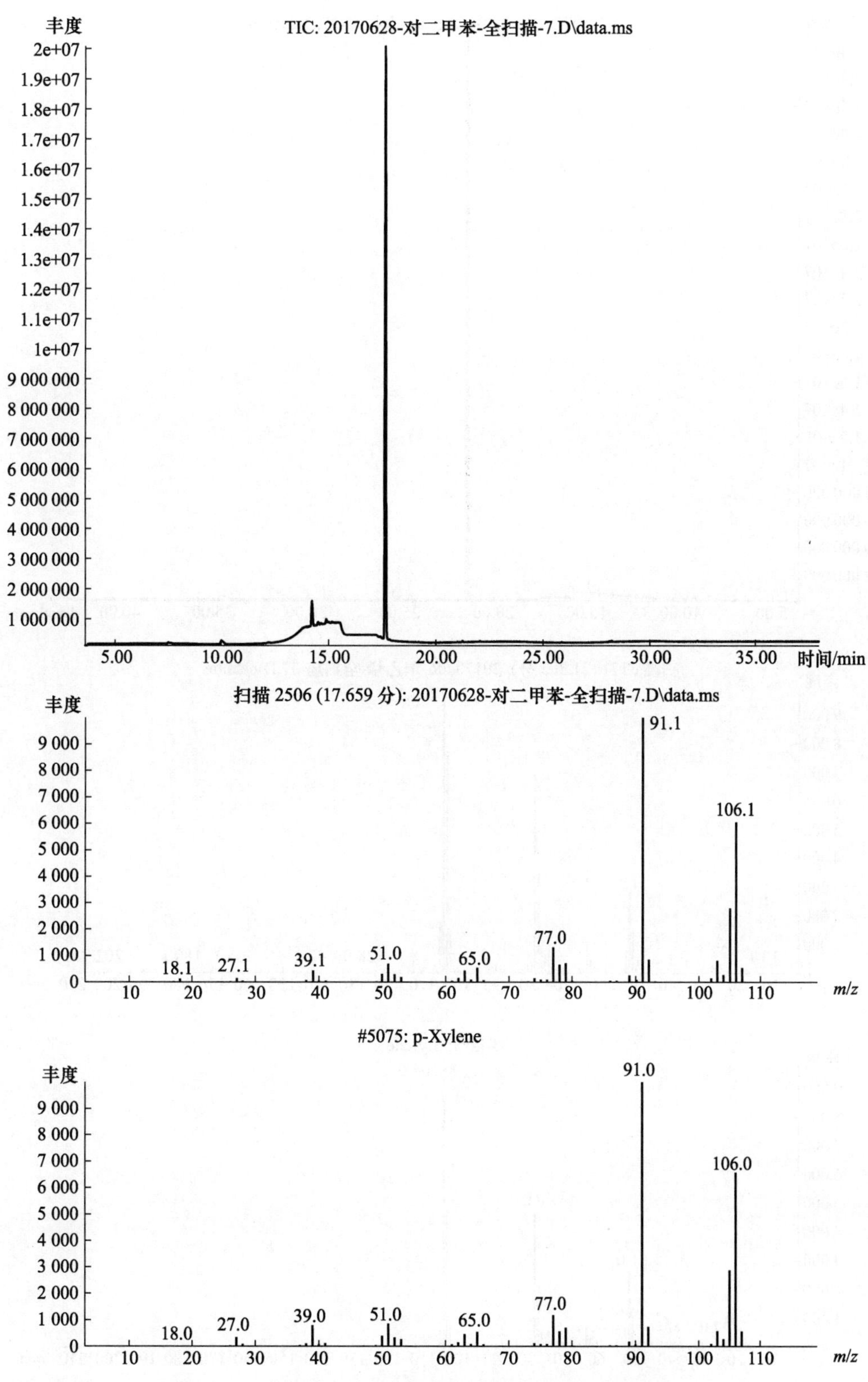

图 4－17　对二甲苯总离子流图、提取离子流及标准离子图

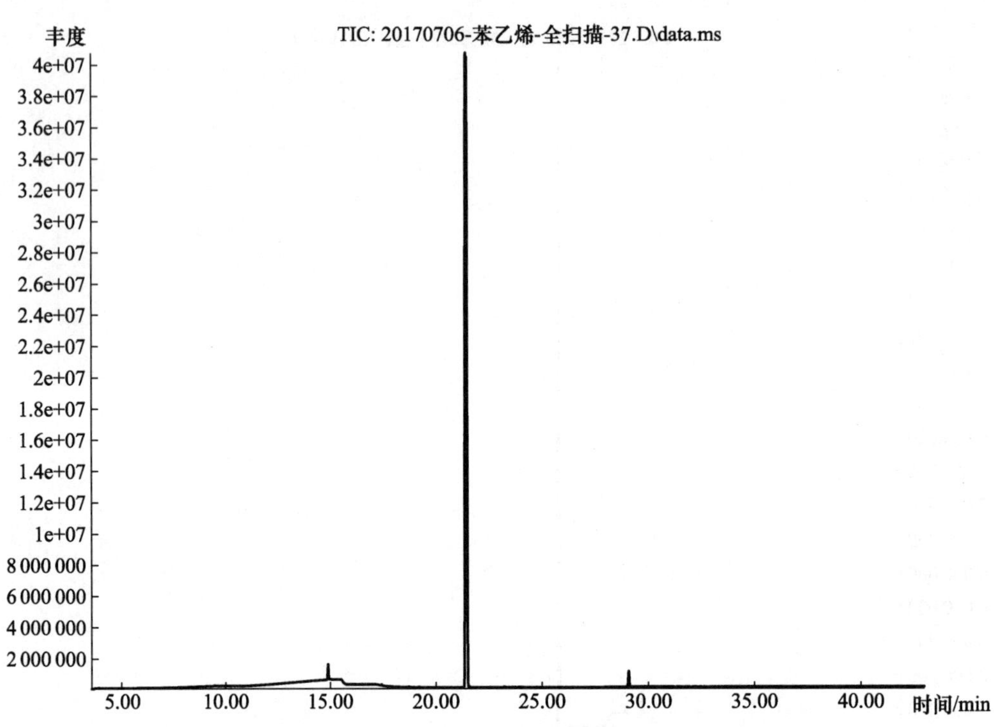

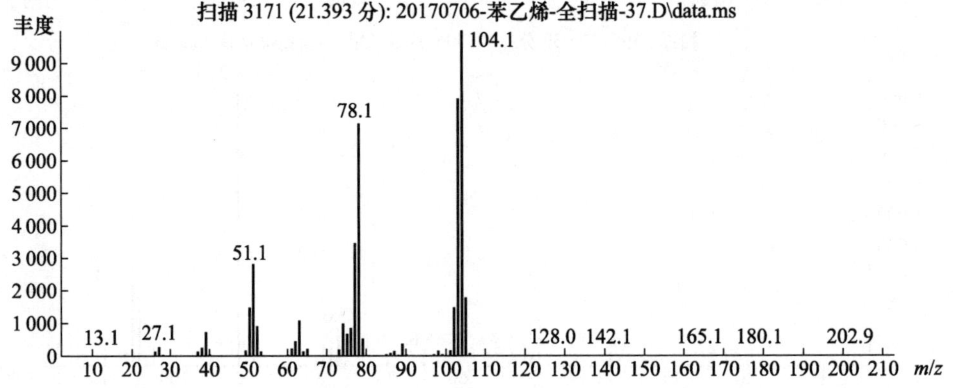

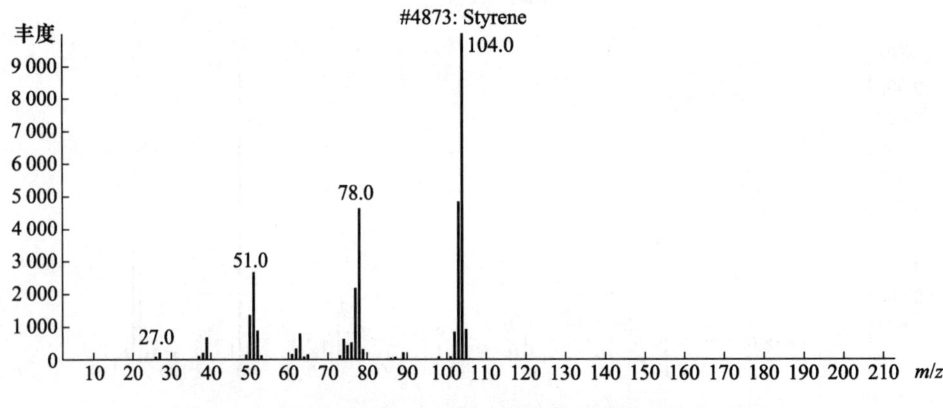

图 4－18　苯乙烯总离子流图、提取离子流及标准离子图

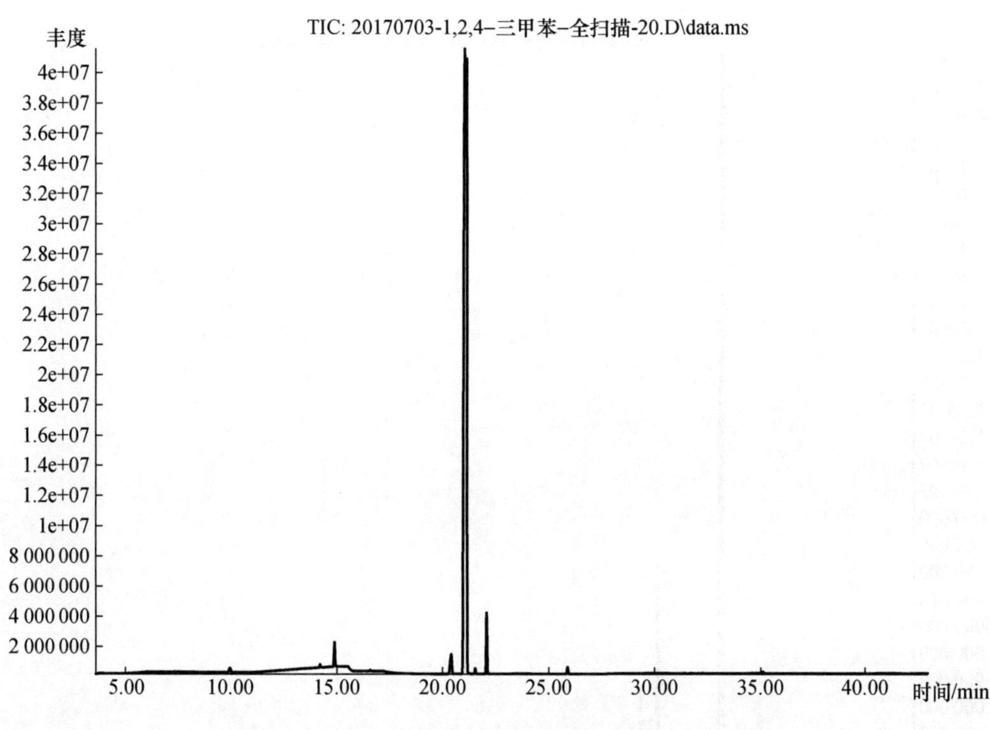

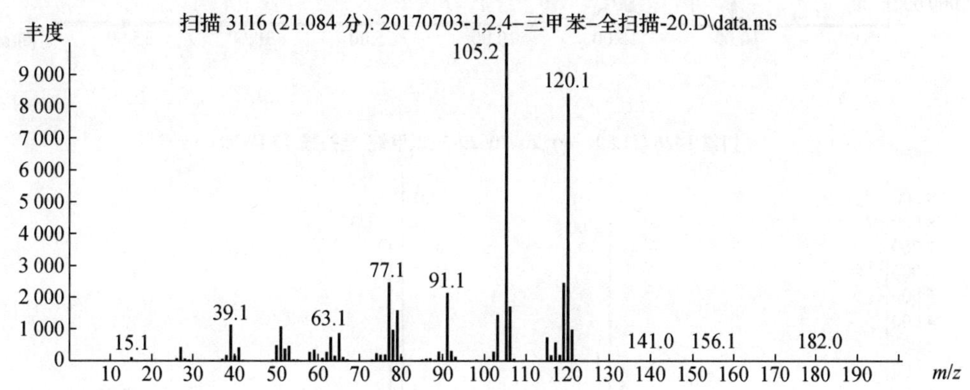

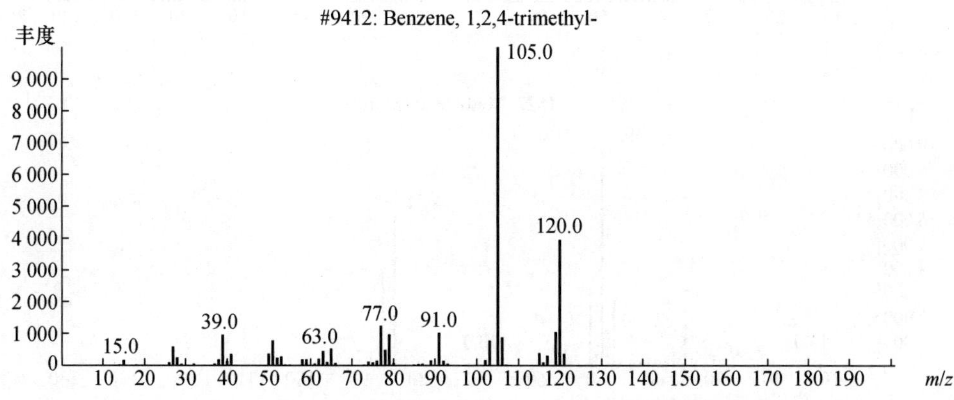

图 4-19　1,2,4-三甲苯总离子流图、提取离子流及标准离子图

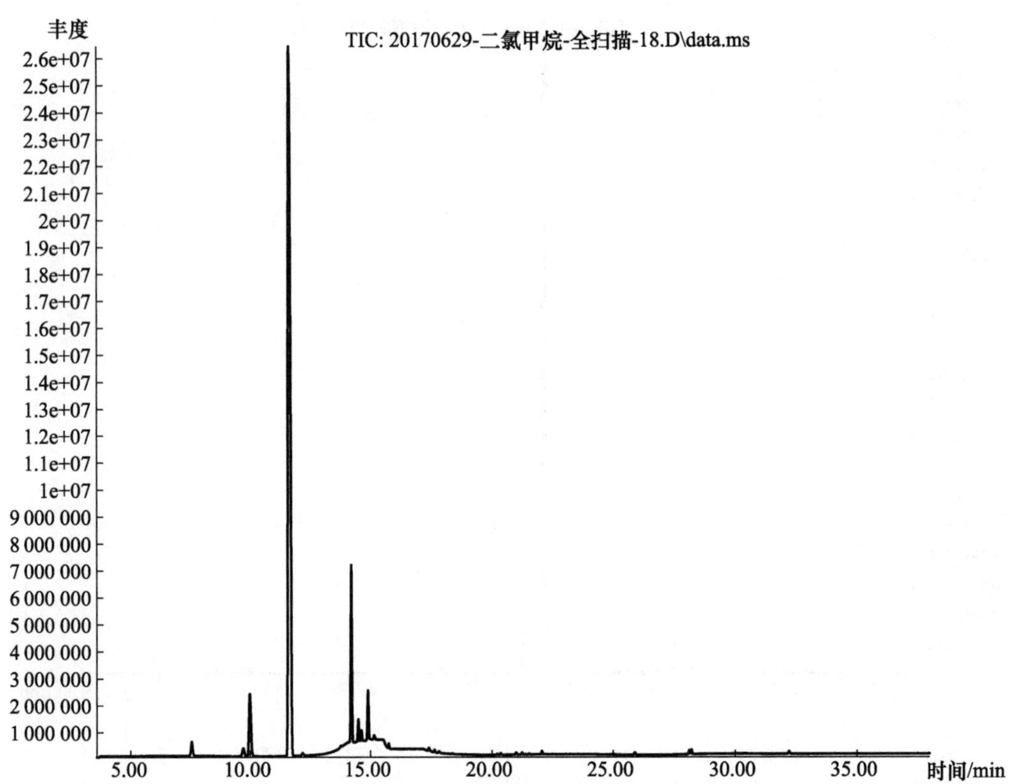

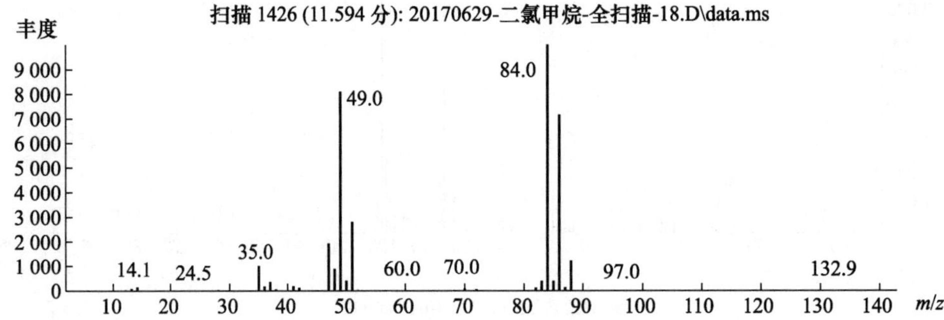

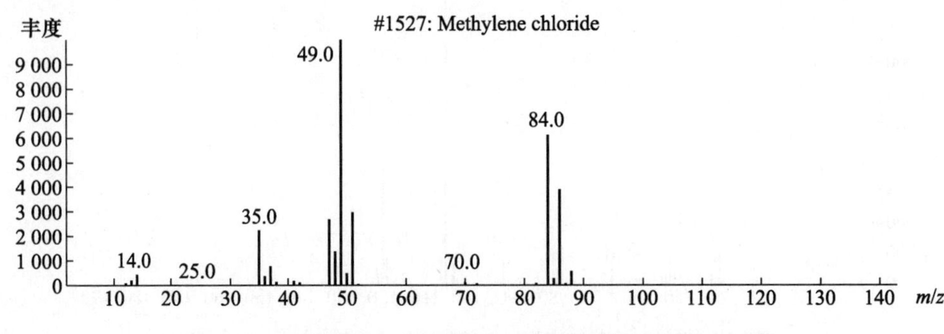

图 4－20　二氯甲烷总离子流图、提取离子流及标准离子图

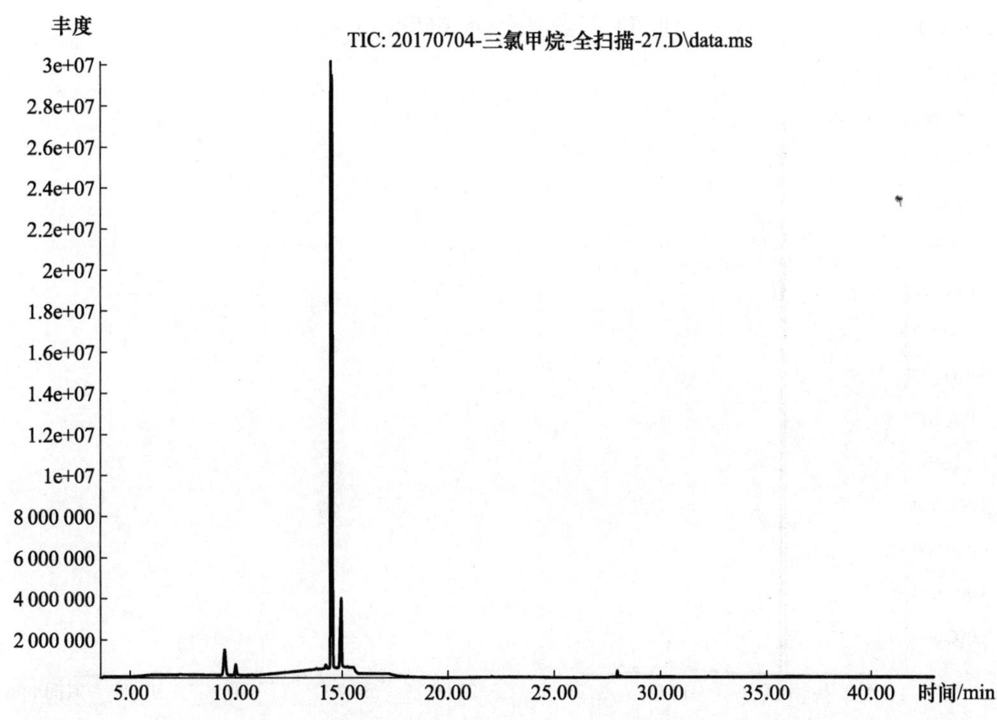

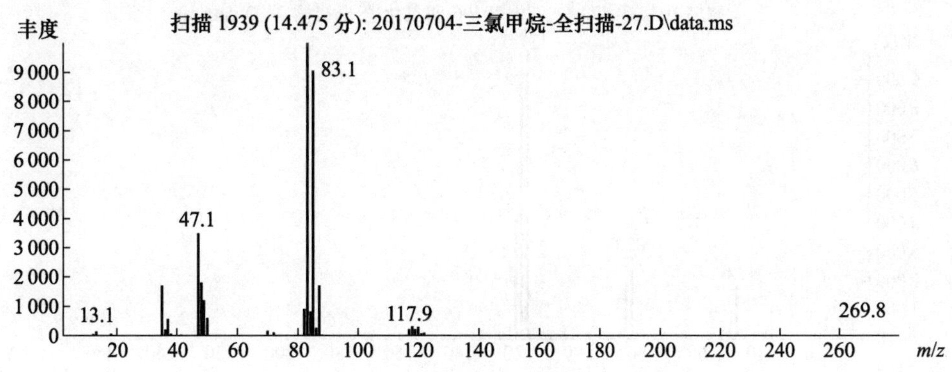

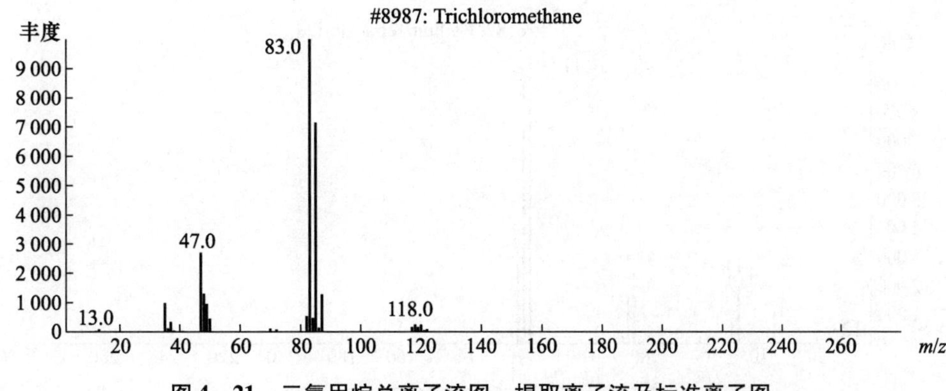

图 4－21　三氯甲烷总离子流图、提取离子流及标准离子图

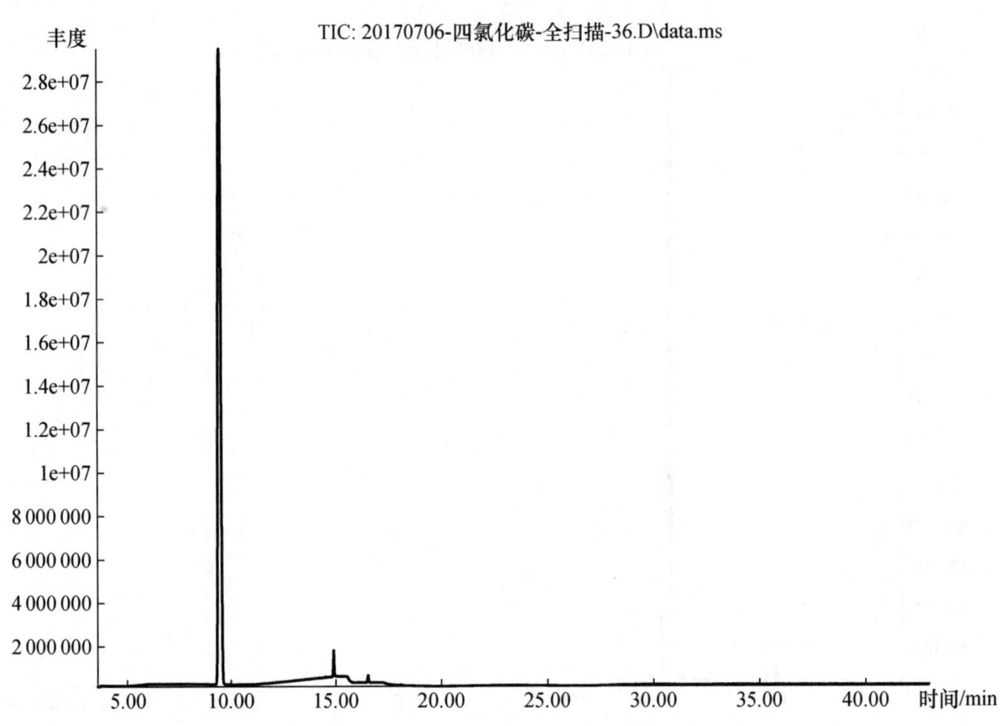

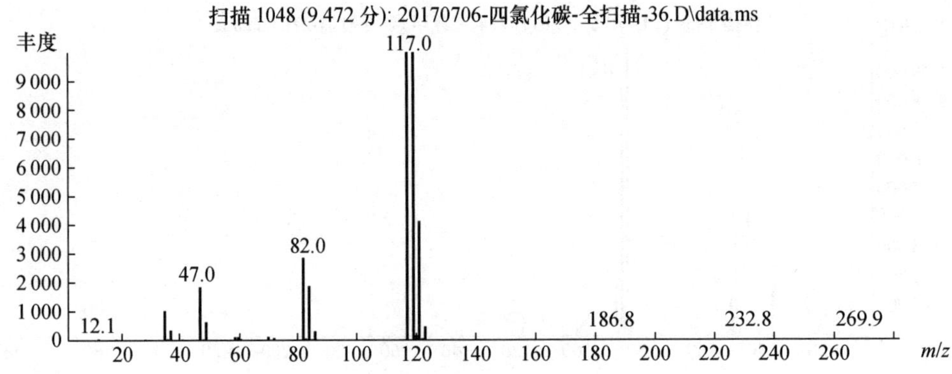

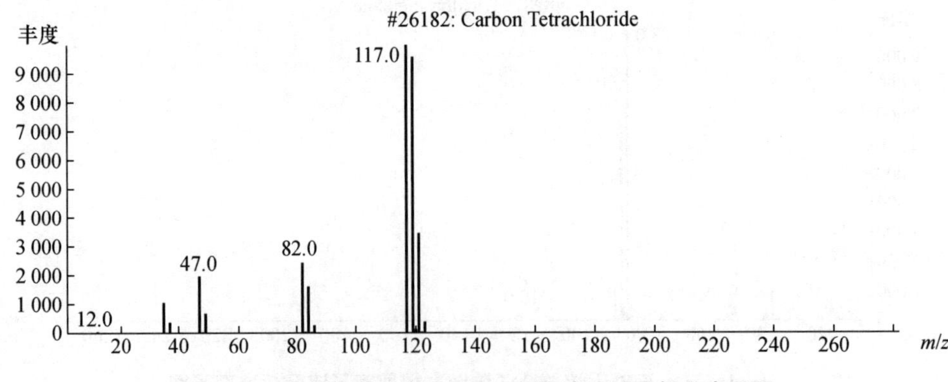

图 4-22　四氯化碳总离子流图、提取离子流及标准离子图

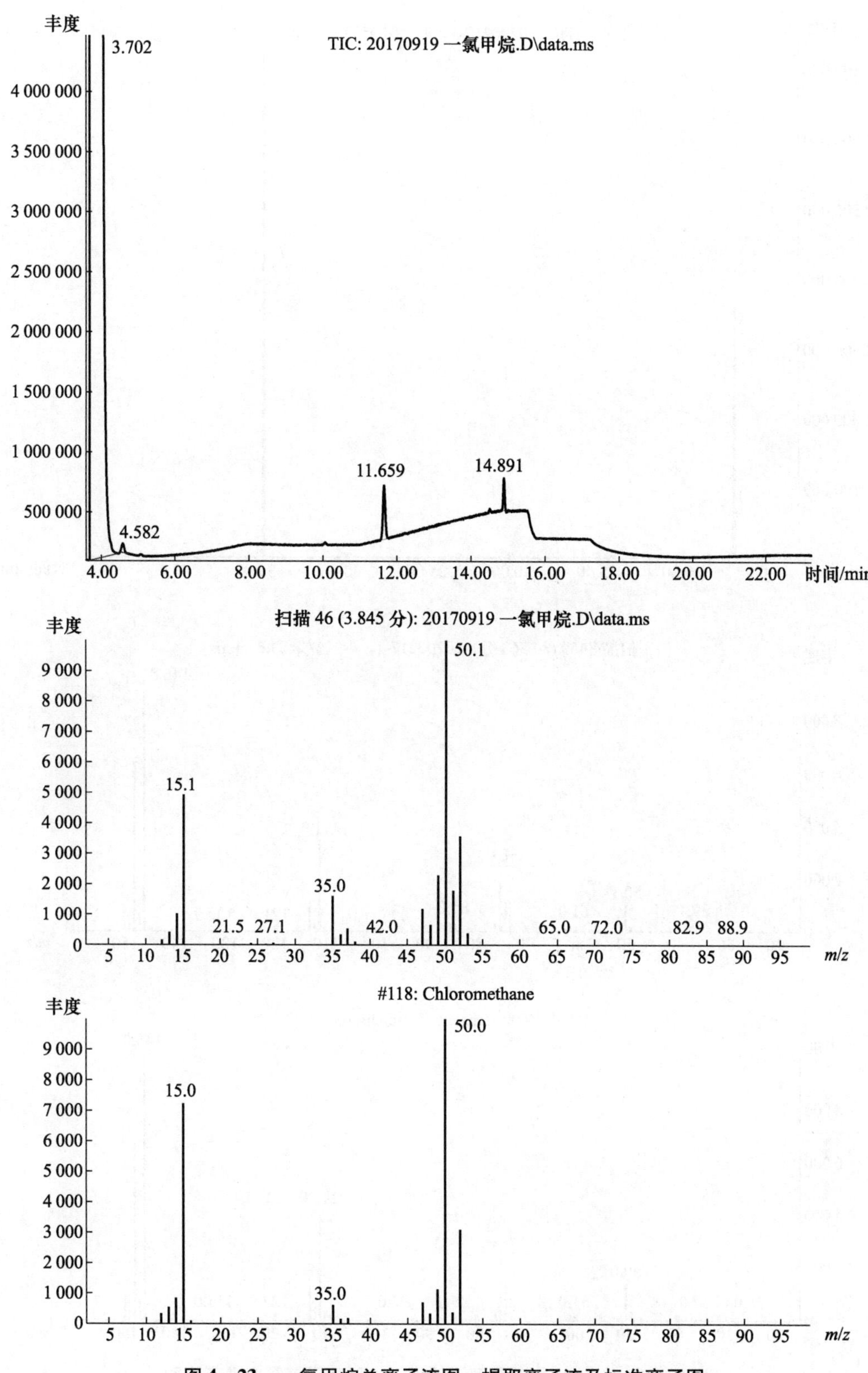

图 4－23　一氯甲烷总离子流图、提取离子流及标准离子图

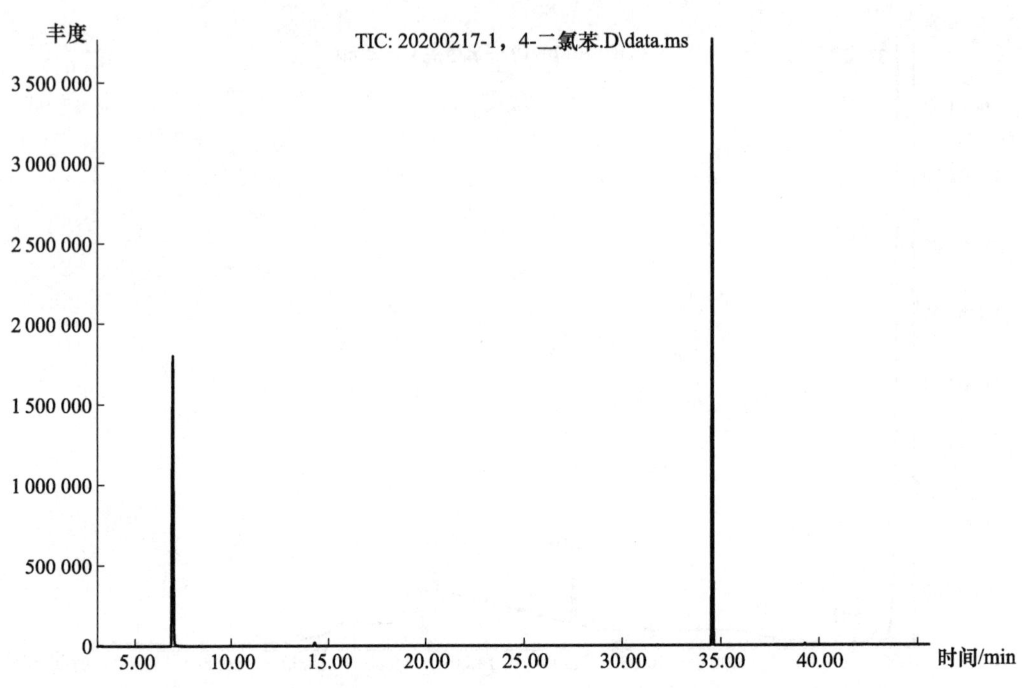

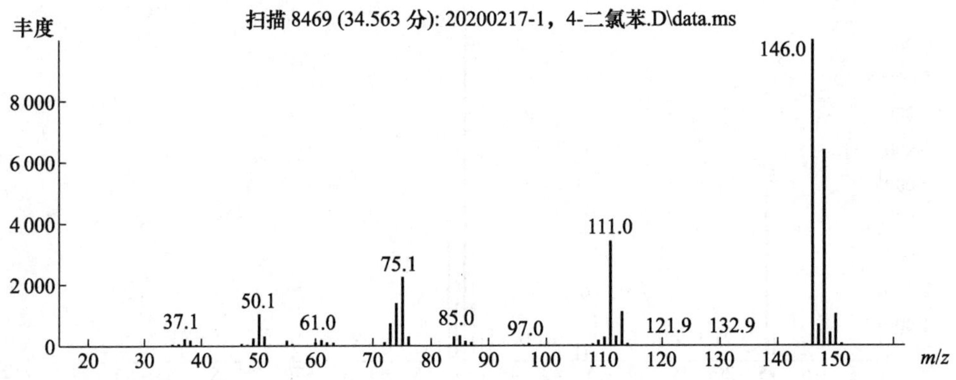

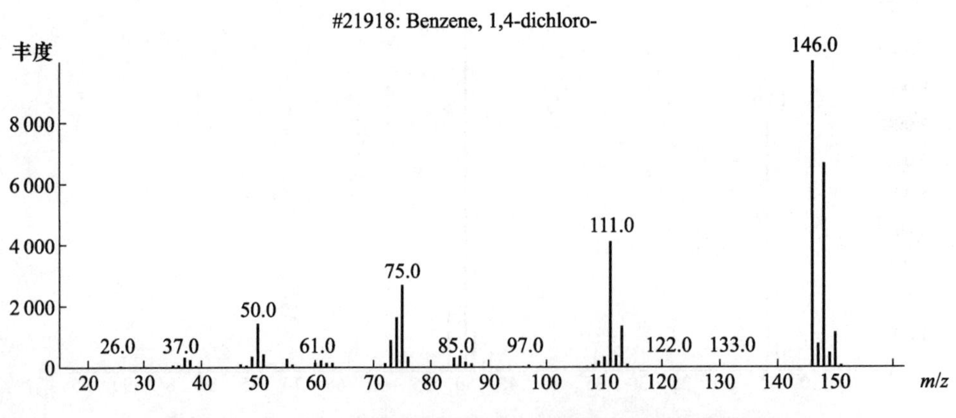

图 4-24　1,4-二氯苯总离子流图、提取离子流及标准离子图

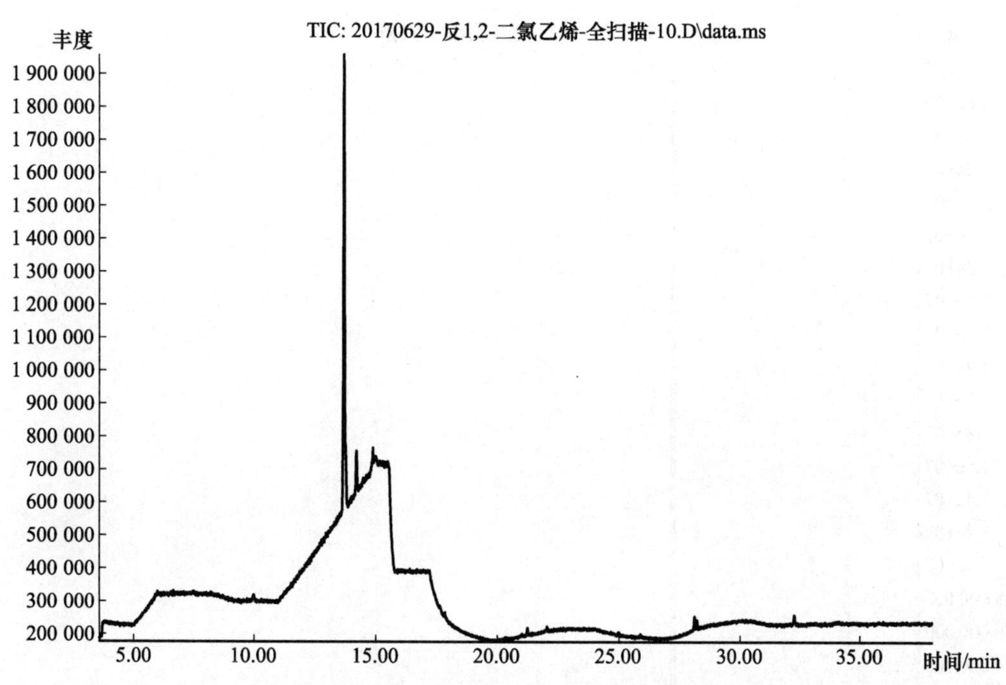

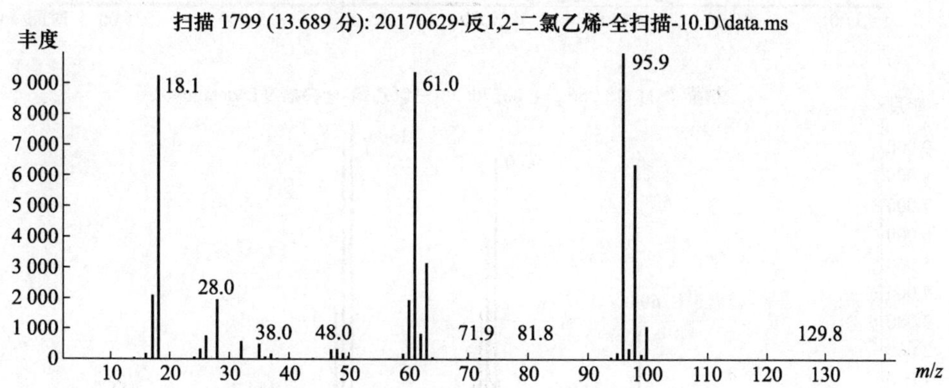

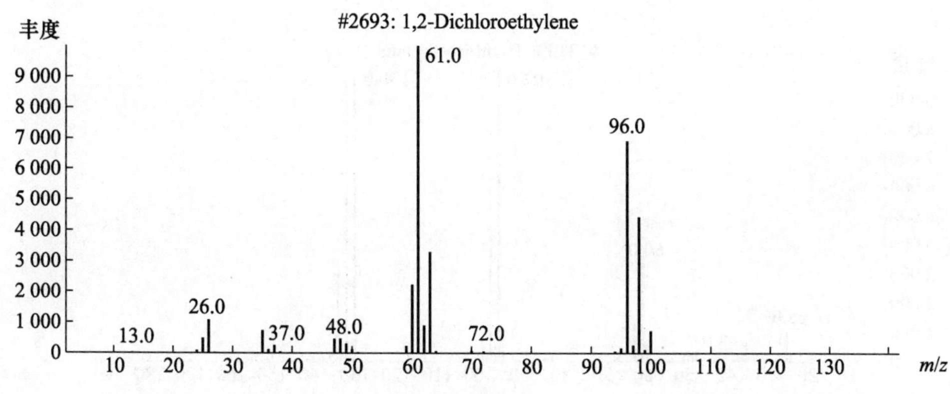

图 4－25　反式－1,2－二氯乙烯总离子流图、提取离子流及标准离子图

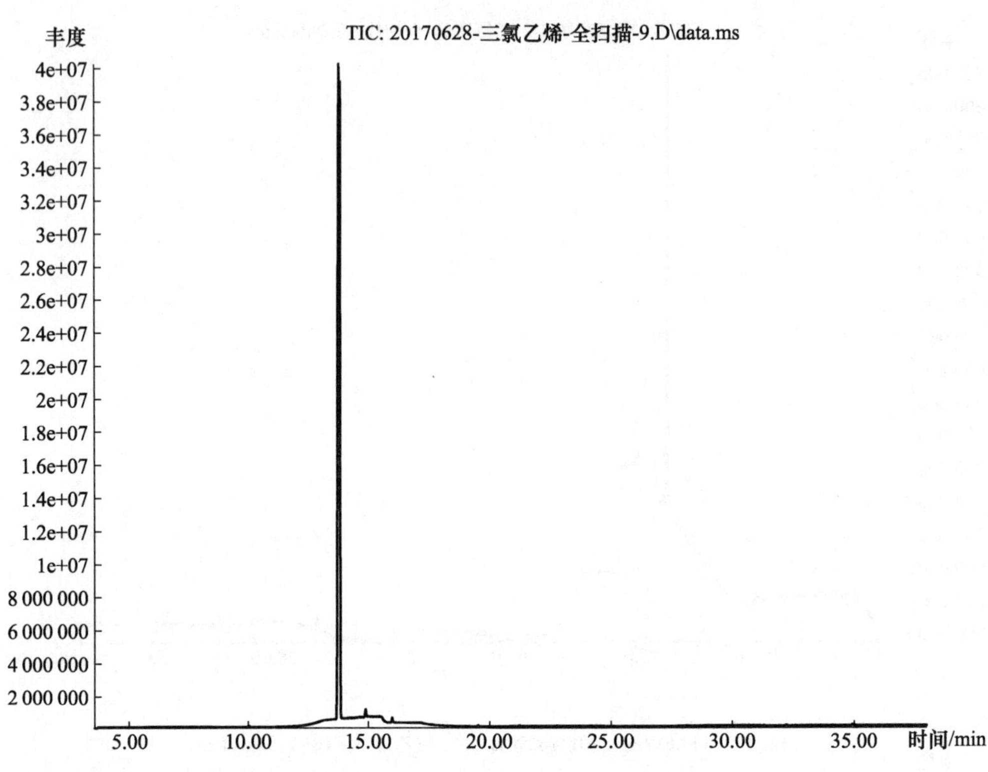

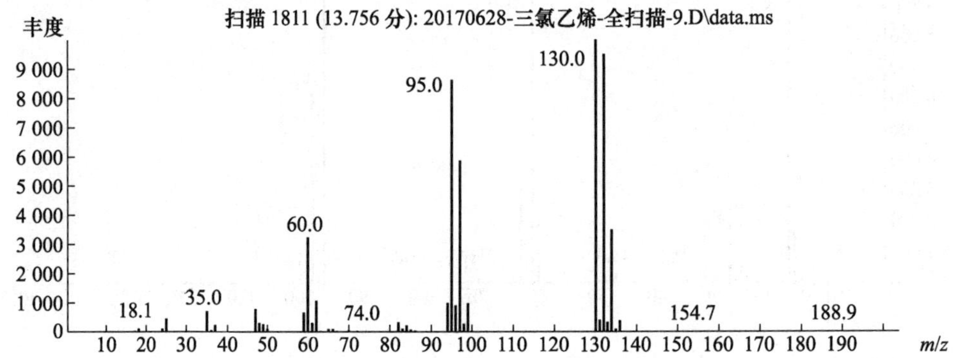

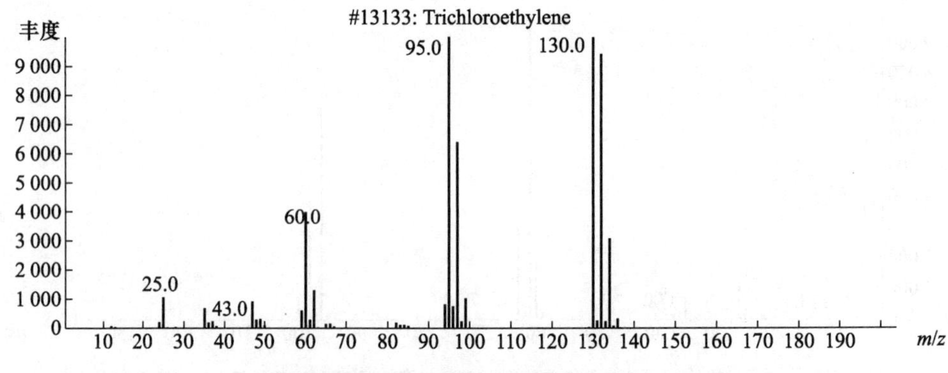

图 4-26　三氯乙烯总离子流图、提取离子流及标准离子图

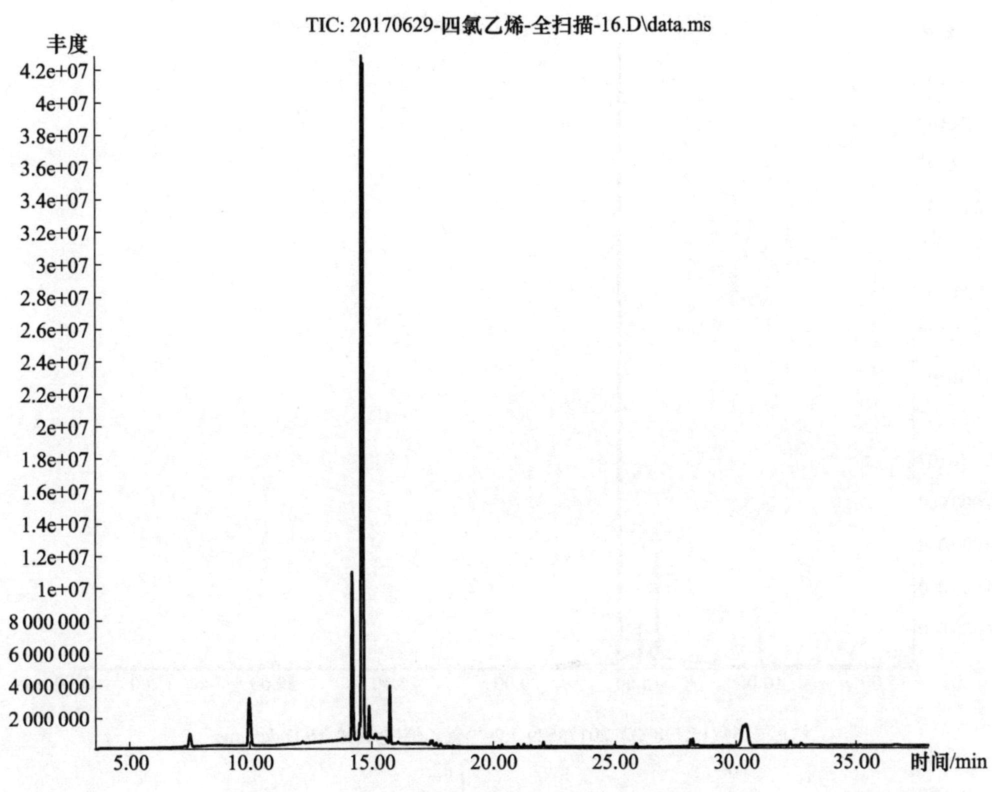

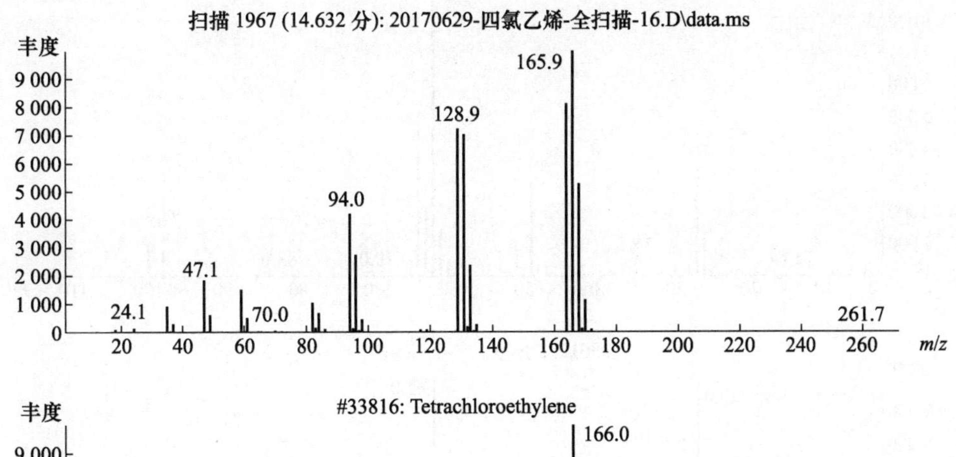

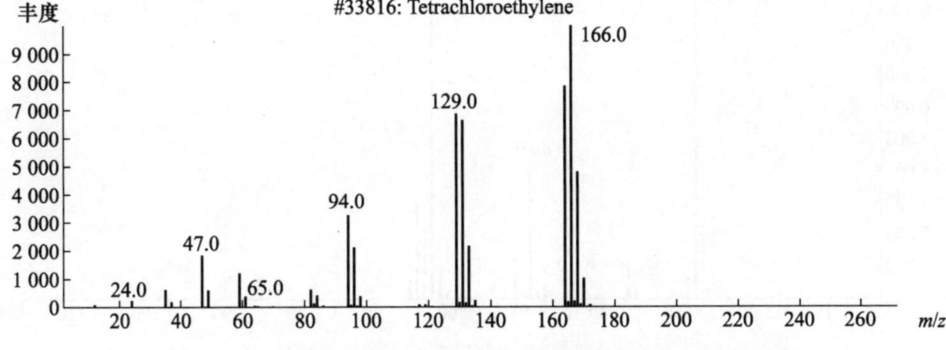

图 4－27　四氯乙烯总离子流图、提取离子流及标准离子图

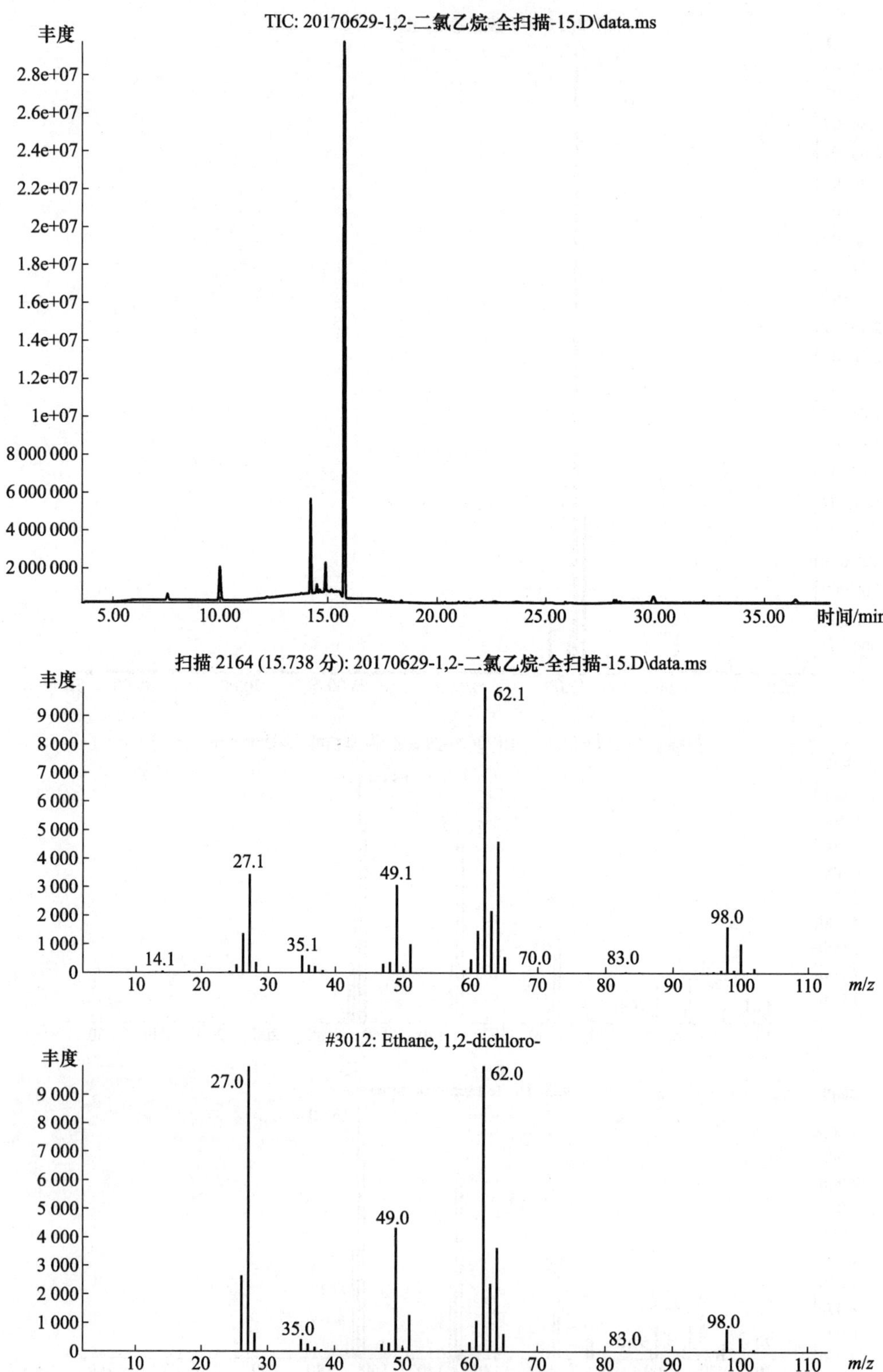

图4-28　1,2-二氯乙烷总离子流图、提取离子流及标准离子图

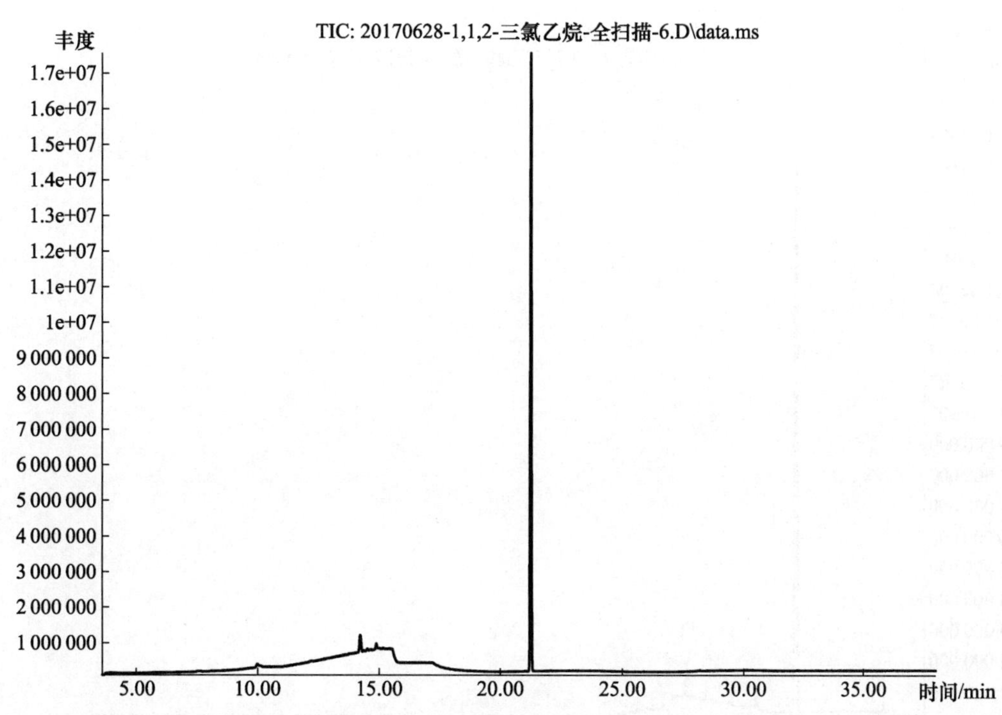

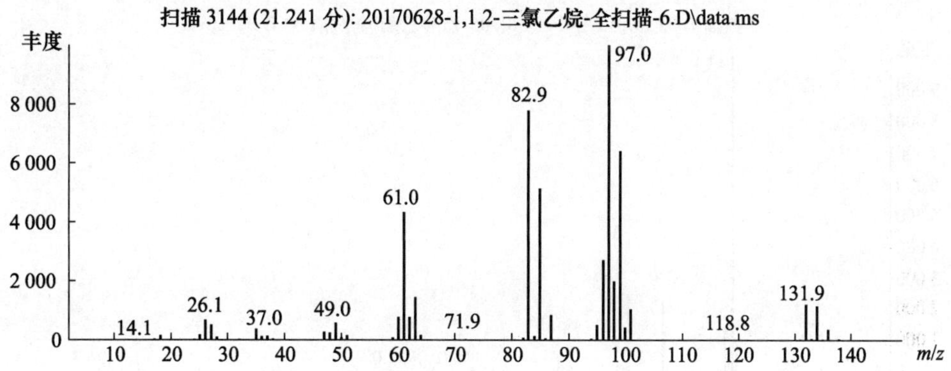

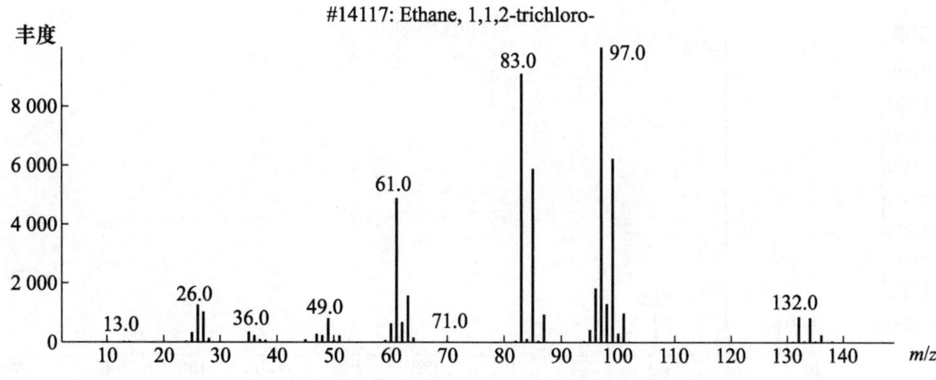

图 4－29　1,1,2－三氯乙烷总离子流图、提取离子流及标准离子图

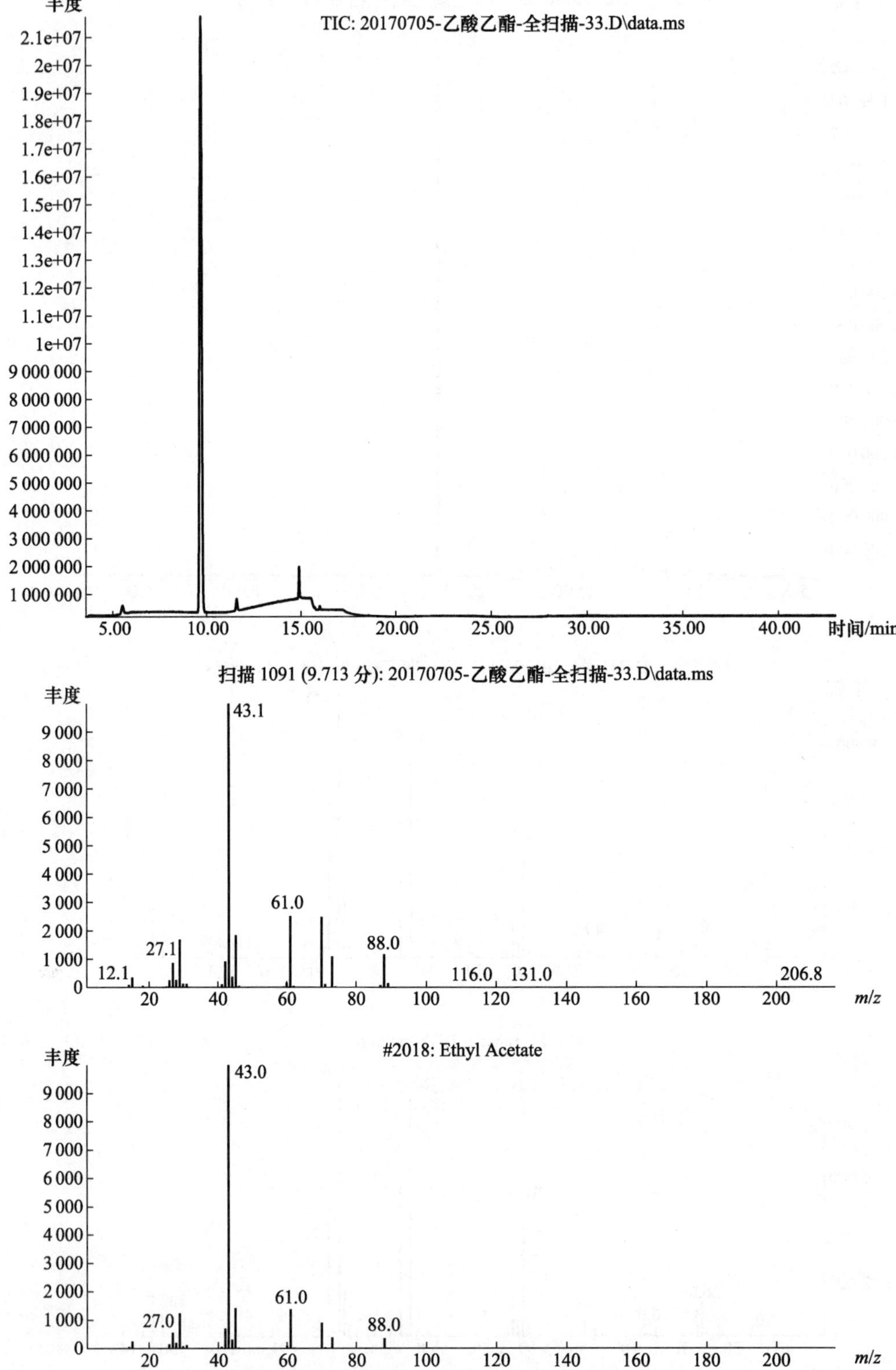

图 4－30　乙酸乙酯总离子流图、提取离子流及标准离子图

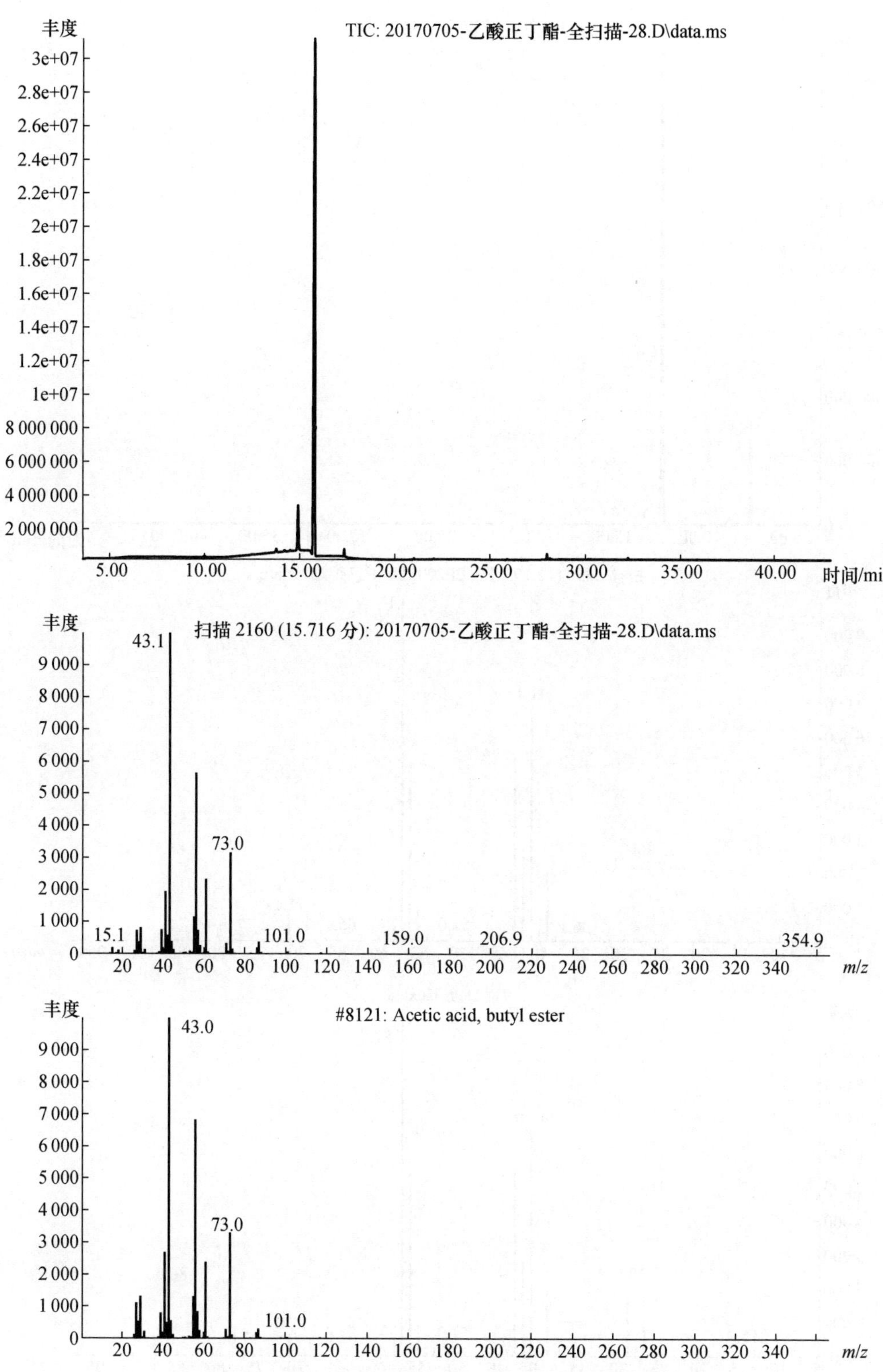

图 4－31　乙酸正丁酯总离子流图、提取离子流及标准离子图

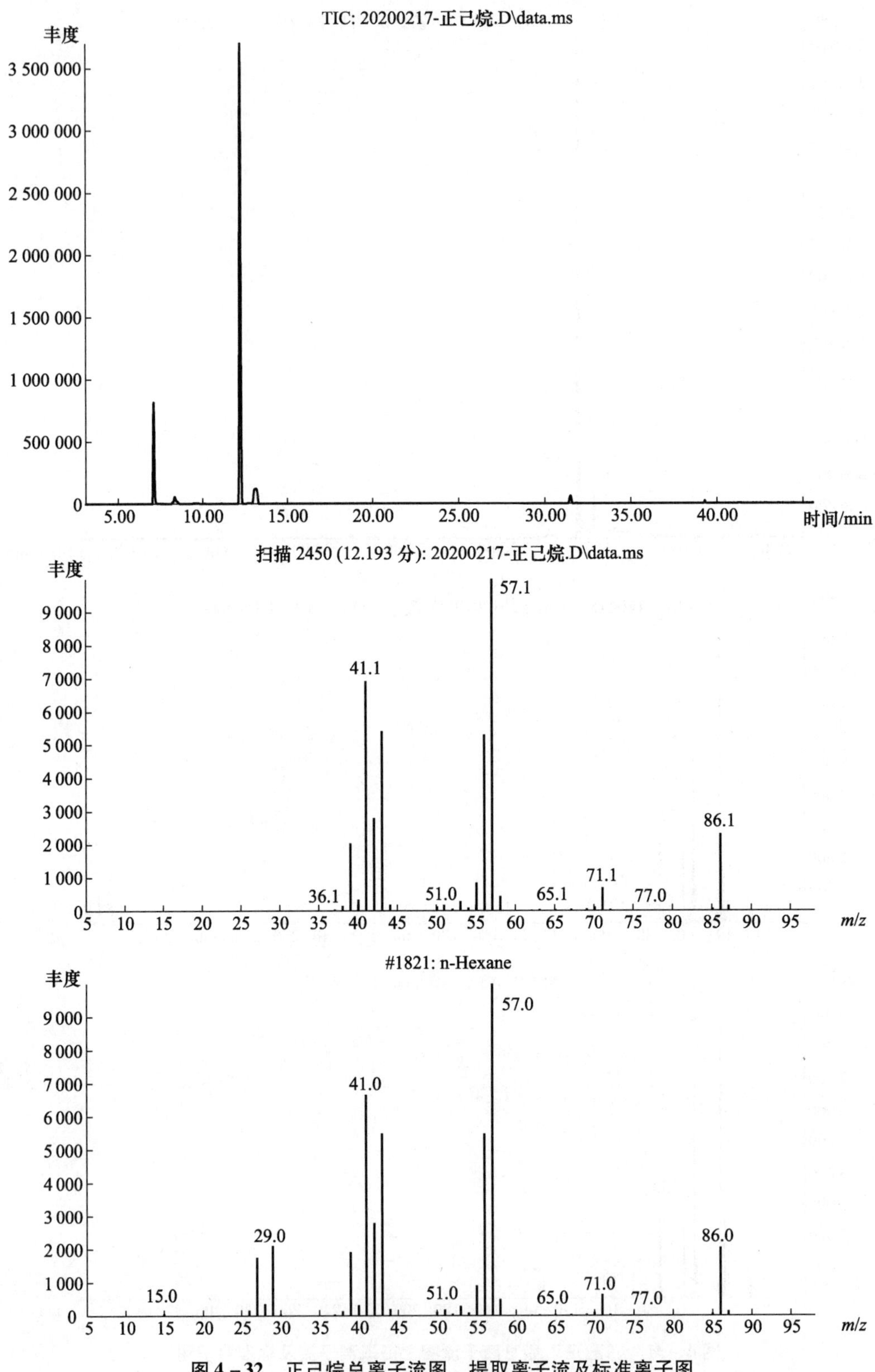

图4-32　正己烷总离子流图、提取离子流及标准离子图

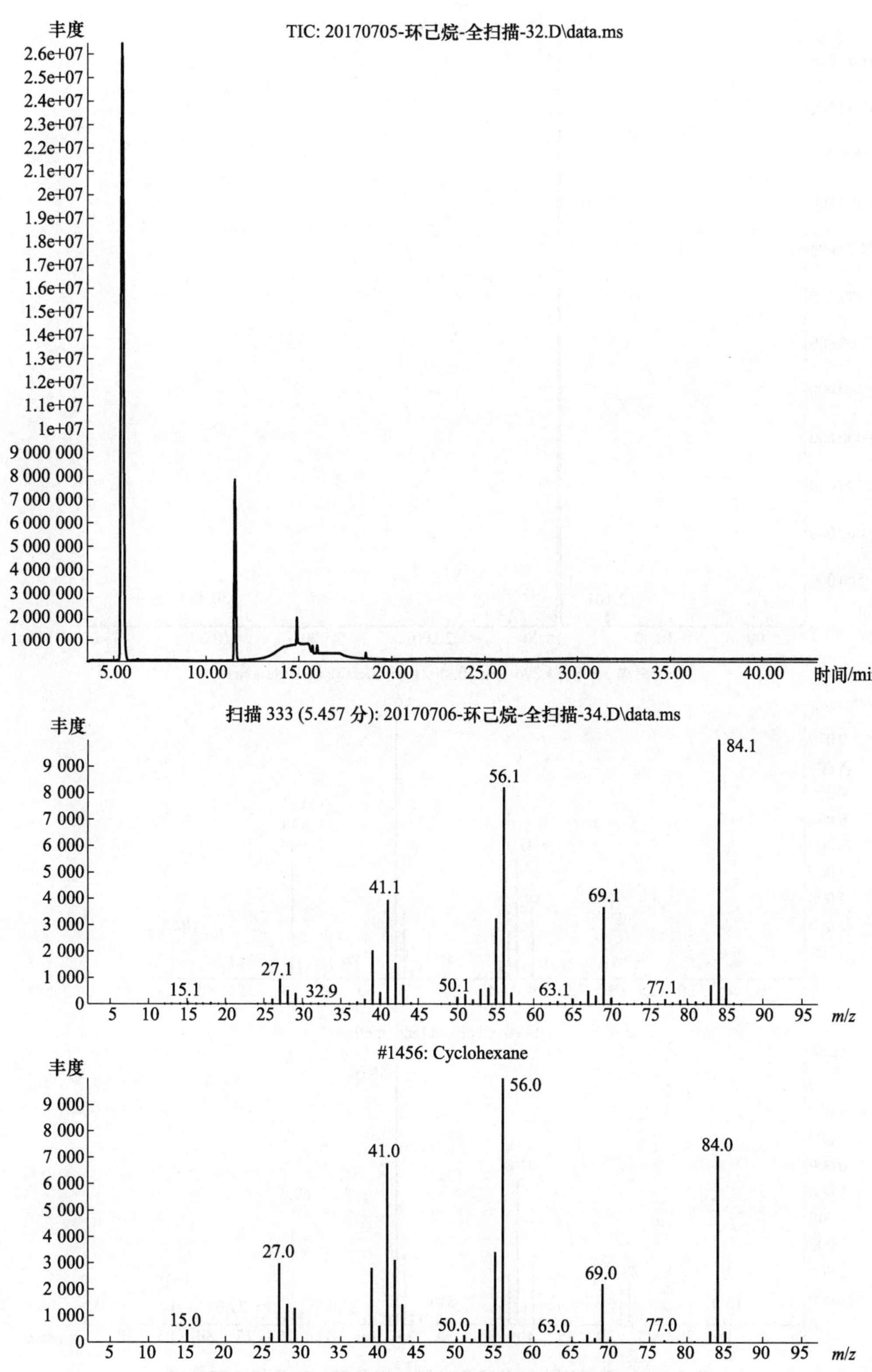

图4－33　环己烷总离子流图、提取离子流及标准离子图

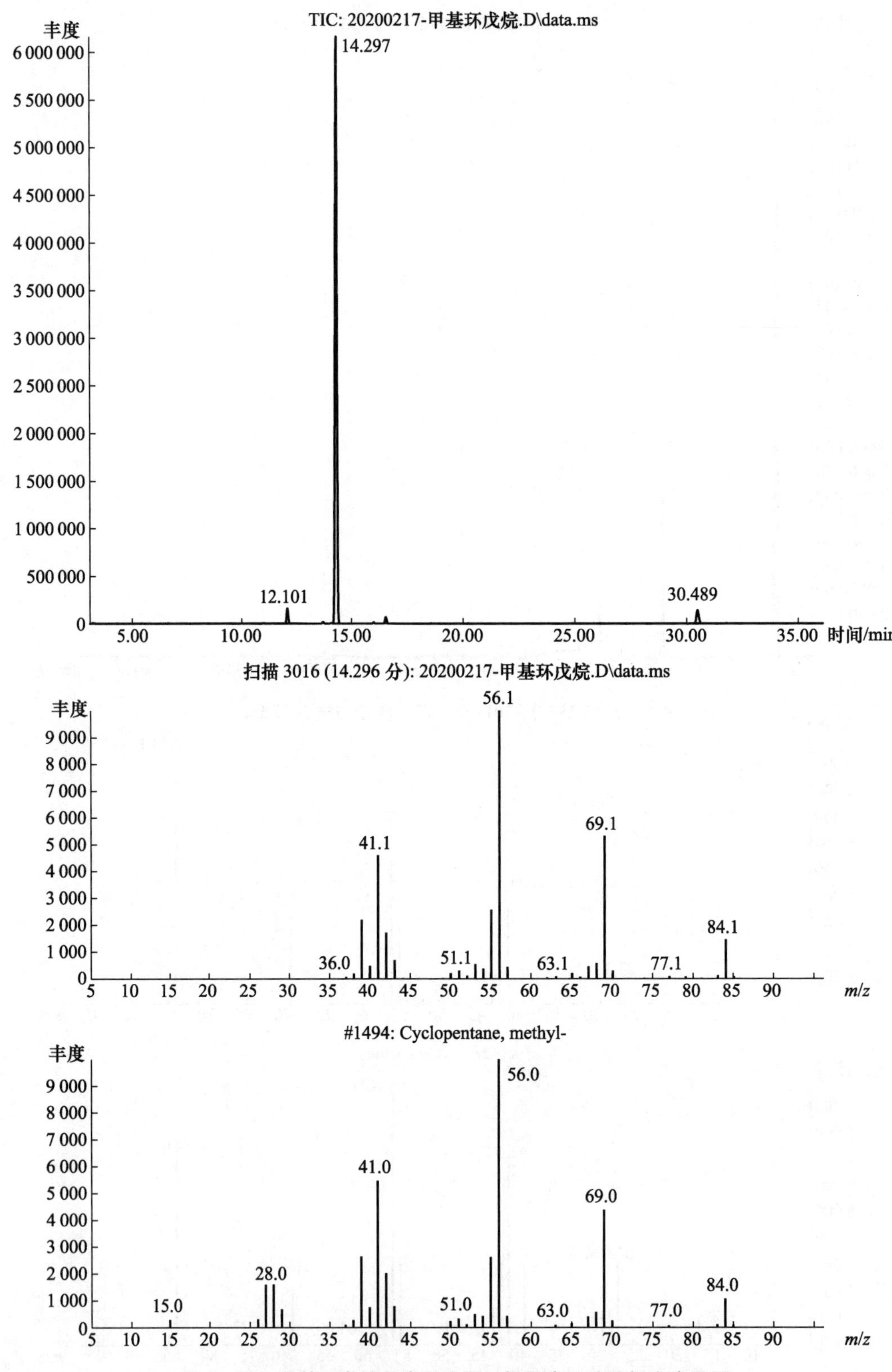

图4－34　甲基环戊烷总离子流图、提取离子流及标准离子图

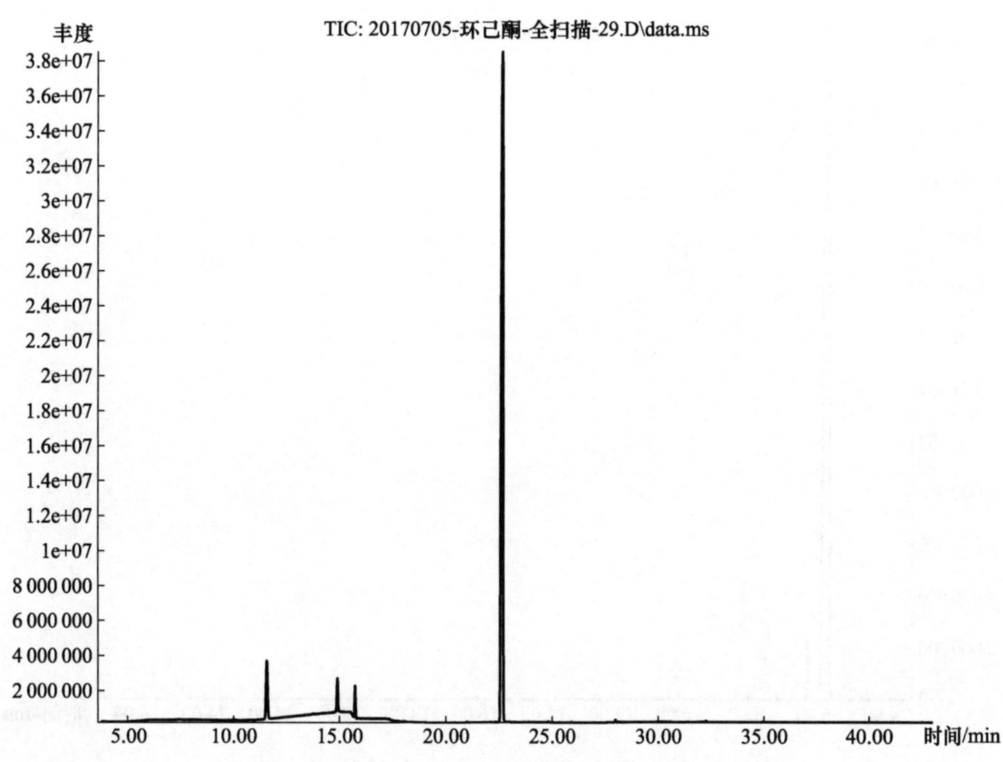

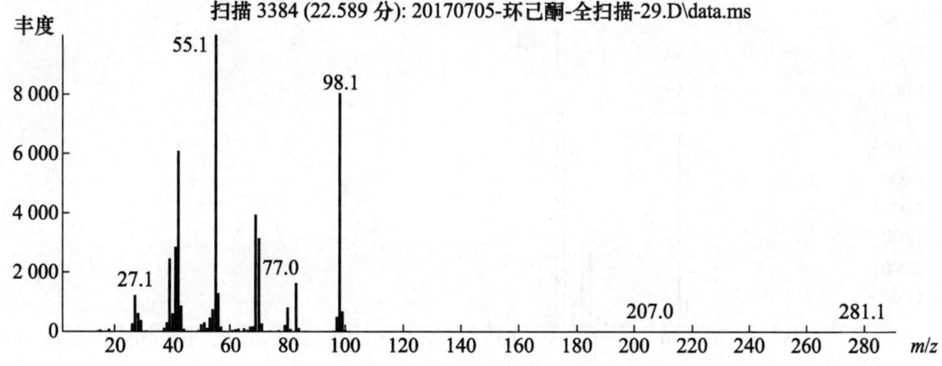

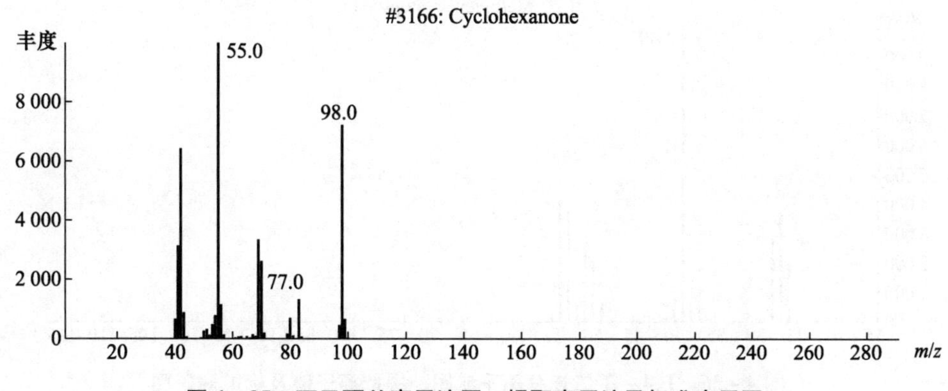

图 4-35　环己酮总离子流图、提取离子流及标准离子图

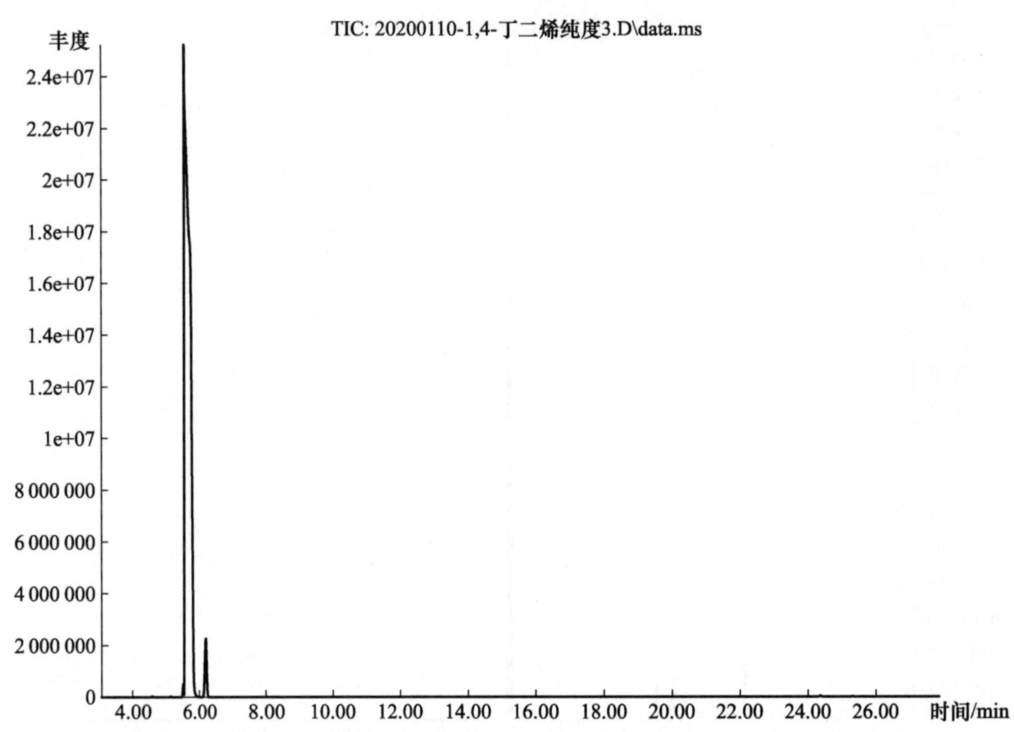

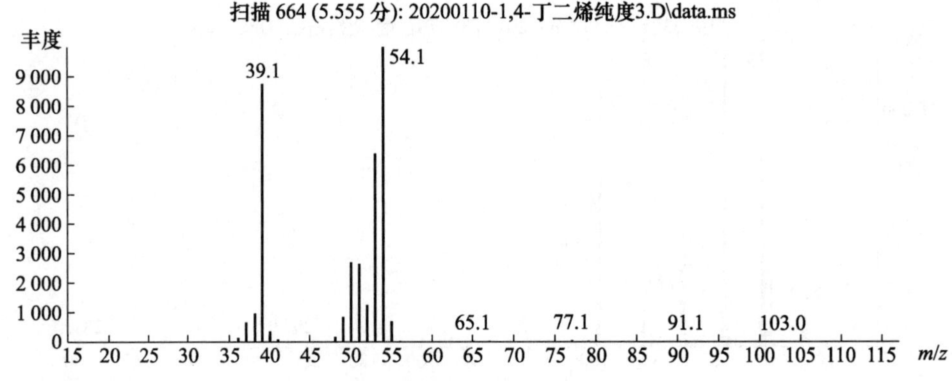

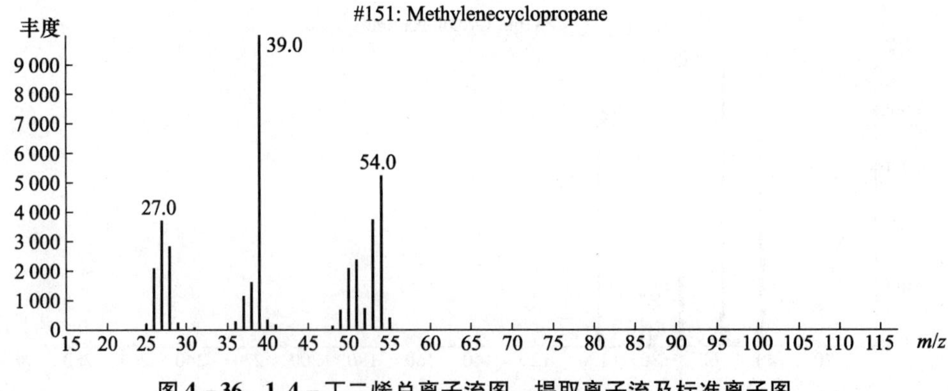

图 4-36 1,4-丁二烯总离子流图、提取离子流及标准离子图

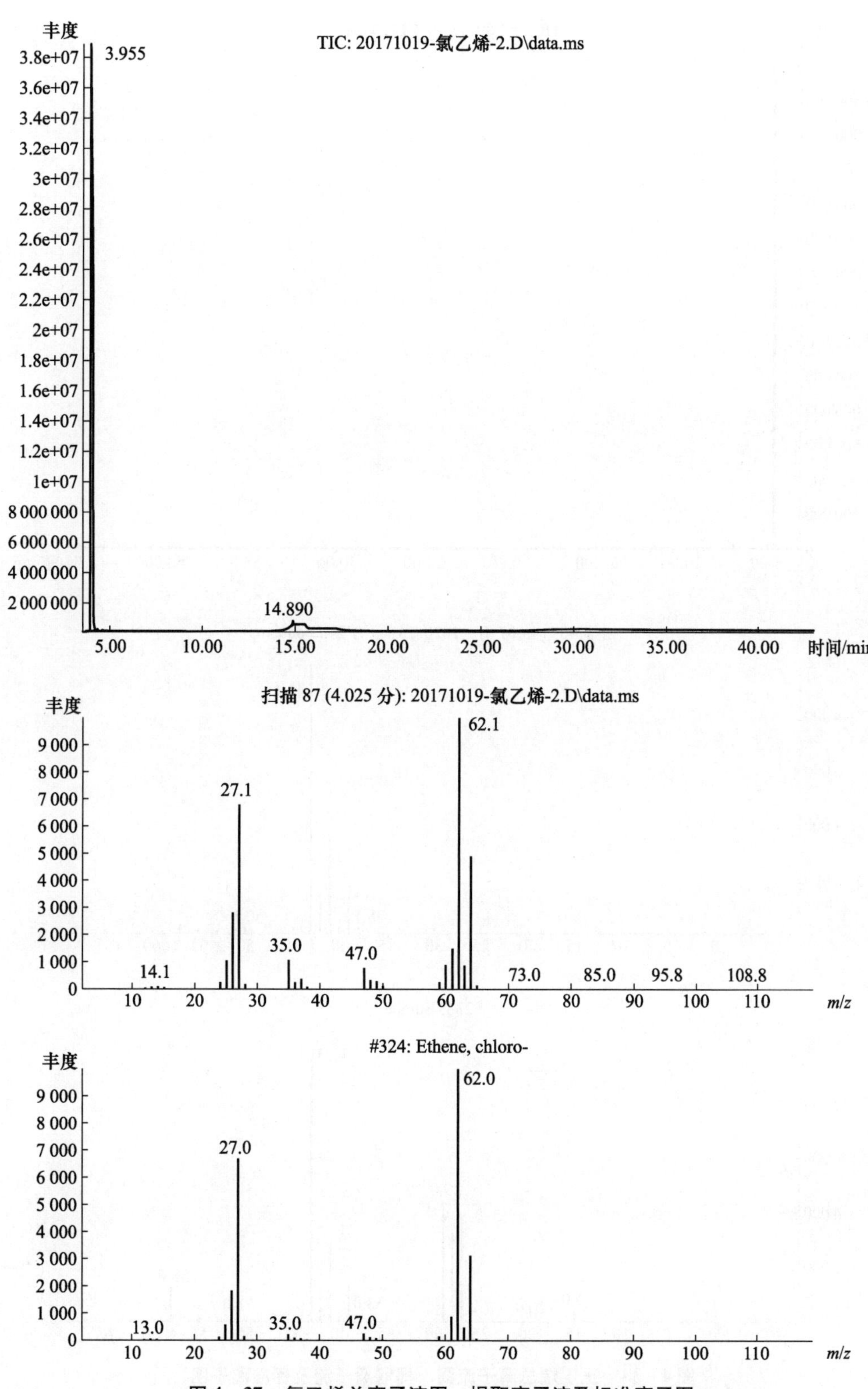

图 4-37　氯乙烯总离子流图、提取离子流及标准离子图

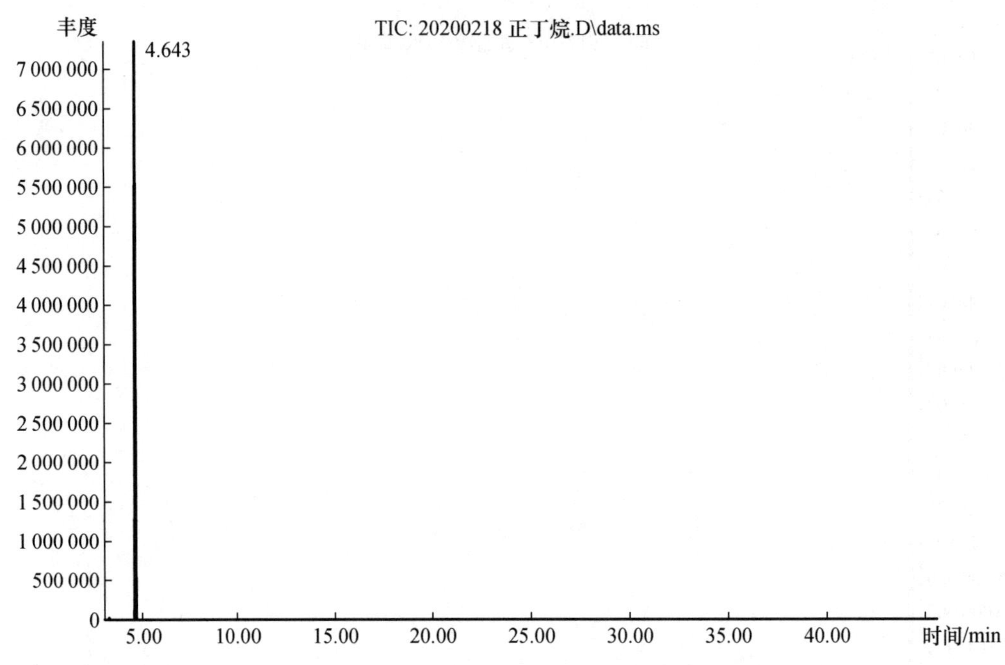

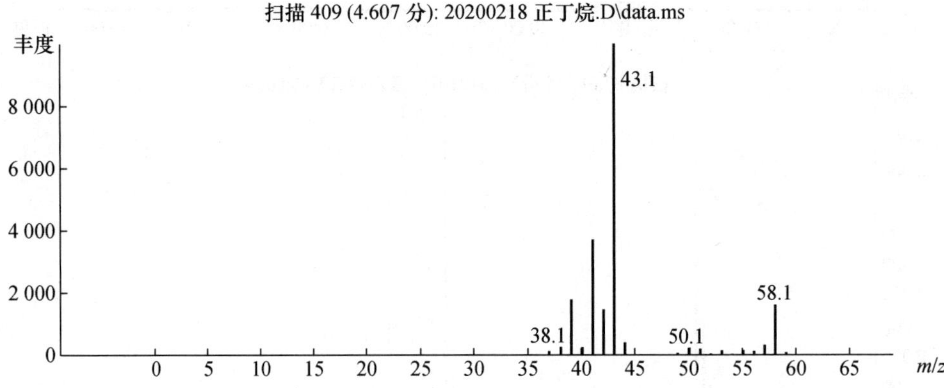

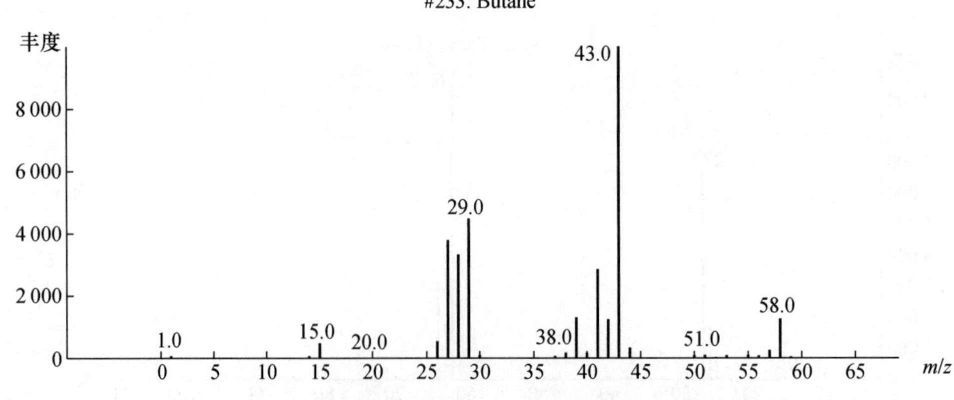

图4－38　正丁烷总离子流图、提取离子流及标准离子图

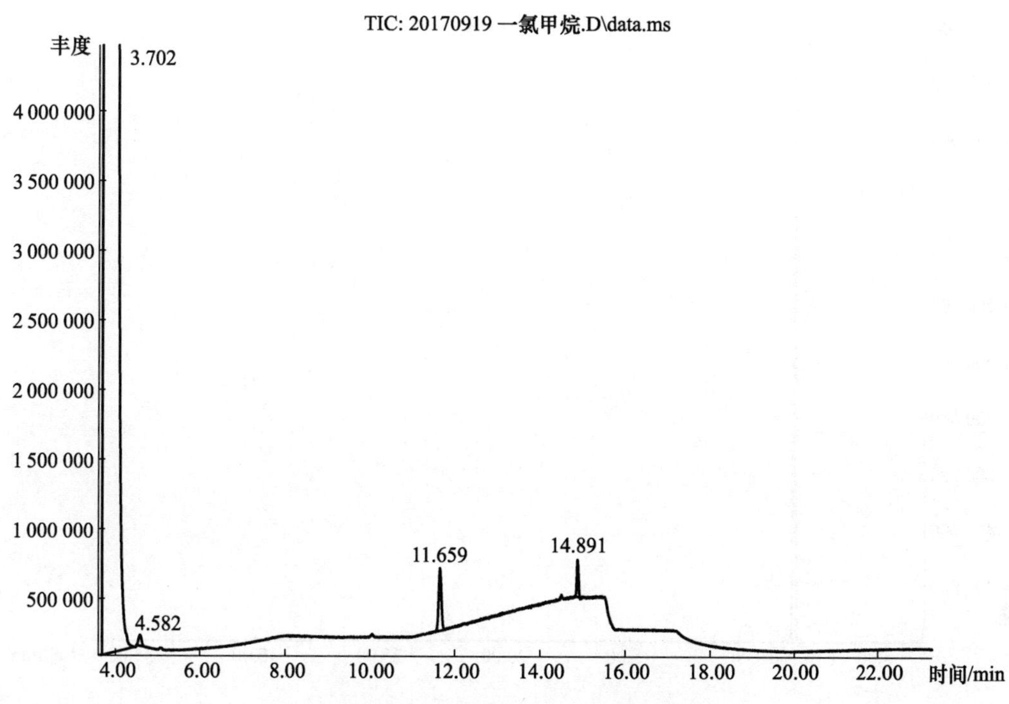

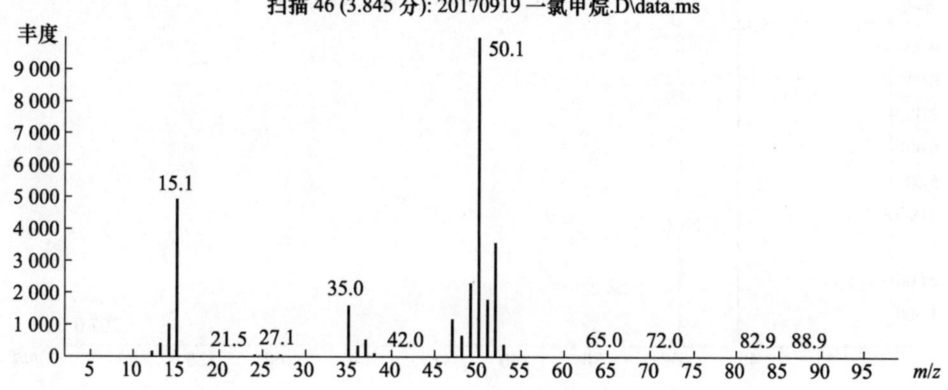

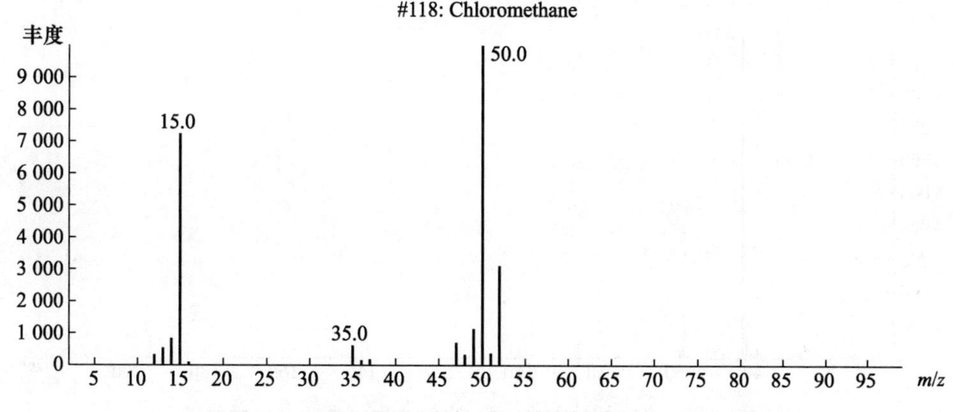

图 4－39　一氯甲烷总离子流图、提取离子流及标准离子图

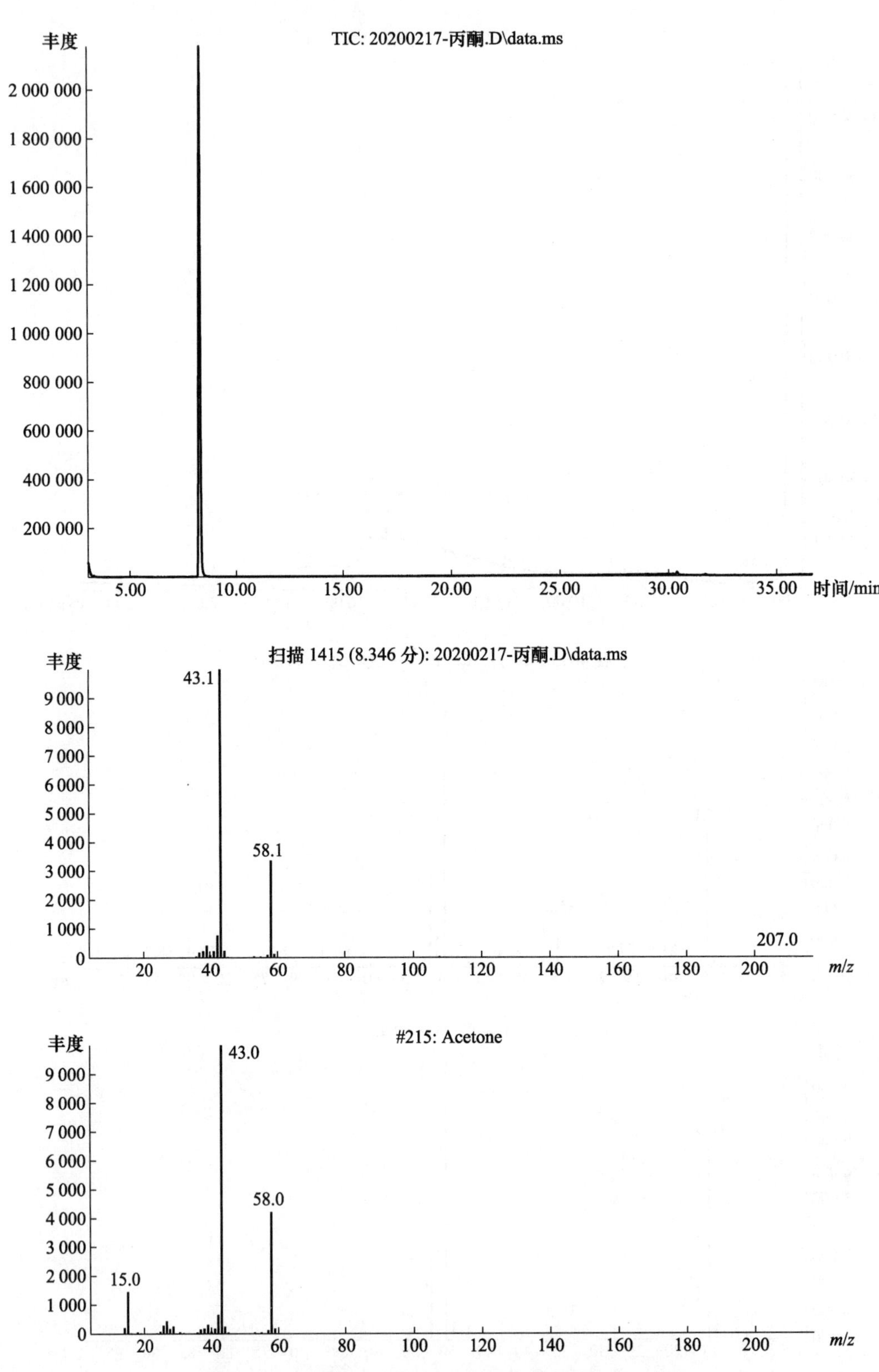

图 4-40 丙酮总离子流图、提取离子流及标准离子图

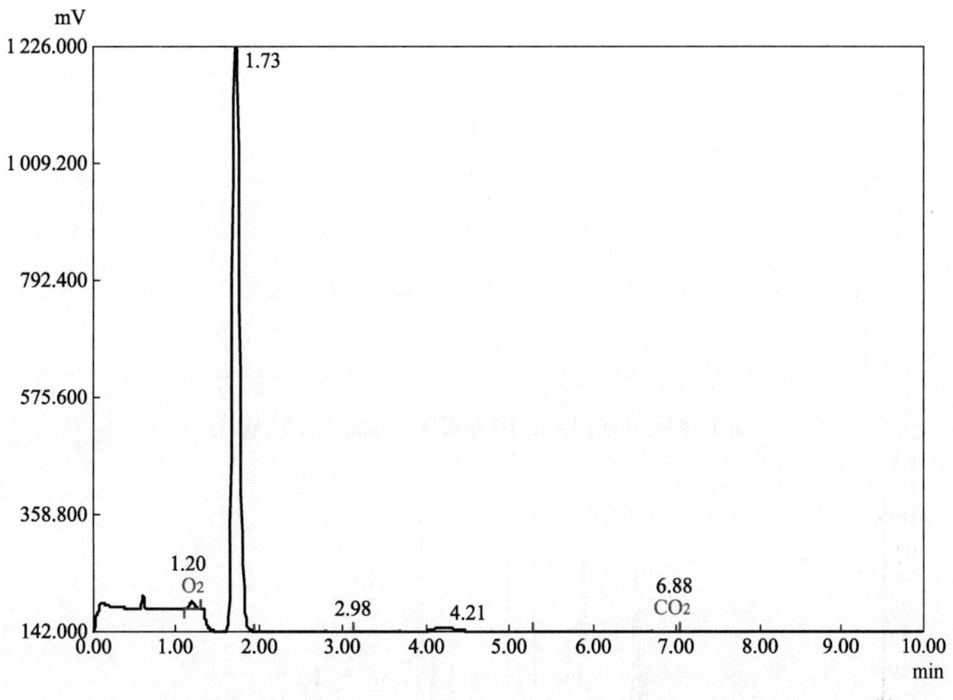

图 4-41　1%mol/mol 氦中 1，3 丁二烯 PDHID 色谱图

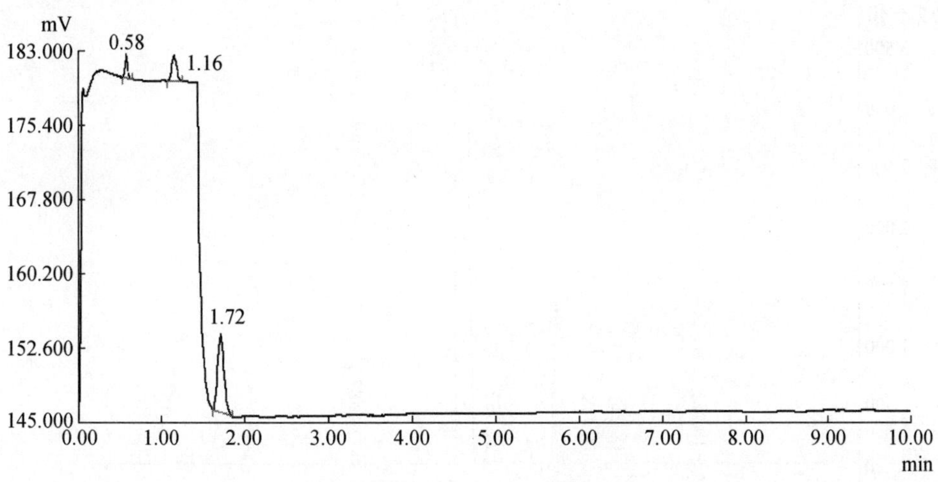

图 4-42　1%mol/mol 氦中正丁烷 PDHID 色谱图

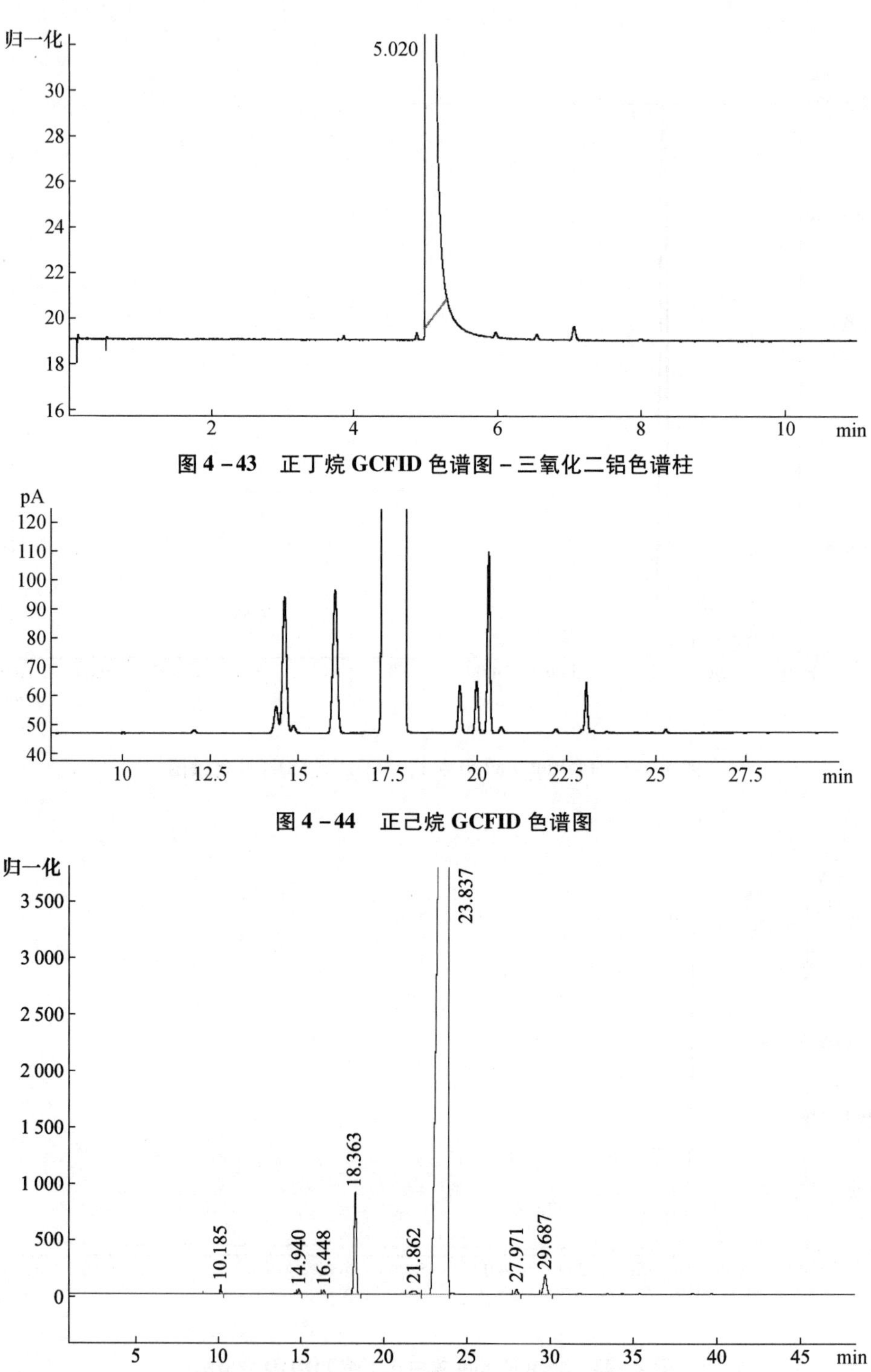

图 4-43　正丁烷 GCFID 色谱图-三氧化二铝色谱柱

图 4-44　正己烷 GCFID 色谱图

图 4-45　甲基环戊烷 GCFID 色谱图

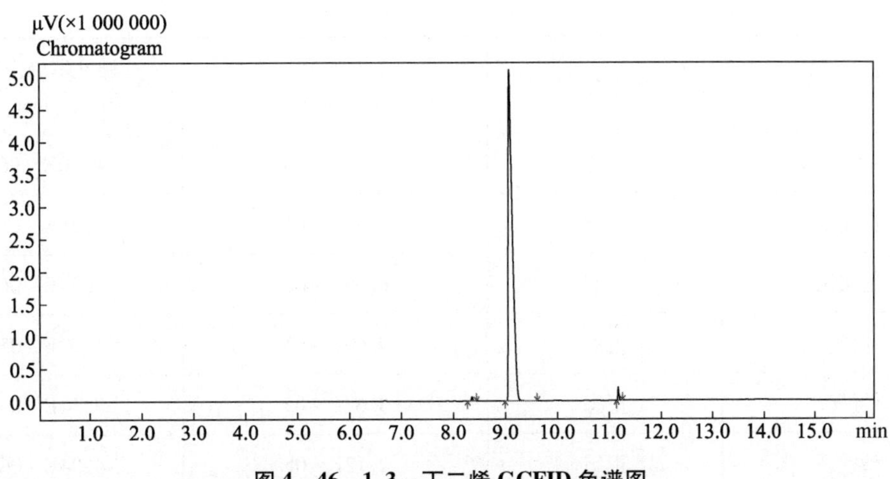

图 4 -46　1,3 - 丁二烯 GCFID 色谱图

仪器设备 1：GC - MS Agilent 7890A - 5975C。

色谱分析条件：载气 BIP 氦气，色谱柱 Rtx - Stable Wax 60m × 0. 32mm × 1. 0μm；升温程序 40℃，保持 15min，10℃/min 升至 180℃，保持 10min；分流比 200：1；扫描范围 *m/z*30 ~ 500；进样量 0. 05μL。对于常温下，试剂呈气体状态的试剂，如 1，3 - 丁二烯和一氯甲烷，采用气体进样的方式，定量环体积为吹扫流速 20mL/min。对于常温下呈固态的试剂，如 1,4 - 二氯苯，将其定量溶解至甲醇溶液，再采用溶液进样的方式分析纯度。

采用质量平衡法对所有可定性的杂质组分进行分析，对于不可定性的组分，统一将其归于其他杂质，并采用归一化法确定浓度，对于关键杂质（相互干扰组分）用校准因子法进行了定量分析，其结果见表 4 - 8 ~ 表 4 - 39 所示。

表 4 -8　一氯甲烷纯度分析表

组　　分	概率分布	浓度值 mol · mol^{-1}	标准不确定度 mol · mol^{-1}
一氯乙烷	正态	1. 32E - 04	1. 32E - 05
其他	正态	1. 07E - 03	1. 07E - 04
一氯甲烷	—	0. 998 8	1. 08E - 04

表 4 -9　正丁烷纯度分析表

组　　分	概率分布	浓度值 mol · mol^{-1}	标准不确定度 mol · mol^{-1}
丙烷	正态	1. 59E - 05	3. 19E - 06
异丁烷	正态	2. 62E - 05	5. 23E - 06
1 - 丁烯	正态	2. 40E - 05	4. 79E - 06

表4-9（续）

组　　分	概率分布	浓度值 mol·mol^{-1}	标准不确定度 mol·mol^{-1}
顺-2-丁烯	正态	2.35E-05	4.70E-06
新戊烷	正态	6.42E-05	1.28E-05
正戊烷	正态	6.69E-06	1.34E-06
氮气	正态	9.60E-05	1.92E-05
氢气	正态	3.67E-05	7.34E-06
氧气	正态	2.12E-05	4.24E-06
正丁烷	—	0.999 7	2.63E-05

表4-10　氯乙烯纯度分析表

组　　分	概率分布	浓度值 mol·mol^{-1}	标准不确定度 mol·mol^{-1}
其他	正态	2.98E-2	2.98E-3
氯乙烯	—	0.997 0	2.98E-3

表4-11　1,3-丁二烯纯度分析表

组　　分	概率分布	浓度值 mol·mol^{-1}	标准不确定度 mol·mol^{-1}
氮气	正态	5.00E-4	1.00E-5
其他	正态	1.50E-4	2.00E-5
1,3-丁二烯	—	0.999 8	2.24E-5

表4-12　丙酮纯度分析表

组　　分	概率分布	浓度值 mol·mol^{-1}	标准不确定度 mol·mol^{-1}
水	正态	2.50E-3	2.50E-4
丙酮	—	0.998 5	2.50E-4

表 4－13　二氯甲烷纯度分析表

组　　分	概率分布	浓度值 mol·mol^{-1}	标准不确定度 mol·mol^{-1}
1,1－二氯乙烷	正态	9.64E－04	9.64E－05
三氯甲烷	正态	9.98E－01	9.98E－02
四氯乙烯	正态	1.37E－04	1.37E－05
水	正态	3.00E－04	3.00E－05
二氯甲烷	—	0.997 9	9.98E－02

表 4－14　正己烷纯度分析表

组　　分	概率分布	浓度值 mol·mol^{-1}	标准不确定度 mol·mol^{-1}
正十烷	正态	7.45E－03	7.45E－04
水	正态	1.34E－03	1.34E－04
正己烷	—	0.991 2	7.57E－04

表 4－15　甲基环戊烷纯度分析表

组　　分	概率分布	浓度值 mol·mol^{-1}	标准不确定度 mol·mol^{-1}
2,2－二甲基丁烷	正态	1.55E－05	3.09E－06
2,3－二甲基丁烷	正态	1.51E－04	3.02E－05
2－甲基戊烷	正态	8.21E－04	1.64E－04
3－甲基戊烷	正态	1.04E－03	5.20E－05
2,2－二甲基戊烷	正态	2.31E－04	4.62E－05
2,4－二甲基戊烷	正态	2.39E－04	4.78E－05
甲基环戊烷	正态	7.73E－04	1.55E－04
2,2,3－三甲基丁烷	正态	2.88E－05	5.76E－06
3,3－二甲基戊烷	正态	1.66E－05	3.32E－06
环己烷	正态	1.94E－04	3.87E－05

表4－15（续）

组　　分	概率分布	浓度值 mol · mol⁻¹	标准不确定度 mol · mol⁻¹
正庚烷	正态	1.28E－05	2.55E－06
水	正态	1.70E－04	1.43E－04
甲基环戊烷	—	0.996 0	2.85E－04

表4－16　顺式－1,2－氯乙烯纯度分析表

组　　分	概率分布	浓度值 mol · mol⁻¹	标准不确定度 mol · mol⁻¹
反式－1，2－二氯乙烯	正态	3.78E－03	3.78E－04
水	正态	2.38E－3	2.38E－4
其他	正态	1.33E－3	1.33E－4
顺式－1,2－氯乙烯	—	0.996 3	2.73E－04

表4－17　乙酸乙酯纯度分析表

组分	概率分布	浓度值 mol · mol⁻¹	标准不确定度 mol · mol⁻¹
水	正态	4.51E－03	4.51E－04
其他	正态	8.89E－04	8.89E－05
乙酸乙酯	—	0.995 4	4.60E－04

表4－18　三氯甲烷纯度分析表

组　　分	概率分布	浓度值 mol · mol⁻¹	标准不确定度 mol · mol⁻¹
四氯化碳	正态	7.34E－05	7.34E－06
水	正态	5.72E－04	5.72E－05
其他	正态	5.43E－05	5.43E－06
三氯甲烷	—	0.999 3	5.80E－05

表 4－19　环己烷纯度分析表

组　　分	概率分布	浓度值 mol · mol⁻¹	标准不确定度 mol · mol⁻¹
3－甲基戊烷	正态	1.04E－03	5.20E－05
2,2－二甲基戊烷	正态	2.31E－04	4.62E－05
2,4－二甲基戊烷	正态	2.39E－04	4.78E－05
甲基环戊烷	正态	7.73E－04	1.55E－04
正己烷	正态	1.94E－04	3.87E－05
正庚烷	正态	1.28E－05	2.55E－06
水	正态	1.70E－04	1.43E－04
环己烷	—	0.996 0	2.85E－04

表 4－20　四氯化碳纯度分析表

组　　分	概率分布	浓度值 mol · mol⁻¹	标准不确定度 mol · mol⁻¹
一氯甲烷	矩形	1.00E－04	1.00E－05
二氯甲烷	矩形	1.00E－04	1.00E－05
三氯甲烷	矩形	1.00E－04	1.00E－05
水	正态	1.20E－03	1.20E－04
四氯化碳	—	0.998 8	1.73E－05

表 4－21　苯纯度分析表

组　　分	概率分布	浓度值 mol · mol⁻¹	标准不确定度 mol · mol⁻¹
水	正态	3.03E－3	3.03E－4
苯	—	0.997 0	3.03E－4

表 4－22　1,2－二氯乙烷纯度分析表

组　　分	概率分布	浓度值 mol · mol⁻¹	标准不确定度 mol · mol⁻¹
三氯甲烷	正态	5.23E－04	5.23E－05
水	正态	7.84E－04	7.84E－05

表4－22（续）

组　　分	概率分布	浓度值 mol·mol^{-1}	标准不确定度 mol·mol^{-1}
其他	正态	2.93E－04	2.93E－05
1,2－二氯乙烷	—	0.998 4	9.42E－05

表4－23　三氯乙烯纯度分析表

组　　分	概率分布	浓度值 mol·mol^{-1}	标准不确定度 mol·mol^{-1}
2－甲基－1－丙醇	正态	2.11E－03	2.11E－04
其他	正态	6.89E－04	6.89E－05
水	正态	6.01E－04	6.01E－05
三氯乙烯	—	0.996 6	2.22E－04

表4－24　甲苯纯度分析表

组　　分	概率分布	浓度值 mol·mol^{-1}	标准不确定度 mol·mol^{-1}
2－甲基－庚烷	正态	2.34E－04	2.34E－05
3－甲基－庚烷	正态	1.18E－04	1.18E－05
辛烷	正态	2.53E－04	2.53E－05
1,1－二甲基－环己烷	正态	3.33E－03	3.33E－04
苯	正态	3.43E－04	3.43E－05
水	正态	1.22E－03	1.22E－04
甲苯	—	0.994 5	3.58E－04

表4－25　1,1,2－三氯乙烷纯度分析表

组　　分	概率分布	浓度值 mol·mol^{-1}	标准不确定度 mol·mol^{-1}
1,1,1－三氯乙烷	正态	7.51E－04	7.51E－06
1,2－环氧丁烷	正态	2.72E－03	2.72E－04
水	正态	3.55E－03	3.55E－04
1,1,2－三氯乙烷	—	0.993 0	4.47E－04

表 4－26　四氯乙烯纯度分析表

组　　分	概率分布	浓度值 mol · mol^{-1}	标准不确定度 mol · mol^{-1}
水	正态	9. 10E－04	9. 10E－05
三氯乙烯	正态	3. 00E－04	1. 50E－04
四氯乙烯	—	0. 998 7	1. 75E－04

表 4－27　乙酸丁酯纯度分析表

组　　分	概率分布	浓度值 mol · mol^{-1}	标准不确定度 mol · mol^{-1}
1－丁醇	正态	1. 26E－03	1. 26E－04
1,1,2,2－四氯乙烷	正态	1. 96E－03	1. 96E－04
水	正态	2. 98E－03	2. 98E－04
乙酸丁酯	—	0. 993 8	3. 78E－04

表 4－28　氯苯纯度分析表

组　　分	概率分布	浓度值 mol · mol^{-1}	标准不确定度 mol · mol^{-1}
1,2,4－三氯苯	正态	8. 80E－04	8. 80E－05
其他	正态	2. 20E－04	2. 20E－05
氯苯	—	0. 998 9	9. 07E－05

表 4－29　乙苯纯度分析表

组　　分	概率分布	浓度值 mol · mol^{-1}	标准不确定度 mol · mol^{-1}
苯	正态	1. 64E－03	1. 64E－04
甲苯	正态	2. 33E－03	2. 33E－04
苯乙酮	正态	1. 32E－03	1. 32E－04
水	正态	3. 11E－03	3. 11E－04
乙苯	—	0. 991 6	4. 42E－04

表4-30　间二甲苯纯度分析表

组　　分	概率分布	浓度值 mol·mol^{-1}	标准不确定度 mol·mol^{-1}
邻二甲苯	正态	2.22E-03	2.22E-04
水	正态	1.42E-03	1.42E-04
间二甲苯	—	0.996 3	2.64E-04

表4-31　对二甲苯纯度分析表

组　　分	概率分布	浓度值 mol·mol^{-1}	标准不确定度 mol·mol^{-1}
其他	正态	1.65E-03	1.65E-04
水	正态	1.45E-03	1.45E-04
对二甲苯	—	0.996 9	2.20E-04

表4-32　苯乙烯纯度分析表

组　　分	概率分布	浓度值 mol·mol^{-1}	标准不确定度 mol·mol^{-1}
环氧乙烷	正态	4.70E-04	4.70E-05
水	正态	2.33E-03	2.33E-04
苯乙烯	—	0.997 2	2.38E-04

表4-33　邻二甲苯纯度分析表

组　　分	概率分布	浓度值 mol·mol^{-1}	标准不确定度 mol·mol^{-1}
间二甲苯	正态	1.26E-04	1.26E-05
1,3,5-三甲苯	正态	3.11E-04	3.11E-05
水	正态	1.46E-03	1.46E-04
邻二甲苯	—	0.998 1	1.50E-04

表4-34　环己酮纯度分析表

组　　分	概率分布	浓度值 mol·mol^{-1}	标准不确定度 mol·mol^{-1}
水	正态	9.51E-04	9.51E-05
其他	正态	3.49E-04	3.49E-05
环己酮	—	0.998 7	1.01E-04

表4-35　1,3,5-三甲苯纯度分析表

组　　分	概率分布	浓度值 mol·mol^{-1}	标准不确定度 mol·mol^{-1}
1,2,4-三甲苯	正态	2.01E-03	2.01E-04
水	正态	3.71E-04	3.71E-05
其他	正态	7.19E-04	7.19E-05
1,3,5-三甲苯	—	0.996 9	2.17E-04

表4-36　1,3-二氯苯纯度分析表

组　　分	概率分布	浓度值 mol·mol^{-1}	标准不确定度 mol·mol^{-1}
1,2 二氯苯	正态	1.22E-03	1.22E-04
1,3,5 三氯苯	正态	6.68E-03	6.68E-04
水	正态	9.00E-04	9.00E-05
1,3-二氯苯	—	0.991 2	6.85E-04

表4-37　1,4-二氯苯纯度分析表

组　　分	概率分布	浓度值 mol·mol^{-1}	标准不确定度 mol·mol^{-1}
其他	正态	1.50E-03	1.50E-04
1,4-二氯苯	—	0.998 5	1.50E-04

表 4-38　1,2-二氯苯纯度分析表

组　分	概率分布	浓度值 mol·mol^{-1}	标准不确定度 mol·mol^{-1}
1,3-二氯苯	正态	3.50E-03	3.50E-04
水	正态	1.20E-03	1.20E-04
1,2-二氯苯	—	0.995 3	3.70E-04

2. DSC 分析图

仪器设备 2：DSC25-120 TA。

差热分析仪分析条件：控温范围：-180℃~100℃；配备快速制冷配件；吹扫氮气流速 30mL/min；坩埚类型：液体密封铝盘；样品量：1.00mg~8.00mg；测试条件：先将样品冻至-160℃，然后开始加热，升温速率为 0.2℃/min，直至样品全部熔化。原料的 DSC 纯度分析结果见表 4-39 所示。

表 4-39　原料 DSC 纯度分析结果

组分名称	DSC 测量结果/(mol·mol^{-1}/%)						平均值 mol·mol^{-1}/%	标准偏差 mol·mol^{-1}/%
	1	2	3	4	5	6		
丙酮	99.79	99.86	99.72	99.70	99.89	99.84	99.80	0.077
二氯甲烷	99.82	99.87	99.89	99.73	99.76	99.76	99.81	0.065
正己烷	99.14	99.18	99.24	99.22	99.18	99.05	99.17	0.068
乙酸乙酯	99.51	99.57	99.46	99.41	99.56	99.55	99.51	0.064
三氯甲烷	99.73	99.73	99.70	99.80	99.66	99.79	99.73	0.053
环己烷	99.43	99.50	99.36	99.43	99.39	99.48	99.43	0.053
四氯化碳	99.91	99.98	99.82	99.92	99.91	99.81	99.91	0.081
甲苯	99.59	99.56	99.56	99.51	99.63	99.51	99.56	0.046
1,1,2-三氯乙烷	99.23	99.27	99.32	99.32	99.21	99.32	99.28	0.050
四氯乙烯	99.95	99.96	99.86	99.85	99.90	99.88	99.92	0.062

表 4 - 39（续）

组分名称	DSC 测量结果/(mol · mol⁻¹/%)						平均值 mol · mol⁻¹/%	标准偏差 mol · mol⁻¹/%
	1	2	3	4	5	6		
乙苯	99.03	98.93	98.97	99.00	99.01	99.94	99.98	0.040
间二甲苯	99.98	99.96	99.93	99.95	99.95	99.91	99.98	0.063
环己酮	99.71	99.62	99.71	99.71	99.70	99.73	99.70	0.039
1,3,5 - 三甲苯	99.85	99.77	99.89	99.78	99.78	99.84	99.82	0.049
1,3 - 二氯苯	99.15	99.14	99.21	99.22	99.21	99.10	99.17	0.049
1,4 - 二氯苯	99.98	99.92	99.92	99.89	99.96	99.96	99.98	0.055
1,2 - 二氯苯	99.50	99.58	99.51	99.52	99.44	99.49	99.51	0.045
1,2 - 二氯乙烷	99.85	99.85	99.83	99.95	99.85	99.80	99.85	0.050
苯	99.50	99.60	99.52	99.45	99.48	99.50	99.51	0.051
邻二甲苯	99.43	99.44	99.41	99.49	99.38	99.34	99.42	0.052
苯乙烯	99.72	99.69	99.73	99.82	99.68	99.77	99.73	0.052

第四节　分析方法的建立与确认

采用气相色谱质谱法对所有组分进行检测。色谱作为初级分离系统，质谱为二次分离和检测系统。样品被色谱分离后进入质谱离子化，经质谱的质量分析器将离子碎片按荷质比分开，经检测器得到质谱图，通过与数据库对比可以得到所分析物质的名称以及含量。对于部分物质，色谱无法完全分离，采用提取特征离子的方式进行二次分离，特征离子（m/z）可通过检索得到的标准图谱确定，其选取原则为与其他组分不干扰，且保证待测组分有足够的信噪比和灵敏度。

一、分析方法的建立

考察了 2 种色谱柱对目标组分的分离。

色谱柱 1：Agilent 123 - 1364：DB - 624UI(260℃)60m × 320μm × 1.8μm；进样口温度：200℃；色谱柱流量：1.5mL/min；进样口参数：分流比 15：1；升温条件：40℃保持 5min，以 5℃/min 升至 180℃，保持 5min；离子源温度：230℃；四级杆温度：150℃。31 组分物质在 DB - 624UI 色谱柱上的质谱图见图 4 - 47。色谱柱 DB - 624UI 对 31 种挥发性有机物组分出峰时间及定量离子见表 4 - 40。

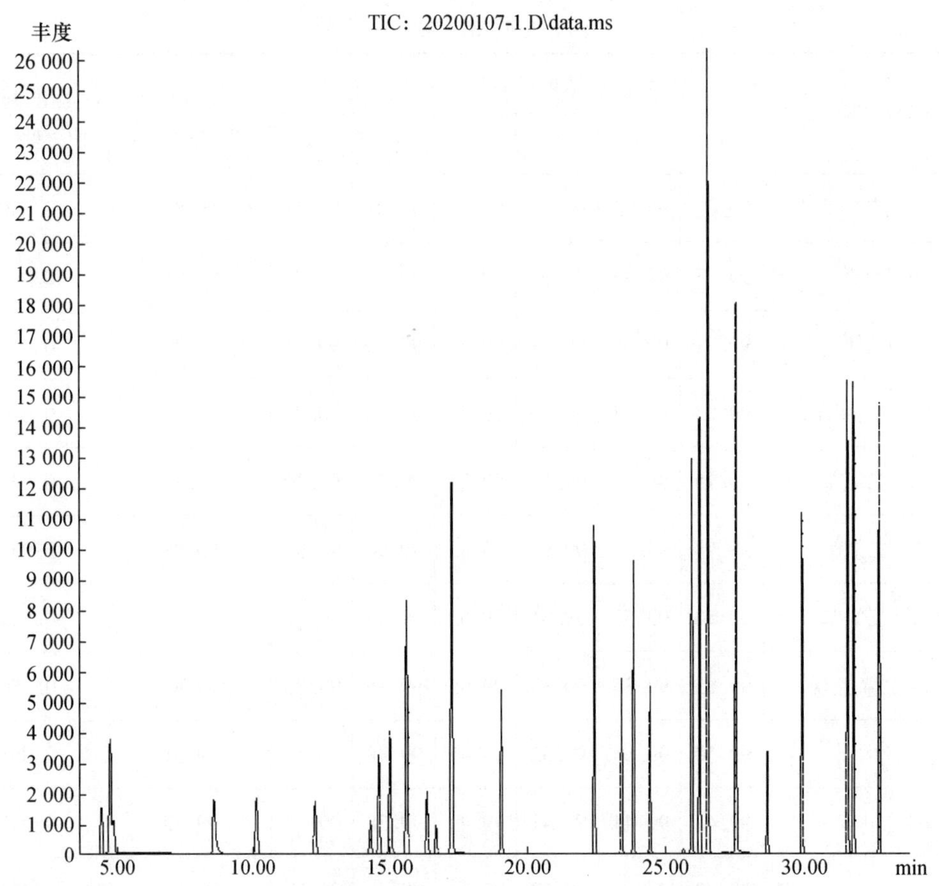

图 4－47　31 组分物质在 DB－624UI 色谱柱上的质谱图

表 4－40　色谱柱 DB－624UI 对 31 种挥发性有机物组分出峰时间及定量离子

峰　号	物　质　名　称	保留时间/min	提取离子
1	一氯甲烷	4. 409	50
2	正丁烷	4. 729	43
3	氯乙烯	4. 732	62
4	1,3－丁二烯	4. 846	54
5	丙酮	8. 588	43
6	二氯甲烷	10. 133	49
7	正己烷	12. 306	57
8	甲基环戊烷	14. 318	69
9	顺式－1,2－乙烯	14. 628	61

表4－40（续）

峰　号	物　质　名　称	保留时间/min	提取离子
10	乙酸乙酯	15.022	43
11	三氯甲烷	15.614	83
12	环已烷	16.347	56
13	四氯化碳	16.672	117
14	苯	17.236	78
15	1,2－二氯乙烷	17.260	62
16	三氯乙烯	19.050	130
17	甲苯	22.412	91
18	1,1,2－三氯乙烷	23.397	97
19	四氯乙烯	23.830	166
20	乙酸丁酯	24.429	43
21	氯苯	25.961	112
22	乙苯	26.243	91
23	间二甲苯	26.501	91
24	对二甲苯	26.538	91
25	苯乙烯	27.532	91
26	邻二甲苯	27.532	104
27	环已酮	28.675	55
28	1,3,5－三甲苯	29.929	105
29	1,3－二氯苯	31.580	146
30	1,4－二氯苯	31.800	146
31	1,2－二氯苯	32.738	146

色谱柱2：DB－InnoWax（300℃）30m×320μm×0.5μm；进样口温度：200℃；色谱柱流量：1.25mL/min；进样口参数：分流比15：1；升温条件：40℃保持5min，以5℃/min升至180℃，保持5min；离子源温度：230℃；四级杆温度：150℃。31组分物质在DB－InnoWax色谱柱上的质谱图见图4－48。色谱柱DB－InnoWax对31种挥发性有机

物组分出峰时间及定量离子见表4－41。

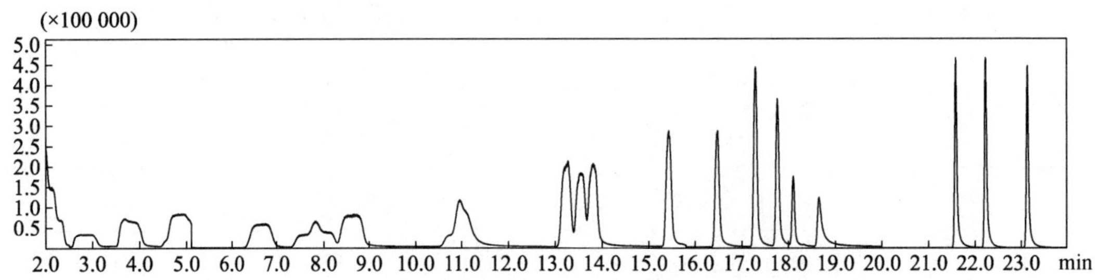

图4－48　31组分物质在DB－InnoWax色谱柱上的质谱图

表4－41　色谱柱DB－InnoWax对31种挥发性有机物组分出峰时间及定量离子

峰号	物　质　名　称	保留时间/min	提取离子
1	正丁烷	2.252	43
2	1,3丁二烯	2.228	54
3	一氯甲烷	2.274	50
4	氯乙烯	2.285	62
5	正己烷	2.287	57
6	环己烷	2.297	56
7	甲基环戊烷	2.303	69
8	丙酮	2.676	43
9	二氯甲烷	3.00	84
10	四氯化碳	3.469	121
11	乙酸乙酯	3.693	43
12	苯	4.558	78
13	三氯乙烯	5.649	130
14	顺1,2二氯乙烯	5.715	61
15	四氯乙烯	6.416	166
16	三氯甲烷	6.736	83
17	甲苯	8.406	91
18	1,2－二氯乙烷	10.611	62

表 4-41（续）

峰号	物质名称	保留时间/min	提取离子
19	乙酸丁酯	10.923	43
20	乙苯	13.021	91
21	对二甲苯	13.355	91
22	间-二甲苯	13.655	91
23	邻-二甲苯	15.326	91
24	氯苯	16.397	112
25	1,3,5-三甲基苯	17.205	105
26	苯乙烯	17.686	104
27	1,1,2 三氯乙烷	18.050	97
28	环已酮	18.575	55
29	1,3-二氯苯	21.533	146
30	1,4-二氯苯	22.199	146
31	1,2-二氯苯	23.107	146

二、分析方法的确认

系统采用了精密计量针阀控制吹扫流量在 10mL/min ~ 50mL/min，定量环体积 5mL，分析过程采用了 ABA 进样方法，即样品—标准—样品的次序，通过两次 A 的平均值校准 B，以此消除质谱在长时间分析过程中可能存在漂移。进样系统采用了六通气动阀进样。六通阀进样前端连接气动控制四通切换阀，可通过设置序列程序，自动在样品和标准之间来回切换，其气路图和色谱阀位图见图 4-49 所示。整个系统采用了钝化 1/16 管线和钝化阀门，并在进样过程中保持持续管路吹扫，最大限度地降低了有机组分在进样管线吸附对分析结果的影响。

ABA 进样可有效地降低仪器的线性或非线性漂移，广泛用于高精密度的环境样品分析和各种国际计量比对中。采用该方法的关键在于三针必须是连续进样，并保证每次进样的色谱条件和分析时间完全一致。B 的浓度值的计算如公式（4-3）所示：

$$C_B = 2C_A/(A_1 + A_2)B \tag{4-3}$$

式中：

C_B——样品浓度测量值；

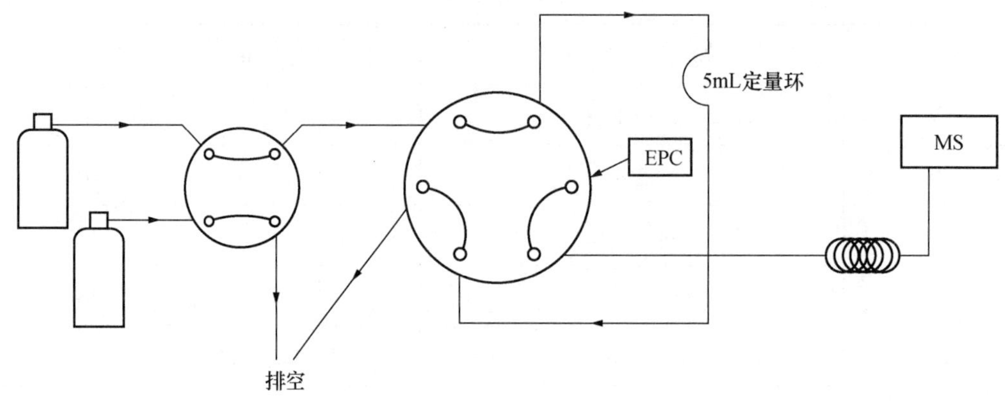

图4-49　色谱气路图与阀位图

C_A——标准品浓度标称值；

A_1——样品第一次测量的峰面积；

A_2——样品第二次测量的峰面积；

B——待测样品响应值。

1. 分析方法的重复性

对同一样品重复进样7次，采用ABA法校准，可获得5次校准值，根据公式(4-3)，可计算出这5次分析值的RSD，结果见表4-42。

表4-42　ABA分析方法的RSD

组　分	1组/(μmol/mol)	2组/(μmol/mol)	3组/(μmol/mol)	4组/(μmol/mol)	5组/(μmol/mol)	平均值/(μmol/mol)	RSD/%
一氯甲烷	1.026	1.027	1.038	1.030	1.021	1.028	0.63
正丁烷	1.035	1.034	1.036	1.040	1.022	1.034	0.65
氯乙烯	1.021	1.036	1.024	1.030	1.029	1.028	0.54
1,3-丁二烯	1.040	1.025	1.026	1.038	1.021	1.030	0.82
丙酮	1.030	1.029	1.036	1.033	1.032	1.032	0.26
二氯甲烷	1.033	1.021	1.038	1.030	1.038	1.032	0.65
正己烷	1.021	1.037	1.027	1.038	1.035	1.031	0.72
甲基环戊烷	1.040	1.031	1.027	1.023	1.033	1.031	0.61
顺式-1,2-二氯乙烯	1.022	1.022	1.036	1.039	1.038	1.031	0.83
乙酸乙酯	1.022	1.037	1.029	1.037	1.035	1.032	0.63

表 4-42（续）

组　　分	1 组/(μmol/mol)	2 组/(μmol/mol)	3 组/(μmol/mol)	4 组/(μmol/mol)	5 组/(μmol/mol)	平均值/(μmol/mol)	RSD/%
三氯甲烷	1.035	1.024	1.035	1.030	1.032	1.031	0.45
环已烷	1.024	1.025	1.031	1.034	1.034	1.030	0.46
四氯化碳	1.037	1.037	1.022	1.036	1.028	1.032	0.65
苯	1.036	1.031	1.030	1.036	1.031	1.033	0.27
1,2-二氯乙烷	1.040	1.035	1.030	1.022	1.024	1.030	0.73
三氯乙烯	1.027	1.028	1.024	1.024	1.022	1.025	0.24
甲苯	1.039	1.022	1.038	1.021	1.038	1.032	0.90
1,1,2-三氯乙烷	1.032	1.027	1.038	1.030	1.036	1.033	0.44
四氯乙烯	1.039	1.033	1.037	1.021	1.033	1.033	0.67
乙酸丁酯	1.036	1.034	1.025	1.034	1.021	1.030	0.67
氯苯	1.023	1.031	1.040	1.021	1.021	1.027	0.81
乙苯	1.037	1.024	1.035	1.025	1.033	1.031	0.57
间二甲苯	1.020	1.025	1.023	1.040	1.028	1.027	0.75
对二甲苯	1.040	1.040	1.031	1.040	1.022	1.035	0.76
苯乙烯	1.023	1.040	1.022	1.024	1.035	1.029	0.79
邻二甲苯	1.028	1.032	1.035	1.031	1.026	1.031	0.34
环已酮	1.031	1.036	1.028	1.027	1.024	1.029	0.44
1,3,5-三甲苯	1.025	1.024	1.020	1.034	1.034	1.027	0.60
1,3-二氯苯	1.029	1.027	1.033	1.033	1.020	1.028	0.51
1,4-二氯苯	1.031	1.025	1.038	1.027	1.020	1.028	0.67
1,2-二氯苯	1.026	1.027	1.038	1.030	1.021	1.028	0.63

从表 4-42 的结果可看出，所有数据的分析的 RSD 值均在 1.0% 内，因此该分析方法可较好地完成测试目标。

2. 一致性核验

配制了4瓶目标组分浓度的气体，任选其中1瓶标定其余3瓶，结果见表4－43～表4－46所示。

表4－43　气瓶64316070与气瓶64316075一致性

组　　分	64316070气瓶标称值/（μmol/mol）	64316075气瓶标称值/（μmol/mol）	64316075气瓶测量值/（μmol/mol）	（分析值－重量值）/重量值
一氯甲烷	1.070	1.030	1.036	0.58
丙酮	1.030	1.026	1.020	－0.58
二氯甲烷	1.010	0.981	0.978	－0.31
正己烷	1.020	1.022	1.028	0.59
甲基环戊烷	0.966	0.967	0.965	－0.21
顺式－1，2－二氯乙烯	1.100	1.067	1.065	－0.19
乙酸乙酯	1.120	1.126	1.130	0.36
三氯甲烷	1.220	1.187	1.189	0.17
环己烷	0.980	0.982	0.984	0.20
四氯化碳	0.926	0.899	0.905	0.67
三氯乙烯	0.921	0.894	0.894	0.00
甲苯	1.040	1.035	1.033	－0.19
1，1，2－三氯乙烷	1.060	1.024	1.028	0.39
四氯乙烯	1.030	1.003	1.001	－0.20
乙酸丁酯	1.020	1.016	1.016	0.00
氯苯	0.992	1.000	1.004	0.40
乙苯	1.000	0.998	0.990	－0.80
间二甲苯	1.015	1.011	2.009	－0.20
环己酮	1.040	1.038	1.034	－0.39
1，3，5－三甲苯	1.050	1.042	1.044	0.19

表 4 – 43（续）

组　　分	64316070 气瓶标称值/(μmol/mol)	64316075 气瓶标称值/(μmol/mol)	64316075 气瓶测量值/(μmol/mol)	(分析值 – 重量值)/重量值
1，3 – 二氯苯	1.030	1.038	1.033	–0.48
1,4 – 二氯苯	0.999	1.007	1.005	–0.20
1，2 – 二氯苯	0.993	1.001	0.994	–0.70
氯乙烯	1.030	0.990	0.989	–0.10
正丁烷	1.050	1.005	1.008	0.30
1，3 – 丁二烯	1.060	1.014	1.012	–0.20
1，2 – 二氯乙烷	1.080	1.046	1.037	–0.86
苯	1.040	0.984	0.978	–0.61
邻二甲苯	1.000	0.997	0.994	–0.30
苯乙烯	1.030	1.022	1.015	–0.68
对二甲苯	1.015	1.012	1.018	0.59

表 4 – 44　气瓶 64316070 与 64316069 一致性

组　　分	64316070 气瓶标称值/(μmol/mol)	64316069 气瓶标称值/(μmol/mol)	64316069 气瓶测量值/(μmol/mol)	(分析值 – 重量值)/重量值
一氯甲烷	1.070	1.060	1.054	–0.53
丙酮	1.030	1.040	1.037	–0.28
二氯甲烷	1.010	0.986	0.986	–0.03
正己烷	1.020	1.035	1.045	0.95
甲基环戊烷	0.966	0.979	0.977	–0.16
顺式 –1，2 – 二氯乙烯	1.100	1.072	1.078	0.54
乙酸乙酯	1.120	1.141	1.138	–0.22
三氯甲烷	1.220	1.193	1.198	0.43
环己烷	0.980	0.994	0.990	–0.38

表4－44（续）

组　分	64316070气瓶标称值/(μmol/mol)	64316069气瓶标称值/(μmol/mol)	64316069气瓶测量值/(μmol/mol)	(分析值－重量值)/重量值
四氯化碳	0.926	0.903	0.895	－0.90
三氯乙烯	0.921	0.898	0.891	－0.74
甲苯	1.040	1.060	1.067	0.66
1，1，2－三氯乙烷	1.060	1.032	1.041	0.89
四氯乙烯	1.030	1.008	1.004	－0.35
乙酸丁酯	1.020	1.029	1.030	0.07
氯苯	0.992	0.994	1.000	0.63
乙苯	1.000	1.022	1.030	0.77
间二甲苯	1.015	2.069	1.041	0.67
环己酮	1.040	1.051	1.051	0.04
1，3，5－三甲苯	1.050	1.067	1.062	－0.44
1，3－二氯苯	1.030	1.032	1.038	0.60
1,4－二氯苯	0.999	1.000	0.992	－0.76
1，2－二氯苯	0.993	0.994	0.989	－0.47
氯乙烯	1.030	1.019	1.019	0.08
正丁烷	1.050	1.034	1.040	0.55
1，3－丁二烯	1.060	1.044	1.041	－0.21
1，2－二氯乙烷	1.080	1.052	1.053	0.10
苯	1.040	1.008	1.009	0.10
邻二甲苯	1.000	1.021	1.028	0.67
苯乙烯	1.030	1.046	1.049	0.30
对二甲苯	1.015	1.043	1.044	0.01

表4-45　气瓶64316070与64316077一致性

组　　分	64316070气瓶标称值/(μmol/mol)	64316077气瓶标称值/(μmol/mol)	64316077气瓶测量值/(μmol/mol)	(分析值-重量值)/重量值
一氯甲烷	1.070	1.021	1.022	0.10
丙酮	1.030	1.030	1.028	-0.19
二氯甲烷	1.010	0.977	0.973	-0.41
正已烷	1.020	1.029	1.029	0.00
甲基环戊烷	0.966	0.963	0.960	-0.31
顺式-1，2-二氯乙烯	1.100	1.075	1.077	0.19
乙酸乙酯	1.120	1.120	1.127	0.62
三氯甲烷	1.220	1.194	1.195	0.08
环已烷	0.980	0.990	0.986	-0.40
四氯化碳	0.926	0.898	0.899	0.11
三氯乙烯	0.921	0.896	0.897	0.11
甲苯	1.040	1.030	1.038	0.78
1，1，2-三氯乙烷	1.060	1.014	1.018	0.39
四氯乙烯	1.030	1.007	1.013	0.60
乙酸丁酯	1.020	1.009	1.005	-0.40
氯苯	0.992	1.005	1.008	0.30
乙苯	1.000	1.006	0.999	-0.70
间二甲苯	1.015	1.041	1.038	-0.29
环已酮	1.040	1.044	1.037	-0.67
1，3，5-三甲苯	1.050	1.037	1.032	-0.48
1，3-二氯苯	1.030	1.028	1.029	0.10
1,4-二氯苯	0.999	1.005	1.008	0.30
1，2-二氯苯	0.993	0.998	1.003	0.50

表4-45（续）

组　分	64316070气瓶标称值/(μmol/mol)	64316077气瓶标称值/(μmol/mol)	64316077气瓶测量值/(μmol/mol)	(分析值-重量值)/重量值
氯乙烯	1.030	0.987	0.990	0.30
正丁烷	1.050	0.998	0.992	-0.60
1，3-丁二烯	1.060	1.008	1.004	-0.40
1，2-二氯乙烷	1.080	1.050	1.054	0.38
苯	1.040	0.989	0.986	-0.30
邻二甲苯	1.000	0.988	0.992	0.40
苯乙烯	1.030	1.027	1.025	-0.19
对二甲苯	1.015	1.021	1.015	-0.59

表4-46　气瓶64316070与64316079一致性

组　分	64316070气瓶标称值/(μmol/mol)	64316079气瓶标称值/(μmol/mol)	64316079气瓶测量值/(μmol/mol)	(分析值-重量值)/重量值
一氯甲烷	1.070	1.059	1.052	-0.67
丙酮	1.030	1.038	1.042	0.33
二氯甲烷	1.010	0.986	0.990	0.41
正己烷	1.020	1.034	1.030	-0.40
甲基环戊烷	0.966	0.978	0.987	0.91
顺式-1，2-二氯乙烯	1.100	1.072	1.076	0.37
乙酸乙酯	1.120	1.139	1.140	0.09
三氯甲烷	1.220	1.193	1.203	0.89
环己烷	0.980	0.993	0.997	0.43
四氯化碳	0.926	0.903	0.903	-0.05
三氯乙烯	0.921	0.898	0.890	-0.94
甲苯	1.040	1.064	1.065	0.15
1，1，2-三氯乙烷	1.060	1.032	1.040	0.84

表 4 - 46（续）

组　　分	64316070 气瓶标称值/(μmol/mol)	64316079 气瓶标称值/(μmol/mol)	64316079 气瓶测量值/(μmol/mol)	(分析值 - 重量值)/重量值
四氯乙烯	1.030	1.008	1.002	-0.64
乙酸丁酯	1.020	1.028	1.023	-0.52
氯苯	0.992	0.994	1.001	0.66
乙苯	1.000	1.026	1.028	0.16
间二甲苯	1.015	1.045	1.043	-0.17
环己酮	1.040	1.050	1.058	0.75
1，3，5 - 三甲苯	1.050	1.071	1.075	0.44
1，3 - 二氯苯	1.030	1.032	1.037	0.45
1,4 - 二氯苯	0.999	1.001	1.005	0.38
1，2 - 二氯苯	0.993	0.995	1.003	0.84
氯乙烯	1.030	1.018	1.024	0.57
正丁烷	1.050	1.033	1.031	-0.19
1，3 - 丁二烯	1.060	1.043	1.046	0.30
1，2 - 二氯乙烷	1.080	1.051	1.058	0.61
苯	1.040	1.012	1.017	0.55
邻二甲苯	1.000	1.025	1.020	-0.46
苯乙烯	1.030	1.050	1.044	-0.60
对二甲苯	1.015	1.032	1.030	-0.22

从上述结果可见，所有配制组分的一致性均在 1.00% 以内。因此，不同批次制备的气体具有良好的一致性。

第五节　均匀性检验

一、混匀实验

按照 JJF 1344—2012《气体标准物质研制（生产）通用技术要求》的规定，在气体充装完成后，将气瓶放在混匀器上滚动 2h，然后水平静置过夜，以保证充装的不同原料气能够在钢瓶内充分混合均匀。然后在连续的两天内上午和下午分别对混合气体进行4组测量，以考查钢瓶内的气体是否混合均匀。结果如表4－47所示。从中可以看到经过以上的混匀处理后，测量结果的重复性都在分析方法的不确定度贡献范围内，在考查期间内看不出有明显的变化。这说明经过以上的混匀处理后，气瓶内的组分气体浓度均匀，混合气可以正常使用。

表4－47　1μmol·mol⁻¹氮中31组分挥发性有机物混合气体标准物质混匀验证结果

组　分	配制浓度 μmol·mol^{-1}	测试浓度/(μmol·mol^{-1})						RSD/%
		第一天		第二天		第三天		
		上午	下午	上午	下午	上午	下午	
一氯甲烷	1.060	1.027	1.017	1.015	1.019	1.029	1.027	0.59
丙酮	1.040	1.031	1.022	1.036	1.031	1.028	1.034	0.49
二氯甲烷	0.986	0.977	0.979	0.984	0.973	0.975	0.971	0.46
正己烷	1.035	1.031	1.025	1.037	1.025	1.023	1.022	0.55
甲基环戊烷	0.979	0.962	0.961	0.962	0.959	0.966	0.967	0.32
顺式－1,2－二氯乙烯	1.072	1.082	1.078	1.080	1.083	1.067	1.068	0.67
乙酸乙酯	1.141	1.120	1.125	1.115	1.128	1.127	1.118	0.47
三氯甲烷	1.193	1.200	1.185	1.187	1.190	1.191	1.203	0.62
环己烷	0.994	0.997	0.994	0.984	0.994	0.991	0.998	0.51
四氯化碳	0.903	0.904	0.904	0.906	0.902	0.901	0.901	0.22
三氯乙烯	0.898	0.903	0.899	0.892	0.901	0.890	0.891	0.62
甲苯	1.060	1.034	1.028	1.032	1.032	1.035	1.027	0.31
1,1,2－三氯乙烷	1.032	1.017	1.016	1.019	1.021	1.019	1.018	0.18
四氯乙烯	1.008	1.015	1.004	1.009	1.011	1.001	1.014	0.55
乙酸丁酯	1.029	1.005	1.004	1.004	1.009	1.009	1.014	0.38
氯苯	0.994	0.997	1.012	1.006	1.013	1.009	1.003	0.60
乙苯	1.022	1.002	1.000	1.004	1.012	1.010	1.009	0.47
间二甲苯	2.069	1.034	1.034	1.047	1.034	1.039	1.047	0.60

表 4 – 47（续）

组　分	配制浓度 μmol · mol⁻¹	测试浓度/(μmol · mol⁻¹)						RSD/%
		第一天		第二天		第三天		
		上午	下午	上午	下午	上午	下午	
环己酮	1.051	1.048	1.047	1.045	1.044	1.047	1.041	0.27
1,3,5 – 三甲苯	1.067	1.036	1.043	1.045	1.033	1.035	1.045	0.49
1,3 – 二氯苯	1.032	1.033	1.034	1.020	1.036	1.025	1.029	0.61
1,4 – 二氯苯	1.000	1.003	1.011	1.009	1.001	1.002	1.001	0.43
1,2 – 二氯苯	0.994	1.000	1.005	1.000	0.996	0.995	0.993	0.45
氯乙烯	1.019	0.989	0.985	0.989	0.994	0.992	0.983	0.44
正丁烷	1.034	1.002	1.004	0.993	0.993	0.997	1.005	0.55
1,3 – 丁二烯	1.044	1.010	1.011	1.001	1.008	1.012	1.007	0.37
1,2 – 二氯乙烷	1.052	1.047	1.055	1.057	1.043	1.046	1.044	0.55
苯	1.008	0.993	0.987	0.995	0.996	0.983	0.988	0.53
邻二甲苯	1.021	0.985	0.988	0.995	0.984	0.982	0.983	0.47
苯乙烯	1.046	1.034	1.030	1.019	1.020	1.031	1.031	0.62
对二甲苯	1.043	1.025	1.021	1.026	1.023	1.020	1.028	0.28

二、均匀性检验方法

气体标准物质通过放压试验考察瓶内压力变化对校准组分含量的影响，放压试验应看成是均匀性检验。放压试验可以采用等重复测量次数的方差分析试验设计，即从最高压力到预期最低使用压力（包括最高压力和预期最低使用压力）选择至少 3 个压力点，每个压力点下建议进行等次数重复测量，一般至少重复 3 次。将不同压力下的测量值视为组间，相同压力下的重复测量值视为组内。

放压试验结果进行单因素方差分析处理。方差分析结果表明组内方差与组间方差在统计学上无显著差异时，则压力变化对气体标准物质特性值的影响可以忽略。如果观察到显著差异时，应考虑提高最低使用压力后重新检验，或者考虑这种压力变动性是否导致定值不确定度超出预期，超出预期则应分析原因并重新制备。均匀性检验试验方案见图 4 – 50。

F 检验计算式：

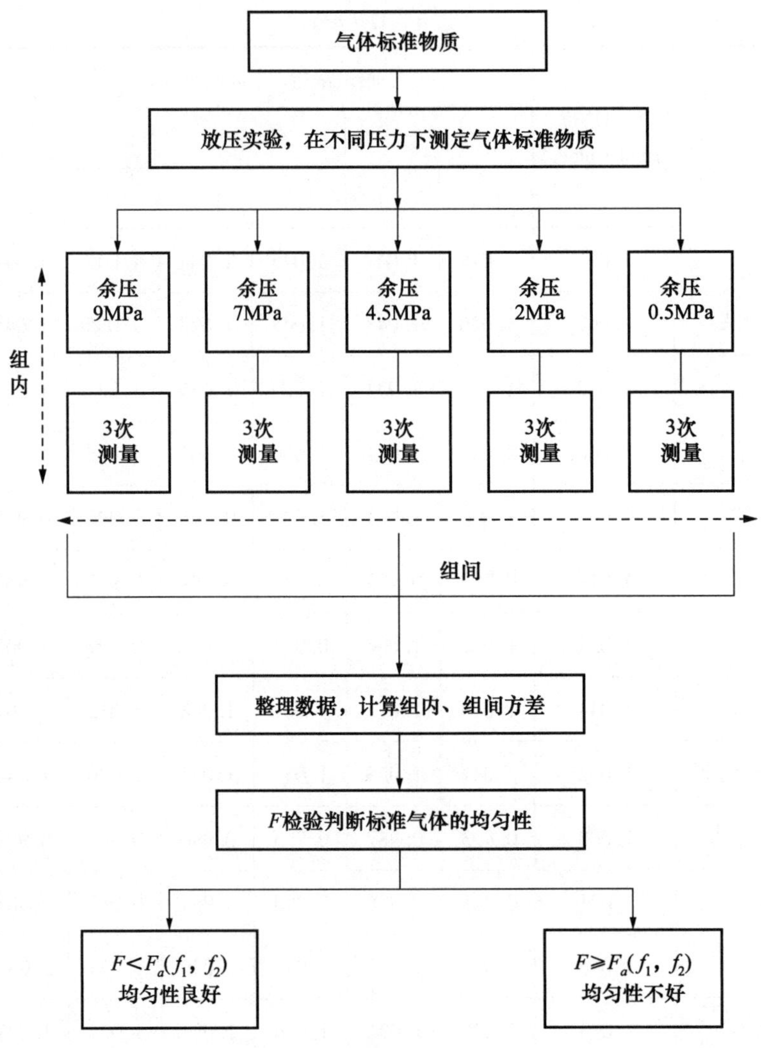

图 4-50　均匀性检验的试验方案

每组测量重复次数 $j=1,2,\cdots,n$，本实例中 n 为 3。

测量组数 $i=1,2,\cdots,m$，本实例中 m 为 5。

第 i 组第 j 次的测量值表示为 x_{ij}。

第 i 组内测量平均值：$$\bar{x}_i = \frac{\sum_{j=1}^{n} x_{ij}}{n}$$

总平均值：$$\bar{\bar{x}} = \frac{\sum_{i=1}^{m} \bar{x}_i}{m}$$

测量总次数：$$N = \sum_{i=1}^{m} n_i$$

组间测量值平方和：$SS_1 = \sum_{i=1}^{m} n_i(\bar{x}_i - \bar{\bar{x}})^2$　均方：$MS_1 = \frac{SS_1}{f_1}$

i 组内测量值平方和：$SS_2 = \sum_{i=1}^{m}\sum_{j=1}^{n}(x_{ij} - \bar{x}_i)^2$　均方：$MS_2 = \dfrac{SS_2}{f_2}$

组间自由度：$f_1 = m - 1$

组内自由度：$f_2 = N - m$

统计量：$F = \dfrac{MS_1}{MS_2}$

自由度为(f_1, f_2)，给定显著性水平 $a_{(0.05)}$ 的临界值 $F_{a(f_1, f_2)}$，若 $F < F_{a(f_1, f_2)}$ 则表明样品是均匀的。查 F 检验表可知，本研究中 $F_{a(2,10)} = 4.10$。

$S_A^2 = \dfrac{MS_{间} - MS_{内}}{n}$，均匀性产生的标准不确定度：$u_{ps} = S_A$。

三、均匀性检验结果

分别对研制的两瓶 31 组分混合气体标准物质进行均匀性检验，检验结果表明：经过连续滚动并静置过夜后的气体标准物质能够达到完全均匀混合。检验结果数据见表 4－48～表 4－78。

表 4－48　一氯甲烷组分均匀性检验记录

瓶号	A 94316069					B 94316077				
余压/MPa	9	7	4.5	2	0.5	9	7	4.5	2	0.5
测量值 μmol/mol	1.059	1.064	1.057	1.060	1.058	1.022	1.019	1.013	1.014	1.029
x_{ij} μmol/mol	1.062	1.056	1.068	1.065	1.055	1.014	1.017	1.013	1.021	1.029
	1.051	1.057	1.066	1.057	1.055	1.014	1.012	1.023	1.015	1.017
$\bar{x}_i$ μmol/mol	1.057	1.059	1.063	1.061	1.056	1.017	1.016	1.016	1.017	1.025

	变参源	SS	自由度	MS	F	$F_{0.05,(f_1,f_2)}$	S_A^2
A瓶	组间	1.061E－04	2	5.31E－05	1.701	4.100	2.092E－03
	组内	3.120E－04	10	3.12E－05			
	$\bar{\bar{x}}$ μmol/mol	1.059	标准不确定度 u_{ps}	0.002	相对标准不确定度 $u_{ps,r}$		0.20%
B瓶	变参源	SS	自由度	MS	F	$F_{0.05,(f_1,f_2)}$	S_A^2
	组间	1.738E－04	2	8.69E－05	2.000	4.100	0.003
	组内	4.345E－04	10	4.34E－05			
	$\bar{\bar{x}}$ μmol/mol	1.018	标准不确定度 u_{ps}	0.003	相对标准不确定度 $u_{ps,r}$		0.28%

表 4 – 49　丙酮组分均匀性检验记录

瓶号	A 94316069					B 94316077				
余压/MPa	9	7	4.5	2	0.5	9	7	4.5	2	0.5
测量值 μmol/mol	1.045	1.046	1.049	1.041	1.035	1.022	1.022	1.035	1.032	1.034
x_{ij} μmol/mol	1.047	1.047	1.033	1.042	1.042	1.029	1.030	1.039	1.025	1.030
	1.042	1.039	1.040	1.037	1.038	1.027	1.023	1.024	1.033	1.027
$\bar{x}_i$ μmol/mol	1.045	1.044	1.040	1.040	1.038	1.026	1.025	1.033	1.030	1.030

	变参源	SS	自由度	MS	F	$F_{0.05,(f_1,f_2)}$	S_A^2
A瓶	组间	8.531E – 05	2	4.27E – 05	1.450	4.100	1.627E – 03
	组内	2.942E – 04	10	2.94E – 05			
	$\bar{\bar{x}}$ μmol/mol	1.041	标准不确定度 u_{ps}	0.002	相对标准不确定度 $u_{ps,r}$		0.16%
B瓶	变参源	SS	自由度	MS	F	$F_{0.05,(f_1,f_2)}$	S_A^2
	组间	1.170E – 04	2	5.85E – 05	1.290	4.100	0.002
	组内	4.534E – 04	10	4.53E – 05			
	$\bar{\bar{x}}$ μmol/mol	1.029	标准不确定度 u_{ps}	0.002	相对标准不确定度 $u_{ps,r}$		0.15%

表 4 – 50　二氯甲烷组分均匀性检验记录

瓶号	A 94316069					B 94316077				
余压/MPa	9	7	4.5	2	0.5	9	7	4.5	2	0.5
测量值 μmol/mol	0.985	0.990	0.978	0.989	0.979	0.982	0.984	0.975	0.971	0.981
x_{ij} μmol/mol	0.982	0.988	0.989	0.985	0.987	0.983	0.972	0.970	0.973	0.979
	0.987	0.991	0.983	0.990	0.992	0.981	0.969	0.972	0.982	0.980
$\bar{x}_i$ μmol/mol	0.985	0.989	0.983	0.988	0.986	0.982	0.975	0.973	0.975	0.980

	变参源	SS	自由度	MS	F	$F_{0.05,(f_1,f_2)}$	S_A^2
A瓶	组间	7.562E – 05	2	3.78E – 05	1.588	4.100	1.673E – 03
	组内	2.382E – 04	10	2.38E – 05			
	$\bar{\bar{x}}$ μmol/mol	0.986	标准不确定度 u_{ps}	0.002	相对标准不确定度 $u_{ps,r}$		0.17%

表 4-50（续）

瓶号		A 94316069			B 94316077		
B瓶	变参源	SS	自由度	MS	F	$F_{0.05,(f_1,f_2)}$	S_A^2
	组间	2.254E-04	2	1.13E-04	2.484	4.100	0.004
	组内	4.536E-04	10	4.54E-05			
	$\bar{\bar{x}}$ μmol/mol	0.978	标准不确定度 u_{ps}	0.004	相对标准不确定度 $u_{ps,r}$		0.35%

表 4-51 正己烷组分均匀性检验记录

瓶号	A 94316069					B 94316077				
余压/MPa	9	7	4.5	2	0.5	9	7	4.5	2	0.5
测量值 μmol/mol	1.044	1.041	1.029	1.037	1.032	1.035	1.031	1.037	1.035	1.029
x_{ij} μmol/mol	1.040	1.039	1.035	1.039	1.032	1.032	1.027	1.020	1.036	1.029
	1.028	1.044	1.027	1.033	1.043	1.027	1.025	1.022	1.035	1.030
$\bar{x}_i$ μmol/mol	1.037	1.041	1.030	1.037	1.036	1.031	1.028	1.026	1.035	1.029

	变参源	SS	自由度	MS	F	$F_{0.05,(f_1,f_2)}$	S_A^2
A瓶	组间	1.941E-04	2	9.70E-05	2.030	4.100	3.138E-03
	组内	4.780E-04	10	4.78E-05			
	$\bar{\bar{x}}$ μmol/mol	1.036	标准不确定度 u_{ps}	0.003	相对标准不确定度 $u_{ps,r}$		0.30%
B瓶	变参源	SS	自由度	MS	F	$F_{0.05,(f_1,f_2)}$	S_A^2
	组间	1.422E-04	2	7.11E-05	1.566	4.100	0.002
	组内	4.541E-04	10	4.54E-05			
	$\bar{\bar{x}}$ μmol/mol	1.030	标准不确定度 u_{ps}	0.002	相对标准不确定度 $u_{ps,r}$		0.22%

表 4-52 甲基环戊烷组分均匀性检验记录

瓶号	A 94316069					B 94316077				
余压/MPa	9	7	4.5	2	0.5	9	7	4.5	2	0.5
测量值 μmol/mol	0.972	0.984	0.972	0.977	0.980	0.969	0.960	0.971	0.960	0.969
x_{ij} μmol/mol	0.978	0.979	0.975	0.976	0.982	0.965	0.959	0.955	0.960	0.964
	0.972	0.977	0.979	0.983	0.982	0.962	0.962	0.963	0.963	0.966

表 4-52（续）

瓶号	A 94316069					B 94316077				
$\bar{x}_i$ μmol/mol	0.974	0.980	0.975	0.979	0.981	0.965	0.960	0.963	0.961	0.967

瓶	变参源	SS	自由度	MS	F	$F_{0.05,(f_1,f_2)}$	S_A^2
A瓶	组间	1.206E-04	2	6.03E-05	2.670	4.100	2.747E-03
A瓶	组内	2.259E-04	10	2.26E-05			
A瓶	$\bar{\bar{x}}$ μmol/mol	0.978	标准不确定度 u_{ps}	0.003	相对标准不确定度 $u_{ps,r}$		0.28%
B瓶	变参源	SS	自由度	MS	F	$F_{0.05,(f_1,f_2)}$	S_A^2
B瓶	组间	1.094E-04	2	5.47E-05	1.786	4.100	0.002
B瓶	组内	3.062E-04	10	3.06E-05			
B瓶	$\bar{\bar{x}}$ μmol/mol	0.963	标准不确定度 u_{ps}	0.002	相对标准不确定度 $u_{ps,r}$		0.23%

表 4-53 顺式-1,2-二氯乙烯组分均匀性检验记录

瓶号	A 94316069					B 94316077				
余压/MPa	9	7	4.5	2	0.5	9	7	4.5	2	0.5
测量值 μmol/mol	1.068	1.077	1.070	1.074	1.068	1.080	1.076	1.073	1.080	1.068
x_{ij} μmol/mol	1.072	1.075	1.064	1.076	1.064	1.068	1.075	1.071	1.083	1.079
	1.067	1.077	1.074	1.075	1.076	1.075	1.079	1.070	1.069	1.066
$\bar{x}_i$ μmol/mol	1.069	1.077	1.069	1.075	1.069	1.074	1.077	1.071	1.077	1.071

瓶	变参源	SS	自由度	MS	F	$F_{0.05,(f_1,f_2)}$	S_A^2
A瓶	组间	1.638E-04	2	8.19E-05	2.652	4.100	3.194E-03
A瓶	组内	3.088E-04	10	3.09E-05			
A瓶	$\bar{\bar{x}}$ μmol/mol	1.072	标准不确定度 u_{ps}	0.003	相对标准不确定度 $u_{ps,r}$		0.30%
B瓶	变参源	SS	自由度	MS	F	$F_{0.05,(f_1,f_2)}$	S_A^2
B瓶	组间	1.110E-04	2	5.55E-05	1.104	4.100	0.001
B瓶	组内	5.028E-04	10	5.03E-05			
B瓶	$\bar{\bar{x}}$ μmol/mol	1.074	标准不确定度 u_{ps}	0.001	相对标准不确定度 $u_{ps,r}$		0.10%

表4－54 乙酸乙酯组分均匀性检验记录

瓶号	A 94316069					B 94316077				
余压/MPa	9	7	4.5	2	0.5	9	7	4.5	2	0.5
测量值 μmol/mol	1.137	1.149	1.131	1.143	1.145	1.126	1.110	1.114	1.126	1.115
x_{ij} μmol/mol	1.145	1.141	1.139	1.142	1.134	1.120	1.123	1.128	1.129	1.129
	1.145	1.151	1.142	1.145	1.140	1.119	1.111	1.120	1.113	1.123
$\bar{x}_i$ μmol/mol	1.142	1.147	1.137	1.143	1.140	1.122	1.115	1.120	1.123	1.122

	变参源	SS	自由度	MS	F	$F_{0.05,(f_1,f_2)}$	S_A^2
A瓶	组间	1.662E－04	2	8.31E－05	2.199	4.100	3.011E－03
	组内	3.779E－04	10	3.78E－05			
	$\bar{\bar{x}}$ μmol/mol	1.142	标准不确定度 u_{ps}	0.003	相对标准不确定度 $u_{ps,r}$		0.26%
B瓶	变参源	SS	自由度	MS	F	$F_{0.05,(f_1,f_2)}$	S_A^2
	组间	1.566E－04	2	7.83E－05	1.099	4.100	0.001
	组内	7.121E－04	10	7.12E－05			
	$\bar{\bar{x}}$ μmol/mol	1.120	标准不确定度 u_{ps}	0.001	相对标准不确定度 $u_{ps,r}$		0.11%

表4－55 三氯甲烷组分均匀性检验记录

瓶号	A 94316069					B 94316077				
余压/MPa	9	7	4.5	2	0.5	9	7	4.5	2	0.5
测量值 μmol/mol	1.201	1.203	1.201	1.193	1.198	1.197	1.203	1.187	1.188	1.201
x_{ij} μmol/mol	1.196	1.201	1.190	1.192	1.186	1.186	1.197	1.202	1.201	1.196
	1.195	1.188	1.202	1.194	1.189	1.193	1.204	1.185	1.200	1.183
$\bar{x}_i$ μmol/mol	1.197	1.198	1.198	1.193	1.191	1.192	1.201	1.191	1.197	1.193

	变参源	SS	自由度	MS	F	$F_{0.05,(f_1,f_2)}$	S_A^2
A瓶	组间	1.193E－04	2	5.96E－05	1.323	4.100	1.707E－03
	组内	4.508E－04	10	4.51E－05			
	$\bar{\bar{x}}$ μmol/mol	1.195	标准不确定度 u_{ps}	0.002	相对标准不确定度 $u_{ps,r}$		0.14%

表4-55（续）

瓶号		A 94316069			B 94316077		
B瓶	变参源	*SS*	自由度	*MS*	*F*	$F_{0.05,(f_1,f_2)}$	S_A^2
	组间	2.359E-04	2	1.18E-04	1.343	4.100	0.002
	组内	8.785E-04	10	8.79E-05			
	$\bar{\bar{x}}$ μmol/mol	1.195	标准不确定度 u_{ps}	0.002	相对标准不确定度 $u_{ps,r}$		0.21%

表4-56 环己烷组分均匀性检验记录

瓶号	A 94316069					B 94316077				
余压/MPa	9	7	4.5	2	0.5	9	7	4.5	2	0.5
测量值 μmol/mol	1.000	0.996	0.996	0.996	0.986	0.996	0.998	0.994	0.993	0.989
x_{ij} μmol/mol	0.995	0.996	0.996	0.992	0.990	0.983	0.997	0.995	0.992	0.992
	0.988	1.001	0.988	0.996	0.992	0.990	0.988	0.994	0.998	0.983
$\bar{x}_i$ μmol/mol	0.994	0.998	0.994	0.995	0.989	0.990	0.994	0.994	0.994	0.988

	变参源	*SS*	自由度	*MS*	*F*	$F_{0.05,(f_1,f_2)}$	S_A^2
A瓶	组间	1.122E-04	2	5.61E-05	2.018	4.100	2.379E-03
	组内	2.779E-04	10	2.78E-05			
	$\bar{\bar{x}}$ μmol/mol	0.994	标准不确定度 u_{ps}	0.002	相对标准不确定度 $u_{ps,r}$		0.24%
B瓶	变参源	*SS*	自由度	*MS*	*F*	$F_{0.05,(f_1,f_2)}$	S_A^2
	组间	1.119E-04	2	5.59E-05	1.310	4.100	0.002
	组内	4.271E-04	10	4.27E-05			
	$\bar{\bar{x}}$ μmol/mol	0.992	标准不确定度 u_{ps}	0.002	相对标准不确定度 $u_{ps,r}$		0.16%

表4-57 四氯化碳组分均匀性检验记录

瓶号	A 94316069					B 94316077				
余压/MPa	9	7	4.5	2	0.5	9	7	4.5	2	0.5
测量值 μmol/mol	0.908	0.902	0.902	0.903	0.901	0.896	0.901	0.895	0.898	0.894
x_{ij} μmol/mol	0.900	0.910	0.904	0.904	0.896	0.904	0.903	0.901	0.890	0.900
	0.895	0.909	0.896	0.909	0.899	0.896	0.893	0.897	0.891	0.896
$\bar{x}_i$ μmol/mol	0.901	0.907	0.901	0.905	0.899	0.899	0.899	0.898	0.893	0.897

表4－57（续）

瓶号		A　94316069			B　94316077		
A瓶	变参源	SS	自由度	MS	F	$F_{0.05,(f_1,f_2)}$	S_A^2
	组间	1.373E－04	2	6.87E－05	2.119	4.100	2.693E－03
	组内	3.239E－04	10	3.24E－05			
	$\bar{\bar{x}}$ μmol/mol	0.902	标准不确定度 u_{ps}	0.003	相对标准不确定度 $u_{ps,r}$		0.30%
B瓶	变参源	SS	自由度	MS	F	$F_{0.05,(f_1,f_2)}$	S_A^2
	组间	6.837E－05	2	3.42E－05	1.165	4.100	0.001
	组内	2.934E－04	10	2.93E－05			
	$\bar{\bar{x}}$ μmol/mol	0.897	标准不确定度 u_{ps}	0.001	相对标准不确定度 $u_{ps,r}$		0.11%

表4－58　三氯乙烯组分均匀性检验记录

瓶号	A　94316069					B　94316077				
余压/MPa	9	7	4.5	2	0.5	9	7	4.5	2	0.5
测量值 μmol/mol	0.901	0.901	0.894	0.896	0.904	0.894	0.901	0.898	0.899	0.897
x_{ij} μmol/mol	0.891	0.901	0.898	0.898	0.897	0.898	0.902	0.901	0.896	0.896
	0.892	0.901	0.899	0.903	0.904	0.903	0.903	0.889	0.895	0.899
$\bar{x}_i$ μmol/mol	0.895	0.901	0.897	0.899	0.902	0.899	0.902	0.896	0.896	0.897

	变参源	SS	自由度	MS	F	$F_{0.05,(f_1,f_2)}$	S_A^2
A瓶	组间	9.668E－05	2	4.83E－05	2.004	4.100	2.201E－03
	组内	2.412E－04	10	2.41E－05			
	$\bar{\bar{x}}$ μmol/mol	0.899	标准不确定度 u_{ps}	0.002	相对标准不确定度 $u_{ps,r}$		0.25%
B瓶	变参源	SS	自由度	MS	F	$F_{0.05,(f_1,f_2)}$	S_A^2
	组间	6.612E－05	2	3.31E－05	1.484	4.100	0.001
	组内	2.228E－04	10	2.23E－05			
	$\bar{\bar{x}}$ μmol/mol	0.898	标准不确定度 u_{ps}	0.001	相对标准不确定度 $u_{ps,r}$		0.16%

表4－59　甲苯组分均匀性检验记录

瓶号	A　94316069					B　94316077				
余压/MPa	9	7	4.5	2	0.5	9	7	4.5	2	0.5
测量值 μmol/mol	1.056	1.068	1.061	1.066	1.067	1.024	1.024	1.027	1.029	1.024
x_{ij} μmol/mol	1.058	1.059	1.051	1.059	1.068	1.026	1.029	1.035	1.034	1.035
	1.068	1.064	1.063	1.065	1.063	1.030	1.022	1.037	1.026	1.029
$\bar{x}_i$ μmol/mol	1.061	1.064	1.059	1.063	1.066	1.027	1.025	1.033	1.030	1.029

	变参源	*SS*	自由度	*MS*	*F*	$F_{0.05,(f_1,f_2)}$	S_A^2
A瓶	组间	9.043E－05	2	4.52E－05	1.309	4.100	1.462E－03
	组内	3.453E－04	10	3.45E－05			
	$\bar{\bar{x}}$ μmol/mol	1.062	标准不确定度 u_{ps}	0.001	相对标准不确定度 $u_{ps,r}$		0.14%
B瓶	变参源	*SS*	自由度	*MS*	*F*	$F_{0.05,(f_1,f_2)}$	S_A^2
	组间	1.468E－04	2	7.34E－05	1.407	4.100	0.002
	组内	5.219E－04	10	5.22E－05			
	$\bar{\bar{x}}$ μmol/mol	1.029	标准不确定度 u_{ps}	0.002	相对标准不确定度 $u_{ps,r}$		0.20%

表4－60　1,1,2－三氯乙烷组分均匀性检验记录

瓶号	A　94316069					B　94316077				
余压/MPa	9	7	4.5	2	0.5	9	7	4.5	2	0.5
测量值 μmol/mol	1.028	1.028	1.026	1.033	1.035	1.015	1.010	1.021	1.008	1.015
x_{ij} μmol/mol	1.030	1.037	1.033	1.036	1.039	1.013	1.010	1.008	1.007	1.012
	1.031	1.028	1.025	1.036	1.033	1.022	1.008	1.014	1.018	1.011
$\bar{x}_i$ μmol/mol	1.030	1.031	1.028	1.035	1.035	1.017	1.009	1.014	1.011	1.012

	变参源	*SS*	自由度	*MS*	*F*	$F_{0.05,(f_1,f_2)}$	S_A^2
A瓶	组间	1.270E－04	2	6.35E－05	2.428	4.100	2.733E－03
	组内	2.615E－04	10	2.61E－05			
	$\bar{\bar{x}}$ μmol/mol	1.032	标准不确定度 u_{ps}	0.003	相对标准不确定度 $u_{ps,r}$		0.26%

表 4－60（续）

瓶号		A 94316069			B 94316077		
B瓶	变参源	SS	自由度	MS	F	$F_{0.05,(f_1,f_2)}$	S_A^2
	组间	1.401E－04	2	7.01E－05	1.600	4.100	0.002
	组内	4.379E－04	10	4.38E－05			
	$\bar{\bar{x}}$ μmol/mol	1.013	标准不确定度 u_{ps}	0.002	相对标准不确定度 $u_{ps,r}$		0.23%

表 4－61 四氯乙烯组分均匀性检验记录

瓶号	A 94316069					B 94316077				
余压/MPa	9	7	4.5	2	0.5	9	7	4.5	2	0.5
测量值 μmol/mol	1.014	1.011	1.009	1.007	1.010	1.010	1.000	0.999	1.008	1.015
x_{ij} μmol/mol	1.006	1.008	1.012	1.005	1.016	1.011	1.010	1.009	1.016	1.010
	1.011	1.014	1.015	1.010	1.007	1.000	1.004	1.005	1.002	1.009
$\bar{x}_i$ μmol/mol	1.010	1.011	1.012	1.008	1.011	1.007	1.005	1.004	1.008	1.011

瓶	变参源	SS	自由度	MS	F	$F_{0.05,(f_1,f_2)}$	S_A^2
A瓶	组间	3.216E－05	2	1.61E－05	1.022	4.100	2.658E－04
	组内	1.573E－04	10	1.57E－05			
	$\bar{\bar{x}}$ μmol/mol	1.010	标准不确定度 u_{ps}	0.000	相对标准不确定度 $u_{ps,r}$		0.03%
B瓶	变参源	SS	自由度	MS	F	$F_{0.05,(f_1,f_2)}$	S_A^2
	组间	1.308E－04	2	6.54E－05	1.305	4.100	0.002
	组内	5.011E－04	10	5.01E－05			
	$\bar{\bar{x}}$ μmol/mol	1.007	标准不确定度 u_{ps}	0.002	相对标准不确定度 $u_{ps,r}$		0.17%

表 4－62 乙酸丁酯组分均匀性检验记录

瓶号	A 94316069					B 94316077				
余压/MPa	9	7	4.5	2	0.5	9	7	4.5	2	0.5
测量值 μmol/mol	1.035	1.027	1.032	1.028	1.022	1.004	1.010	1.005	1.013	1.009
x_{ij} μmol/mol	1.031	1.028	1.022	1.033	1.026	1.005	1.006	1.004	1.004	1.010
	1.033	1.036	1.032	1.031	1.021	1.004	1.017	1.004	1.001	1.010
$\bar{x}_i$ μmol/mol	1.033	1.030	1.029	1.031	1.023	1.004	1.011	1.004	1.006	1.010

表4－62（续）

瓶号		A 94316069			B 94316077		
A瓶	变参源	SS	自由度	MS	F	$F_{0.05,(f_1,f_2)}$	S_A^2
	组间	1.797E－04	2	8.99E－05	2.746	4.100	3.381E－03
	组内	3.272E－04	10	3.27E－05			
	$\bar{\bar{x}}$ μmol/mol	1.029	标准不确定度 u_{ps}	0.003	相对标准不确定度 $u_{ps,r}$		0.33%
B瓶	变参源	SS	自由度	MS	F	$F_{0.05,(f_1,f_2)}$	S_A^2
	组间	2.067E－04	2	1.03E－04	2.963	4.100	0.004
	组内	3.487E－04	10	3.49E－05			
	$\bar{\bar{x}}$ μmol/mol	1.008	标准不确定度 u_{ps}	0.004	相对标准不确定度 $u_{ps,r}$		0.37%

表4－63　氯苯组分均匀性检验记录

瓶号	A 94316069					B 94316077				
余压/MPa	9	7	4.5	2	0.5	9	7	4.5	2	0.5
测量值 μmol/mol	0.989	1.000	0.986	0.994	1.002	1.003	1.004	1.008	1.005	1.013
x_{ij} μmol/mol	0.988	0.992	0.987	0.997	0.995	0.998	1.002	1.011	1.001	1.011
	0.987	1.000	0.998	0.996	0.986	1.013	1.001	1.002	1.003	1.007
$\bar{x}_i$ μmol/mol	0.988	0.997	0.990	0.996	0.994	1.005	1.003	1.007	1.003	1.010

A瓶	变参源	SS	自由度	MS	F	$F_{0.05,(f_1,f_2)}$	S_A^2
	组间	1.959E－04	2	9.80E－05	2.161	4.100	3.244E－03
	组内	4.534E－04	10	4.53E－05			
	$\bar{\bar{x}}$ μmol/mol	0.993	标准不确定度 u_{ps}	0.003	相对标准不确定度 $u_{ps,r}$		0.33%
B瓶	变参源	SS	自由度	MS	F	$F_{0.05,(f_1,f_2)}$	S_A^2
	组间	1.173E－04	2	5.86E－05	1.331	4.100	0.002
	组内	4.405E－04	10	4.41E－05			
	$\bar{\bar{x}}$ μmol/mol	1.005	标准不确定度 u_{ps}	0.002	相对标准不确定度 $u_{ps,r}$		0.17%

表 4-64　乙苯组分均匀性检验记录

瓶号	A　94316069					B　94316077				
余压/MPa	9	7	4.5	2	0.5	9	7	4.5	2	0.5
测量值 μmol/mol	1.018	1.025	1.026	1.024	1.021	1.004	0.997	0.997	1.010	1.008
x_{ij} μmol/mol	1.017	1.019	1.019	1.026	1.018	1.000	1.014	0.998	1.001	1.013
	1.022	1.030	1.013	1.026	1.030	1.004	1.006	0.998	1.013	0.998
$\bar{x}_i$ μmol/mol	1.019	1.025	1.019	1.025	1.023	1.003	1.005	0.998	1.008	1.006

	变参源	SS	自由度	MS	F	$F_{0.05,(f_1,f_2)}$	S_A^2
A瓶	组间	1.079E-04	2	5.39E-05	1.534	4.100	1.938E-03
	组内	3.516E-04	10	3.52E-05			
	$\bar{\bar{x}}$ μmol/mol	1.022	标准不确定度 u_{ps}	0.002	相对标准不确定度 $u_{ps,r}$		0.19%
B瓶	变参源	SS	自由度	MS	F	$F_{0.05,(f_1,f_2)}$	S_A^2
	组间	2.423E-04	2	1.21E-04	1.945	4.100	0.003
	组内	6.226E-04	10	6.23E-05			
	$\bar{\bar{x}}$ μmol/mol	1.005	标准不确定度 u_{ps}	0.003	相对标准不确定度 $u_{ps,r}$		0.34%

表 4-65　间二甲苯组分均匀性检验记录

瓶号	A　94316069					B　94316077				
余压/MPa	9	7	4.5	2	0.5	9	7	4.5	2	0.5
测量值 μmol/mol	2.067	2.061	2.060	2.073	2.069	1.043	1.046	1.048	1.041	1.044
x_{ij} μmol/mol	2.055	2.070	2.068	2.065	2.062	1.048	1.034	1.043	1.034	1.043
	2.065	2.078	2.069	2.072	2.080	1.049	1.050	1.037	1.041	1.039
$\bar{x}_i$ μmol/mol	2.062	2.070	2.066	2.070	2.070	1.046	1.043	1.043	1.038	1.042

	变参源	SS	自由度	MS	F	$F_{0.05,(f_1,f_2)}$	S_A^2
A瓶	组间	1.477E-04	2	7.38E-05	1.196	4.100	1.557E-03
	组内	6.172E-04	10	6.17E-05			
	$\bar{\bar{x}}$ μmol/mol	2.067	标准不确定度 u_{ps}	0.002	相对标准不确定度 $u_{ps,r}$		0.08%

表4-65（续）

瓶号		A 94316069			B 94316077		
B瓶	变参源	SS	自由度	MS	F	$F_{0.05,(f_1,f_2)}$	S_A^2
	组间	1.625E-04	2	8.13E-05	1.709	4.100	0.003
	组内	4.755E-04	10	4.76E-05			
	$\bar{\bar{x}}$ μmol/mol	1.042	标准不确定度 u_{ps}	0.003	相对标准不确定度 $u_{ps,r}$		0.25%

表4-66　环己酮组分均匀性检验记录

瓶号	A 94316069					B 94316077				
余压/MPa	9	7	4.5	2	0.5	9	7	4.5	2	0.5
测量值 μmol/mol	1.054	1.051	1.051	1.054	1.054	1.042	1.048	1.044	1.046	1.043
x_{ij} μmol/mol	1.054	1.052	1.044	1.056	1.046	1.049	1.038	1.045	1.052	1.036
	1.048	1.056	1.056	1.058	1.056	1.049	1.043	1.044	1.046	1.037
$\bar{x}_i$ μmol/mol	1.052	1.053	1.050	1.056	1.052	1.047	1.043	1.044	1.048	1.039

A瓶	变参源	SS	自由度	MS	F	$F_{0.05,(f_1,f_2)}$	S_A^2
	组间	5.293E-05	2	2.65E-05	1.199	4.100	9.382E-04
	组内	2.206E-04	10	2.21E-05			
	$\bar{\bar{x}}$ μmol/mol	1.053	标准不确定度 u_{ps}	0.001	相对标准不确定度 $u_{ps,r}$		0.09%
B瓶	变参源	SS	自由度	MS	F	$F_{0.05,(f_1,f_2)}$	S_A^2
	组间	1.641E-04	2	8.20E-05	2.170	4.100	0.003
	组内	3.781E-04	10	3.78E-05			
	$\bar{\bar{x}}$ μmol/mol	1.044	标准不确定度 u_{ps}	0.003	相对标准不确定度 $u_{ps,r}$		0.28%

表4-67　1,3,5-三甲苯组分均匀性检验记录

瓶号	A 94316069					B 94316077				
余压/MPa	9	7	4.5	2	0.5	9	7	4.5	2	0.5
测量值 μmol/mol	1.074	1.072	1.067	1.070	1.064	1.036	1.039	1.038	1.035	1.039
x_{ij} μmol/mol	1.073	1.063	1.072	1.065	1.061	1.039	1.034	1.039	1.037	1.040
	1.064	1.064	1.071	1.066	1.065	1.037	1.031	1.042	1.030	1.043
$\bar{x}_i$ μmol/mol	1.070	1.066	1.070	1.067	1.063	1.037	1.034	1.040	1.034	1.041

表 4－67（续）

<table>
<tr><td colspan="2">瓶号</td><td colspan="3">A　94316069</td><td colspan="3">B　94316077</td></tr>
<tr><td rowspan="4">A瓶</td><td>变参源</td><td>SS</td><td>自由度</td><td>MS</td><td>F</td><td>$F_{0.05,(f_1,f_2)}$</td><td>S_A^2</td></tr>
<tr><td>组间</td><td>1.002E－04</td><td>2</td><td>5.01E－05</td><td rowspan="2">2.045</td><td rowspan="2">4.100</td><td rowspan="2">2.263E－03</td></tr>
<tr><td>组内</td><td>2.451E－04</td><td>10</td><td>2.45E－05</td></tr>
<tr><td>$\bar{\bar{x}}$ μmol/mol</td><td>1.067</td><td>标准不确定度 u_{ps}</td><td>0.002</td><td colspan="2">相对标准不确定度 $u_{ps,r}$</td><td>0.21%</td></tr>
<tr><td rowspan="4">B瓶</td><td>变参源</td><td>SS</td><td>自由度</td><td>MS</td><td>F</td><td>$F_{0.05,(f_1,f_2)}$</td><td>S_A^2</td></tr>
<tr><td>组间</td><td>1.106E－04</td><td>2</td><td>5.53E－05</td><td rowspan="2">2.089</td><td rowspan="2">4.100</td><td rowspan="2">0.002</td></tr>
<tr><td>组内</td><td>2.649E－04</td><td>10</td><td>2.65E－05</td></tr>
<tr><td>$\bar{\bar{x}}$ μmol/mol</td><td>1.037</td><td>标准不确定度 u_{ps}</td><td>0.002</td><td colspan="2">相对标准不确定度 $u_{ps,r}$</td><td>0.23%</td></tr>
</table>

表 4－68　1,3－二氯苯组分均匀性检验记录

<table>
<tr><td colspan="2">瓶号</td><td colspan="5">A　94316069</td><td colspan="5">B　94316077</td></tr>
<tr><td colspan="2">余压/MPa</td><td>9</td><td>7</td><td>4.5</td><td>2</td><td>0.5</td><td>9</td><td>7</td><td>4.5</td><td>2</td><td>0.5</td></tr>
<tr><td colspan="2">测量值 μmol/mol</td><td>1.028</td><td>1.028</td><td>1.039</td><td>1.036</td><td>1.038</td><td>1.028</td><td>1.032</td><td>1.031</td><td>1.029</td><td>1.028</td></tr>
<tr><td colspan="2" rowspan="2">x_{ij} μmol/mol</td><td>1.023</td><td>1.029</td><td>1.027</td><td>1.035</td><td>1.038</td><td>1.034</td><td>1.019</td><td>1.032</td><td>1.022</td><td>1.030</td></tr>
<tr><td>1.033</td><td>1.037</td><td>1.026</td><td>1.031</td><td>1.036</td><td>1.028</td><td>1.031</td><td>1.031</td><td>1.031</td><td>1.030</td></tr>
<tr><td colspan="2">$\bar{x}_i$ μmol/mol</td><td>1.028</td><td>1.032</td><td>1.031</td><td>1.034</td><td>1.037</td><td>1.030</td><td>1.028</td><td>1.031</td><td>1.027</td><td>1.030</td></tr>
</table>

<table>
<tr><td rowspan="4">A瓶</td><td>变参源</td><td>SS</td><td>自由度</td><td>MS</td><td>F</td><td>$F_{0.05,(f_1,f_2)}$</td><td>S_A^2</td></tr>
<tr><td>组间</td><td>1.485E－04</td><td>2</td><td>7.43E－05</td><td rowspan="2">2.016</td><td rowspan="2">4.100</td><td rowspan="2">2.736E－03</td></tr>
<tr><td>组内</td><td>3.683E－04</td><td>10</td><td>3.68E－05</td></tr>
<tr><td>$\bar{\bar{x}}$ μmol/mol</td><td>1.032</td><td>标准不确定度 u_{ps}</td><td>0.003</td><td colspan="2">相对标准不确定度 $u_{ps,r}$</td><td>0.27%</td></tr>
<tr><td rowspan="4">B瓶</td><td>变参源</td><td>SS</td><td>自由度</td><td>MS</td><td>F</td><td>$F_{0.05,(f_1,f_2)}$</td><td>S_A^2</td></tr>
<tr><td>组间</td><td>6.241E－05</td><td>2</td><td>3.12E－05</td><td rowspan="2">1.148</td><td rowspan="2">4.100</td><td rowspan="2">0.001</td></tr>
<tr><td>组内</td><td>2.718E－04</td><td>10</td><td>2.72E－05</td></tr>
<tr><td>$\bar{\bar{x}}$ μmol/mol</td><td>1.030</td><td>标准不确定度 u_{ps}</td><td>0.001</td><td colspan="2">相对标准不确定度 $u_{ps,r}$</td><td>0.09%</td></tr>
</table>

表4－69　1,4－二氯苯组分均匀性检验记录

瓶号	A 94316069					B 94316077				
余压/MPa	9	7	4.5	2	0.5	9	7	4.5	2	0.5
测量值 μmol/mol	1.001	1.001	1.009	1.003	0.993	1.002	1.011	1.010	1.000	1.004
x_{ij} μmol/mol	0.996	0.996	1.000	1.003	0.998	1.003	1.004	1.008	1.000	0.998
	1.004	1.006	1.005	1.004	1.002	1.010	1.003	0.996	1.004	0.997
$\bar{x}_i$ μmol/mol	1.001	1.001	1.004	1.003	0.997	1.005	1.006	1.005	1.002	1.000

	变参源	SS	自由度	MS	F	$F_{0.05,(f_1,f_2)}$	S_A^2
A瓶	组间	8.985E－05	2	4.49E－05	1.892	4.100	2.058E－03
	组内	2.375E－04	10	2.37E－05			
	$\bar{\bar{x}}$ μmol/mol	1.001	标准不确定度 u_{ps}	0.002	相对标准不确定度 $u_{ps,r}$		0.21%
B瓶	变参源	SS	自由度	MS	F	$F_{0.05,(f_1,f_2)}$	S_A^2
	组间	1.044E－04	2	5.22E－05	1.048	4.100	0.001
	组内	4.976E－04	10	4.98E－05			
	$\bar{\bar{x}}$ μmol/mol	1.004	标准不确定度 u_{ps}	0.001	相对标准不确定度 $u_{ps,r}$		0.07%

表4－70　1,2－二氯苯组分均匀性检验记录

瓶号	A 94316069					B 94316077				
余压/MPa	9	7	4.5	2	0.5	9	7	4.5	2	0.5
测量值 μmol/mol	1.000	0.997	0.991	1.000	1.000	0.990	1.001	0.992	1.005	0.995
x_{ij} μmol/mol	0.994	0.997	0.985	0.996	0.989	1.002	1.003	1.001	1.002	1.003
	0.996	0.992	0.994	0.999	1.000	1.004	0.998	0.992	0.996	1.000
$\bar{x}_i$ μmol/mol	0.997	0.995	0.990	0.998	0.996	0.999	1.001	0.995	1.001	0.999

	变参源	SS	自由度	MS	F	$F_{0.05,(f_1,f_2)}$	S_A^2
A瓶	组间	1.146E－04	2	5.73E－05	2.035	4.100	2.414E－03
	组内	2.818E－04	10	2.82E－05			
	$\bar{\bar{x}}$ μmol/mol	0.995	标准不确定度 u_{ps}	0.002	相对标准不确定度 $u_{ps,r}$		0.24%

表4－70（续）

<table>
<tr><td colspan="2">瓶号</td><td colspan="3">A　94316069</td><td colspan="3">B　94316077</td></tr>
<tr><td rowspan="4">B瓶</td><td>变参源</td><td>SS</td><td>自由度</td><td>MS</td><td>F</td><td>$F_{0.05,(f_1,f_2)}$</td><td>S_A^2</td></tr>
<tr><td>组间</td><td>1.769E－04</td><td>2</td><td>8.84E－05</td><td rowspan="2">1.987</td><td rowspan="2">4.100</td><td rowspan="2">0.003</td></tr>
<tr><td>组内</td><td>4.452E－04</td><td>10</td><td>4.45E－05</td></tr>
<tr><td>$\bar{\bar{x}}$ μmol/mol</td><td>0.998</td><td>标准不确定度 u_{ps}</td><td>0.003</td><td colspan="2">相对标准不确定度 $u_{ps,r}$</td><td>0.30%</td></tr>
</table>

表4－71　氯乙烯组分均匀性检验记录

<table>
<tr><td colspan="2">瓶号</td><td colspan="5">A　94316069</td><td colspan="5">B　94316077</td></tr>
<tr><td colspan="2">余压/MPa</td><td>9</td><td>7</td><td>4.5</td><td>2</td><td>0.5</td><td>9</td><td>7</td><td>4.5</td><td>2</td><td>0.5</td></tr>
<tr><td colspan="2">测量值 μmol/mol</td><td>1.025</td><td>1.014</td><td>1.024</td><td>1.017</td><td>1.027</td><td>0.991</td><td>0.983</td><td>0.983</td><td>0.987</td><td>0.993</td></tr>
<tr><td colspan="2" rowspan="2">x_{ij} μmol/mol</td><td>1.023</td><td>1.021</td><td>1.016</td><td>1.017</td><td>1.014</td><td>0.980</td><td>0.983</td><td>0.989</td><td>0.979</td><td>0.985</td></tr>
<tr><td>1.024</td><td>1.027</td><td>1.016</td><td>1.021</td><td>1.014</td><td>0.987</td><td>0.980</td><td>0.989</td><td>0.994</td><td>0.995</td></tr>
<tr><td colspan="2">$\bar{x}_i$ μmol/mol</td><td>1.024</td><td>1.020</td><td>1.019</td><td>1.018</td><td>1.018</td><td>0.986</td><td>0.982</td><td>0.987</td><td>0.987</td><td>0.991</td></tr>
<tr><td rowspan="4">A瓶</td><td>变参源</td><td colspan="2">SS</td><td>自由度</td><td colspan="2">MS</td><td>F</td><td colspan="2">$F_{0.05,(f_1,f_2)}$</td><td colspan="2">S_A^2</td></tr>
<tr><td>组间</td><td colspan="2">6.947E－05</td><td>2</td><td colspan="2">3.47E－05</td><td rowspan="2">1.132</td><td colspan="2" rowspan="2">4.100</td><td colspan="2" rowspan="2">9.002E－04</td></tr>
<tr><td>组内</td><td colspan="2">3.068E－04</td><td>10</td><td colspan="2">3.07E－05</td></tr>
<tr><td>$\bar{\bar{x}}$ μmol/mol</td><td colspan="2">1.020</td><td>标准不确定度 u_{ps}</td><td colspan="2">0.001</td><td colspan="3">相对标准不确定度 $u_{ps,r}$</td><td colspan="2">0.09%</td></tr>
<tr><td rowspan="4">B瓶</td><td>变参源</td><td colspan="2">SS</td><td>自由度</td><td colspan="2">MS</td><td>F</td><td colspan="2">$F_{0.05,(f_1,f_2)}$</td><td colspan="2">S_A^2</td></tr>
<tr><td>组间</td><td colspan="2">1.567E－04</td><td>2</td><td colspan="2">7.83E－05</td><td rowspan="2">1.823</td><td colspan="2" rowspan="2">4.100</td><td colspan="2" rowspan="2">0.003</td></tr>
<tr><td>组内</td><td colspan="2">4.298E－04</td><td>10</td><td colspan="2">4.30E－05</td></tr>
<tr><td>$\bar{\bar{x}}$ μmol/mol</td><td colspan="2">0.986</td><td>标准不确定度 u_{ps}</td><td colspan="2">0.003</td><td colspan="3">相对标准不确定度 $u_{ps,r}$</td><td colspan="2">0.27%</td></tr>
</table>

表4－72　正丁烷组分均匀性检验记录

<table>
<tr><td>瓶号</td><td colspan="5">A　94316069</td><td colspan="5">B　94316077</td></tr>
<tr><td>余压/MPa</td><td>9</td><td>7</td><td>4.5</td><td>2</td><td>0.5</td><td>9</td><td>7</td><td>4.5</td><td>2</td><td>0.5</td></tr>
<tr><td>测量值 μmol/mol</td><td>1.041</td><td>1.037</td><td>1.031</td><td>1.040</td><td>1.028</td><td>1.002</td><td>1.002</td><td>0.999</td><td>0.996</td><td>1.005</td></tr>
<tr><td rowspan="2">x_{ij} μmol/mol</td><td>1.039</td><td>1.039</td><td>1.038</td><td>1.033</td><td>1.036</td><td>0.997</td><td>1.001</td><td>1.006</td><td>1.001</td><td>0.994</td></tr>
<tr><td>1.032</td><td>1.035</td><td>1.033</td><td>1.032</td><td>1.033</td><td>0.999</td><td>0.997</td><td>0.998</td><td>1.002</td><td>0.999</td></tr>
<tr><td>$\bar{x}_i$ μmol/mol</td><td>1.038</td><td>1.037</td><td>1.034</td><td>1.035</td><td>1.032</td><td>0.999</td><td>1.000</td><td>1.001</td><td>1.000</td><td>0.999</td></tr>
</table>

表 4 – 72（续）

<table>
<tr><td colspan="2">瓶号</td><td colspan="3">A 94316069</td><td colspan="3">B 94316077</td></tr>
<tr><td rowspan="4">A瓶</td><td>变参源</td><td>SS</td><td>自由度</td><td>MS</td><td>F</td><td>$F_{0.05,(f_1,f_2)}$</td><td>S_A^2</td></tr>
<tr><td>组间</td><td>5.413E – 05</td><td>2</td><td>2.71E – 05</td><td rowspan="2">1.333</td><td rowspan="2">4.100</td><td rowspan="2">1.162E – 03</td></tr>
<tr><td>组内</td><td>2.031E – 04</td><td>10</td><td>2.03E – 05</td></tr>
<tr><td>$\bar{\bar{x}}$ μmol/mol</td><td>1.035</td><td>标准不确定度 u_{ps}</td><td>0.001</td><td colspan="2">相对标准不确定度 $u_{ps,r}$</td><td>0.11%</td></tr>
<tr><td rowspan="4">B瓶</td><td>变参源</td><td>SS</td><td>自由度</td><td>MS</td><td>F</td><td>$F_{0.05,(f_1,f_2)}$</td><td>S_A^2</td></tr>
<tr><td>组间</td><td>6.583E – 05</td><td>2</td><td>3.29E – 05</td><td rowspan="2">1.330</td><td rowspan="2">4.100</td><td rowspan="2">0.001</td></tr>
<tr><td>组内</td><td>2.476E – 04</td><td>10</td><td>2.48E – 05</td></tr>
<tr><td>$\bar{\bar{x}}$ μmol/mol</td><td>0.999</td><td>标准不确定度 u_{ps}</td><td>0.001</td><td colspan="2">相对标准不确定度 $u_{ps,r}$</td><td>0.13%</td></tr>
</table>

表 4 – 73 1,3 – 丁二烯组分均匀性检验记录

<table>
<tr><td colspan="2">瓶号</td><td colspan="5">A 94316069</td><td colspan="5">B 94316077</td></tr>
<tr><td colspan="2">余压/MPa</td><td>9</td><td>7</td><td>4.5</td><td>2</td><td>0.5</td><td>9</td><td>7</td><td>4.5</td><td>2</td><td>0.5</td></tr>
<tr><td colspan="2">测量值 μmol/mol</td><td>1.044</td><td>1.048</td><td>1.041</td><td>1.046</td><td>1.038</td><td>1.005</td><td>1.010</td><td>1.007</td><td>1.012</td><td>1.012</td></tr>
<tr><td colspan="2" rowspan="2">x_{ij} μmol/mol</td><td>1.042</td><td>1.042</td><td>1.042</td><td>1.047</td><td>1.047</td><td>1.012</td><td>1.000</td><td>1.006</td><td>1.012</td><td>1.015</td></tr>
<tr><td>1.039</td><td>1.044</td><td>1.044</td><td>1.047</td><td>1.047</td><td>1.016</td><td>1.010</td><td>1.011</td><td>1.015</td><td>1.008</td></tr>
<tr><td colspan="2">$\bar{x}_i$ μmol/mol</td><td>1.042</td><td>1.045</td><td>1.042</td><td>1.047</td><td>1.044</td><td>1.011</td><td>1.006</td><td>1.008</td><td>1.013</td><td>1.012</td></tr>
</table>

<table>
<tr><td rowspan="4">A瓶</td><td>变参源</td><td>SS</td><td>自由度</td><td>MS</td><td>F</td><td>$F_{0.05,(f_1,f_2)}$</td><td>S_A^2</td></tr>
<tr><td>组间</td><td>4.591E – 05</td><td>2</td><td>2.30E – 05</td><td rowspan="2">1.695</td><td rowspan="2">4.100</td><td rowspan="2">1.372E – 03</td></tr>
<tr><td>组内</td><td>1.354E – 04</td><td>10</td><td>1.35E – 05</td></tr>
<tr><td>$\bar{\bar{x}}$ μmol/mol</td><td>1.044</td><td>标准不确定度 u_{ps}</td><td>0.001</td><td colspan="2">相对标准不确定度 $u_{ps,r}$</td><td>0.13%</td></tr>
<tr><td rowspan="4">B瓶</td><td>变参源</td><td>SS</td><td>自由度</td><td>MS</td><td>F</td><td>$F_{0.05,(f_1,f_2)}$</td><td>S_A^2</td></tr>
<tr><td>组间</td><td>1.002E – 04</td><td>2</td><td>5.01E – 05</td><td rowspan="2">1.687</td><td rowspan="2">4.100</td><td rowspan="2">0.002</td></tr>
<tr><td>组内</td><td>2.972E – 04</td><td>10</td><td>2.97E – 05</td></tr>
<tr><td>$\bar{\bar{x}}$ μmol/mol</td><td>1.010</td><td>标准不确定度 u_{ps}</td><td>0.002</td><td colspan="2">相对标准不确定度 $u_{ps,r}$</td><td>0.20%</td></tr>
</table>

表4-74　1,2-二氯乙烷组分均匀性检验记录

瓶号	A　94316069					B　94316077				
余压/MPa	9	7	4.5	2	0.5	9	7	4.5	2	0.5
测量值 μmol/mol	1.056	1.058	1.055	1.057	1.047	1.043	1.049	1.056	1.042	1.057
x_{ij} μmol/mol	1.058	1.053	1.059	1.049	1.052	1.049	1.055	1.049	1.058	1.051
	1.055	1.054	1.060	1.050	1.049	1.047	1.055	1.044	1.045	1.056
$\bar{x}_i$ μmol/mol	1.056	1.055	1.058	1.052	1.049	1.047	1.053	1.050	1.048	1.055

	变参源	SS	自由度	MS	F	$F_{0.05,(f_1,f_2)}$	S_A^2
A瓶	组间	1.363E-04	2	6.82E-05	3.075	4.100	3.033E-03
	组内	2.217E-04	10	2.22E-05			
	$\bar{\bar{x}}$ μmol/mol	1.054	标准不确定度 u_{ps}	0.003	相对标准不确定度 $u_{ps,r}$		0.29%
B瓶	变参源	SS	自由度	MS	F	$F_{0.05,(f_1,f_2)}$	S_A^2
	组间	1.848E-04	2	9.24E-05	1.519	4.100	0.003
	组内	6.084E-04	10	6.08E-05			
	$\bar{\bar{x}}$ μmol/mol	1.050	标准不确定度 u_{ps}	0.003	相对标准不确定度 $u_{ps,r}$		0.24%

表4-75　苯组分均匀性检验记录

瓶号	A　94316069					B　94316077				
余压/MPa	9	7	4.5	2	0.5	9	7	4.5	2	0.5
测量值 μmol/mol	0.990	0.995	0.980	0.991	0.997	0.995	0.983	0.994	0.991	0.984
x_{ij} μmol/mol	0.982	0.997	0.988	0.993	0.988	0.990	0.984	0.987	0.985	0.981
	0.983	0.989	0.997	0.988	0.990	0.984	0.981	0.982	0.981	0.981
$\bar{x}_i$ μmol/mol	0.985	0.994	0.988	0.990	0.991	0.990	0.982	0.988	0.986	0.982

	变参源	SS	自由度	MS	F	$F_{0.05,(f_1,f_2)}$	S_A^2
A瓶	组间	1.280E-04	2	6.40E-05	1.557	4.100	2.140E-03
	组内	4.113E-04	10	4.11E-05			
	$\bar{\bar{x}}$ μmol/mol	0.990	标准不确定度 u_{ps}	0.002	相对标准不确定度 $u_{ps,r}$		0.22%

表4-75（续）

瓶号		A 94316069			B 94316077		
B瓶	变参源	*SS*	自由度	*MS*	*F*	$F_{0.05,(f_1,f_2)}$	S_A^2
	组间	1.395E-04	2	6.97E-05	1.480	4.100	0.002
	组内	4.712E-04	10	4.71E-05			
	$\bar{\bar{x}}$ μmol/mol	0.986	标准不确定度 u_{ps}	0.002	相对标准不确定度 $u_{ps,r}$		0.22%

表4-76　邻二甲苯组分均匀性检验记录

瓶号	A 94316069					B 94316077				
余压/MPa	9	7	4.5	2	0.5	9	7	4.5	2	0.5
测量值 μmol/mol	1.020	1.027	1.015	1.021	1.026	0.989	0.982	0.980	0.987	0.988
x_{ij} μmol/mol	1.016	1.027	1.026	1.027	1.014	0.989	0.992	0.981	0.983	0.983
	1.018	1.028	1.016	1.020	1.015	0.994	0.983	0.990	0.996	0.995
$\bar{x}_i$ μmol/mol	1.018	1.027	1.019	1.023	1.018	0.990	0.985	0.983	0.989	0.989

	变参源	*SS*	自由度	*MS*	*F*	$F_{0.05,(f_1,f_2)}$	S_A^2
A瓶	组间	1.923E-04	2	9.61E-05	2.485	4.100	3.390E-03
	组内	3.868E-04	10	3.87E-05			
	$\bar{\bar{x}}$ μmol/mol	1.021	标准不确定度 u_{ps}	0.003	相对标准不确定度 $u_{ps,r}$		0.33%
B瓶	变参源	*SS*	自由度	*MS*	*F*	$F_{0.05,(f_1,f_2)}$	S_A^2
	组间	1.011E-04	2	5.05E-05	1.229	4.100	0.001
	组内	4.110E-04	10	4.11E-05			
	$\bar{\bar{x}}$ μmol/mol	0.988	标准不确定度 u_{ps}	0.001	相对标准不确定度 $u_{ps,r}$		0.14%

表4-77　苯乙烯组分均匀性检验记录

瓶号	A 94316069					B 94316077				
余压/MPa	9	7	4.5	2	0.5	9	7	4.5	2	0.5
测量值 μmol/mol	1.045	1.042	1.039	1.043	1.055	1.025	1.023	1.032	1.034	1.033
x_{ij} μmol/mol	1.048	1.046	1.039	1.052	1.042	1.029	1.021	1.026	1.025	1.033
	1.050	1.049	1.039	1.051	1.045	1.020	1.027	1.034	1.032	1.023
$\bar{x}_i$ μmol/mol	1.048	1.045	1.039	1.049	1.047	1.025	1.024	1.031	1.030	1.030

表 4-77（续）

瓶号		A 94316069			B 94316077		
A瓶	变参源	SS	自由度	MS	F	$F_{0.05,(f_1,f_2)}$	S_A^2
	组间	1.920E-04	2	9.60E-05	2.587	4.100	3.432E-03
	组内	3.711E-04	10	3.71E-05			
	$\bar{\bar{x}}$ μmol/mol	1.046	标准不确定度 u_{ps}	0.003	相对标准不确定度 $u_{ps,r}$		0.33%
B瓶	变参源	SS	自由度	MS	F	$F_{0.05,(f_1,f_2)}$	S_A^2
	组间	1.767E-04	2	8.84E-05	2.273	4.100	0.003
	组内	3.887E-04	10	3.89E-05			
	$\bar{\bar{x}}$ μmol/mol	1.028	标准不确定度 u_{ps}	0.003	相对标准不确定度 $u_{ps,r}$		0.31%

表 4-78 对二甲苯组分均匀性检验记录

瓶号	A 94316069					B 94316077				
余压/MPa	9	7	4.5	2	0.5	9	7	4.5	2	0.5
测量值 μmol/mol	1.035	1.051	1.043	1.046	1.044	1.024	1.023	1.026	1.017	1.013
x_{ij} μmol/mol	1.046	1.048	1.051	1.048	1.045	1.026	1.029	1.020	1.017	1.023
	1.045	1.048	1.035	1.048	1.036	1.015	1.025	1.022	1.016	1.024
$\bar{x}_i$ μmol/mol	1.042	1.049	1.043	1.047	1.042	1.022	1.026	1.023	1.016	1.020

	变参源	SS	自由度	MS	F	$F_{0.05,(f_1,f_2)}$	S_A^2
A瓶	组间	1.382E-04	2	6.91E-05	1.698	4.100	2.384E-03
	组内	4.070E-04	10	4.07E-05			
	$\bar{\bar{x}}$ μmol/mol	1.045	标准不确定度 u_{ps}	0.002	相对标准不确定度 $u_{ps,r}$		0.23%
B瓶	变参源	SS	自由度	MS	F	$F_{0.05,(f_1,f_2)}$	S_A^2
	组间	1.776E-04	2	8.88E-05	2.394	4.100	0.003
	组内	3.709E-04	10	3.71E-05			
	$\bar{\bar{x}}$ μmol/mol	1.022	标准不确定度 u_{ps}	0.003	相对标准不确定度 $u_{ps,r}$		0.31%

第六节　稳定性检验

一、稳定性检验方法

按照JJF 1344—2012的规定，长期稳定性评估用于确定气体标准物质的有效期限以及由于不稳定性所导致的不确定度贡献。应采用精密度和灵敏度满足要求的测量方法考察标准物质的稳定性。应在复现性条件下，在一段时间内，按照先密后疏原则，对气体标准物质的特性值进行定期测量。

对长期稳定性考察数据进行趋势分析，即采用合适的统计方法检验（t检验）分析值是否随时间有显著变化。如果检验结果表明不显著，则认为在预定的有效期内是稳定的；如果显著，则应考虑是否可以根据定值预期的扩展不确定度来确定有效期，或者该气体标准物质因为不稳定而不可以定值。试验方案见图4－51。

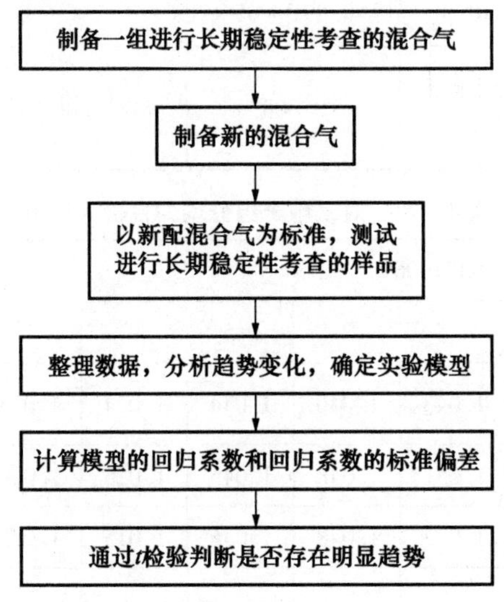

图4－51　长期稳定性检验的试验方案

以Y为浓度测量值，X为时间，进行线性拟合：

$$\overline{Y} = b_0 + b_1\overline{X}$$

斜率：$b_1 = \dfrac{\sum_{i=1}^{n}(X_i - \overline{X})(Y_i - \overline{Y})}{\sum_{i=1}^{n}(X_i - \overline{X})^2}$

截距：$b_0 = \overline{Y} - b_1\overline{X}$

回归残差：$s = \sqrt{\dfrac{\sum_{i=1}^{n}(Y_i - b_0 - b_1X_i)^2}{n-2}}$

斜率的标准偏差：$s(b_1) = \dfrac{s}{\sqrt{\sum_{i=1}^{n}(X_i - \overline{X})^2}}$

自由度：$n-2$

如果$|b_1|<t_{0.95,n-2}\times s(b_1)$，表示组分浓度随时间变化无明显趋势，标准物质稳定性好。

如果$|b_1|\geq t_{0.95,n-2}\times s(b_1)$，表示组分浓度随时间变化有明显趋势，标准物质稳定性不好。

长期稳定性的不确定度贡献为：$u_{lts}=s(b_1)\times t$，相对不确定度为：$u_{lts,r}=u_{lts}/C$。

二、稳定性检验结果

检验结果见表 4－79～表 4－109，表明无显著趋势，认为研制的气体标准物质在预定的有效期内是稳定的。

表 4－79　一氯甲烷组分稳定性检验记录

分　析　时　间		2018－10	2018－11	2019－01	2019－04	2019－10
时间间隔/月		0	1	3	6	12
瓶号	标称值/(μmol·mol^{-1})	分析值/(μmol·mol^{-1})				
94316070	1.070	1.076	1.067	1.065	1.070	1.071
94316079	1.059	1.056	1.067	1.062	1.053	1.058
瓶号			71807070		71807079	
b_1(拟合直线的斜率)			1.906E－05		－4.122E－04	
b_0(拟合直线的截距)			1.070		1.061	
s(回归残差)			4.839E－03		5.712E－03	
$s(b_1)$(b_1 的标准偏差)			4.700E－04		5.548E－04	
$t_{0.95,n-2}$			3.182		3.182	
$t_{0.95,n-2}\times s(b_1)$			1.496E－03		1.765E－03	
趋势分析			无明显趋势		无明显趋势	
t/月份			12		12	
u_{lts}/(μmol·mol^{-1})			5.640E－03		6.658E－03	
$u_{lts,r}$			0.53%		0.63%	

表 4－80　丙酮组分稳定性检验记录

分　析　时　间		2018－10	2018－11	2019－01	2019－04	2019－10
时间间隔/月		0	1	3	6	12
瓶号	标称值/(μmol·mol^{-1})	分析值/(μmol·mol^{-1})				
94316070	1.030	1.037	1.029	1.037	1.028	1.035
94316079	1.038	1.039	1.036	1.037	1.036	1.034
瓶号			71807070		71807079	
b_1(拟合直线的斜率)			－7.515E－06		－3.392E－04	

表 4-80（续）

b_0(拟合直线的截距)	1.033	1.038
s(回归残差)	5.041E-03	1.152E-03
$s(b_1)$(b_1 的标准偏差)	4.897E-04	1.119E-04
$t_{0.95,n-2}$	3.182	3.182
$t_{0.95,n-2} \times s(b_1)$	1.558E-03	3.559E-04
趋势分析	无明显趋势	无明显趋势
t/月份	12	12
u_{lts}/(μmol·mol^{-1})	5.876E-03	1.342E-03
$u_{lts,r}$	0.57%	0.13%

表 4-81 二氯甲烷组分稳定性检验记录

分 析 时 间		2018-10	2018-11	2019-01	2019-04	2019-10
时间间隔/月		0	1	3	6	12
瓶号	标称值/(μmol·mol^{-1})	分析值/(μmol·mol^{-1})				
94316070	1.010	1.010	1.013	1.004	1.007	1.003
94316079	0.986	0.985	0.992	0.993	0.987	0.983
瓶号		71807070			71807079	
b_1(拟合直线的斜率)		-6.192E-04			-5.374E-04	
b_0(拟合直线的截距)		1.010			0.990	
s(回归残差)		3.323E-03			3.861E-03	
$s(b_1)$(b_1 的标准偏差)		3.228E-04			3.750E-04	
$t_{0.95,n-2}$		3.182			3.182	
$t_{0.95,n-2} \times s(b_1)$		1.027E-03			1.193E-03	
趋势分析		无明显趋势			无明显趋势	
t/月份		12			12	
u_{lts}/(μmol·mol^{-1})		3.873E-03			4.500E-03	
$u_{lts,r}$		0.38%			0.46%	

表 4－82　正己烷组分稳定性检验记录

分　析　时　间		2018－10	2018－11	2019－01	2019－04	2019－10
时间间隔/月		0	1	3	6	12
瓶号	标称值/(μmol・mol^{-1})	分析值/(μmol・mol^{-1})				
94316070	1.020	1.024	1.016	1.025	1.027	1.022
94316079	1.034	1.029	1.028	1.039	1.034	1.041
瓶号			71807070		71807079	
b_1(拟合直线的斜率)			1.882E－04		9.987E－04	
b_0(拟合直线的截距)			1.022		1.030	
s(回归残差)			4.674E－03		4.031E－03	
$s(b_1)$(b_1 的标准偏差)			4.539E－04		3.915E－04	
$t_{0.95,n-2}$			3.182		3.182	
$t_{0.95,n-2}\times s(b_1)$			1.444E－03		1.246E－03	
趋势分析			无明显趋势		无明显趋势	
t/月份			12		12	
u_{lts}/(μmol・mol^{-1})			5.447E－03		4.698E－03	
$u_{lts,r}$			0.53%		0.45%	

表 4－83　甲基环戊烷组分稳定性检验记录

分　析　时　间		2018－10	2018－11	2019－01	2019－04	2019－10
时间间隔/月		0	1	3	6	12
瓶号	标称值/(μmol・mol^{-1})	分析值/(μmol・mol^{-1})				
94316070	0.966	0.969	0.968	0.960	0.967	0.968
94316079	0.978	0.980	0.975	0.975	0.984	0.972
瓶号			71807070		71807079	
b_1(拟合直线的斜率)			7.380E－05		－3.822E－04	
b_0(拟合直线的截距)			0.966		0.979	
s(回归残差)			4.243E－03		5.018E－03	

表 4－83（续）

$s(b_1)$（b_1 的标准偏差）	4.121E－04	4.874E－04
$t_{0.95,n-2}$	3.182	3.182
$t_{0.95,n-2} \times s(b_1)$	1.311E－03	1.551E－03
趋势分析	无明显趋势	无明显趋势
t/月份	12	12
u_{lts}/（μmol·mol^{-1}）	4.945E－03	5.849E－03
$u_{lts,r}$	0.51%	0.60%

表 4－84　顺式－1,2－二氯乙烯组分稳定性检验记录

分 析 时 间		2018－10	2018－11	2019－01	2019－04	2019－10
时间间隔/月		0	1	3	6	12
瓶号	标称值/（μmol·mol^{-1}）	分析值/（μmol·mol^{-1}）				
94316070	1.100	1.097	1.106	1.107	1.108	1.097
94316079	1.072	1.066	1.077	1.072	1.076	1.065

瓶号	71807070	71807079
b_1（拟合直线的斜率）	－2.710E－04	－4.180E－04
b_0（拟合直线的截距）	1.104	1.073
s（回归残差）	6.107E－03	6.027E－03
$s(b_1)$（b_1 的标准偏差）	5.932E－04	5.854E－04
$t_{0.95,n-2}$	3.182	3.182
$t_{0.95,n-2} \times s(b_1)$	1.887E－03	1.863E－03
趋势分析	无明显趋势	无明显趋势
t/月份	12	12
u_{lts}/（μmol·mol^{-1}）	7.118E－03	7.024E－03
$u_{lts,r}$	0.65%	0.66%

表4-85　乙酸乙酯组分稳定性检验记录

分　析　时　间		2018-10	2018-11	2019-01	2019-04	2019-10
时间间隔/月		0	1	3	6	12
瓶号	标称值/(μmol·mol^{-1})	分析值/(μmol·mol^{-1})				
94316070	1.120	1.120	1.119	1.126	1.118	1.118
94316079	1.139	1.146	1.134	1.147	1.140	1.145
瓶号			71807070		71807079	
b_1(拟合直线的斜率)			-2.622E-04		1.755E-04	
b_0(拟合直线的截距)			1.121		1.142	
s(回归残差)			3.569E-03		6.063E-03	
$s(b_1)$(b_1的标准偏差)			3.467E-04		5.889E-04	
$t_{0.95,n-2}$			3.182		3.182	
$t_{0.95,n-2}\times s(b_1)$			1.103E-03		1.874E-03	
趋势分析			无明显趋势		无明显趋势	
t/月份			12		12	
u_{lts}/(μmol·mol^{-1})			4.160E-03		7.067E-03	
$u_{lts,r}$			0.37%		0.62%	

表4-86　三氯甲烷组分稳定性检验记录

分　析　时　间		2018-10	2018-11	2019-01	2019-04	2019-10
时间间隔/月		0	1	3	6	12
瓶号	标称值/(μmol·mol^{-1})	分析值/(μmol·mol^{-1})				
94316070	1.220	1.220	1.224	1.224	1.212	1.216
94316079	1.193	1.195	1.195	1.195	1.188	1.201
瓶号			71807070		71807079	
b_1(拟合直线的斜率)			-6.710E-04		3.694E-04	
b_0(拟合直线的截距)			1.222		1.193	
s(回归残差)			4.704E-03		4.802E-03	

表4-86（续）

$s(b_1)$（b_1 的标准偏差）	4.569E-04	4.664E-04
$t_{0.95,n-2}$	3.182	3.182
$t_{0.95,n-2} \times s(b_1)$	1.454E-03	1.484E-03
趋势分析	无明显趋势	无明显趋势
t/月份	12	12
u_{lts}/（μmol·mol^{-1}）	5.482E-03	5.597E-03
$u_{lts,r}$	0.45%	0.47%

表4-87 环己烷组分稳定性检验记录

分析时间		2018-10	2018-11	2019-01	2019-04	2019-10
时间间隔/月		0	1	3	6	12
瓶号	标称值/（μmol·mol^{-1}）	分析值/（μmol·mol^{-1}）				
94316070	0.980	0.975	0.985	0.978	0.986	0.980
94316079	0.993	0.992	0.986	0.999	1.000	0.988
瓶号			71807070		71807079	
b_1（拟合直线的斜率）			1.815E-04		-1.072E-04	
b_0（拟合直线的截距）			0.980		0.994	
s（回归残差）			5.168E-03		7.289E-03	
$s(b_1)$（b_1 的标准偏差）			5.020E-04		7.080E-04	
$t_{0.95,n-2}$			3.182		3.182	
$t_{0.95,n-2} \times s(b_1)$			1.597E-03		2.253E-03	
趋势分析			无明显趋势		无明显趋势	
t/月份			12		12	
u_{lts}/（μmol·mol^{-1}）			6.024E-03		8.496E-03	
$u_{lts,r}$			0.61%		0.86%	

表 4-88　四氯化碳组分稳定性检验记录

分析时间		2018-10	2018-11	2019-01	2019-04	2019-10
时间间隔/月		0	1	3	6	12
瓶号	标称值/(μmol·mol^{-1})	分析值/(μmol·mol^{-1})				
94316070	0.926	0.922	0.922	0.926	0.932	0.932
94316079	0.903	0.906	0.910	0.901	0.899	0.909
瓶号			71807070		71807079	
b_1(拟合直线的斜率)			8.948E-04		6.123E-05	
b_0(拟合直线的截距)			0.923		0.905	
s(回归残差)			2.535E-03		5.511E-03	
$s(b_1)$(b_1 的标准偏差)			2.462E-04		5.353E-04	
$t_{0.95,n-2}$			3.182		3.182	
$t_{0.95,n-2}\times s(b_1)$			7.835E-04		1.703E-03	
趋势分析			无明显趋势		无明显趋势	
t/月份			12		12	
u_{lts}/(μmol·mol^{-1})			2.955E-03		6.423E-03	
$u_{lts,r}$			0.32%		0.71%	

表 4-89　三氯乙烯组分稳定性检验记录

分析时间		2018-10	2018-11	2019-01	2019-04	2019-10
时间间隔/月		0	1	3	6	12
瓶号	标称值/(μmol·mol^{-1})	分析值/(μmol·mol^{-1})				
94316070	0.921	0.923	0.918	0.914	0.920	0.923
94316079	0.898	0.894	0.903	0.896	0.904	0.903
瓶号			71807070		71807079	
b_1(拟合直线的斜率)			2.510E-04		5.527E-04	
b_0(拟合直线的截距)			0.919		0.897	
s(回归残差)			3.966E-03		4.692E-03	

表4－89（续）

$s(b_1)$（b_1 的标准偏差）	3.852E－04	4.557E－04
$t_{0.95,n-2}$	3.182	3.182
$t_{0.95,n-2} \times s(b_1)$	1.226E－03	1.450E－03
趋势分析	无明显趋势	无明显趋势
t/月份	12	12
u_{lts}/（μmol·mol^{-1}）	4.623E－03	5.468E－03
$u_{lts,r}$	0.50%	0.61%

表4－90　甲苯组分稳定性检验记录

分 析 时 间		2018－10	2018－11	2019－01	2019－04	2019－10
时间间隔/月		0	1	3	6	12
瓶号	标称值/（μmol·mol^{-1}）	分析值/（μmol·mol^{-1}）				
94316070	1.040	1.032	1.034	1.047	1.039	1.043
94316079	1.064	1.060	1.061	1.071	1.066	1.071

瓶号	71807070	71807079
b_1（拟合直线的斜率）	7.412E－04	7.781E－04
b_0（拟合直线的截距）	1.036	1.063
s（回归残差）	6.001E－03	4.250E－03
$s(b_1)$（b_1 的标准偏差）	5.828E－04	4.128E－04
$t_{0.95,n-2}$	3.182	3.182
$t_{0.95,n-2} \times s(b_1)$	1.855E－03	1.313E－03
趋势分析	无明显趋势	无明显趋势
t/月份	12	12
u_{lts}/（μmol·mol^{-1}）	6.994E－03	4.953E－03
$u_{lts,r}$	0.67%	0.47%

表 4-91　1,1,2-三氯乙烷组分稳定性检验记录

分 析 时 间		2018-10	2018-11	2019-01	2019-04	2019-10
时间间隔/月		0	1	3	6	12
瓶号	标称值/(μmol·mol^{-1})	分析值/(μmol·mol^{-1})				
94316070	1.060	1.062	1.054	1.059	1.052	1.052
94316079	1.032	1.068	1.067	1.059	1.059	1.063

瓶号	71807070	71807079
b_1（拟合直线的斜率）	-6.396E-04	-3.947E-04
b_0（拟合直线的截距）	1.058	1.065
s（回归残差）	3.932E-03	4.670E-03
s（b_1）（b_1 的标准偏差）	3.819E-04	4.536E-04
$t_{0.95,n-2}$	3.182	3.182
$t_{0.95,n-2}\times s$（b_1）	1.215E-03	1.443E-03
趋势分析	无明显趋势	无明显趋势
t/月份	12	12
u_{lts}/(μmol·mol^{-1})	4.582E-03	5.443E-03
$u_{lts,r}$	0.43%	0.53%

表 4-92　四氯乙烯组分稳定性检验记录

分 析 时 间		2018-10	2018-11	2019-01	2019-04	2019-10
时间间隔/月		0	1	3	6	12
瓶号	标称值/(μmol·mol^{-1})	分析值/(μmol·mol^{-1})				
94316070	1.030	1.028	1.038	1.032	1.034	1.032
94316079	1.008	1.028	1.024	1.022	1.033	1.036

瓶号	71807070	71807079
b_1（拟合直线的斜率）	-9.725E-06	9.728E-04
b_0（拟合直线的截距）	1.033	1.025
s（回归残差）	4.072E-03	4.060E-03

表4－92（续）

$s(b_1)$（b_1 的标准偏差）	3.955E－04	3.943E－04
$t_{0.95,n-2}$	3.182	3.182
$t_{0.95,n-2} \times s(b_1)$	1.258E－03	1.255E－03
趋势分析	无明显趋势	无明显趋势
t/月份	12	12
u_{lts}/（μmol·mol^{-1}）	4.746E－03	4.732E－03
$u_{lts,r}$	0.46%	0.47%

表4－93　乙酸丁酯组分稳定性检验记录

分　析　时　间		2018－10	2018－11	2019－01	2019－04	2019－10
时间间隔/月		0	1	3	6	12
瓶号	标称值/（μmol·mol^{-1}）	分析值/（μmol·mol^{-1}）				
94316070	1.020	1.024	1.022	1.022	1.021	1.024
94316079	1.028	1.016	1.023	1.020	1.013	1.017

瓶号	71807070	71807079
b_1（拟合直线的斜率）	3.524E－05	－2.537E－04
b_0（拟合直线的截距）	1.022	1.019
s（回归残差）	1.794E－03	3.777E－03
$s(b_1)$（b_1 的标准偏差）	1.743E－04	3.668E－04
$t_{0.95,n-2}$	3.182	3.182
$t_{0.95,n-2} \times s(b_1)$	5.545E－04	1.167E－03
趋势分析	无明显趋势	无明显趋势
t/月份	12	12
u_{lts}/（μmol·mol^{-1}）	2.091E－03	4.402E－03
$u_{lts,r}$	0.21%	0.43%

表4-94　氯苯组分稳定性检验记录

分析时间		2018-10	2018-11	2019-01	2019-04	2019-10
时间间隔/月		0	1	3	6	12
瓶号	标称值/(μmol·mol⁻¹)	分析值/(μmol·mol⁻¹)				
94316070	0.992	1.000	0.993	0.988	0.988	0.998
94316079	0.994	0.999	0.997	0.985	0.997	0.992

瓶号	71807070	71807079
b_1（拟合直线的斜率）	2.256E-05	-2.680E-04
b_0（拟合直线的截距）	0.993	0.995
s（回归残差）	6.141E-03	6.247E-03
$s(b_1)$（b_1的标准偏差）	5.965E-04	6.068E-04
$t_{0.95,n-2}$	3.182	3.182
$t_{0.95,n-2}\times s(b_1)$	1.898E-03	1.931E-03
趋势分析	无明显趋势	无明显趋势
t/月份	12	12
u_{lts}/(μmol·mol^{-1})	7.157E-03	7.281E-03
$u_{lts,r}$	0.72%	0.73%

表4-95　乙苯组分稳定性检验记录

分析时间		2018-10	2018-11	2019-01	2019-04	2019-10
时间间隔/月		0	1	3	6	12
瓶号	标称值/(μmol·mol⁻¹)	分析值/(μmol·mol⁻¹)				
94316070	1.000	0.998	1.008	0.997	0.997	0.995
94316079	1.026	0.999	0.995	0.999	1.005	0.993

瓶号	71807070	71807079
b_1（拟合直线的斜率）	-5.639E-04	-2.431E-04
b_0（拟合直线的截距）	1.001	0.999

表4－95（续）

s（回归残差）	4.640E－03	5.248E－03
$s(b_1)$（b_1的标准偏差）	4.507E－04	5.097E－04
$t_{0.95,n-2}$	3.182	3.182
$t_{0.95,n-2}\times s(b_1)$	1.434E－03	1.622E－03
趋势分析	无明显趋势	无明显趋势
t/月份	12	12
u_{lts}/(μmol·mol^{-1})	5.408E－03	6.117E－03
$u_{lts,r}$	0.54%	0.60%

表4－96　间二甲苯组分稳定性检验记录

分析时间		2018－10	2018－11	2019－01	2019－04	2019－10
时间间隔/月		0	1	3	6	12
瓶号	标称值/(μmol·mol^{-1})	分析值/(μmol·mol^{-1})				
94316070	1.015	1.023	1.023	1.009	1.023	1.015
94316079	1.045	1.012	1.021	1.010	1.011	1.023

瓶号	71807070	71807079
b_1（拟合直线的斜率）	－4.019E－04	5.360E－04
b_0（拟合直线的截距）	1.020	1.013
s（回归残差）	6.860E－03	6.130E－03
$s(b_1)$（b_1的标准偏差）	6.663E－04	5.954E－04
$t_{0.95,n-2}$	3.182	3.182
$t_{0.95,n-2}\times s(b_1)$	2.120E－03	1.895E－03
趋势分析	无明显趋势	无明显趋势
t/月份	12	12
u_{lts}/(μmol·mol^{-1})	7.996E－03	7.145E－03
$u_{lts,r}$	0.79%	0.68%

表 4-97　环己酮组分稳定性检验记录

分析时间		2018-10	2018-11	2019-01	2019-04	2019-10
时间间隔/月		0	1	3	6	12
瓶号	标称值/($\mu mol \cdot mol^{-1}$)	分析值/($\mu mol \cdot mol^{-1}$)				
94316070	1.040	1.047	1.046	1.032	1.039	1.033
94316079	1.050	1.035	1.047	1.047	1.041	1.034
瓶号		71807070			71807079	
b_1（拟合直线的斜率）		-9.905E-04			-6.242E-04	
b_0（拟合直线的截距）		1.044			1.043	
s（回归残差）		5.930E-03			6.138E-03	
$s(b_1)$（b_1 的标准偏差）		5.760E-04			5.962E-04	
$t_{0.95,n-2}$		3.182			3.182	
$t_{0.95,n-2} \times s(b_1)$		1.833E-03			1.897E-03	
趋势分析		无明显趋势			无明显趋势	
t/月份		12			12	
u_{lts}/($\mu mol \cdot mol^{-1}$)		6.912E-03			7.154E-03	
$u_{lts,r}$		0.66%			0.68%	

表 4-98　1,3,5-三甲苯组分稳定性检验记录

分析时间		2018-10	2018-11	2019-01	2019-04	2019-10
时间间隔/月		0	1	3	6	12
瓶号	标称值/($\mu mol \cdot mol^{-1}$)	分析值/($\mu mol \cdot mol^{-1}$)				
94316070	1.050	1.057	1.047	1.049	1.043	1.057
94316079	1.071	1.058	1.043	1.042	1.054	1.045
瓶号		71807070			71807079	
b_1（拟合直线的斜率）		2.668E-04			-3.585E-04	
b_0（拟合直线的截距）		1.049			1.050	
s（回归残差）		7.064E-03			8.231E-03	

表4－98（续）

$s(b_1)$（b_1 的标准偏差）	6.861E－04	7.995E－04
$t_{0.95,n-2}$	3.182	3.182
$t_{0.95,n-2} \times s(b_1)$	2.183E－03	2.544E－03
趋势分析	无明显趋势	无明显趋势
t/月份	12	12
u_{lts}/(μmol·mol^{-1})	8.233E－03	9.593E－03
$u_{lts,r}$	0.78%	0.90%

表4－99　1,3－二氯苯组分稳定性检验记录

分析时间		2018－10	2018－11	2019－01	2019－04	2019－10
时间间隔/月		0	1	3	6	12
瓶号	标称值/(μmol·mol^{-1})	分析值/(μmol·mol^{-1})				
94316070	1.030	1.035	1.026	1.024	1.024	1.022
94316079	1.032	1.036	1.025	1.028	1.029	1.026

瓶号	71807070	71807079
b_1（拟合直线的斜率）	－7.736E－04	－4.878E－04
b_0（拟合直线的截距）	1.030	1.031
s（回归残差）	4.035E－03	4.449E－03
$s(b_1)$（b_1 的标准偏差）	3.919E－04	4.321E－04
$t_{0.95,n-2}$	3.182	3.182
$t_{0.95,n-2} \times s(b_1)$	1.247E－03	1.375E－03
趋势分析	无明显趋势	无明显趋势
t/月份	12	12
u_{lts}/(μmol·mol^{-1})	4.703E－03	5.185E－03
$u_{lts,r}$	0.46%	0.50%

表 4-100　1,4-二氯苯组分稳定性检验记录

分析时间		2018-10	2018-11	2019-01	2019-04	2019-10
时间间隔/月		0	1	3	6	12
瓶号	标称值/(μmol·mol^{-1})	分析值/(μmol·mol^{-1})				
94316070	0.999	1.003	0.993	1.001	0.993	1.004
94316079	1.001	1.005	1.001	0.996	1.001	0.995
瓶号			71807070		71807079	
b_1（拟合直线的斜率）			3.051E-04		-6.043E-04	
b_0（拟合直线的截距）			0.998		1.002	
s（回归残差）			6.018E-03		3.627E-03	
s（b_1）（b_1 的标准偏差）			5.845E-04		3.523E-04	
$t_{0.95,n-2}$			3.182		3.182	
$t_{0.95,n-2} \times s$（b_1）			1.860E-03		1.121E-03	
趋势分析			无明显趋势		无明显趋势	
t/月份			12		12	
u_{lts}/(μmol·mol^{-1})			7.014E-03		4.227E-03	
$u_{lts,r}$			0.70%		0.42%	

表 4-101　1,2-二氯苯组分稳定性检验记录

分析时间		2018-10	2018-11	2019-01	2019-04	2019-10
时间间隔/月		0	1	3	6	12
瓶号	标称值/(μmol·mol^{-1})	分析值/(μmol·mol^{-1})				
94316070	0.993	0.997	0.985	0.999	0.995	0.993
94316079	0.995	0.993	0.988	0.986	0.994	0.999
瓶号			71807070		71807079	
b_1（拟合直线的斜率）			1.236E-05		7.923E-04	
b_0（拟合直线的截距）			0.994		0.989	
s（回归残差）			6.178E-03		4.076E-03	

表 4－101（续）

$s(b_1)$（b_1 的标准偏差）	6.000E－04	3.959E－04
$t_{0.95,n-2}$	3.182	3.182
$t_{0.95,n-2}\times s(b_1)$	1.909E－03	1.260E－03
趋势分析	无明显趋势	无明显趋势
t/月份	12	12
u_{lts}/（μmol · mol^{-1}）	7.200E－03	4.750E－03
$u_{lts,r}$	0.73%	0.48%

表 4－102　氯乙烯组分稳定性检验记录

分析时间		2018－10	2018－11	2019－01	2019－04	2019－10
时间间隔/月		0	1	3	6	12
瓶号	标称值/（μmol · mol^{-1}）	分析值/（μmol · mol^{-1}）				
94316070	1.030	1.024	1.025	1.027	1.032	1.038
94316079	1.018	1.034	1.025	1.029	1.024	1.028

瓶号	71807070	71807079
b_1（拟合直线的斜率）	1.187E－03	－2.655E－04
b_0（拟合直线的截距）	1.024	1.029
s（回归残差）	5.567E－04	4.138E－03
$s(b_1)$（b_1 的标准偏差）	5.407E－05	4.019E－04
$t_{0.95,n-2}$	3.182	3.182
$t_{0.95,n-2}\times s(b_1)$	1.721E－04	1.279E－03
趋势分析	无明显趋势	无明显趋势
t/月份	12	12
u_{lts}/（μmol · mol^{-1}）	6.489E－04	4.823E－03
$u_{lts,r}$	0.06%	0.47%

表 4－103　正丁烷组分稳定性检验记录

分　析　时　间		2018－10	2018－11	2019－01	2019－04	2019－10
时间间隔/月		0	1	3	6	12
瓶号	标称值/(μmol · mol^{-1})	分析值/(μmol · mol^{-1})				
94316070	1.050	1.057	1.056	1.044	1.052	1.053
94316079	1.033	1.049	1.053	1.042	1.053	1.042
瓶号			71807070		71807079	
b_1（拟合直线的斜率）			－1.575E－04		－5.879E－04	
b_0（拟合直线的截距）			1.053		1.050	
s（回归残差）			5.532E－03		5.527E－03	
s（b_1）（b_1 的标准偏差）			5.373E－04		5.368E－04	
$t_{0.95,n-2}$			3.182		3.182	
$t_{0.95,n-2} \times s$（b_1）			1.710E－03		1.708E－03	
趋势分析			无明显趋势		无明显趋势	
t/月份			12		12	
u_{lts}/(μmol · mol^{-1})			6.448E－03		6.442E－03	
$u_{lts,r}$			0.61%		0.62%	

表 4－104　1,3－丁二烯组分稳定性检验记录

分　析　时　间		2018－10	2018－11	2019－01	2019－04	2019－10
时间间隔/月		0	1	3	6	12
瓶号	标称值/(μmol · mol^{-1})	分析值/(μmol · mol^{-1})				
94316070	1.060	1.068	1.059	1.059	1.053	1.059
94316079	1.043	1.053	1.053	1.061	1.055	1.062
瓶号			71807070		71807079	
b_1（拟合直线的斜率）			－5.159E－04		6.001E－04	
b_0（拟合直线的截距）			1.062		1.054	
s（回归残差）			5.256E－03		3.545E－03	

表4-104（续）

s（b_1）（b_1 的标准偏差）	5.105E-04	3.444E-04
$t_{0.95,n-2}$	3.182	3.182
$t_{0.95,n-2}\times s$（b_1）	1.624E-03	1.096E-03
趋势分析	无明显趋势	无明显趋势
t/月份	12	12
u_{lts}/(μmol·mol^{-1})	6.126E-03	4.132E-03
$u_{lts,r}$	0.58%	0.40%

表4-105　1,2-二氯乙烷组分稳定性检验记录

分　析　时　间		2018-10	2018-11	2019-01	2019-04	2019-10
时间间隔/月		0	1	3	6	12
瓶号	标称值/(μmol·mol^{-1})	分析值/(μmol·mol^{-1})				
94316070	1.080	1.075	1.077	1.084	1.074	1.073
94316079	1.051	1.082	1.082	1.072	1.073	1.072

瓶号	71807070	71807079
b_1（拟合直线的斜率）	-3.875E-04	-8.418E-04
b_0（拟合直线的截距）	1.078	1.080
s（回归残差）	4.779E-03	4.089E-03
s（b_1）（b_1 的标准偏差）	4.642E-04	3.972E-04
$t_{0.95,n-2}$	3.182	3.182
$t_{0.95,n-2}\times s$（b_1）	1.477E-03	1.264E-03
趋势分析	无明显趋势	无明显趋势
t/月份	12	12
u_{lts}/(μmol·mol^{-1})	5.571E-03	4.766E-03
$u_{lts,r}$	0.52%	0.45%

表 4－106 苯组分稳定性检验记录

分析时间		2018－10	2018－11	2019－01	2019－04	2019－10
时间间隔/月		0	1	3	6	12
瓶号	标称值/(μmol·mol^{-1})	分析值/(μmol·mol^{-1})				
94316070	1.040	1.033	1.044	1.044	1.034	1.039
94316079	1.012	1.047	1.048	1.033	1.034	1.046

瓶号	71807070	71807079
b_1（拟合直线的斜率）	－5.959E－05	－1.223E－04
b_0（拟合直线的截距）	1.039	1.042
s（回归残差）	6.033E－03	8.813E－03
s（b_1）（b_1 的标准偏差）	5.860E－04	8.560E－04
$t_{0.95,n-2}$	3.182	3.182
$t_{0.95,n-2} \times s$（b_1）	1.865E－03	2.724E－03
趋势分析	无明显趋势	无明显趋势
t/月份	12	12
u_{lts}/(μmol·mol^{-1})	7.032E－03	1.027E－02
$u_{lts,r}$	0.68%	0.33%

表 4－107 邻二甲苯组分稳定性检验记录

分析时间		2018－10	2018－11	2019－01	2019－04	2019－10
时间间隔/月		0	1	3	6	12
瓶号	标称值/(μmol·mol^{-1})	分析值/(μmol·mol^{-1})				
94316070	1.000	1.000	1.007	0.994	0.992	0.996
94316079	1.025	0.999	1.002	0.998	0.994	1.004

瓶号	71807070	71807079
b_1（拟合直线的斜率）	5.983E－04	－7.747E－04
b_0（拟合直线的截距）	0.997	1.006
s（回归残差）	3.239E－03	3.462E－03

表 4-107（续）

s（b_1）（b_1 的标准偏差）	3.146E-04	3.362E-04
$t_{0.95,n-2}$	3.182	3.182
$t_{0.95,n-2} \times s$（b_1）	1.001E-03	1.070E-03
趋势分析	无明显趋势	无明显趋势
t/月份	12	12
u_{lts}/(μmol · mol^{-1})	3.775E-03	4.035E-03
$u_{lts,r}$	0.38%	0.39%

表 4-108　苯乙烯组分稳定性检验记录

分析时间		2018-10	2018-11	2019-01	2019-04	2019-10
时间间隔/月		0	1	3	6	12
瓶号	标称值/(μmol · mol^{-1})	分析值/(μmol · mol^{-1})				
94316070	1.030	1.023	1.023	1.037	1.032	1.023
94316079	1.050	1.022	1.030	1.031	1.027	1.023

瓶号	71807070	71807079
b_1（拟合直线的斜率）	-5.857E-05	-2.453E-04
b_0（拟合直线的截距）	1.028	1.028
s（回归残差）	7.615E-03	4.274E-03
s（b_1）（b_1 的标准偏差）	7.397E-04	4.151E-04
$t_{0.95,n-2}$	3.182	3.182
$t_{0.95,n-2} \times s$（b_1）	2.354E-03	1.321E-03
趋势分析	无明显趋势	无明显趋势
t/月份	12	12
u_{lts}/(μmol · mol^{-1})	8.876E-03	4.981E-03
$u_{lts,r}$	0.86%	0.47%

表 4-109　对二甲苯组分稳定性检验记录

分析时间		2018-10	2018-11	2019-01	2019-04	2019-10
时间间隔/月		0	1	3	6	12
瓶号	标称值/(μmol·mol^{-1})	分析值/(μmol·mol^{-1})				
94316070	1.015	1.023	1.009	1.011	1.007	1.016
94316079	1.032	1.013	1.011	1.021	1.017	1.007
瓶号			71807070		71807079	
b_1（拟合直线的斜率）			-1.856E-04		-4.927E-04	
b_0（拟合直线的截距）			1.014		1.016	
s（回归残差）			7.248E-03		5.740E-03	
s（b_1）（b_1 的标准偏差）			7.040E-04		5.575E-04	
$t_{0.95,n-2}$			3.182		3.182	
$t_{0.95,n-2}\times s$（b_1）			2.240E-03		1.774E-03	
趋势分析			无明显趋势		无明显趋势	
t/月份			12		12	
u_{lts}/(μmol·mol^{-1})			8.448E-03		6.690E-03	
$u_{lts,r}$			0.83%		0.65%	

第七节　标准物质特性量值的确定与不确定度评定

一、气体标准物质定值方法

采用称量法定值研制的气体标准物质，其浓度值根据纯度、相对分子质量及加入质量计算得到。

浓度计算公式如下：

$$y_k = \frac{\sum_{A=1}^{P}\left(\frac{x_{k,A}m_A}{\sum_{i=1}^{n} x_{i,A}M_i}\right)}{\sum_{A=1}^{P}\left(\frac{m_A}{\sum_{i=1}^{n} x_{i,A}M_i}\right)} \tag{4-4}$$

式中：

y_k——组分 k 在最终混合气中的摩尔分数，mol·mol^{-1}；

P——原料气总数；

n——最终混合气中组分总数；

m_A——原料气 A 称量质量，g，$A=1$，…，P；

M_i——组分 i 的摩尔质量，$g \cdot mol^{-1}$，$i=1$，…，n；

$x_{i,A}$——原料气 A 中组分 i 的摩尔分数，$mol \cdot mol^{-1}$，$A=1$，…，P，$i=1$，…，n，$x_{i,A}$ 为相互间的干扰分量。

计算过程的相对分子质量参考国际纯粹与应用化学联合会（IUPAC）公布数据，纯度分析值所用仪器经过国家法定计量机构检定或校准，称量所用天平经过检定，并在有效期内使用。分析开始前对仪器进行调谐或核查，以确保仪器处于正常状态，分析过程严格遵循标准操作程序（SOP）。确保标准物质的定值的所有环节处于受控状态。

配气质量值的计算方法如下。

$1\mu mol \cdot mol^{-1}$氮中31组分挥发性有机物混合气体标准物质制备定值示例：

根据原料的饱和蒸气压及物理化学性质，将原料分成5组，将饱和蒸气压和物理化学性质相近的组分混合，配制成一次母液或气体，然后稀释。

（1）第一组母气包括4个组分，计算过程见表4-110。

表4-110　第一组母气计算过程

原料名称	质量/g	不确定度/g	摩尔分数/(mol/mol)	不确定度/(mol/mol)
1,3丁二烯	10.561	0.005	5.00E-3	6.00E-07
氮气	1 087.642	0.012		
氯乙烯	13.182	0.005	5.00E-3	4.50E-07
氮气	1 175.638	0.012		
正丁烷	4.808	0.005	4.99E-3	3.12E-07
氮气	461.981	0.012		
一氯甲烷	4.210	0.005	5.01E-3	5.04E-07
氮气	464.060	0.012		
1,3丁二烯/氮气	4.859	0.005	5.02E-5	6.01E-09
氯乙烯/氮气	4.750	0.005	4.90E-5	5.33E-09
正丁烷/氮气	4.827	0.005	4.98E-5	5.21E-09
一氯甲烷/氮气	4.921	0.005	5.10E-5	5.22E-09
氮气	461.975	0.012		

（2）第二组母气包括8个组分，计算过程见表4-111。

表4－111　第二组母气计算过程

原料名称	质量/g	不确定度/g	摩尔分数/(mol/mol)	不确定度/(mol/mol)
苯乙烯	0.344 86	0.000 1	0.333 9	1.61E－04
对二甲苯	0.346 48	0.000 1	0.328 1	1.57E－04
乙苯	0.346 51	0.000 1	0.326 4	1.42E－04
间二甲苯	0.350 58	0.000 1	0.332 2	2.02E－04
邻二甲苯	0.348 76	0.000 1	0.325 6	1.66E－04
1,3,5－三甲苯	0.410 10	0.000 1	0.340 5	2.64E－04
甲苯	0.309 08	0.000 1	0.338 1	1.94E－04
苯	0.249 61	0.000 1	0.321 4	1.09E－04
苯乙烯	0.727 73	0.000 12	4.01E－3	6.75E－06
对二甲苯			3.94E－3	3.88E－06
乙苯			3.92E－3	6.67E－06
间二甲苯			3.99E－3	3.77E－06
邻二甲苯			3.91E－3	6.25E－06
1,3,5－三甲苯			4.09E－3	1.05E－06
甲苯			4.06E－3	4.09E－06
苯			3.86E－3	4.33E－06
氮气	623.036	0.012		

（3）第三组母气包括8个组分，计算过程见表4－112。

表4－112　第三组母气计算过程

原料名称	质量/g	不确定度/g	摩尔分数/(mol/mol)	不确定度/(mol/mol)
四氯乙烯	0.672 19	0.000 1	0.124 4	7.39E－05
1,1,2三氯乙烷	0.561 39	0.000 1	0.126 3	7.30E－05
三氯甲烷	0.573 80	0.000 1	0.124 7	7.92E－05
1,2二氯乙烷	0.418 73	0.000 1	0.124 6	8.28E－05
三氯乙烯	0.475 40	0.000 1	0.124 7	3.71E－05

表4－112（续）

原料名称	质量/g	不确定度/g	摩尔分数/(mol/mol)	不确定度/(mol/mol)
二氯乙烯	0.422 06	0.000 1	0.125 7	1.02E－04
四氯化碳	0.058 52	0.000 1	0.125 0	6.62E－05
二氯甲烷	0.336 93	0.000 1	0.124 5	9.72E－05
四氯乙烯	0.371 44	0.000 12	5.16E－3	7.05E－04
三氯乙烷			5.28E－3	1.50E－03
三氯甲烷			6.10E－3	1.46E－03
二氯乙烷			5.38E－3	9.04E－04
三氯乙烯			4.60E－3	9.90E－04
二氯乙烯			5.48E－3	1.35E－03
四氯化碳			4.62E－3	1.34E－03
二氯甲烷			5.04E－3	1.11E－03
氮气	247.667	0.005		

（4）第四组母气包括4个组分，计算过程见表4－113。

表4－113　第四组母气计算过程

原料名称	质量/g	不确定度/g	摩尔分数/(mol/mol)	不确定度/(mol/mol)
1,4－二氯苯	0.602 20	0.000 1	0.248 9	1.73E－04
1,3－二氯苯	0.626 45	0.000 1	0.256 6	1.71E－04
1,2二氯苯	0.601 29	0.000 1	0.247 3	8.35E－05
氯苯	0.458 30	0.000 1	0.247 2	1.52E－04
1,4－二氯苯	0.350 48	0.000 12	4.97E－05	5.37E－08
1,3－二氯苯			5.12E－05	6.38E－08
1,2二氯苯			4.93E－05	4.12E－08
氯苯			4.93E－05	5.30E－08
氮气	232.331	0.005		

（5）第五组母气包括7个组分，计算过程见表4－114。

表4-114　第五组母气计算过程

原料名称	质量/g	不确定度/g	摩尔分数/(mol/mol)	不确定度/(mol/mol)
环已酮	0.412 26	0.000 1	0.144 6	1.17E-04
乙酸丁酯	0.477 75	0.000 1	0.141 6	5.36E-05
环已烷	0.332 76	0.000 1	0.136 8	8.65E-05
正已烷	0.355 94	0.000 1	0.142 4	1.00E-04
甲基环戊烷	0.339 31	0.000 1	0.134 7	6.11E-05
乙酸乙酯	0.401 63	0.000 1	0.156 9	9.33E-05
丙酮	0.240 78	0.000 1	0.143 0	4.40E-05
环已酮	0.259 64	0.000 12	5.00E-03	5.43E-06
乙酸丁酯			4.90E-03	2.90E-06
环已烷			4.73E-03	5.30E-06
正已烷			4.92E-03	6.44E-06
甲基环戊烷			4.66E-03	6.36E-06
乙酸乙酯			5.43E-03	4.82E-06
丙酮			4.95E-03	5.80E-06
氮气	234.473	0.012		

(6) 前五组混合过程见表4-115。

表4-115　前五组母气混合过程

组别	原料名称	质量/g	不确定度/g	摩尔分数/(mol/mol)	不确定度/(mol/mol)
第一组	1,3-丁二烯	9.700	0.005	1.06E-06	1.66E-09
	氯乙烯			1.03E-06	1.55E-09
	正丁烷			1.05E-06	1.86E-09
	一氯甲烷			1.07E-06	1.27E-09
第二组	苯	11.845	0.005	9.91E-07	1.32E-09
	甲苯			1.04E-06	1.58E-09
	乙苯			1.00E-06	1.49E-09

表 4-115（续）

组 别	原料名称	质量/g	不确定度/g	摩尔分数/(mol/mol)	不确定度/(mol/mol)
第二组	邻二甲苯	11.845	0.005	1.00E-06	1.39E-09
	间二甲苯			1.02E-06	1.36E-09
	对二甲苯			1.01E-06	1.43E-09
	苯乙烯			1.03E-06	1.61E-09
	1,3,5-三甲苯			1.05E-06	1.50E-09
第三组	二氯甲烷	9.817	0.005	1.01E-06	1.31E-09
	三氯甲烷			1.22E-06	1.92E-09
	四氯化碳			9.26E-07	1.60E-09
	二氯乙烯			1.10E-06	1.90E-09
	三氯乙烯			9.21E-07	1.42E-09
	四氯乙烯			1.03E-06	1.78E-09
	二氯甲烷			1.08E-06	1.50E-09
	三氯甲烷			1.06E-06	1.33E-09
第四组	氯苯	18.592	0.005	9.92E-07	1.26E-09
	1,4 二氯苯			9.99E-07	1.58E-09
	1,3 二氯苯			1.03E-06	1.33E-09
	1,2 二氯苯			9.93E-07	1.63E-09
第五组	乙酸乙酯	9.470	0.005	1.12E-06	1.36E-09
	正醋酸丁酯			1.02E-06	1.56E-09
	正己烷			1.02E-06	1.76E-09
	环己烷			9.80E-07	1.58E-09
	甲基环戊烷			9.66E-07	1.20E-09
	环己酮			1.04E-06	1.83E-09
	丙酮			1.03E-06	1.30E-09
稀释气	氮气	402.121	0.012		

二、不确定度来源与评定

不确定度的来源包括质量值、均匀性和稳定性，其标准物质的不确定度由此 3 方面合成而得到，合成公式如下：

$$u_c = \sqrt{u_{rel,prep}^2 + u_{rel,homog}^2 + u_{rel,stab}^2} \tag{4-5}$$

式中：

u_c——合成相对标准不确定度；

$u_{rel,prep}$——重量值的相对标准不确定度；

$u_{rel,homog}$——均匀性的相对标准不确定度；

$u_{rel,stab}$——稳定性的相对标准不确定度。

其中 $u_{rel,homog}$ 和 $u_{rel,stab}$ 均已在前述中评定，下面重点介绍 $u_{rel,prep}$ 的评定过程。重量值的相对不确定度按照各个不确定度的来源分项进行评定，其过程可进一步划分为原料纯度、相对分子质量、称量重复性、砝码校准等。

1. 纯度不确定度评定

纯度分析采用了差示扫描量热法和色谱归一化两种不同原理的方法共同定值，纯度分析的最终结果采用两种方法的平均值，因此纯度的不确定度为两种纯度分析方法不确定度的合成。

差示扫描量热法测量引入的不确定度由两部分组成：1）A 类：测量重复性引入的不确定度 u_A；2）B 类：实验测量中各量的变化 u_B。以苯为例计算差示扫描量热法引入的不确定度。

（1）测量重复性引入的不确定度 u_A

测量重复性引入的不确定度由测量的标准偏差计算，s 为标准偏差，n 为测量次数，则

$$u_A = \frac{s}{\sqrt{n}} = \frac{0.025\,3\%}{\sqrt{6}} = 1.03 \times 10^{-4}$$

（2）实验测量中各量的变化 u_B

$$X = \frac{(T_0 - T_m)\Delta H}{RT_0^2} \tag{4-6}$$

$$u^2(X) = \left(\frac{\partial X}{\partial \Delta H}\right)^2 u^2(\Delta H) + \left(\frac{\partial X}{\partial T_m}\right)^2 u^2(T_m) \tag{4-7}$$

式中：

$\frac{\partial X}{\partial \Delta H} = \frac{(T_0 - T_m)}{RT_0^2}$；

$\frac{\partial X}{\partial T_m} = \frac{-\Delta H}{RT_0^2}$；

$\Delta H = \frac{Q}{m/M}$；

Q——样品吸收（或放出）的热量，J；

m——样品的质量，g；

M——样品的摩尔质量，g/mol；

X——样品的DSC杂质浓度；

T_0——纯物质的熔点；

T_m——掺杂材料的熔点；

ΔH——摩尔融化热焓；

R——理想气体状态常数。

$$u^2(\Delta H)=\left(\frac{\partial \Delta H}{\partial Q}\right)^2 u^2(Q)+\left(\frac{\partial \Delta H}{\partial m}\right)^2 u^2(m)+\left(\frac{\partial \Delta H}{\partial M}\right)^2 u^2(M)$$

$$=\left(\frac{M}{m}\right)^2 u^2(Q)+\left(-\frac{QM}{m^2}\right)^2 u^2(m)+\left(\frac{Q}{m}\right)^2 u^2(M) \qquad (4-8)$$

故

$$\frac{u(X)}{X}=\sqrt{\frac{u^2(Q)}{Q^2}+\frac{u^2(m)}{m^2}+\frac{u^2(M)}{M^2}+\frac{u^2(T_m)}{(T_0-T_m)^2}} \qquad (4-9)$$

（3）仪器测量熔化热量引入的不确定度

苯的熔化热为9 940kJ/mol，根据DSC的校准证书，热量$U=0.56$J/g，$k=2$；故

$$\frac{u(Q)}{Q}=\frac{0.56/2}{9\ 940/78.11}=0.220(\%)$$

（4）被测物称量引入的不确定度

样品称量使用0.01mg分度的分析天平，根据天平的校准证书$U=0.05$mg，则称样量为4.891mg，则

$$\frac{u(m)}{m}=\frac{0.05/2}{4.891}=0.511(\%)$$

（5）摩尔质量引入的不确定度

根据IUPAC相对原子质量表计算各组分摩尔质量的不确定度。各组分摩尔质量不确定度$\frac{u(M)}{M}$均在0.005%以下，因此以0.005%计算各组分的摩尔质量不确定度。

（6）仪器测量温度引入的不确定度

使用国家一级标准物质铟GBW13202对仪器测量温度引入的不确定度进行评定，温度$U=0.02$℃，$k=2$；则

$$\frac{u(T_m)}{T_0-T_m}=\frac{0.02/2}{0.16}=0.062\ 5$$

所以$u_B=X\frac{u(X)}{X}=0.16\%\times 6.28\%=0.01\%$。

差示扫描量热法（DSC）测量引入的不确定度，苯为$\sqrt{u_A^2+u_B^2}=0.014\%$，见表4－116。

表4－116　原料DSC不确定度评估结果

组分名称	不确定度/%						
	u_A	$\frac{u(Q)}{Q}$	$\frac{u(m)}{m}$	$\frac{u(M)}{M}$	$\frac{u(T_m)}{T_0-T_m}$	u_B	$\sqrt{u_A^2+u_B^2}$
丙酮	0.031	0.083	0.420	0.005	16.000	0.032	0.045
二氯甲烷	0.027	0.573	0.664	0.005	5.313	0.010	0.028

表 4－116（续）

组分名称	不确定度/%						
	u_A	$\frac{u(Q)}{Q}$	$\frac{u(m)}{m}$	$\frac{u(M)}{M}$	$\frac{u(T_m)}{T_0-T_m}$	u_B	$\sqrt{u_A^2+u_B^2}$
正己烷	0.028	0.581	0.441	0.005	15.688	0.029	0.029
乙酸乙酯	0.022	0.233	0.559	0.005	19.250	0.094	0.097
三氯甲烷	0.033	0.415	0.421	0.005	15.500	0.019	0.020
环己烷	0.019	0.237	0.555	0.005	12.063	0.069	0.071
四氯化碳	0.020	1.644	0.653	0.005	6.002	0.006	0.021
苯	0.010 3	0.220	0.511	0.005	6.251	0.01	0.014
1,2－二氯乙烷	0.016	0.851	0.463	0.005	16.500	0.012	0.012
甲苯	0.016	1.255	0.667	0.005	17.688	0.181	0.018
1,1,2－三氯乙烷	0.020	0.835	0.702	0.005	8.875	0.002	0.020
四氯乙烯	0.020	0.379	0.494	0.005	17.313	0.052	0.056
乙苯	0.020	0.651	0.715	0.005	3.688	0.001	0.020
间二甲苯	0.021	0.109	0.552	0.005	25.375	0.124	0.013
对二甲苯	0.027	0.140	0.552	0.005	14.375	0.047	0.054
苯乙烯	0.028	0.155	0.691	0.005	4.625	0.000	0.028
邻二甲苯	0.026	0.214	0.531	0.005	18.500	0.000	0.026
环己酮	0.022	0.437	0.755	0.005	17.500	0.055	0.059
1,3,5－三甲苯	0.031	0.105	0.653	0.005	25.188	0.032	0.045
1,3－二氯苯	0.027	0.198	0.628	0.005	12.063	0.010	0.028
1,4－二氯苯	0.028	0.461	0.543	0.005	11.188	0.287	0.028

为了确保原料纯度分析定值的准确可靠，采用质量平衡法和 DSC 法两种方法对液体原料进行纯度分析。8 种气体原料不能用 DSC 法测定纯度，只采用质量平衡法的结果。当采用两种方法的平均值作为定值结果时，对于两种方法的差值不大于 0.1% 的组分，总不确定度为质量平衡法和 DSC 法的不确定度合成；对于两种方法的差值大于 0.1% 的组分，将差值的一半作为 B 类不确定度与质量平衡法及 DSC 法的不确定度合成，平均值法的不确定度评定结果见表 4－117。

表4-117 纯度值及纯度不确定度

名称	质量平衡法纯度		DSC纯度		纯度平均值%(mol/mol)	合成不确定度/%
	纯度%(mol/mol)	标准不确定度/%	纯度%(mol/mol)	标准不确定度/%		
丙酮	99.85	0.03	99.8	0.031	99.83	0.044
二氯甲烷	99.79	0.03	99.81	0.027	99.80	0.037
正己烷	99.12	0.03	99.17	0.028	99.15	0.038
乙酸乙酯	99.54	0.03	99.51	0.026	99.53	0.036
三氯甲烷	99.93	0.02	99.73	0.022	99.83	0.029
环己烷	99.60	0.02	99.43	0.022	99.47	0.029
四氯化碳	99.88	0.03	99.91	0.033	99.90	0.047
甲苯	99.45	0.02	99.56	0.019	99.51	0.025
1,1,2-三氯乙烷	99.30	0.02	99.28	0.020	99.34	0.028
四氯乙烯	99.87	0.02	99.92	0.025	99.87	0.033
乙苯	99.16	0.01	99.98	0.016	99.95	0.021
间二甲苯	99.63	0.02	99.98	0.026	99.87	0.034
环己酮	99.87	0.01	99.7	0.016	99.79	0.021
1,3,5-三甲苯	99.69	0.02	99.82	0.020	99.76	0.027
1,3-二氯苯	99.12	0.02	99.17	0.020	99.19	0.031
1,4-二氯苯	99.85	0.02	99.98	0.022	99.92	0.031
1,2-二氯苯	99.53	0.02	99.51	0.018	99.54	0.024
1,2-二氯乙烷	99.84	0.02	99.85	0.020	99.85	0.028
苯	99.70	0.02	99.51	0.021	99.61	0.028
邻二甲苯	99.81	0.03	99.42	0.021	99.52	0.033
苯乙烯	99.72	0.02	99.73	0.021	99.81	0.030
氯苯	99.89	0.02	—	—	99.89	0.024
乙酸丁酯	99.54	0.03	—	—	99.54	0.032
三氯乙烯	99.66	0.02	—	—	99.66	0.025

表 4 - 117（续）

名　称	质量平衡法纯度		DSC 纯度		纯度平均值 % (mol/mol)	合成不确定度/%
	纯度 % (mol/mol)	标准不确定度/%	纯度 % (mol/mol)	标准不确定度/%		
1,3 - 丁二烯	99.98	0.02	—	—	99.98	0.021
氯乙烯	99.70	0.02	—	—	99.70	0.026
正丁烷	99.97	0.02	—	—	99.97	0.024
一氯甲烷	99.88	0.02	—	—	99.88	0.022

2. 称量不确定度的评定

(1) 气瓶称量不确定度评定

先建立气瓶的称量的测量模型，令：

m：电子天平读数；

e：电子天平的斜率；

W_S：样品钢瓶的真实质量；

V_S：样品钢瓶的体积；

W_R：参考钢瓶的真实质量；

V_R：参考钢瓶的体积；

ρ_{air}：空气密度；

ρ_M：砝码密度；

替代法称量钢瓶时，每一个称量组都包含样品钢瓶和参比钢瓶的称量。

称量样品钢瓶时：$$em_S = W_S - V_S\rho_{air}$$

称量参比钢瓶时：$$em_R = W_R - V_R\rho_{air}$$

样品钢瓶与参比钢瓶的质量差为：$\Delta W = W_S - W_R$

所以，对于任意一组称量 j，样品钢瓶与参比钢瓶的质量差为：

$$\Delta W_j = e_j(m_{S,j} - m_{R,j}) + \rho_{air,j}(V_{S,j} - V_{R,j}) = e_j\Delta m_j + \rho_{air,j}\Delta V_j$$

其中，$$\Delta V_j = V_{S,j} - V_{R,j}$$

向钢瓶充入气体的前后，都要对样品钢瓶进行称重，所以加入气体的质量为：

$$w = \Delta W_j - \Delta W_{j-1}$$

$$w = (e_j\Delta m_j - e_{j-1}\Delta m_{j-1}) + (\Delta V_j\rho_{air,j} - \Delta V_{j-1}\rho_{air,j-1}) + \Delta L$$

下面分别评定各部分不确定度。

1) e 值计算

e_j 和 e_{j-1} 是电子天平读数的斜率，理论上它们应该是相同的。而实际上由于实验室环境，天平本身的稳定性等原因，该数值也在一定的区间内波动。

所以：$e_j = e_{j-1} = e \pm ku(e)$，($k = 2$，95% 包含概率)。

在本称量系统中，使用 10kg 的砝码对天平的斜率进行考察。在称量标准砝码时，满足下列方程：

$$M - \frac{M}{\rho_{\mathrm{M}}}\rho_{\mathrm{air}} = em \tag{4-10}$$

即

$$e = \frac{M\left(1 - \frac{\rho_{\mathrm{air}}}{\rho_{\mathrm{M}}}\right)}{m}$$

则 e 的不确定度表示为：

$$u^2(e) = \frac{\partial^2 e}{\partial^2 m}u^2(m) + \frac{\partial^2 e}{\partial^2 M}u^2(M) + \frac{\partial^2 e}{\partial^2 \rho_{\mathrm{air}}}u^2(\rho_{\mathrm{air}}) + \frac{\partial^2 e}{\partial^2 \rho_{\mathrm{M}}}u^2(\rho_{\mathrm{M}}) \tag{4-11}$$

其中：

$$\frac{\partial e}{\partial m} = -\frac{M\left(1 - \frac{\rho_{\mathrm{air}}}{\rho_{\mathrm{M}}}\right)}{m^2}$$

$$\frac{\partial e}{\partial M} = \frac{1 - \frac{\rho_{\mathrm{air}}}{\rho_{\mathrm{M}}}}{m}$$

$$\frac{\partial e}{\partial \rho_{\mathrm{air}}} = \frac{M}{m\rho_{\mathrm{M}}}$$

$$\frac{\partial e}{\partial \rho_{\mathrm{M}}} = \frac{M\rho_{\mathrm{air}}}{m\rho_{\mathrm{M}}^2}$$

M 为砝码的标称质量，允差为16mg，所以砝码的不确定度为 $u(M) = \frac{0.016}{\sqrt{3}} \approx 0.01$（g）。

m 为称量10kg砝码时电子天平的读数，经过多次重复测试，并进行保守估计，该值的漂移一般在±50mg以内。按照矩形分布处理，斜率漂移的不确定度为 $u(m) = \frac{0.05}{\sqrt{3}} \approx 0.029$（g）。50mg的极差也成为该称量系统质量控制的参数之一。

虽然砝码密度受到实验室温度的影响，但是在一个相对稳定的实验环境下，砝码密度的变化可以忽略不计，砝码出厂时的标称密度 $\rho_{\mathrm{M}} = (8.00 \pm 0.02)\mathrm{g/cm^3}$，标准不确定度为 $u(\rho_{\mathrm{M}}) = \frac{0.02}{\sqrt{3}} = 0.012$（$\mathrm{g/cm^3}$）（按照矩形分布处理）。

2）空气密度的计算

$\rho_{\mathrm{air},j}$ 和 $\rho_{\mathrm{air},j-1}$ 都是空气的密度，由于实验室的环境相对稳定，室内的温度、湿度和大气压力变换，波动较缓，所以空气密度的数值也在一个范围内波动。

$$\rho_{\mathrm{air},j} = \rho_{\mathrm{air},j-1} = \rho_{\mathrm{air}} \pm ku(\rho_{\mathrm{air}}),\ (k=2, 95\%\ \text{包含概率})。$$

为了准确评估实验室温、湿度与压力波动，采用了网络型温、湿度与压力变送器，从2018年8月至2018年10月，近3个月内定时采集天平室的温、湿度变化情况，并将数据自动上传至云平台保存。其温、湿度变化趋势如图4-52所示。

从图中可见，北京地区进入秋季温、湿度整体呈现下降趋势，单日内温度波动较小，但湿度变化巨大，湿度变化与风向密切相关，气压波动则较小。为了准确评估温、湿度及压力影响，选取配气时单日典型的开关控温与控湿设备的情况进行了密集数据采集，其结果如图 4－53、图 4－54 所示。

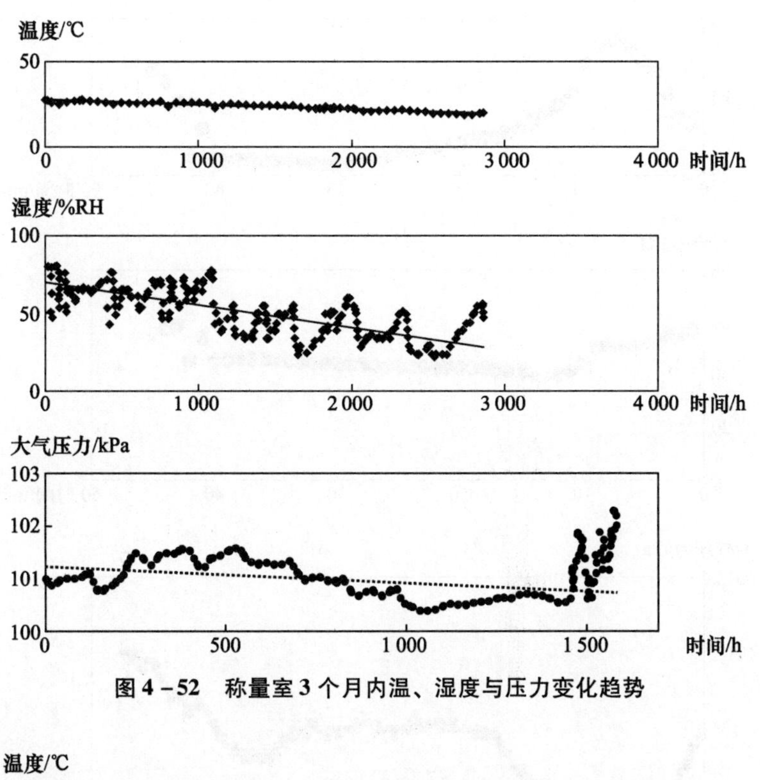

图 4－52　称量室 3 个月内温、湿度与压力变化趋势

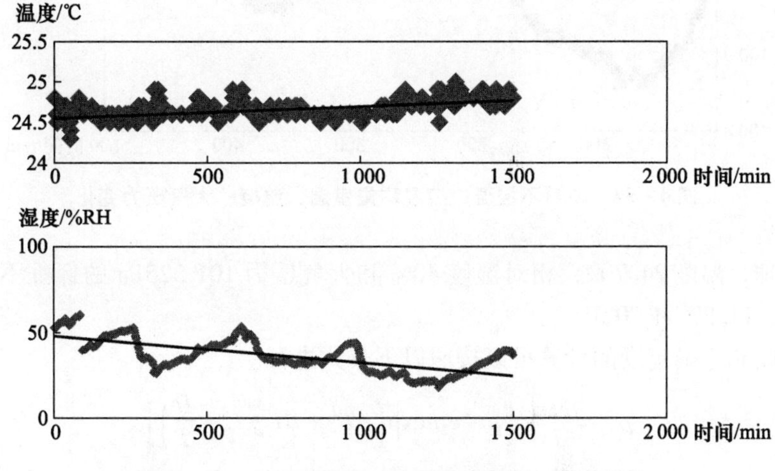

图 4－53　单日内控温、控湿称量室温、湿度变化

根据上述调查，本研究的称量过程采取了如下策略：

——配气称量选取稳定天气条件，一般为无雾，未下雨，天气晴朗，单日内无天气剧烈波动的日期；

——称量过程密切记录称量室内的温、湿度、压力信息；

——通过温、湿度计变化确保控温、控湿设备的稳定运行。

根据上述评定结果，实验室内的温度变动范围不会超过 24.7℃ ±0.5℃，湿度变动范围不会超过 20% ~60%，大气压力的变动范围不会超过 101 325Pa ±350Pa。所以，按矩

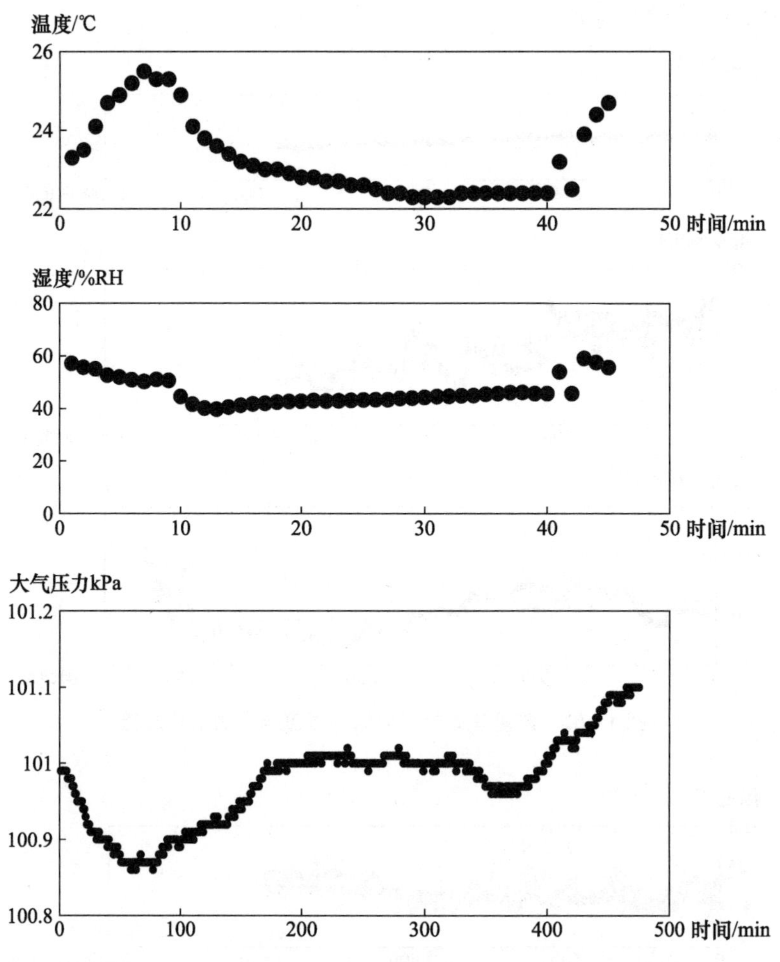

图4-54 单日不控温、控湿称量室温、湿度、大气压力变化

形分布来处理，温度24.7℃，相对湿度40%和大气压力101 325Pa的标准不确定度分别为：0.29℃，11.5%和202Pa。

空气密度和不确定度的计算可以按照以下公式进行。

$$\rho_{\text{air}} = \frac{c_1}{T} \times \left[p - c_2 h \exp\left(AT^2 + BT + C + \frac{D}{T} \right) \right] \tag{4-12}$$

式中：

T——热力学温度，K；

p——大气压力，Pa；

h——相对湿度，%；

空气密度的单位是：kg/m^3，或者表示为（$\times 10^{-3} g/cm^3$）；

$c_1 = 3.484\ 88 \times 10^{-3}$；

$c_2 = 0.379\ 52$；

$A = 1.237\ 88 \times 10^{-5}$；

$B = -1.912\ 13 \times 10^{-2}$；

$C = 33.937\ 11$；

$D = -6.343\ 16$。

$$u^2(\rho_{\mathrm{air},j}) = \left(\frac{\partial \rho_{\mathrm{air},j}}{\partial T_j}\right)^2 u^2(T_j) + \left(\frac{\partial \rho_{\mathrm{air},j}}{\partial h_j}\right)^2 u^2(h_j) + \left(\frac{\partial \rho_{\mathrm{air},j}}{\partial p_j}\right)^2 u^2(p_j) + u^2(f) \quad (4-13)$$

$$\frac{\partial \rho_{\mathrm{air},j}}{\partial T_j} = -\frac{c_1 p}{T^2} - c_1 c_2 h\left(2A + \frac{B}{T} - \frac{D}{T^3} - \frac{1}{T^2}\right)\exp\left(AT^2 + BT + C + \frac{D}{T}\right) \quad (4-14)$$

$$\frac{\partial \rho_{\mathrm{air},j}}{\partial h_j} = \frac{c_1 c_2}{T}\exp\left(AT^2 + BT + C + \frac{D}{T}\right) \quad (4-15)$$

$$\frac{\partial \rho_{\mathrm{air},j}}{\partial p_j} = \frac{c_1}{T} \quad (4-16)$$

$u^2(f) = 9 \times 10^{-9}\rho_{\mathrm{air},j}$，它包含了气体常数 R、水的物质的量、空气的摩尔质量、压缩因子等常数本身的不确定度对空气密度不确定度的贡献。

根据本实验室的条件，经过计算得空气密度为 0.001 18g/cm^3，不确定度为 0.000 1g/cm^3。

经过以上分析，方程可以简化为：

$$w = e(\Delta m_j - \Delta m_{j-1}) + (\Delta V_j - \Delta V_{j-1})\rho_{\mathrm{air}} + \Delta L \quad (4-17)$$

3）体积变化的计算

$$\Delta V_j = V_{\mathrm{S},j} - V_{\mathrm{R},j} = (V_{\mathrm{S},0} + Kp_j + \delta V_{\mathrm{S},j}) - (V_{\mathrm{R},0} + \delta V_{\mathrm{R},j}) \quad (4-18)$$

其中 V_0 为钢瓶的初始体积；δV 为钢瓶受热而造成的体积膨胀；K 为钢瓶受内部气体压力影响的体积膨胀系数；p_j 为钢瓶内部的气体压力。对于参考钢瓶而言，由于没有任何气体进入和导出，所以其体积的变换不涉及钢瓶内部气体压力的影响。

同理：$\Delta V_{j-1} = V_{\mathrm{S},j-1} - V_{\mathrm{R},j-1} = (V_{\mathrm{S},0} + Kp_{j-1} + \delta V_{\mathrm{S},j-1}) - (V_{\mathrm{R},0} + \delta V_{\mathrm{R},j-1})$

所以：$\Delta V_j - \Delta V_{j-1} = K(p_j - p_{j-1}) + (\delta V_{\mathrm{S},j} - \delta V_{\mathrm{R},j} + \delta V_{\mathrm{R},j-1} - \delta V_{\mathrm{S},j-1}) = K\Delta p + \delta V$

K 为钢瓶充入气体的压力与钢瓶体积的关系系数。可以根据文献得到其数值，并对其不确定度进行保守的估计。

$K = (0.13 \pm 0.1)$ cm^3/bar[1]。$u(K) = \frac{0.1}{\sqrt{3}} = 0.06$(cm^3/bar)

Δp 为样品钢瓶充气前后，内部气体压力的变化值。由于钢瓶的压力不便直接测量，只能通过充入气体的质量和配气站的系统压力指示来间接的估算，而配气系统的压力指示计也存在偏差和校准的问题。根据本实验室的情况和经验判断，Δp 值估算的准确性可以在 ±20% 的范围内。所以其不确定度的评定可以按矩形分布处理，即：

$$u(\Delta p) = \frac{0.2 \times \Delta p}{\sqrt{3}} \quad (4-19)$$

本称量方法所使用的参考钢瓶与样品钢瓶是同一个类型，而且体积相近，所以当实验室温度变化时，钢瓶体积膨胀或缩小的程度是类似的，所以$(\delta V_{\mathrm{S},j} - \delta V_{\mathrm{R},j})$的数值非常小。同理$(\delta V_{\mathrm{S},j-1} - \delta V_{\mathrm{R},j-1})$的数值也非常小。又由于样品钢瓶充气前后，短时间内实验室的温度变化不大，所以 $\delta V_{\mathrm{S},j} \approx \delta V_{\mathrm{S},j-1}$；$\delta V_{\mathrm{R},j} \approx \delta V_{\mathrm{R},j-1}$。因此，$(\delta V_{\mathrm{S},j} - \delta V_{\mathrm{R},j} + \delta V_{\mathrm{R},j-1} - \delta V_{\mathrm{S},j-1})$的数值应该非常小。

[1] 1bar = 10^5Pa

令 $\delta V = \delta V_{S,j} - \delta V_{R,j} + \delta V_{R,j-1} - \delta V_{S,j-1}$，保守估计 $\delta V = 0 \pm 2\text{cm}^3$。按照矩形分布处理，其不确定度为：$u(\delta V) = \frac{2}{\sqrt{3}} \approx 1.2\ (\text{cm}^3)$。

4）ΔL 及其不确定度

ΔL 表示样品充气前后，由于拆卸钢瓶和移动钢瓶所造成的样品钢瓶的质量损失和变化。其数值可以通过一系列的重复实验计算得到。例如，连续将钢瓶在配气系统上安装和拆卸 6 次，但都向钢瓶中充入任何气体，每次安装和拆卸前后都对钢瓶进行称量。记录结果见表 4－118。

表 4－118　气瓶装卸称量数据

钢瓶充气前后磨损记录					
顺序	称量值	差值/g	平均差值/g	标准偏差/g	标准不确定度/g
0	264.442		0.000 17	0.002 56	0.003
1	264.443	0.001			
2	264.446	0.003			
3	264.444	－0.002			
4	264.443	－0.001			
5	264.440	－0.003			
6	264.443	0.003			

所以，理论上 ΔL 的数值应该是在零附近波动，其不确定度可以由以上实验的标准偏差得到。即 $\Delta L \approx 0$，$u(\Delta L) = 3\text{mg}$。

根据以上的讨论，可以将模型公式进一步简化为：

$$w = e(\Delta m_j - \Delta m_{j-1}) + K\Delta p\rho_{\text{air}} + \delta V\rho_{\text{air}} + \Delta L \tag{4-20}$$

上述公式即为所述的称量系统的测量模型。

5）Δm 及其不确定度

对于任意一组称量，为了使称量值更能体现真实情况，需要对样品钢瓶和参比钢瓶多次称量。推荐的称量顺序如下：样品（m_{c0}）—参考（m_{c1}）—样品（m_{c2}）—参考（m_{c3}）—样品（m_{c4}）—参考（m_{c5}）—样品（m_{c6}）—参考（m_{c7}）。

取后 7 组称量的数据参与计算，设 R_i 为样品气瓶和参考气瓶的天平示值差，则：$R_1 = m_{c2} - 0.5 \times (m_{c1} + m_{c3})$，$R_2 = m_{c4} - 0.5 \times (m_{c3} + m_{c5})$，$R_3 = m_{c6} - 0.5 \times (m_{c5} + m_{c7})$，其中 m_{c1} 为每支钢瓶连续读数的平均值。而 R_1、R_2 和 R_3 的平均值即为该称量组样品气瓶与参考气瓶的质量差 Δm，其不确定度评定则可以根据重复测量的标准偏差（SD）进行计算。

实验表明该称量系统在稳定的工作条件下，R_1、R_2 和 R_3 的重复性标准偏差 SD 在 3mg 以内。所以：

$$u(\Delta m)=\frac{3}{\sqrt{3}}\approx 2(\mathrm{mg})$$

这样适当地放大了不确定度，并节省了计算步骤。而 3mg 的重复性也成为该称量系统质量控制的参数之一，称量过程中，如果发现超出该设定值时，就需重新称量。

6）气瓶称量不确定度的合成

根据测量模型可得计算充入气体质量的标准不确定度的公式：

$$u^2(w)=\left(\frac{\partial w}{\partial e}\right)^2 u^2(e)+\left(\frac{\partial w}{\partial m_j}\right)^2 u^2(m_j)+\left(\frac{\partial w}{\partial m_{j-1}}\right)^2 u^2(m_{j-1})+\left(\frac{\partial w}{\partial K}\right)^2 u^2(K)+\left(\frac{\partial w}{\partial \Delta p}\right)^2 u^2(\Delta p)+\left(\frac{\partial w}{\partial \Delta L}\right)^2 u^2(\Delta L)+\left(\frac{\partial w}{\partial(\delta V)}\right)^2 u^2(\delta V)+\left(\frac{\partial w}{\partial \rho_{\mathrm{air}}}\right)^2 u^2(\rho_{\mathrm{air}}) \quad (4-21)$$

其中：$\frac{\partial w}{\partial e}=m_j-m_{j-1}$；$\frac{\partial w}{\partial m_j}=e$；$\frac{\partial w}{\partial m_{j-1}}=-e$；$\frac{\partial w}{\partial K}=\Delta p\rho_{\mathrm{air}}$；$\frac{\partial w}{\partial \Delta p}=K\rho_{\mathrm{air}}$；$\frac{\partial w}{\partial \Delta L}=1$；$\frac{\partial w}{\partial \delta V}=\rho_{\mathrm{air}}$；$\frac{\partial w}{\partial \rho_{\mathrm{air}}}=K\Delta p+\delta V$。

（2）注射器称量不确定度的评定

1）称量方法描述

a）天平检测

观察天平外观，确定水平放置。

b）天平自校

天平回零，然后按自动内部校准按钮，使天平自动进行内部校准。

c）称量监控砝码

天平回零，将 100g 的标准砝码放置于天平托盘的中心位置，等天平读数稳定后记录该读数。然后取下砝码。

d）称量参考注射器和样品注射器

选择合适的参考注射器，放置到天平托盘中心位置，按回零键，天平回零。然后取下参考注射器，放入样品注射器，记录天平示值 m_1。再重复此操作 2 次，分别得到 m_2 和 m_3。3 次称量的平均值为该称量序列的称量结果 R_i，即样品注射器与参考注射器的质量差。其不确定度评定则可以根据重复测量的标准偏差（SD）进行计算。当 SD 不大于 0.1mg 时，认为该数据是稳定的。如果大于 0.1mg，则应重复该称量序列。这是该称量操作的一个质量控制点。

e）核查监控砝码

称量结束后，天平回零，再次称量 100g 的监控砝码，并记录天平读数，并与前一次的称量结果进行比较，当其差值在 0.1mg 以内，则认为天平的线性没有发生明显漂移。否则将对称量结果进行详细评定。

建议该核查工作在完成一天内的所有称量工作后进行一次。这是该称量操作的一个质量控制点。

f）记录称量结果

将以上称量数据进行完整的记录。同时记录当天的大气压力、温度和湿度。实验室内的温度变动范围不会超过 24.7℃ ±0.5℃，湿度变动范围不会超过 20% ~60%，大气压力的变动范围不会超过 101 325Pa ±350Pa。如果某一项参数超出该范围，在计算不确定度和称量结果时应单独处理。这是该称量操作的一个质量控制点。

2）称量过程的质量控制

a）监控砝码的读数变动小于等于 0.1mg。

b）样品注射器与参考注射器的读数差值的变动小于等于 0.1mg。

c）称量环境的温度、湿度和大气压力相对稳定：

以上是确保称量数据准确的几项关键质量控制。如果某一项参数超出指标要求的范围，在计算不确定度和称量结果时应单独处理。

3）称量的测量模型的建立

令：

m：电子天平读数；

e：电子天平的斜率；

W_S：样品注射器的真实质量；

V_S：样品注射器的体积；

W_R：参考注射器的真实质量；

V_R：参考注射器的体积；

ρ_{air}：空气密度；

ρ_M：砝码密度。

替代法称量注射器时，每一个称量组都包含样品注射器和参比注射器的称量。

称量样品注射器时：

$$em_S = W_S - V_S\rho_{air}$$

称量参比注射器时：

$$em_R = W_R - V_R\rho_{air}$$

样品注射器与参比注射器的质量差由 $\Delta W = W_S - W_R$ 表达。所以，对于任意一组称量 j，样品注射器与参比注射器的质量差为：

$$\Delta W_j = e_j(m_{S,j} - m_{R,j}) + \rho_{air,j}(V_{S,j} - V_{R,j}) = e_j\Delta m_j + \rho_{air,j}\Delta V_j$$

其中：

$$\Delta m_j = m_{S,j} - m_{R,j}$$

$$\Delta V_j = V_{S,j} - V_{R,j}$$

将注射器内的液体注射到气瓶前后，都要对样品注射器进行称重，所以注射到气瓶内的液体的质量为：

$$w = \Delta W_j - \Delta W_{j+1}$$

$$w = (e_j\Delta m_j - e_{j+1}\Delta m_{j+1}) + (\Delta V_j\rho_{air,j} - \Delta V_{j+1}\rho_{air,j+1})$$

4）e 值的计算

e_j 和 e_{j+1} 是电子天平读数的斜率，理论上它们应该是相同的。而实际上由于实验室环境，天平本身的稳定性等原因，该数值也在一定的区间内波动。所以：

$$e_j = e_{j+1} = e \pm ku(e)，(k = 2,95\%\text{ 包含概率})。$$

在本称量系统中，使用 100g 的砝码对天平的斜率进行考察。在称量标准砝码时，满足下列方程：

$$M - \frac{M}{\rho_M}\rho_{\text{air}} = em$$

即
$$e = \frac{M\left(1 - \frac{\rho_{\text{air}}}{\rho_M}\right)}{m} \tag{4-22}$$

则 e 的不确定度表示为：

$$u^2(e) = \frac{\partial^2 e}{\partial^2 m}u^2(m) + \frac{\partial^2 e}{\partial^2 M}u^2(M) + \frac{\partial^2 e}{\partial^2 \rho_{\text{air}}}u^2(\rho_{\text{air}}) + \frac{\partial^2 e}{\partial^2 \rho_M}u^2(\rho_M) \tag{4-23}$$

其中：

$$\frac{\partial e}{\partial m} = -\frac{M\left(1 - \frac{\rho_{\text{air}}}{\rho_M}\right)}{m^2}$$

$$\frac{\partial e}{\partial M} = \frac{1 - \frac{\rho_{\text{air}}}{\rho_M}}{m}$$

$$\frac{\partial e}{\partial \rho_{\text{air}}} = -\frac{M}{m\rho_M}$$

$$\frac{\partial e}{\partial \rho_M} = \frac{M\rho_{\text{air}}}{m\rho_M^2}$$

M 为砝码的标称质量，允差为 0.15mg。按矩形分布处理，则砝码的不确定度为 $u(M) = \frac{0.15}{\sqrt{3}} \approx 0.1$（mg）。

m 为称量 100g 砝码时电子天平的读数，经过多次重复测试，并进行保守估计，该值的漂移一般在 ±0.1mg 以内。按照矩形分布处理，斜率漂移的不确定度为 $u(m) = \frac{0.1}{\sqrt{3}} \approx 0.06$(mg)。而 0.1mg 的极差也成为该称量系统质量控制的参数之一。

虽然砝码密度受到实验室温度的影响，但是在一个相对稳定的实验环境下，砝码密度的变化可以忽略不计，砝码出厂时的标称密度 $\rho_M = (8.00 \pm 0.02)\text{g/cm}^3$，标准不确定度为 $u(\rho_M) = \frac{0.02}{\sqrt{3}} = 0.012$（$\text{g/cm}^3$）(按照矩形分布处理)。

5）空气密度的计算

参照气瓶称量不确定度评定中的计算。

6）$(\Delta V_j - \Delta V_{j+1})$的计算

$$\Delta V_j = V_{\text{S},j} - V_{\text{R},j} = (V_{\text{S},0} + V_{1,j} + \delta V_{\text{S},j}) - (V_{\text{R},0} + \delta V_{\text{R},j}) \tag{4-24}$$

其中 V_0 为注射器的初始体积，δV 为注射器受热而造成的体积膨胀，$V_{1,j}$为注射器内因为充入液体，推杆外拉产生的额外体积。对于参考注射器，没有加入任何液体，所以其体积不变化。

同理：

$$\Delta V_{j+1} = V_{\text{S},j+1} - V_{\text{R},j+1} = (V_{\text{S},0} + \delta V_{\text{S},j+1}) - (V_{\text{R},0} + \delta V_{\text{R},j+1})$$

所以：

$$\Delta V_j - \Delta V_{j+1} = V_{1,j} + (\delta V_{S,j} - \delta V_{R,j} + \delta V_{R,j+1} - \delta V_{S,j+1}) = V_1 + \delta V$$

V_1 为样品注射器加入的液体VOCs的体积，该数据可以根据注射器上的刻度估算。根据本实验室的情况和经验判断，估算的准确性可以在±0.03mL的范围内。其不确定度的评定可以按矩形分布处理，即：

$$u(V_1) = \frac{0.03}{\sqrt{3}} = 0.02(\text{mL})$$

本称量方法所使用的参考注射器与样品注射器是同一个类型，而且体积相近，所以当实验室温度变化时，注射器体积膨胀或缩小的程度是类似的，所以$(\delta V_{S,j} - \delta V_{R,j})$的数值非常小。同理$(\delta V_{S,j+1} - \delta V_{R,j+1})$的数值也非常小。可忽略不计。

根据以上的讨论，可以将测量模型公式进一步简化为：

$$w = e(\Delta m_j - \Delta m_{j+1}) + V_1\rho_{\text{air}} \tag{4-25}$$

7）Δm 及其不确定度

对于任意一组称量，选择合适的参考注射器，放置到天平托盘中心位置，按回零键，天平回零。然后取下参考注射器，放入样品注射器，记录天平示值 m_1。再重复此操作2次，分别得到 m_2 和 m_3。3次称量的平均值为该称量序列的称量结果 R_i，即样品注射器与参考注射器的质量差 Δm。其不确定度评定则可以根据重复测量的标准偏差（SD）进行计算。

实验表明该称量系统在稳定的工作条件下，m_1、m_2 和 m_3 的重复性标准偏差SD在0.1mg以内。所以：

$$u(R_i) = \frac{0.1}{\sqrt{3}} \approx 0.06(\text{mg})$$

同时考虑到每次测量都是样品减参考，可能存在系统偏差，因此对此也进行了试验考察。将某一固定注射器放置在天平中心，调零后取出。半分钟后再放入天平中，记录天平示值。重复操作6次，结果见表4-119。可见天平的示值漂移不超过±0.06mg，按照矩形分布处理，其产生的不确定度贡献为0.04mg。

表4-119　称量不确定度　g

测量次数	第一次	第二次	第三次	第四次	第五次	第六次
第一组	0.000 00	-0.000 04	-0.000 01	-0.000 02	-0.000 03	-0.000 02
第二组	0.000 01	0.000 00	0.000 01	0.000 03	0.000 06	0.000 04

所以，样品注射器称量的不确定度为：

$$u(\Delta m) = \sqrt{0.06^2 + 0.04^2} = 0.08(\text{mg})$$

8）不确定度的合成

根据简化的数学模型公式计算充入气体质量的标准不确定度：

$$u^2(w) = \left(\frac{\partial w}{\partial e}\right)^2 u^2(e) + \left(\frac{\partial w}{\partial \Delta m_j}\right)^2 u^2(\Delta m_j) + \left(\frac{\partial w}{\partial \Delta m_{j+1}}\right)^2 u^2(\Delta m_{j+1}) + \left(\frac{\partial w}{\partial V_1}\right)^2 u^2(V_1) + \left(\frac{\partial w}{\partial \rho_{\text{air}}}\right)^2 u^2(\rho_{\text{air}}) \tag{4-26}$$

其中：$\frac{\partial w}{\partial e}=\Delta m_j-\Delta m_{j+1}$；$\frac{\partial w}{\partial(\Delta m_j)}=e$；$\frac{\partial w}{\partial(\Delta m_{j+1})}=-e$；$\frac{\partial w}{\partial V_1}=\rho_{air}$；$\frac{\partial w}{\partial(\rho_{air})}=V_1$

9）应用举例

样品注射器取0.2g的1,1-二氯乙烯（约0.17mL），加入到气瓶中，具体的数据记录如表4-120。

表4-120　注射法不确定度评定

参数	数值(x_i)	标准不确定度 $u(x_i)$	概率分布	灵敏系数 c_i	不确定度贡献 $c_i^2\cdot u^2(x_i)$	质量控制
m	100.000 00	0.000 06	矩形	0.009 999	3.60E-13	是
M	100.000 00	0.000 1	矩形	0.009 999	1.00E-12	否
ρ_M	8.00	0.012	矩形	0.000 018	4.87E-14	否
e	0.999 853	1.3E-05	矩形	0.202 2	6.45E-12	否
Δm_j	0.563 41	0.000 08	正态	0.999 853	6.40E-09	是
Δm_{j+1}	0.361 21	0.000 08	正态	0.999 853	6.40E-09	是
V_1	0.17	0.02	矩形	0.001 177	5.54E-10	否
ρ_{air}	0.001 18	0.000 1	矩形	0.17	2.89E-10	是
计算称量结果				w	0.202 37	
				$u(w)$	0.000 12	
				$u(w)/\%$	0.058%	

注射器液体称量结果统计见表4-121。

表4-121　注射器液体称量结果统计表　　g

注射器加入液体的不确定度和质量修正					
液体质量		0.15	0.20	0.30	0.40
液体体积 mL	1.5	0.000 12	0.000 12	0.000 12	0.000 12
		0.000 15	0.000 015	0.000 13	0.000 12
	2.0	0.000 12	0.000 12	0.000 12	0.000 12
		0.000 21	0.000 21	0.000 19	0.000 18
	2.5	0.000 12	0.000 12	0.000 12	0.000 12
		0.000 27	0.000 26	0.000 25	0.000 24

注：表中加阴影的数据为质量修正的数据，不加阴影的数据为不确定度的数据。

由表可以看出，对于加入的液体质量在0.15g～0.40g之间，体积在1.5mL～2.5mL之内，称量的标准不确定度都为0.12mg。

（3）安瓿瓶称量不确定度的评定

1）称量方法描述

a）天平检测

观察天平外观，确定水平放置。

b）天平自校

天平回零，然后按自动内部校准按钮，使天平自动进行内部校准。

c）称量监控砝码

天平回零，将100g的标准砝码放置于天平托盘的中心位置，等天平读数稳定后记录该读数。然后取下砝码。

d）称量参考试剂瓶和样品试剂瓶

选择合适的参考试剂瓶，放置到天平托盘中心位置，按回零键，天平回零。然后取下参考试剂瓶，放入样品试剂瓶，记录天平示值 m_1。再重复此操作2次，分别得到 m_2 和 m_3。3次称量的平均值为该称量序列的称量结果 R_i，即样品试剂瓶与参考试剂瓶的质量差。其不确定度评定则可以根据重复测量的标准偏差（SD）进行计算。当SD不大于0.1mg时，认为该数据是稳定的。如果大于0.1mg，则应重复该称量序列。这是该称量操作的一个质量控制点。

e）核查监控砝码

称量结束后，天平回零，再次称量100g的监控砝码，并记录天平读数，并与前一次的称量结果进行比较，当其差值在0.1mg以内，则认为天平的线性没有发生明显漂移。否则将对称量结果进行详细评价。

建议该核查工作在完成一天内的所有称量工作后，进行一次。这是该称量操作的一个质量控制点。

f）记录称量结果

将以上称量数据进行完整的记录。同时记录当天的大气压力、温度和湿度。确定实验室内的温度变动范围不会超过24.7℃±0.5℃，湿度变动范围不会超过20%～60%，大气压力的变动范围不会超过101 325Pa±350Pa。如果某一项参数超出该范围，在计算不确定度和称量结果时应单独处理。这是该称量操作的一个质量控制点。

2）称量过程的质量控制

a）监控砝码的读数变动小于等于0.1mg。

b）样品试剂瓶与参考试剂瓶的读数差值的变动小于等于0.1mg。

c）称量环境的温度、湿度和大气压力相对稳定。

以上是确保称量数据准确的几项关键质量控制。如果某一项参数超出指标要求的范围，在计算不确定度和称量结果时应单独处理。

3）测量模型的建立

令：

m：电子天平读数；

e：电子天平的斜率；

W_S：样品试剂瓶的真实质量；

V_S：样品试剂瓶的体积；

W_R：参考试剂瓶的真实质量；

V_R：参考试剂瓶的体积；

ρ_{air}：空气密度；

ρ_M：砝码密度。

替代法称量试剂瓶时，每一个称量组都包含样品试剂瓶和参考试剂瓶的称量。

称量样品试剂瓶时：

$$em_S = W_S - V_S\rho_{air}$$

称量参考试剂瓶时：

$$em_R = W_R - V_R\rho_{air}$$

样品试剂瓶与参考试剂瓶的质量差由 $\Delta W = W_S - W_R$ 表达。所以，对于任意一组称量 j，样品试剂瓶与参考试剂瓶的质量差为：

$$\Delta W_j = e_j(m_{S,j} - m_{R,j}) + \rho_{air,j}(V_{S,j} - V_{R,j}) = e_j\Delta m_j + \rho_{air,j}\Delta V_j$$

其中：

$$\Delta m_j = m_{S,j} - m_{R,j}$$

$$\Delta V_j = V_{S,j} - V_{R,j}$$

将试剂瓶内的液体注射到气瓶前后，都要对样品试剂瓶进行称重，所以注射到气瓶内的液体的质量为：

$$w = \Delta W_j - \Delta W_{j-1}$$

$$w = (e_j\Delta m_j - e_{j-1}\Delta m_{j-1}) + (\Delta V_j\rho_{air,j} - \Delta V_{j-1}\rho_{air,j-1}) + \Delta L \qquad (4-27)$$

4）e 值的计算

e_j 和 e_{j-1} 是电子天平读数的斜率，理论上它们应该是相同的。而实际上由于实验室环境，天平本身的稳定性等原因，该数值也在一定的区间内波动。所以 $e_j = e_{j-1} = e \pm ku(e)$，($k=2$，95% 包含概率)。

在本称量系统中，使用 100g 的砝码对天平的斜率进行考察。在称量标准砝码时，满足下列方程：

$$M - \frac{M}{\rho_M}\rho_{air} = em$$

即

$$e = \frac{M\left(1 - \frac{\rho_{air}}{\rho_M}\right)}{m}$$

则 e 的不确定度表示为：

$$u^2(e) = \frac{\partial^2 e}{\partial^2 m}u^2(m) + \frac{\partial^2 e}{\partial^2 M}u^2(M) + \frac{\partial^2 e}{\partial^2 \rho_{air}}u^2(\rho_{air}) + \frac{\partial^2 e}{\partial^2 \rho_M}u^2(\rho_M)$$

其中：

$$\frac{\partial e}{\partial m} = -\frac{M\left(1 - \frac{\rho_{air}}{\rho_M}\right)}{m^2}$$

$$\frac{\partial e}{\partial M}=\frac{1-\frac{\rho_{air}}{\rho_M}}{m}$$

$$\frac{\partial e}{\partial \rho_{air}}=-\frac{M}{m\rho_M}$$

$$\frac{\partial e}{\partial \rho_M}=\frac{M\rho_{air}}{m\rho_M^2}$$

M 为砝码的标称质量，允差为0.15mg，按矩形分布处理，则砝码的不确定度为 $u(M)=\frac{0.15}{\sqrt{3}}\approx 0.1(mg)$。

m 为称量100g砝码时电子天平的读数，经过多次重复测试，并进行保守估计，该值的漂移一般在±0.1mg以内。按照矩形分布处理，斜率漂移的不确定度为 $u(m)=\frac{0.1}{\sqrt{3}}\approx 0.06(mg)$。而0.1mg极差也成为该称量系统质量控制的参数之一。

虽然砝码密度受到实验室温度的影响，但是在一个相对稳定的实验环境下，砝码密度的变化可以忽略不计，砝码出厂时的标称密度 $\rho_M=(8.00\pm0.02)g/cm^3$，标准不确定度为 $u(\rho_M)=\frac{0.02}{\sqrt{3}}=0.012(g/cm^3)$（按照矩形分布处理）。

5）空气温、湿度波动的影响

当空气温、湿度波动较小时，安瓿瓶与周围环境处于稳定的平衡状态，称量结果较为稳定；当空气温、湿度剧烈波动时，安瓿瓶表面吸附的水分会发生变化，从而导致称量质量的微量波动，影响到称量的结果。而实际的称量环境，往往介于理想平衡状态和剧烈波动之间。为了准确评估这种短期的温、湿度波动对精密称量的影响，设计了如下实验。温、湿度短期波动与长期波动对安瓿瓶称量质量的影响见表4－122。

a）不控温、湿度，相同安瓿瓶，称量质量在一天内不同时间的波动；

b）不控温、湿度，相同安瓿瓶，称量质量在不同天不同时间的波动；

c）不控温度，短时间改变湿度，相同安瓿瓶，称量质量在同一天的波动。

表4－122 温、湿度短期波动与长期波动对安瓿瓶称量质量的影响

称量次数	2020.02.18——不控温、湿度，同一天交替称量 g				2020.02.20——不控温、湿度，不同天交替称量 g		
	0h	2h	4h	6h	48h	51h	55h
1	9.093 65	9.093 62	9.093 63	9.093 81	9.093 82	9.093 87	9.093 88
2	9.093 66	9.093 71	9.093 73	9.093 78	9.093 81	9.093 82	9.093 94
3	9.093 62	9.093 83	9.093 78	9.093 82	9.093 81	9.093 83	9.093 86
平均值	9.093 64	9.093 72	9.093 71	9.093 80	9.093 81	9.093 84	9.093 89
标准值/平均值	0.000 2%	0.001 2%	0.000 8%	0.000 2%	0.000 1%	0.000 3%	0.000 5%

表4-122（续）

称量次数	2020.02.18——不控温、湿度，同一天交替称量 g				2020.02.20——不控温、湿度，不同天交替称量 g		
	0h	2h	4h	6h	48h	51h	55h
组间平均	9.093 72	0.000 7%			9.093 85	0.000 4%	
温度/℃	19.1	19.1	19.5	19.9	16.1	16.2	16.6
湿度/% RH	15.5	16.8	16.8	16.3	30.4	29.7	30.1
组内-组间	-7.67E-05	0.00E+00	-7.33E-07	9.16E-06	-3.91E-06	-9.77E-07	4.89E-06
1mg	-7.67E-02	0.00E+00	-7.33E-04	9.16E-03	-3.91E-03	-9.77E-04	4.89E-03
10mg	-7.67E-03	0.00E+00	-7.33E-05	9.16E-04	-3.91E-04	-9.77E-05	4.89E-04

称量次数	2020.02.21 不同天	2020.02.23 不同天	2020.02.25——同一天，改变湿度				
	72h	96h	144h	142h	144h	146h	148h
1	9.094 01	9.093 7	9.093 8	9.093 91	9.094 6	9.094	9.093 97
2	9.094 01	9.093 7	9.093 86	9.094	9.094 56	9.094 03	9.093 97
3	9.093 93	9.093 74	9.093 84	9.093 91	9.094 56	9.093 97	9.093 95
平均值	9.093 98	9.093 71	9.093 83	9.093 94	9.094 57	9.094 00	9.093 96
标准值/平均值	0.000 5%	0.000 3%	0.000 3%	0.000 6%	0.000 3%	0.000 3%	0.000 1%
组间平均	9.093 98	9.093 71	9.094 06	0.003 2%			
温度/℃	16.3	17.8	20.7	17.2	16.8	18.2	18.0
湿度/% RH	32.4%	22.0%	19.9%	44.0%	50.4%	21.8%	22.5%
组内-组间			-2.29E-04	-1.22E-04	5.11E-04	-6.20E-05	-9.87E-05
1mg			-2.29E-01	-1.22E-01	5.11E-01	-6.20E-02	-9.87E-02
10mg			-2.29E-02	-1.22E-02	5.11E-02	-6.20E-03	-9.87E-03

从表中的称量结果可得到如下结论：

a）0时刻为天平的第一次称量，其结果波动较大，说明天平在称量前应经过交替称量，且应将待称量物品一直放置于天平上，保持预热状态。每次称量前，应该对天平进行内校准。

b）同一天，温、湿度波动较小的情况下，当天平已获得稳定的预热条件下，称量1mg样品的温、湿度影响范围是0.07%～0.9%，称量10mg样品的温、湿度影响范围是

0.007% ~0.09% 。由此可见，为保证称量不确定度引入量小于0.1% ，保险的做法是安瓿瓶加液称量质量在10mg以上。

c）在不同天，同一样品的称量质量会随着温、湿度波动，相近温度下，湿度越大称量质量越大。当湿度从16%提高到33%时，同一安瓿瓶（3.5mL体积规格）的质量增加0.26mg。湿度下降后，经过长时间稳定，安瓿瓶的质量能恢复原质量。

d）安瓿瓶的吸湿非常迅速，而解吸却较为缓慢。当湿度出现短期大幅提升时，安瓿瓶质量会迅速提升，如果此时立刻降低环境湿度，安瓿瓶的质量会缓慢下降，但在4h以内，尚未恢复初始质量，说明水汽的平衡需要较长时间。

6）$(\Delta V_j - \Delta V_{j-1})$的计算

$$\Delta V_j = V_{S,j} - V_{R,j} = (V_{S,0} + \delta V_{S,j}) - (V_{R,0} + \delta V_{R,j}) \tag{4-28}$$

其中V_0为试剂瓶的初始体积；δV为试剂瓶受热而造成的体积膨胀；V_S为试剂瓶内因为充入液体，推杆外拉产生的额外体积。对于参考试剂瓶，没有加入任何液体，所以其体积不变化。

同理：

$$\Delta V_{j-1} = V_{S,j-1} - V_{R,j-1} = (V_{S,0} + \delta V_{S,j-1}) - (V_{R,0} + \delta V_{R,j-1}) \tag{4-29}$$

所以：

$$\Delta V_j - \Delta V_{j-1} = \delta V_{S,j} - \delta V_{R,j} + \delta V_{R,j-1} - \delta V_{S,j-1} = \delta V \tag{4-30}$$

本称量方法所使用的参考试剂瓶与样品试剂瓶是同一个类型，而且体积相近，所以当实验室温度变化时，试剂瓶体积膨胀或缩小的程度是类似的，所以$(\delta V_{S,j} - \delta V_{R,j})$的数值非常小。同理$(\delta V_{S,j-1} - \delta V_{R,j-1})$的数值也非常小，都可以忽略不计。

7）ΔL的计算

ΔL为样品试剂瓶加入的液体VOCs的过程中产生的质量损失。因为在加入液体过程中需要用注射器针头穿透试剂瓶中的隔垫，可能会造成隔垫的质量损失。保守估计其引起的不确定度为0.000 05mg。

根据以上的讨论，可以将公式进一步简化为：

$$w = e(\Delta m_j - \Delta m_{j-1}) + \Delta L \tag{4-31}$$

8）Δm及其不确定度

对于任意一组称量，选择合适的参考试剂瓶，放置到天平托盘中心位置，按回零键，天平回零。然后取下参考试剂瓶，放入样品试剂瓶，记录天平示值m_1。再重复此操作2次，分别得到m_2和m_3。3次称量的平均值为该称量序列的称量结果R_i，即样品试剂瓶与参考试剂瓶的质量差Δm。其不确定度评定则可以根据重复测量的标准偏差（SD）进行计算。

实验表明该称量系统在稳定的工作条件下，m_1、m_2和m_3的重复性标准偏差SD在0.06mg以内。所以：

$$u(R_i) = \frac{0.06}{\sqrt{3}} \approx 0.04(\text{mg})$$

同时考虑到每次测量都是样品减参考，可能存在系统偏差，因此对此也进行了试验考察。将某一固定试剂瓶放置在天平中心，调零后取出。半分钟后再放入天平中，记录天平示值。重复操作6次，得结果如表4-123。可见天平的示值漂移不超过±0.06mg，按照矩形分布处理，其产生的不确定度贡献为0.04mg。

表4-123 试剂瓶称量示值漂移

测量次数	第一次	第二次	第三次	第四次	第五次	第六次
第一组	0.000 00	-0.000 04	-0.000 01	-0.000 02	-0.000 03	-0.000 02
第二组	0.000 01	0.000 00	0.000 01	0.000 03	0.000 06	0.000 04

所以，样品试剂瓶称量的不确定度为

$$u(\Delta m)=\sqrt{0.04^2+0.04^2}=0.06(\mathrm{mg})$$

9）不确定度计算

根据简化后的模型公式计算充入气体质量的标准不确定度。

$$u^2(w)=\left(\frac{\partial w}{\partial e}\right)^2u^2(e)+\left(\frac{\partial w}{\partial \Delta m_j}\right)^2u^2(\Delta m_j)+\left(\frac{\partial w}{\partial \Delta m_{j-1}}\right)^2u^2(\Delta m_{j-1})+\left(\frac{\partial w}{\partial \Delta L}\right)^2u^2(\Delta L) \tag{4-32}$$

其中：$\frac{\partial w}{\partial e}=\Delta m_j-\Delta m_{j-1}$；$\frac{\partial w}{\partial(\Delta m_j)}=e$；$\frac{\partial w}{\partial(\Delta m_{j-1})}=-e$；$\frac{\partial w}{\partial(\Delta L)}=1$。

10）应用举例

向样品试剂瓶中加入约0.1g的1,1,2,2-四氯乙烷，具体的数据记录如表4-124。

表4-124 试剂瓶称量不确定度贡献

参数	数值(x_i)	标准不确定度 $u(x_i)$	概率分布	灵敏系数 c_i	不确定度贡献 $c_i^2\cdot u^2(x_i)$	质量控制
m	100.000 00	0.000 06	矩形	0.009 999	3.60E-13	是
M	100.000 00	0.000 1	矩形	0.009 999	1.00E-12	否
ρ_M	8.00	0.012	矩形	0.000 018	4.87E-14	否
e	0.999 853	1.3E-05	矩形	0.202 2	6.45E-12	否
m_j	15.486 75	0.000 06	正态	0.999 853	3.60E-09	是
m_{j-1}	14.491 03	0.000 06	正态	0.999 853	3.60E-09	是
L	0	0.000 05	矩形	1	2.50E-09	否
ρ_{air}	1.200	0.005	矩形	0.999 325	1.21E-13	否
计算称量结果				w	0.995 57	
				$u(w)$	0.000 10	
				$u(w)/\%$	0.010%	

假设向样品试剂瓶中加入不同质量的液体，按不确定度结果最大的可能性进行计算，试剂瓶液体称量结果统计表如表4-125。

表 4－125　试剂瓶液体称量结果统计表　　g

试剂瓶加入液体的不确定度和质量修正				
液体质量	0.5	1.0	1.5	2.0
不确定度	0.000 10	0.000 10	0.000 10	0.000 10
修正质量	－0.000 07	－0.000 15	－0.000 22	－0.000 29

由表中可以看出，对于加入的液体在 0.5g～2g 之间，称量的标准不确定度都为 0.10mg。

三、不确定度的合成

根据上述不确定度来源分析及合成公式可获得不确定度如表 4－126。

表 4－126　1μmol·mol^{-1}氮中 31 组分挥发性有机物气体标准物质不确定度

组　分	制备过程 $u_{rel,prep}$ %	均匀性 $u_{rel,homog}$ %	稳定性 $u_{rel,stab}$ %	合成相对标准不确定度/%	扩展相对不确定度/% $k=2$
1,3－丁二烯	0.16	0.20	0.58	0.63	1.3
氯乙烯	0.15	0.27	0.47	0.56	1.1
正丁烷	0.18	0.13	0.62	0.66	1.3
一氯甲烷	0.12	0.28	0.63	0.70	1.4
苯	0.13	0.22	0.68	0.73	1.5
甲苯	0.15	0.20	0.67	0.72	1.4
乙苯	0.15	0.34	0.60	0.71	1.4
邻二甲苯	0.14	0.33	0.39	0.53	1.1
间二甲苯	0.13	0.25	0.79	0.84	1.7
对二甲苯	0.14	0.31	0.83	0.90	1.8
苯乙烯	0.16	0.33	0.86	0.93	1.9
1,3,5－三甲苯	0.14	0.23	0.90	0.94	1.9
二氯甲烷	0.13	0.35	0.53	0.65	1.3
三氯甲烷	0.16	0.21	0.28	0.38	0.8
四氯化碳	0.17	0.30	0.71	0.79	1.6

表 4 – 126（续）

组　　分	制备过程 $u_{rel,prep}$ %	均匀性 $u_{rel,homog}$ %	稳定性 $u_{rel,stab}$ %	合成相对标准不确定度/%	扩展相对不确定度/% $k=2$
顺 1,2 – 二氯乙烯	0.17	0.30	0.66	0.75	1.5
三氯乙烯	0.15	0.25	0.61	0.68	1.4
四氯乙烯	0.17	0.17	0.47	0.53	1.1
1,1,2 – 三氯乙烷	0.15	0.3	0.5	0.61	1.2
1,2 – 二氯乙烷	0.16	0.3	0.5	0.62	1.2
氯苯	0.13	0.3	0.7	0.81	1.6
1,4 二氯苯	0.16	0.2	0.7	0.75	1.5
1,3 二氯苯	0.13	0.3	0.5	0.58	1.2
1,2 二氯苯	0.16	0.3	0.7	0.81	1.6
乙酸乙酯	0.12	0.3	0.6	0.68	1.4
乙酸丁酯	0.15	0.4	0.4	0.59	1.2
正己烷	0.17	0.3	0.5	0.63	1.3
环己烷	0.16	0.2	0.9	0.91	1.8
甲基环戊烷	0.12	0.3	0.6	0.67	1.3
环己酮	0.18	0.3	0.7	0.76	1.5
丙酮	0.13	0.2	0.6	0.60	1.2

第五章　家具中 VOCs 检测方法的研究

第一节　预评估方法的研究

一、家具中 VOCs 释放速率模型

1. 家具中 VOCs 释放关键参数的快速测定方法

家具 VOCs 的释放特性由 3 个关键参数表征，即：初始可释放浓度 C_0，扩散系数 D_m，空气/材料界面处的分配系数 K。直流舱中家具 VOCs 的释放过程如图 5－1 所示。

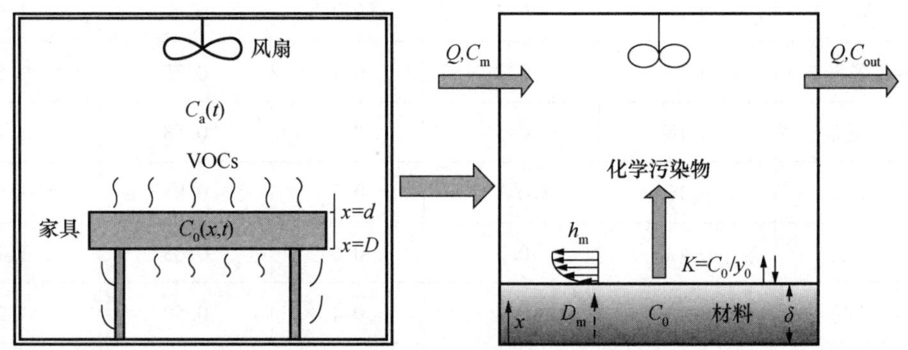

图 5－1　直流环境舱中家具 VOCs 释放过程示意图

直流环境舱内家具 VOCs 释放过程的解析解为：

$$C_a(t) = 2C_0\beta\sum_{n=1}^{\infty}\frac{q_n\sin q_n}{G_n}\exp(-D_m\delta^{-2}q_n^2t) \tag{5-1}$$

式中：$C_a(t)$ 为环境舱空气中 VOCs 浓度，$\mu g \cdot m^{-3}$；C_0 为材料初始可释放 VOCs 浓度，$\mu g \cdot m^{-3}$；D_m 为材料内 VOCs 扩散系数，$m^2 \cdot s^{-1}$；t 为释放时间，s；$G_n = [K\beta + (\alpha - q_n^2)KBi_m^{-1} + 2]q_n^2\cos q_n + [K\beta + (\alpha - 3q_n^2)KBi_m^{-1} + \alpha - q_n^2]q_n\sin q_n$；$K$ 为分配系数；δ 为材料厚度的一半，m；$Bi_m = h_m\delta/D_m$，为传质毕渥数，表征材料内部扩散质阻与材料表面对流质阻的比值；h_m 为对流传质系数，$m \cdot s^{-1}$；$\alpha = Q\delta/VD_m$，表示直流舱内的换气速率；$\beta = A\delta/V$，表示实验材料与舱内空气的体积比；其中 A 是家具的散发面积，q_n 为下述方程的正根：

$$q_n\tan q_n = \frac{\alpha - q_n^2}{K\beta + (\alpha - q_n^2)KBi_m^{-1}} \tag{5-2}$$

（1）方法一：线性拟合

当家具 VOCs 释放过程达到准稳态时，基于数学分析和物理简化，方程（5－1）可简化为如下形式：

$$\ln C_a(t) = SL \cdot t + INT \tag{5-3}$$

式中：

$$SL = -D_m\delta^{-2}q_1^2 \tag{5-4}$$

$$\mathrm{INT}=\ln\left(2C_0\beta\frac{q_1\sin q_1}{G_1}\right) \tag{5-5}$$

利用式（5－3）对测得的实验数据进行线性拟合，可得到斜率 SL 和截距 INT。由于准稳态过程家具中 VOCs 释放时 K 值的变化对 C_0 和 D_m 的影响不大（见图 5－2 的敏感性分析结果），可先预设一个 K 值作为已知，联立方程（5－4）和（5－5）即可求得 C_0 和 D_m 的值。

研究释放关键参数测定方法的主要目的在于为后续的释放速率模型研究提供基础数据，因为模型中涉及到相关释放参数，需要提前测定。

（2）方法二：多参数拟合（非线性拟合）

实验过程中项目组测定了直流环境舱中 7 天的 VOCs 浓度数据。根据前 4 天的浓度数据用遗传算法对释放模型进行非线性拟合，可同时获得家具 VOCs 的全部 3 个释放关键参数。该方法对实验测试数据没有严苛的要求，具有较好的鲁棒性，并具有较高的精度，称之为多参数拟合法。在测定释放关键参数后，可以将关键参数代入释放模型中，预测后 3 天的浓度结果，然后跟实测数据做对比，来验证释放关键参数的正确性。

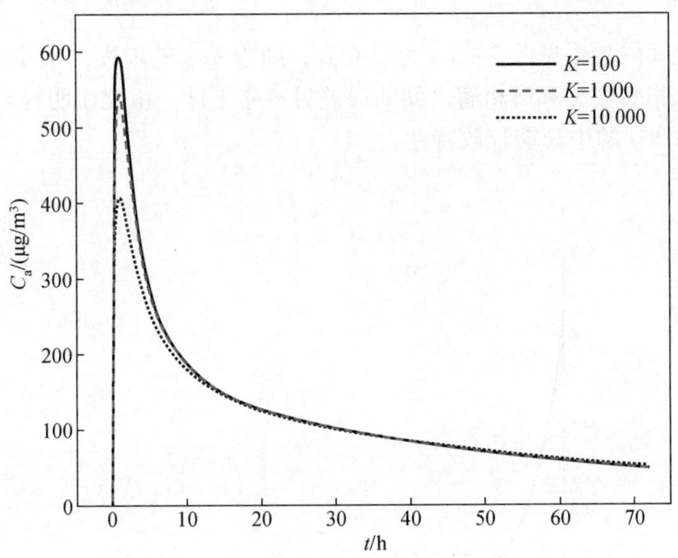

图 5－2　中密度板中 $C_a(t)$ 随 K 的变化曲线

2. 家具中 VOCs 释放速率模型的简化

如上所述，环境舱内气相 VOCs 浓度的完全解析解为式（5－1），形式较为复杂。数值计算表明，解析解中求和项衰减得很快，当家具释放过程达到准稳态时，取前两项即能达到足够的精度。由此提出一种新的简化双指数模型，即用完全解析解中求和项的前两项来近似表示气相 VOCs 浓度，此时家具的释放速率可表示为：

$$E=\frac{Q}{A}C_a+\frac{V}{A}\frac{\mathrm{d}C_a}{\mathrm{d}t}=M_1\exp(-D_m\delta^{-2}q_1^2t)+M_2\exp(-D_m\delta^{-2}q_2^2t) \tag{5-6}$$

式中：$M_1=2C_0\left(\frac{Q}{A}-\frac{V}{A}D_m\delta^{-2}{q_1}^2\right)\frac{\beta q_1\sin q_1}{G_1}$；$M_2=2C_0\left(\frac{Q}{A}-\frac{V}{A}D_m\delta^{-2}{q_2}^2\right)\frac{\beta q_2\sin q_2}{G_2}$。

公式（5－6）表明，如果已知家具的尺寸及环境舱（或实际环境）测试条件，再结合已测定的家具释放关键参数，即可预测不同时刻家具VOCs的释放速率。

3. 释放速率双指数模型与解析解之间的误差分析

经分析，家具VOCs释放速率的双指数模型与解析解之间的误差，用 η 表示为如下关联式：

$$\eta = \left| \frac{C_{a,n} - C_{a,2}}{C_{a,n}} \right| = A \cdot \left(\frac{D_m}{D_{m0}} \right)^B \cdot \left(\frac{K}{K_0} \right)^C \cdot \exp(-D \cdot Fo_m) \tag{5-7}$$

式中：$C_{a,n}$为解析解算出的污染物浓度（或释放速率）；$C_{a,2}$为双指数模型算出的污染物浓度（或释放速率）；Fo_m 为传质傅里叶数（$=D_m t/\delta^2$）；D_{m0}、K_0 相当于基准值，根据已有文献中给出的 D_m 和 K 的范围近似取中间值，即：$D_{m0}=10^{-11}\text{m}^2/\text{s}$，$K_0=5\,000$。由数值计算得到 $C_{a,n}$及 $C_{a,2}$的大量数据，代入式（5－7）进行非线性拟合可求出未知系数 A、B、C、D。

基于大量数据拟合得到双指数模型与解析解之间的误差 η：

$$\eta = 6.43 \times 10^{-1} \cdot \left(\frac{D_m}{D_{m0}} \right)^{1.88 \times 10^{-3}} \cdot \left(\frac{K}{K_0} \right)^{-7.93 \times 10^{-3}} \cdot \exp(-56.9 \times Fo_m) \tag{5-8}$$

η 与 Fo_m 之间的关系见图5－3。可以看到，随着 Fo_m 的增大，误差急剧减小。当 Fo_m 大于0.1时，双指数模型和解析解之间的误差可忽略不计。由此说明释放速率模型能够精确地预测家具VOCs的中长期释放特性。

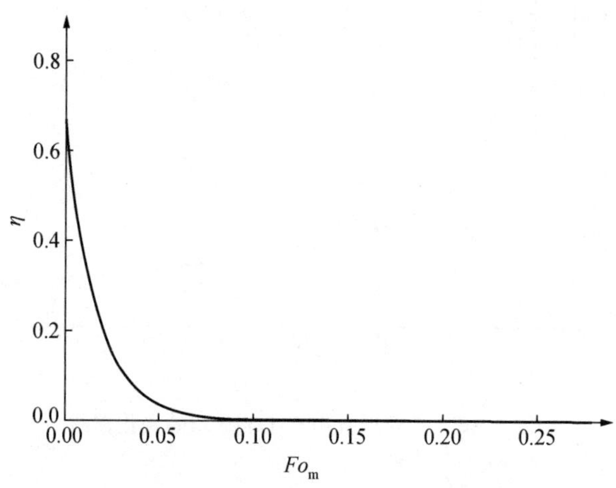

图5－3　η 与 Fo_m 之间的关系

4. 数据分析及模型验证

（1）线性拟合－实验验证

基于前期测试结果获得的实验数据，利用预测－校正法并辅以全拟合法对实验数据进行了处理分析，获得了板式家具VOCs在不同温度下的释放关键参数值，结果列于表5－1中。

表5－2显示，对于同一种板式家具散发的大部分VOCs而言，初始可散发浓度 C_0 和

扩散系数 D_m 随温度的升高而增大，而分配系数 K 随温度的升高而减小。释放关键参数随温度的关系可由下面的 3 个公式描述：

$$C_0 = \frac{C_1}{\sqrt{T}}\exp\left(-\frac{C_2}{T}\right) \tag{5-9}$$

$$D_m = D_1 T^{1.25}\exp\left(-\frac{D_2}{T}\right) \tag{5-10}$$

$$K = K_1 T^{1/2}\exp\left(\frac{K_2}{T}\right) \tag{5-11}$$

式中：C_1、C_2、D_1、D_2、K_1、K_2 为与温度无关的常数，只取决于家具－VOCs 对的物理化学性质。

表 5－1　实验条件

温度/℃	湿度/%	换气率/h^{-1}	环境舱体积/m^3	家具尺寸/mm
23	50	0.5	1	300×350×400
29	50	0.5	1	300×350×400

表 5－2　测定的不同温度下板式家具散发 VOCs 的释放关键参数值

污染物种类	温度/℃	C_0/(μg·m^{-3})	D_m/(m^2·s^{-1})	K
丙烯醛/丙酮	23	661 759	2.39×10^{-10}	2 770
	29	721 273	5.92×10^{-10}	2 042
乙醛	23	67 982	8.82×10^{-10}	2 252
	29	85 901	1.46×10^{-9}	1 896
苯甲醛	23	89 495	3.97×10^{-10}	713
	29	94 232	1.11×10^{-9}	676
戊醛	23	88 409	7.7×10^{-11}	744.5
	29	95 631	2.62×10^{-10}	434.0
乙二醇乙醚乙酸酯	23	7 064	1.72×10^{-9}	79
	29	7 543	1.86×10^{-9}	76
1,3－二氯－2－丙醇	23	18 906	1.23×10^{-9}	124
	29	14 921	1.24×10^{-9}	109
乙二醇二乙酸酯	23	47 686	1.39×10^{-9}	292
	29	31 776	2.36×10^{-9}	126
对间二甲苯	23	56 610	5.08×10^{-10}	841
	29	21 144	7.19×10^{-10}	308

表 5-2（续）

污染物种类	温度/℃	$C_0/(\mu g \cdot m^{-3})$	$D_m/(m^2 \cdot s^{-1})$	K
乙酸丁酯	23	20 950	6.79×10^{-11}	869
	29	10 351	9.78×10^{-11}	326

在测定了不同温度下的释放关键参数之后，利用公式（5-9）~（5-11）对测定结果进行拟合，即可获得公式中的常数值，然后即可用于预测其他测试温度下的释放关键参数。在工程应用方面非常方便。

通过以下验证板式家具散发 9 种 VOCs 的数据如下。具体方法为：将表 5-2 中的测定的释放关键参数值代入简化双指数释放速率模型（5-6）公式中，计算出不同散发时间下的释放速率 E，然后结合环境舱中的质量守恒方程式（5-12）预测得到环境舱中的空气相 VOCs 浓度（C_a），进而与实测结果进行对比。图 5-4 为详细的对比结果图，可以看到，简化双指数模型的预测值和实测值吻合较好，较好地表明了释放速率模型的有效性。

$$V\frac{dC_a}{dt}=A\cdot E-Q\cdot C_a \tag{5-12}$$

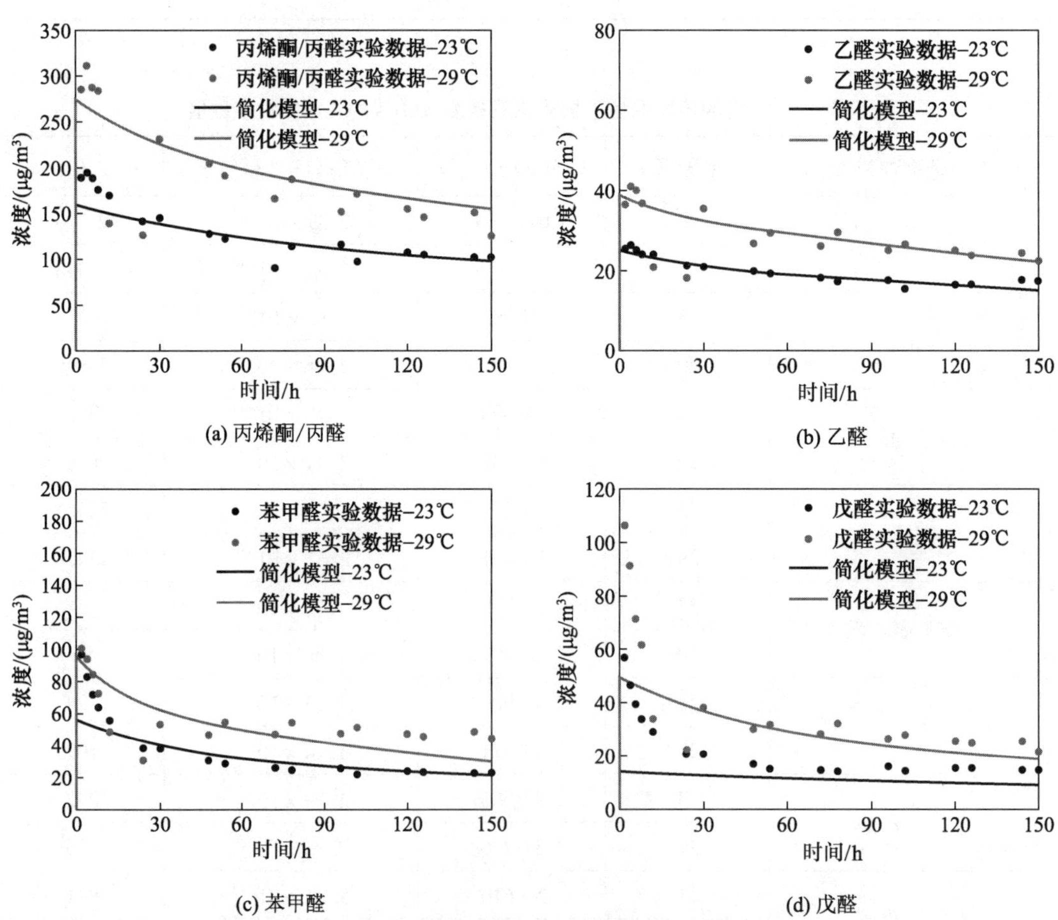

图 5-4　简化双指数释放速率模型与试验结果的对比

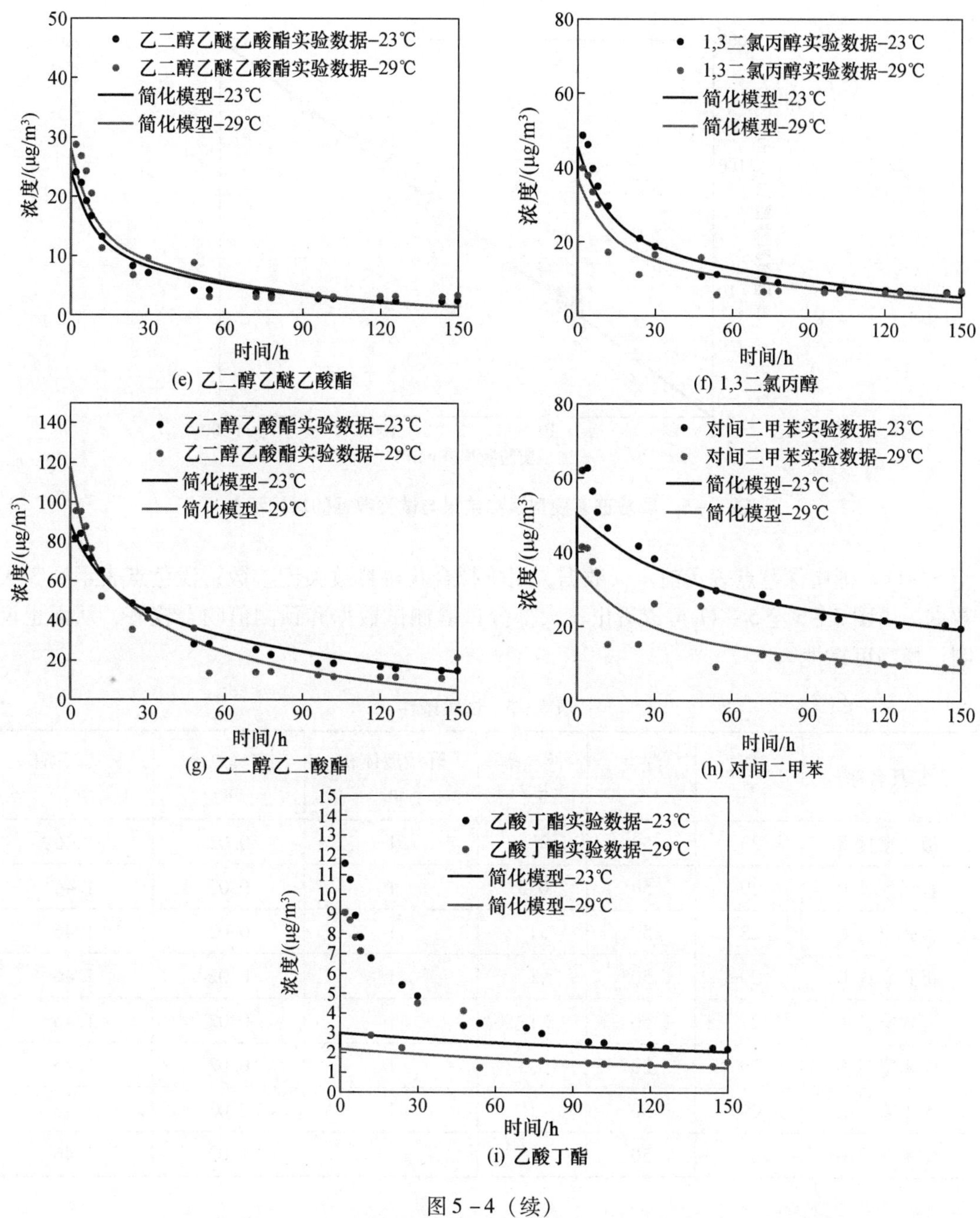

(e) 乙二醇乙醚乙酸酯

(f) 1,3二氯丙醇

(g) 乙二醇乙二酸酯

(h) 对间二甲苯

(i) 乙酸丁酯

图 5 -4（续）

将上述 VOCs 的浓度数据点与对应时刻的模型预测结果绘制成总图，见图 5 -5。由图可见家具中 VOCs 释放速率简化模型的预测结果与试验数据点的对比更加直观。

（2）多参数拟合 - 试验验证

规定表 5 -3 所示的试验条件下，测得不同板式家具和实木家具中多种 VOCs 在直流环境舱中的释放浓度数据，同时，基于所测释放关键参数，根据模型进行预测值。4 种板式家具和 4 种实木家具中 VOCs 在规定条件下根据模型释放关键参数值，结果列于表 5 -4 至 5 -8 中。基于所测释放关键参数的预测值与后 3 天环境舱浓度实测值的对比见图 5 -6

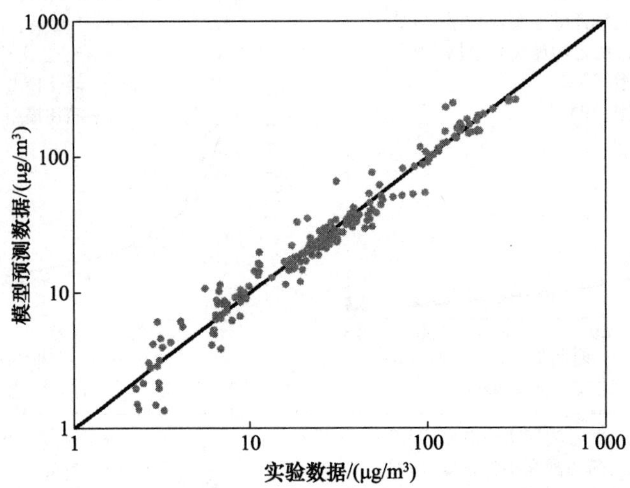

图 5-5 释放速率模型预测结果与试验数据的对比汇总

至 5-11。图中深色点表示前 4 天数据，用于拟合获得释放关键参数；浅色点表示后 3 天数据。由图 5-6 至 5-11 可以看出，大部分试验测试数据和预测值吻合较好，从而也说明了模型可靠性。

表 5-3 试验条件

家具名称	温度 ℃	湿度 %	换气率 h^{-1}	环境舱体积 m^3	家具厚度 mm	家具表面积 m^2
板式家具 A	23	50	0.5	1	0.02	1.46
板式家具 B	29	50	0.5	1	0.02	1.46
板式家具 C	23	50	1	1	0.02	1.46
板式家具 D	29	50	1	1	0.02	1.46
实木家具 A	23	50	1	1	0.02	1.46
实木家具 B	29	50	0.5	1	0.02	1.46
实木家具 C	29	50	1	1	0.02	1.46
实木家具 D	23	50	1.5	1	0.02	1.46

表 5-4 测定的板式家具 A/B 的释放关键参数值（$0.5h^{-1}$）

污染物种类	温度/℃	C_0/($\mu g \cdot m^{-3}$)	D_m/($m^2 \cdot s^{-1}$)	K
苯乙烯	23	1.07×10^5	1.97×10^{-11}	1 099
	29	—	—	—
二甲苯	23	3.72×10^5	4.36×10^{-11}	4 355
	29	8.97×10^4	8.96×10^{-11}	1 124

表5－4（续）

污染物种类	温度/℃	$C_0/(\mu g \cdot m^{-3})$	$D_m/(m^2 \cdot s^{-1})$	K
甲苯	23	1.23×10^4	6.81×10^{-11}	605
	29	1.90×10^4	2.34×10^{-11}	12
乙苯	23	6.40×10^4	5.99×10^{-11}	3 707
	29	1.68×10^4	2.16×10^{-10}	1 677
乙二醇二乙酸酯	23	6.51×10^5	1.09×10^{-11}	2 733
	29	1.65×10^5	1.30×10^{-10}	322
乙二醇乙醚	23	2.95×10^3	1.05×10^{-10}	580
	29	—	—	—
乙酸丁酯	23	3.36×10^4	6.12×10^{-11}	1 100
	29	2.06×10^4	6.42×10^{-11}	388
1,3－二氯丙醇	23	9.08×10^4	1.14×10^{-10}	469
	29	6.94×10^4	1.28×10^{-10}	408
乙二醇乙醚醋酸酯	23	2.86×10^4	1.98×10^{-10}	149
	29	2.96×10^4	3.19×10^{-10}	200
丙烯醛/丙酮	23	2.03×10^6	4.54×10^{-11}	7 595
	29	2.37×10^6	9.60×10^{-11}	5 840
苯甲醛	23	2.92×10^5	5.49×10^{-11}	1 289
	29	7.76×10^5	7.48×10^{-11}	6 494
戊醛	23	2.32×10^5	2.52×10^{-11}	1 687
	29	3.71×10^5	4.45×10^{-11}	1 551

表5－5　测定的实木家具A的释放关键参数值（23℃，$1.0h^{-1}$）

污染物种类	温度/℃	$C_0/(\mu g \cdot m^{-3})$	$D_m/(m^2 \cdot s^{-1})$	K
丙醛	23	1.45×10^5	1.37×10^{-11}	21 130
丙酮	23	2.07×10^5	5.56×10^{-11}	5 987
甲苯	23	1.46×10^5	1.05×10^{-10}	1 793

表5－6　测定的实木家具B的释放关键参数值（29℃，$0.5h^{-1}$）

污染物种类	温度/℃	$C_0/(\mu g \cdot m^{-3})$	$D_m/(m^2 \cdot s^{-1})$	K
丙烯醛/丙酮	29	2.43×10^5	1.25×10^{-10}	3 475

表 5-7　测定的实木家具 C 的释放关键参数值（29℃，1.0h^{-1}）

污染物种类	温度/℃	C_0/（μg·m^{-3}）	D_m/（m^2·s^{-1}）	K
丙酮	29	3.34×10^5	3.28×10^{-10}	5 609
丙醛	29	3.34×10^5	3.28×10^{-10}	5 609

表 5-8　测定的实木家具 D 的释放关键参数值（23℃，1.5h^{-1}）

污染物种类	温度/℃	C_0/（μg·m^{-3}）	D_m/（m^2·s^{-1}）	K
丙醛	23	1.70×10^5	6.74×10^{-11}	18 767
丙酮	23	6.38×10^5	4.23×10^{-11}	20 464
乙酸丁酯	23	3.68×10^4	5.59×10^{-11}	35 310

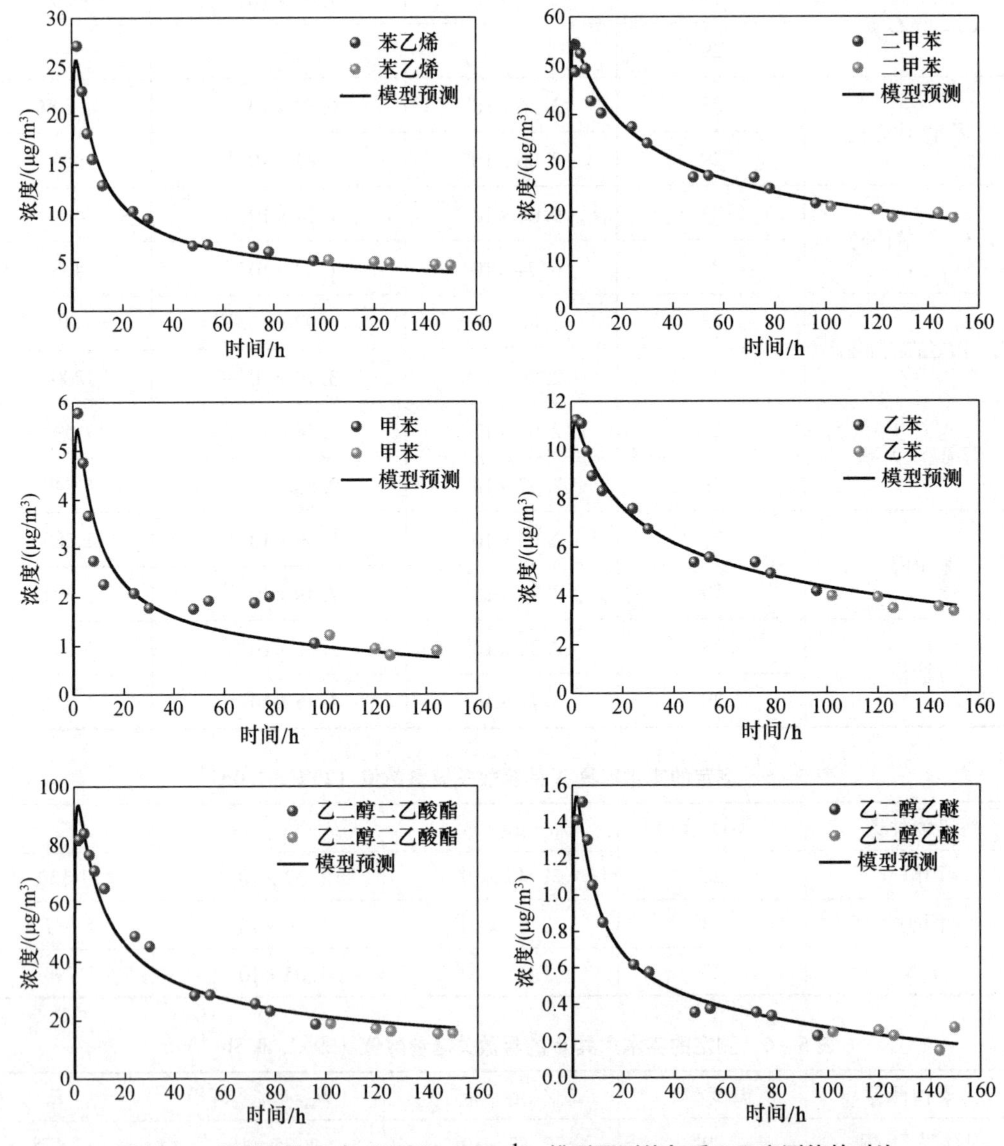

图 5-6　板式家具 A 在（23℃，0.5h^{-1}）模型预测值与后 3 天实测值的对比

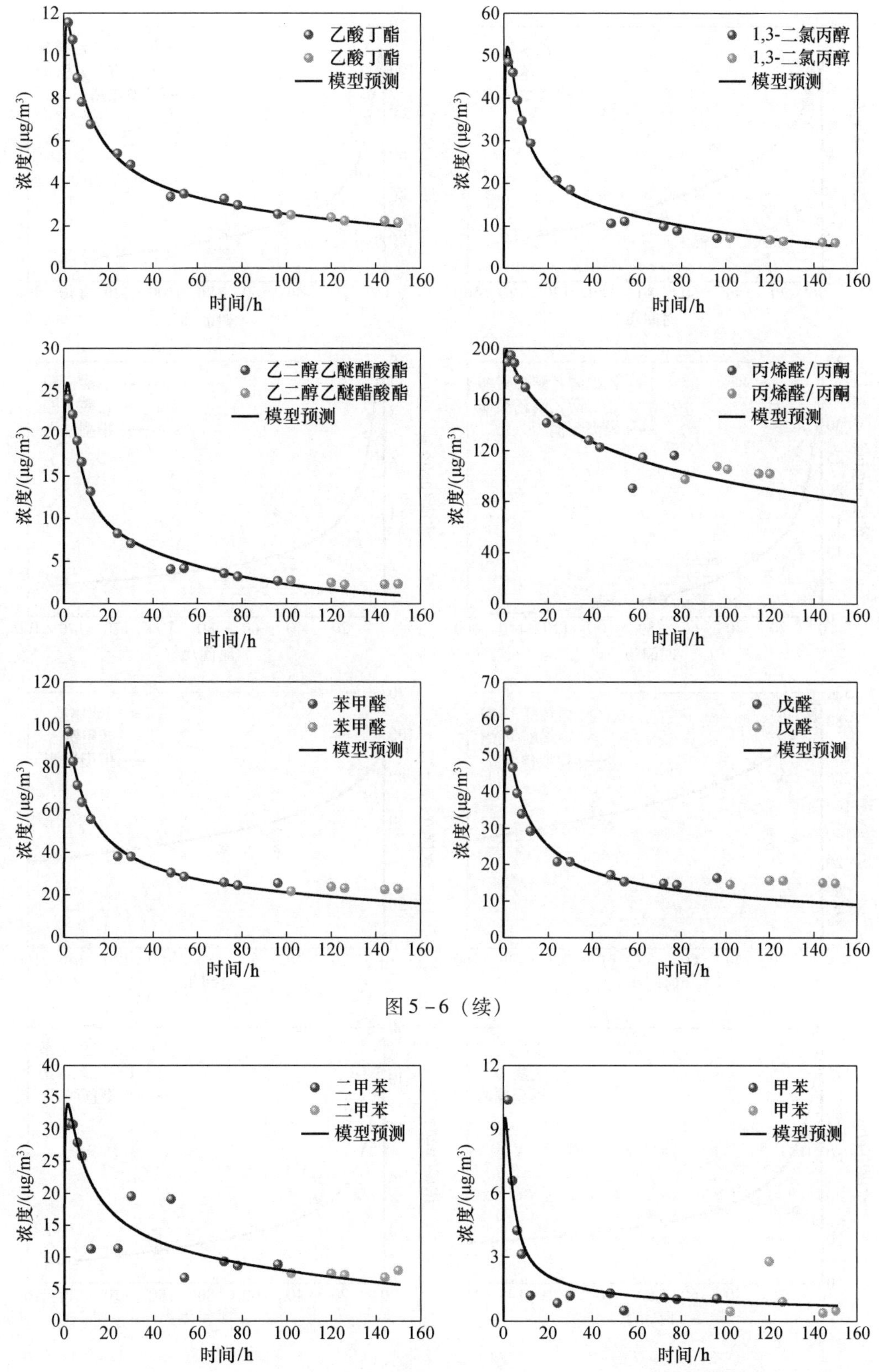

图 5 -6（续）

图 5 -7　板式家具 B（29℃，0.5h⁻¹）模型预测值与后 3 天实测值的对比

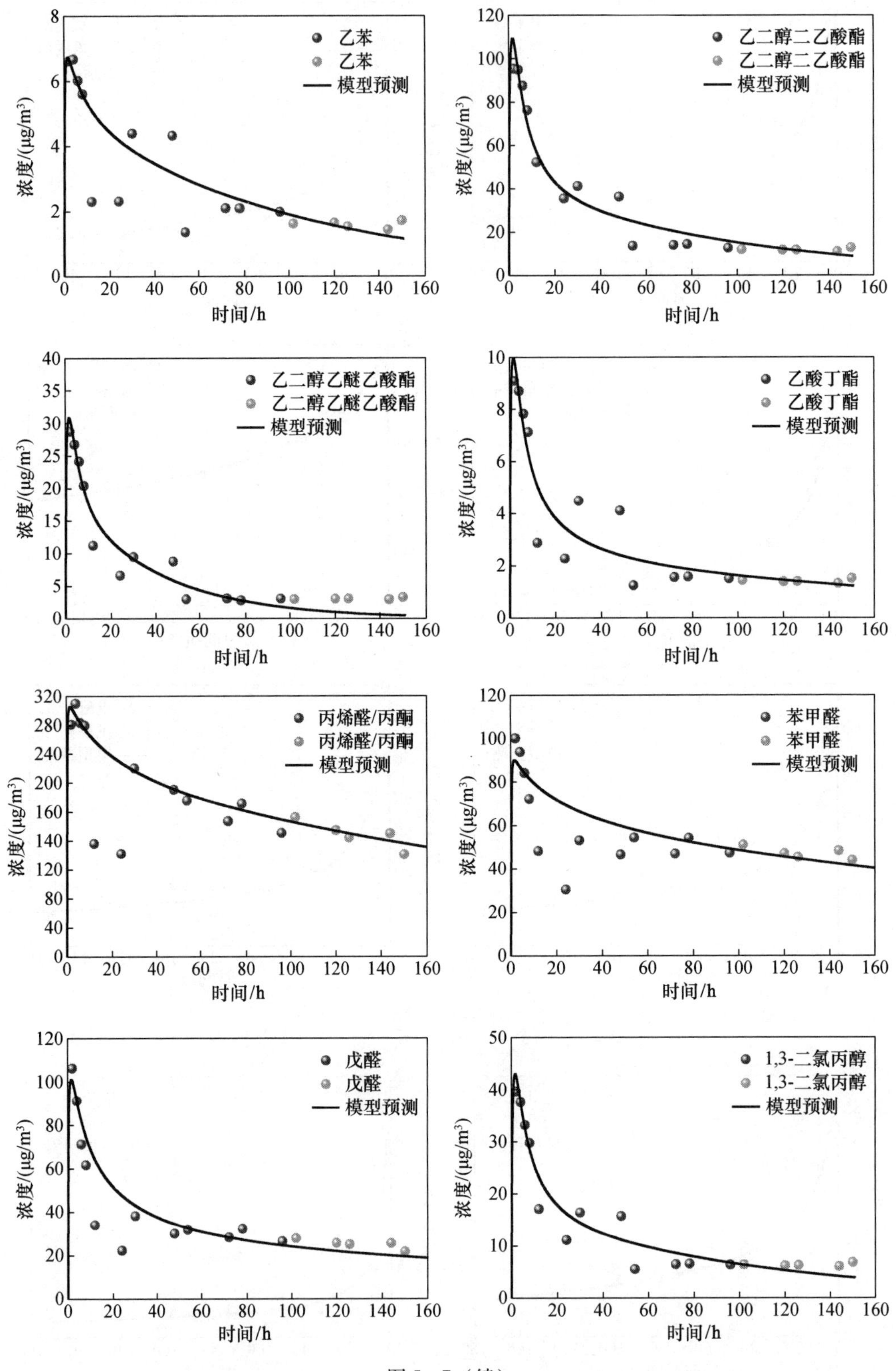
乙苯
乙苯
模型预测
浓度/(μg/m³)
时间/h
乙二醇二乙酸酯
乙二醇二乙酸酯
模型预测
乙二醇乙醚乙酸酯
乙二醇乙醚乙酸酯
模型预测
乙酸丁酯
乙酸丁酯
模型预测
丙烯醛/丙酮
丙烯醛/丙酮
模型预测
苯甲醛
苯甲醛
模型预测
戊醛
戊醛
模型预测
1,3-二氯丙醇
1,3-二氯丙醇
模型预测

图5-7（续）

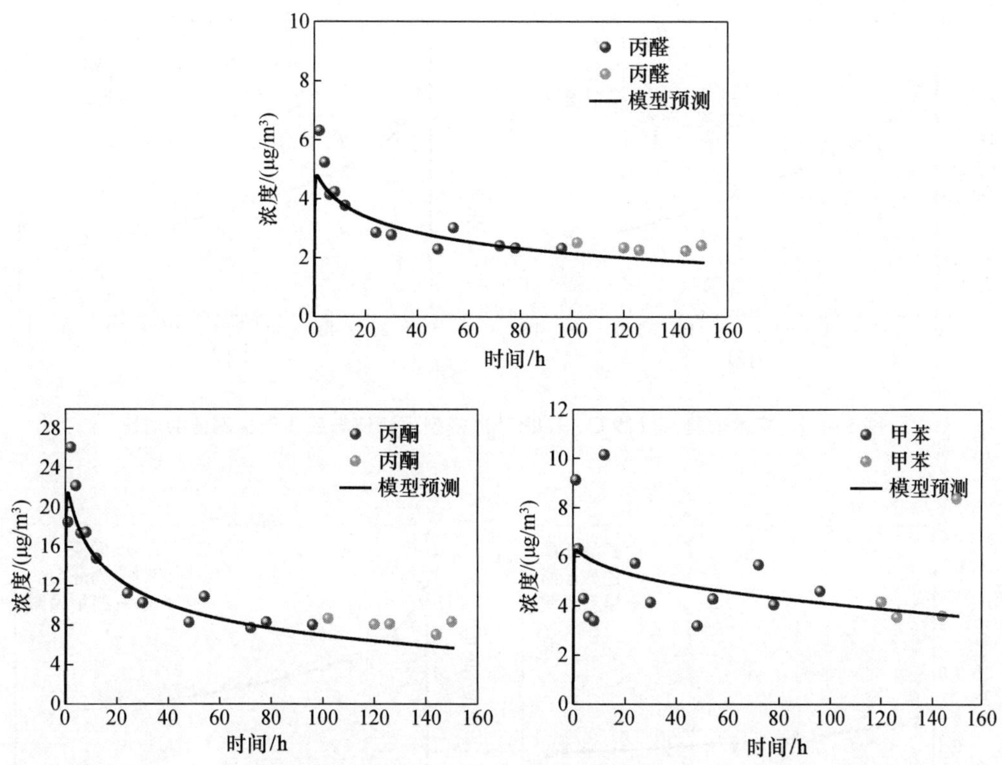

图 5-8　实木家具 A（23℃，1.0h^{-1}）模型预测值与后 3 天实测值的对比

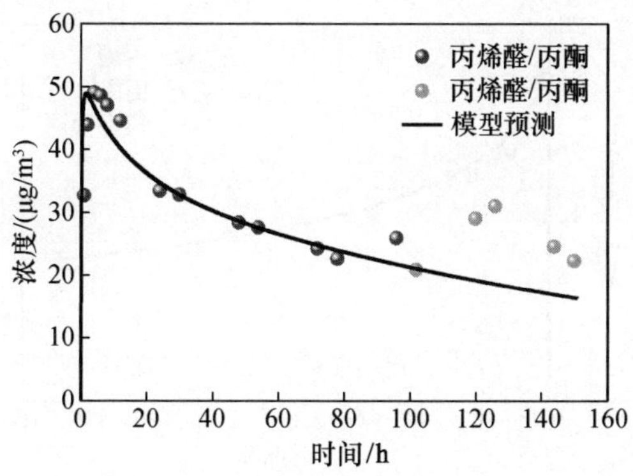

图 5-9　实木家具 B（29℃，0.5h^{-1}）模型预测值与后 3 天实测值的对比

对不同板式家具和实木家具释放多种高关注度 VOCs 的测试数据进行了验证。具体验证方法为：将表 5-4 至 5-8 中测定的释放关键参数值代入双指数释放速率模型公式(5-13)中，计算出不同时间下的释放速率 E，然后结合环境舱中的质量守恒方程式(5-14) 预测得到环境舱中空气相 VOCs 浓度（C_a），进而与实测结果进行对比。图 5-12 为释放速率模型预测结果与试验数据的对比汇总图，从图中可以看到，简化双指数模型的预测值和实测值吻合较好，从而也验证了释放速率模型的有效性。

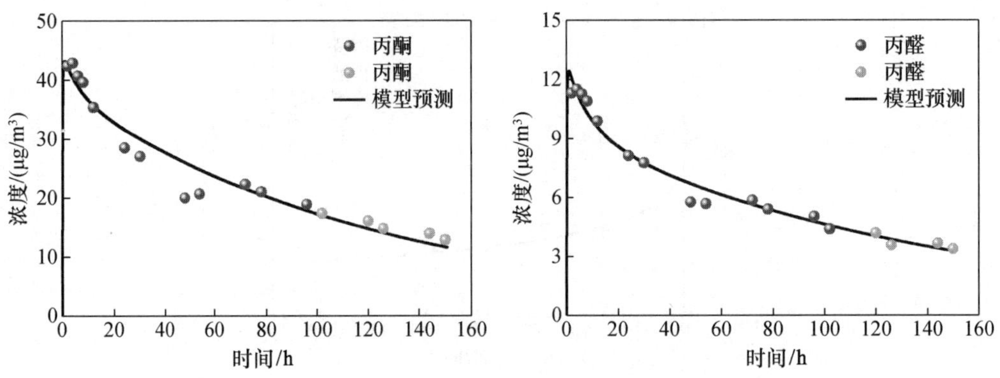

图5-10　实木家具C（29℃，1.0h⁻¹）模型预测值与后3天实测值的对比

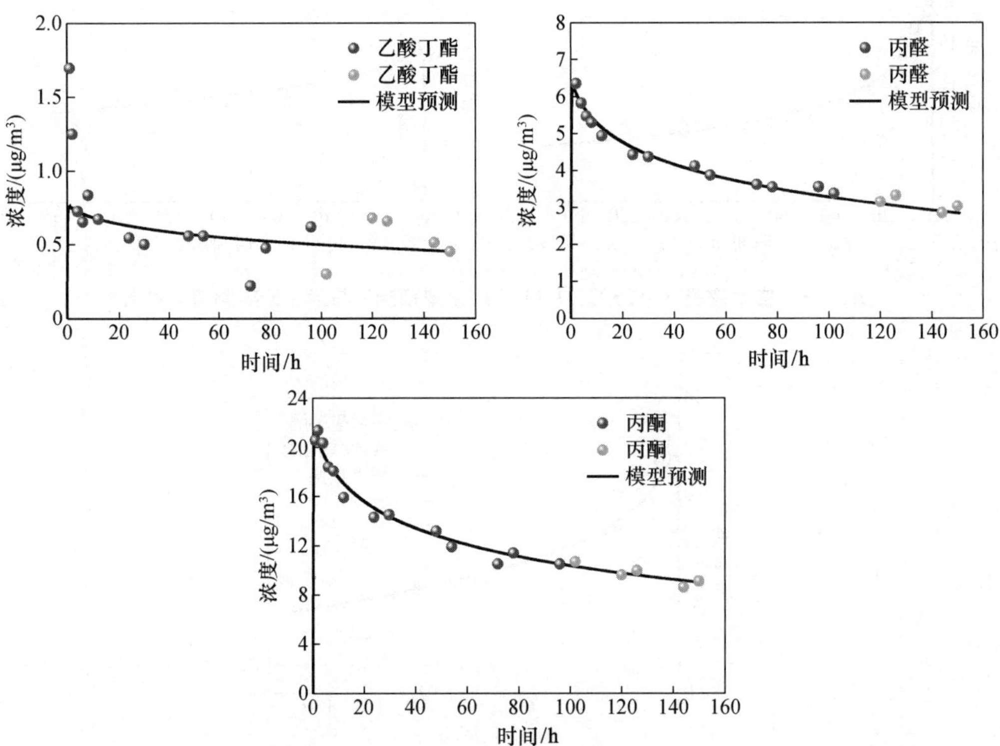

图5-11　实木家具D（23℃，1.5h⁻¹）模型预测值与后3天实测值的对比

$$E = M_1 \exp(-D_m \delta^{-2} q_1^2 t) + M_2 \exp(-D_m \delta^{-2} q_2^2 t)] \tag{5-13}$$

$$V \frac{dC_a}{dt} = A \cdot E - Q \cdot C_a \tag{5-14}$$

式中：

$$M_1 = 2C_0\left(\frac{Q}{A} - \frac{V}{A}D_m\delta^{-2}q_1^2\right)\frac{\beta q_1 \sin q_1}{G_1};M_2 = 2C_0\left(\frac{Q}{A} - \frac{V}{A}D_m\delta^{-2}q_2^2\right)\frac{\beta q_2 \sin q_2}{G_2}。$$

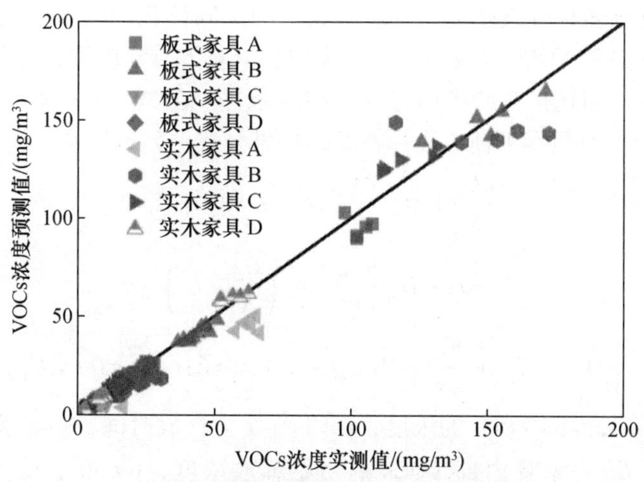

图 5-12　释放速率模型预测结果与试验数据的对比汇总

二、家具中 VOCs 的体积承载率模型

模型原理：建立基于传质模型的不同家具产品在不同体积承载率下的 VOCs 的释放模型，通过已知参数和线性拟合求得的参数，利用并行计算，得到不同体积承载率下的 VOCs 释放浓度随时间的变化，从而达到通过时间输入预测出 3 种体积承载率下的 VOCs 释放浓度。

1. 模型建立

研究初期利用双指数模型的特征（即基于表面释放），预测不同承载率情况下的不同家具产品的 VOCs 随时间的释放。通过穿鞋凳和床头柜等样品的 VOCs 检测数据验证预测结果的吻合性。

为使模型中的参数均具有物理意义，将模型在建材 VOCs 释放的基础上做一些处理和简化。将传质模型基础方程和并行计算程序结合起来，来评估家具产品在不同体积承载率下的基于表面释放的情况。

模型建立的思路如图 5-13 所示。

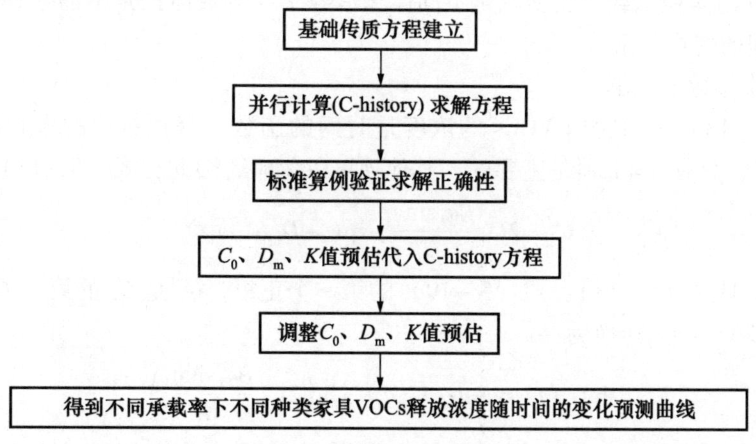

图 5-13　模型建立思路

因此，我们寻求多种解决办法，最终确定采用不同体积承载率下的 VOCs 测试数据，通过已有的研究中关于 VOCs 释放的速率的模型，借鉴传质学原理，释放分为内部扩散和边界对流两个过程。描述扩散的控制方程和初始条件见公式（5－15），描述对流的边界条件见式（5－16），舱质量平衡方程和初始条件见公式（5－17）：

$$\frac{\partial C_m}{\partial t}=D_m\frac{\partial^2 C_m}{\partial y^2};C_m(t=0)=C_0 \tag{5-15}$$

$$\frac{\partial C_m}{\partial y}=0;-D_m\frac{\partial C_m}{\partial y}=h_m\left(\frac{C_m}{K}-C_a\right),y=\delta \tag{5-16}$$

$$\frac{dC_a}{dt}V=-D_mA\frac{\partial C_m}{\partial y}+Q(C_{in}-C_a),y=\delta;C_a(t=0)=C_{a,0} \tag{5-17}$$

式中，C_m 为家具内部 VOCs 的浓度，$\mu g/m^3$；t 为释放时间，s；y 为距离，m；D_m 为扩散系数，m^2/s；C_0 为家具内部 VOCs 的初始释放浓度，$\mu g/m^3$；h_m 为对流传质系数，m/s；K 为家具－空气的分割系数；C_a 为舱内 VOCs 的浓度，$\mu g/m^3$；Q 为舱内的流量，m^3/s；V 为舱的体积，m^3；A 为家具的表面积，m^2；C_{in} 为气候舱入口 VOCs 浓度；$C_{a,0}$ 为 $t=0$ 时舱内 VOCs 的浓度，即舱内的背景浓度。

通过 Laplace 变换推导式（5－15）～（5－17），可以推导出舱内 VOCs 的浓度：

$$C_a(t)=2C_0\sum_{n=1}^{\infty}\frac{\beta q_n\sin q_n}{G_n}\exp(-D_m\delta^{-2}q_n^2t) \tag{5-18}$$

式中：$G_n=[K\beta+(\alpha-q_n^2)KBi_m^{-1}+2]q_n^2\cos q_n+[K\beta+(\alpha-3q_n^2)KBi_m^{-1}+\alpha-q_n^2]q_n\sin q_n$，$Bi_m=h_m\delta/D_m$，$\alpha=Q\delta^2/D_mV$，$\beta=A\delta/V$

其中，β 表示家具的等效体积与环境舱的体积之比；q_n 为下述方程的正根：

$$q_n\tan q_n=\frac{\alpha-q_n^2}{K\beta+(\alpha-q_n^2)KBi_m^{-1}}\quad(n=1,2,\cdots) \tag{5-19}$$

（1）通过上述模型可以看出，体积承载率模型中家具的释放体积其实是家具的等效体积，即家具等效为板材后，板材的释放面积与厚度的乘积即为家具的体积；

（2）从式（5－18）可以看出，环境舱内的浓度 $C_a(t)$ 是包括体积承载率在内的多个参数的隐函数，即 $C_a(t)=f(C_0,D_m,h_m,K,\beta,Q)$；

（3）建立的体积承载率模型就是不同体积承载率（等效体积）下的家具释放的 VOCs 的浓度与时间的变化关系。

2. 模型中参数的求解

公式（5－18）表明舱内 VOCs 的浓度是时间的函数，等式右边的求和项衰减很快，当 t 足够大时，只有 $n=1$ 项是主要的，其他项可以忽略，因此，式（5－18）可以写成

$$C_a=2C_0\frac{\beta q_1\sin q_1}{G_1}\exp(-D_m\delta^{-2}q_1^2t) \tag{5-20}$$

式中，q_1 是式（5－18），式（5－19）的第一个正根，G_1 是 G_n 的第一项。

式（5－20）可以转换为：

$$\ln C_a(t)=-D_m\delta^{-2}q_1^2t+\ln\left(2C_0\frac{\beta q_1\sin q_1}{G_1}\right) \tag{5-21}$$

式（5－21）中，$C_a(t)$ 的对数与时间 t 呈线性关系，所以式（5－21）可以用下式

表示：

$$\ln C_{\mathrm{a}}(t)=\mathrm{SL}\cdot t+\mathrm{INT} \tag{5-22}$$

式中：

$$\text{斜率 } \mathrm{SL}=-D_{\mathrm{m}}\delta^{-2}q_1^2 \tag{5-23}$$

截距

$$\mathrm{INT}=\ln\left(2C_0\frac{\beta q_1\sin q_1}{G_1}\right) \tag{5-24}$$

因此，按照式（5－22）拟合测得的浓度与时间数据，便可以得到对应关系式中的斜率和截距。SL 和 INT 是 C_0、D_{m} 和 K 的函数，这 3 个参数不可能同时求出，所以固定 K 值通过拟合求 C_0 和 D_{m}。查阅文献，K 在 $500\sim1.5\times10^4$ 的范围内取值，K 在这个范围内对 C_0 和 D_{m} 的影响较小。

根据上述的基础方程以及公式（5－23）和（5－24）预估计的 C_0 和 D_{m}，我们通过并行计算（C－history）的方法，直接求出基础方程（5－15）、(5－16)、(5－17）的通解，而不是目前常用的简化计算，利用方程的通解，输入相应的参数，最后得到不同体积承载率下的 VOCs 释放预测曲线。

3. 并行计算程序评估

（1）编程。将方程（5－15）～(5－17）编入程序。

（2）检查程序，过程如下：

1）构造类似于方程（5－15）～(5－17）结构的函数如下：

$$\frac{\partial u}{\partial t}=\frac{\partial^2 u}{\partial x^2},x\in(0,1),t>0 \tag{5-25}$$

$$u(x,0)=\sin\pi x,x\in[0,1] \tag{5-26}$$

$$\frac{\partial u}{\partial x}(0,t)=\pi\exp(-\pi^2 t),\frac{\partial u}{\partial x}(1,t)=-\pi\exp(-\pi^2 t),t\leqslant0 \tag{5-27}$$

方程（5－25）～(5－27）的精确解是 $u(x,t)=\exp(-\pi^2 t)\sin\pi x$。

将以上方程代入程序，看误差情况，如图 5－14。

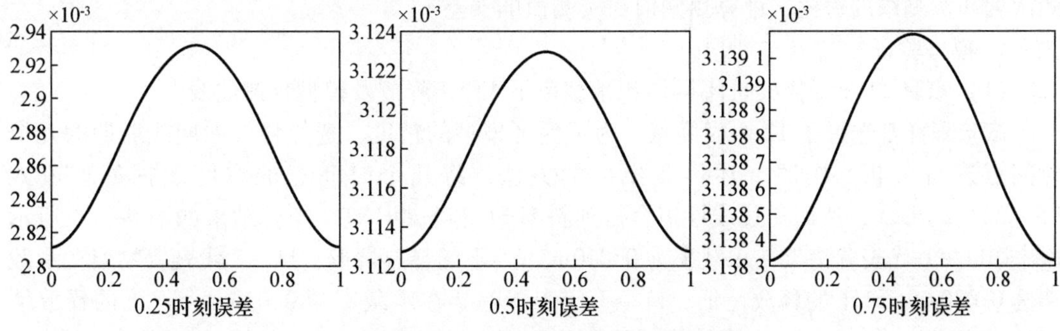

图 5－14　不同时刻的误差分析

从图 5－14 可以看出，不同时刻的误差均小于 4×10^{-3}，表明程序无误。

2）用等效算例进行验证

将文献中建材的 VOCs 释放参数代入程序进行验证，等效算例如表 5－9。

表 5－9　等效算例参数

参数	δ m	D_m m^2/h	C_0 μg/m^3	h_m m/h	K	V m^3	A m^2	Q m^3/h	C_{in} μg/m^3	$C_{a,0}$ μg/m^3
数值	0.015 9	2.754e－7	5.28e7	9	3 289	0.05	0.044 944	0.05	0	0

验证结果如图 5－15（深色的线是程序的拟合曲线，浅色的线是用文献模型的拟合曲线，方块点是测得的数据）。

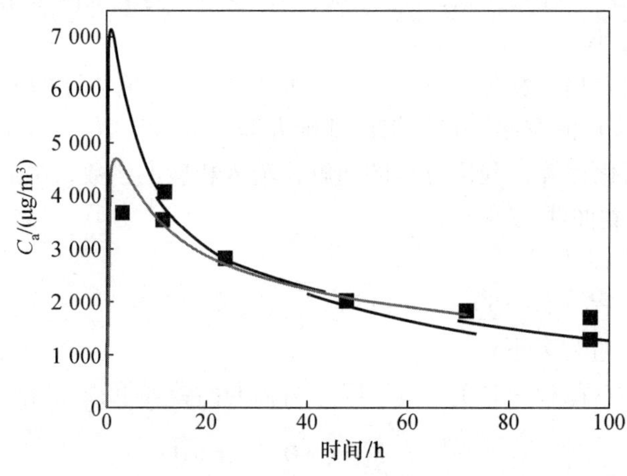

图 5－15　程序验证

从图 5－15 可以看出，测得的浓度与用程序预测的浓度更接近，因此用程序求预测浓度快速准确。

（3）将已知参数和求得的主要参数代入程序，即可算出 C_a（即为预测浓度）。将预测浓度和实测浓度对比，计算预测值与实测值的误差。

4. 模型验证

（1）家具 11（置物架）不同体积承载率下 VOCs 释放及模型预测曲线

试验采样都选择了 12 个时间点，为了保证模型的精度，选择释放中期或后期的几个时间点进行分析。按照上述传质模型的方法，将几个时间点的浓度数据处理成式（5－22）的形式，然后通过线性拟合得到斜率 SL 和截距 INT。拟合结果如图 5－16 所示（图中 11－1 代表置物架在承载率为 0.010m^3/m^3 下的释放情形；11－2 代表置物架在承载率为 0.020m^3/m^3 下的释放情形；11－3 代表置物架在承载率为 0.030m^3/m^3 下的释放情形）。置物架 10 种 VOCs 不同体积承载率下的释放预测曲线如图 5－17 所示。

根据图 5－16 所示的各个拟合直线的斜率和截距，设定一个 K 的初始值作为已知参数（K 在 500～1.5×10^4 的范围内取值，取值的原则是使得预测浓度和实测浓度比较接近），联立式（5－22）～（5－24），通过 MATLAB 编程计算即可求得相应的参数 C_0 和 D_m 的值。将求得的参数代入程序，然后用数学上调参数的方法调整参数 C_0、D_m 和 K，直至预测浓度和实测浓度比较接近，计算时使用的 C_0、D_m 和 K 值见表 5－10。

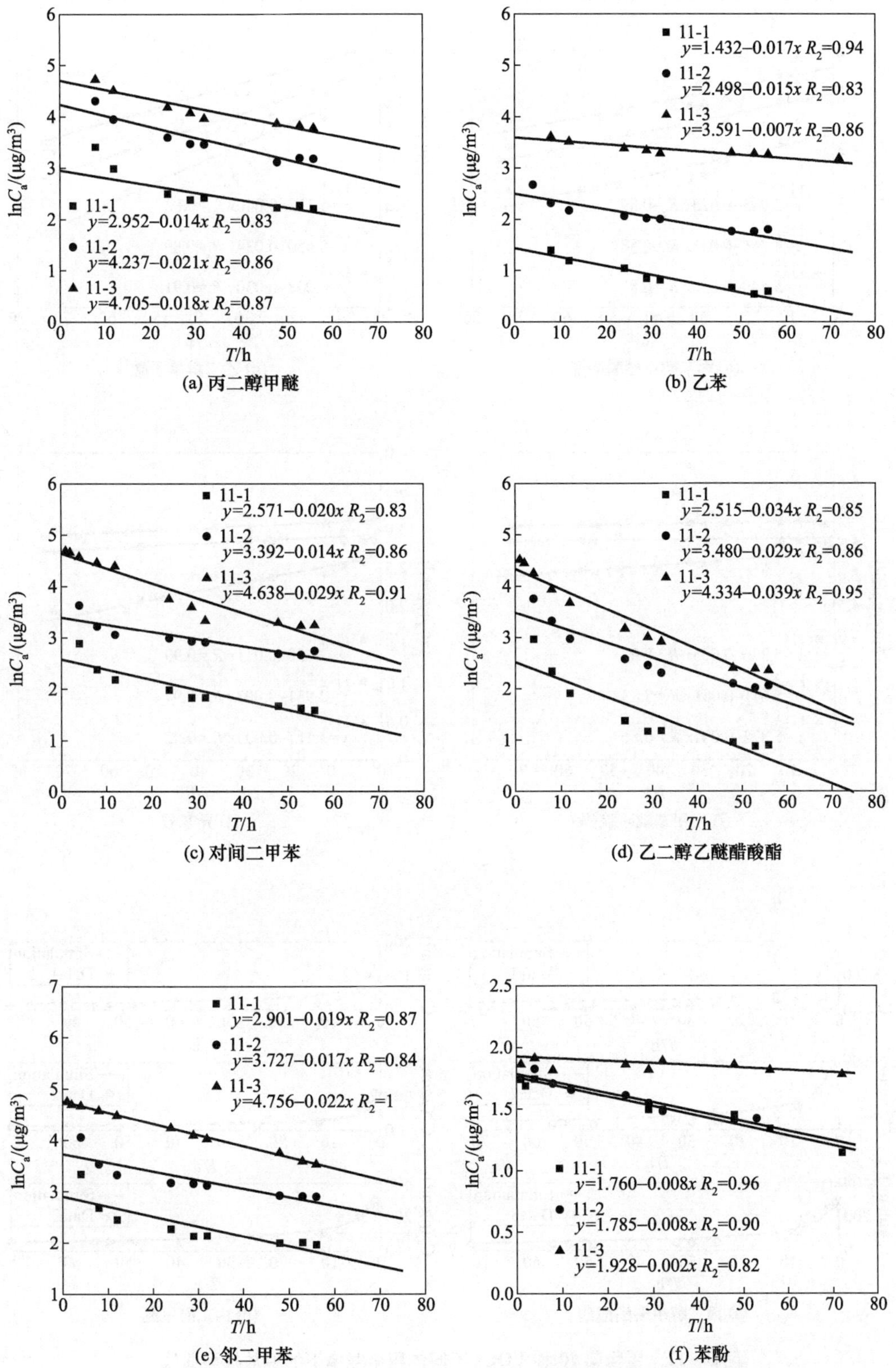

图 5-16　家具 11（置物架）中 VOCs 在不同承载率下的线性拟合结果

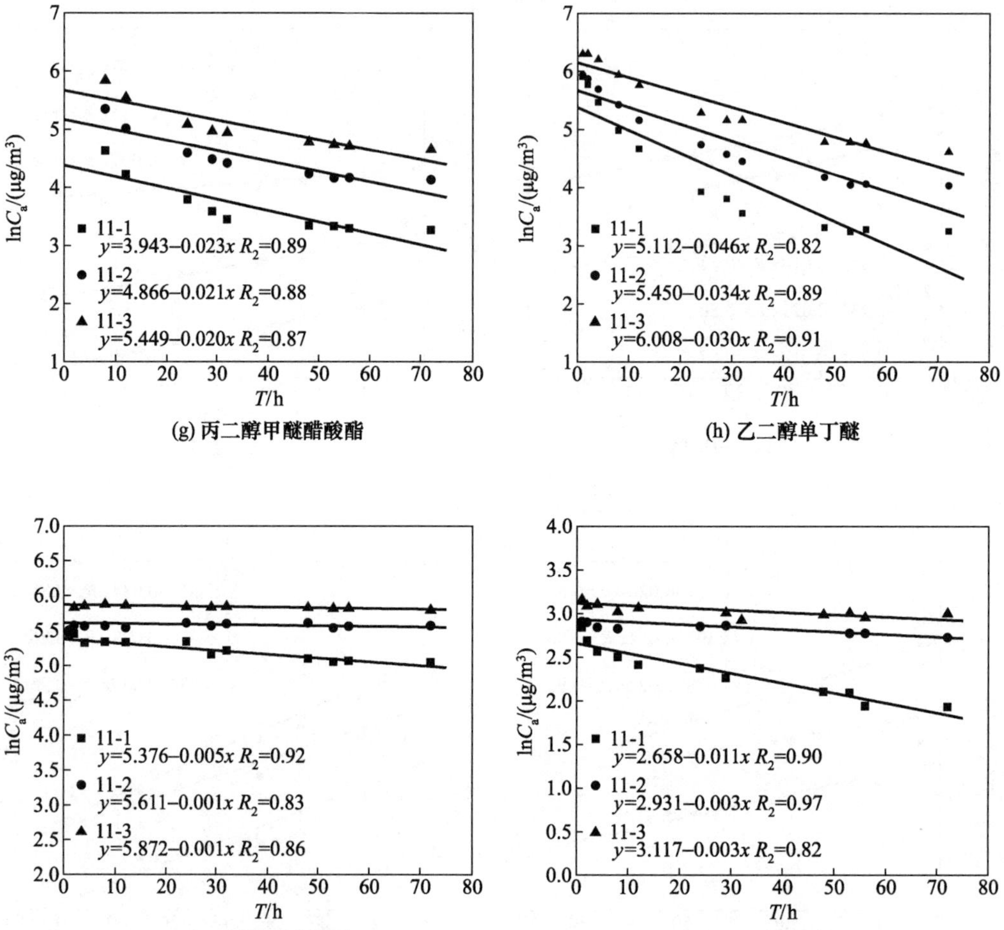

11-1 y=3.943–0.023x R_2=0.89
11-2 y=4.866–0.021x R_2=0.88
11-3 y=5.449–0.020x R_2=0.87

(g) 丙二醇甲醚醋酸酯

11-1 y=5.112–0.046x R_2=0.82
11-2 y=5.450–0.034x R_2=0.89
11-3 y=6.008–0.030x R_2=0.91

(h) 乙二醇单丁醚

11-1 y=5.376–0.005x R_2=0.92
11-2 y=5.611–0.001x R_2=0.83
11-3 y=5.872–0.001x R_2=0.86

(i) N-甲基吡咯烷酮

11-1 y=2.658–0.011x R_2=0.90
11-2 y=2.931–0.003x R_2=0.97
11-3 y=3.117–0.003x R_2=0.82

(j) 异辛酸

图 5 – 16（续）

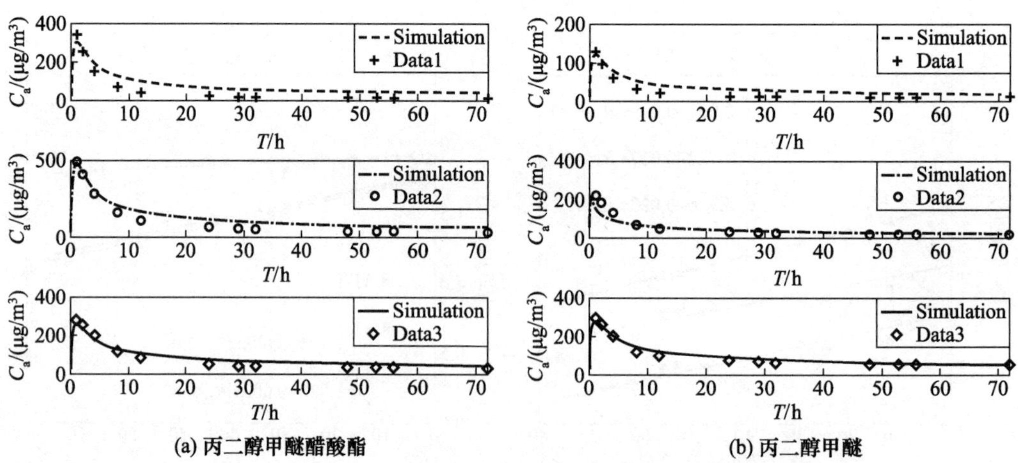

(a) 丙二醇甲醚醋酸酯　　(b) 丙二醇甲醚

图 5 – 17　置物架 10 种 VOCs 不同体积承载率下的释放模型曲线
（每个图从上往下依次是 11 – 1、11 – 2 和 11 – 3）

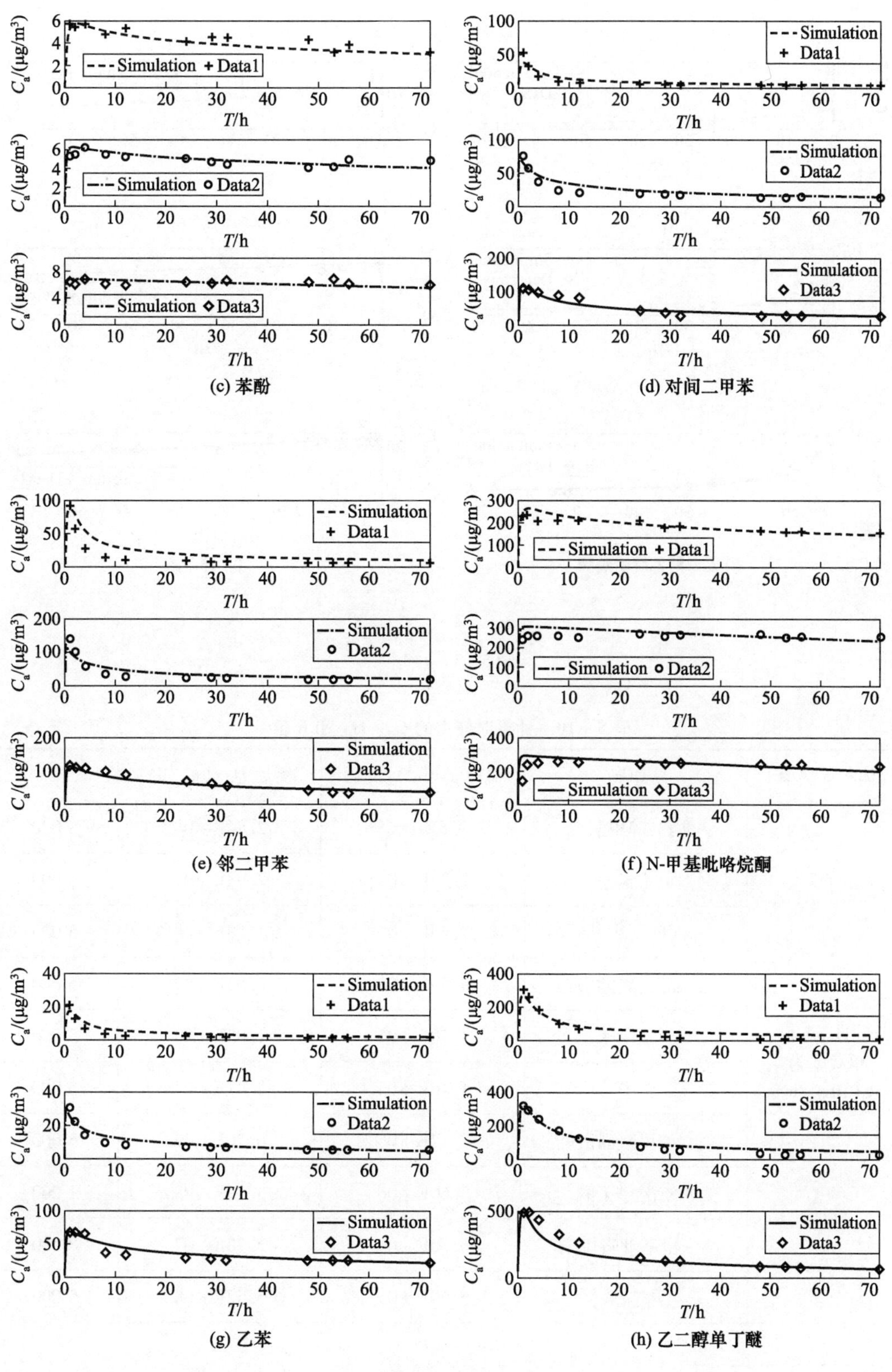

(c) 苯酚　(d) 对间二甲苯

(e) 邻二甲苯　(f) N-甲基吡咯烷酮

(g) 乙苯　(h) 乙二醇单丁醚

图 5-17（续）

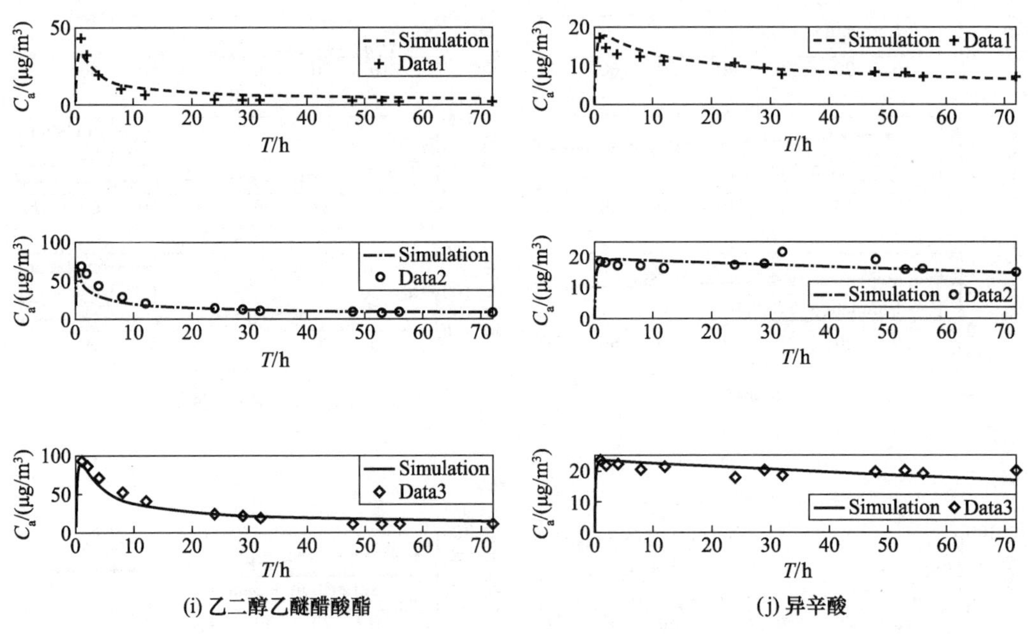

(i) 乙二醇乙醚醋酸酯　　(j) 异辛酸

图 5－17（续）

表 5－10　计算时使用的 C_0、D_m 和 K 值

体积承载率	VOCs	C_0/(μg/m³) 测后	测后 D_m/(m²/h)	K
11－1 承载率为 0.010m³/m³	丙二醇甲醚	1.78E＋06❶	2.84E－08	5 000
	乙苯	2.39E＋05	2.98E－08	5 000
	对间二甲苯	7.46E＋05	1.58E－08	5 000
	乙二醇乙醚醋酸酯	9.59E＋05	6.05E－09	5 000
	邻二甲苯	4.50E＋06	1.95E－09	5 000
	苯酚	1.40E＋05	2.47E－07	5 000
	丙二醇甲醚醋酸酯	8.57E＋06	6.76E－09	5 000
	乙二醇单丁醚	3.66E＋06	3.19E－08	1 000
	N－甲基吡咯烷酮	6.80E＋06	2.70E－07	8 000
	异辛酸	5.50E＋05	5.52E－08	5 000

❶ “E＋01，E＋02，…，E＋06，…”分别表示 $\times10^1$，$\times10^2$，…，$\times10^6$，…，余类同。

表 5-10（续）

体积承载率	VOCs	C_0/(μg/m³) 测后	测后 D_m/(m²/h)	K
11-2 承载率为 0.020m³/m³	丙二醇甲醚	1.81E+06	1.72E-08	5 000
	乙苯	2.91E+05	3.20E-08	5 000
	对间二甲苯	8.26E+05	3.09E-08	5 000
	乙二醇乙醚醋酸酯	8.15E+05	6.71E-09	5 000
	邻二甲苯	1.54E+06	1.54E-08	5 000
	苯酚	7.29E+04	7.99E-07	5 000
	丙二醇甲醚醋酸酯	5.80E+06	9.76E-09	5 000
	乙二醇单丁醚	2.51E+06	3.90E-08	2 000
	N-甲基吡咯烷酮	4.07E+06	2.33E-04	5 000
	异辛酸	2.51E+05	9.96E-04	5 000
11-3 承载率为 0.030m³/m³	丙二醇甲醚	2.35E+06	1.55E-08	5 000
	乙苯	8.73E+05	3.02E-08	5 000
	对间二甲苯	1.07E+06	2.51E-08	5 000
	乙二醇乙醚醋酸酯	8.98E+05	8.33E-09	5 000
	邻二甲苯	1.29E+06	4.03E-08	5 000
	苯酚	7.50E+04	2.94E-04	5 000
	丙二醇甲醚醋酸酯	5.50E+06	1.30E-08	5 000
	乙二醇单丁醚	2.92E+06	2.38E-08	2 000
	N-甲基吡咯烷酮	3.55E+06	3.90E-03	2 000
	异辛酸	1.75E+05	1.84E-04	2 000

将评估出的参数 C_0、D_m、K 值和其他参数（家具等效为板材后的厚度 δ、对流传质系数 h_m、环境舱的体积 V、家具等效为板材后的释放面积 A、环境舱内的进气流量 Q、环境舱的背景浓度 $C_{a,0}$、换气浓度 C_{in}）一起代入编好的程序中，即可计算出环境舱内 VOCs 的浓度随时间的变化曲线，然后与实验测得的浓度-时间数据进行对比，进一步验证该方法的可靠性与正确性。置物架不同体积承载率下的 VOCs 释放浓度释放程序预测值与实验测量值的对比结果如图 5-17 所示。

模型预测结果分析：根据上述 10 种 VOCs 不同体积承载率（承载率为 0.010m³/m³；

0.020m³/m³；0.030m³/m³ 下的释放情形）释放浓度与时间关系的预测曲线，我们可以发现，针对于置物架这种家具产品，选择其中释放量比较大的 10 种 VOCs，针对每种 VOCs 采用预测模型计算值与实测值进行对比，从而反映出不同的体积承载率下每种 VOCs 释放浓度随着释放时间的变化。从各种 VOCs 的释放浓度来看，对比不同的体积承载率，在不同的采样时间点上，随着体积承载率的增加，从 0.01m³/m³ 到 0.03m³/m³，污染物的峰值释放浓度均有所增加，但峰值浓度与体积承载率的变化不是成倍增长的，也就是说，体积承载率加倍，但不同的污染物的峰值释放浓度并不是加倍的。同时，随着取样时间的延长，3 种不同体积承载率下（有效体积/实验舱体积），不同 VOCs 的释放均出现衰减，但衰减速度与体积承载率的变化也不是线性关系。另外，无论对于家具产品中的哪种 VOCs 产物，不同体积承载率下的预测结果与实际结果都可以保证很好的精度。通过体积承载率与不同种类 VOCs 释放浓度之间的预测曲线，不同体积承载率下的预测模型，可以通过输入时间，精确计算出不同时间后的污染物浓度，可以有针对性地预测给定体积承载率下的污染物浓度随时间的变化。目前的模型研究中可以发现，试验验证的是固定的 3 种体积承载率下预测不同种类 VOCs 的随时间的释放量，还没有建立任意体积承载率下的 VOCs 的实时预测。

（2）家具 12（欧式茶几）不同体积承载率下 VOCs 释放及模型预测曲线

试验采样都选择了 12 个时间点，为了保证模型的精度，选择释放中期或后期的几个时间点进行分析。按照上述传质模型的方法，将几个时间点的浓度数据处理成公式（5－22）的形式，然后通过线性拟合得到斜率 SL 和截距 INT。拟合结果如图 5－18 所示（12－1 代表欧式茶几在承载率为 0.0031m³/m³ 下的释放情形；12－2 代表欧式茶几在承载率为 0.0062m³/m³ 下的释放情形；12－3 代表欧式茶几在承载率为 0.0093m³/m³ 下的释放情形）。欧式茶几 10 种 VOCs 不同体积承载率下的释放预测曲线如图 5－19 所示。

根据图 5－18 所示的各个拟合直线的斜率和截距，设定一个 K 的初始值作为已知参数（K 在 $500 \sim 1.5 \times 10^4$ 的范围内取值，取值的原则是使得预测浓度和实测浓度比较接近），联立公式(5－23)和(5－24)通过 MATLAB 编程计算即可求得相应的参数 C_0 和 D_m 的值。将求得的参数代入程序。然后用数学上调参数的方法调整参数 C_0、D_m 和 K，直至预测浓度和实测浓度比较接近，计算时使用的 C_0、D_m 和 K 值见表 5－11。

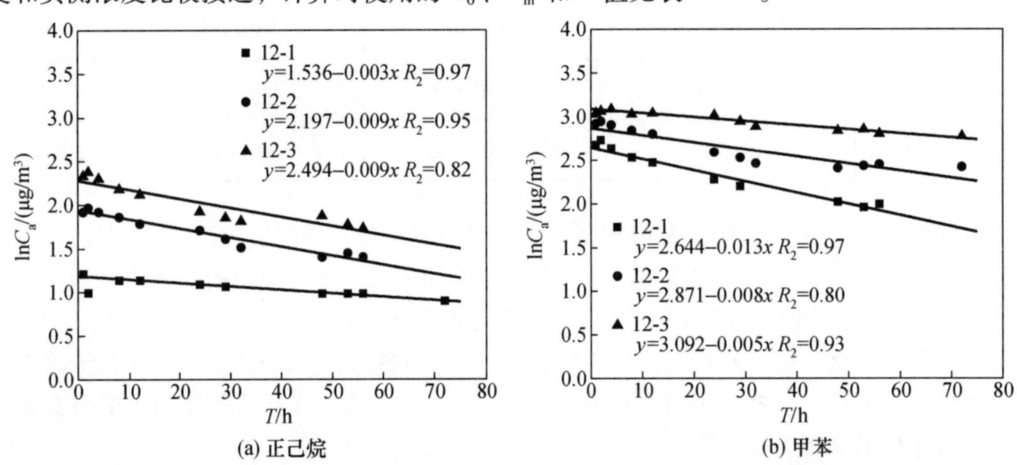

图 5－18　家具 12（欧式茶几）中 VOCs 在不同承载率下的线性拟合结果

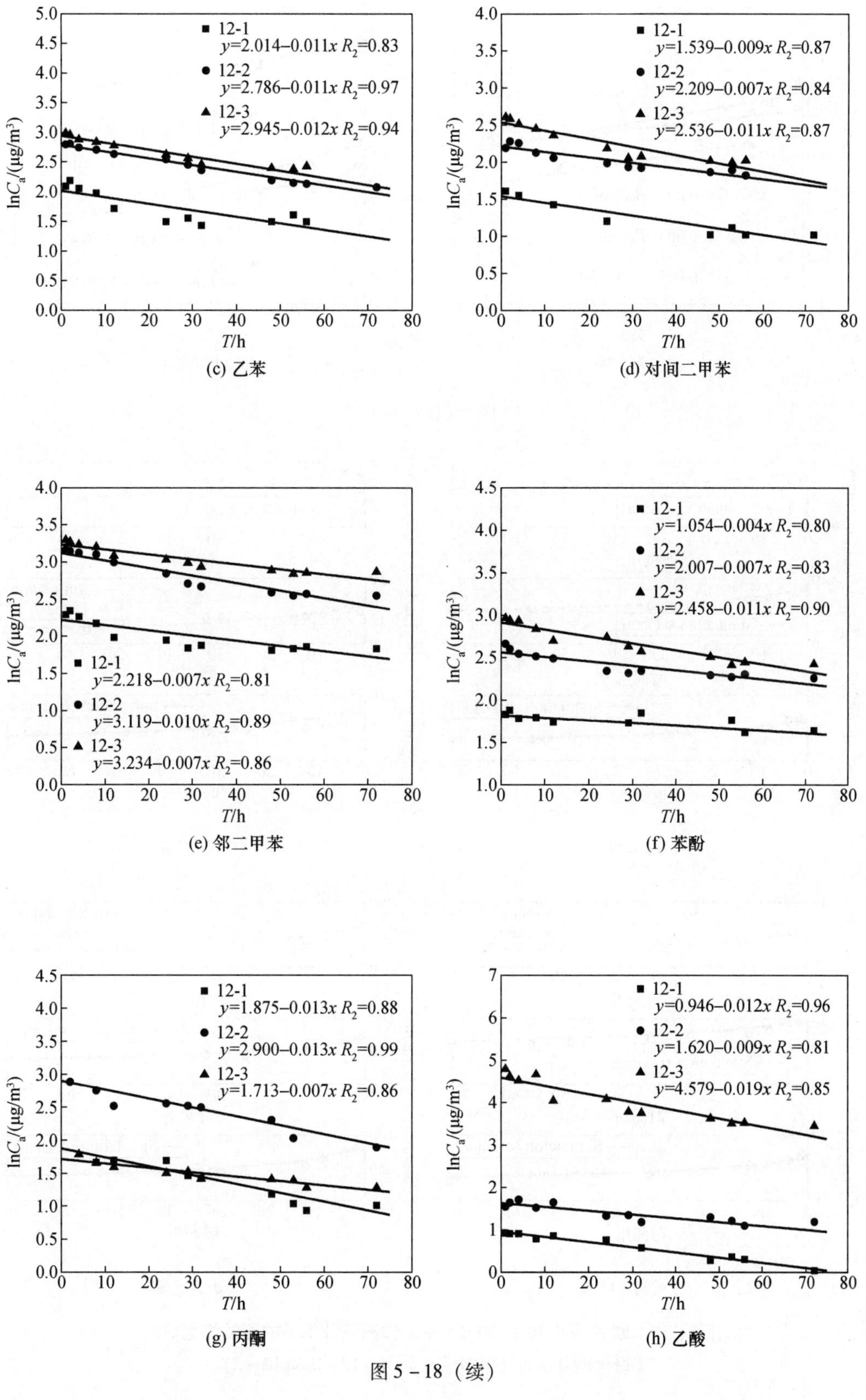

(c) 乙苯　(d) 对间二甲苯

(e) 邻二甲苯　(f) 苯酚

(g) 丙酮　(h) 乙酸

图 5－18（续）

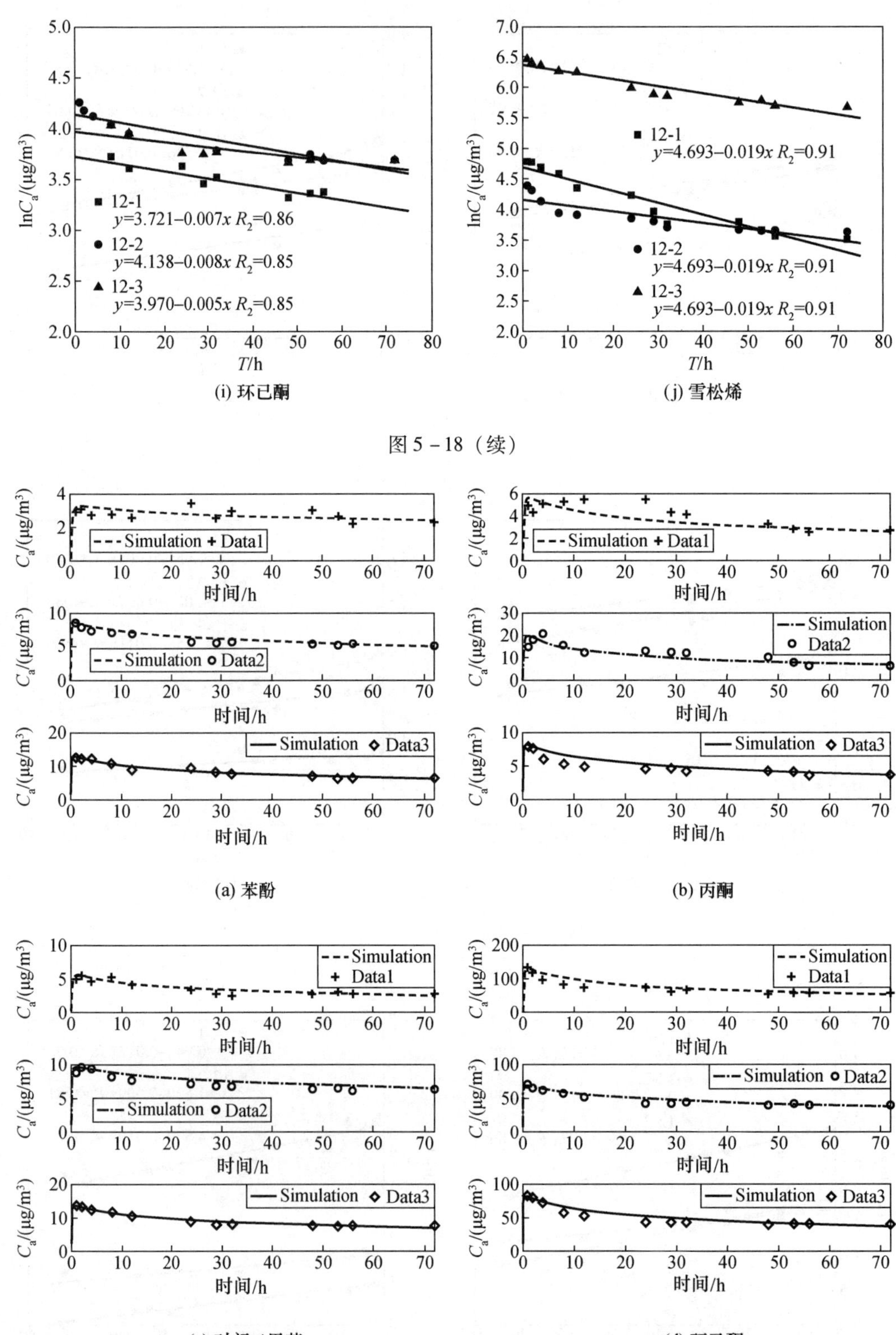

(i) 环已酮

(j) 雪松烯

图 5－18（续）

(a) 苯酚

(b) 丙酮

(c) 对间二甲苯

(d) 环已酮

图 5－19　欧式茶几 10 种 VOCs 不同体积承载率下的释放模型曲线

（每个图从上往下依次是 12－1、12－2 和 12－3）

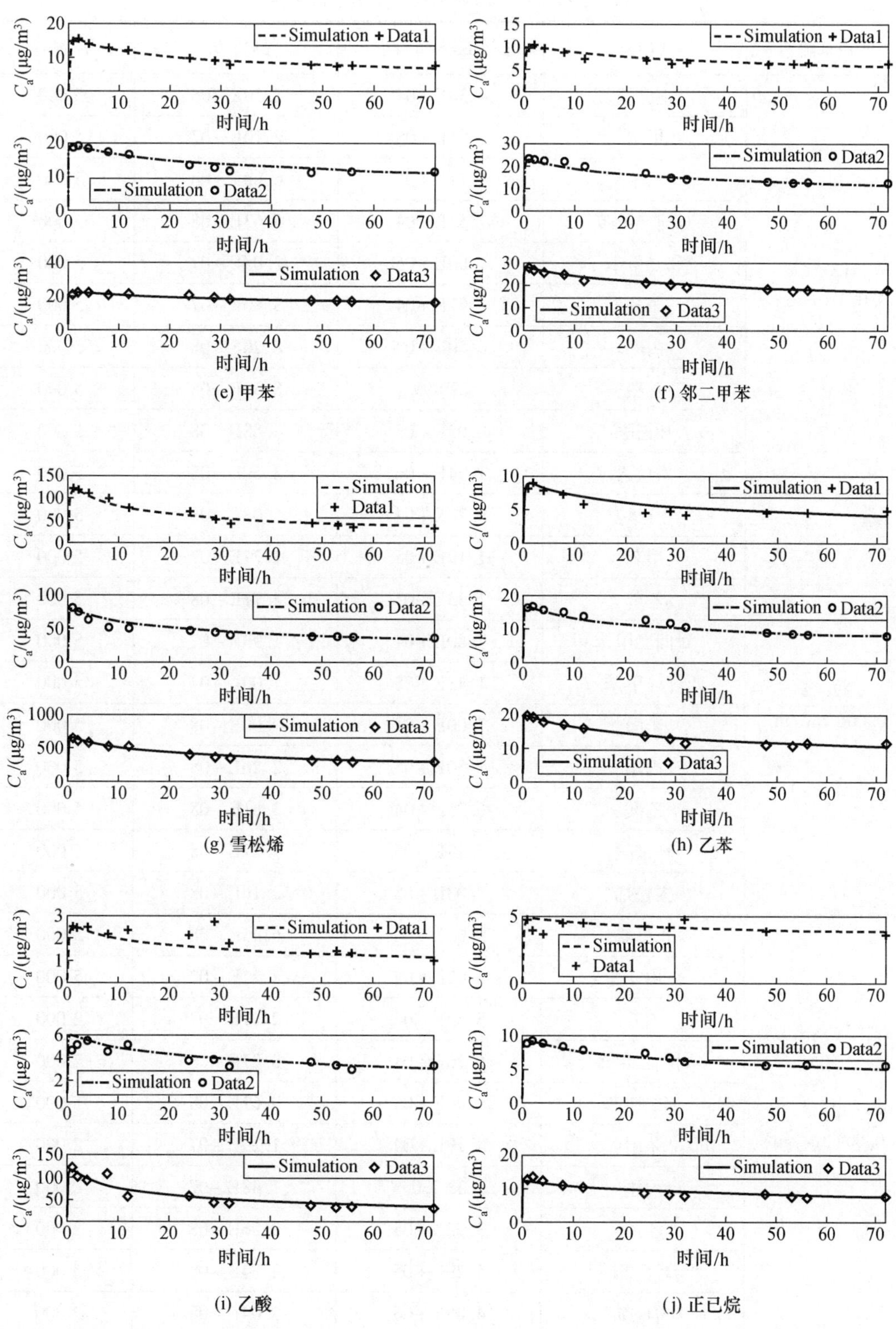

(e) 甲苯　(f) 邻二甲苯

(g) 雪松烯　(h) 乙苯

(i) 乙酸　(j) 正已烷

图 5－19（续）

表5-11 计算时使用的C_0、D_m和K值

体积承载率	VOCs	C_0/(μg/m^3) 测后	测后 D_m	K测后
12-1 0.003 1m^3/m^3	正已烷	4.38E+04	1.50E-06	5 000
	甲苯	1.01E+05	2.10E-07	5 000
	乙苯	1.11E+05	6.88E-08	5 000
	对间二甲苯	7.53E+04	5.63E-08	5 000
	邻二甲苯	1.00E+05	2.05E-07	5 000
	苯酚	4.77E+04	3.80E-07	5 000
	丙酮	6.50E+04	8.26E-08	5 000
	乙酸	27 999	8.52E-08	5 000
	环已酮	8.03E+05	4.88E-08	5 000
	雪松烯	1.24E+06	3.59E-08	5 000
12-2 0.006 2m^3/m^3	正已烷	9.28E+04	5.03E-08	5 000
	甲苯	1.19E+05	1.77E-07	5 000
	乙苯	1.33E+05	4.71E-08	5 000
	对间二甲苯	7.80E+04	1.93E-07	5 000
	邻二甲苯	1.43E+05	1.00E-07	5 000
	苯酚	7.00E+04	9.00E-08	5 000
	丙酮	1.50E+05	2.26E-08	5 000
	乙酸	6.25E+04	3.61E-08	5 000
	环已酮	5.58E+05	7.27E-08	5 000
	雪松烯	8.03E+05	2.16E-08	5 000
12-3 0.009 3m^3/m^3	正已烷	9.93E+04	6.45E-08	5 000
	甲苯	1.42E+05	2.27E-07	5 000
	乙苯	5.52E+04	2.47E-07	2 000
	对间二甲苯	6.26E+04	8.27E-08	2 000
	邻二甲苯	1.66E+05	9.61E-08	5 000
	苯酚	4.19E+04	1.29E-07	2 000
	丙酮	22 730	1.48E-07	2 000
	乙酸	3.92E+05	3.56E-08	2 000
	环已酮	5.29E+05	2.54E-08	5 000
	雪松烯	4.25E+06	3.04E-08	2 000

将评估出的参数C_0、D_m、K值和其他参数（家具等效为板材后的厚度δ、对流传质系

数 h_m、环境舱的体积 V、家具等效为板材后的释放面积 A、环境舱内的进气流量 Q、环境舱的背景浓度 $C_{a,0}$、换气浓度 C_{in}）一起代入编好的程序中，即可计算出环境舱内 VOCs 的浓度随时间的变化曲线，然后与实验测得的浓度－时间数据进行对比，进一步验证该方法的可靠性与正确性。欧式茶几不同体积承载率下的 VOCs 释放浓度释放程序预测值与实验测量值的对比结果如图 5－19 所示。

模型预测结果分析：根据上述 10 种 VOCs 不同体积承载率（承载率为 0.003 1m^3/m^3；0.006 2m^3/m^3；0.009 3m^3/m^3 下的释放情形）释放浓度与时间关系的预测曲线，我们可以发现，针对于欧式茶几这种家具产品，选择其中释放量比较大的 10 种 VOCs，针对每种 VOCs 采用预测模型计算值与实测值进行对比，从而反映出不同的体积承载率下每种 VOCs 释放浓度随着释放时间的变化。从各种 VOCs 的释放浓度来看，对比不同的体积承载率，在不同的采样时间点上，随着体积承载率的增加，从 0.003 1m^3/m^3 到 0.009 3m^3/m^3，污染物的峰值释放浓度均有所增加，但峰值浓度与体积承载率的变化不是成倍增长的，也就是说，体积承载率加倍，但不同的污染物的峰值释放浓度并不是加倍的。同时，随着取样时间的延长，3 种不同体积承载率下（有效体积/实验舱体积），不同 VOCs 的释放均出现衰减，但衰减速度与体积承载率的变化也不是线性关系。另外，无论对于家居产品中的哪种 VOCs 产物，不同体积承载率下的预测结果与实际结果都可以保证很好的精度。通过体积承载率与不同种类 VOCs 释放浓度之间的预测曲线，不同体积承载率下的预测模型可以通过输入时间，精确计算出不同时间后的污染物浓度，可以有针对性地预测给定承载率下的污染物浓度随时间的变化。目前的模型研究中可以发现，试验验证的是固定的 3 种体积承载率下预测不同种类 VOCs 的随时间的释放量，还没有建立任意体积承载率下的 VOCs 的实时预测。

（3）家具 13（斗柜）不同体积承载率下 VOCs 释放及模拟预测曲线

试验采样都选择了 12 个时间点，为了保证模型的精度，选择释放中期或后期的几个时间点进行分析。按照上述传质模型的方法，将几个时间点的浓度数据处理成公式（5－22）的形式，然后通过线性拟合得到斜率 SL 和截距 INT。拟合结果如图 5－20 所示（13－1 代表斗柜在承载率为 0.005 4m^3/m^3 下的释放情形；13－2 代表斗柜在承载率为 0.011m^3/m^3 下的释放情形；13－3 代表斗柜在承载率为 0.016 3m^3/m^3 下的释放情形）。斗柜 10 种 VOCs 不同体积承载率下的释放预测曲线如图 5－21 所示。

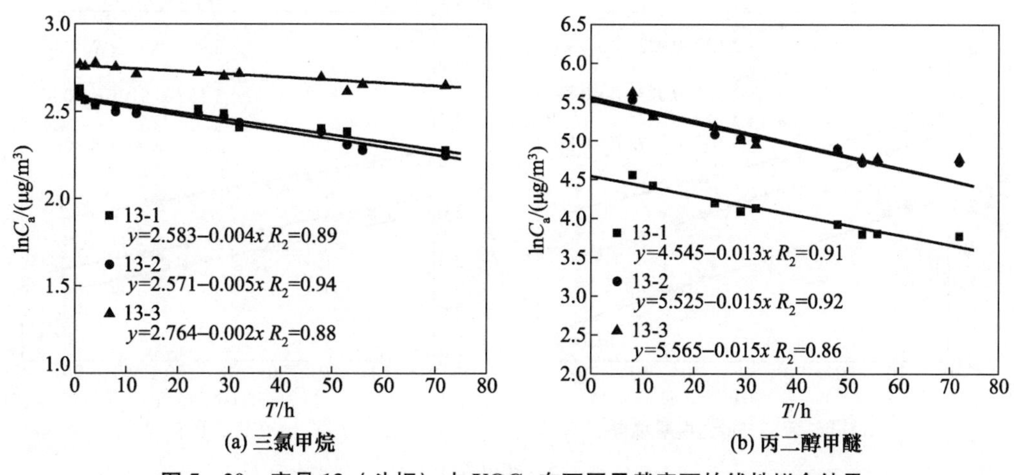

图 5－20　家具 13（斗柜）中 VOCs 在不同承载率下的线性拟合结果

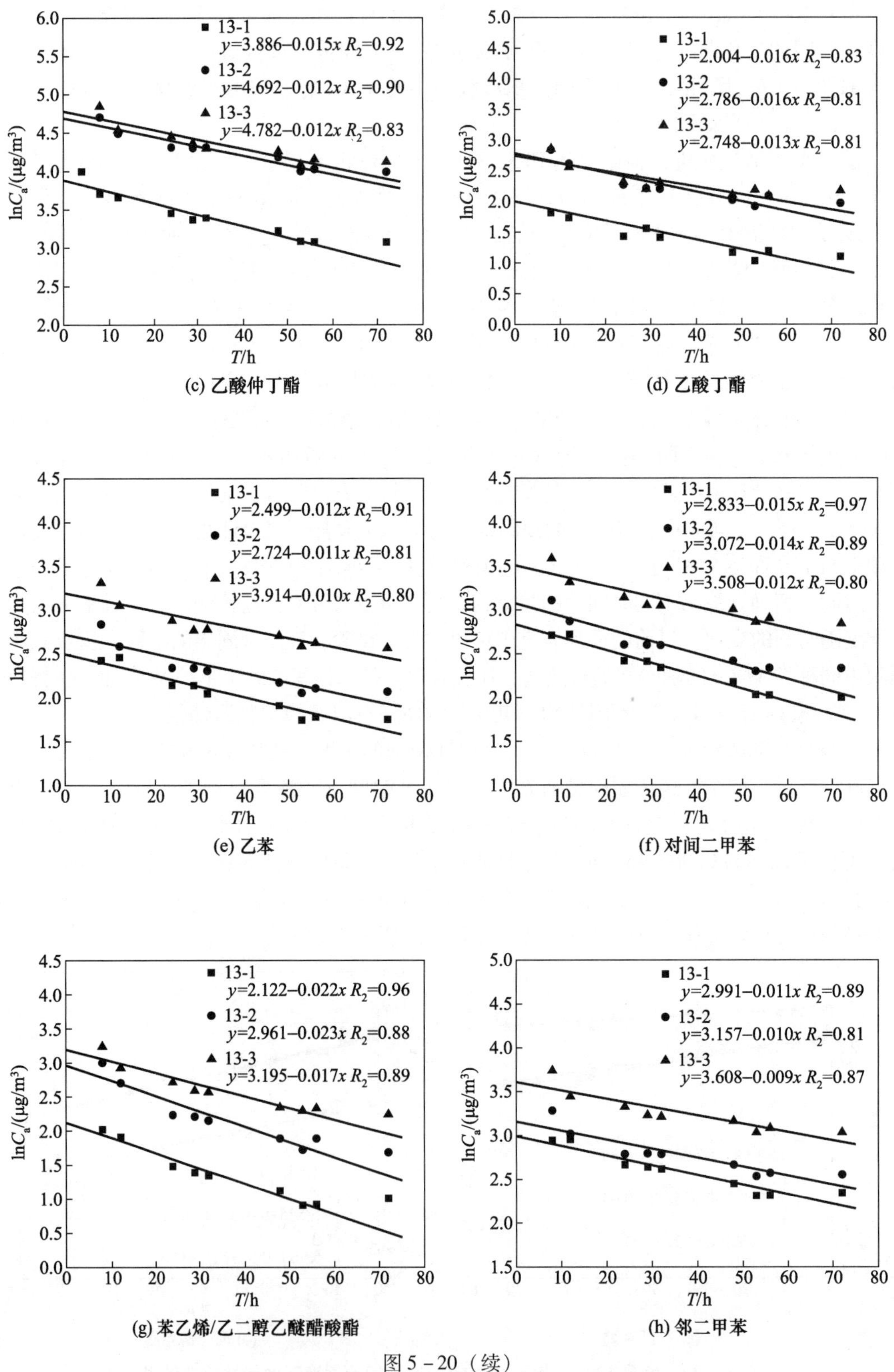

13-1
y=3.886–0.015x R2=0.92
13-2
y=4.692–0.012x R2=0.90
13-3
y=4.782–0.012x R2=0.83
lnCa/(μg/m3)
T/h
(c) 乙酸仲丁酯
13-1
y=2.004–0.016x R2=0.83
13-2
y=2.786–0.016x R2=0.81
13-3
y=2.748–0.013x R2=0.81
(d) 乙酸丁酯
13-1
y=2.499–0.012x R2=0.91
13-2
y=2.724–0.011x R2=0.81
13-3
y=3.914–0.010x R2=0.80
(e) 乙苯
13-1
y=2.833–0.015x R2=0.97
13-2
y=3.072–0.014x R2=0.89
13-3
y=3.508–0.012x R2=0.80
(f) 对间二甲苯
13-1
y=2.122–0.022x R2=0.96
13-2
y=2.961–0.023x R2=0.88
13-3
y=3.195–0.017x R2=0.89
(g) 苯乙烯/乙二醇乙醚醋酸酯
13-1
y=2.991–0.011x R2=0.89
13-2
y=3.157–0.010x R2=0.81
13-3
y=3.608–0.009x R2=0.87
(h) 邻二甲苯

图 5－20（续）

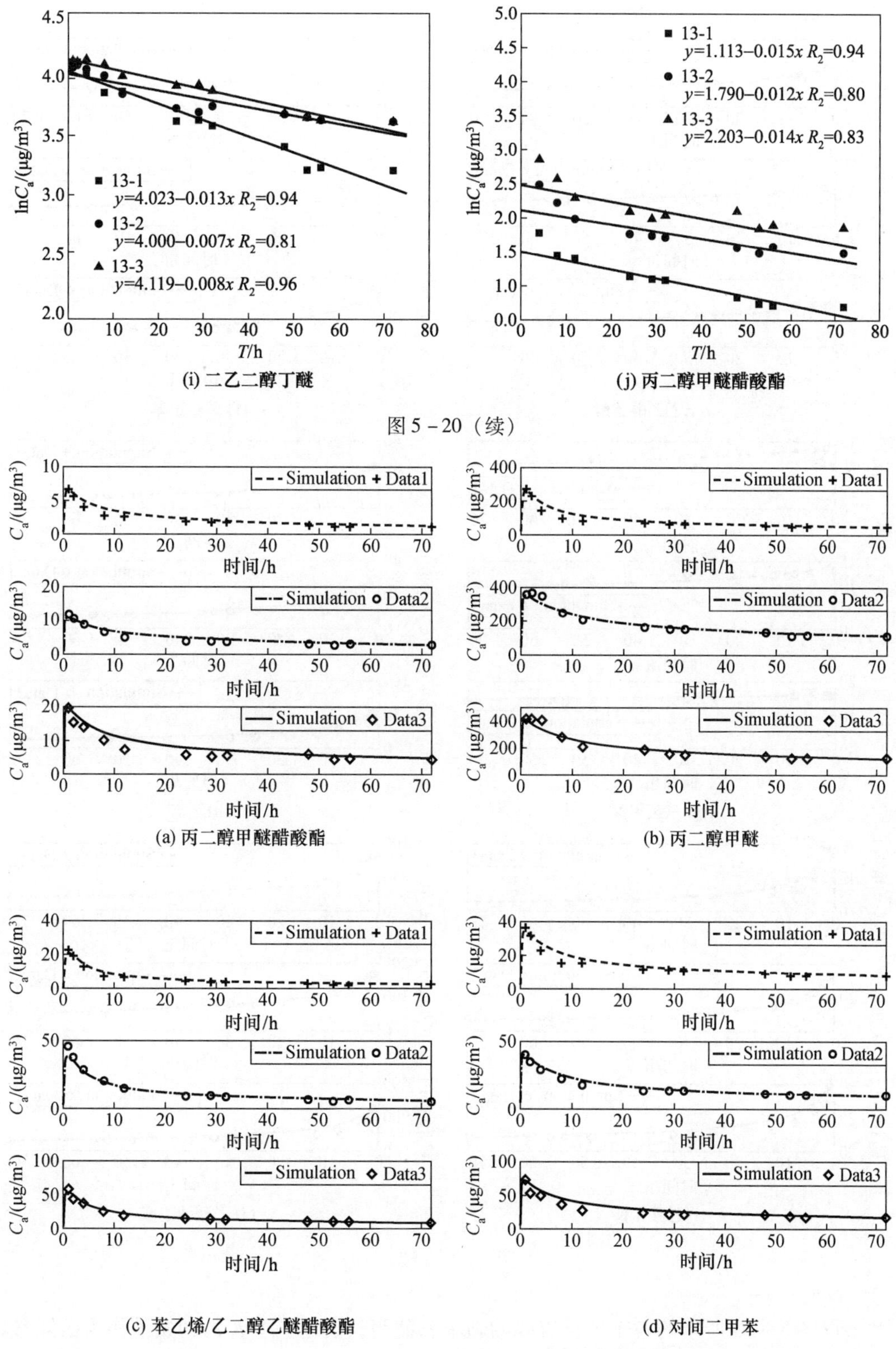

(i) 二乙二醇丁醚　　(j) 丙二醇甲醚醋酸酯

图 5-20（续）

(a) 丙二醇甲醚醋酸酯　　(b) 丙二醇甲醚

(c) 苯乙烯/乙二醇乙醚醋酸酯　　(d) 对间二甲苯

图 5-21　斗柜 10 种 VOCs 不同体积承载率下的释放模型曲线

（每个图从上往下依次是 13-1、13-2 和 13-3）

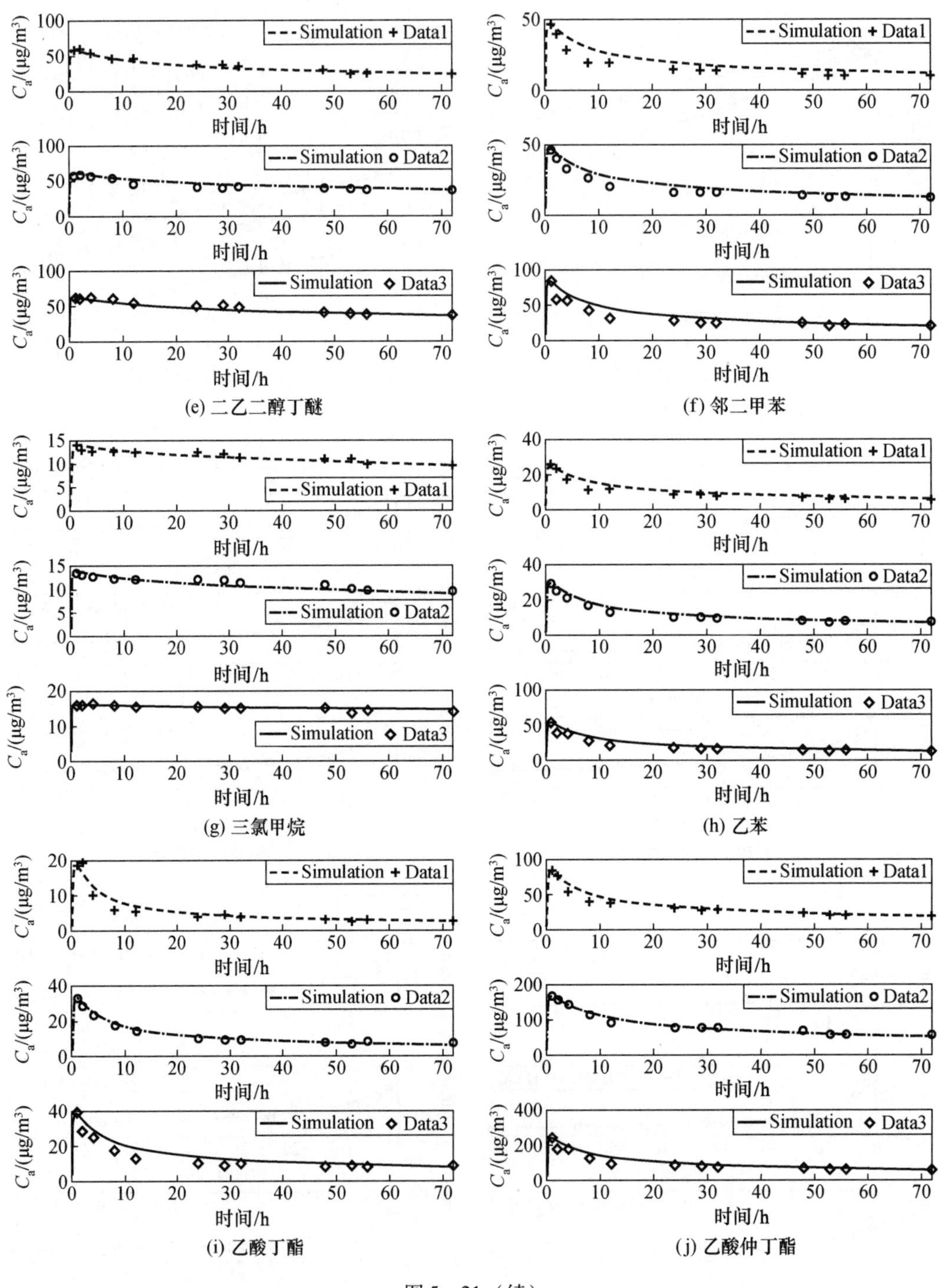

(e) 二乙二醇丁醚　(f) 邻二甲苯

(g) 三氯甲烷　(h) 乙苯

(i) 乙酸丁酯　(j) 乙酸仲丁酯

图 5-21（续）

根据图 5-20 所示的各个拟合直线的斜率和截距，设定一个 K 的初始值作为已知参数（K 在 $500 \sim 1.5 \times 10^4$ 的范围内取值，取值的原则是使得预测浓度和实测浓度比较接近），联立公式（5-23）和（5-24）通过 MATLAB 编程计算即可求得相应的参数 C_0 和 D_m 的值。将求得的参数代入程序，然后用数学上调参数的方法调整参数 C_0、D_m 和 K，直至预测浓度和实测浓度比较接近。计算时使用的 C_0、D_m 和 K 值见表 5－12。

表 5－12　计算时使用的 C_0、D_m 和 K 值

体积承载率	VOCs	C_0/(μg/m³)测后	测后 D_m/(m²/h)	K_c 测后
13－1 0.005 4m³/m³	三氯甲烷	1.25E+05	2.22E－07	6 900
	丙二醇甲醚	9.99E+05	2.32E－08	1 100
	乙酸仲丁酯	3.91E+05	3.09E－08	2 200
	乙酸丁酯	81 646	1.34E－08	920
	乙苯	9.96E+04	4.59E－08	1 990
	对间二甲苯	2.95E+05	8.04E－09	3 690
	苯乙烯/乙二醇乙醚醋酸酯	3.15E+05	1.00E－09	900
	邻二甲苯	3.99E+05	1.00E－08	4 000
	二乙二醇丁醚	2.62E+05	1.32E－07	2 900
	丙二醇甲醚醋酸酯	24 442	3.72E－08	1 500
13－2 0.011m³/m³	三氯甲烷	9.31E+04	7.96E－08	5 600
	丙二醇甲醚	9.18E+05	4.60E－08	1 550
	乙酸仲丁酯	7.04E+05	1.50E－08	2 500
	乙酸丁酯	9.61E+04	1.20E－08	1 100
	乙苯	8.86E+04	2.00E－08	1 500
	对间二甲苯	100 640.000	2.56E－08	1 200
	苯乙烯/乙二醇乙醚醋酸酯	1.39E+05	5.63E－09	900
	邻二甲苯	1.09E+05	4.24E－08	1 300
	二乙二醇丁醚	2.21E+05	1.90E－07	2 900
	丙二醇甲醚醋酸酯	42 085	1.68E－08	2 150
13－3 0.016 3m³/m³	三氯甲烷	8.30E+04	1.50E－06	4 810
	丙二醇甲醚	9.89E+05	1.82E－08	1 400
	乙酸仲丁酯	7.79E+05	7.60E－09	1 650
	乙酸丁酯	9.51E+04	9.39E－09	1 100
	乙苯	1.90E+05	6.20E－09	1 800
	对间二甲苯	2.60E+05	5.58E－09	1 800
	苯乙烯/乙二醇乙醚醋酸酯	1.90E+05	2.85E－09	900
	邻二甲苯	2.40E+05	9.59E－09	1 490
	二乙二醇丁醚	2.72E+05	4.29E－08	3 500
	丙二醇甲醚醋酸酯	60 460	8.30E－09	1 620

将评估出的参数 C_0、D_m、K 值和其他参数（家具等效为板材后的厚度 δ、对流传质系数 h_m、环境舱的体积 V、家具等效为板材后的释放面积 A、环境舱内的进气流量 Q、环境舱的背景浓度 $C_{a,0}$、换气浓度 C_{in}）一起代入编好的程序中，即可计算出环境舱内 VOCs 的浓度随时间的变化曲线，然后与实验测得的浓度 - 时间数据进行对比，进一步验证该方法的可靠性与正确性。斗柜不同体积承载率下的 VOCs 释放浓度释放程序预测值与实验测量值的对比结果如图 5 - 21 所示。

模型预测结果分析：根据上述 10 种 VOCs 不同体积承载率下（承载率为 0.005 4m^3/m^3；0.011m^3/m^3；0.016 3m^3/m^3 的释放情形）释放浓度与时间关系的预测曲线，我们可以发现，针对于斗柜这种家具产品，选择其中释放量比较大的 10 种 VOCs，针对每种 VOCs 采用预测模型计算值与实测值进行对比，从而反映出不同的体积承载率下每种 VOCs 释放浓度随着释放时间的变化。从各种 VOCs 的释放浓度来看，对比不同的体积承载率，在不同的采样时间点上，随着体积承载率的增加（0.003 1 ~ 0.009 3），污染物的峰值释放浓度均有所增加，但峰值浓度与体积承载率的变化不是成倍增长的，也就是说，体积承载率加倍，但不同的污染物的峰值释放浓度并不是加倍的。同时，随着取样时间的延长，3 种不同体积承载率下（有效体积/实验舱体积），不同 VOCs 的释放均出现衰减，但衰减速度与体积承载率的变化也不是线性关系，另外，无论对于家居产品中的哪种 VOCs 产物，不同体积承载率下的预测结果与实际结果都可以保证很好的精度。通过体积承载率与不同种类 VOCs 释放浓度之间的预测曲线，不同体积承载率下的预测模型可以通过输入时间，精确计算出不同时间后的污染物浓度，可以有针对性地预测给定承载率下的污染物浓度随时间的变化。目前的模型研究中可以发现，试验验证的是固定的 3 种体积承载率下预测不同种类 VOCs 的随时间的释放量，还没有建立任意体积承载率下的 VOCs 的实时预测。

三、多种 VOCs 共存累计风险评估模型

根据美国《化学文摘》的记录，自然界存在的化学品已达 500 多万种，进入人类环境的化学物质约有 9600 种之多。我们生活在一个化学品的世界，所使用或消费的几乎任何一种产品都含有人造化学品，家具也不例外。

目前，研究甲醛释放量所引起的家具伤害事故已受到国内外的高度关注，但仅仅关注甲醛释放量单一毒性效应而忽视化学物质的联合毒性效应，可能会低估化学物质的环境风险和潜在威胁。因此，关注更为接近环境现实的混合体系的联合毒性效应可以更为客观、全面地评价有害化学物质对广大消费者的潜在威胁，有效保护消费者健康。

（一）家具中 VOCs 排放特点

家具制造行业是工业 VOCs 排放源之一，据家具生产大省广东省广州市生态环境局《〈广州市工业和信息化局关于开展家具制造行业挥发性有机物（VOCs）污染整治工作〉的解读》一文了解到：广州市第二次污染源普查数据估算，广州市家具制造行业 VOCs 年产生量约 1 400t，但 VOCs 年排放量达 1 200t 以上，即有效净化的 VOCs 污染仅 200t 左右。VOCs 污染对人体有较大影响，涂装等涉 VOCs 工序产生的 VOCs 多数含有苯、甲苯、乙

苯、二甲苯、苯乙烯、丙酮、乙酸乙酯、乙酸丁酯、十一烷、正己烷、丁酮、正丁醇、环己酮、乙酸异丁酯等，这些可对人体内脏造成毒害甚至致癌作用的有毒有害物质排放至大气中，经过复杂的光化学反应可生成臭氧、光化学烟雾等，直接影响人类健康和区域生态环境。

家具制造行业 VOCs 排放具有大风量，低浓度的特点，根据现有调研结果，行业 VOCs 控制技术应用较少，安装普及率约为 40% ~60%，已安装的 VOCs 控制技术主要有水帘吸收，活性炭吸附，水帘吸收 + 活性巧吸附，等离子体等技术。水帘吸收 VOCs 脱除效率约为 30%，活性炭吸附 VOCs 脱除效率约为 70%，水帘吸收 + 活性炭吸附 VOCs 脱除效率可这到 80%，但由于部分已安装 VOCs 控制技术的企业在运行管理与维护上仍存在问题，VOCs 脱除效率就更低了。多数未安装 VOCs 控制技术的企业缺乏针对不同来源有机废气 VOCs 排放成分及特征的认识，在 VOCs 控制技术的选择上较为盲目，导致 VOCs 控制技术实际实施效果大打折扣。亟需建立 VOCs 控制技术评估体系，为行业 VOCs 治理提供技术储备与科学的方案选择。

（二）化学物质毒性及安全阈值

1. 化学物质毒性及影响因素

化学物质的毒作用是化学物本身所固有的，但必须在一定的条件下，通过生物体表现为损害的性质和程度。化学物质的有害效应或毒效应是许多因素综合影响的结果，主要包括：1）化学物本身的毒性；2）生物体的功能状态；3）化学物的接触条件（剂量、方式和途径、防护措施的优劣等）；4）环境因素，也包括环境中其他化学因素或物理因素的相互影响。当生物体由于化学物的毒作用出现有害的生物效应而表现出疾病状态时，称为中毒，中毒是各种毒作用的综合表现。

化学伤害不同于机械伤害，化学伤害作用于人体时，在同等剂量下，对机体损害能力越大的化学物质，其毒性越高。相对于同一损害指标，需要剂量越小的化学物质，其毒性越大。如同“毒物”和“非毒物”是相对的一样，化学物质的毒性大小也是相对的。只要达到一定的剂量水平，化学物质就具有毒性，而如果低于某一剂量水平，不具有毒性。因此，剂量是化学物质毒性的决定因素。

除了剂量外，接触条件如接触途径、接触期限、速率和频率对化学物质的毒性及性质也有影响。1）接触途径：多数情况下，化学物质需要进入血液并随血流到达作用部位才能产生其毒性，而同一种化学物质经由不同途径（经口、经皮、经呼吸道等）与机体接触时，其吸收系数（即入血量与接触量之比）是不同的。例如，经静脉染毒时，化学物质直接入血，吸收系数为 1，表现出的毒性也相对较高。经口染毒时，化学物质在胃肠道吸收后经由静脉系统达到肝脏被代谢，代谢产物的毒性直接影响化学物质对机体的损害能力。2）接触期限、速率和频率：在毒理学研究中，通常按动物染毒的时间长短分为急性、亚慢性和慢性毒理实验。急性毒性试验为 1 次或 24h 内多次对实验动物高剂量染毒，而亚慢性和慢性毒性试验则为较长时间（至少 1 个月以上）内对动物反复多次低剂量染毒。许多化学物质的急性染毒与较长时间染毒的毒性表现不同，一般前者迅速而剧烈，后者则相对平缓。除了强度差别外，有时还有性质差别。例如，有机溶剂苯的急性中毒表现是中枢神经系统受到抑制，而重复接触则导致再生障碍贫血和白血病。

不同化学物质即使染毒剂量相同，但吸收速率不同则中毒表现也不同。吸收速率快者可在短时间内到达作用部位并形成较高浓度，表现出较强的毒性。

接触频率是与时间相关的另一影响因素，对于具体的化学物质而言，接触的时间如果短于其生物半减期时，进入机体的量大于排出量，易于积累至一个高水平，引起中毒，反之，就不易引起中毒。

2. 化学物质毒性作用分类

对化学物质的毒性作用类型的分类依据有以下几种：按毒作用发生的时间分类、按毒作用发生的部位分类、按毒作用损伤的恢复情况分类、按毒作用性质分类。

按毒作用发生的时间分类可分为：急性毒性、慢性毒性、迟发性毒性和远期毒性。

按毒作用发生的部位分类可分为：局部毒作用（指化学物引起机体直接接触部位的损伤，多表现为腐蚀和刺激作用）、全身性毒作用（化学物经吸收后，随血液循环分布到全身而产生的毒作用毒物被吸收后的全身作用，其损害一般主要发生于一定的组织和器官系统）。

按毒作用损伤的恢复情况分类可分为：可逆性毒作用（停止接触毒物后其作用可逐渐消退）、不可逆性毒作用（停止接触毒物后，引起的损伤继续存在，甚至可进一步发展的毒作用）。

按毒作用性质分类可分为：一般毒作用（化学物质在一定的剂量范围内经一定的接触时间，按照一定的接触方式，均可能产生的某些毒作用）、特殊毒作用（包括过敏性反应、特异质反应、致癌作用、致畸作用、致突变作用）。

在毒理学实验中，一般是按毒作用发生的时间来进行。现行的各种急性毒性分级标准是以 LD_{50} 值为基础划分的，尚没有统一标准。而且目前的急性毒性分级标准都是基于经验确定的，其客观性存在不足。

2014 年颁布实施的《食品安全国家标准　急性经口毒性试验》(GB 15193.3—2014)中提出急性毒性剂量分级见表 5－13。

表 5－13　GB 15193.3—2014 化学物质毒性剂量分级

级　别	大鼠口服 LD_{50} /(mg/kg)	相当于人的致死剂量	
		mg/kg	g/人
极毒	<1	稍尝	0.05
剧毒	1～50	500～4 000	0.5
中等毒	51～500	4 000～30 000	5
低毒	501～5 000	30 000～250 000	50
实际无毒	5 001～15 000	250 000～500 000	500
无毒	>15 000	>500 000	2 500

世界卫生组织（WHO）推荐了一个五级标准，见表 5－14。

表 5－14　WHO 急性毒性分级

毒性分级	大鼠一次经口 LD_{50}/(mg/kg)	6 只大鼠吸入 4h,死亡 2～4 只的浓度 10^{-6}(ppm)	兔经皮 LD_{50}/(mg/kg)	对人可能致死的剂量	
				g/kg	g/60kg
剧毒	<1	<10	<5	<0.05	0.1
高毒	1～50	10～100	5～44	0.05～0.5	3
中等毒	50～500	100～1 000	44～350	0.5～5	30
低毒	500～5 000	1 000～10 000	350～2 180	5～15	250
微毒	>5 000	>10 000	>2 180	>15	>1 000

GB 5044—1985《化学物质毒性剂量分级》规定了职业接触毒物危害程度分级依据，见表 5－15。

表 5－15　职业接触毒物危害程度分级依据

指　标		分　级			
		Ⅰ（极度危害）	Ⅱ（高度危害）	Ⅲ（中度危害）	Ⅳ（轻度危害）
急性中毒	吸入 LC_{80}，mg/m^3	<200	200～	2 000～	>20 000
	经皮 LD_{80}，mg/kg	<100	100～	500～	>2 500
	经口 LD_{80}，mg/kg	<25	25～	500～	>5 000
急性中毒发病状况		生产中易发生中毒，后果严重	生产中可发生中毒，预后良好	偶可发生中毒	迄今未见急性中毒但有急性影响
慢病中毒患病状况		患病率(≥5%)	患病率较高(<5%)或症状发生率高(≥20%)	偶有中毒病例发生或症状发生率较高(≥10%)	无慢性中毒，而有慢性影响
慢性中毒后果		脱离接触后，继续进展或不能治愈	脱离接触后，可基本治愈	脱离接触后，可恢复，不致严重后果	脱离接触后，自行恢复，无不良后果
致癌性		人体致癌物	可疑人体致癌物	实验动物致癌物	无致癌物
最高容许浓度/(mg/m^3)		<0.1	0.1—	1.0—	>10

毒理学中常用的毒性指标包括致死剂量、阈剂量、最大无作用剂量和毒作用带等。当

受试物质存在于空气或水中时，上述各指标中的剂量改称为浓度。常用指标及表示意义如表5-16所示。

表5-16　毒性及常用毒性参数

指标名称	具体指标	表示意义
致死剂量	绝对致死剂量 LD_{100}	指化学物质引起受试对象全部死亡所需要的最低剂量或浓度，由于个体差异的存在，常有很大的波动性
	最小致死剂量 MLD 或 LD_{01}	指化学物质引起受试对象中的个别成员出现死亡的剂量，从理论上讲，低于此剂量即不能引起死亡
	最大耐受剂量 MTD 或 LD_0	化学物质不引起受试对象出现死亡的最高剂量，受个体差异的影响，和 LD_{100} 常作为急性毒性试验中选择剂量范围的依据
	半数致死剂量 LD_{50}	化学物质引起一半受试对象出现死亡所需要的剂量，又称致死中量，是评价化学物质急性毒性大小最重要的参数，也是对不同化学物质进行急性毒性分级的基础标准
	阈剂量	化学物质引起受试对象中的少数个体出现某种最轻微的异常改变所需要的最低剂量，又称为最小有作用剂量 MEL，分为急性阈剂量 Limac 和慢性阈剂量 Limch
	最大无作用剂量 ED0	指化学物质在一定时间内，按一定方式与机体接触，用现代的检测方法和最灵敏的观察指标不能发现任何损害作用的最高剂量，不能通过实验获得。但毒理学试验能够确定未观察到损害作用的剂量 NOAEL，NOAEL 是毒理学的一个重要参数，在制定化学物质的安全限值时起重要作用
	急性毒作用带 Z_{ac}	为半数致死量与急性阈剂量的比值，Z_{ac} 值小，引起死亡的危险性大，反之，危险性小
	慢性毒作用带 Z_{ch}	为急性阈剂量与慢性阈剂量的比值，Z_{ch} 值大，发生慢性中毒的危险性大，反之，危险性小
	每日容许摄入量 ADI	允许正常成人每日由外环境摄入体内的特定化学物质的总量。在此剂量下，终生每日摄入该化学物质不会对人体健康造成任何可测量出的健康危害，单位用 mg/(kg·bw) 表示
	最高容许浓度 MAC	在劳动环境中，指车间内工人工作地点空气中某种化学物质不可超越的浓度；在生活环境中，指对大气、水体、土壤等介质中有毒物质浓度的限量标准
	阈限值 TLV	为美国政府工业卫生学家委员会（ACGIH）推荐的生产车间空气中有害物质的职业接触限值
	参考剂量 RfD	由美国环境保护局首先提出，用于非致癌物质的危险度评价，为环境介质（空气、水、土壤、食品等）中化学物质的日平均接触剂量的估计值

在对有毒、有害物质引起的化学伤害进行风险评估时，需要制定安全限值作为评估的参考标准，毒理学资料是重要的参考依据，其中最重要的毒性参数是最低有毒副作用水平（LOAEL）和 NOAEL。化学物质的安全限值一般是将 LOAEL 或 NOAEL 缩小一定的倍数来确定的。这个缩小的倍数称为安全系数或不确定系数。在选择安全系数或不确定系数时要考虑多种因素，如化学物质的急性毒性等级、在机体内的蓄积能力、挥发性、测定 LOAEL 或 NOAEL 采用的观察指标、慢性中毒的后果、种数与个体差异大小、中毒机制与代谢过程是否明了等。而且，经验在安全系数或不确定系数的选择上会起到很大的作用，最后确定的数值大小常带有一定的主观性。

3. 对人体有毒、有害的化学物质

在家具产品的生产工艺过程中，每一步都有可能产生对环境、生产者和消费者不利的因素。家具原材料如纺织品、塑料、涂料、胶黏剂、皮革、人造板等都可能含有一些有害物质。如家具产品纺织材料中，一般有以下几种有害物质：偶氮染料，在一定的条件下会还原出某些对人体或动物有致癌作用的芳香胺；致癌染料，不需要经过还原等化学变化即能诱发人体癌变的染料，其中最有名的是品红染料（C，I 碱性红 9）；过敏染料，能够引起人体的皮肤和器官过敏并且严重影响人体健康；可萃取重金属，模仿人体皮肤表面环境，用人工酸性汗液对样品进行萃取，并用仪器测量萃取液中那些可能进入人体而对健康造成危害的重金属，包括：Sb，As，Pb，Cd，Cr，Cr(Ⅵ)，Co，Cu，Ni 和 Hg；游离甲醛，对生物细胞的原生质是一种毒性物质，它可与生物体内的蛋白质结合，改变蛋白质结构并将其凝固。挥发物会对人的呼吸道及皮肤产生强烈的刺激，引发呼吸道炎症和皮肤炎；含氯苯酚，反应过程中将产生多氯二噁英。多氯二噁英为剧毒物质，其致癌性很强，可以积累在人体脂肪内，致使人的肢体畸形，内分泌失调，损害生殖系统；含氯有机载体；杀虫剂，农药残留物；多氯联苯衍生物，会引起皮肤着色，肠胃不适，并有致癌作用。

4. 各国在化学品安全管理方面的举措

为了减少有毒、有害化学品引起的危害，各个国家都对此开展了广泛的研究，并针对具体的有毒、有害化学物质进行了限制。欧盟针对化学品的生产、贸易及使用安全建立了《化学品的注册、评估、授权和限制》(REACH 法规)，其内容影响了包括纺织服装、轻工及机电等几乎所有行业的产品及制造工序，涉及的化学成分超过 3 万种。REACH 法规还建立高关注物质（SVHC）列表，按照化学成分的危害后果，将其分为致癌物质，诱导有机体突变的物质，生殖毒性物质，持久性、生物累积性和毒性物质（PBT），高持久性、高生物累积性物质（VPVB）和同等危害物质（具内分泌干扰特性，或具持久性、生物累积性和毒性，或具高持久性、高生物累积性但不满足（PBT）和（VPVB）准则的物质），并定期对涉及的有毒、有害化学物质及其相关信息进行完善与修改。

此外，按《床垫生态标签标准》(2009/598/EC 号决议)，床垫必须遵守更严格的物料使用、有毒残留物水平限制、褥垫对室内空气污染限制以及促进使用更耐用产品的相关标准。修订后的标准涵盖从采购原料以至付运到零售层面的整个生产过程。标准要求生产商确保染有颜色的褥垫不会损害环境，并限制阻燃剂及其他有害织物处理剂的使用。对下列材料制定了特定标准：乳胶及聚氨酯泡沫材料、电线和弹簧、椰子纤维、木材和纺织纤维和织物。其中乳胶及聚氨酯泡沫材料、椰子纤维只有占床垫重量的 5% 以上才需要符合生态标准。标准要求乳胶泡沫材料内的重金属锑、砷、铅、钴的限量为 0.5×10^{-6}(ppm)，镉为 0.1×10^{-6}(ppm)，铬（总量）、镍为 1.0×10^{-6}(ppm)，汞为 0.02×10^{-6}(ppm)，铜为 2×10^{-6}(ppm)；挥发性有机化合物含量不超过0.5mg/m^3；丁二烯的浓度不得超过 1×10^{-6}(ppm)。标准要求聚氨酯泡沫材料内挥发性有机化合物的限量为0.5mg/m^3，规定偶氮物质如联苯胺、氯苯胺、4-氨基联苯等将被禁用。致癌性、诱导有机突变、生殖毒性染料如C.I.碱性红9、C.I.酸性红26等也将被禁用。欧盟木制家具生态标签标准的主要内容包括实施目的和认证要求、豁免范围、产品说明规范、危险物质管理、木材及木质材料来源和有害物质限值要求、木制家具产品表面处理的标准、组合家具中粘合剂和VOCs含量的限值标准以及最终产品的包装标签要求。涉及限制的物质包括氮丙环、聚氮丙环、五氯苯酚、甲醛、阻燃剂、有机锡化合物、重金属含量和杀菌剂等。

美国出台了自消费品安全委员会（CPSC）成立以来最严厉的消费者保护法案《消费品安全改进法案》(CPSIA/HR4040)，该法案影响着美国所有生产、进口、分销消费品相关行业。所有制造商应该保证其产品符合该法案的所有规定、禁令、标准或者规则，在邻苯二甲酸盐含量中，除了邻苯二甲酸二异壬酯（DINP）、邻苯二甲酸二葵酯（DIDP）及邻苯二甲酸二正辛酯（DNOP）暂时被禁止使用，直到CHAP（Challenge Handshake Authentication Protocol，挑战握手认证协议）研究报告出台后再决定是否解禁或列为永久禁止使用外，邻苯二甲酸二（2-乙基己）酯（DEHP）、邻苯二甲酸二丁酯（DBP）及邻苯二甲酸丁苄酯（BBP）已被永久禁止使用。所有相关产品在进入美国市场前，必须通过CPSC认可的检测机构检测，否则将面临巨额罚款并导致出口中断。美国针对儿童用品中有毒、有害物质建立儿童用高关注物质清单，目前共包含66种化学物质。

日本制定《关于对化学物质的审查和制造等限制的法律》，将难分解性、高蓄积性以及具有慢性毒性的化学物质分为“特定化学物质”和“制定化学物质”，并建立控制、管理其制造、进口以及使用的审查制度。

目前我国针对有毒、有害化学物质的管理也做了部分工作，建立了针对电子信息产品的中国版RoHS《电子信息产品污染控制管理办法》，对有毒、有害物质控制的监督管理采用目录管理模式，并采取“两步走”的方式，第一步要求所有电子产品的生产厂商、进口单位有义务对有害物质进行自我申明，第二步对纳入电子信息产品污染控制管理目录的产品实施强制性认证管理。此外，我国在2008年开始启动《消费类产品有毒、有害物质检测实验室规范》，对于开展包括电子电气产品RoHS检测等消费类产品有毒、有害物质检测工作的实验室，将建立一套完整、科学、权威的国家标准，为针对产品中有毒、有害物质的法规体系的建立与推进夯实基础。

5. 化学因子风险评估模型研究

美国国家研究委员会（NRC）于1993年首次提出食品中化学物质的累积暴露概念。世界卫生组织（WHO）也在1997年强调，应重视具有共同毒性作用机制的化学品的联合暴露问题。此后，英国食品标准局（FSA）、荷兰健康委员会、美国联邦环保署（US EPA）和欧洲食品安全局（EFSA）等机构先后提出了食品中化学物质（如食品添加剂、农药残留、化学污染物）的累积暴露风险评估方法，为制定新的、更加科学的化学物质限量标准提供了科学手段。1996年，美国的《食品质量保护法（FQPA）》正式出台，旨在保障农产品安全、保护儿童权益和解决法律体系的不一致性问题。食品农药残留研究主要包括有机磷类和氨基甲酸酯类农药两方面。A. F. Jensen 等评估了 35 种有机磷农药和氨基甲酸酯农药的环境风险。

2002 年，US EPA 华盛顿办公室发布了具有共同毒性机理的农药化学物质的累积性环境风险评估指南，并详细提出了对于杀虫剂的累积性环境风险评估的 10 个步骤，用剂量效应分析和相对效能因子法来量化其累积性环境风险。同年，US EPA 按照食品质量保护法（FQPA）的要求首次开展了食品中有机磷农药的累积性环境风险评估，并于2005 年公布了灭多威、甲萘威、克百威、抗蚜威等 11 种氨基甲酸酯类农药的累积性环境风险评估结果。P. E. Boon 等开展了对苹果、香蕉、白菜、萝卜等食用农产品中 26 种有机磷和 8 种氨基甲酸酯类农药的累积性环境风险评估。

2006 年 11 月 EFSA 组织召开了农药累积性暴露评估研讨会，对具有相同作用机制的农药累积性环境风险评估所需要的数据来源和方法论进行了广泛讨论，但方法还需进一步的研究和发展。

2012 年，S. C. Wason 等整合化学和非化学压力源对农药暴露进行累积性环境风险评估，应用已有的生理学的药代动力学模型（PBPK 模型）研究城市中低收入人群、儿童暴露在有机磷农药和其他农药的累积性环境风险。分析表明，化学和非化学因素都会影响有机磷农药的暴露，对于一个给定剂量有机磷农药值，通过不同压力源的组合累积性环境风险可变性高达 5 倍。

国内累积性环境风险评估研究起步较晚，相对滞后。研究工作主要是从生态风险和健康风险两方面进行的。在生态风险评价方面，吴健等阐述了累积效应、流域累积效应和累积效应评估的概念。许妍等梳理现有研究成果，对流域生态风险评价进行了概念界定与特征分析。冯承莲等对中国主要河流中多环芳烃（PAHs）生态风险进行了初步评价。

刘卫国等对博斯腾湖流域进行生态风险评价，采用遥感技术确定生态风险受体，通过生态风险的综合计算和 GIS 分析叠加，得到博斯腾湖区域综合生态风险评价结果。卢宏玮等以洞庭湖地区东、南、西 3 部分为研究区域，对洞庭湖流域生态风险进行了评价，计算了洞庭湖流域的综合生态风险。

在健康风险研究方面，段小丽比较了国内外环境健康风险评价中的暴露参数，研究了暴露参数的调查方法，并得到了我国居民呼吸、饮水、饮食、土壤暴露、皮肤暴露等相关参数。邹滨等评价了某市 2001 年 ~2005 年 5 个水质监测站周围水体中所含污染物对人体健康潜在危害的时空差异和风险源特征。黄奕龙等对深圳市的主要饮用水源地进行了分析与评价，计算了深圳市 7 个主要水库的水环境健康风险水平，指出基因毒物质是需要优先控制的污染物。倪彬等采用 US EPA 推荐的水环境健康风险模型，对 2 处饮用水源地的原水通过饮水途径引起的健康风险进行了评价。

陈凯等以太湖流域常州段为研究对象，对 2004 年 ~2009 年常州市累积性水环境风险进行了综合评估。沈新强等根据国内研究成果，总结了重金属、石油烃以及有机物污染因子在贝类体内生物吸收、转运、累积等生理过程以及毒理危害。在农药累积性环境风险评估方面，姜官鑫等对国外累积性暴露评估的主要方法进行了综述。张磊等则对每日可耐受摄入量（TDI）、HI、相对效能因子（RPF）、生理毒代动力学（PBTK）模型等方法进行了阐述，对方法的特征及其在食品中化学物累积性环境风险评估中的应用进行了讨论。

（三）多元混合物联合作用

1. 有毒、有害物质伤害特点

一种毒物可经呼吸道吸收并分布到其他组织后产生全身性作用，或作用于呼吸道局部，也可能两者皆有。某些毒物还可经其他途径吸收后作用于呼吸道。人体的体表几乎全部被皮肤所覆盖，因此皮肤会接触到各种化学物，如化妆品、家庭日用品、局部外用药物和存在于工作场所中的工业污染物等。皮肤接触化学物可造成机体多种损害，同时机体全身暴露于化学物也可引起皮肤损害。在日常生活中从口中摄入的物质很多，有可能会有有毒、有害化学物质经口腔进入到人体，进而被人体吸收，产生伤害。故有毒、有害物质进入人体的途径有 3 个：经呼吸进入、经口腔进入和经皮肤进入，即主要通过呼吸道、消化道和皮肤进入人体。所以对产品中有害物质对人类健康影响评估也需要从这 3 个方面来考虑。影响化学物质毒性及性质的因素有：剂量、接触途径、接触条件、接触期限、速率和频率。

化学物质具有选择毒性的性质，即对人体的伤害也具有选择性。化学物质被吸收后随血液分布到全身各个组织器官，但其直接发挥毒性作用的部位往往只限于一个或几个组织器官，即所谓的靶器官。许多化学物质有特定的靶器官，另有一些则作用于同一个或同几个靶器官，这在化学结构与理化性质近似的同系物或同类物中较为多见。如卤代烃都可引起肝脏损伤；苯系物则均可通过血—脑脊液屏障而作用于中枢神经系统。另外，在同一靶器官产生相同毒效应的化学物质，其作用的机制有可能不同。

由以上可以看出，化学伤害不同于机械伤害，化学伤害作用于人体时，根据其剂量的大小，导致的伤害严重程度是不同的，而且伤害往往不会即时表现出来，需要通过一定时间，在一定的生命活动过程中，才会表现出相应的伤害症状。机械伤害中每一伤害是独立的，并且不会随着时间变化。但是产品中有毒、有害物质的伤害在人们使用轻纺产品的过程中，会随着皮肤、口腔、吸入等途径进入人体，或者其他的和人体食物链有关的生物体中，进而随着食物链进行传递并可能在生物体内富集，达到一定的浓度后对人体产生伤害。

此外，产品中一般都不只含有一种有毒、有害物质，而是同时含有多种有毒、有害物质，因此所造成的伤害也是多种有毒、有害物质共同作用导致的。这就要求在进行轻纺产品的有毒、有害物质风险评估时，不能只评估一种有毒、有害物质，而是要对轻纺产品中所含的所有有毒、有害物质进行风险评估。

2. 多元混合物联合作用

（1）多元混合物联合作用类型

自 20 世纪 30 年代以来，人们对单一污染物的理化性质及其环境行为进行了大量详细的研究，并取得了相当多的相应成果。其实，绝对意义的单一污染在自然界中是不存在的，污染的特点多是伴生性和综合性的，这种多种污染物的联合作用与单一污染物质的单独作用效果可能是完全不同的。在毒理学中，把这种多种生物活性物质先后在数分钟内或同时对机体作用，将对机体产生不同于它们单独分别作用于机体时的生物学作用称为联合毒性作用。

混合化学物的联合毒性作用类型分为相似作用、独立作用（非相似作用）、相互作用、依赖作用 4 种。其中相互作用又分为协同作用和拮抗作用两种。

1）相似作用也叫浓度加和模式或剂量加和模式，混合物体系中不同化学物对机体作用靶器官、毒性效应均相同，相互之间不影响其活性，其共同毒性相当于被不同化学物共同稀释，毒性取决于化学物毒性当量。

2）独立作用（非相似作用）也叫效应加和模式，不同化学物对机体作用靶器官及作用基团、配体或位点不同，但毒性效应相同。

3）相互作用分为协同作用和拮抗作用两种。协同作用：多种化合物联合作用的毒性，大于各单个化合物毒性的总和。拮抗作用：多种化合物联合作用的毒性，小于各单个化合物毒性的总和。

4）依赖作用：化学物对机体作用方式、途径以及靶器官等各不相同，且相互有影响，则为依赖作用。

（2）化合物联合毒性风险管理

随着科学的发展和人们认识事物本质能力的提高，化学混合物所产生的联合毒性、对生态和人群的影响逐渐受到政府的关注，各国政府都开始加强化学物联合毒性的风险管理。其中，美国 EPA 于 20 世纪 80 年代开始研究混合污染物的毒理效应，通过收集有关毒物联合毒性资料的基础上，经过 2 年多的讨论和整理，已经正式建立了一个较为完整的混合毒物资料库和联合毒性的化学混合物风险度评价大纲，可以对两个或多个环境污染物的可能联合作用进行定性的或定量的初步评价，有利于对环境中化学混合物的风险评价与风险管理。现将其具体内容分述如下。

1）混合毒物资料库简介

所有的关于混合毒物的资料经过整理汇入计算机网络，可以从美国任何一个 EPA 分支机构的风险评估联络处（Risk Assessment Contacts）获取经过整理汇入计算机网络。存储的资料包括 13 个部分，分别为：第一个化学物的 CAS 号、第一个化学物的名称、第二个化学物的 CAS 号、第二个化学物的名称、暴露途径、动物种属、处理顺序、暴露时间、有害作用部位、危害效应、联合作用类型、前 2 个作者、参考文献号，其中的危害效应按照不同的暴露途径、种属、靶部位、作用性质进一步分类。

2）混合毒物风险评价大纲

在所建立的资料库的基础上，EPA 组织邀请了毒理学、药理学、公共卫生学、统计学等方面的一些专家和环境保护组织、劳工组织、企业和政府部门的管理专家。经过广泛的讨论和征求意见，制定了该评价大纲的初稿，它包括了以下部分：一是引言，提出评价大纲的意义、目的和评价对象及内容；二是评价程序及所需资料，包括评价程序、评价所需要的资料：暴露情况、对健康危害效应和联合作用资料，按照资料的来源和性质，每个方面又各分为不同的等级；三是评价前提和限制因素，大多数化学物联合毒性的资料为 2 个化学物各自在一个剂量水平上对动物急性染毒的结果。从这种急性毒性资料评价慢性或亚慢性联合毒性，以 2 个化学物的联合毒性评价多个化学的联合毒性，以动物实验资料评价对人的危害性，都会造成相当大误差，这是在选用评价资料时必需考虑的。

多化学物的联合作用，涉及到受体部位、代谢过程等许多因素。剂量水平不同，联合作用的机理也可能不同。在慢性暴露或很低剂量情况下，联合毒作用的强度会很弱，甚至会消失。两种以上化学物的联合作用更为复杂。第三个化学物可能完全改变另外两个化学物联合作用模式。

如前所述，在评价多化学物的风险时，如果没有充足的评价资料或类似物的资料，一般建议采用相加模型。在有些情况下，会出现不符合相加性的前提；如果对产生加强或拮抗作用的毒效应用相加方法处理，会导致错误的风险评价。因此，在采用评价模型时应明确资料的性质和模型的前提条件。

3）评价大纲的管理应用

从管理应用的角度，EPA采用剂量相加法评价非致癌物的联合毒性，对于致癌物则采用反应相加法。目前普遍认为，非致癌物的毒性作用具有阈值反应，致癌物则没有。这是采用不同处理方法时应考虑的主要问题之一。剂量相加法计算中的参考值，一般用每天允许摄入量（ADI）或参考剂量（RfD）。由于ADI和RfD都是由无作用剂量得来，所以在低剂量暴露时不可能得到反应相加。以美国纽约州对饮水中量中非致癌物涕灭威（aldicarb）和虫螨威（carbofuran）的联合作用的评价为例，两者都是胆碱酯酶抑制剂。前者在水中的ADI是7μg/L，后者是15μg/L。采用剂量相加法进行评价：实测aldicarb浓度/(7μg/L)＋实测carbofuran浓度/(15μg/L)＝T。如果$T \leqslant 1$，表明在允许标准范围内；如果$T > 1$，即超过允许标准，必须加以处理。

（3）联合毒性作用判别

1）定性判别

a）毒性单位（TU）法

毒性单位TU法是最早被提出的定量化判定方法，Sprague通过研究铜－锌交互作用对大马哈鱼幼体生长发育的影响提出并应用，定义式如下：

$$Tu_i = \frac{c_i}{c_{\mathrm{EC50},i}} \tag{5-28}$$

$$M = \sum_{1}^{n} Tu_i \tag{5-29}$$

$$M_0 = \frac{M}{Tu_{i,\max}} \tag{5-30}$$

式中：

c_i——第i个组分的浓度；

$c_{\mathrm{EC50},i}$——第i个组分的等效应浓度，即第i个组分单独存在时引起与混合物半致死或半抑制相等效应时该组分的浓度。

评价时：

若$M = 1$，化学物间呈相加作用；

若$M < M_0$，化学物间呈拮抗作用；

若$M < 1$，化学物间呈协同作用；

若$M = M_0$，为独立作用；

若$M_0 > M > 1$时为部分加和作用。

TU法是最基础、简单的浓度相加的判别模式，具有良好的可靠性，得到广泛应用和发展。

b）相加指数（AI）法

加和指数AI是基于TU，将理化性质、毒作用方式相似的物质相互替代表示，最后混合物的有效浓度表示为各物质的有效浓度之和。定义如下：

当 $M=1$ 时，$AI=M-1$；

当 $M<1$ 时，$AI=1/M-1$；

当 $M>1$ 时，$AI=1-M$。

判断标准为：

若 AI=0，化学物间呈相加作用；

若 AI>0，化学物间呈协同作用；

若 AI<0，化学物间呈拮抗作用。

AI 法在 TU 的基础上引入了 M 值，根据 M 值的大小分别计算得到不同联合作用类型的结果，比 TU 法增加了判断过程的可信性，因此得到更广泛应用。但 AI 法缺少判断独立作用的标准，一定程度上会造成判断结果的不全面。

c）混合毒性指数（MTI）法

混合独立指数 MTI 定义为：

$$MTI=1-\frac{\lg M}{\lg M_0} \tag{5-31}$$

评价时：

若 MTI<0，化学物间呈拮抗作用；

若 MTI=0，化学物间呈独立作用；

若 1>MTI>0，化学物间呈部分相加作用；

若 MTI=1，化学物之间发生相加作用；

若 MTI>1，化学物之间发生协同作用。

需要注意的是，虽然 AI 法与 MTI 法均能判断联合作用方式的强弱，但两种方法判断结果会有一定差异。如很多研究者通过实验验证协同作用时发现，MTI 法与 AI 法得到协同作用最强的毒性配比是不同的，这与两种判别方法在原理设计上的区别有关，使用时应说明使用的判别方法。

d）相似参数 λ 法

相似参数法是 Christensen 提出的，用于表征混合体系中各物质毒性对整体毒性的贡献度，公式如下：

$$\sum_{1}^{n}(Tu_i)^{1/\lambda}=1 \tag{5-32}$$

判定标准为：

若 $\lambda=1$，化学物之间呈现加和作用；

若 $0<\lambda<1$ 化学物之间呈拮抗用；

若 $\lambda>1$ 化学物之间呈协同作用。

对于 λ 判别的联合毒性强弱结果，是与 AI 法判别结果一致的，但由于 λ 法计算较为繁琐，使用受限，AI 法的使用更为广泛。

2）定量判别

现有方法对混合化学物物的联合毒性的评价分析，多为上述的定性评价方法。然而，由于现实环境中混合物污染物的组分十分复杂，定性评价方法相对不容易满足对混合污染物的风险评价需要。目前，发展定量预测混合污染物的联合毒性方法（见表 5 – 17）已成为生态毒理研究领域的一个热点。对应混合物各组分间不同的联合作用方式，在生态毒理学研究中，基于浓度加和、独立作用和相互作用 3 个概念建立的主要的联合毒性定量预测模型有：浓度加和模型（CA）、独立作用模型（IA）和两阶段预测模型（TSP）。

表 5 – 17　联合作用定性评价方法

<table>
<tr><th>指数名称</th><th>数学公式</th><th>分类</th><th>联合作用类型</th></tr>
<tr><td rowspan="5">毒性单位
（TU）</td><td rowspan="5">$Tu_i = \frac{c_i}{c_{EC50,i}}$
$M = \sum_1^n Tu_i$
$M_0 = \frac{M}{Tu_{i,max}}$</td><td>$M = 1$</td><td>加和作用</td></tr>
<tr><td>$M < M_0$</td><td>拮抗作用</td></tr>
<tr><td>$M < 1$</td><td>协同作用</td></tr>
<tr><td>$M = M_0$</td><td>独立作用</td></tr>
<tr><td>$M_0 > M > 1$</td><td>部分加和</td></tr>
<tr><td rowspan="3">相加指数</td><td rowspan="3">当 $M = 1$ 时，$AI = M - 1$；
当 $M < 1$ 时，$AI = 1/M - 1$；
当 $M > 1$ 时，$AI = 1 - M$</td><td>AI = 0</td><td>加和作用</td></tr>
<tr><td>AI < 0</td><td>拮抗作用</td></tr>
<tr><td>AI > 0</td><td>协同作用</td></tr>
<tr><td rowspan="5">混合毒性指数
（MTI）</td><td rowspan="5">$MTI = 1 - \frac{\lg M}{\lg M_0}$</td><td>MTI = 1</td><td>加和作用</td></tr>
<tr><td>MTI < 0</td><td>拮抗作用</td></tr>
<tr><td>MTI > 1</td><td>协同作用</td></tr>
<tr><td>MTI = 0</td><td>独立作用</td></tr>
<tr><td>0 < MTI < 1</td><td>部分加和</td></tr>
<tr><td rowspan="4">相似性参数</td><td rowspan="4">$\sum_1^n (Tu_i)^{1/\lambda} = 1$</td><td>$\lambda = 1$</td><td>加和作用</td></tr>
<tr><td>$0 < \lambda < 1$</td><td>拮抗作用</td></tr>
<tr><td>$\lambda > 1$</td><td>协同作用</td></tr>
<tr><td>$\lambda = 0$</td><td>独立作用</td></tr>
</table>

浓度相加理论最先由 Loew 和 Mulschnek 提出，它主要应用于组成混合物的各个化学物结构相似的情况，即各化学物对生物指示物作用靶位点（污染物作用的靶位点通常是污染物及其代谢产物与生物体接触的部位，或者是生物转运和生物转化观察所发生的部位）相同，综合效应可以相加。

数学上 CA 模型可表示为：

$$\sum_{i=1}^{m} \frac{c_i}{EC_{x,i}} = 1 \tag{5-33}$$

式中：

m——混合物包含的组分数；

c_i——混合物效应为 x 时该混合物中第 i 个化学物组分的浓度；

$EC_{x,i}$——第 i 个组分的等效应浓度，即第 i 个组分单独存在时引起与混合物效应 x 相等效应时该组分的浓度。

式中的（$c_i/EC_{x,i}$）称为第 i 个组分的毒性单位（toxicity unit，TU）。因此，如果一个混合物的毒性是加和的，那么该混合物中各组分的毒性单位之和等于 1。由于 CA 模型可以合理地解释具有不同类型浓度 - 效应曲线（concentration - response curve，CRC）的化学物构成的混合物的毒性效应，所以 CA 模型广泛应用于化学混合物的环境毒理效应评估与预测。

常常伴随 CA 模型广泛应用的另一个加和参考模型是独立作用模型 IA。IA 也称效应或响应加和（response addition）与 Loewe 加和（Loewe Addition）。IA 模型可写为：

$$E(c_{\mathrm{mix}}) = 1 - \prod_{i=1}^{m}[1 - E(c_i)] \tag{5-34}$$

式中：

c_{mix}——混合物的总浓度；

$E(c_i)$——第 i 个组分独立存在且其浓度为 c_i 时产生的效应；

$E(c_{\mathrm{mix}})$——混合物的效应。

这里混合物总浓度 c_{mix} 定义为该混合物中各个组分的浓度 c_i 之和，即：

$$c_{\mathrm{mix}} = \sum_{i=1}^{m} c_i \tag{5-35}$$

在实际环境中，以混合形式暴露的化学物质可能并不具有完全相同或完全不同的毒性作用方式，可能其中的一些具有相同作用方式，另一些却不同。因而，CA 模型和 IA 模型都不适合评价这类化合物的联合毒性。为了克服 CA 和 IA 作用模型的局限性，Junghans 等发展了两阶段预测的方法［two step prediction（TSP）］。TSP 模型可以预测既含有相同又含有不同作用方式的化合物所组成的混合体系的毒性。

TSP 模型的基本原理是分阶段应用 CA 和 IA 模型进行联合毒性的预测。预测的过程是：第一阶段，在所研究的混合体系当中把具有相同作用方式的化合物归到一组中，这样，混合体系根据作用方式的不同分成了若干组，应用 CA 模型对各个组进行联合毒性的预测，自然这些组之间的作用方式是不同的；第二阶段，应用 IA 模型对具有不同作用方式的这些体系进行联合毒性的预测，具体如图 5 - 22 所示。这样，完成了对混合体系联合毒性的预测。

（4）实验模型

1）实验方法向预测模型的转变

传统的实验方法也存在很多不足之处：第一，实验方法花费昂贵的费用；第二，利用实验测试耗费大量时间；最后，用于测试的生物很多还没被学界所公认。随着科学的发展和人们认识事物本质能力的提高，研究者们发现应用模型来预测化合物的毒性效应是替代实验的一种十分有效的方法，特别是对于通过现有的方法测得的化合物的毒性大多是单一毒性，而要获得混合组分的联合毒性效应，模型预测则是既经济又实用的方法。联合毒性的预测这一研究领域受到越来越多的环境研究者的广泛关注。然而，更多的研究是集中在发展传统的联合毒性效应分类的方法上，却很少研究预测混合物的联合毒性效应。因此，有必要寻找一种普遍适用的用于预测混合物的联合毒性效应方法，以提高风险评价的质量

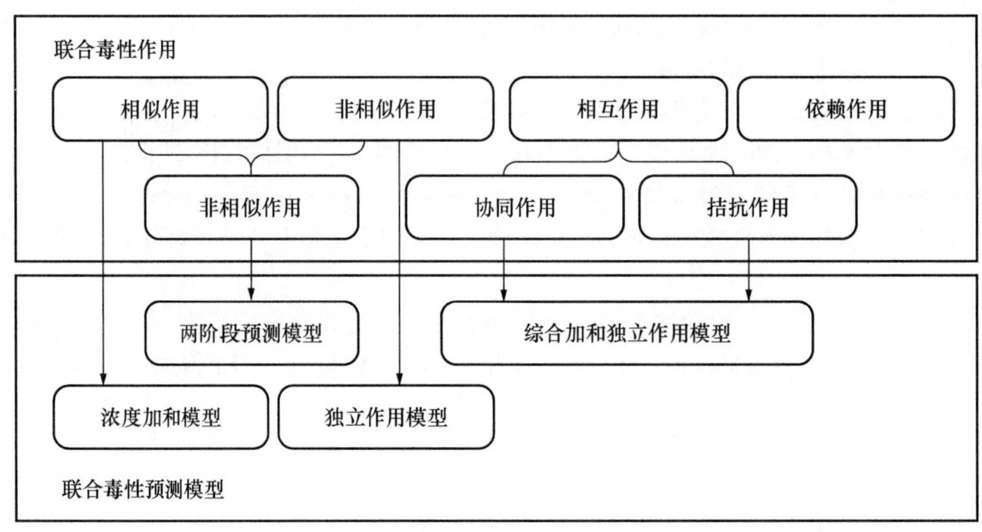

图5－22　联合毒性作用方式和定量预测模型

和制定完善的生态标准。

2）QSAR预测模型

定量构效关系（quantitative structure－activity relationship，简称QSAR）是指化学品分子结构与其活性之间存在的定量关系，主要是研究化合物的分子结构与其生物活性之间的关系。根据单一化合物的QSAR模型，预测出各单一化合物的半致死浓度，就可以计算出混合体系的半致死量。QSAR的基本原理是将化合物物化性质、环境行为以及生物活性归因于其分子的化学结构，并建立有机物的活性与表示其结构特征的理化参数之间的相关性方程式，通过测量有机物的理化参数，可大致估算出有机化合物对生物的毒性，也可以通过一些化合物的毒性来预测另一些结构类似的化合物的毒性。

QSAR研究是应用理论计算方法和各种统计学方法研究有机化合物的生物毒性与其结构描述符之间的定量关系。建立良好的QSAR模型，可以对未知化合物的环境行为和生态毒性进行预测、评价，为评价提供基础数据。

3）PBPK预测模型

在剂量－效应分析时，由于缺乏人体直接来源实验数据，往往只能通过动物实验或体外研究预测人体内的剂量分布情况，故不确定性较高。PBPK模型基于生理学及代谢过程，可推导出化学物质在体内分解、运输过程，预测靶器官浓度。在已有动物PBPK模型基础上，修改相应参数或方程即可进行剂量外推、种间外推、暴露时长外推等外推计算，可解决缺少数据带来的问题，提高定量分析的准确性。

（四）累计风险评估方法研究

1. 危害指数法（hazard index）

假如混合物各组分的风险效应类似，作用靶器官相同，那么混合物的健康风险评价方法采用剂量相加（dose addition），通常选择无量纲的危害指数法（hazard index，HI）表达：

$$\mathrm{HI} = \sum_{i=1}^{n} \frac{E_i}{\mathrm{RfD}_i} = \sum_{i=1}^{n} \mathrm{HQ}_i \qquad (5-36)$$

式中，

E_i——化合物 i 的暴露水平；

RfD_i——化合物 i 的 RfD；

HQ_i——化合物 i 的危害商。

通常认为，当 HI < 1 时，风险能够被接受；当 HI≥1，风险不可以接受。

HI 法的最大特点是它清晰、容易理解，而且直接跟参考剂量的值有关。

起始点指数（point of departure index，PODI）和参考点指数（reference point index，RPI）与危害指数法类似，分别选择起始点（POD）或者参考点（RP）代替危害指数方法中的参考剂量（RfD），也经常用作累积性风险评价。

2. 暴露界限（margin of exposure）

美国环境保护署通常选择暴露极限方法来判定众多单一化合物的急性非致癌风险的可接受度。通过参照 FQPA，暴露界限的方法已经变为美国环境保护署实行总体暴露和累积暴露的最普遍的健康风险评估方式。暴露界限为健康风险评估的起始点（point of departure，POD）或参考点（reference point，RP）除以暴露量（E），即：

$$\mathrm{MOE} = \frac{\mathrm{POD}}{E} \tag{5-37}$$

混合物的暴露界限表示为 $\mathrm{MOE_T}$，计算公式为：

$$\mathrm{MOE_T} = \frac{1}{\frac{1}{\mathrm{MOE_1}} + \frac{1}{\mathrm{MOE_2}} + \cdots + \frac{1}{\mathrm{MOE}_n}} = \sum_{i=1}^{n} \frac{1}{\frac{1}{\mathrm{MOE}_i}} \tag{5-38}$$

对于单一化学物的 MOE > 10 时，此组分的风险是被认为能够接受；在累积暴露评估中，当 $\mathrm{M0E_T} > 100$ 时，此组分的风险暴露是能够被接受的。混合物暴露界限方法的优点是，其来源于具有共同毒性机制的混合化学物质中每一种物质的真实暴露，并与毒性数据直接相关，不确定因素仅仅需要在过程的最后考虑。

累积风险指数（cumulative risk index，CRI）是从暴露界限法发展过来的，风险计算方式和风险判定原则和暴露边界限相似，然而累积风险指数法对于不同的化学物质考虑不同的不确定性系数，单一化学物风险指数（RI）计算公式为：

$$\mathrm{RI} = \frac{\mathrm{POD}}{E \times UF} = \frac{\mathrm{RfD}}{E} = \frac{1}{\mathrm{HQ}} \tag{5-39}$$

式中，UF 为这个组分的不确定因素（uncertainty factor）。累积风险指数的倒数是单一风险指数（RI）倒数之和，计算公式为：

$$\mathrm{CRI} = \frac{1}{\frac{1}{\mathrm{RI_1}} + \frac{1}{\mathrm{RI_2}} + \cdots + \frac{1}{\mathrm{RI}_n}} = \frac{1}{\frac{E_1}{\mathrm{RfD_1}} + \frac{E_2}{\mathrm{RfD_2}} + \cdots + \frac{E_n}{\mathrm{RfD}_n}} = \sum_{i=1}^{n} \frac{1}{\frac{E_i}{\mathrm{RfD}_n}} \tag{5-40}$$

当 CRI > 1 时，在累积性风险评估中暴露在该组分的风险被判定是能够接受的。

3. 毒性当量因子（toxicity equivalency factor，TEF）

不同污染物的作用原理和效应终点相同，一般被认为是毒性加合作用，然而每种化合物对总危害风险的作用并不一样，因而需要选用毒性等效因子的方法来归一化，毒性当量因子（TEF）和毒性等效因子（RPF）属于这类方法。毒性当量因子通常根据标准指示化合物（index compound，IC）和每个化合物健康风险评价的“起始点”（point of departure，

POD）之比得到，然而归一化后的混合化学物的暴露剂量通常采用毒性当量（toxicity equivalent quantity，TEQ）表达，是毒性等效因子（TEF_i）乘以应污染物暴露剂量（E_i）之后再求和，即：

$$TEQ = \sum E_i \times TEF_i \tag{5-41}$$

因而，通过 TEQ，结合标准指示化学物的 RfD/C 或者致癌斜率因子，就能够评价混合物的健康风险。毒性等效因子方法和毒性当量因子方法相似。毒性等效因子与毒性当量因子方法的优点在于容易理解，而且和真实暴露和毒性数据直接有关，但是这一类方法需要各种化合物都要有能用的毒性和暴露数据，因而评价结果依赖于指示化合物的选取与毒理学资料的完善程度，指示化合物数据的不确定性将会严重影响健康风险评估的结果。

4. 效应相加（response addition）

当化学混合物每个组分在毒性上互相独立，即一种化合物的暴露不会影响另外一种化合物的生物毒性时，能选用这种方式。在这种方式中，化合物的毒性效应用产生固定生物学反应的动物或者人群占总暴露动物或者人群的百分比表达。比如对于两种化合物的混合物，设定化合物 A 所产生的毒性效应的概率是 P_1，那么化合物 B 只能够对剩余 $1-P_1$ 部分产生作用（假定产生毒性效应的总概率 1）；假设化合物 B 单一作用时产生的毒性效应的概率是 P_2，那么化合物 B 在混合化学物的体系中产生的毒性效应的概率是 $P_2 \times (1-P_1)$，混合物 A、B（剂量分别为 d_1，d_2）产生毒性效应的概率是：

$$P_{mix}(d_1,d_2) = P_1(d_1) + P_2(d_2) \times [1 - P_1(d_1)] = P_1(d_1) + P_2(d_2) - P_1(d_1) \times P_2(d_2)$$

对于多种化合物的混合物，此公式可以扩展成：

$$P_{mix} = 1 - \prod_{i=1}^{n}(1 - P_i) \tag{5-42}$$

式中：

P_{mix}——混合物产生毒性效应概率；

P_i——第 i 种污染物产生毒性效应的概率。

美国环保署建议在对致癌的混合物的风险评价中选用效应相加方法，其致癌化合物健康风险评估公式是：

$$Risk = \sum_{i=1}^{n} Risk_i = \sum_{i=1}^{n} d_i \times B_i \tag{5-43}$$

式中：

$Risk_i$——第 i 种污染物致癌风险；

d_i——暴露剂量；

B_i——致癌强度系数。

此公式仅仅能够用于当单一化合物物的致癌风险 <0.01，而且所有化合物的致癌总风险 <0.1 的情况下。

效应相加法的优势在于它的数学计算方式简洁，缺点在于它的数据适用性不高。

5. 相互作用的危害指数（interaction - based HI）

当考虑混合物的相互作用，且相互作用的资料能够使用时，混合物的健康风险评价模型采用基于相互作用的危害指数，该模型只能考虑污染物的两两相互作用：

$$HI_{INT} = \sum_{i=1}^{n} (HQ_i \times \sum_{j \neq i}^{n} f_{ij} \times M_{ij}^{B_{ij}\theta_{ij}}) \quad (5-44)$$

式中：

HI_{INT}——考虑相互作用的危害指数；

HQ_i——化合物 i 的危害商；

M_{ij}——表示污染物 j 对污染物 i 相互作用的最大量值，US EPA 推荐缺省值为5；

B_{ij}——污染物 j 对污染物 i 有相互作用的证据权重（weight - of - evidence，WOE）系数，其值见表5-18；

表5-18　证据权重缺省系数

类别	证　　据	相　互　作　用	
		>加合	<加合
Ⅰ	相互作用已经证明与人体健康有关，并且相互作用的方向是明确的	1.0	-1.0
Ⅱ	在体内动物模型中，交互作用的方向已经被证明，并且可能有潜在人体健康影响的相互性	0.75	-0.5
Ⅲ	在特定的方向上的交互作用是合理的，但是支持相互作用的证据以及其与人体健康影响的相互性弱	0.5	0
Ⅳ	加合作用的假设已经被证明或接受	0	0

f_{ij}——修正系数，用来避免重复计算，假如当不考虑化合物互相作用时，取值为1。f_{ij}的计算公式是：

$$f_{ij} = \frac{HQ_j}{HI_{add} - HQ_i} \quad (5-45)$$

θ_{ij}——修正系数，用来让两种化合物的毒性一样时，二者的互相作用影响最大，取值为1；当二者毒性差别越大时，其相互作用影响越小，其值约等于0。θ_{ij}的计算公式为：

$$\theta_{ij} = \frac{(HQ_i \times HQ_j)^{0.5}}{(HQ_i + HQ_j)^{0.5}} \quad (5-46)$$

式中：

HQ_i——化合物 i 的危害商；

HQ_j——化合物 j 的危害商；

HI_{add}——基于剂量相加的危害指数。

基于相互作用危害指数方法的优势在于考虑了化合物之间的相互作用，但是，这种方法涉及许多参数，并且化合物相互作用的数据如今还十分缺乏，因而这种方法的适用性不高。

在农产品和食品以及环境的风险评估中，对化学有毒、有害物质的风险评估程序大同小异，对农产品和食品中有毒、有害物质的风险评估基本分为：危害识别、危害描述、暴露评估、风险描述。而关于环境污染物对人类的风险评估中分为：危害鉴定、暴露评价、剂量反应评价、风险表征。产品有害成分暴露评估与风险分析是建立在对分析数据的基础统计学分析、数据的概率密度分布、多元统计分析及计算机模拟取样基础之上，其中的重要理论及概念借鉴了发达国家在有毒、有害化学品对环境的暴露评估与风险分析的一些思路，参考最多的是美国 EPA 的化学品环境暴露评估与风险分析导则与技术手册。具体风险评估程序如下所述。

（五）化学物质伤害风险评估程序

对于产品的有毒、有害物质的风险评估就是对产品中各种有毒、有害物质可能对人体造成的伤害或危害的风险水平进行评估，也就是对产品可能造成的人体健康风险进行评估。

根据产品中有毒、有害化学物质的伤害特点以及产品风险评估的特点，并结合机械、生产、食品等相关领域风险评估的方法特点，可将产品可能影响人体健康的风险评估分为以下 3 个步骤：

1. 影响评估（effect assessment），包含：

（1）危险识别（hazard identification）：辨识出某化学品固有的可能导致的不良影响；

（2）剂量（浓度）—反应（影响）评估（dose - response assessment）：评估剂量，或者暴露到某种物质的水平，和发生率以及影响的严重度的关系（在适当时）。

2. 暴露评估（exposure assessment）：评估对于人群（例如，工人、消费者和那些直接通过环境暴露的人）或者环境（水环境、陆地环境和大气环境）可能暴露的浓度/剂量。

3. 风险特征描述（risk characterization）：对由于现实的或者可预见的对于某物质的暴露，可能发生在人群中或者环境中不良影响的发生率和严重度的评估，可能会包含“风险判断”，例如，对可能性的量化。

通过上述这 3 个大的步骤，即可完成对产品中有毒、有害物质的风险评估，在风险评估结果的基础上，确定出此风险是否可被接受。如果不能被接受，则确定出相应的风险控制措施，使其风险降低到能够被接受的水平，从而完成产品中有毒、有害物质的风险管理。具体的风险管理程序如图 5 - 23 所示。

从图 5 - 23 中可以看出，对于产品中有毒、有害物质的风险评估，主要是从影响评估和暴露评估这两个方面进行的，最终通过风险特征描述，将影响评估和暴露评估的结果综合起来考虑，确定出总的风险水平，然后再进行风险控制。

1. 危险识别

危险识别是对产品中有毒、有害物质风险评估的第一要素，决定了影响的本质，属于定性评价阶段，目的是确定化学物是否具有对健康的有害效应，这种效应的产生是否是该化学物所固有的毒性特征和类型。危险识别结果是一种有毒、有害物质对接触的人体所产生的确定影响。危险识别结果也可以反映有毒、有害物质在生物体内的转移特性，及其在生物体内的相互作用。因此，危险识别有助于确定“在一种条件下（如动物试验）观察到的影响是否能在其他情况下（如人类）发生”。

即该阶段主要是明确产品中的化学物质可能对人体健康产生的危害，描述或列出各种毒性作用现象，如急性毒物、刺激性、腐蚀性、诱变性、致癌性等。这些信息可以包括有

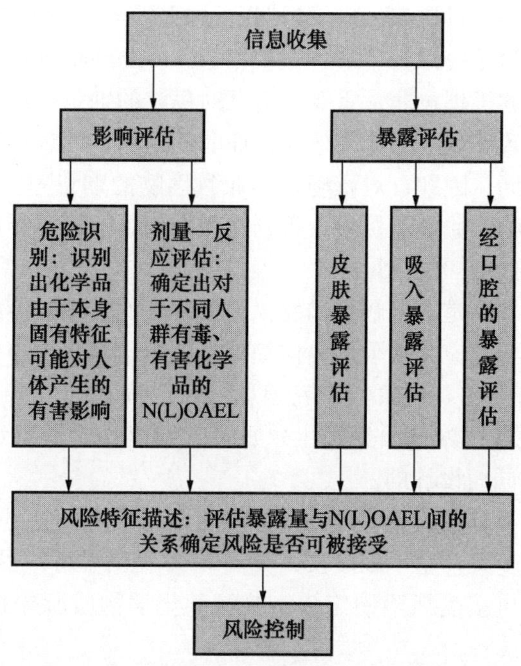

图 5－23　产品有毒、有害物质风险评估程序

害成分基础统计数据、动物试验测量数据、流行病学数据、离体试验数据和分子生物学信息等。另外通过信息的收集整理，可对一般消费品中有毒、有害物质进行分类，进而可对其进行分类评估。该阶段是风险评估的定性阶段。

化学品对人类健康潜在的危害性主要是通过实验动物对一定剂量化学品做出何等反应来评价的。这些毒性研究包括对不同动物从急性毒性试验到慢性毒性试验的一系列试验。在急性试验中动物接受相对高剂量的化学品，在慢性试验中每天接受相对较低剂量的化学品。急性毒性是通过使动物接触一定量化学品后测定其死亡率和对其他方面的影响，同时用此方法也可测定对眼和皮肤的刺激性。亚慢性毒性研究是在几周或几个月内，让动物每天接触一定量化学品，然后测定对该动物器官（肝脏、肾脏、脾脏等）和组织的影响。慢性毒性研究主要用于评估化合物潜在的毒害影响或长期接触是否有致癌作用。其他毒性研究还包括测试对成年动物的繁殖、生长、发育、后代生育能力和细胞内的基因改变等的潜在影响。

2. 剂量反应评估

对某一特定化学品，不同的接触水平对人体健康影响的程度不一样。著名毒理学家 Paracelsus（1493 年～1541 年）在 400 年前已指出：化学物质只有在一定的剂量下才具有毒性，毒物和药物的区别仅在于剂量，即“剂量导致中毒”的毒理学。

剂量反应评估主要是研究某化学物质在什么条件下导致产生某种毒作用，并试图了解暴露量与毒性反应之间的定量关系。在对毒理学试验进行评估的过程中，科学家或管理者需要确定什么剂量水平可导致怎样的健康影响，并且如果有必要，还应该了解可能出现某些健康不利影响的人群比例。人们还要研究可能出现某些关键影响的最低剂量。

大多数情况下，当给药剂量达到某一特定剂量时才可能出现某种毒理学效应，这种效应被称为“阈效应”（threshold effect）。与其相反，某些毒理学效应在最低的给药剂量下就可能出现，这种毒理学效应称为“非阈效应”（non－threshold effect）。癌症就是一种非阈效应。理解致癌作用的机理也非常重要，近期对癌症的剂量—反应关系研究表明，能产生基因毒性的致癌物的致癌效应为非阈效应，而非基因毒性的致癌物可以有阈剂量。

由于毒理学机制不同，因此，对致癌物和非致癌物的剂量—反应评估方法是不同的。一般认为，大多数致癌物除非是零接触，否则在任何剂量下都可能产生风险。相反，接触非致癌物要超过一定的剂量即阈剂量才产生毒作用。

毒性评估最重要的方面是在接触量和发生率或观察的毒性效应的严重性之间来判定剂量和反应的关系。毒理学效应是从采用离体细胞、组织培养和用小的哺乳动物如大鼠、兔子和狗的研究中观察出来的。现象学研究根据接触时间长短（天、月、年）、接触途径（经皮、经口、吸入）、毒性测试种类（生殖毒性、致癌性、器官毒性、发育毒性、神经毒性、免疫毒性）的不同而设计的。

但是人类的活动总会有风险相伴随，接触和使用化学物质也要冒一定的风险，关键在于发生危险的可能性有多大。基于该事实，美国EPA提出了可接受风险（acceptable risk）的概念，并将致癌性的可接受风险制定为：接触某化学物质所导致的风险在百万分之一（10^{-6}）或以下。

通过计量－反应评估，最终应该确定出有毒、有害化学物质的NOAEL（no observed adverse effect level）或LOAEL（the lowest observed adverse effect level），即无毒副作用水平或最低有毒副作用水平。或者其他的反应有毒、有害化学物质的伤害阈值的数据。如果可能，尽量做出有毒、有害化学品的剂量和相应的有害反应的曲线。

通过毒理实验还应该确定出各种化学物的半致死量LD_{50}（median lethal dose）和半致死浓度LC_{50}（median lethal concentration）。

对非阈效应的研究方法与阈效应完全不同。不同的管理机构或国际组织所采用的方法也略有不同。在美国，EPA要求将试验中所有剂量及产生的相应的影响程度输入一个计算机模型，然后用该模型来计算一个统计学数据$q1^*$（Q Star）。$q1^*$表示一个化学物质致癌作用的可能性，$q1^*$越高，该物质出现致癌效应的可能性越大。

对阈效应而言，剂量－反应评估需要确定每日允许最大摄入量（ADI），在美国常用的术语为参考剂量（reference dose，RfD），ADI和RfD的科学含义是相同的。关于ADI的计算，国际上一般公认的方法是将所测定的无毒副作用剂量（NOAEL）除以两个安全系数，即代表从试验动物推导到人群的种间安全系数10，和代表人群之间敏感程度差异的种内安全系数10，因此一般情况下，ADI或RfD＝NOAEL/100。特殊情况下，也可根据实际需要降低或提高安全系数。在美国，目前还需要再增加一个食品质量保护法系数（FQPA factor），这是根据美国食品质量保护法的规定，为了更好地保护婴儿和儿童，EPA可以根据各农药的特性及所获得毒理学数据的完整性和可靠性，增加10倍或10倍以下的FQPA系数。EPA把这种更加安全的剂量称为人群调整剂量（population－adjusted dose，PAD）。即PAD＝ADI或RfD/FQPA系数。

对于阈效应而言，当接触量低或等于ADI或RfD时，就认为是可以接受的接触水平。对于非阈效应，风险值表示人群中产生该毒效应的可能性。

因此，剂量－反应评估主要就是要通过动物或者人体的毒理试验等方法来确定出某种有毒、有害物质对于某一人群的伤害阈值，或者其发生伤害的可能性。

到目前为止，很多化学物质的毒理学数据已经通过毒理学实验得出，可以参考美国 EPA 汇编的有关有毒、有害物质的数据库 IRIS，比如从这个数据库里可以查到镉的 RfD 是0.000 5mg/(kg · d)，这些数据的可靠性比较高。

3. 暴露评估

暴露评估是风险评估核心之一，定义不同的暴露事件中暴露范围、暴露频率、暴露剂量等数据的获取是评估所必须的信息。暴露评估是指生物性、化学性及物理性因子通过食品或其他相关来源摄入量的定性和/或定量评估。美国是开展人体健康暴露评估较早的国家，1996 年出台的《食品质量保护法（FQPA）》要求美国环境保护署（EPA）对食品、饮用水及居住环境中蓄积性和累积性暴露风险进行短期、中期和长期评估，并采用 FQPA 10 倍保护系数重点关注了敏感人群儿童。而在此之前，EPA 属下农药计划办公室（OPP）主要进行单一暴露风险评估并确定相应安全水平。

暴露评估主要是确定可能产生接触的途径，以及在一定条件下，估算接触量的大小、接触时间的长短、接触的频率等。另外，也要求评定不同人群（如年龄、性别等）的暴露可能性。

产品中有毒、有害化学物质对于人体的暴露途径一般包括 3 种途径，即经口、经皮肤以及吸入。例如纺织品等消费品，人体主要是通过皮肤接触到轻纺产品的，因此其暴露方式主要为皮肤暴露。对于 3 岁以下的儿童玩具等用品可能会存在经口接触的有毒、有害物质，因此也要考虑经口的暴露。另外，对于一些易挥发的有毒、有害物质，其更多是通过吸入的方式进入人体体内的，所以也应该考虑。

由于产品中有毒、有害物质大都是一些超标、超量的化学物质，结合产品中有毒、有害物质的伤害特点和评估特性，我们可以将一般性的化学物质暴露评估模型细化应用到具体的行业中，并在应用中结合一般消费品的术语、使用方式，可将模型公式更加行业化，以指导业内的广泛应用。在使用此模型时，应考虑到产品的使用量、消费者的使用频次和消费者在使用过程中与产品的接触方式等各种因素，不可简单地只考虑模型中有毒、有害化学物质在模型中的作用方式，更应整合一般消费品、消费者个体和使用过程等因素，才能更切合实际地反映出真实的暴露情况。

下面是用有毒、有害化学物质的暴露评估模型来对产品进行具体的暴露评估。对于产品中有毒、有害物质的暴露量的估算，不同的暴露模式有不同的计算模型。

（1）皮肤暴露模型

根据所评估的化学品是否可挥发将暴露评估计算模型分为两种：

1）易挥发的有毒、有害化学物质：对于易挥发的化学品，我们是对其在完成生产之后，到达消费者手中时的有毒、有害物质的含量进行计算测量的。一般消费品中的易挥发有毒、有害物质，其出厂浓度和到达消费者手中的浓度是不相同的。在一般消费品的包装、运输过程中，受环境的影响，易挥发的有毒、有害物质会被稀释。因此，计算一般消费品中易挥发有毒、有害物质的暴露浓度，应该是要计算消费者皮肤所接触到的化学物质的浓度，记为 C_{der}，其计算模型如下：

$$C_{der} = \frac{C_{prod}}{D} = \frac{\varphi_{prod} \cdot Fc_{prod}}{D} = \frac{Q_{prod} \cdot Fc_{prod}}{V_{prod} \cdot \mathrm{D}} \tag{5-47}$$

式中：

C_{der}——皮肤接触到化学物质的浓度，$kg \cdot m^{-3}$；

C_{prod}——稀释前化学物质在产品中的浓度，$kg \cdot m^{-3}$；

D——稀释因子（表示物质浓度由于环境影响而被稀释的程度）；

φ_{prod}——稀释前产品的密度，$kg \cdot m^{-3}$；

Fc_{prod}——稀释前产品中化学物质的质量分数；

Q_{prod}——产品的使用量，kg；

V_{prod}——稀释前所使用产品的体积，m^3。

在计算出稀释后的皮肤接触到的有毒、有害物质的浓度后，就可以计算出每一事件中皮肤接触的化学物质的量 A_{der}。要计算每一事件中皮肤接触的有毒、有害物质的量，需要测量出带有有毒、有害物质的一般消费品与皮肤的接触面积，附着于皮肤上的一般消费品的厚度，从而计算出 A_{der}，计算模型如下：

$$A_{der} = C_{der} \cdot V_{appl} = C_{der} \cdot TH_{der} \cdot AREA_{der} \tag{5-48}$$

式中：

A_{der}——每一事件中皮肤接触的化学物质的量，kg；

V_{appl}——稀释后产品实际接触皮肤的体积，m^3；

TH_{der}——附着于皮肤上产品的厚度，$m \times 10^{-4}$；

$AREA_{der}$——皮肤和产品之间接触面积，m^2。

在计算出每一事件中皮肤接触的易挥发有毒、有害物质的量之后，就可以得出最终每日潜在的对人体造成伤害的有毒、有害物质的量 $U_{der,pot}$。对于某一具体人群的暴露量 $U_{der,pot}$ 计算，需要测量出这一使用人群的身体重量（通常取平均重量）BW，和每日事件的平均数 n。具体计算模型如下：

$$U_{der,pot} = \frac{A_{der} \cdot n}{BW} \tag{5-49}$$

式中：

$U_{der,pot}$——最终每日潜在的对人体造成伤害的化学物质的量，$kg \cdot kg_{bw}^{-1} \cdot d^{-1}$；

BW——身体重量，kg；

n——每日事件的平均数，d^{-1}。

2）不易挥发的有毒、有害化学物质：对于不易挥发的化学品，我们主要是对在一般消费品的使用过程中可能转移到人体造成伤害的含量进行计算测量。不易挥发的有毒、有害物质，一般产品完成制造时含有的浓度就可以被认为是消费者接触到的产品中的有毒、有害物质的浓度。因此先计算潜在事件中皮肤可能接触到的有毒、有害化学物质的总量 A_{der}。要得出 A_{der}，就需要检测出单位产品体积上不易挥发的有毒、有害物质的含量 C_{der}，以及一般消费品本身的厚度 TH_{der}，从而计算出单位面积皮肤上存在的不易挥发的有毒、有害物质的总量，在已知产品和皮肤的接触面积的情况下，就可以计算出潜在暴露事件中皮肤接触的不易挥发的有毒、有害物质的总量 A_{der}，具体的计算模型如下：

$$W_{der} = C_{der} \cdot TH_{der} \tag{5-50}$$

式中：

W_{der}——单位面积皮肤上化学物质的量，$kg \cdot m^{-2}$；

C_{der}——皮肤接触到化学物质的浓度，$kg \cdot m^{-3}$；

TH_{der}——产品的厚度（纺织品附着于皮肤上），m。

在计算出 A_{der} 的基础上，通过对具体的不易挥发有毒、有害物质性质的研究得出单位时间内所转移化学物质的分数，即每天每千克纺织品中所转移的化学物质的量 Fc_{migr}，再通过对这种产品和皮肤接触的时间的统计，得出每一事件的接触时间 $T_{contact}$，从而计算出不易挥发的有毒、有害物质转移到人体皮肤中的量 $A_{migr,der}$。具体模型如下：

$$A_{migr,der} = A_{der} \cdot Fc_{migr} \cdot T_{contact} \tag{5-51}$$

式中：

$A_{migr,der}$——因为物质转移而可能暴露于皮肤的化学物质的量，kg；

Fc_{migr}——单位时间内所转移化学物质的分数（每天每千克纺织品中所转移的化学物质的量），$kg \cdot kg^{-1} \cdot d^{-1}$；

$T_{contact}$——每一事件的接触时间，d。

在计算出 $A_{migr,der}$ 的基础上，可以计算出不易挥发性的有毒、有害物质每日对于人体的潜在暴露量 $U_{der,pot}$，计算公式如下：

$$U_{der,pot} = \frac{A_{migr,der} \cdot n}{BW} \tag{5-52}$$

式中：

$U_{der,pot}$——潜在的暴露量，$kg \cdot kg_{bw}^{-1} \cdot d^{-1}$；

BW——身体重量，kg；

n——每日事件的平均数，d^{-1}。

（2）经口腔暴露模型

产品中的有毒、有害物质经过口腔进入人体的暴露方式也可分为两种模式。

1）一种是正常使用情况下一般不会直接接触口腔，并经口腔暴露于人体的化学物质。首先要计算出人体摄取的产品中的有毒、有害化学物质的浓度 C_{oral}，通过对稀释前的一般消费品重量 Q_{prod}、稀释前一般消费品中的有毒、有害物质的残留重量 Fc_{prod} 以及稀释前一般消费品的体积 V_{prod} 的测定，并根据环境因素确定出稀释因子 D，然后就可以根据公式计算出 C_{oral}。计算出 C_{oral} 后，还需要测定出每一口腔接触事件中稀释的产品的体积 V_{appl}，以及身体重量 BW，在已知 V_{appl} 的摄取分数 F_{oral} 和每日事件的平均数 n 的基础上，就可以计算出每日人体单位体重上的有毒、有害物质的进入量 I_{oral}，具体计算模型如下：

$$C_{oral} = \frac{C_{prod}}{D} = \frac{\varphi_{prod} \cdot Fc_{prod}}{D} = \frac{Q_{prod} \cdot Fc_{prod}}{V_{prod} \cdot D} \tag{5-53}$$

$$I_{oral} = \frac{F_{oral} \cdot V_{appl} \cdot C_{oral} \cdot n}{BW} \tag{5-54}$$

式中：

C_{prod}——产品中的化学物质在稀释前的浓度，$kg \cdot m^{-3}$；

D——稀释因子；

Q_{prod}——稀释前产品总量，kg；

Fc_{prod}——稀释前产品中化学物质的残留质量分数；

V_{prod}——稀释前产品的体积，m^3；

V_{appl}——每一口腔接触事件中稀释的产品的体积，m^3；

F_{oral}——V_{appl}的摄取分数；

BW——身体重量，kg；

n——每日事件的平均数，d^{-1}；

C_{oral}——产品摄取浓度，$kg \cdot m^{-3}$；

I_{oral}——进入量，$kg \cdot kg_{bw}^{-1} \cdot d^{-1}$。

2）另一种是正常使用情况下，就可能直接通过食物或者饮品进入人体的化学物质，对其每日单位体重人体的进入量 I_{oral} 的计算需要先对产品的摄取浓度 C_{oral} 进行计算。通过一般消费品与食物的接触的表面面积 $AREA_{art}$、与食物接触的一般消费品的厚度 TH_{art}、一般消费品中有毒、有害化学物质的浓度 C_{art}、食物的体积 V_{prod} 以及一般消费品和食物的接触时间 $T_{contact}$ 的测定，在已知有毒、有害物质在单位时间内的转移到人体的转移分数 Fc_{migr} 的前提下，就可以计算出对一般消费品中有毒、有害物质的摄取浓度 C_{oral}，如公式（5－55）所示。在计算出 C_{oral} 后，再根据公式（5－56）就可以计算出每日人体单位体重上的有毒、有害物质的进入量 I_{oral}。

$$C_{oral} = \frac{AREA_{art} \cdot TH_{art} \cdot C_{art} \cdot Fc_{migr} \cdot T_{contact}}{V_{prod}} \tag{5-55}$$

$$I_{oral} = \frac{V_{appl} \cdot C_{oral} \cdot n}{BW} \tag{5-56}$$

式中：

$AREA_{art}$——产品与食物接触的表面面积，m^2；

TH_{art}——与食物接触的产品厚度，m；

C_{art}——产品中的化学物质的浓度，$kg \cdot m^{-3}$；

Fc_{migr}——单位时间内转移分数，$kg \cdot d^{-1}$；

V_{prod}——食物体积，m^3；

V_{appl}——实际摄入的稀释后产品的体积，m^3；

$T_{contact}$——产品和食物的持续接触时间，d；

BW——身体重量，kg；

n——每日事件的平均数，d^{-1}；

C_{oral}——产品摄取浓度，$kg \cdot m^{-3}$；

I_{oral}——进入量，$kg \cdot kg_{bw}^{-1} \cdot d^{-1}$。

（3）吸入暴露模型

产品中可能会含有一些易挥发的有害物质，产品使用者在使用产品过程中往往会通过吸入这些挥发到空气中的有毒物质而暴露于危险之中，因此需要对吸入暴露模型进行研究。其计算模型如下：

一种化学物质释放的有毒、有害的气体、蒸气或空气中微粒进入一个空间，被人吸入，也可对人的身体健康甚至生命产生影响。

释放物质可能是直接释放的气体、蒸气、颗粒，或蒸发的液体或固体物质。在最后一种情况下，假设的实质是其直接可作为气体或蒸气来考虑，所以也适用于挥发性物质及空气中的微粒，同时应考虑到吸入量和吸入率，非吸入部分，即可吞食和口腔接触也可能需要考虑。引入产品用量 Q_{prod}后，具体的计算模型如下：

$$C_{inh} = \frac{Q_{prod} \cdot Fc_{prod}}{V_{room}} \tag{5-57}$$

式中：

C_{inh}——空气中物质浓度，$kg \cdot m^{-3}$；

Q_{prod}——产品用量（纺织品的重量），kg；

Fc_{prod}——稀释前产品中化学物质的质量分数（化学物质占纺织品的重量百分比）；

V_{room}——空间大小，m^3。

$$I_{inh} = \frac{F_{resp} \cdot C_{inh} \cdot IH_{air} \cdot T_{contact}}{BW} \cdot n \tag{5-58}$$

式中：

I_{inh}——吸入量，$kg \cdot kg_{bw}^{-1} \cdot d^{-1}$；

F_{resp}——吸入物质的可吸入率；

IH_{air}——通风率（单位时间内的风量），$m^3 \cdot d^{-1}$；

$T_{contact}$——每一事件的接触时间，d；

BW——人体重量，kg；

n——每日事件的平均数，d^{-1}；

当短时间接触时，V_{room}的数值应适当减少，即为接触人员的周围空气体积。另外，吸入性接触也可能发生在化学物质释放相对缓慢的固体或液体基质，如涂料中的溶剂和增塑剂、聚合物中的某一单体、光剂中的挥发气味等。

对于产品中有毒、有害物质对人体的暴露风险评估，就是通过皮肤暴露、经口腔的暴露和吸入暴露这 3 种途径各自的计算模型确定的。在这 3 种暴露途径的计算模型中，都会考虑到产品在稀释前所含某种特定有毒、有害物质的浓度 C_{prod}这一参数。对于这一参数的获取，是通过对所评估产品的样本浓度进行检测模式收集，再用 UCL 的计算方法处理这些样本数据，得到产品在稀释前所含某种特定有毒、有害物质的浓度 C_{prod}估计值，从而计算出某有毒、有害物质对人体的暴露浓度。

（六）多元因子共存体系下化学因子安全评价模型

分别针对已知化合物中各种单一化学物质毒性方式及毒性数据和明确化合物的毒性方式及毒性数据两种情况，建立评估模型进行评估。

（1）首先依据混合物定性风险评估指标确定混合物的作用类型。其中常用的混合物联合作用定性评价指标主要有毒性单位（TU）、加和指数（AI）、混和毒性指数（MTI）和相似参数（λ）等。

（2）以毒性单位（TU）为例，TU 表示毒性单位，是混合化学物导致某效应的毒性当量。如 TU =1 时，则混合物之间呈现相加作用，即 CA 模式效应，相当于二元混合化学物产生一个单位的毒性当量；如 TU0 表示标准毒性当量，当 TU = TU0，则呈现独立作用。

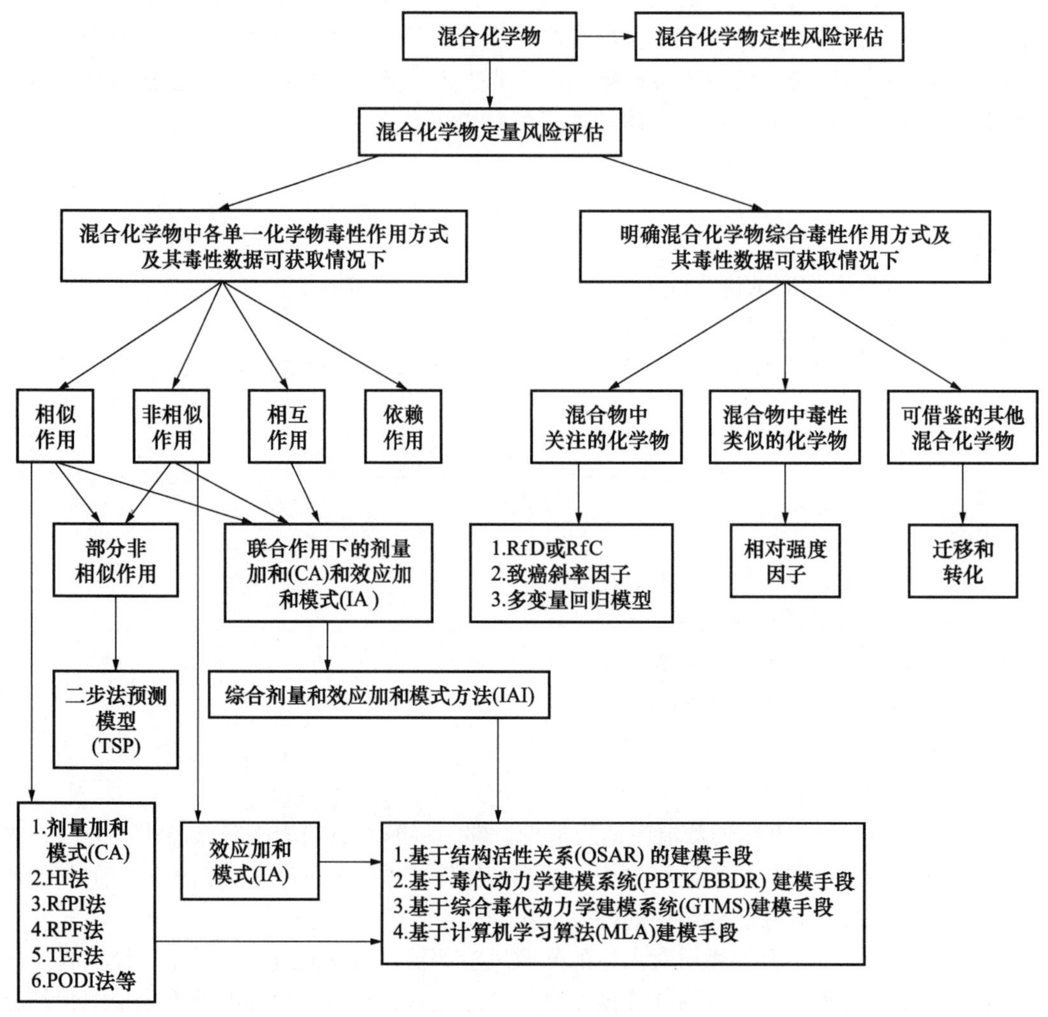

图5-24　化学因子安全评价模型

如TU<1，混合物之间呈现协同作用，即混合化学物不需要达到一个单位毒性当量的综合浓度，即可达到一个单位毒性当量效应；如TU>1时，混合物拮抗作用。

（3）当定性确定混合物的作用类型后便可运用以上列举的定量评价方法进行评价。相似作用的评价方法有有HI法、CRI法、MOE法、RPF法和TEF法等。部分相似作用下（即混合物不但存在CA模式，还存在IA模式）的评价方法有二步法预测模型。相似作用、独立作用和相互作用的定性评价均可用QSAR建模方法。

（4）一个组分的风险指数等于暴露界限（相对参考点值/暴露量）除以这个组分的不确定因素（UF，uncertainty factor），这是等同于相对参考值除以评估测得的组分暴露值。因此，风险指数是风险商的倒数。

RP（reference point）是指相对参考点值，RP除以UF等于RV。

对于累积性评估中的单独组分，CRI的倒数就是HI。

当CRI>1时，在累积性风险评估中暴露于此组分的风险被认为是可以接受的。

当 CRI < 1 时，在累积性风险评估中暴露于此组分的风险被认为是不可以接受的。

综上，对多元化合物的风险评估应该分两种情况：已知化合物中各种单一化学物质毒性方式及毒性数据；明确化合物的毒性方式及毒性数据。应对两种情况下化合物毒性分别建立对应模型进行综合评估。

（七）高关注度物质毒性研究

根据课题研究的高关注度物质，对其毒性进行梳理，结果如表 5 - 19。

表 5 - 19　高关注度物质毒性

物质名称	编号	毒　性
苯 C_6H_6	71 - 43 - 2	基于根据 44.66mg/L 这一大鼠半数致死浓度（4h 吸入）试验数据（EHC 150（1993））计算得出的数值为 14 000mg/L 的大鼠半数致死浓度［基于 1mg/m³ = 0.313ppm 这一换算系数（25℃）］，其低于 2.6kPa（25℃）饱和蒸汽压力条件下饱和蒸汽浓度的 90%［124 000ppm（25℃）］，该物质被视为“基本上不含雾的蒸汽”并且基于以 ppm 表示的标准值进行分类
甲苯 C_7H_8	108 - 88 - 3	基于根据 12.5，28.1，28.8 和 33mg/L 这些大鼠半数致死浓度（4h 吸入）试验数据（EU - RAR No. 30，2003）计算得出的数值为 18mg/L 的大鼠半数致死浓度［基于 1mg/m³ = 0.265ppm 这一换算系数（25℃），相当于 4 800ppm］，其低于 3.3kPa（25℃）饱和蒸汽压力条件下饱和蒸汽浓度的 90%［33 000ppm（25℃）］，该物质被视为“基本上不含雾的蒸汽”并且基于以 ppm 表示的标准值进行分类
乙酸丁酯 $C_6H_{12}O_2$	123 - 86 - 4	此被归为 3 类物质，其中大鼠吸入毒性数值为 2 000ppm［ACGIH（2001）］。由于其等于或低于饱和蒸汽浓度的 90%，故而按照气体标准数值进行分类
二甲苯 C_8H_{10}	1330 - 20 - 7	基于 29.08mg/L（相当于 6 700ppm）这一大鼠半数致死浓度（4h 吸入暴露）（暴露限值风险评估，2002 年第 1 卷），其低于 0.8kPa（20℃）饱和蒸汽压力条件下饱和蒸汽浓度的 90%（8 000ppm），该物质被视为“基本上不含雾的蒸汽”并且基于以 ppm 表示的标准值进行分类
苯乙烯 C_8H_8	202 - 851 - 5	急性毒性类别 4
乙苯 C_8H_{10}	100 - 41 - 4	类别 4
环已酮 $C_6H_{10}O$	108 - 94 - 1	基于饱和蒸汽压力浓度 = 5700ppm（25℃）（Howard，1997），大鼠半数致死浓度 = 2450ppm（ACGIH，2003），判定为蒸汽暴露值并且将之归为类别 3

表5-19（续）

物质名称	编号	毒　　性
二氯苯 $C_6H_4Cl_2$	106-46-7	由于5.07mg/L（相当于845ppm）这一大鼠半数致死浓度（4h吸入）［CERI-NITE危险评估No.76（2005）］高于饱和蒸汽浓度的110%（790ppm，20℃），因此将该物质视为“含有蒸汽的粉尘暴露”并按照粉尘分类标准将之进行分类
乙二醇 $C_2H_6O_2$	107-21-1	类别4
氯乙烯 C_2HCl	75-01-4	基于108，102ppm这一大鼠半数致死浓度（吸入气体）试验数据［SIDS（2001）］
1,3-丁二烯 C_4H_6	106-99-0	基于129 000ppm这一大鼠半数致死浓度（4h吸入气体）试验数据［EU-RARNo.20（2002）］
正十一烷	1120-21-4	据报告称大鼠半数致死浓度高于442ppm/8h(=625ppm/4h)。由于该数值并未提供分类依据，因此无法进行分类。鉴于试验浓度（442ppm）低于饱和蒸汽压力浓度的90%（542ppm），因此采用了气体评判标准值
异丁醇	78-83-1	采用了较低的大鼠半数致死浓度（4h）数值：19.2mg/L［SIDS（2004）和EHC65（1987）］和24.2mg/L［《工业卫生社会建议》（1993）］。19.2mg/L（相当于：6336ppm）视为蒸汽压下几乎不含雾的蒸汽。并且根据ppm浓度标准将之分类为5类物质
甲基异丁基甲酮	108-10-1	基于数值为8.2mg/L和16.4mg/L的大鼠半数致死浓度(4h)［CERI危险数据(2000),EHC117(1990),DFGOTvol.13(1999)］,采用了其中较低的数值。但基于ppm浓度标准将之进行了分类，其原因是该蒸汽在蒸汽压下几乎不含雾。利用换算系数得到的换算之后的数值为2 000ppm，故将之归为3类物质

（八）VOCs风险传递途径

对于家具产品而言，虽然产品种类繁多，状态各异，但无论何种形式的家具产品，其中的VOCs含量差异再大，其风险都是从不合格生产工艺→家具产品中存在VOCs→VOCs存在危害→家具使用→人体接触家具→人体致癌致病危害，具体表现形式如图5-25所示。

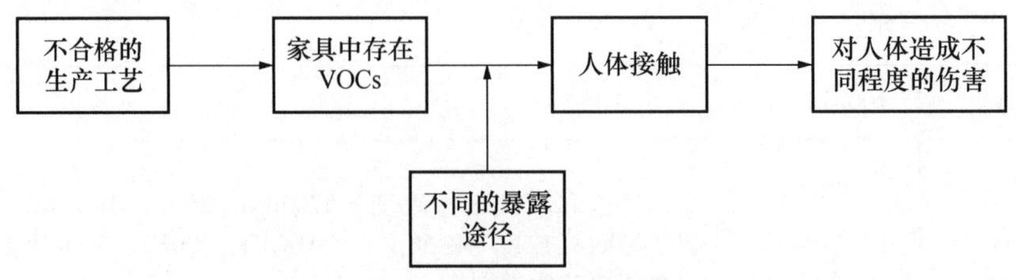

图5-25　风险传递途径表现形式

家具中 VOCs 的伤害对象包括所有人群，风险评估的核心环节为暴露评估。下面结合家具暴露过程，对其风险传递路径进一步细化，具体传递过程如图 5 – 26 所示。

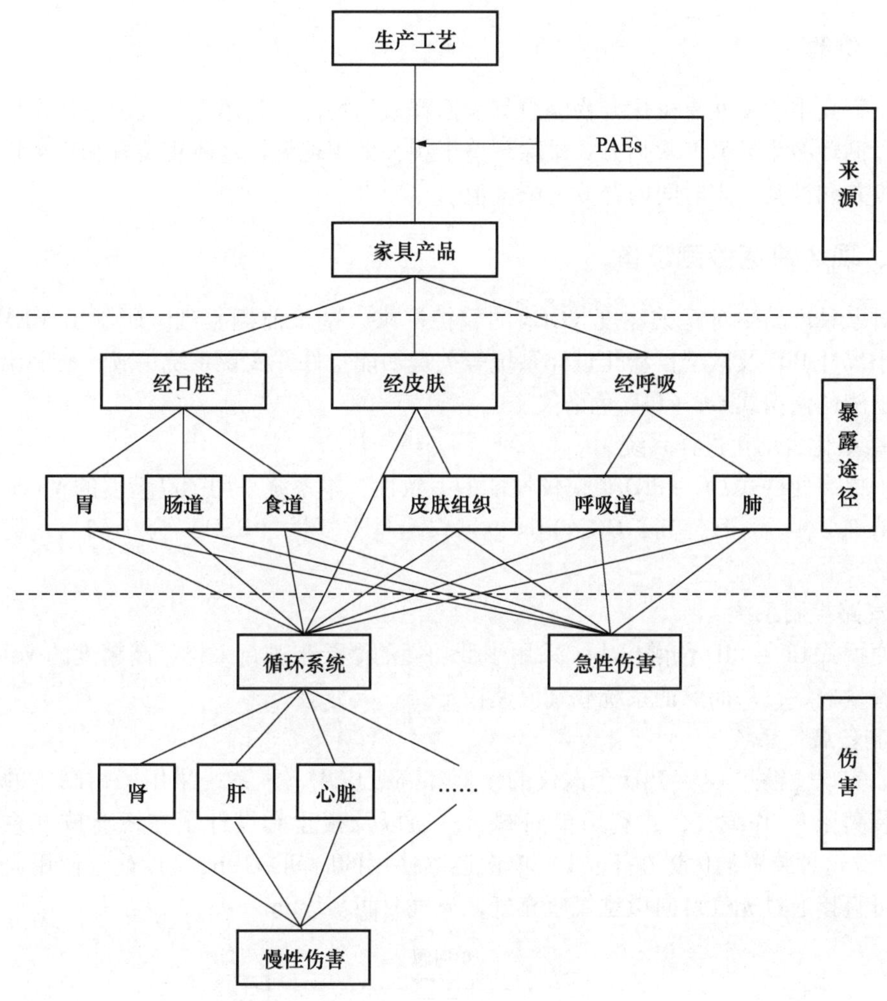

图 5 – 26　家具 VOCs 传递过程

暴露指人体通过每个环境接触化学品的过程，和暴露频率、暴露时间、暴露方式、暴露途径和暴露强度均有关系。这些参数也是进行风险评价的依据。我们的研究对象是所有易感人群，暴露的介质是家具，暴露的化学品是 VOCs。呼吸吸入途径是普通人群摄入有毒化学物质的最主要的暴露途径。

研究单一化学物质所引起的化学危害已受到国内外的高度关注，而传统意义上那种仅仅关注有毒化学物质的单一毒性效应而忽视化学物质的联合毒性效应的做法，可能会低估化学物质的风险和潜在威胁。因此，研究多元因子共存体系下化合物联合毒性效应可以全面客观反映产品中基于化学因子的安全状态，保护消费者健康。通过对两种甚至多种化学物质联合作用下累计风险建立评价模型，可为制定相关产品中有毒、有害化学物质限量值标准提供参考。

第二节　现场快速检测方法的研究

一、原理

基于家具中挥发性有机化合物经由其表面释放的特性，利用热空气加速挥发性有机化合物，以循环净化或氮气吹扫方式排除环境干扰，采用现场快速收集装置和现场快速分析设备收集并测试其一定时间内释放的浓度值。

二、现场快速检测设备

针对家具产品中对高关注度VOCs的管控需求，基于前期基础，研制出MEMS色谱柱、微小尺寸PID及微型自动化进样系统等关键功能组件并实现系统集成，研制出用于现场智能检测的便携式GC－PID色谱仪。

1. 微型化自动化进样系统

为了提高便携式GC－PID色谱仪性能的一致性，本系统采用了高精度的Valco阀，其进样量精确，实验一致性高，GC－PID色谱仪定量重复性（RSD）为0.42%，达到国际先进水平。

2. 气路控制系统

在便携式GC－PID色谱仪中，采用了低功耗的微泵来进行采样，高精度的Valco微调阀进行流量控制，从而保证系统载气流速稳定。

3. 制备载气系统

为了实现便携式GC－PID色谱仪的便捷和高效应用，本系统采用了耐高压的微型气瓶，内装高压N_2作载气，并利用单向阀、三通以及截止阀设计了在线充放气系统，见图5－27。这种装置的优势在于：1）单次连续使用的时间≥10h；2）载气使用完后无需拆换，可直接通过充气口向微型气瓶充气，充气时间≤1min。

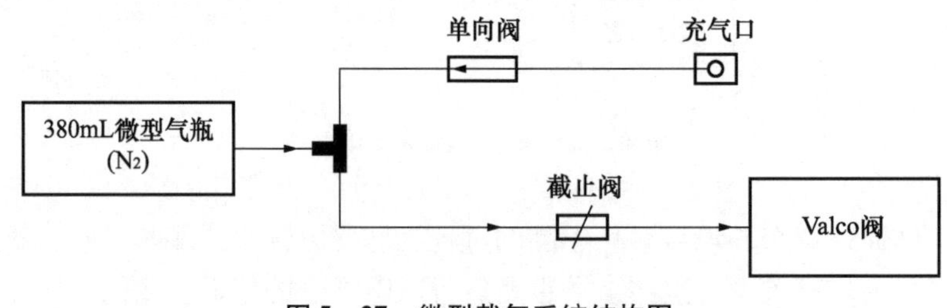

图5－27　微型载气系统结构图

4. 微型色谱柱

在微型色谱柱的结构设计上，为了在有限的长度内提高样品容量，创新性地提出在色谱沟道内制备阵列立柱。基于MEMS技术，在硅基底上采用深刻蚀技术形成色谱沟道。为了提高色谱柱的样品容量，在色谱沟道内制备阵列化的立柱。这种设计大幅提高了色谱柱的深宽比及样品容量，从而达到提高色谱柱的分离效率。沟道形成后，利用阳极键合，将玻璃基底与沟道键合密封，即可形成色谱柱沟道。然后，利用静态涂覆固定相的方法，实现了固定相在沟道内的固定。

本项目中的样机利用微型色谱柱替代传统色谱柱，减少了系统体积，降低了功耗，采用24V/5A 锂电池供电，可持续工作 10h 以上。所用芯片尺寸小于 60mm × 60mm × 5mm，首次在色谱柱沟道内制备阵列化的立柱，这种技术大幅提高了微型色谱柱的深宽比及样品容量。

1）芯片尺寸：长 × 宽 × 厚度≤60mm × 60mm × 5mm；

2）该色谱柱对苯、乙苯以及苯乙烯的分离时间为 80s；

3）苯和乙苯、乙苯与苯乙烯的分离率都大于 1.5；

4）理论板塔数达到 9100plates/m。

基于 MEMS 技术的半填充式微型色谱柱见图 5 - 28。

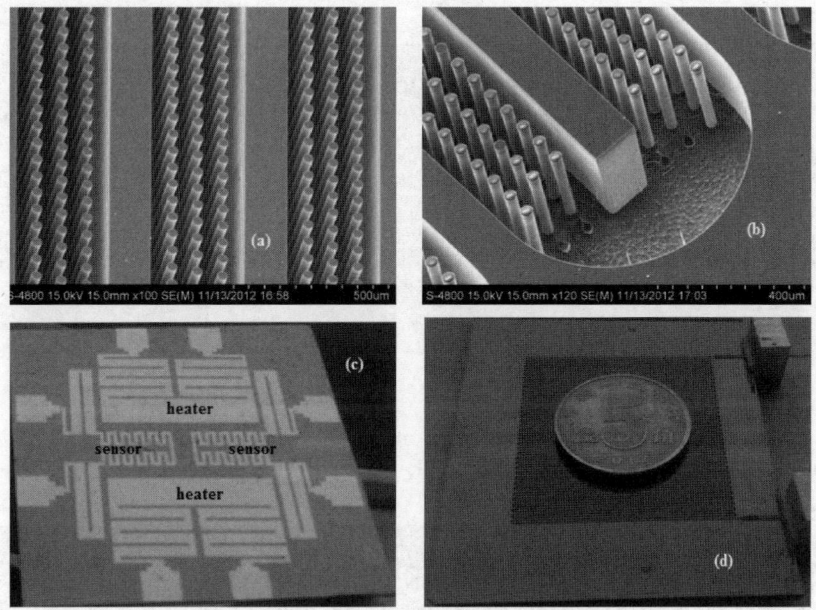

图 5 - 28 基于 MEMS 技术的半填充式微型色谱柱

微型色谱柱的 Van Deemter 曲线见图 5 - 29。

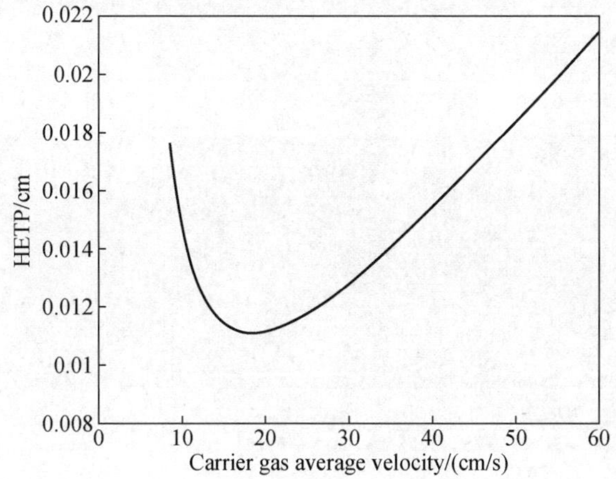

图 5 - 29 微型色谱柱的 Van Deemter 曲线

微型色谱柱对苯、乙苯、苯乙烯的分离曲线见图5－30。

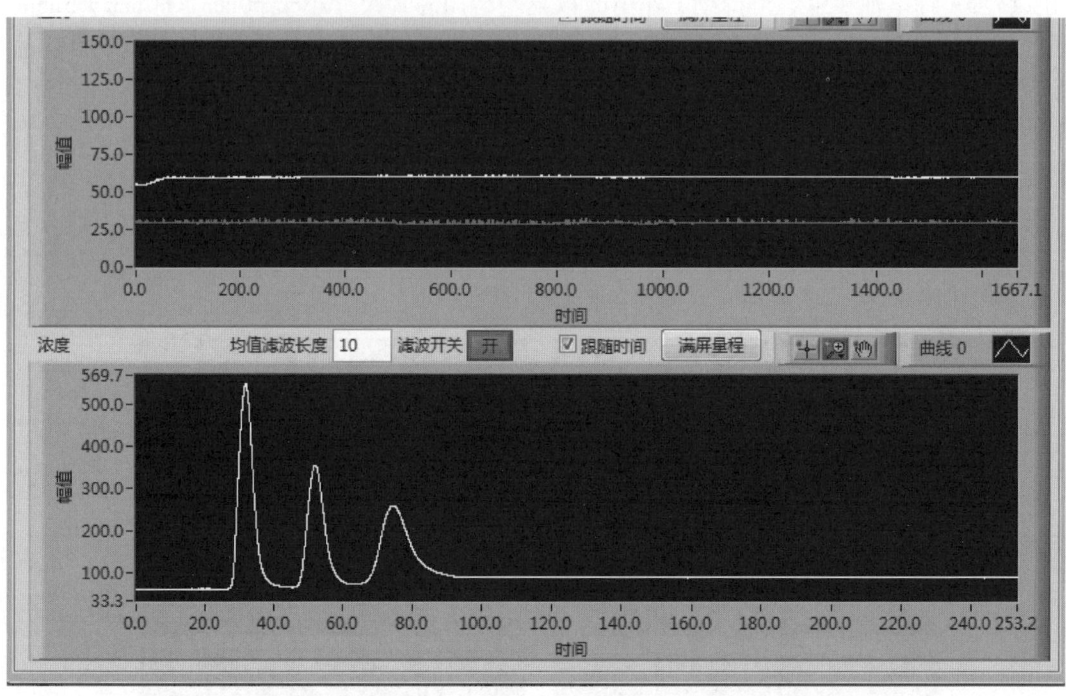

图5－30　微型色谱柱对苯、乙苯、苯乙烯的分离曲线

微型色谱柱对苯、乙苯、苯乙烯、辛烷及壬烷的分离曲线见图5－31。

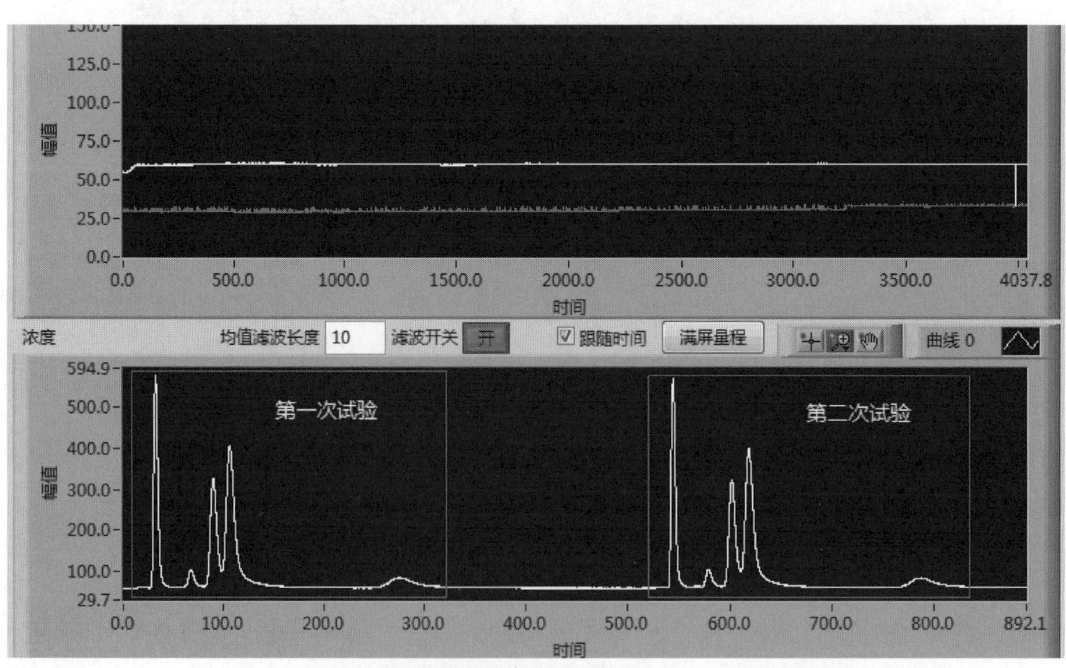

图5－31　微型色谱柱对苯、乙苯、苯乙烯、辛烷及壬烷的分离曲线

5. 高灵敏度微小尺寸 PID 检测器

在结构上，设计了气流方向与真空紫外光平行的方式，提高了组分的一次电离率；为了减少电离室的池体积，设计了喷嘴结构，利用喷嘴自身的体积来减少电离室的池体积；为了降低噪声，PID 采用了三电极结构，其中一电极用来屏蔽 PID 驱动电源噪声，收集极和发射极都采用屏蔽技术，紫外光无法直射其表面，避免了光电效应带来噪声，具体性能指标如下：

1）研制的 PID 池体积为 10μL；

2）载气流速在 5 ~ 8mL/min；

3）基线漂移：7.1×10^{-13}A/30min；

4）基线噪声为 1×10^{-13}A；

5）定量重复性（RSD）：0.42%；

6）检测限：5.1×10^{-13}g/s；

7）苯的最小检出量：$<10\times10^{-9}$mol/mol（10ppb）。

PID 检测器的结构简图见图 5 – 32。

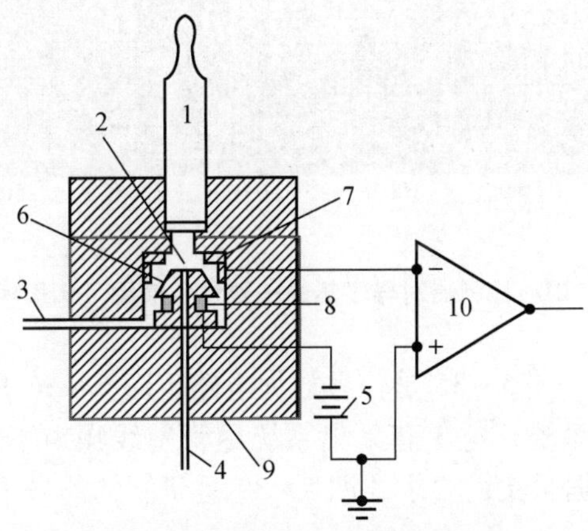

图 5 – 32　PID 检测器的结构简图

1—VUV 灯；2—离子化舱；3—载气出口；4—GC 柱；5—外加电压；6—喷嘴；7—集电极；8—加速电极；9—电磁屏蔽；10—静电计

PID 检测器及其驱动电源见图 5 – 33。

PID 检测器对异丁烯的一致性色谱图见图 5 – 34。

6. 色谱数据采集与处理系统

为了实现弱电流（pA 级）信号的采集，其关键之一在于降低电路板的噪声，其次是提高数据的分辨率。为了降低噪声，采取以下措施：

（1）在 I/V 转换时，为了防止漏电流的损耗，系统采用了双 GUARD 环保护电路，并采用了超低噪声的高精度电流放大芯片（AD549，输入级具有 $10^{15}\Omega$ 的共模阻抗，fA 级的噪声水平）；

（2）为了进一步压缩系统噪声，我们将模拟部分的电路与数字部分的电路独立隔开，分开布线，尽可能降低彼此间的干扰；

（3）整个信号采集卡采用电磁屏蔽技术。为了提高数据的分辨率，我们采用了高分

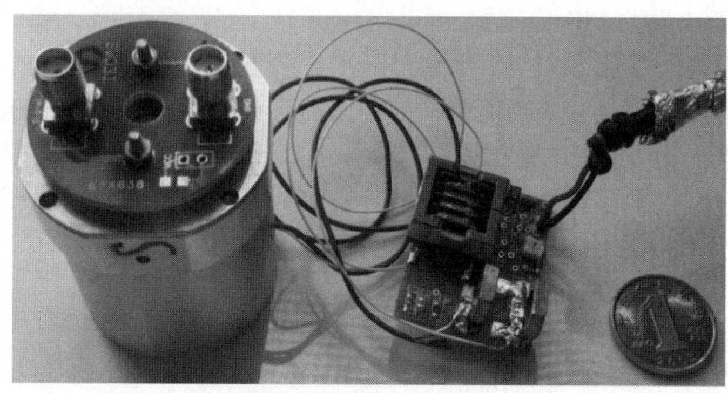

图5－33　PID检测器及其驱动电源

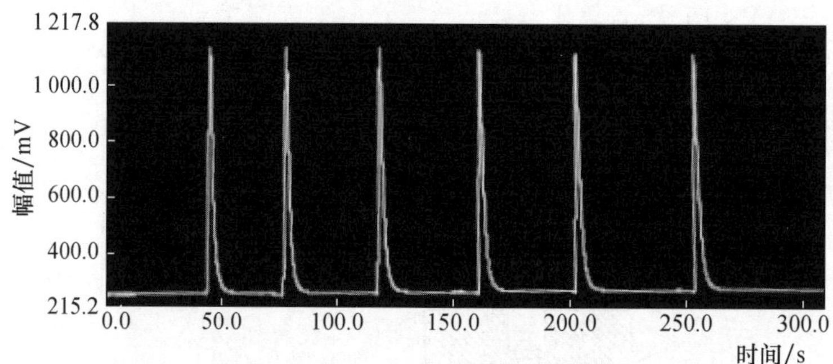

图5－34　PID检测器对异丁烯的一致性色谱图（RSD≤0.4%）

辨率24位AD（AD7710）。图5－35是信号放大电路，图5－36是AD7710功能框图。共研制调试出3套信号采集系统，这3套采集系统尽管基线噪声不太一致，但都达到10－13A的量级，满足系统数据采集的要求，图5－37是研制的信号采集卡及封装。

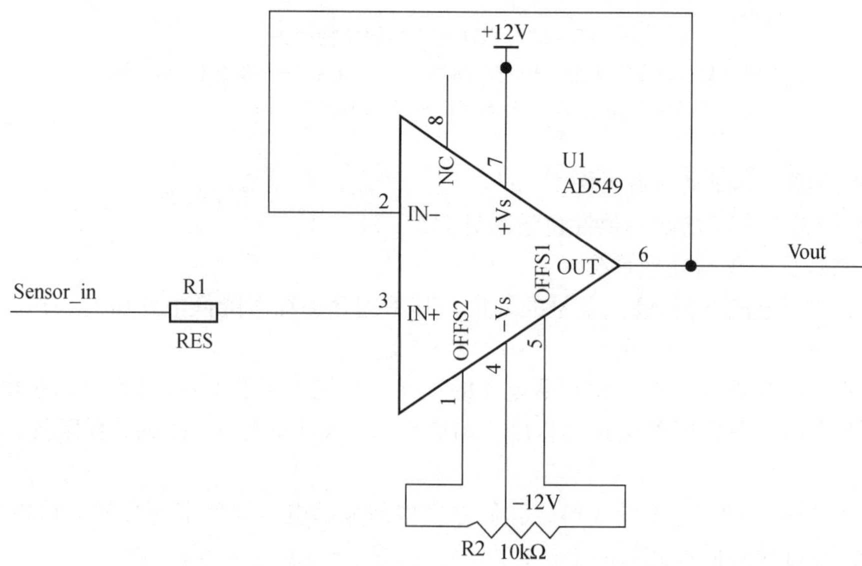

图5－35　信号放大电路

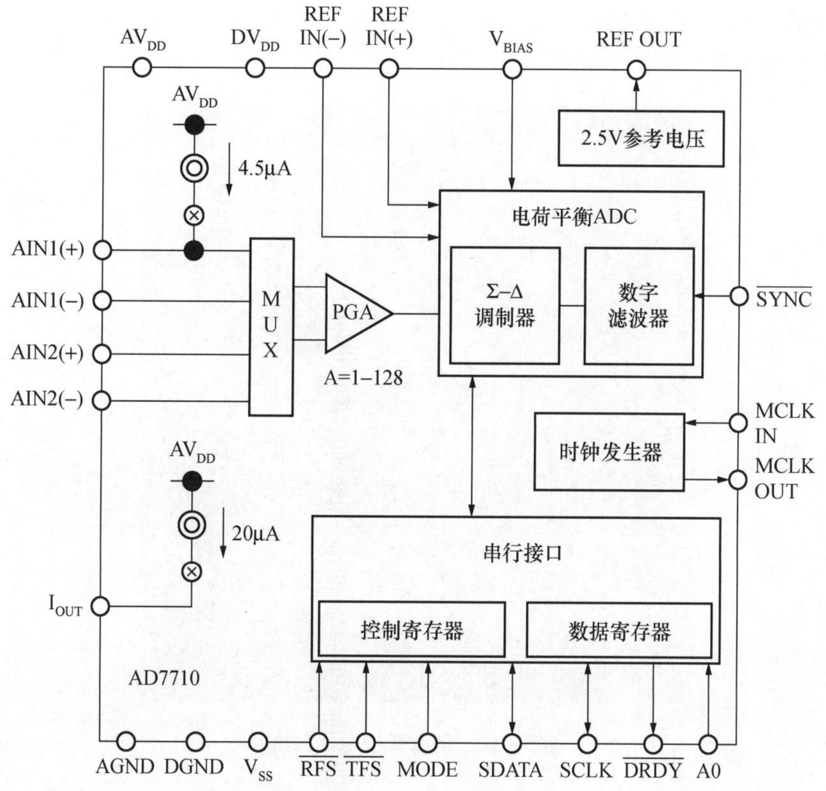

图 5 - 36　AD7710 功能框图

图 5 - 37　信号采集卡及封装

7. 锂电池供电系统

利用 24V 锂电池，设计出 24V 5A 的供电系统，可供 1 000 次充放电，单次连续使用时间可达 10h，电池组的重量小于 0.5kg。

便携式锂电池系统见图 5 - 38。

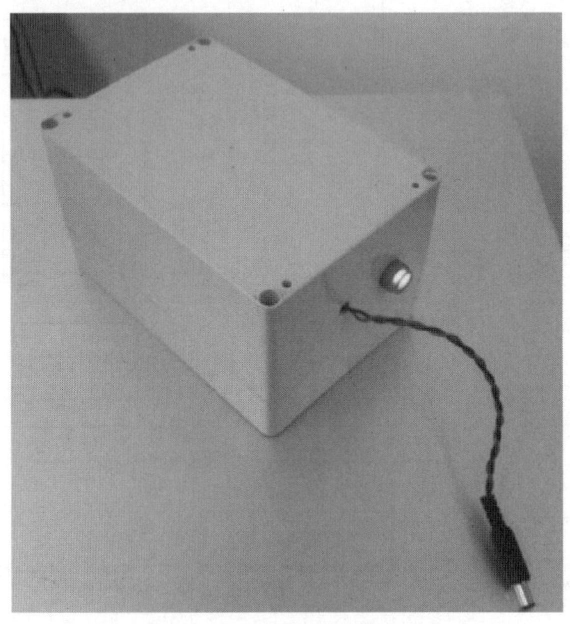

图 5 - 38 便携式锂电池系统

8. 各功能模块的集成与系统集成

模块化的设计是本系统的特点，该便携式 GC - PID 色谱仪共有：载气模块、进样模块、色谱柱模块、PID 检测器模块以及信号采集系统模块。在本项目中，总共完成 3 套系统样机的集成任务，各样机除了基线及基线噪声不一致外，系统的定量重复性、最低检出限、单次分析时间均满足任务书的要求。

便携式 GC - PID 色谱仪的结构图见图 5 - 39。

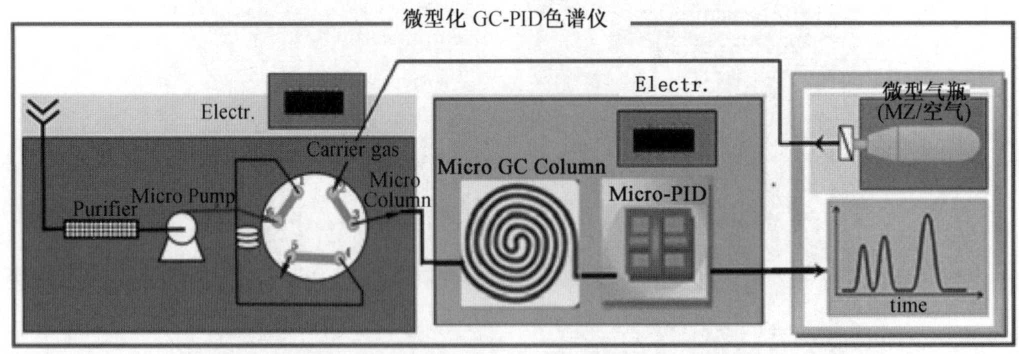

图 5 - 39 便携式 GC - PID 色谱仪的结构图

便携式 GC - PID 色谱仪样机见图 5 - 40。

便携式 GC - PID 色谱仪样机性能指标：

1）PID 池体积：10μL；

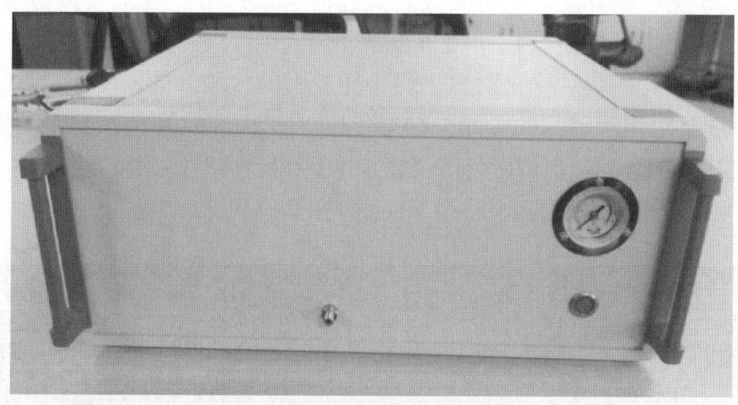

图 5-40　便携式 GC-PID 色谱仪样机

2）基线噪声：≤4.2×10^{-4}V；

3）基线漂移：4.5×10^{-4}V/30min；

4）载气流速：8mL/min；

5）单次样品分析时间：≤6min；

6）定量重复性（RSD）：0.016%；

7）苯的检出限：0.78×10^{-9}mol/mol。

检测范围：0.01g/m^3～2 000g/m^3。

便携式 GC-PID 色谱仪样机见图 5-41。

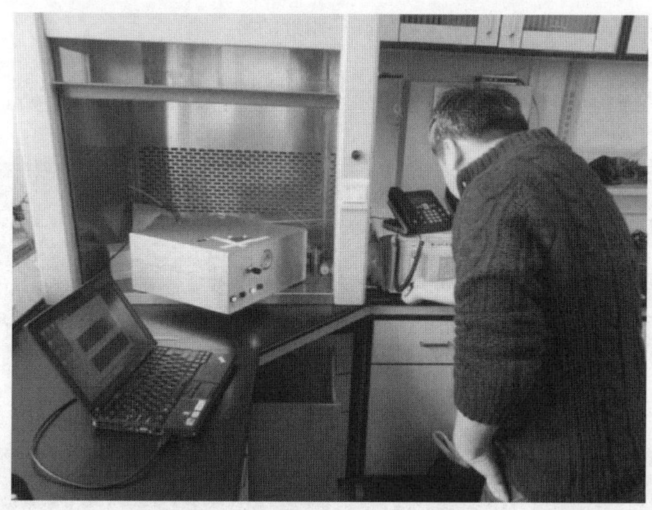

图 5-41　便携式 GC-PID 色谱仪样机

三、现场快速检测方法

气体样品使用真空采样泵定量抽入仪器上的吸附管中，加热吸附管进行热解析，用载气将待测成分注入色谱柱进行分离，经过光离子化检测器检测。

利用此现场快速检测方法，设备研究人员赴河南郑州市开展了大量的现场监测实验，包括农药厂周边、化工厂周边、汽车尾气、地下车库以及四环路（有、无雾霾的对比）。从测试结果可以看出，研制的样机对以上污染比较大的区域都能检测到一些有毒、有害的VOCs成分，特别是对汽车尾气的检测。结果显示，大城市的雾霾，其主要来源在于汽车尾气。因此研制的便携式GC－PID色谱仪将是今后城市移动监测重要工具。

（1）药厂附近的环境检测见图5－42［横坐标单位为s，纵坐标单位为mV］。

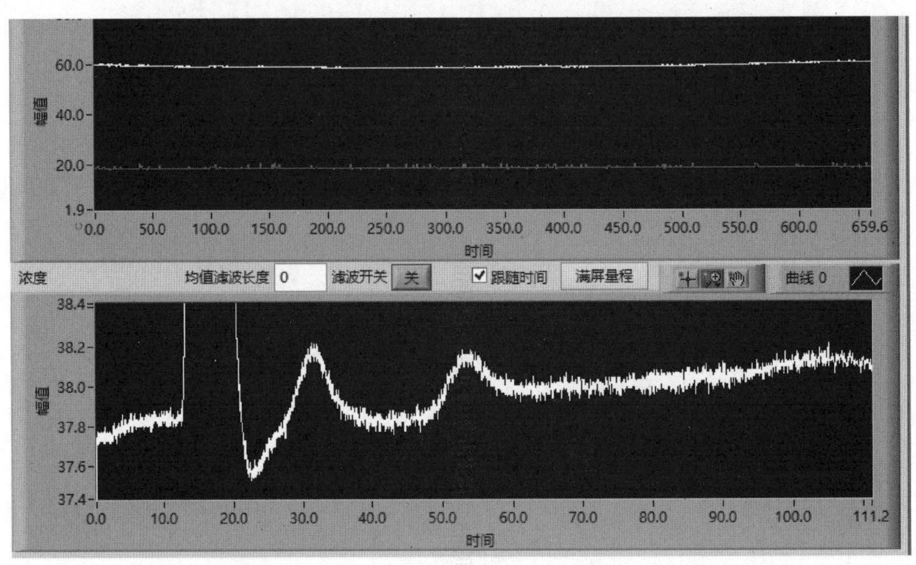

图5－42　药厂附近的检测图

（2）奥迪车尾气检测见图5－43［横坐标单位为s，纵坐标单位为mV］。

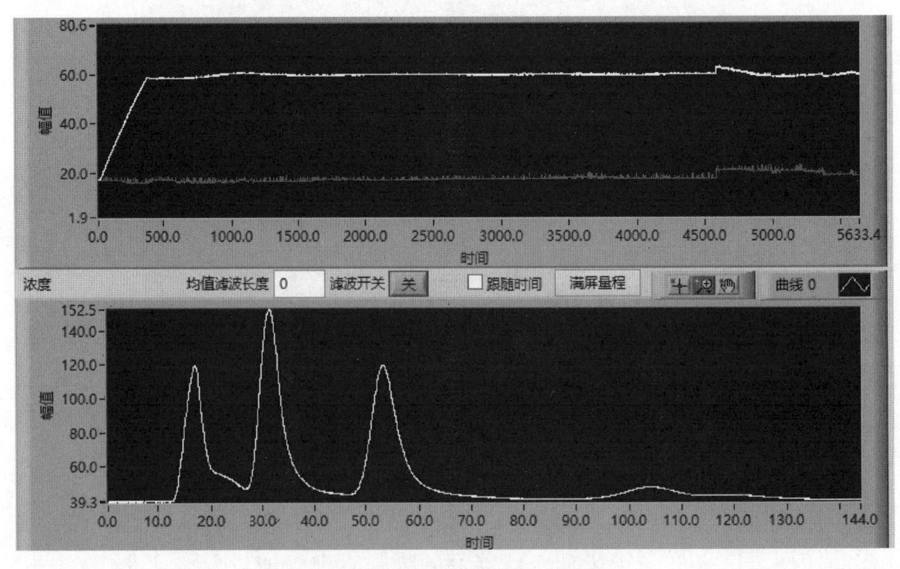

图5－43　奥迪车尾气的检测图

（3）彩印厂外空气检测见图 5－44［横坐标单位为 s，纵坐标单位为 mV］。

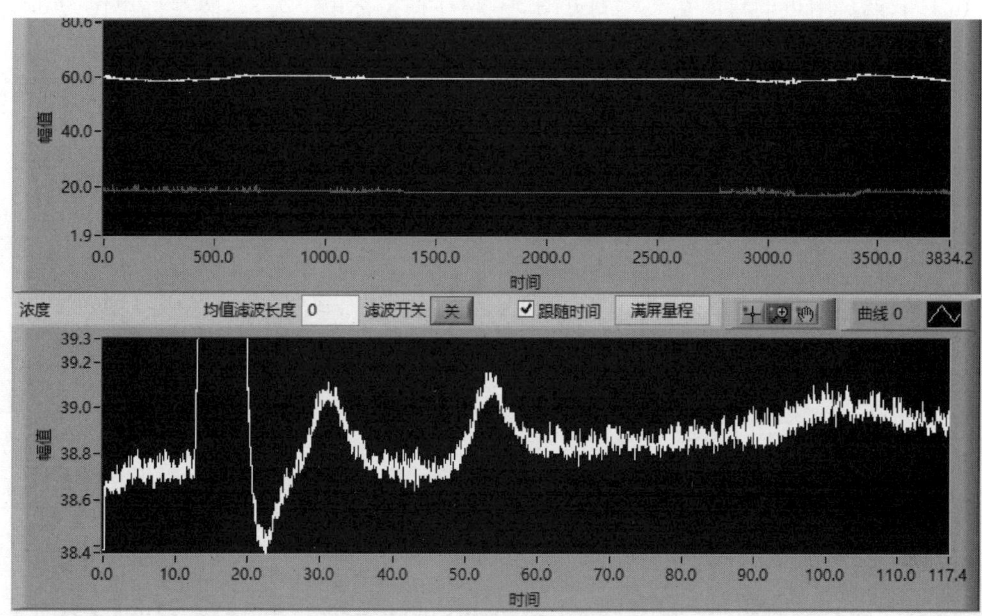

图 5－44　彩印厂外的检测图

（4）地下停车场空气检测见图 5－45［横坐标单位为 s，纵坐标单位为 mV］。

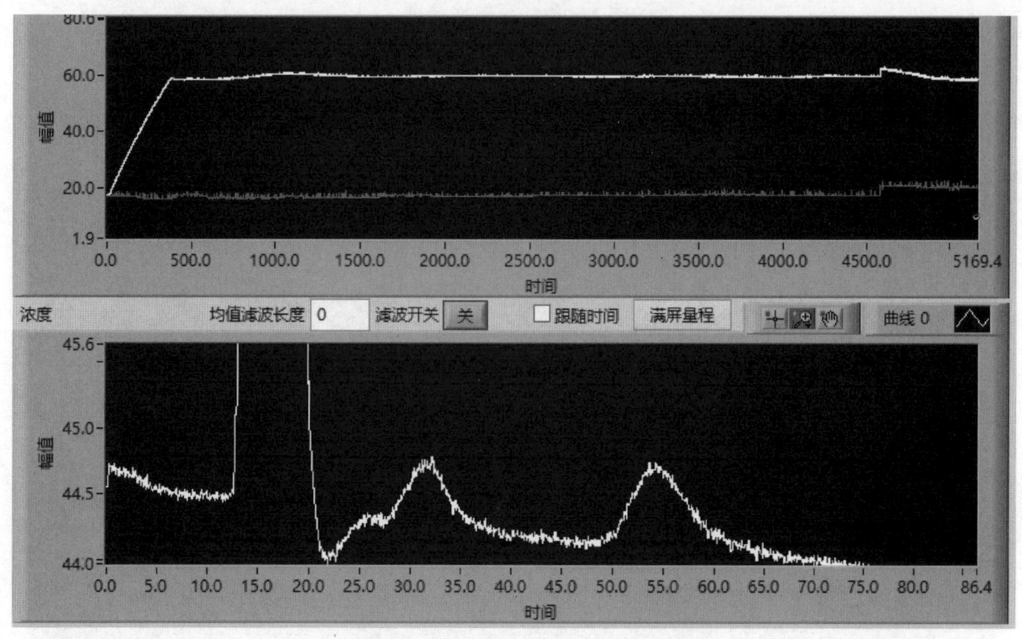

图 5－45　地下停车场的检测图

（5）车内空气检测见图 5－46［横坐标单位为 s，纵坐标单位为 mV］。

（6）加气站旁边空气检测见图 5－47［横坐标单位为 s，纵坐标单位为 mV］。

（7）农药厂附近的村内空气检测见图 5－48［横坐标单位为 s，纵坐标单位为 mV］。

（8）汽车修理厂内空气检测见图 5－49［横坐标单位为 s，纵坐标单位为 mV］。

（9）有无雾霾时四环路上空气检测对比见图 5－50［横坐标单位为 s，纵坐标单位为 mV］。

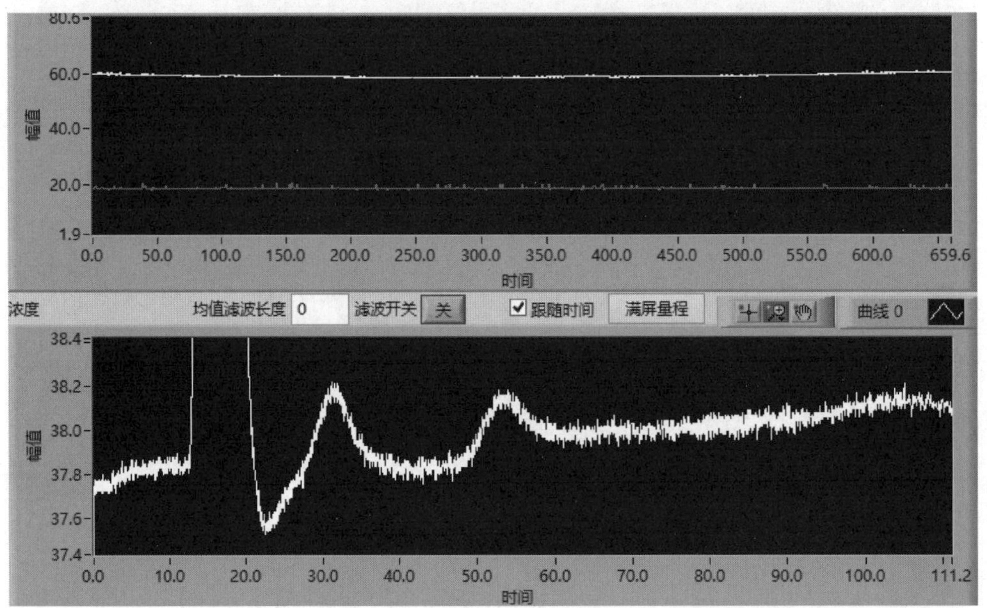

图 5－46　车内检测图

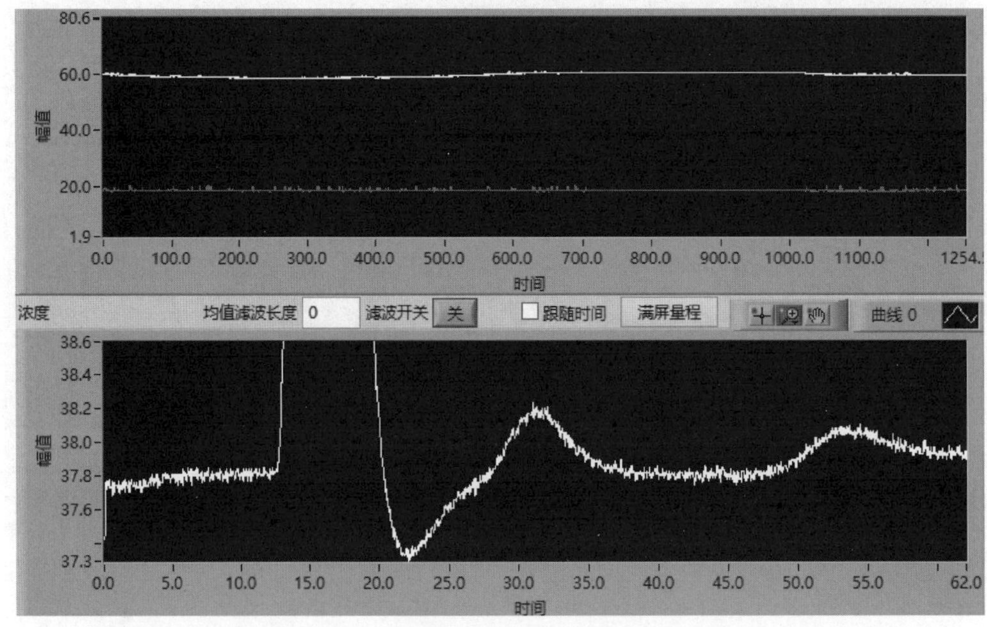

图 5－47　加气站旁检测图

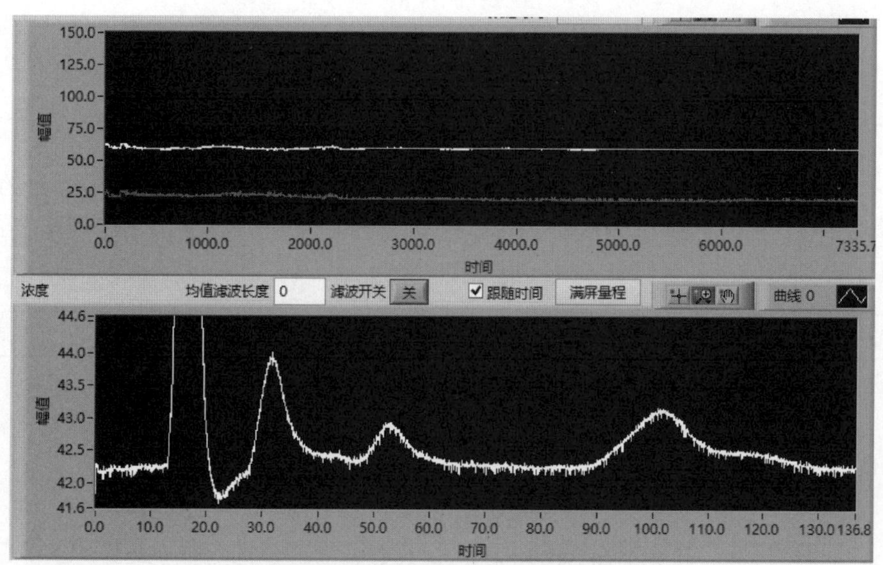

图 5 - 48　农药厂附近检测图

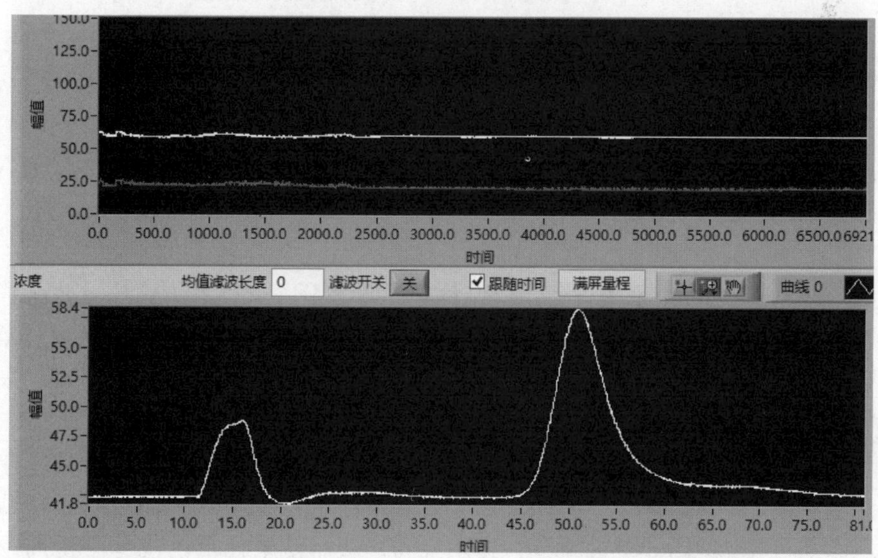

图 5 - 49　汽车修理厂检测图

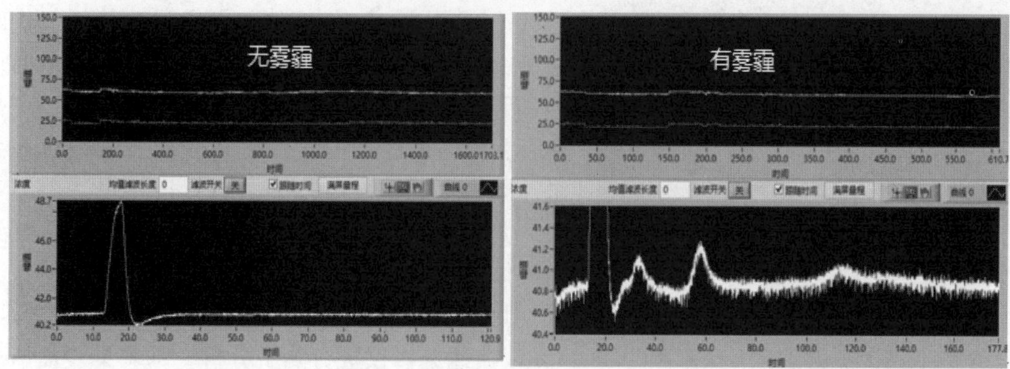

图 5 - 50　有无雾霾检测图对比图

四、木家具中VOCs现场快速检测方法

（一）原理

将一定体积的高纯度气体，经过进气系统，通入至木家具表面与采样罩内的密闭空间，进行气体置换和保载后，采集到木家具VOCs现场快速分析仪，实现现场快速检测，原理图见图5－51。

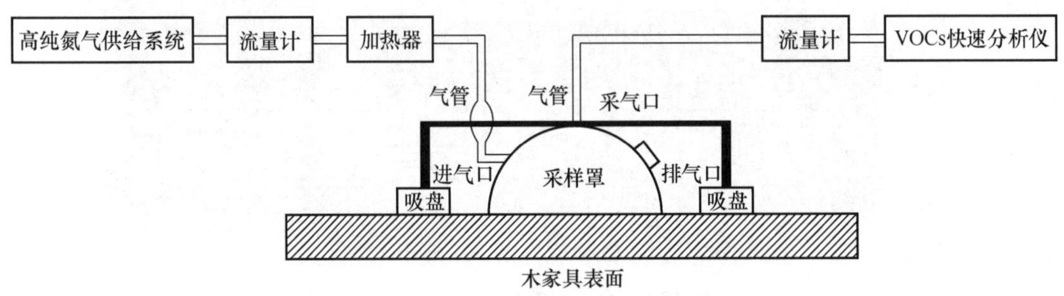

图5－51　木家具中VOCs现场快速检测原理图

（二）仪器设备

1. 设备集成

木家具VOCs现场快速检测设备由木家具VOCs现场快速采集设备和木家具VOCs快速分析仪两部分集成。

2. 木家具VOCs现场快速采集设备

木家具VOCs现场快速采集设备主要结构包括3部分：进气系统、压合式采样罩、采气系统。进气系统包括高纯氮气供给系统、流量计、加热器和气管。压合式采样罩包括采样罩和吸盘，采样罩为半球状，体积为1.5L，设有进气口、排气口、采气口。采气系统由气管和流量计组成。

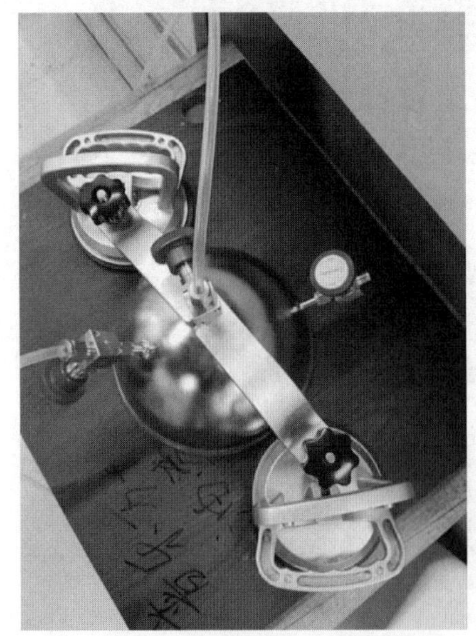

图5－52　木家具表面压合式采样器

将采样罩置于木家具表面，压紧采样罩两侧的吸盘使采样罩与木家具表面之间紧密贴合形成密闭空间，从而使采样罩内气体不受周围环境空气的影响。关闭采气口，打开进气口和排气口，进气速率为(1±0.05)L/min，通过高纯氮气供给系统、流量计、加热器等装置，将一定流量温度为(23±2)℃的高纯氮气通入采样罩内，吹扫9min，即对采样罩内气体进行6次置换，可视为采样罩内背景浓度置换完成。置换结束后停止吹扫，关闭进气口和排气口，保载10min，待采样罩内气体与木家具表面挥发的气体混合均匀，打开采气口，将该混合气体通过气管和流量计通入VOCs快速分析仪进行测试分析。木家具表面压合式采样器实物图如图5－52所示。为便于运输和

现场操作，将采样罩和温控系统集成在一个便携式手提箱里，如图 5－53 所示。

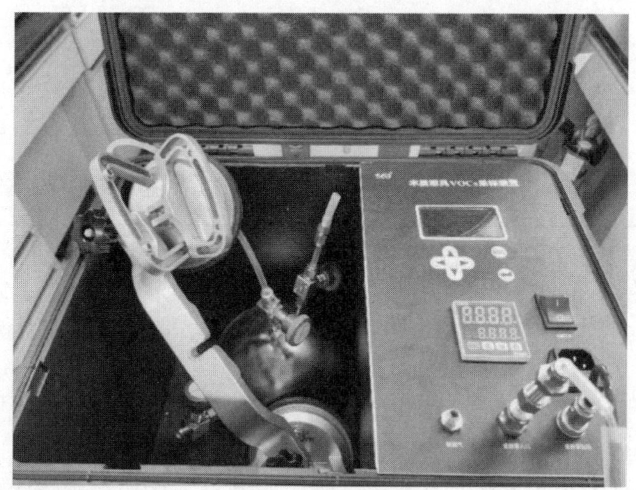

图 5－53　木家具 VOCs 现场快速采集设备

3. 木家具 VOCs 快速分析仪

（1）甲醛快速分析仪

甲醛快速分析仪最小分辨率 0.01mL/m^3，测量范围 0.01mg/m^3 ~0.60mg/m^3，不确定度应小于 20%。响应时间 $t_{95\%}$ ≤3min。用甲醛标准气或酚试剂分光光度法（GB/T 18204.2—2014《公共场所卫生检验方法　第 2 部分：化学污染物》中 7.2 对仪器进行比对测试，其相对偏差≤15%。

（2）醛酮类快速分析仪

木家具醛酮类 VOCs 快速分析仪采用光离子化色谱仪（GC－PID）原理，可快速分析进样气体中醛酮类 VOCs 组分浓度。该分析仪示值误差不大于 10%。

（3）非醛酮类快速分析仪

木家具非醛酮类 VOCs 快速分析仪采用氢离子化色谱仪（GC－FID）原理，可快速分析进样气体中非醛酮类 VOCs 组分浓度。

（4）检出限和定量重复性要求

木家具中特定 VOCs 组分的检出限要求见表 5－20。

表 5－20　木家具中特定 VOCs 组分检出限要求

检测物名称		检出限/（μg/m^3）
非醛酮类	苯	5
	甲苯	5
	二甲苯	5
	乙苯	5
	三甲苯	5
	苯乙烯	5
	二氯苯	5

表 5－20（续）

检测物名称		检出限/（$\mu g/m^3$）
醛酮类	甲醛	10
	环己酮	10
	乙醛	10
	丙烯醛	100

4. 尺寸测量仪器

钢直尺或卷尺，测量精度不低于 1mm。

（三）样品

木家具样品应具有平整表面，被测表面应不小于 500mm × 300mm，应清洁、无污染。评价木家具中挥发性有机化合物释放量时，考虑木家具中所有适用可测量表面的释放量。

（四）试验条件

木家具 VOCs 快速分析仪中应配置不少于表 5－20 中列出的检出物的气体标准物质。

（五）试验步骤

1. 样品准备

木家具样品应具有平整表面，被测表面应不小于 500mm × 300mm，应清洁、无污染。评价木家具中 VOCs 释放量时，考虑木家具中所有适用可测量表面的释放量。

2. 设备安装和启动

将木家具 VOCs 现场快速采集设备的采样罩紧固在家具表面，确保与被测表面之间形成密闭空间。通过调整木家具 VOCs 现场快速采集设备的控制系统，设置好试验所需的温度、流量、时间等技术参数，通过接口将木家具 VOCs 现场快速采集设备与木家具 VOCs 快速分析仪连接起来，应确保接口无泄漏、气路通畅。启动木家具 VOCs 快速分析仪，进行开机校准，完成分析仪准备工作。

3. 背景浓度吹扫

关闭木家具 VOCs 现场快速采集设备的采样罩采气口，打开进气口和排气口，以 1L/min 的进气速率将纯度为 99.999% 的氮气通入采样罩内进行吹扫，时间应不小于 9min，保证罩内空气置换为高纯氮气，背景浓度吹扫完成。

4. 保载

木家具 VOCs 现场快速采集设备的采样罩内背景浓度吹扫干净后，同时关闭进气口、排气口。采样罩保载密闭 10min，使木家具表面释放的 VOCs 富集到采样罩内。

5. 采样和 VOCs 快速分析

保载结束后，在 30s 内同时打开木家具 VOCs 现场快速采集设备采样罩的进气口和采气口，以 100mL/min 的速率将罩内气体采集到非醛酮类 VOCs 快速分析仪内，同时以相同的速率对采样罩补充高纯氮气，保持罩内压力平衡。采样时间和补气时间均为 10min。

分析完成后，非醛酮类 VOCs 快速分析仪生成并储存分析图谱、VOCs 组分和 TVOC 浓度以及相关信息。

（六）数据处理

记录现场检测环境的温、湿度。

木家具 VOCs 快速分析仪显示的 VOCs 浓度实测值，作为被测表面的 VOCs 释放浓度，单位为 mg/m^3。

（七）试验验证情况

1. 背景浓度吹扫时间验证

木家具采样罩体积为 1.5L，从理论上计算，一次换气后罩内 VOCs 浓度降低为初始浓度 50% 左右，6 次换气后罩内 VOCs 气体浓度 = 初始浓度 ×（50%）^{6} ≈ 初始浓度 ×1.56%，置换量超过 98%。

木家具快速采集设备的采样罩体积为 1.5L，当以 1L/min 的进气速率对采样罩内空气进行吹扫 9min，换气量为罩内体积的 6 倍，即采样罩内气体通过了 6 次置换，罩内残留的 VOCs 浓度小于 2%，因此可视为罩内空气被置换干净。

2. 木家具 VOCs 快速检测试验条件验证试验

（1）验证试验方案

试验小组对 70 多件家具样品，分组设定了采样罩密闭时间、采气时间、采气速率等试验条件进行对比验证试验，以确定合理的试验条件。

首先对家具表面进行吹扫，采用 1L/min 的大流量氮气进行吹扫置换，以 6 倍氮气置换采样罩内空气，保证罩内空气被完全氮气置换，排除背景空气中 VOCs 的影响。

试验小组设计了验证试验方案：

1）对样品的采样密闭保载时间进行验证：将采样罩密闭保载时间分别设定为 5min、10min、15min、20min 进行测试，分析采样罩密闭时间对结果的影响，确定合适的密闭时间；

2）对样品采气量及补气进行验证：设置了两组试验，一组为采气时间为 5min，采气速度为 60mL/min，采气量为 300mL；一组为采气时间为 10min，采气速度为 100mL/min，采气量为 1 000mL；

3）对家具不同饰面表面的 VOCs 释放比较验证，主要是对具有代表性的水性漆涂饰面、油性漆涂饰面、三聚氰胺板家具表面 VOCs 释放情况比较试验；

4）对木家具中释放的甲醛、醛酮类和非醛酮类目标 VOCs 组分进行验证。

（2）保载时间验证试验

试验小组对样品进行了保载时间验证。采样罩保载时间分别设定为 5min、10min、15min、20min 进行试验比较。试验结果显示：5min 保载时间的浓度明显低于 10min，5min 保载时间不够，VOCs 散发还未达到平衡。保载时间延长至 15min、20min 时，浓度并没有明显提高，说明浓度值并不是随着保载时间增加不断增大，保载时间为 10min 时释放趋于稳定状态。因此保载时间设置为 10min 是合适的。试验小组对同一件样品不同保载时间的分析图谱进行了图谱合并，以便于观察和分析。同一样品在保载时间分别为 5min、

10min、15min、20min时，图谱中除了特征峰高度（浓度值）随保载时间略有差异外，特征峰的出峰时间、峰形和趋势是完全一致的，说明试验的重现性非常好。

（3）样品采气量进行验证

由于采样罩与被测家具表面形成了密闭空间，持续采样时罩内气体时压力降低，低于外界气压。试验时发现，当罩内气压低于外界气压10%以后，采样越来越困难。罩内必须补充气体，保持罩内气体与外界压力相对平衡，才能顺利完成采样。因此试验小组采用与采样速率相同的速率补充罩内气体。

试验小组对样品进行了两组试验采气量验证，一组为采气时间为5min，采气速度为60mL/min，采气量为300mL；一组为采气时间为10min，采气速度为100mL/min，采气量为1 000mL。采样时以相同的速率在罩内补充气体。

试验小组对15组样品进行了验证试验，结果表明，对水性漆样品进行验证时，采气速率为60mL/min，采气量为300mL时，由于水漆VOCs浓度低，300mL采气量浓度不够，检出图谱峰值很低，如图5－54所示，有些低于检出限，说明采气量太小，应加大采气量，增加VOCs组分的浓度富集。当采样速率提高至100mL/min，采气量为1 000mL时，得到明显的分析图谱如图5－55所示。

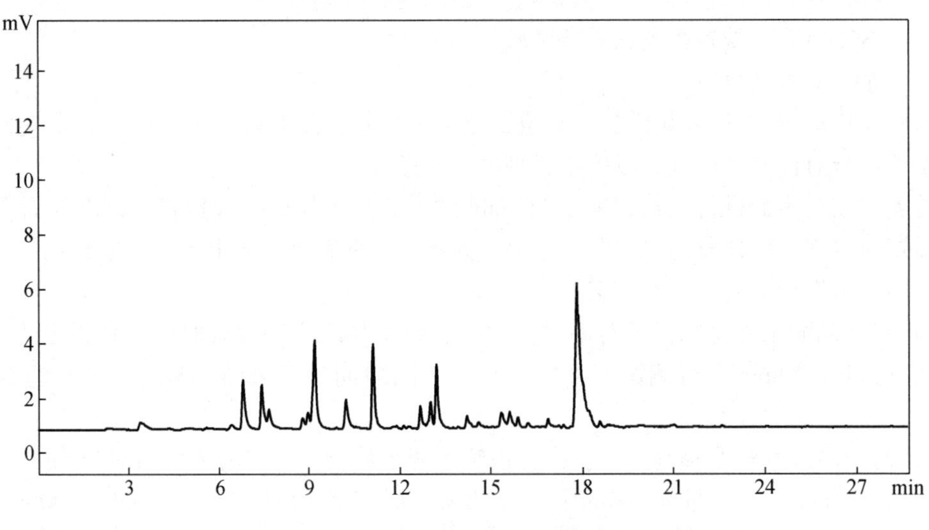

图5－54　采气量300mL分析图谱

从上述图谱可以看出，采气量为300mL时，VOCs峰值很低，一些特征VOCs组分峰值在检出限附近，具有很大的不确定度。当样品表面采集的VOCs达到1 000mL时，在分析图谱出现了明显的特征峰。通过出峰时间和出峰高度，能够识别出样品释放的VOCs组分及其浓度，分析图谱反映了样品的VOCs释放水平。

（4）木家具中非醛酮类挥发性有机化合物现场快速检测方法验证

试验小组对60多件家具样品，表面分别采用水性漆、油性漆涂饰的家具和无表面涂饰的三聚氰胺板家具VOCs释放进行比较试验，验证木家具中VOCs现场快速检测方法的合理性和可靠性。根据样品验证试验分析图谱，三聚氰胺板面的目标VOCs和TVOC浓度明显低于水性漆，部分特征峰值在检出限附近。水性漆的目标VOCs和TVOC浓度明显低

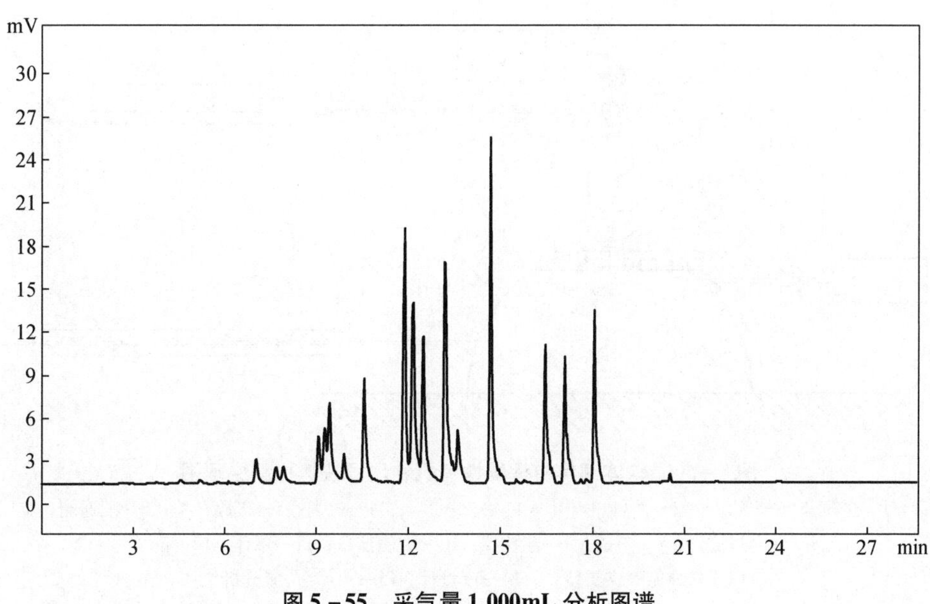

图 5－55　采气量 1 000mL 分析图谱

于油性漆，油性漆家具的 VOCs 释放量最高，根据特征峰高度分析，油性漆中一些目标 VOCs 组分的浓度高于水性漆 10 倍。试验结果符合家具表面挥发性有机化合物释放实际情况的，说明木家具中挥发性有机化合物现场快速检测方法是合理的、可靠的。木家具 VOCs 采样设备具有良好的气密性，木家具 VOCs 快速分析仪在短时间内完成家具表面 VOCs 释放气体的采集、保载时间、采样速率和采气量等试验条件是适宜的，能够在短时间内对被测家具表面 VOCs 进行采样和分析。

（5）甲醛快速检测方法验证

试验小组对 10 件家具样品，将采样罩紧固在被测家具样品表面，保载 10min 后，采用手持式甲醛快速检测仪从采样罩内抽取气体进行测定，测试结果在 0.01mg/m^3 ~ 0.05mg/m^3 范围内，均未超过 GB/T 18883—2002《室内空气质量标准》中规定的限量值（≤0.10mg/m^3），结果说明木家具表面的甲醛释放量较低。

五、软体家具中 VOCs 现场快速检测方法

（一）原理

本方法基于软体家具的挥发性有机物经由其表面释放的特性，利用热空气加速污染物释放，以循环净化或氮气吹扫方式排除环境干扰，采用现场快速收集装置，利用现场快速分析设备测试挥发性有机化合物，原理图见图 5－56。

（二）仪器设备

1. 设备集成

软体家具挥发性有机物现场快速检测设备由软体家具现场快速采集设备和 VOCs 快速分析仪两部分集成。

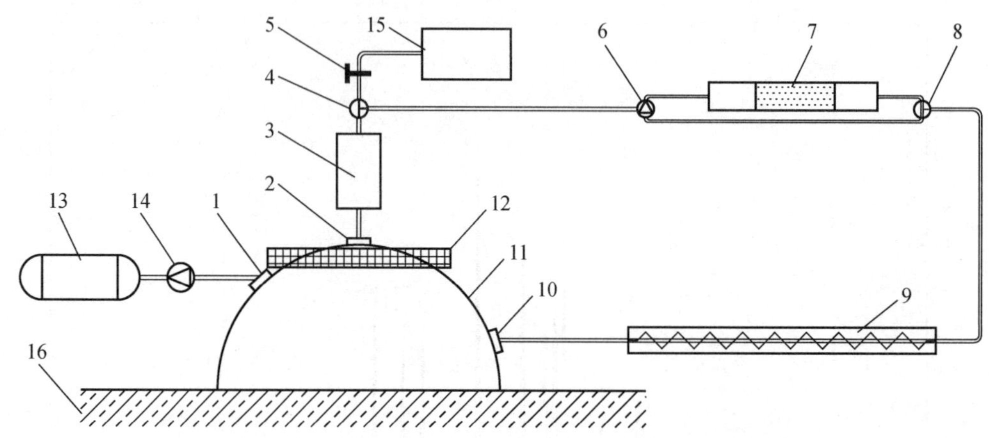

图5-56　软体家具中挥发性有机物现场快速检测原理图

1—进气口（补气口）；2—采气口（排气口）；3—气泵；4—三通；5—气路开关；6—三通阀；
7—混合过滤管；8—三通；9—温控器；10—右侧接口；11—罩体；12—配重；
13—高纯氮气供给装置；14—流量计；15—VOCs快速分析仪；
16—软体家具表面

2. 软体家具VOCs现场快速采集设备

软体家具现场快速采集设备（可加温密封装置）包括罩体、循环泵、循环管路、循环气加热温控装置4部分，罩体为半球形且与软体家具接触部分可密封，罩体部分和出入口开关阀应使用不吸附和释放挥发性有机化合物的不锈钢材料，且罩体内壁应经惰性化处理，顶部中心处和左侧、右侧共设置3个内径φ6mm的即插连接口，中心处连接循环泵，泵出口接三通阀，将气路在测试设备和内循环通路方向上切换。内循环通路由三通阀控制，可在测试状态和背景清洁状态切换，内循环通路回气部分经加热后经右侧即插连接口与可加温密封装置连接。左侧即插连接口用于加标测试。循环气加热温度可控，加热部分应能在5min内将温度从室温上升至36℃以上。

本装置设置的循环气加热温度在室温+5℃～45℃可调，是为保证装置在环境温度在常温状态下均能通过加热装置使进入罩体的空气加热到30℃。如果环境温度高于30℃，不需要启动加热装置，环境温度低于30℃时，启动加热装置，使热空气进入罩体，吹扫家具表面，促进挥发性有机化合物的快速释放。

循环泵流量范围100mL/min～1 000mL/min可调，恒流，测试前后流量偏差应不大于5%，泵流量量程应该覆盖采样流量和循环清洁流量。

半球罩体紧贴需要测试的样品表面，通过可调流量泵将样品挥发出的VOCs气体抽到特佛龙管路中，在泵的后端接入三通，三通分别连接泵、三通切换阀和GC。三通切换阀控制气体在管路中循环加热或者进入采样管。管路中接入流量传感器，实时监测管路中气体流速。流量传感器后端的加热块，用于加热管路中的气体，在加热块这段管路中，由特佛龙管路转换到1/8不锈钢管路，因1/8不锈钢管路比特佛龙管路更具贴合性，能使管路更加紧密地缠绕在加热块上。在采样气体循环加热至40℃左右，通过三通切换阀使采样气体进入采样管，完成系统内循环净化或采样过程。进入罩体的气体温度可控制在30℃±2℃。

收集装置可用于现场快速采样，也可以与在线 VOCs 分析设备连接，直接测试挥发性有机化合物释放量。收集装置如图 5－57 所示。为便于运输和现场操作，将采样罩和温控系统集成在一个便携式手提箱里，如图 5－58 所示。

图 5－57　软体家具配重式采样器

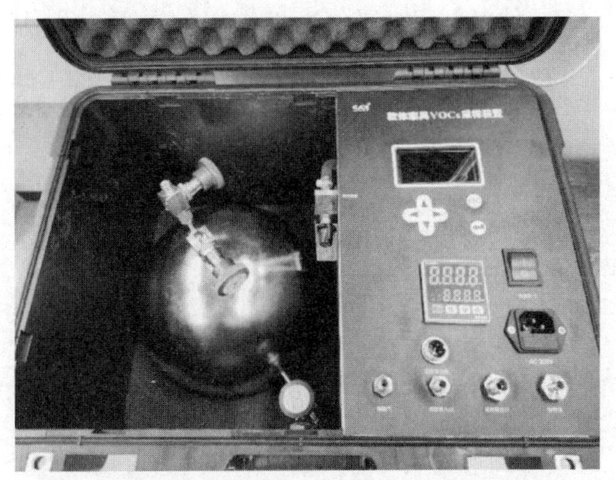

图 5－58　软体家具现场快速采集设备

3. VOCs 快速分析仪

（1）甲醛快速分析仪

甲醛测试仪是目前国内环境空气测试的常用设备，型号为 PPM－HTV，来源于英国，最小分辨率为 0.001×10^{-6} (ppm)。在空气中甲醛浓度为 $0.05mg/m^3 \sim 0.10mg/m^3$ 时，测试结果与 GB/T 18204.2—2014 中 7.2 酚试剂分光光度法比对，相对偏差小于 15%。

（2）醛酮类快速分析仪

醛酮类 VOCs 快速分析仪采用光离子化色谱仪（GC－PID）原理，可快速分析进样气体中醛酮类 VOCs 组分浓度。

（3）非醛酮类快速分析仪

非醛酮类 VOCs 快速分析仪采用氢离子化色谱仪（GC－FID）原理，可快速分析进样气体中非醛酮类 VOCs 组分浓度。VOCs 快速分析仪是一种大气环境挥发性有机化合物（VOCs）在线监测仪（气相色谱仪），由系列定量环进样器、吸附管预浓缩仪及气相色谱构成，可用于大气中 VOCs 分析仪的标定及样品分析。1×10^{-6} (ppm) 标准气体不用稀释，直接经过定量环采样，用一定体积载气吹扫进入吸附管进行浓缩聚焦，热解吸后进入分析仪进行检测。内置校准仪同时能接入 6 个不同体积的定量环，可以对仪器进行 6 个浓度的标定。通过软件控制能实现热解吸的同时触发 GC，最终能实现自动标定仪器及样品分析。可在线或离线检测微量挥发性有机化合物（VOCs），检测组分包括苯系物、卤代烃及部分含氧类化合物。技术参数如下：

——VOCs 测量范围：$(0.5 \sim 100) \times 10^{-9}$ mol/mol($C_6 \sim C_8$)；

——吸附管加热温度的示值误差：±10℃；

——质量流量控制器的流量示值误差：±2%；

——定量重复性：≤5%；

——示值误差：以样品测定值与保证值之间的相对误差确定示值误差，目标物的示值误差应小于 30%；

——检出限：苯、甲苯、二甲苯、苯乙烯、乙苯：0.5×10^{-9}mol/mol；

乙酸丁酯：10×10^{-9}mol/mol

（4）检出限要求

软体家具 VOCs 快速分析仪的单种 VOCs 检出限应满足表 5－21 要求。

表 5－21　软体家具中特定 VOCs 组分检出限要求

检测物名称	检出限/（$\mu g/m^3$）
甲醛	10
乙醛	10
丙烯醛	100
苯	5
甲苯	5
二甲苯（间，邻，对二甲苯之和）	5
三氯甲烷	10
四氯乙烯	10

（三）样品

选择家具表面可罩实的部位为测试区域。

（四）试验条件

1. 混合过滤管

玻璃或不锈钢材料，内装 100mg 以上直径为 0.16mm～0.80mm 活性炭和 100mg 以上 Tenax－TA 吸附剂。每次使用前活化，空白过滤管中单组分 VOC 不高于 2ng。

2. 氮气

纯度不低于 99.99%。

3. 气体标准物质

应配置不少于表 5－21 中列出的检出物的气体标准物质。

4. 补气用的气袋

材质为聚氟乙烯（PVF）薄膜或聚偏氟乙烯膜（PVDF）等无 VOCs 释放的材料制成，膜厚不低于 0.05mm，在不放入任何样品情况下充入氮气，加热至 40℃时，补气袋内被测 VOCs 低于 0.05μg。

（五）试验步骤

1. 测试区域选择

选择家具表面可罩实的部位为测试区域。

2. 设备安装

将软体家具 VOCs 现场快速采集设备罩体放置于测试区域，连接管路和 VOCs 快速分析仪，确保气路通畅无泄漏，启动 VOCs 快速分析仪，校准，设置采样和测试参数，准备就绪。

3. 背景清洁

（1）内循环

三通阀调至上通路位置。

设置循环泵流量为 600mL/min，设置运行时间 30min。

启动循环泵，整个装置内的空气产生循环动力，使罩内空气以 600mL/min 的流量通过混合过滤管后再回到罩内，环境背景空气中的挥发性有机物被混合过滤管吸附后形成洁净空气循环置换罩内空气。

（2）氮气吹扫

连接氮气出口与罩体左侧即插口，打开顶部即插口，打开氮气，以 1L/min 流速对罩体内空气进行吹扫，时间不少于 18min，用氮气置换罩体内空气。吹扫完毕立即关闭氮气出口和顶部即插口。

（3）循环富集

三通阀调至下通路位置。

启动加热温控装置，设置加热温度为(40 ±2)℃，启动循环泵，测试罩体进口处进入的空气温度，应为(36 ±2)℃。进口处空气温度不满足(36 ±2)℃要求时，应调节加热温控装置。样品释放的 VOCs 在罩内富集，循环气流量为 600mL/min，富集时间为 30min。

（4）采样和 VOCs 快速分析

1）循环富集结束后，30s 内将连接 VOCs 快速分析仪，打开 VOCs 快速分析仪开始测试。非醛酮类快速分析仪的采集速率设置为 100mL/min，采集同时在加标口以相同流量向罩体补充高纯氮气，保持系统内压力平衡，采样完毕时停止补充气。补气时可在加标口连接充有氮气的补气用气袋，采样结束后需立即断开连接。

2）采样结束后，VOCs 快速分析仪分析测试 VOCs 浓度。

（六）数据处理

记录现场检测环境的温、湿度和 VOCs 快速分析仪测试数据。

以 VOCs 快速分析仪测试结果作为软体家具中挥发性有机物释放浓度，结果单位为 mg/m^3。

（七）验证试验情况

1. 收集装置技术参数验证

（1）罩体进口空气温度验证

测试环境温度，调整加热装置温度，使罩体进气口温度在 36℃ ±2℃范围内，确定环境温度在 22℃到 30℃范围内时，加热装置的设置温度在 42℃时，罩体进气口温度可满足在 36℃ ±2℃范围要求。

（2）背景清洁效果验证

将可加温密封装置的罩体置于无 VOCs 吸附和释放的玻璃板或不锈钢板上，三通阀置于内循环位置，按背景清洁步骤和 VOCs 释放量测试步骤进行测试，同时测试环境本底浓度，计算背景清洁效果。实验选取了木家具样品库房和油漆样品区。分别选取开放区域、家具样品存放区、油漆样品存放区3处不同环境浓度VOCs环境区域进行验证，确定装置在高浓度环境下也能达到自清洁的效果。

按照实验步骤进行收集装置的系统自清洁，然后取两根老化后的Tenax－TA管，分别用于采集罩体内空气（流量为500mL/min，采集30min）和环境区域空气，采集后的Tenax－TA管上TD－GC/MS进行分析，计算罩内空气中VOCs浓度和清洁效率。

采样照片见图5－59。

图5－59　系统清洁效果验证试验（低、中、高浓度VOCs区域）

选取木家具、软体家具中最多检出、最受关注的5种化合物（苯、甲苯、乙酸丁酯、乙苯、二甲苯）为代表VOCs进行数据分析。见表5－22。

表5－22　系统清洁效果试验结果

测试区域	VOCs名称	环境本底浓度 mg/m^3	清洁后浓度 mg/m^3	清除效率 %	环境本底5种VOCs浓度之和 mg/m^3	清洁后5种VOCs浓度和 mg/m^3	5种VOCs清除效率 %
开放区域（低VOCs浓度环境区域）	苯	0.000 5	0.000 2	60.0	0.092 2	0.021 1	77.1
	甲苯	0.032 1	0.004 9	84.7			
	乙酸丁酯	0.028 2	0.006 7	76.2			
	乙苯	0.006 2	0.001 8	71.0			
	二甲苯	0.025 2	0.007 5	70.2			
家具样品存放区（中VOCs浓度环境区域）	苯	0.000 6	0.000 2	66.7	0.197 3	0.026 8	86.4
	甲苯	0.042 3	0.005 4	87.2			
	乙酸丁酯	0.076 7	0.009 5	87.6			
	乙苯	0.016 5	0.002 2	86.7			
	二甲苯	0.061 2	0.009 5	84.5			

表5-22（续）

测试区域	VOCs名称	环境本底浓度 mg/m³	清洁后浓度 mg/m³	清除效率 %	环境本底5种VOCs浓度之和 mg/m³	清洁后5种VOCs浓度和 mg/m³	5种VOCs清除效率 %
油漆样品存放区（高VOCs浓度环境区域）	苯	0.000 6	0.000 2	66.7	0.301 8	0.027	91.1
	甲苯	0.063 9	0.005 9	90.8			
	乙酸丁酯	0.130 2	0.010 5	91.9			
	乙苯	0.019 9	0.001 8	91.0			
	二甲苯	0.087 2	0.008 6	90.1			

数据显示，循环30min的系统自清洁完成后，可以使罩体内空气中单种VOC浓度降低至10μg/m³以下。本试验中，环境本底浓度较高的家具样品区域和油漆样品存放区的清除效率都可以达到86%以上，证明该装置系统自清洁过程能够有效去除环境背景影响。

六、家具部件中VOCs现场快速检测方法

（一）原理

将一定体积的高纯氮气，通过微型真空泵，注入放有家具部件的密闭气体采样袋中，进行气体保载后，使用快速分析仪检测采样袋内家具部件释放的挥发性有机物浓度，实现现场快速检测，原理图见图5-60。

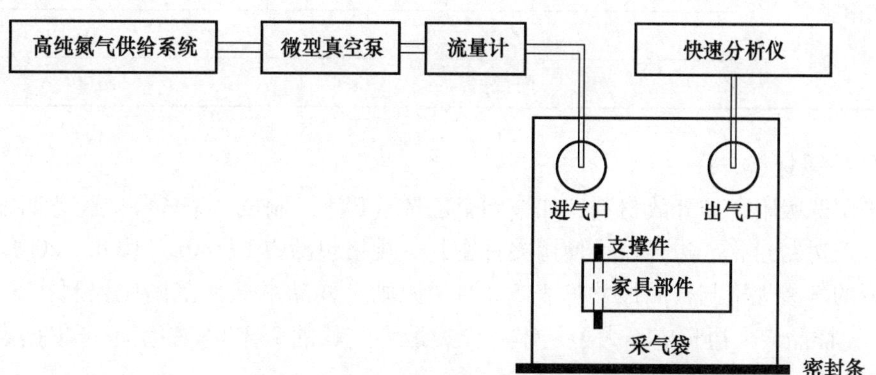

图5-60 家具部件中挥发性有机物现场快速检测原理图

（二）仪器设备

1. 家具部件VOCs快速分析仪

（1）甲醛快速分析仪

甲醛快速分析仪应定期进行校准，测量结果在0.01mg/m³～0.60mg/m³测定范围内。

（2）醛酮类VOCs快速分析仪

醛酮类VOCs快速分析仪采用光离子化色谱仪（GC－PID）原理，可快速分析进样气体中醛酮类VOCs组分浓度。

（3）非醛酮类VOCs快速分析仪

非醛酮类VOCs快速分析仪采用氢离子化色谱仪（GC－FID）原理，可快速分析进样气体中非醛酮类VOCs组分浓度。

（4）快速分析仪检出限要求

家具部件中特定VOCs组分的检出限要求见表5－23。

表5－23　家具部件中特定VOCs组分检出限要求

检测物名称		检出限/（μg/m³）
非醛酮类	苯	5
	甲苯	5
	二甲苯	5
	乙苯	5
	三甲苯	5
	苯乙烯	5
	二氯苯	5
	三氯甲烷	10
	四氯乙烯	10
醛酮类	甲醛	10
	环己酮	10
	乙醛	10
	丙烯醛	100

2. 气体采样袋

应采用非吸附、非释放材料，如聚四氟乙烯（PVF）制成。采样袋应配置四氟乙烯气体阀门，三边密封，一边开口，使用夹杆密封，规格包括30L、50L、100L、200L等。

典型的气袋规格与样品尺寸见表5－24。原则上样品承载率范围应控制在5m²/m³～10m²/m³，样品最大边长应不大于气体采样袋最大边长的2/3。实验室也可根据家具部件尺寸，定制其他规格尺寸的气体采样袋。

表5－24　气袋规格与样品尺寸

气袋规格/L	常规尺寸/mm	样品表面积/m²	样品最大边长/mm
30	500×650	0.15～0.30	400
50	850×500	0.25～0.50	550
80	600×1 000	0.40～0.80	650

表 5-24（续）

气袋规格/L	常规尺寸/mm	样品表面积/m^2	样品最大边长/mm
100	800×1 000	0.50~1.00	650
200	1 200×1 000	1.00~2.00	800

3. 微型真空泵

具备充气和抽气两路气体管路接口，抽气接口处能够持续形成真空，充气接口处形成微正压；真空泵可自带或可外接流量计，能对充气的体积进行定量。微型真空泵流量精度误差不大于±5%。采样袋和微型真空泵见图 5-61。

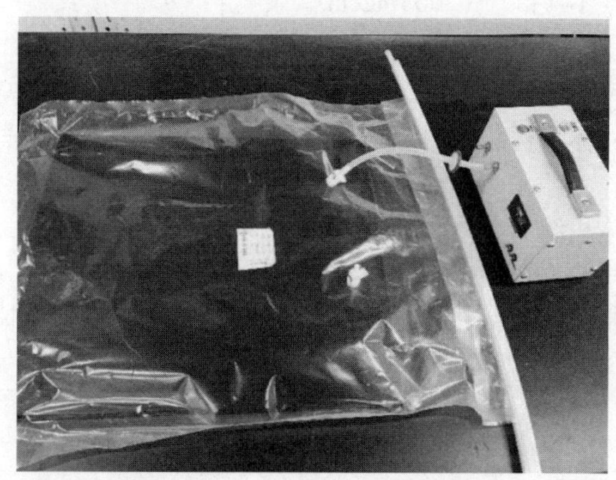

图 5-61　采样袋和微型真空泵

4. 面积测量仪器

钢直尺或卷尺，测量精度不低于 1mm。如采用面积测定仪，精确度应不低于 100mm^2。

（三）样品

试验选取家具部件，如面板、抽屉、桌腿等。

（四）试验条件

1. 高纯氮气

纯度在 99.99% 以上的氮气。

2. 支撑件

材质选用不锈钢或其他不吸附 VOCs 的惰性材料，典型的支撑件如图 5-62 所示。

单位为毫米

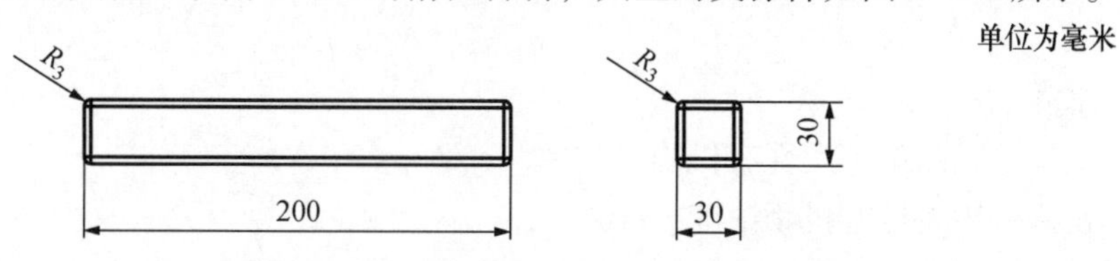

图 5-62　支撑件示意图

3. 气体标准物质

含有苯、甲苯、二甲苯、乙苯、三甲苯、苯乙烯、二氯苯、环已酮、乙醛、丙烯醛和甲醛的气体标准物质。

（五）试验步骤

1. 试验前准备

使用面积测量仪器测量家具部件样品的表面积。根据家具部件尺寸选择合适的气体采样袋。用拉杆密封条将气袋密封，向气袋中充入气袋总体积2/3的高纯氮气，将快速分析仪与气体采样袋连接，打开气体阀门，检测气袋内空气的VOCs浓度。气体采样袋内目标挥发性有机物本底浓度不应高于0.005mg/m^3。

2. 气袋内空气置换

将家具部件放入气体采样袋中央，一端置于支撑件上，确保家具部件尽量不与气袋贴合。用拉杆密封条将气体采样袋密封，连接微型真空泵，将气体采样袋抽真空，5min后，观察采样袋是否漏气。

充入气体采样袋体积约1/2体积的高纯氮气，再将气袋抽真空，重复此操作3次。最后充入气体采样袋体积的1/2到2/3的高纯氮气，根据式（5－59）计算样品承载率，使得样品承载率范围控制在5m^2/m^3～10m^2/m^{3}之间，记录充入的氮气体积。

关闭气阀，保持气袋密封。将气体采样袋放在室温下60min，并记录现场温度和大气压。

3. 采集和分析

采样前袋内气体应混合均匀。将气体采样袋采集口与分析仪器相连，采样管路应连接牢固，连接管应尽量短，应采用聚四氟乙烯或硅胶材质。

打开气阀，以100mL/min的速率将气袋内气体采集到VOCs快速分析仪内，采样时间为10min。采样结束后，分析软件自动分析采样气体中的VOCs，生成并储存分析图谱、记录特定VOCs组分和VOCs浓度以及相关信息。

（六）数据处理

1. 样品承载率（m^2/m^3）

$$L_v = d/V \qquad (5-59)$$

式中：

L_v——样品承载率，m^2/m^3；

d——家具部件表面积，m^2；

V——充入气体采样袋的氮气体积，m^3。

2. 家具部件中目标挥发性有机物的释放率

$$q_a = \rho_x (N/L_v) \qquad (5-60)$$

式中：

q_a——样品中挥发性有机物释放率，mg/(m^2·h)；

ρ_x——挥发性有机物浓度，mg/m^3；

N——试验时的采气袋静置时间，h^{-1}；

L_v——样品承载率，m^2/m^3。

结果修约至 0.01mg/(m^2 · h)。

第三节　实验室检测方法的研究

一、木家具中 VOCs 释放实验室检测方法

（一）原理

将预处理过的样品按照空间占用体积大小选择合适的家具检测气候舱放入，按要求调节舱内温、湿度和空气交换率。样品在舱内释放出挥发性有机化合物，当达到规定时间后，从舱采集口采集舱内空气，通过规定的试验方法测定木家具中挥发性有机化合物的浓度。

（二）仪器设备

VOCs 环境试验舱：1m^3 环境试验舱（VWh－1000）；5m^3 环境试验舱；

安捷伦气质联用仪：（7890A＋5975C）；

二次热解析仪：（Gestel TDS3）；

恒流采样器：（IAQ－pro Ⅱ）。

VOCs 标准溶液：使用乙酸乙酯、苯、甲苯、乙酸丁酯、乙苯、对（间）二甲苯、苯乙烯、邻二甲苯、十一烷、丁酮、环己酮、环己烷、乙二醇、氯苯、1,4－二氯苯、1,2－二氯苯、1,2,4－三氯苯、1,2,4－三甲苯、三氯甲烷、四氯化碳、四氯乙烯、苯酚、间苯酚标准样品，外标法绘制 VOCs 标准曲线，以含量为横坐标，峰面积为纵坐标，对 VOC 进行定量分析。

（三）样品

试验共抽取 25 批次木家具样品进行检测。其中油漆类家具 17 批次，覆面类家具 8 批次。

（四）试验条件

1. 色谱条件

色谱柱：DB－1MS，60m×0.32mm；

柱温：初始温度为 50℃，保持 10min，以 5℃/min 的速率程序升温至 250℃，保持至所有目标组分流出。

2. 质谱条件

质谱扫描范围：50amu～550amu；

溶剂延迟：3min；

离子源温度：230℃；

MS 四极杆温度：150℃。

3. 热脱附条件

解析温度：280℃；

解析时间：10min；

气体流速：50mL/min；

冷阱温度：−50℃；

冷阱中的吸附剂：TenaxTA，100mg；

传输线温度：280℃。

4. 实验舱条件

温度为 23 ±0.5℃；

相对湿度为 45% ±3%；

试样表面空气流速为 1.00m/s ±0.05m/s；

空气交换率根据体积承载率（木家具外形轮廓体积与气候舱舱容的比值）进行调节。气候舱的体积承载率范围应在 0.075 ~0.3，并按体积承载率最接近 0.15 的原则选择合适的气候舱。

（五）试验步骤

1. 计算样品外形轮廓体积

计算样品外形轮廓体积。当样品可调时，按样品可调体积的最小值计算。

2. 样品预处理

试验前，组装产品、折叠产品、可调产品应按最有利于有害物质释放的样式进行组装、打开、调节，一般按产品整件进行预处理，产品的所有部件表面应尽可能暴露在预处理环境中。预处理时间为(120 ±2)h。预处理环境条件为：

——温度(23 ±2)℃；

——相对湿度 (45 ±10)%；

——样品间的距离不小于 300mm；

——样品间的甲醛浓度≤0.08mg/m^3，TVOC≤0.50mg/m^3。

3. 气候舱选择

木家具样品与气候舱按样品体积承载率等于 0.15 标准选择，也可以按以下公式进行扩大或缩小气候舱的容积。当样品与气候舱体积承载率等于 0.15，空气交换率为 1（即 1h 内进入气候舱的清洁空气量与气候舱容积相等）；当样品体积承载率不等于 0.15 时，按下列公式计算空气交换率：

$$n = a/0.15 \tag{5-61}$$

式中：

n——空气交换率，精确至 0.01；

a——样品体积承载率。

4. 气体收集

将木家具样品放入环境舱，使其所有活动部件表面尽可能暴露在气候舱内。为确保空气在试样表面的均匀流通，样品放在气候舱的中心位置并顺着气流方向摆放。放置 24h 后，将含有 Tenax TA 吸附剂的吸附管连接到舱出口气流中采样，恒流采样器以 200mL/min 的流速采样 30min，立即对吸附管进行 ATD - GC/MS 测试。

（六）数据处理

对木家具样品挥发出的有机物进行定性分析，首先对样品分析图谱中峰面积最大的 10 个色谱峰进行 NIST 库检索，以匹配度大于 80% 作为定性初步认定，采用外标法对所有涉及到的挥发性有机物进行定量分析。

1. 油漆类家具

对油漆家具样品（3 个月内生产）进行检测，共检测 17 批次样品。

表 5 - 25 和图 5 - 63 分别列出了油漆家具中 VOCs（每个样品中 TIC 图谱中峰面积最大的 10 个组分）检出物和频次分布图，图 5 - 64 为典型油漆家具中 VOCs 的 TIC 谱图，表 5 - 26 为部分挥发性有机物释放量统计表。在油漆类家具中，检出频次（以峰面积最大的 10 个峰为统计依据）最高的是甲苯、乙苯、二甲苯、三甲苯、二氯苯等苯系物，其次是酯类化合物，如乙酸乙酯、乙酸丁酯，还有少量的酮类、烷类挥发性有机物。产生原因可能是在油漆涂饰过程中，漆膜在固化的过程中持续不断地散发苯系物、酯类、酮类等挥发性有机物。

表 5 - 25　油漆家具中主要挥发性有机物检出物种类

序号	VOCs 名称	保留时间 min	目标离子	检出批次（共 17 批次）	检出率/%
1	二氯甲烷	7.767	83.9	1	5.9
2	正已烷	8.774	71	5	29.4
3	乙酸乙酯	8.849	61	6	35.3
4	1,2 - 二氯乙烯	9.289	62	2	11.8
5	苯	9.930	78	3	17.6
6	甲苯	13.569	91	16	94.1
7	己醛	14.565	56	9	52.9
8	乙酸丁酯	15.389	56	14	82.4
9	乙苯	17.655	91	7	41.2
10	对（间）二甲苯	18.050	91	15	88.2
11	环已酮	18.296	55	8	47.1
12	苯乙烯	18.839	104	10	58.8
13	邻二甲苯	19.080	91	13	76.5
14	乙二醇丁醚	19.497	57	5	29.4
15	苯甲醛	21.346	77	2	35.3
16	α - 蒎烯	21.420	93	5	64.7
17	苯酚	22.536	94	6	35.3

表5－25（续）

序号	VOCs名称	保留时间 min	目标离子	检出批次（共17批次）	检出率/%
18	三甲苯	23.360	105	6	35.3
19	β－蒎烯	23.457	93	8	47.1
20	二氯苯	23.754	146	9	52.9
21	3－蒈烯	24.344	93	4	23.5
22	2－乙基己醇	24.636	57	7	41.2
23	D－柠檬烯	24.939	93	2	11.8
24	苯乙酮	25.380	105	5	29.4
25	萘	29.705	128	2	11.8

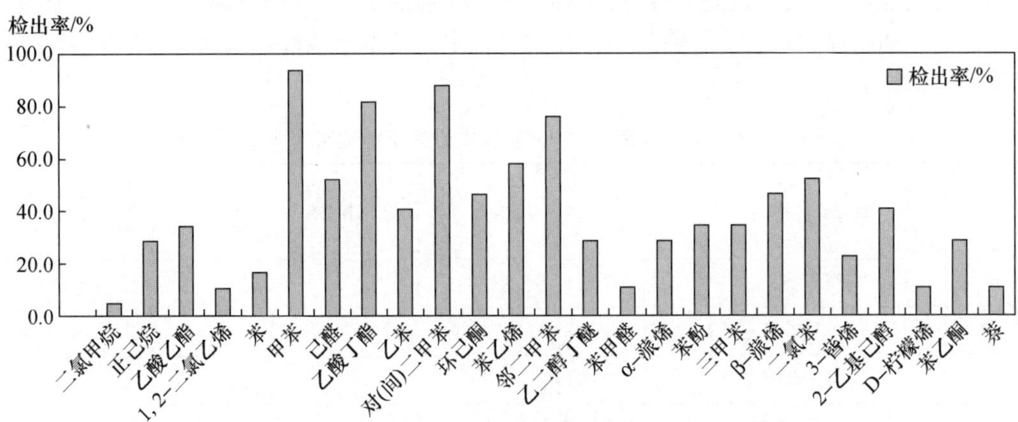

图5－63　油漆家具中主要挥发性有机物检出物频次分布图

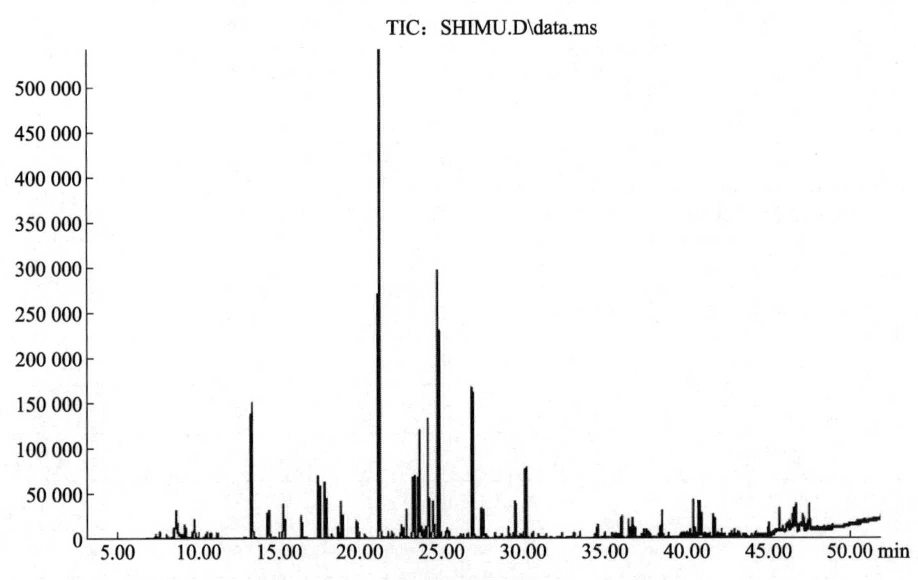

图5－64　典型油漆家具TIC示例谱图

表5-26　油漆家具部分挥发性有机物释放量　μg·m⁻³

样品17批次	三氯甲烷	乙酸乙酯	苯	甲苯	乙酸丁酯	乙苯	对（间）二甲苯	环已酮	苯乙烯
平均值	18.9	55.3	10.1	102.2	69.7	22.8	69.9	50.4	38.9
样品17批次	邻二甲苯	十一烷	丁酮	环已烷	乙二醇	氯苯	1，4-二氯苯	1,2-二氯苯	1,2,4-三氯苯
平均值	84.5	9.2	17.8	18.4	9.7	10.0	14.4	9.2	8.1
样品17批次	1,2,4-三甲苯	四氯化碳	四氯乙烯	苯酚	间苯酚				
平均值	22.6	1.8	2.2	9.0	0.7				

此外，萜类、萜烯类物质检出率也不小，说明其也是部分实木类家具散发异味的原因。在定量分析中，在油漆类家具中甲苯、乙酸乙酯、乙酸丁酯、二甲苯的检出浓度较高，平均浓度在70μg/m³～102μg/m³，有的样品甲苯浓度甚至超过200μg/m³。

2. 覆面家具

对覆面家具样品（3个月内生产）进行检测，共检测8批次样品。

表5-27和图5-65分别列出了覆面家具中VOCs（每个样品中峰面积最大的10个组分）检出物和频次分布图，表5-28为部分挥发性有机物释放量统计表，图5-66为典型的覆面家具中VOCs的TIC谱图。在覆面类家具中，检出频次（以峰面积最大的10个峰为统计依据）大于50%的组分有甲苯、乙酸丁酯、对（间）二甲苯、苯乙烯、邻二甲苯、β-蒎烯；木材天然含有的醛类、萜类物质在25个主要检出物内占了9个。由此可知，覆面家具VOCs的主要挥发来源是覆面材料的背胶、人造板中的胶黏剂以及木材天然含有的一些油脂挥发成分。在定量分析中，覆面家具释放的VOCs浓度较油漆家具明显降低，检出含量较高的苯系物平均浓度在16μg/m³～38μg/m³，酯类在20μg/m³以下。

表5-27　覆面家具中主要挥发性有机物检出物种类

序号	VOCs名称	保留时间/min	目标离子	检出批次（共8批次）	检出率/%
1	三氯甲烷	7.424	81	1	12.5
2	正已烷	8.774	71	2	25.0
3	乙酸乙酯	8.849	61	2	25.0
4	正丁醇	9.736	56	2	25.0
5	环已烷	10.079	56	3	37.5
6	甲苯	13.569	91	8	100.0
7	已醛	14.565	56	2	25.0

表5-27（续）

序号	VOCs名称	保留时间/min	目标离子	检出批次（共8批次）	检出率/%
8	乙酸丁酯	15.389	56	5	62.5
9	四氯乙烯	15.486	166	1	12.5
10	乙苯	17.655	91	3	37.5
11	对（间）二甲苯	18.050	91	5	62.5
12	环己酮	18.296	55	4	50.0
13	苯乙烯	18.839	104	5	62.5
14	邻二甲苯	19.080	91	5	62.5
15	苯甲醛	21.346	77	3	37.5
16	α-蒎烯	21.420	93	4	50.0
17	苯酚	22.536	94	3	37.5
18	三甲苯	23.360	105	2	25.0
19	β-蒎烯	23.457	93	5	62.5
20	β-月桂烯	23.560	93	1	12.5
21	二氯苯	23.754	146	3	37.5
22	3-蒈烯	24.344	93	4	50.0
23	D-柠檬烯	24.939	93	2	25.0
24	壬醛	27.119	57	3	37.5
25	癸醛	30.346	57	2	25.0

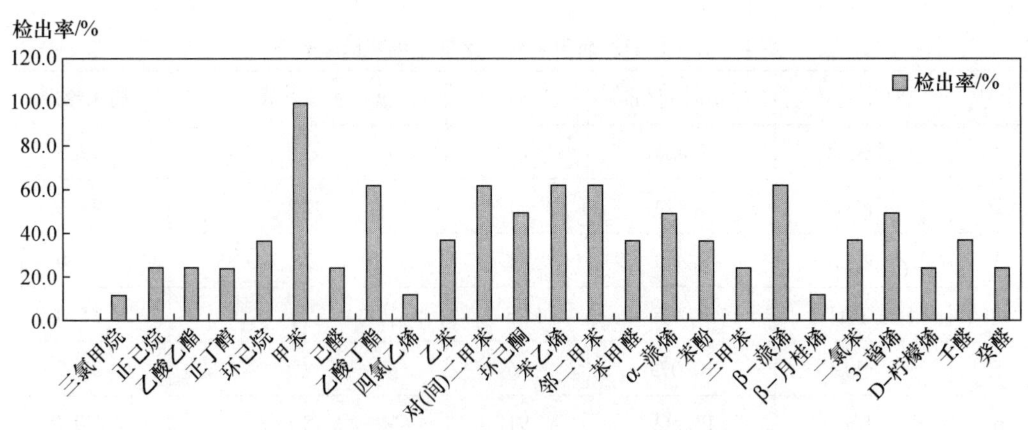

图5-65　覆面家具中主要挥发性有机物检出物频次分布图

表 5-28　覆面家具部分挥发性有机物释放量　μg·m⁻³

样品 8 批次	三氯甲烷	乙酸乙酯	苯	甲苯	乙酸丁酯	乙苯	对（间） 二甲苯	环己酮	苯乙烯
平均值	0.0	14.0	2.7	38.5	19.7	7.8	28.0	22.4	15.8
样品 8 批次	邻二甲苯	十一烷	丁酮	环己烷	乙二醇	氯苯	1,4- 二氯苯	1,2- 二氯苯	1,2,4- 三氯苯
平均值	33.6	0.2	7.8	12.3	7.0	10.0	14.4	9.2	1.2
样品 8 批次	1,2,4- 三甲苯	四氯化碳	四氯乙烯	苯酚	间苯酚				
平均值	11.7	0	8.9	25.5	0				

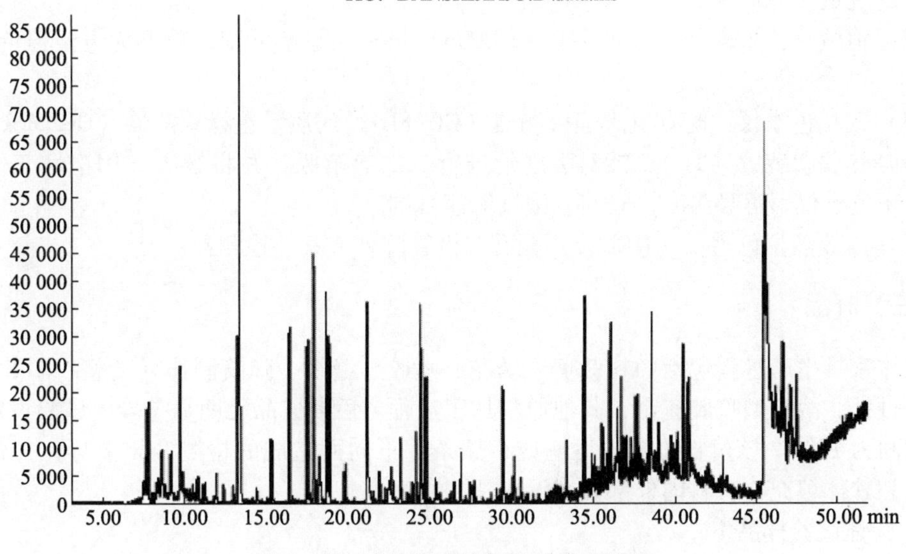

图 5-66　典型覆面家具 TIC 示例谱图

二、软体家具中 VOCs 释放实验室检测方法

（一）原理

将样品按照规定的承载率置于一定温、湿度和空气交换率的气候舱中，样品释放的挥发性有机物在舱内混合均匀，在规定的时间内采集舱内空气，并测试采集样品的挥发性有机化合物释放浓度。

环境舱法采样收集各种材料及制品中挥发性有机物释放量，是目前国际上通用的检测方法。采用环境舱来模拟各种产品特定的使用环境，运行一定时间后，采集一定量的气候舱中的气体，通过适合的化学分析方法来检测分析所采集气体 VOCs 组分及含量，具有较高的准确度和实用性。

国际标准ISO 16000－3《室内空气　第3部分：甲醛和其他羰基化合物的测定　主动采样法》和ISO 16000－6《室内空气　第6部分：Tenax TA吸附剂主动采样、热解吸和MS/FID气相色谱法测定室内和释放舱空气中挥发性有机化合物》，是目前国外应用最为广泛的空气中挥发性有机物的测试方法标准。该方法采用HPLC方法测试甲醛和低分子的羰基化合物，采用TD－GCMS/GCFID方法测试其他挥发性有机化合物，已经在近几年广泛应用于车内空气及装饰装修材料的挥发性有机物测试领域。

设定的测试条件为固定温度、固定湿度、固定的空气交换率和一定范围的承载率（$0.30m^2/m^3 \sim 0.70m^2/m^3$）的区间，不通过调整换气率的方式对承载率进行修正，而是在固定换气率，考虑到沙发产品的多样性，其固定承载率的条件无法满足。测试结果通过面积承载率的换算得到固定承载率的释放浓度。

（二）仪器设备

（1）气候舱：应符合GB/T 31107《家具中挥发性有机化合物检测用气候舱通用技术条件》的规定。

（2）恒流气体采样器：流量在0～1 000mL/min内稳定可调，精度为设定值的±5%以内。

（3）气相色谱仪：配有氢火焰检测器（GC/FID）或质量选择检测器（GC/MSD）。

（4）热脱附装置（TD）：能对吸附管进行二次热解吸，并将解吸气用惰性气体载带进入气相色谱仪。解吸温度、时间、载气流速可调。

（5）高效液相色谱仪（HPLC）：配有二极管阵列或紫外检测器。

（三）样品

软体家具生产过程包括面料裁剪、绣花、喷胶、缝纫、弹簧制作（卷簧、串簧）、打边框等过程、溶剂型喷胶速干，其他原料加工过程与后期成品无明显差异。试验设定的预处理时间为120h。该过程可减少运输或存储条件不同而造成的检测结果差异，并使所用纺织品和软体填充物材料内外部温、湿度达到平衡。

1. 验证试验样品1

选取软体家具典型材料：皮革、纺织品、海绵、乳胶、棕丝、蓬松棉，置于气袋中填充高纯氮气，在30℃环境中，测试材料释放到气袋中的挥发性有机物。用于筛选软体家具材料的高关注度挥发性有机物.

2. 验证试验样品2

选取了6个弹簧垫和6个棕纤维床垫，分别对整件产品的挥发性有机物释放浓度及制备成试件后，在$1m^3$气候舱内进行挥发性有机物释放浓度测试，在试验条件下，整件产品和试件测试结果有很好的相关性。用于验证试件测试方法的有效性。

3. 验证试验样品3

选取6个弹簧软床垫、6个棕纤维弹性床垫、6件布艺沙发、6件皮沙发，对其高关注挥发性有机物的检出率进行测试。用于验证标准中所列参数的有效性。

（四）试验条件

软体家具检测家具样品与气候舱的承载率采用样品暴露面积与气候藏容积的比率为承

载率，面积承载率应满足 $0.30m^2/m^3 \sim 0.70m^2/m^3$，以最接近（$0.40 \pm 0.01$）$m^2/m^3$ 的原则选择合适的气候舱。可通过增加相同样品数量的方式满足承载率要求。

材料分布均匀的产品（如床垫），可将样品制备成承载率满足（0.40 ± 0.01）m^2/m^3 要求的试件，采用 $1m^3$ 的气候舱测试。

预处理时间为（120 ± 2）h。预处理环境条件为：温度（23 ± 2）℃，相对湿度（50 ± 10）%，空气交换率 $1.0h^{-1}$。预处理循环空气中单种 VOC≤$5\mu g/m^3$。

气候舱运行条件：温度：（23 ± 0.5）℃；相对湿度：（50 ± 5）%；空气交换率：（1 ± 0.05）h^{-1}；空气流速：$0.1m/s \sim 0.3m/s$。

（五）试验步骤

1. 样品准备

去掉样品的包装、保护膜、吊牌及粘贴商标，用干棉布清理表面浮尘。关闭抽屉等活动结构，将家具展开摆放为日常使用状态，测量并记录样品的总表面积（可视部分），用分度值为 1mm 的钢直尺或卷尺测量暴露部分的尺寸，测量结果修约到 1mm。产品的下表面若与地面紧密接触，不计入总表面积。材料分布均匀的产品制备成试件测试时，可按比例取样，应包含样品的主要释放源。取样部位应距样品边缘至少 100mm，从面料至弹性填充材料整体取样，所有切口和原产品未暴露部分应采用不含被测高关注度挥发性有机物的铝胶带密封，也可将试样置于不锈钢板上，侧边用铝胶带密封，侧边密封时应包覆至表面（10 ± 5）mm，试样暴露部分的尺寸应为（800 ± 5）mm ×（500 ± 5）mm。正反面材料不同且主材料比例 1∶1 的产品，可从正面和背面分别取样，背对背密封，使每一面的暴露部分为（400 ± 5）mm ×（500 ± 5）mm。样品材料分布不均匀的产品（如沙发），应对整件样品的挥发性有机物释放浓度进行测试。

2. 预处理

样品准备好后应尽快置于预处理环境中。多个样品同时预处理时，应确保样品间距大于 300mm，保持空气流通，避免样品交叉污染。

3. 气候舱的准备

用碱性清洁剂清洗气候舱内壁，再用蒸馏水清洗后进行干燥处理。

开启气候舱，调节舱内温度为（23 ± 0.5）℃、相对湿度为（50 ± 5）%，空气交换率为（1 ± 0.05）h^{-1}，舱内空气流速为 $0.1m/s \sim 0.3m/s$，空载运行 24h，采集舱内空气，测试 VOCs 背景浓度。

舱内空气中苯不应有检出，其他单种被测 VOC 背景浓度应不高于 $5\mu g/m^3$。

4. 样品测试

样品预处理完毕后立即转入测试用气候舱。整体床垫样品应放置在支架上，支架材料不应吸附或释放高关注度挥发性有机物，支架高度应使试件置于舱中心位置，其他产品按正常使用时放置。关闭舱门记录时间。试验过程中气候舱内的环境指标应保持恒定。在第（20 ± 0.5）h 时开始采集舱内空气，平行采样 2 个，测试气候舱内空气中 VOCs 浓度，计算平均值。采样前抽气。

5. 高关注度挥发性有机物的收集和测定

甲醛、乙醛和丙烯醛的收集和测定按 ISO 16000－3 的规定进行。其他高关注度挥发性有机物的收集和测定按 ISO 16017 - 1 和 ISO 16000 - 6 的规定进行。

（六）数据处理

1. 软体家具制造材料

典型材料和采样分别见图 5 - 67 和图 5 - 68。

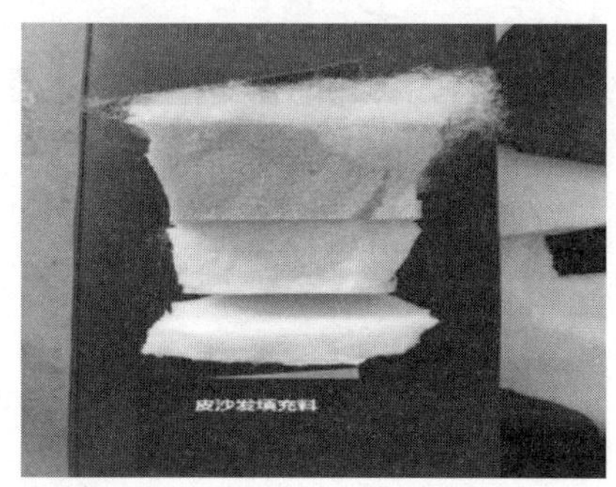

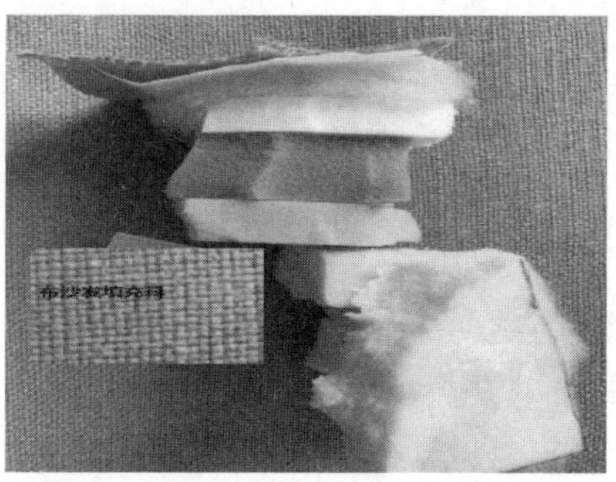

图 5 - 67　典型材料

VOCs释放量检测箱内测试

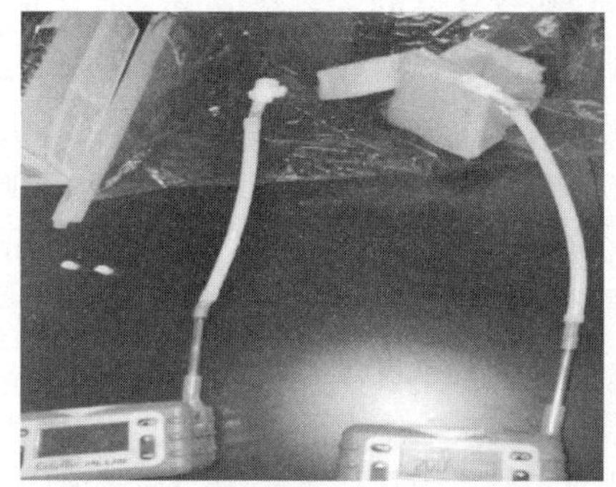

采样

图 5 - 68　采样

试验检出的挥发性有机化合物结果见表 5 - 29。

表 5 - 29　检测结果

化合物名称			CAS 编号
烷烃	Cyclohexane	环己烷	000110 - 82 - 7
	Cyclohexane	环己烷	000110 - 82 - 7
	Cyclopentane, methyl -	甲基环戊烷	000096 - 37 - 7
	2,2 - Dimethylpentane	2,2 - 二甲基戊烷	000590 - 35 - 2
	Pentane, 3,3 - dimethyl -	3,3 - 二甲基戊烷	000562 - 49 - 2
	Butane, 2,3 - dimethyl -	2,3 - 二甲基丁烷	000079 - 29 - 8

表 5 - 29(续)

化合物名称			CAS 编号
烷烃	Pentane,2,3 - dimethyl -	2,3 - 二甲基戊烷	000565 - 59 - 3
	Butane,2,2,3 - trimethyl -	2,2,3 - 三甲基丁烷	000464 - 06 - 2
	Heptane,2,2,4,6,6 - pentamethyl -	2,2,4,6,6 - 五甲基庚烷	013475 - 82 - 6
	Pentane,3,3 - diethyl -	3,3 - 二乙基戊烷	001067 - 20 - 5
	Butane,2,2 - dimethyl -	2,2 - 二甲基丁烷	000075 - 83 - 2
	Cyclopentane,1,1 - dimethyl -	1,1 - 二甲基环戊烷	001638 - 26 - 2
	Hexane,2 - methyl -	2 - 甲基已烷(异庚烷)	000591 - 76 - 4
	Cyclopentane,1,2 - dimethyl - ,trans -	反式 - 1,2 - 二甲基环戊烷	000822 - 50 - 4
	Bicyclo[2. 2. 1]heptane,2,2 - dimethyl - 3 - methylene - ,(1S) -	2,2 - 二甲基 - 3 - 亚甲基二环[2. 2. 1]庚烷	005794 - 04 - 7
	Undecane	十一烷	001120 - 21 - 4
	Tetradecane	十四烷	000629 - 59 - 4
	Heptane,2,2,4,6,6 - pentamethyl	2,2,4,6,6 - 五甲基庚烷	013475 - 82 - 6
	2 - Methylhexane	2 - 甲基已烷(异庚烷)	000591 - 76 - 4
	Cyclopentane,1,2 - dimethyl - ,trans -	反式 - 1,2 - 二甲基环戊烷	000822 - 50 - 4
芳香烃	Toluene	甲苯	000108 - 88 - 3
	p - Xylene	对二甲苯	000106 - 42 - 3
	Benzene,1,4 - bis(1 - methylethyl) -	1,4 - 二异丙基苯	000100 - 18 - 5
	Benzene,1,3 - bis(1 - methylethyl) -	1,3 - 二异丙基苯	000099 - 62 - 7
	Ethylbenzene	乙苯	000100 - 41 - 4
烯烃	. alpha. - Pinene	α - 蒎烯	000080 - 56 - 8
	Di - epi - . alpha. - cedrene	A - 柏木萜烯	050894 - 66 - 1
	3 - Carene	3 - 蒈烯	013466 - 78 - 9
	Bicyclo heptane	β 蒎烯	018172 - 67 - 3
	Limonene	双戊烯	000138 - 86 - 3

表5－29(续)

化合物名称			CAS编号
羰基化合物	Isopropyl Alcohol	异丙醇	000067－63－0
	acrolein	丙烯醛	107－02－8
	Acetone	丙酮	000067－64－1
	Hexanal	正己醛	000066－25－1
	Cyclohexanone	环己酮	000108－94－1
	1－(2－Hydroxyethyl)－1,2,4－triazole	2－(1H－1,2,4－三唑－1－基)乙醇	003273－14－1
	Dimethylketene	二甲基乙烯酮	000598－26－5
卤代烃	1,2－Dichloropropane	1,2－二氯丙烷	000078－87－5
	Benzene,1,3－dichloro－	1,3－二氯苯	000541－73－1
	Tetrachloroethylene	四氯乙烯	000127－18－4
酯类	3－METHYLPENTANE	3－甲基苯酚甲酯	000096－14－0
	Acetic acid,butyl ester	乙酸丁酯	000123－86－4
	Methyl acetate	乙酸甲酯	000079－20－9
	DL－sec－Butyl acetate	乙酸仲丁酯	000105－46－4
	Acetic acid,2－ethylhexyl ester	醋酸－2－乙基己酯	000103－09－3
	1－Methoxy－2－propyl acetate	丙二醇甲醚醋酸酯	000108－65－6
其他	Azulene	奥苷菊环	000275－51－4
	Formamide,N,N－dimethyl－	N,N－二甲基甲酰胺	000068－12－2

2. 软体家具成品

软体家具中高关注度挥发性有机物检出结果统计见表5－30。

表5－30 软体家具中高关注度挥发性有机物检出结果统计

序号	甲醛	乙醛	丙烯醛	苯	甲苯	乙苯	二甲苯	苯乙烯	乙酸丁酯	1,4－二氯苯	N,N－二甲基甲酰胺	三氯甲烷	四氯化碳
弹簧垫－1	√	√	—	—	√	—	√	—	—	—	√	—	—
弹簧垫－2	√	√	—	—	√	—	√	—	—	—	√	—	—

表5－30（续）

序号	甲醛	乙醛	丙烯醛	苯	甲苯	乙苯	二甲苯	苯乙烯	乙酸丁酯	1,4－二氯苯	N,N－二甲基甲酰胺	三氯甲烷	四氯化碳
弹簧垫－3	√	√	—	—	√	—	√	—	—	—	√	—	—
弹簧垫－4	√	√	—	—	√	—	√	—	—	—	√	—	—
弹簧垫－5	√	√	—	—	√	—	√	—	—	—	√	—	—
弹簧垫－6	√	√	—	—	√	—	√	—	—	—	√	—	—
棕垫－1	√	√	—	—	√	—	√	—	—	—	√	—	—
棕垫－2	√	√	—	—	√	—	√	—	—	—	√	—	—
棕垫－3	√	√	—	—	√	—	√	—	—	—	√	—	—
棕垫－4	√	√	—	—	√	—	√	—	—	—	√	—	—
棕垫－5	√	√	—	—	√	—	√	—	—	—	√	—	—
棕垫－6	√	√	—	—	√	—	√	—	—	—	√	—	—
皮沙发－1	√	√	√	√	√	—	√	√	√	—	√	√	√
皮沙发－2	√	√	√	√	√	—	√	√	√	—	√	√	√
皮沙发－3	√	√	√	√	√	—	√	√	√	—	√	√	√
皮沙发－4	√	√	√	√	√	—	√	√	√	—	√	√	√
皮沙发－5	√	√	√	√	√	—	√	√	√	—	√	√	√
皮沙发－6	√	√	√	√	√	—	√	√	√	—	√	√	√
布沙发－1	√	√	√	—	√	—	—	—	√	—	√	√	√
布沙发－2	√	√	√	—	√	—	—	—	√	—	√	√	√
布沙发－3	√	√	√	—	√	—	—	—	√	—	√	√	√
布沙发－4	√	√	√	—	√	—	—	—	√	—	√	√	√
布沙发－5	√	√	√	—	√	—	—	—	√	—	√	√	√
布沙发－6	√	√	√	—	√	—	—	—	√	—	√	√	√

测试结果显示，四类产品的测试试验中，甲醛和乙醛在所有产品中均有检出，丙烯醛、甲苯、乙酸丁酯、N,N－二甲基甲酰胺、三氯甲烷和四氯乙烯在所有沙发类产品中有检出，苯和苯乙烯仅在皮沙发类产品中有检出。

第四节　实验室检测方法与快速检测方法相关性的研究

一、木家具现场快速检测与实验室方法的相关性研究

选取市场上常见的木家具样品，种类齐全，包括茶几、椅子、餐桌、柜子、床头柜、床等日常用家具，其材质选择目前市场上常见的实木、人造板，表面涂饰工艺有水性木器漆、油性木器漆以及贴面材料。

对于同一件样品，在一定温、湿度环境中平衡处理，达到稳定释放状态，采用气候舱法测试VOCs释放浓度，再用木家具快速检测设备测试VOCs释放，比较两种方法的结果。

由于木家具种类繁多，材质各异，课题组选取了市场上不同的样品进行实验比对分析，以下选取有代表性的样品分析，代表样品的样品信息如表5－31。

表5－31　样品目录

样品名称	样品编号	表面处理	基　材
四门柜	71#	水性木器漆	全实木
茶几	61#	油性木器漆	全实木
活动柜	64#	三聚氰胺贴面	全人造板
床头柜	20#	水性木器漆	全人造板
活动柜	63#	油性木器漆	全人造板

（一）水性漆膜的实木木家具现场快速检测与实验室方法的相关性研究

随着人们生活品位的提升和对健康的高度关注，在日益重视涂料安全和环保指标的今天，水性木器涂料正因其所具有的低危害、低污染特性，逐渐为市场所接受。目前市场上水性漆膜家具占比逐年上升，课题组选取木家具常见的化合物进行比对分析。

选取有代表性的四门柜，其内外全部采用相同的油漆工艺，71#样品如图5－69所示。样品尺寸：150cm×63.5cm×35cm，体积为0.33m^3，总表面积（以双面油漆计算）为6.769m^2，放入3m^3气候舱试验，换气率为0.73次/h，该样品挥发性VOCs的浓度见表5－32。

图5－69　样品71#

表5-32　71#样品的VOCs化合物浓度

VOCs化合物名称	CAS号	现场快速检测的检出浓度 mg/(m² · h)	实验室方法的检出浓度 mg/(m² · h)
苯	71-43-2	ND	ND
甲苯	108-88-3	0.003 8	0.011 9
乙苯	100-41-4	0.004 1	0.003 7
间二甲苯	108-38-3	0.001 5	—
对二甲苯	106-42-3	0.002 6	—
邻二甲苯	95-47-6	0.003 8	0.006 4
苯乙烯	100-42-5	0.003 0	0.003 8
乙酸丁酯	123-86-4	0.002 8	0.005 6
对间二甲苯合计	—	—	0.005 0
二甲苯合计	—	0.007 9	0.011 4

从表中数据分析，采样现场快速和实验室两种方法检测，关注度高的挥发性VOCs化合物均可检测。采用合适的计算公式，按照单位面积释放速率计算，化合物苯未检出（低于仪器的响应值），甲苯的浓度差别比较大，实验室方法是现场快速检测的4倍，二甲苯（包含间二甲苯、对二甲苯、邻二甲苯）为1.5倍左右，乙酸丁酯为2倍左右，乙苯和苯乙烯在两种方法中检测结果比较一致。

（二）水性漆膜的人造板木家具现场快速检测与实验室方法的相关性研究

选取有代表性的样品床头柜，20#样品如图5-70所示，该样品尺寸：60cm×45cm×40cm，体积为0.108m³，其总表面积为1.2m²，放入1m³气候舱试验，换气率为0.8次/h，该样品挥发性VOCs的浓度见表5-33。

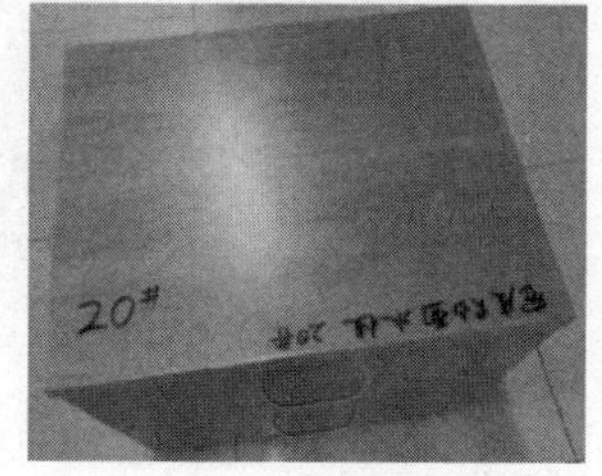

图5-70　样品20#

从表中数据分析，化合物苯未检出（低于仪器的响应值），甲苯的浓度差别比较大，实验室方法是现场快速检测的2倍，二甲苯（包含间二甲苯、对二甲苯、邻二甲苯）为1.5倍左右，乙酸丁酯在两种方法的数值都比较低，为2倍，乙苯和苯乙烯在两种方法中检测结果比较一致。

表5-33　20#样品的VOCs化合物浓度

VOCs化合物名称	CAS号	现场快速检测的检出浓度 mg/(m² · h)	实验室方法的检出浓度 mg/(m² · h)
苯	71-43-2	ND	ND
甲苯	108-88-3	0.002 9	0.006 1

表 5-33（续）

VOCs 化合物名称	CAS 号	现场快速检测的检出浓度 mg/(m^2·h)	实验室方法的检出浓度 mg/(m^2·h)
乙苯	100-41-4	0.006 7	0.006 7
间二甲苯	108-38-3	0.002 6	—
对二甲苯	106-42-3	0.003 2	—
邻二甲苯	95-47-6	0.001 4	0.009 7
苯乙烯	100-42-5	0.002 6	0.002 4
乙酸丁酯	123-86-4	0.001 2	0.002 4
对间二甲苯合计	—	—	0.008 9
二甲苯合计	—	0.007 2	0.018 6

对于水性漆膜的同一样品，现场快速检测的浓度低于实验室方法是因为分析的目标化合物苯、甲苯、二甲苯、苯乙烯、乙苯以及乙酸丁酯的化合物相对分子质量小，浓度低，较易挥发，在密闭的采样罩内短时间释放量大，到一定时间的饱和状态而抑制其释放；而采用气候舱，每间隔 1h 就要对气候舱进行换气，其样品在释放的过程中不断地清洁置换直至达到一定的平衡状态。

（三）油性漆膜的实木木家具现场快速检测与实验室方法的相关性研究

图 5-71　样品 61#

油性木器漆是传统用于木家具表面，保护美化家具外观，因其刚粉刷味道难闻，不被人们认可，但是因其价格低廉，工艺稳定，并且其硬度和耐高温性能比水性漆好，因此还有很大一部分家具用油性漆，如公共场所用餐桌、餐椅、茶几等。

选取有代表性的样品茶几（61#样品），如图 5-71 所示，样品尺寸：120mm × 60mm × 48mm，体积为 0.345 6m^3，其总表面积为 1.44m^2。放入 3m^3 气候舱试验，换气率为 0.77 次/h，该样品挥发性 VOCs 的浓度见表 5-34。

表 5-34　61#样品的 VOCs 化合物浓度

VOCs 化合物名称	CAS 号	现场快速检测的检出浓度 mg/(m^2·h)	实验室方法的检出浓度 mg/(m^2·h)
苯	71-43-2	0.001 6	0.007 6
甲苯	108-88-3	0.007 6	0.022 8
乙苯	100-41-4	0.006 0	0.016 5

表 5 - 34（续）

VOCs 化合物名称	CAS 号	现场快速检测的检出浓度 mg/($m^2 \cdot h$)	实验室方法的检出浓度 mg/($m^2 \cdot h$)
间二甲苯	108 - 38 - 3	0.003 3	—
对二甲苯	106 - 42 - 3	0.005 4	—
邻二甲苯	95 - 47 - 6	0.008 4	0.028 8
苯乙烯	100 - 42 - 5	0.005 7	0.007 8
乙酸丁酯	123 - 86 - 4	0.009 5	0.025 5
对间二甲苯合计	—	0.008 7	—
二甲苯合计	—	0.017 1	0.028 8

从表中数据分析，苯、甲苯的浓度差别比较大，实验室方法分别是现场快速检测的 5 倍、3 倍，二甲苯（包含间二甲苯、对二甲苯、邻二甲苯）为 2 倍左右，乙酸丁酯为 3 倍左右，乙苯为 3 倍左右，苯乙烯大约为 1.5 倍左右。

（四）油性漆膜的人造板木家具现场快速检测与实验室方法的相关性研究

选取有代表性的样品活动柜（63#样品），如图 5 - 72 所示，样品尺寸：60cm × 45cm × 40cm，体积为 0.108m^3，其总表面积为 1.2m^2，放入 1m^3 气候舱试验，换气率为 0.8 次/h，该样品挥发性 VOCs 的浓度见表 5 - 35。

图 5 - 72　样品 63#

从表中数据分析，苯在两种方法检测的结果均为未检出，甲苯、乙苯、二甲苯、苯乙烯、乙酸丁酯的实验室方法的检出浓度分别是现场快速检测的检出浓度的 3 倍、2 倍、2 倍、2 倍、4 倍。

表 5 - 35　63#样品的 VOCs 化合物浓度

VOCs 化合物名称	CAS 号	现场快速检测的检出浓度 mg/($m^2 \cdot h$)	实验室方法的检出浓度 mg/($m^2 \cdot h$)
苯	71 - 43 - 2	ND	ND
甲苯	108 - 88 - 3	0.007 4	0.021 1
乙苯	100 - 41 - 4	0.008 3	0.014 9
间二甲苯	108 - 38 - 3	0.003 3	—
对二甲苯	106 - 42 - 3	0.004 8	—
邻二甲苯	95 - 47 - 6	0.003 5	0.026 5
苯乙烯	100 - 42 - 5	0.002 0	0.003 4

表5－35（续）

VOCs化合物名称	CAS号	现场快速检测的检出浓度 mg/(m^2·h)	实验室方法的检出浓度 mg/(m^2·h)
乙酸丁酯	123－86－4	0.008 5	0.037 4
对间二甲苯合计	—	0.008 1	—
二甲苯合计	—	0.011 6	0.026 5

（五）贴面的人造板木家具现场快速检测与实验室方法的相关性研究

图5－73　样品64#

三聚氰胺贴面因其可以任意仿制各种图案，色泽鲜明，外观美丽，并且硬度大，耐磨，耐热性好等特点被人们广泛喜爱，并且其环保，无异味，目前市场上定制家具基本上都采用此板材，客户使用能很快入住。

选取全人造板家具活动柜（64#样品），如图5－73所示，该样品尺寸：60cm×45cm×40cm，体积为0.108m^3，其总表面积为1.2m^2，放入1m^3气候舱试验，换气率为0.8次/h，该样品挥发性VOCs的浓度见表5－36。

三聚氰胺贴面因其工艺特殊，因此，该类产品的VOCs化合物浓度低，其中苯、乙酸丁酯均为未检出，苯乙烯浓度也比较低，实验室方法为未检出，快速检测结果也仅为0.001 9mg/(m^2·h)，乙苯、二甲苯的浓度两种方法结果比较一致，甲苯的实验室方法是现场快速检测的3倍左右。

表5－36　64#样品的VOCs化合物浓度

VOCs化合物名称	CAS号	现场快速检测的检出浓度 mg/(m^2·h)	实验室方法的检出浓度 mg/(m^2·h)
苯	71－43－2	ND	ND
甲苯	108－88－3	0.002 8	0.007 8
乙苯	100－41－4	0.001 9	0.002 1
间二甲苯	108－38－3	0.001 1	—
对二甲苯	106－42－3	ND	—
邻二甲苯	95－47－6	0.001 1	0.001 1
苯乙烯	100－42－5	0.001 9	ND

表 5－36（续）

VOCs 化合物名称	CAS 号	现场快速检测的检出浓度 mg/(m²·h)	实验室方法的检出浓度 mg/(m²·h)
乙酸丁酯	123－86－4	ND	ND
对间二甲苯合计	—	—	0.001 1
二甲苯合计	—	0.002 2	0.002 2

由于苯在这 5 个典型样品中（64#、20#、71#、63#、61#）检出值低，贴面样品 64# 的苯乙烯和乙酸丁酯的释放量低于检出限以下，因此仅对样品中释放量高于检出限的 VOCs 的进行分析。其分析见图 5－74，图中量值单位为 mg/(m²·h)：

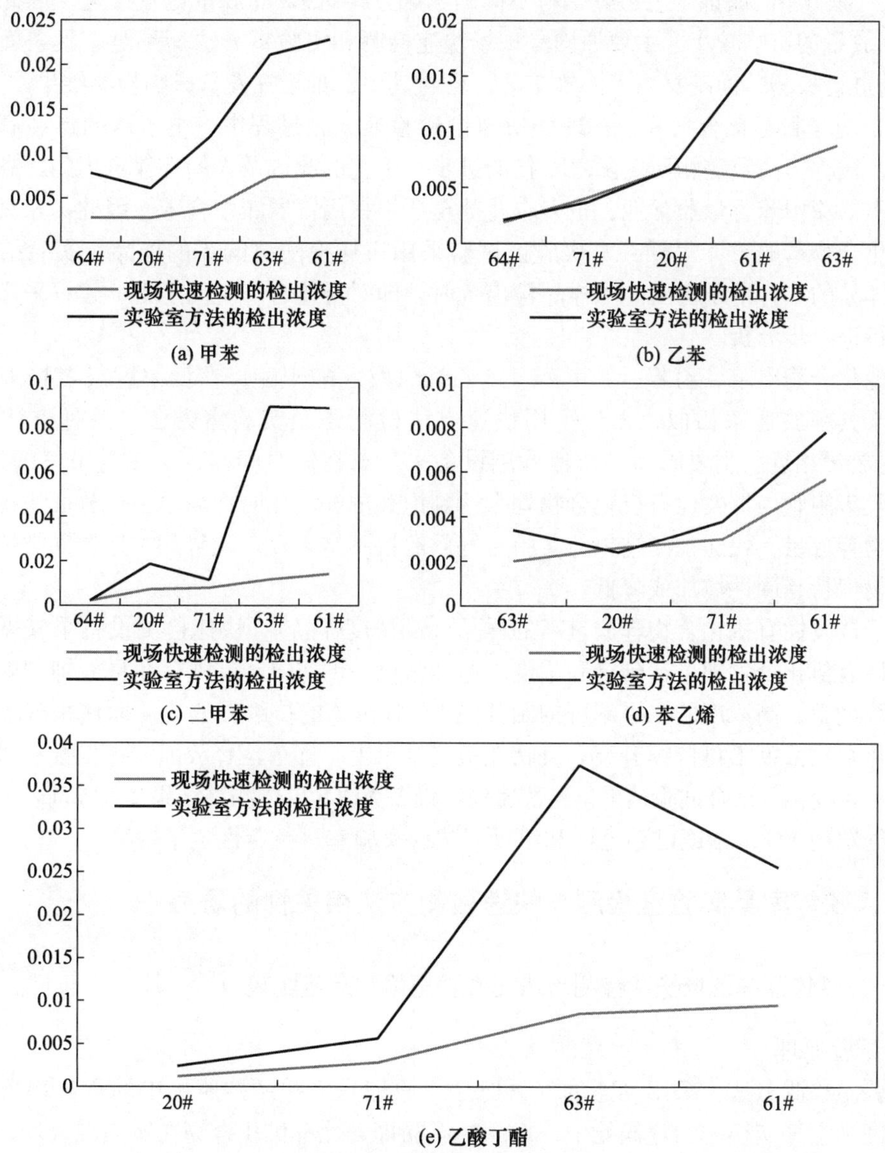

图 5－74　样品中释放量高于检出限的 VOCs 的分析

（六）快速检测与实验室的验证比对试验分析总结

进行快速检测与实验室的验证的数据比对试验，其结果为：

（1）无论是何种基材以及涂饰工艺，只要木家具表面光滑，面积满足检测需求，均可采用现场快速检测和实验室方法对其 VOCs 的定性定量分析。

（2）对于基材为人造板的木家具，其表面工艺有油性木器漆、水性木器漆和贴面三种，对 3 种类型的木家具进行分析讨论，VOCs 释放量最高的是油性漆木家具，其次是水性漆膜家具，而贴面最低，部分特征峰值在检出限附近。

（3）对于基材为全实木的木家具，油性木器漆的木家具的 VOCs 的浓度高于水性木器漆，主要是因水性木器漆采用水为溶剂，从源头降低释放源。

（4）采用相同涂饰工艺，其基材不同的木家具，VOCs 释放量比较接近，因此基材对 VOCs 释放量的影响较小，主要原因是现场快速检测和实验室方法均是对家具表面挥发的 VOCs 的进行检测，而基材由于涂饰工艺，密封其中，难于挥发，影响检测结果。

（5）对于目标化合物苯，在现场快速检测验证试验过程中，由于苯的毒性高，其挥发性大，被称为高致癌物质。随着科技的进步、工艺的改进及人们环保意识的提高，目前市场上木器漆中苯含量非常低，很多企业甚至严格禁用木器漆中含苯，因此木家具样品中挥发性化合物苯的浓度很低，本次验证试验采用市场上随机购买的样品，实验结果显示 95% 的样品的苯含量未检出。当样品检出苯时，即对身体有一定的危害，建议采用实验室方法进行进一步分析。

其他化合物甲苯、乙苯、二甲苯、苯乙烯以及乙酸丁酯，在低浓度或者接近检出限时，由于其释放速率相似，无论采用快速方法检测还是实验室方法，两种方法验证的 VOCs 释放量相近。主要原因是快速检测设备采气罩在短时间内，富集与采气的过程中，采样罩及吸附管内挥发性有机化合物均未达到饱和浓度。此时样品单位释放面积挥发性有机化合物释放量，快速检测结果与实验室气候舱检测结果存在趋势相关性，同类挥发性有机化合物保持趋同性增加或降低。

对于挥发性有机化合物释放量高的样品（高浓度样品），快速检测设备采气罩内短时间挥发性有机化合物即可达到饱和浓度。饱和浓度下的 VOCs 单体存在释放抑制效应，例如饱和浓度下，高浓度的二甲苯可抑制其他 VOCs 单体的持续释放，从而使采气罩内挥发性有机化合物浓度不再持续升高。反映在最终结果上，即单位释放面积挥发性有机化合物释放量不再变化。结合试验结果，当快速检测设备 VOCs 单体测试结果 $\geqslant 0.02\mathrm{mg/(m^2 \cdot h)}$，此时采气罩内 VOCs 浓度已趋近饱和浓度。建议实验室进行定性定量检测。

二、软体家具实验室检测与快速检测方法相关性的研究

（一）软体家具现场快速检测方法和实验室检测方法比较

1. 试验原理

实验室检测方法：采用动态的气候舱法，原理是将样品按照规定的承载率置于一定温、湿度和空气交换率的气候舱中，样品释放的挥发性有机化合物在舱内混合均匀，在规定的时间内采集舱内空气，并测试挥发性有机化合物释放浓度。通过持续地清洁空气循环

使舱内空气中的浓度和出口达到一致。

现场快速检测：采用了密闭装置，基于软体家具的挥发性有机物经由其表面释放的特性，利用热空气加速污染物释放，以循环净化或氮气吹扫方式排除环境干扰，采用现场快速收集装置，利用现场快速分析设备测试挥发性有机化合物。

两方法共性：1）收集和测试样品释放到空气中的 VOCs。2）用清洁空气消除环境背景干扰。

差异：1）气候舱法应用了产品在恒定的温、湿度和空气置换率条件下释放速率稳定的特性，稳定过程需要较长时间。现场快速应用了加温快速释放的特性，使被测 VOCs 迅速富集。2）气候舱法测试的舱内空气中被测 VOCs 浓度是一种动态平衡状态，产品释放到舱内的 VOCs 与舱出口排放的 VOCs 量一致。现场快速测试用密闭环境收集产品在一段时间内释放的全部 VOCs。3）气候舱法关注整件样品，现场快速检测样品局部表面。

2. 仪器设备与试剂材料

（1）试剂材料

混合过滤管：玻璃或不锈钢材料，内装 100mg 以上直径为 0.16mm ~ 0.80mm 活性炭和 100mg 以上 Tenax - TA 吸附剂。每次使用前活化，空白过滤管中单组分 VOC 不高于 2ng。

（2）仪器设备

实验室检测方法：试验设备有气候舱、恒流气体采样器、气相色谱仪（GC）、热解吸装置、高效液相色谱仪（HPLC）。气候舱是收集设备，如图 5 - 75，有持续稳定的清洁空气来源，能够稳定控制温、湿度和换气率，且材料与挥发性有机化合物不反应，由低吸附和低散发挥发性有机化合物的材料制造。恒流气体采样器是空气采集设备。气相色谱仪配置氢火焰（FID）或质谱（MS）检测器，高效液相色谱仪（HPLC）配置二极管阵列或紫外检测器，是 VOCs 分析设备。

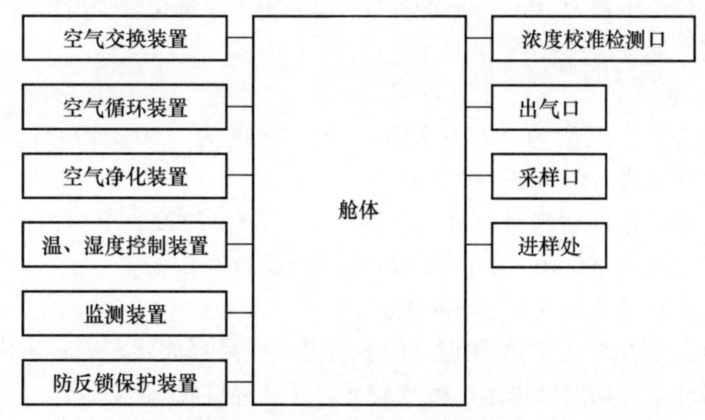

图 5 - 75　实验室检测用气候舱结构要素示意图

现场快速检测：是一套由收集设备、VOCs 快速分析测试（醛酮类快速分析仪、非醛酮类快速分析仪）设备集成的一套装置。示意图如图 5 - 56，实物图见图 5 - 76。收集罩体和所有管路与挥发性有机化合物不反应，由低吸附和低散发挥发性有机化合物的不锈钢和聚四氟材料组成。罩体是收集部分，相当于微型的密闭舱，醛酮类快速分析仪采用光离子化检测器（PID），非醛酮类快速分析仪为便携的气相色谱仪配置氢火焰离子化检测器（FID）。

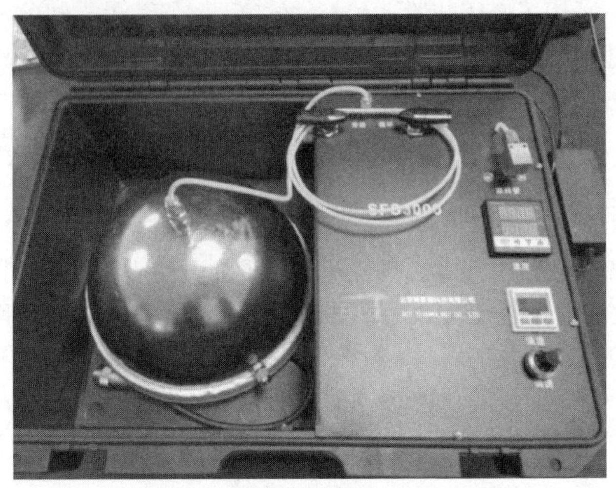

图 5－76　现场快速检测设备实物图

两方法共性：1）由收集和测试两部分设备组成。2）醛酮和其他 VOCs 由不同的设备测试。3）通过富集采样提高测试灵敏度。

差异：1）被测样品状态。气候舱为大型设备，能够做到稳定的温控，需要配置循环和净化装置，可以放入整件家具样品进行测试。现场快速测试用收集罩为小型便携装置，对家具表面部分进行收集。2）收集空气量。实验室用恒流空气采样器采集空气样本量大，现场快速测试在 VOCs 快速分析仪器上加装定量阀抽取空气，由于收集罩体容量限制，采集的空气样本量小。3）测试灵敏度。气相色谱仪（GC）和高效液相色谱仪（HPLC）测试灵敏度高，能够检出 1ng 的被测化合物或更低，而目前能够进行现场测试的醛酮类快速分析仪检出量为 10ng，非醛酮类快速分析仪单种化合物检出量为 5ng。

3. 试验方法

（1）试验条件

实验室检测方法：温度为 (23 ± 2)℃，相对湿度为 (50 ± 10)%，空气交换率为 $0.5h^{-1}$，舱内空气流速为 0.1m/s ~ 0.3m/s。

现场快速检测：循环空气进口处空气温度为 (36 ± 2)℃，罩体内温、湿度不控制，富集时循环空气流速为 600mL/min，罩体内空气流量为 36L/h。

两方法共性：有循环空气流经样品表面。

差异：1）温、湿度。气候舱法温、湿度恒定，样品释放状态稳定。快速检测无法控制环境温度，循环空气加温仅作用于被测表面，样品释放状态不稳定。2）空气流速。气候舱法舱内有风扇扰动，空气流速较高，快速检测通过循环空气产生动力，空气流速较低。

（2）试验过程

实验室检测方法：预处理(120 ± 2)h，样品放入舱内开始计时，在第(20 ± 0.5)h 时开始采集舱内空气，采样 1h，样品分析约 2h，样品试验周期约为 143h。预处理过程使样品处于一个固定温、湿度释放状态，舱内的 20h 使舱内空气循环置换，消除样品进出舱过程中的背景干扰，样品释放的挥发性有机化合物在舱出气口空气与舱内空气中的浓度达到动态平衡。

现场快速检测：背景清洁内循环 30min 或氮气吹扫 18min，循环富集 30min 后，VOCs 分析仪直接采集测试约 10min ~ 30min，每个样品试验周期为 60min ~ 90min。内循环或氮气吹到过程消除罩内由环境背景空气引起的干扰，使富集过程只收集样品表面释放的挥发性有机化合物。

两方法共性：有清洁空气消除背景干扰。

差异：1）预处理过程。气候舱法的预处理过程使样品达到接近平衡的释放状态，现场快速测试直接测试样品当时状态。2）循环时间。气候舱法在 20h 后采样，动态稳定过程使结果重复性更好，现场快速测试没有动态平衡，所采集的空气有随机性。3）试验周期。气候舱法周期长，现场快速测试周期短，效率高。

试验过程的差异也是结果偏差主要来源。图 5 - 77 是家具样品甲醛的释放速率与时间的关系试验结果，可见现场快速测试与动态平衡状态结果的差异。

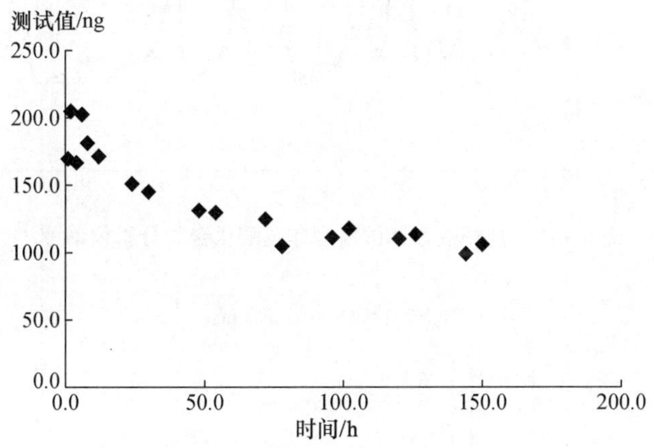

图 5 - 77　气候舱法测试甲醛浓度随时间变化趋势图

（3）分析方法

实验室检测方法：低分子的醛酮类的收集和测定按 ISO 16000 - 3 的规定，用 2,4 - 二硝基苯阱（DNPH）的硅胶吸附管采集一定体积的舱内空气，醛酮类化合物组分与 DNPH 反应，生成稳定的衍生化合物，用乙腈洗脱后，反相液相色谱柱分离，在配有二极管阵列检测器或紫外检测器的高效液相色谱上测定。其他挥发性有机物的收集和测定按 ISO 16017 - 1 和 ISO 16000 - 6 的规定，用填有 Tenax - TA 吸附剂的吸附管采集舱内空气，经热解吸脱附，再经毛细管色谱柱分离，在氢火焰离子化检测器（FID）或质量检测器（MS）的气相色谱（GC）上测试。

现场快速检测：用配有定量管富集装置的醛酮化合物分析仪和非醛酮化合物分析仪直接采集样品，经醛酮化合物分析仪的光离子化检测器（PID）和便携气相色谱（GC）的氢火焰离子化检测器（FID）测试。

两方法共性：1）采样富集。2）非醛酮化合物采用气相色谱法测试。

差异：结果灵敏度，典型的色谱图见图 5 - 78 和图 5 - 79。

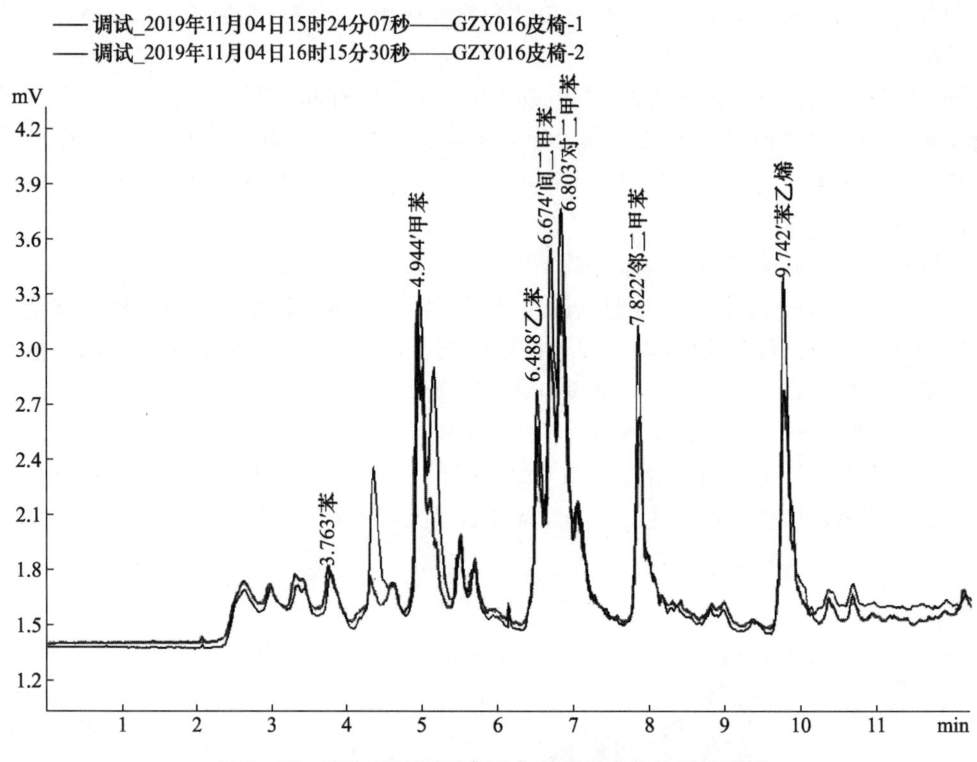

图5－78　现场快速测试典型非醛酮化合物分析仪谱图

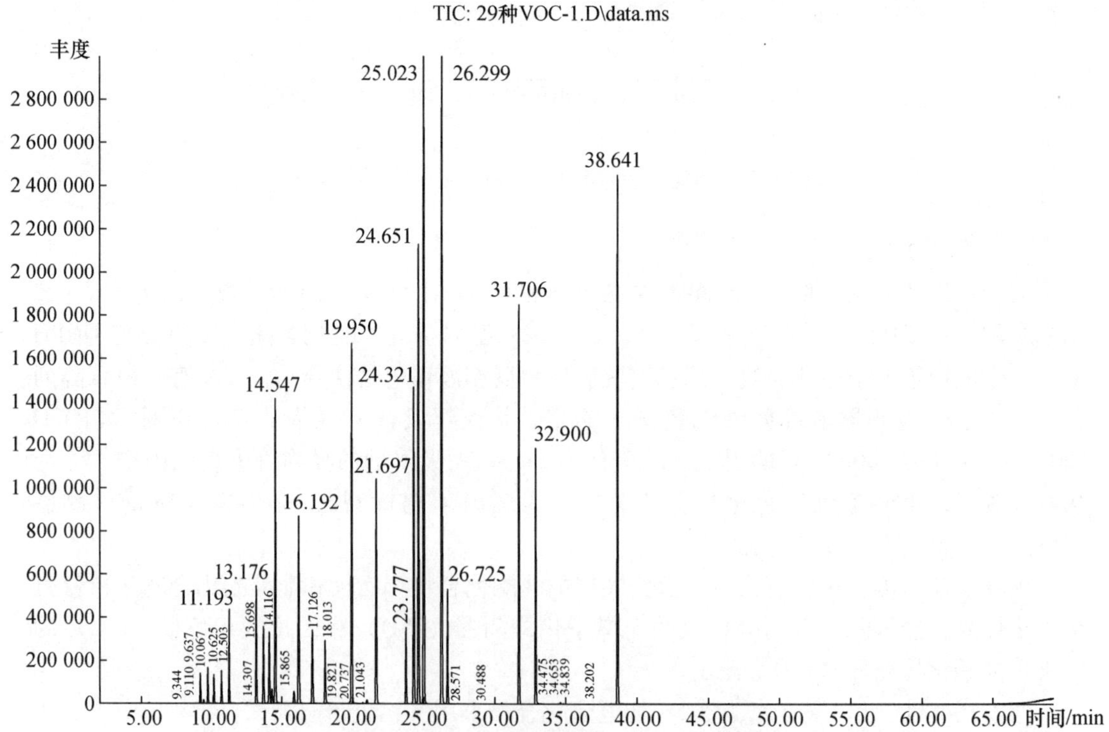

TIC: 29种VOC-1.D\data.ms

图5－79　实验室检测典型GC/MS谱图

（二）现场快速检测收集装置背景清洁效果验证

将现场快速检测收集装置置于玻璃板或不锈钢板上，测试环境本底浓度和背景清洁后的罩内空气浓度，计算清除效率，结果见表 5－37。

表 5－37　清洁效果试验结果

测试区域	VOCs 名称	环境本底浓度 mg/m³	清洁后浓度 mg/m³	清除效率 %	清除效率平均值 %
试验 1	苯	0.000 5	0.000 2	60.0	72.4
	甲苯	0.032 1	0.004 9	84.7	
	乙酸丁酯	0.028 2	0.006 7	76.2	
	乙苯	0.006 2	0.001 8	71.0	
	二甲苯	0.025 2	0.007 5	70.2	
家具样品存放区（中 VOCs 浓度环境区域）	苯	0.000 6	0.000 2	66.7	82.5
	甲苯	0.042 3	0.005 4	87.2	
	乙酸丁酯	0.076 7	0.009 5	87.6	
	乙苯	0.016 5	0.002 2	86.7	
	二甲苯	0.061 2	0.009 5	84.5	
油漆样品存放区（高 VOCs 浓度环境区域）	苯	0.000 6	0.000 2	66.7	86.1
	甲苯	0.063 9	0.005 9	90.8	
	乙酸丁酯	0.130 2	0.010 5	91.9	
	乙苯	0.019 9	0.001 8	91.0	
	二甲苯	0.087 2	0.008 6	90.1	

数据显示，背景清洁之后，可以使罩体内空气中单种 VOC 浓度降低至 10μg/m³ 以下。本试验中，环境本底浓度越高，清除效率越明显，证明该装置系统自清洁过程能够有效去除环境背景影响。

（三）软体家具 VOCs 定性结果比较

验证试验共选取 18 件典型软体家具样品，其中包括皮革类沙发 3 件、布艺类沙发 3 件、弹簧软床垫 6 件、棕纤维床垫 6 件。气候舱与 VOCs 现场快速检测装置检出 VOCs 定性结果如表 5－38 所示，检出 VOCs 数量比较如图 5－80 所示，两种方法共同检出的 VOCs 数量比较和共同检出数量占气候舱法检出数量比率分别如图 5－81、图 5－82 所示。

表 5－38 结果显示，两种方法定性检测有 70% 以上的相同结果。收集装置检出的 VOCs 种类比气候舱法更多，分析原因可能是由于循环装置的高温引起了软体家具采样部分释放的加剧（温度是影响家具释放速率以及释放情况的关键因素之一）。

表5-38 气候舱与VOCs现场快速检测装置检出VOCs定性结果

样品类别	样品编号	定性VOCs数量/种		相同检出VOCs数量种	相同检出占气候舱法检出比率/%
		现场快检	气候舱		
皮沙发	皮-01	35	34	21	61.8
	皮-02	37	19	13	68.4
	皮-03	37	30	22	73.3
布艺沙发	布-01	38	23	13	56.5
	布-02	34	20	14	70.0
	布-03	41	25	19	76.0
弹簧软床垫	弹-01	22	20	15	75.0
	弹-02	19	17	15	88.2
	弹-03	22	14	12	85.7
	弹-04	33	21	20	95.2
	弹-05	29	19	18	94.7
	弹-06	32	19	19	100.0
棕纤维床垫	棕-01	24	17	16	94.1
	棕-02	27	27	22	81.5
	棕-03	16	19	16	84.2
	棕-04	29	28	23	82.1
	棕-05	27	22	21	95.5
	棕-06	25	21	17	81.0

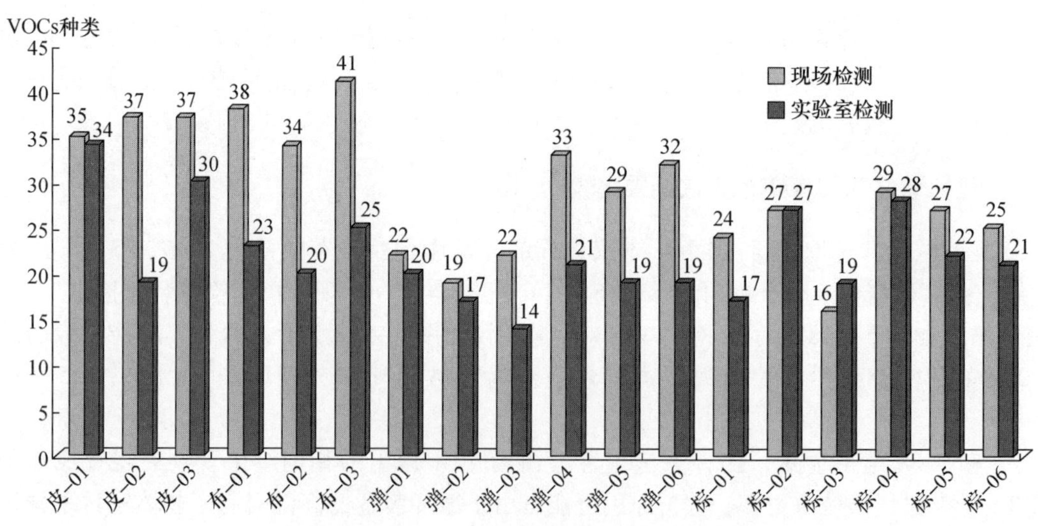

图5-80 现场检测和实验室检测定性VOCs数量比较

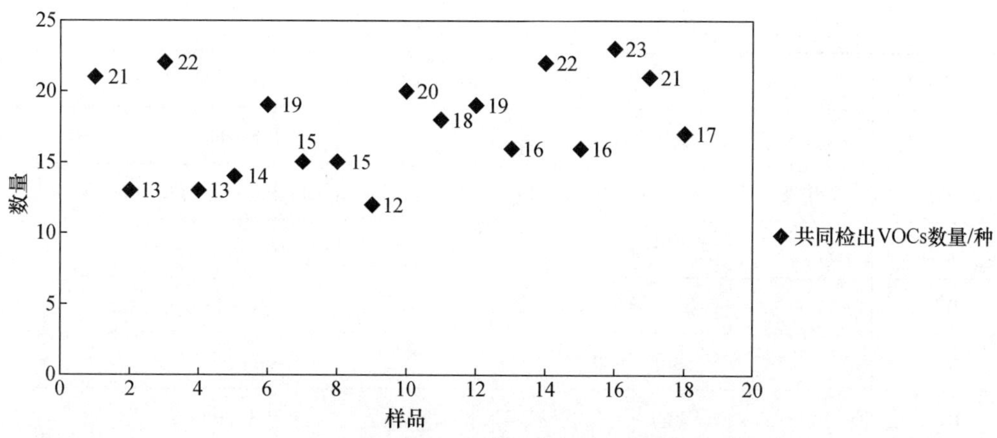

图5-81　两种方法共同检出的VOCs数量比较

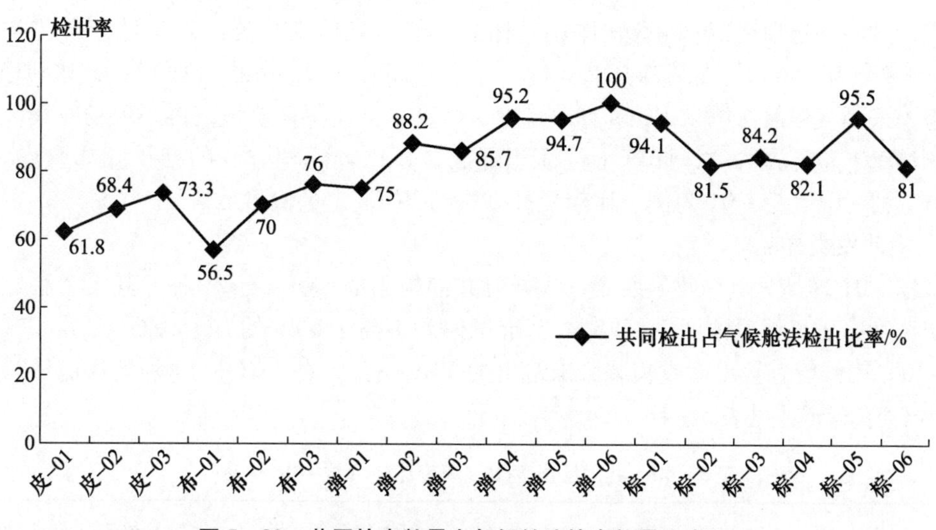

图5-82　共同检出数量占气候舱法检出数量比率/%

（四）软体家具VOCs定量结果比较

定量结果比较，主要关注软体家具实验室检测方法测得的高关注度挥发性有机化合物种类，见表5-39。

表5-39　软体家具中高关注度挥发性有机化合物

序号	名　称	CAS号
1	甲醛	50-00-0
2	乙醛	75-07-0
3	丙烯醛	107-02-8
4	苯	71-43-2

表5-39（续）

序号	名　　称	CAS号
5	甲苯	108-88-3
6	二甲苯（间，邻，对二甲苯之和）	（108-38-3，95-47-6，106-42-3）
7	三氯甲烷	67-66-3
8	四氯乙烯	127-18-4
9	N，N-二甲基甲酰胺	68-12-2
10	苯酚	108-95-2
11	萘	91-20-3

验证试验共选取18件典型软体家具样品，其中包括皮革类沙发3件、布艺类沙发3件、弹簧软床垫6件、棕纤维床垫6件。样品在23℃环境中平衡处理120h，达到稳定释放状态，采用气候舱法测试VOCs释放浓度，计算单位面积释放量，再用现场收集装置采样，测试VOCs释放浓度，计算单位面积释放量，比较两种方法的结果。选取皮-01、布-01、弹-01、棕-01为例，比较两种方法的VOCs定量检出结果。

1. 皮沙发类样品

以皮-01样品为例。收集装置、气候舱共同检出的VOCs有21种，其中7种收集装置测出浓度高于气候舱浓度，VOCs浓度定量偏差不高于50%的有16种，占76.2%，见表5-40。气候舱有检出而收集装置未检出的VOCs有13种，其中10种气候舱法检出浓度均小于5μg/m³，见表5-41。

表5-40　共同检出VOCs浓度比较（皮-01样品）

序号	共同检出VOCs名称	CAS号	收集装置检出浓度/（μg/m³）	气候舱检出浓度/（μg/m³）	相对偏差%
1	正丁醇	71-36-3	1.622	1.263	12.4
2	甲苯	108-88-3	35.417	16.208	37.2
3	N,N-二甲基甲酰胺	1968-12-2	10.958	54.995	-66.8
4	己醛	66-25-1	4.495	8.234	-29.4
5	乙苯	100-41-4	7.757	3.857	33.6
6	对间二甲苯	108-38-3;106-42-3	22.122	15.271	18.3
7	邻二甲苯	95-47-6	9.981	3.751	45.4
8	乙二醇丁醚	111-76-2	2.454	3.014	-10.2
9	乙二醇乙醚醋酸酯	111-15-9	3.071	1.466	35.4

表 5－40(续)

序号	共同检出 VOCs 名称	CAS 号	收集装置检出浓度/(μg/m³)	气候舱检出浓度/(μg/m³)	相对偏差 %
10	正辛醛	124－13－0	0. 539	1. 036	－31. 6
11	苯乙酮	98－86－2	0. 658	0. 628	2. 3
12	十一烷	1120－21－4	1. 651	4. 174	－43. 3
13	壬醛	124－19－6	1. 427	4. 786	－54. 1
14	alpha－松油醇	10482－56－1	1. 543	9. 067	－70. 9
15	十二烷	112－40－3	2. 630	6. 180	－40. 3
16	癸醛	112－31－2	0. 475	1. 427	－50. 0
17	十三烷	629－50－5	2. 161	6. 086	－47. 6
18	十四烷	629－59－4	2. 410	3. 568	－19. 4
19	长叶烯	475－20－7	3. 282	50. 234	－87. 7
20	十五烷	629－62－9	2. 055	6. 519	－52. 1
21	十六烷	544－76－3	2. 046	5. 661	－46. 9

表 5－41　气候舱检出，收集装置未检出 VOCs 浓度列表(皮－01 样品)

序号	检出 VOCs 名称	CAS 号	收集装置检出浓度 μg/m³	气候舱检出浓度 μg/m³
1	乙酸	64－19－7	—	20. 004
2	乙酸乙酯	141－78－6	—	1. 362
3	丙二醇	57－55－6	—	7. 807
4	正戊醇	71－41－0	—	2. 755
5	环已酮	108－94－1	—	1. 163
6	丙烯酸正丁酯	141－32－2	—	2. 617
7	甲基庚烯酮	110－93－0	—	1. 063
8	正癸烷	124－18－5	—	0. 816
9	2－乙基己醇	104－76－7	—	2. 009
10	小茴香醇	1632－73－1	—	1. 235
11	二乙二醇丁醇	112－34－5	—	8. 604

表6-41(续)

序号	检出VOCs名称	CAS号	收集装置检出浓度 μg/m³	气候舱检出浓度 μg/m³
12	4-萜烯醇	562-74-3	—	2.307
13	石竹烯	87-44-5	—	3.530

2. 布艺沙发类样品

以布-01样品为例。收集装置法、气候舱法共同检出的VOCs有13种,见表5-42,其中7种收集装置测出浓度高于气候舱浓度,VOCs浓度定量偏差不高于50%的有7种,占53.8%。气候舱检出,收集装置未检出的VOCs有10种,其中7种气候舱法检出浓度均小于5μg/m³,见表5-43。

表5-42 收集装置、气候舱共同检出VOCs浓度列表(布-01样品)

序号	共同检出VOCs名称	CAS号	收集装置检出浓度/(μg/m³)	气候舱检出浓度/(μg/m³)	相对偏差 %
1	三氯甲烷	67-66-3	0.559	1.480	-45.2
2	1,2-二氯乙烷	107-06-2	0.885	0.779	6.4
3	苯	71-43-2	1.080	2.040	-30.8
4	甲苯	108-88-3	41.826	6.840	71.9
5	乙酸丁酯	123-86-4	9.520	2.078	64.2
6	乙苯	100-41-4	11.283	5.344	35.7
7	对间二甲苯	108-38-3;106-42-3	37.110	15.650	40.7
8	邻二甲苯	95-47-6	17.684	5.433	53.0
9	十二烷	112-40-3	3.511	3.350	2.3
10	十三烷	629-50-5	1.836	2.949	-23.3
11	十四烷	629-59-4	1.573	5.718	-56.9
12	十五烷	629-62-9	1.031	8.517	-78.4
13	十六烷	544-76-3	1.302	4.687	-56.5

表5-43 气候舱法检出,收集装置法未检出VOCs浓度列表(布-01样品)

序号	检出VOCs名称	CAS号	收集装置检出浓度 μg/m³	气候舱检出浓度 μg/m³
1	乙酸	64-19-7	—	5.008
2	乙酸乙酯	141-78-6	—	4.529

表 5－43（续）

序号	检出 VOCs 名称	CAS 号	收集装置检出浓度 μg/m³	气候舱检出浓度 μg/m³
3	乙酸丙酯	109－60－4	—	4.331
4	甲基环己烷	108－87－2	—	0.847
5	N，N－二甲基甲酰胺	68－12－2	—	8.014
6	丁酮肟	96－29－7	—	19.464
7	苯甲醛	100－52－7	—	3.407
8	甲基庚烯酮	110－93－0	—	1.625
9	壬醛	124－19－6	—	1.827
10	癸醛	112－31－2	—	1.583

3. 弹簧床垫类样品

以弹－01 样品为例。收集装置、气候舱法共同检出的 VOCs 有 15 种，其中 10 种收集装置测出浓度高于气候舱浓度，VOCs 浓度定量偏差低于 50% 的有 14 种，占 93.3%，见表 5－44。气候舱检出，收集装置未检出的 VOCs 有 5 种，5 种气候舱法检出浓度均小于 5μg/m³，见表 5－45。

表 5－44　收集装置、气候舱相同检出 VOCs 浓度列表（弹－01 样品）

序号	相同检出 VOCs 名称	CAS 号	收集装置检出浓度/（μg/m³）	气候舱检出浓度/（μg/m³）	相对偏差 %
1	苯	71－43－2	1.014	0.925	4.6
2	甲苯	108－88－3	8.246	5.656	18.6
3	乙酸丁酯	123－86－4	1.327	1.116	8.6
4	乙苯	100－41－4	3.938	3.125	11.5
5	对间二甲苯	108－38－3;106－42－3	10.235	8.592	8.7
6	苯乙烯	100－42－5	1.373	1.359	0.5
7	邻二甲苯	95－47－6	3.665	3.121	8.0
8	alpha－蒎烯	80－56－8	0.866	1.080	－11.0
9	苯酚	108－95－2	17.468	0.860	90.6
10	壬醛	124－19－6	2.290	1.130	33.9
11	萘	91－20－3	1.748	1.529	6.7
12	十二烷	112－40－3	1.706	1.731	－0.7

表5－44（续）

序号	相同检出VOCs名称	CAS号	收集装置检出浓度/(μg/m³)	气候舱检出浓度/(μg/m³)	相对偏差%
13	十四烷	629－59－4	1.528	2.014	－13.7
14	十五烷	629－62－9	1.258	2.218	－27.6
15	十六烷	544－76－3	1.452	2.235	－21.2

表5－45　气候舱检出，收集装置未检出VOCs浓度列表（弹－01样品）

序号	检出VOCs名称	CAS号	收集装置检出浓度 μg/m³	气候舱检出浓度 μg/m³
1	1,3,5－三氟苯	372－38－3	—	0.869
2	苯甲醛	100－52－7	—	1.812
3	1,2,4－三甲基苯	95－63－6	—	1.967
4	2－乙基己醇	104－76－7	—	1.299
5	十三烷	629－50－5	—	1.536

4. 棕纤维床垫样品

以棕－01样品为例。收集装置和气候舱共同检出的VOCs有16种，其中8种收集装置测出浓度低于气候舱浓度，8种高于气候舱浓度，两种方法检出VOCs浓度偏差低于50%的有15种，占93.8%，见表5－46。气候舱检出，收集装置未检出的VOCs有1种，检出浓度小于5μg/m³，见表5－47。

表5－46　收集装置法、气候舱法共同检出VOCs浓度列表（棕－01样品）

序号	共同检出VOCs名称	CAS号	收集装置检出浓度/(μg/m³)	气候舱检出浓度/(μg/m³)	相对偏差%
1	甲苯	108－88－3	8.959	4.308	35.1
2	乙酸丁酯	123－86－4	1.921	0.942	34.2
3	乙苯	100－41－4	3.538	1.651	36.4
4	对间二甲苯	108－38－3；106－42－3	9.202	4.741	32.0
5	邻二甲苯	95－47－6	3.547	1.719	34.7
6	alpha－蒎烯	80－56－8	1.193	1.267	－3.0
7	2－乙基己醇	104－76－7	1.484	0.869	26.2

表 5－46（续）

序号	共同检出 VOCs 名称	CAS 号	收集装置检出浓度/（μg/m³）	气候舱检出浓度/（μg/m³）	相对偏差%
8	十一烷	1120－21－4	0.750	0.764	－0.9
9	壬醛	124－19－6	1.106	1.389	－11.3
10	萘	91－20－3	1.309	1.086	9.3
11	十二烷	112－40－3	1.316	1.406	－3.3
12	癸醛	112－31－2	0.300	1.834	－71.9
13	十三烷	629－50－5	1.097	1.203	－4.6
14	十四烷	629－59－4	0.878	1.660	－30.8
15	十五烷	629－62－9	1.050	1.397	－14.2
16	十六烷	544－76－3	1.718	1.260	15.4

表 5－47　气候舱检出，收集装置未检出 VOCs 浓度列表（棕－01 样品）

检出 VOCs 名称	CAS 号	收集装置检出浓度 μg/m³	气候舱检出浓度 μg/m³
苯甲醛	100－52－7	—	1.284

通过分析典型软体家具的气候舱、快速收集装置 VOCs 检出结果可见，可控温 VOCs 收集装置在便携快速的前提下，与气候舱测试结果有 70% 一致性，检出浓度偏差在 50% 以下的最高可到 93.8%。

（五）软体家具现场快速检测方法总结

1. 现场快速检测方法的优势

（1）现场快速检测方法适用于不同环境场景的软体家具挥发性有机物测试

现场快速检测方法采用循环自清洁方式可以在 30min 内将环境背景中的 VOCs 降低至 10μg/m³ 以下，能够有效消除环境本底的影响。

（2）现场快速检测方法实现了便携、快速和低成本

现场快速检测方法装置简洁轻便，方便携带，可离开实验室在其他环境中开展测试，减少了样品运输到实验室的成本。且每个样品测试周期不大于 90min，提高了测试效率。现场的测试结果也便于筛查污染源，识别更低释放的产品。

（3）现场快速检测方法实现了较高的定性检测准确率

与实验室检测方法比较，现场快速检测方法定性检测有 70% 以上的相同结果，且现场快速检测方法 VOCs 种类多于实验室气候舱法。

2. 现场快速检测方法的不足

（1）定量检测与实验室检测方法偏差不确定

现场快速检测无法实现气候舱法的预处理过程和对环境温、湿度条件的精确控制，样品释放的状态有一定随机性，容易出现结果偏差。

（2）现场测试设备检测灵敏度低，不利于低浓度挥发性有机物的测试

现场测试设备为了达到便携和快速的目的，应用了不同于实验室的测试方法原理，目前的设备研发还没有达到与实验室常规设备同等级的灵敏度。

（3）现场快速检测结果局限性

现场快速检测时仅对家具产品局部表面进行采样测试，无法反映整个样品的挥发性有机物释放状态。

（4）不利于低浓度释放物的测试

由于现场测试设备富集的样品量限制，低释放量的挥发性有机物不易被检出。

三、家具部件现场快速检测与实验室方法的相关性研究

不同样品在气袋法条件为样品承载率 $5m^2/m^3 \sim 10m^2/m^3$，充入气袋总体积1/2的高纯氮气，放置60min后与GB/T 35607—2017《绿色产品评价　家具》(样品承载率为 $0.15m^3/m^3$，换气率1次/h）VOCs对比如表5-48所示。因为气袋法采样体积为2L而环境舱法采样体积为10L，为了能对数据进行直观的比较，所以将单位统一换算成每10L中目标污染物含量。从表中可以看出气袋法测得的VOCs目标物染污浓度均高于环境舱法，其原因有：1）气袋法测试条件是气袋密封的，而环境舱内的空气是一直在循环置换的；2）根据测量换算，气袋法的承载率要远高于环境舱法承载率。

表5-48　不同样品气袋法与环境舱法目标污染物对比表

目标VOCs污染物	试验方法	样品17释放量 $\mu g \cdot 10L^{-1}$	样品18释放量 $\mu g \cdot 10L^{-1}$	样品19释放量 $\mu g \cdot 10L^{-1}$	样品20释放量 $\mu g \cdot 10L^{-1}$
甲苯	气袋法	0.1600	0.2830	6.9255	1.5345
	环境舱法	0.0156	0.0624	0.4476	0.4152
乙酸丁酯	气袋法	0.3670	0.5770	5.2315	0.8437
	环境舱法	0.0239	0.0535	0.2014	0.0749
乙苯	气袋法	0.1470	0.3340	1.4025	1.0862
	环境舱法	0.0083	0.0381	0.2005	0.0943
二甲苯	气袋法	0.5300	1.2185	5.5085	1.2478
	环境舱法	0.0379	0.1229	0.4843	0.2059

从表5-48中我们发现，环境舱法目标污染物浓度从大到小顺序为：样品19>样品20>样品18>样品17，而气袋法目标污染物浓度从大到小的顺序同样为：样品19>样品20>样品18>样品17。且气袋法目标污染物释放量大约是环境舱法的5~15倍，说明气

袋法与环境舱法污染物浓度变化趋势是一致的。

同时我们选取比较有代表性样品的 GC－MS 图谱如图 5－83 所示，可以看出这 3 个样品的气袋法 VOCs 组分构成与标准环境舱法基本一致，只是在特征峰强度上有一定的区别，说明气袋法能较好地还原家具样品在环境舱内污染物释放的情况。

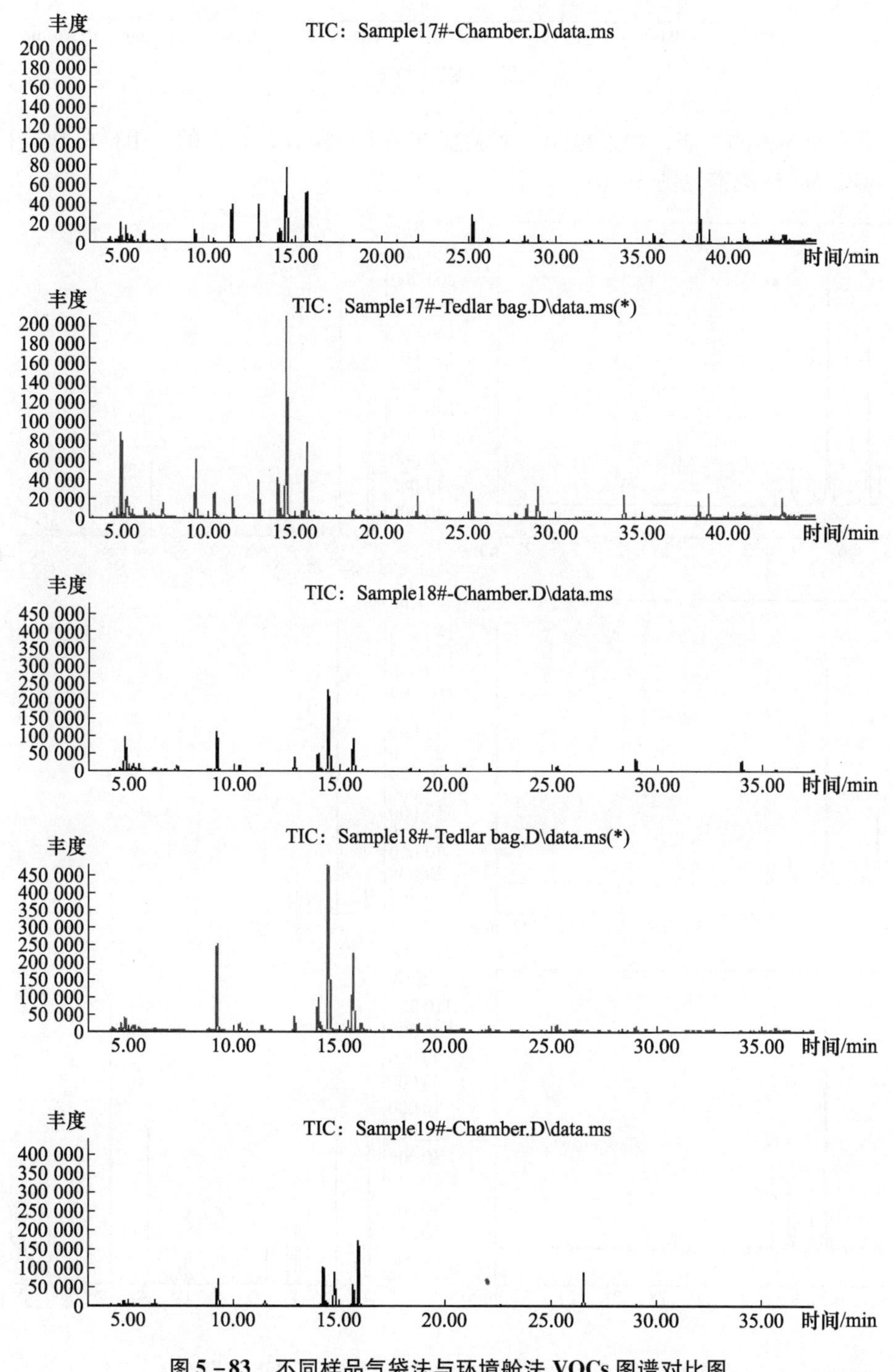

图 5－83　不同样品气袋法与环境舱法 VOCs 图谱对比图

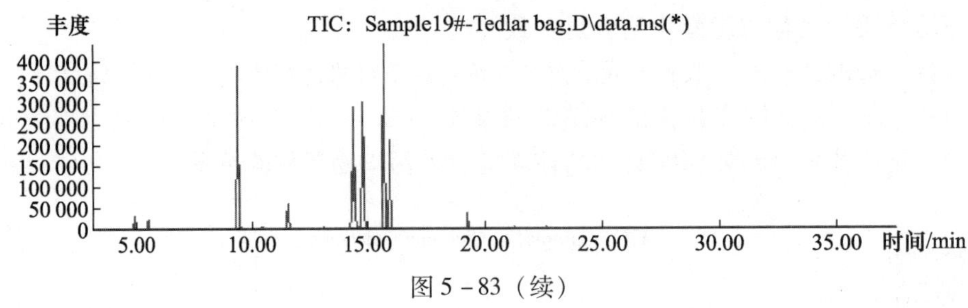

图 5－83（续）

采用不同体积的气袋，快速检测与实验室方法进行验证，筛选的 9 组样品快速检测法与 TD－GC/MS 法图谱见图 5－84。

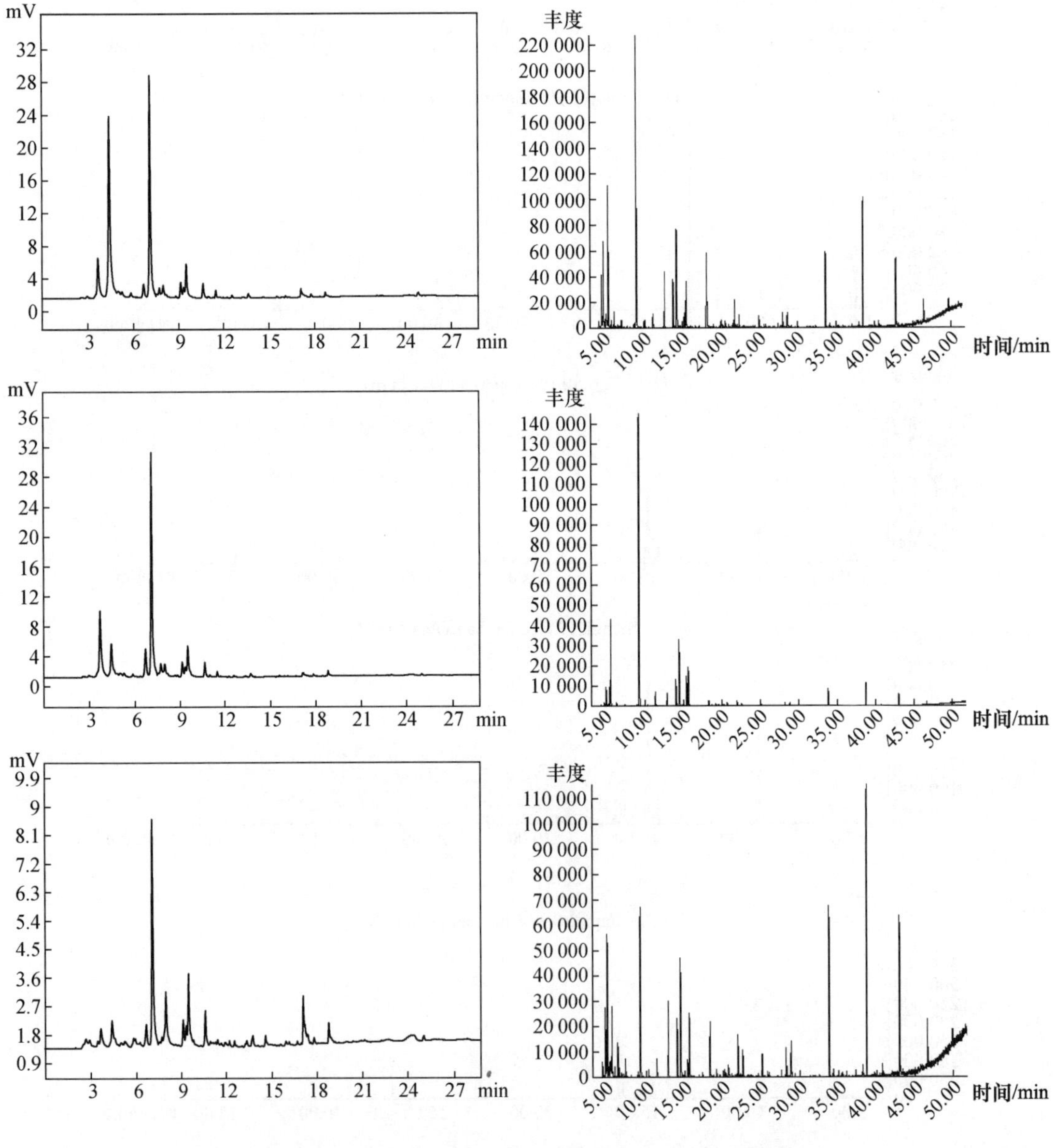

图 5－84　9 组样品快速检测法与 TD－GC/MS 法图谱

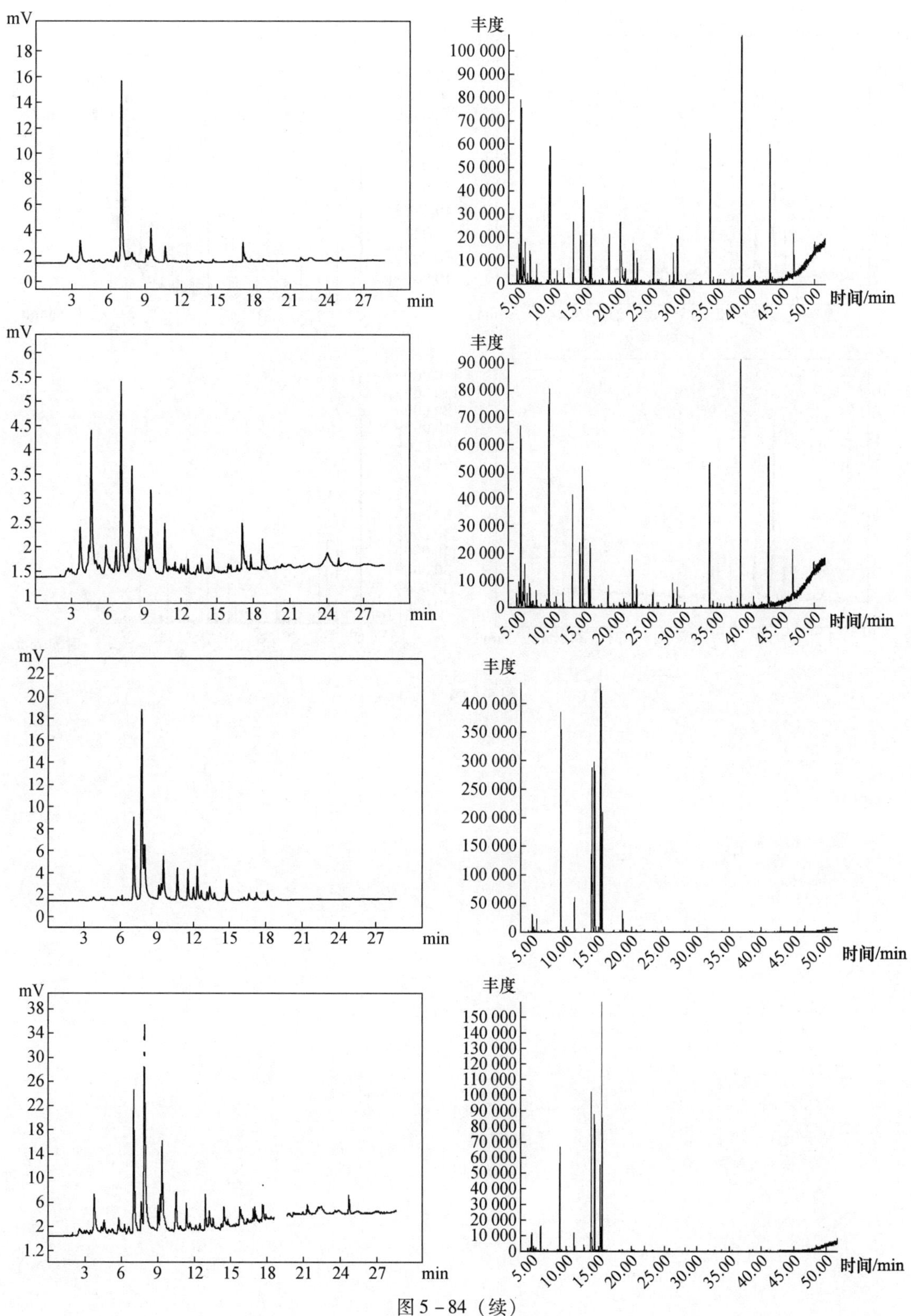

图 5 - 84（续）

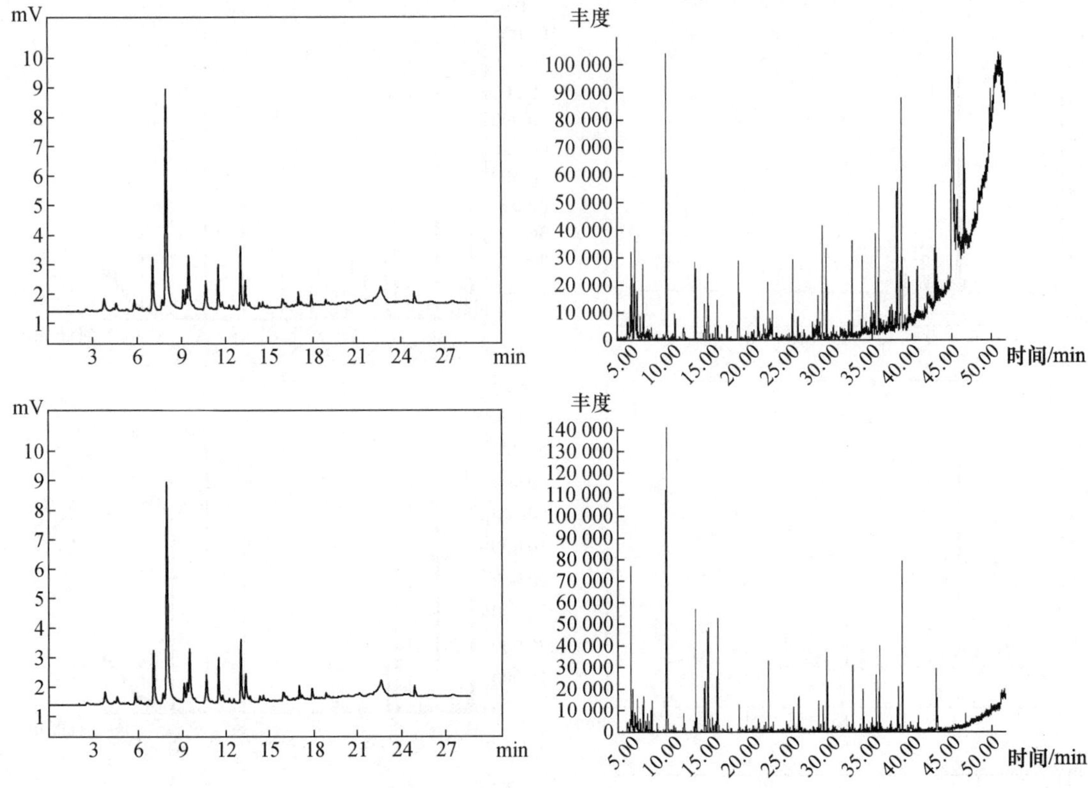
mV
10
9
8
7
6
5
4
3
2
1
3
6
9
12
15
18
21
24
27
min
丰度
100 000
90 000
80 000
70 000
60 000
50 000
40 000
30 000
20 000
10 000
0
5.00
10.00
15.00
20.00
25.00
30.00
35.00
40.00
45.00
50.00
时间/min
mV
10
9
8
7
6
5
4
3
2
1
3
6
9
12
15
18
21
24
27
min
丰度
140 000
130 000
120 000
110 000
100 000
90 000
80 000
70 000
60 000
50 000
40 000
30 000
20 000
10 000
0
5.00
10.00
15.00
20.00
25.00
30.00
35.00
40.00
45.00
50.00
时间/min

图 5-84（续）

第六章　家具产品中 VOCs 认证方法的研究

家具产品中 VOCs 释放检测标准制定后，可通过开展产品认证方式，保证家具产品中 VOCs 释放水平的一致性。本章以家具行业 VOCs 认证工作的调研入手，开展家具产品中 VOCs 释放认证方法研究，提出了家具产品中 VOCs 释放标识认证规则及规范。

第一节　家具（VOCs）认证政策的研究建议

一、家具行业 VOCs 认证工作调研情况[1,2]

（一）调研总体情况

家具企业作为家具产品的制造商，其生产过程的全生命周期与家具行业绿色化、健康化息息相关。消费者作为推动市场发展的主体，其消费意愿占有较大的影响地位。大量的实证研究证明，消费者支付意愿对购买行为有显著影响，而消费意愿又有众多的外在和内在影响条件，受到客观价格、认知质量、认知价值及商品属性的影响。因此，家具产业的健康发展必须注重对消费者购买意愿等方面的研究。

因此，设定调研主体为家具企业以及对家具产品关注度较高的消费者。调研问卷针对不同的调研主体设定，包括企业版和消费者版，其中企业版的调研问卷包括以下个问题：企业现有的认证类型、企业对认证需求的出发点、从企业市场销售角度了解消费者对认证标识产品的购买意愿以及对于家具标识认证方式和模式的调研。消费者版调研问卷可归纳为 4 部分，第一部分为消费者的个体特征，包括消费者的社会统计学特征、经济条件特征；第二部分为对家具产品需求的调研，包括需求种类、影响消费因素等；第三部分为家具产品认证方面的调研，包括对已有认证种类的认知情况、对获得认证产品的关注度和需求度等；第四部分设置为征求消费者对于家具认证标识推广渠道的意见。

调研采取线上、线下两种方式并行的方法进行调研，取长补短，减少数据来源和消费者个体选取对调研结果的影响。2018 年 2 月开始调研包括北京、天津、河北以及辽宁等地区家具企业，共计调研家具企业 40 家。消费者传统人工调研主要在北京市的部分家具商城进行，互联网线上调研通过公开的渠道发布，收回的问卷中包括来自北京市、上海市、广州市、山东省、河北省、江苏省以及宁夏地区，共收回 232 份消费者问卷。

（二）家具企业认证需求调研结果分析

1. 家具产品认证类型

通过对家具企业的调研发现，家具企业较为常见的认证包括两类，一类针对家具制造企业的体系认证，如质量管理体系认证、环境管理体系认证、职业健康安全管理体系认证等；一类是针对家具产品的认证，如中国环境标志产品认证、国家森林认证体系、人体工效学认证等。前者是对企业管理水平的认可，注重的是产品生产全过程的控制，包括加工条件及相关配套体系的管理（如空气污染、污水废料处理等），后者则偏重产品标准及产品的质量，通过检测报告及证书的方式证明本产品的实物质量。

2. 家具企业寻求认证的动机

家具企业寻求认证的动机主要包括改善企业内部管理、提升公司形象、客户要求和资质证明等方面。而认证作为一种消费者选购家具及企业应对技术壁垒的一种体现方式，也逐渐为市场和大众所认识和接受，特别是在家具行业。此外，部分“认证”类型是强制性要求，属于企业和产品在市场流通的必备项。通过调研各国认证和技术贸易壁垒来看，认证集成利用了标准的制定和合格评定程序，由于制定、采用和实施不同的技术法规和合格评定程序，使得认证认可在各个国家得到广泛的应用。

企业通过认证，首先可以规范自身生产的合法性和合规性，建立健全的认证体系以及绿色的生产系统，对产品生产过程有效控制，以保证家具产品的生产质量，确保产品中的潜在危害因此得到预防、消除或降低到可接受水平，从而使提供的产品满足消费者和市场健康化、绿色化的要求。其次，通过认证的产品，可以作为品牌推广时的有力证明，也为消费者提供了解家具产品环保性能的渠道。最后，通过开展家具产品相关环保认证，使企业的产品技术和质量不断进步，法规不断完善，从而达到企业经济效益和社会效益的双赢格局。

3. 家具企业对消费者认同认证的态度

根据消费心理学原理，家具消费主要决定于消费者对家具产品的需求，而消费者对家具产品的需求受到多种因素的影响，包括文化、社会和个人因素。而在商品日益丰富的市场经济条件下，消费者与经营者的关系更多的是一种非专业对专业，非知情人与知情人的关系，商品的日益丰富和消费者商品知识的相对贫乏是市场经济的普遍现象，消费者更易处于信息不对称的弱势地位。同时，消费者家具知识的贫乏对应家具品牌宣传的一条蹊径，家具厂商在产品宣传的同时，应加入正确的家具专业知识，有助于树立积极、负责任的品牌形象。

对于家具一类的大宗耐用商品，消费者购买时会反复评估，考虑家具的环保、实用、质量耐久、品牌等，考虑各种因素后以求最为合意。通过对消费者调研过程了解到，广大消费者对家具的环保性能认知水平普遍较低，有部分的消费者会通过检查家具产品是否有绿色标志或质检合格证来判断有毒、有害物质是否超标。而在对企业调研过程中也发现，带有认证标识的家具产品在市场销售过程中有较好的销量，消费者也会主动询问导购关于家具产品环保性能等方面，这也为后续家具产品中VOCs释放标识的推广提供帮助。

4. 家具企业对认证模式的选择

国际上通用的认证模式可以归纳为以下8种：1）型式检验；2）型式检验+认证后监督（市场抽样检验）；3）型式检验+认证后监督（工厂抽样检验）；4）型式检验+认证后监督（工厂和市场抽样检验）；5）型式检验+工厂质量体系评定+认证后监督（质量体系复查+工厂和市场抽样检验）；6）工厂质量体系认证；7）批检；8）百分之百检验（全数检验）。

调研统计结果显示家具企业倾向选择型式检验+工厂检查的模式，即第五种模式更适合家具产品中VOCs释放认证。这种认证制度的显著特点是增加了对产品生产厂的质量管理体系的检查、评定，及在批准认证后的监督中增加了对生产厂的质量管理体系复查。这种认证制度包括了认证制度的全部要素，无论是取得认证的资格条件，还是认证后的监督措施，均是最完善的，其集中了各种认证模式的优点，因而能向消费者提供最大的信任。因此，这种认证模式是各国普遍采用的一种类型，也是ISO向各国推荐的一种认证类型，亦称之为典型的认证模式。

（三）消费者对标识需求调研结果

1. 消费者个体特征

消费者的个体特征对于研究消费者的认知度、支付意愿有着重要的影响，因此，首先对所调查的消费者个体特征进行统计。研究统计结果显示，20岁~30岁之间占有34.9%的比例，30岁~40岁占有28%的比例，40岁~50岁占有23.7%的比例，50岁以上占有13.4%的比例。回收的调研问卷中来自北京市的消费者占比最高，达到27%，河北省的占比次之，为10.8%。其中月薪在3 000元~6 000元区间的消费者占比较多（46.6%），其次为6 000元~10 000元（28.4%），月薪在10 000元以上占比最少。

2. 消费者对家具环保性能的了解情况

本次调研中重点关注消费者能否获取家具产品环保性能的相关信息和获取途径。其调研结果如图6－1所示。其中有63%的人无法准确了解到家具产品的环保性能，仅有37%的人可了解相关性能，主要获取的途径有：网络、说明书、厂家介绍及宣传、产品检测证书以及认证标识等，但无法保证自己获取环保性能的准确性，仅有少数从事环保、检测等方面工作的消费者，对此能够准确了解。此外，有关资料表明在对南京市家居卖场调查，被访者中60%以上的消费者对家具市场出售的家具产品一直不放心，其中30%以上的人认为家具市场的环境在往更糟糕的方向发展。由此可见，我国市场的对家具环保方面情况总体情况不容乐观。

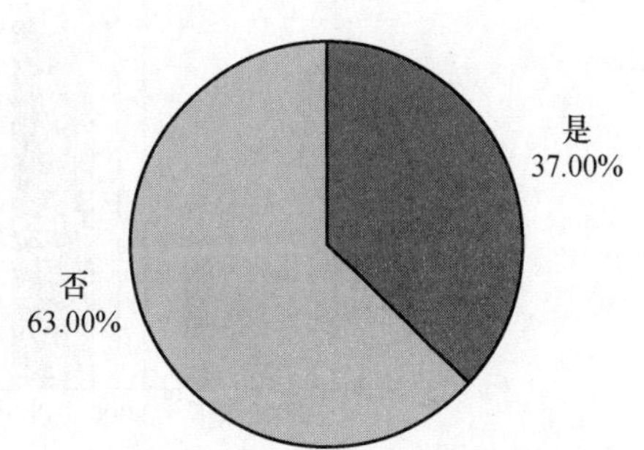

图6－1 消费者对家具产品环保性能的认知情况

消费者的个体特征影响着家具产品的销售情况，其中年龄和收入两个因素较为重要，因此，本调研分别选取不同阶段的年龄和收入情况，分析在购置家具产品过程中的侧重点，如图6－2和图6－3所示。图6－2为不同年龄阶段消费者的购买情况，可以看出20岁~30岁的消费者更关注家具的款式，30岁~40岁、50岁以上的消费者更关注家具的品牌，40岁~50岁的消费者更关注家具的材质。这说明消费者在选购家具时，年轻人更看重款式，凭借视觉效果，而中年人则更多关注的是品牌和材质。图6－3所示为不同收入区间的消费者购买情况，其中收入在3 000元以下的消费者看重安全环保性能和材质，收入在3 000元~6 000元的消费者看重品牌和价格，收入在6 000元~10 000元的消费者看重家具产品的款式和材质，收入在10 000元以上的消费者看重家具的品牌以及安全、环保性能。制约消费者对产品及其品牌态度的因素较多，其中收入情况是导致消费者在购买产品时产生不同的决策的影响因素之一。因此，绿色环保、通过认证的家具产品的价格设定对于稳定并扩大市场占有率，谋求长期发展，较为重要和必要。

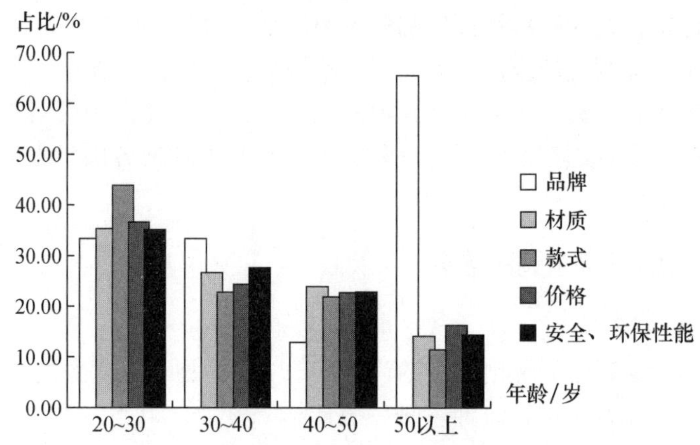

图6－2　不同年龄阶段消费者的购买情况

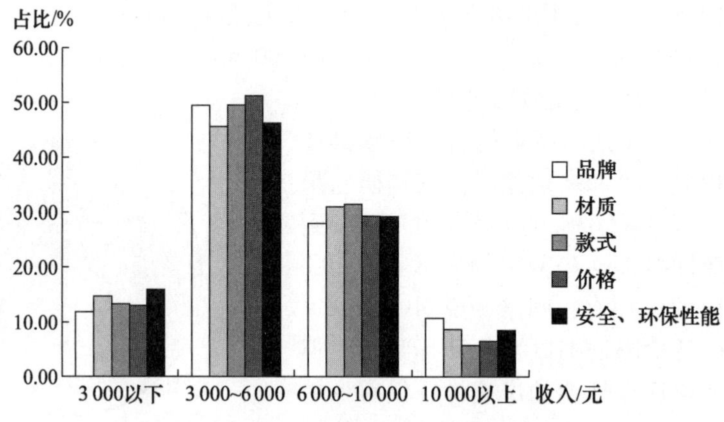

图6－3　不同收入区间的消费者购买情况

参与调研的消费者中63%的人无法准确了解到家具产品的环保性能，仅有37%的人可通过广告和销售人员介绍了解，而在37%的人中，20岁～30岁和30岁～40岁的消费者占有较大的比例，且除50岁以上的消费者外，其他3个年龄段中不了解家具产品的环保性能的消费者均占较大比例，如图6－4所示。50岁以上的消费者占比几乎相等，这是因为在调研过程中有几位较为年长的消费者来自环保或产品检测机构，因此他们较为清楚家具产品的相关性能。调研了解到这些消费者大多通过网络、说明书、厂家介绍及宣传、产品检测证书以及认证标识等途径了解，且无法保证自己能够获取准确的环保性能。因此，需加大对于家具环保性能的宣传力度，并能够确保完整的家具环保信息可查询、可追溯，向消费者传达安全信号。

3. 消费者对家具认证标识的了解情况

现有的家具厂商均承诺自己的产品经过环保认证，但认证的标准却千差万别，不仅有国内的还有国际的，既有国家级也有地方级的。为此，调研问卷中设置了对家具行业认知的熟知度调研部分。家具行业有较多的认证种类，笔者挑选了质量管理体系、环境管理体系、FSC木材供应链认证、十环认证、家具有害物质限量认证等进行调研，调研结果如图6－5所示。从调研结果来看，不了解家具行业认证的消费者占较大比例。由此看来，

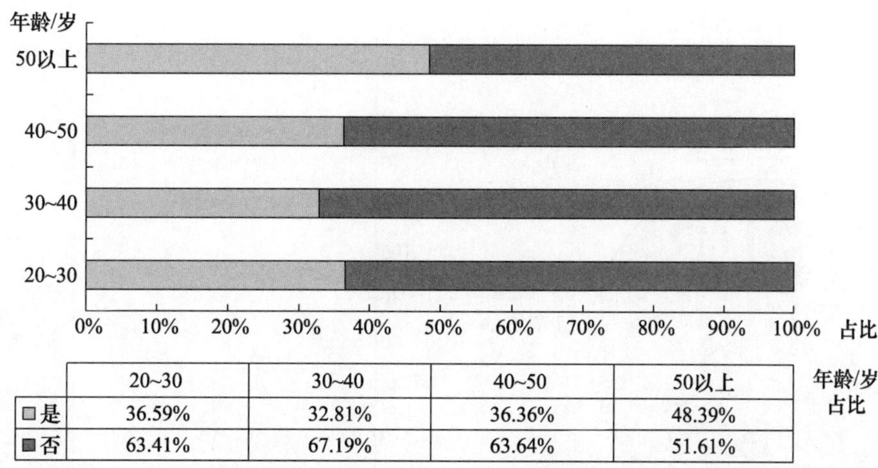

	20~30	30~40	40~50	50以上	年龄/岁 占比
□是	36.59%	32.81%	36.36%	48.39%	
■否	63.41%	67.19%	63.64%	51.61%	

图 6－4 家具产品环保性能的认知与消费者年龄分布情况

对于家具认证的推广并没有达到很好的效果。在线下调研过程中，有部分消费者反映，购买家具时认为，品牌较大的家具产品，其各方面的性能不会太差。这种思想导致他们并不会关注家具产品的认证情况。

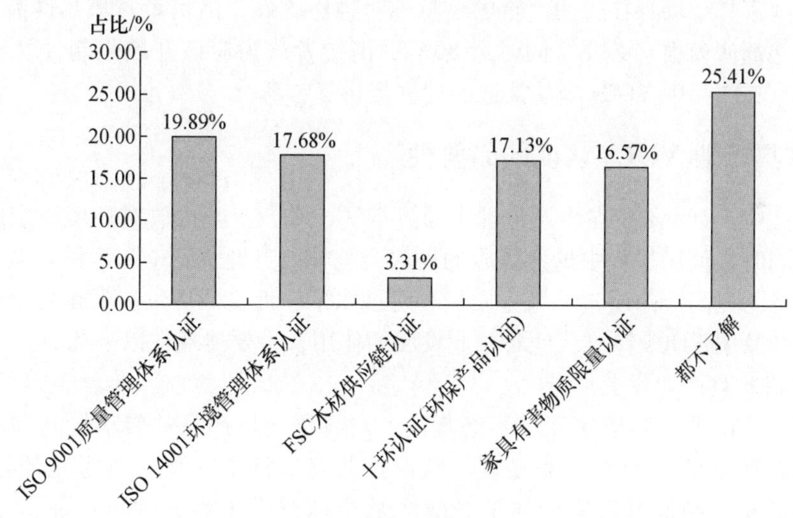

图 6－5 消费者对家具产品认证的熟知情况

家具产品中 VOCs 释放认证则通过认证的方式限制家具产品中挥发性有机物的含量，让消费者了解建立 VOCs 释放认证的重要性。图 6－6 所示为消费者对此持有的态度，本次调研共收回 232 份，其中 231 人均认为有必要建立家具产品中 VOCs 释放认证，仅有 1 人的态度为不关心。

从法规性质上看，认证可分为自愿性认证和强制性认证，消费者对家具产品中 VOCs 释放认证的选择如图 6－7 所示。近 80% 的消费者选择强制性认证，由此也可看出大家对家具产品环保特性的重视。此外调研发现，如果建立了家具产品中 VOCs 释放认证体系，97.4% 的消费者会优先选择带有标识的家具产品。

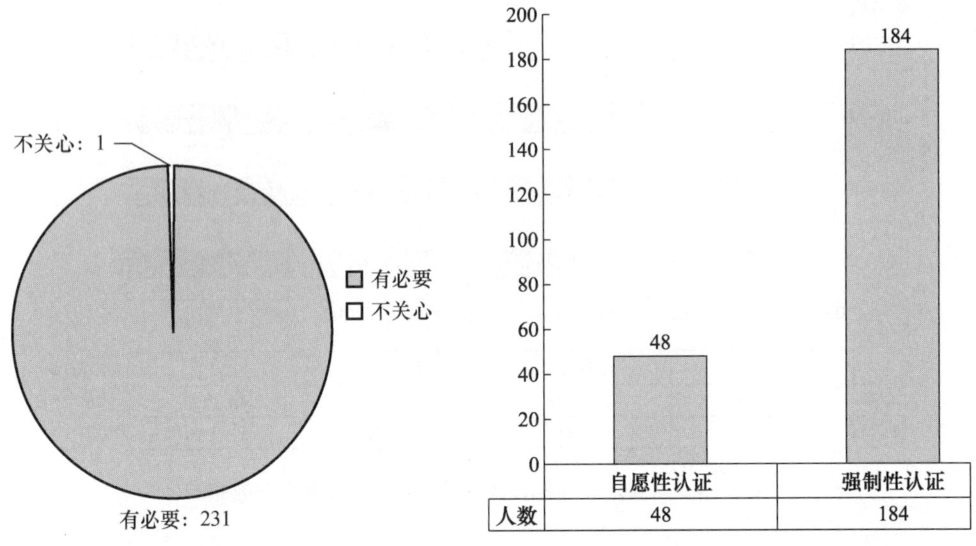

图 6-6　消费者对建立 VOCs 释放认证的态度　　**图 6-7　消费者对认证类型的选择**

通过本次对消费者的调研，了解到消费者对于家具产品相关性能准确认识的模糊性，这是由于中国家具市场存在较为严重的信息不对称。此外，消费者对家具产品中 VOCs 释放认证的建立都认为很有必要，同时近 80% 的消费者认为应该开展强制性认证。调研的结果为开展家具产品中 VOCs 释放认证的建立提供了参考。

二、家具行业 VOCs 认证的必要性

家具产品中 VOCs 不仅在生产过程中通过空气、水、土壤排放对环境产生影响，导致环境污染，同时在使用过程中这些物质的释放会危害人身健康安全和污染环境。认证认可是国际上通行的提高产品质量、服务质量和管理水平，促进经济发展的重要手段。对家具行业，家具产品中 VOCs 释放认证对行业发展的作用，主要体现在以下几点。

1. 可促进家具产业发展

国际贸易中的非关税壁垒正在不断提高，对各国出口产品的要求提高，家具行业也不例外，随之而来的影响也日益显现。欧洲、北美、日本有毒、有害物质限制指令清单，直接目的是遏制家具有害物质的危害。从全球范围来看，欧盟环保指令政策的实施证明了对家具污染物控制的重视。在这样的背景下，在家具中开展家具产品中 VOCs 释放认证，可促使家具行业及早做好技术上的准备，设计、开发、改进出符合要求的产品，既能满足本国市场消费升级的需要，又具有出口通行的优势，从而促进家具行业持续健康发展。

2. 可规范家具市场行为

随着人们对环境保护和健康安全的重视，消费者们更倾向于购买环保产品。而大家对于环保产品的界定只有通过认证来实现。因此，通过开展家具 VOCs 释放标识认证，使获得认证产品加贴产品认证标志，明示消费者，引导消费，有助于优质产品的销售，提高优秀企业的形象，增强企业信誉和竞争力，起到扶优抑劣的作用，可进一步规范家具市场行为。

3. 可推动社会进步

家具行业 VOCs 释放对环境保护有着密切的联系，VOCs 认证有助于家具行业的可持续发展，增强环境保护意识，影响企业和消费者，促使其产品技术和质量不断进步，法规不断完善，从而达到企业经济效益和社会效益的双赢格局。

第二节　家具认证方法的研究

一、家具产品中 VOCs 认证方法的研究

家具产品中 VOCs 释放认证体系的研究是“十三五”重点研发计划课题“家具产品中挥发性有机物（VOCs）释放标识及认证体系的研究”（2016YFF0204505）重要研究内容，课题从认证模式的选择、典型家具产品 VOCs 释放认证技术文件的编制、产品一致性保证等方面开展研究，初步建立了我国家具产品中 VOCs 释放认证体系。

（一）家具产品中 VOCs 认证依据

标准是产品认证中质量控制的要求，给出了产品所要求的限值和允差，以及验证规定特性的检测方法。开展家具产品中 VOCs 释放认证，首先要确定认证依据的标准。

1. 国内外家具产品中 VOCs 释放标准现状[2~3]

家具制造业属于历史非常悠久的行业，它提供日常的生活需要，但在使用过程中释放 VOCs 已成为室内环境重要污染源。国外已建立家具产品中 VOCs 释放检测体系，但我国家具产品中 VOCs 释放标准体系不健全。

欧美国家对家具产品不但提出了总挥发性有机化合物（total volatile organic compounds，TVOC）限量要求，而且对多种单个 VOC 提出了限量要求。美国加州 01350 号标准中涉及到 35 种化学污染物的限制。美国其他标识体系，例如第一章提到的 UL GREENGUARD 采用了阈限值的规定，涵盖 360 种 VOCs 释放限量要求。BIFMA 认证中办公家具 VOCs 释放测试包括了 30 多种 VOCs 限量要求。

家具产品释放 VOCs 问题已经引起我国高度重视，正在制定相关标准，标准体系正在完善中。《绿色产品评价　家具》(GB/T 35607—2017）中提出了绿色家具的苯、甲苯、二甲苯、TVOC 释放量要求。修订中的国家标准《室内装饰装修材料木家具中有害物质限量》提出了苯、甲苯、二甲苯及 TVOC 的限量要求，制定过程中的国家标准《家具安全有害物质限量　第 4 部分：沙发》等标准也提出了 TVOC 限量要求。这些标准中提出了苯系物污染物和 TVOC 的释放要求，没有对其他单个 VOC 提出限量要求。

2. 家具产品中 VOCs 释放标准的制定

针对家具产品中 VOCs 释放标准缺失，我国在“十三五”开局之年通过“国家重点研发计划”立项“家具产品中挥发性有机物 NQI 技术集成及示范应用”(2016YFF0204500)，其中课题“家具产品中挥发性有机物（VOCs）综合释放机理、承载模型、限量值的研究”（2016YFF0204503）研究家具产品中 VOCs 释放机理、检测方法和标准。经过课题 2016YFF0204503 研究，已经成功立项《木家具中高关注度挥发性有机化合物限量》《软体家具产品中高关注度挥发性有机化合物释放浓度要求》两项国家标准。这两项标准研究

过程及标准内容详见前面介绍。这两项标准是针对我国家具产品生产使用材料及工艺，确定的我国家具产品中VOCs释放量要求，改变了我国家具产品中VOCs释放标准空缺的局面，因此家具产品中VOCs释放认证将采用这两项标准作为认证的标准依据。

3. 家具产品中VOCs释放标识认证污染目标物的研究[2]

在我国家具产品中VOCs释放限量标准制定过程中，课题也开展了家具产品中VOCs释放污染目标物的研究工作，发现木家具、沙发、床垫VOCs释放出的污染物中，部分污染物为国家标准中控制的污染物。

（1）木家具VOCs释放污染物

参照GB/T 35607—2017中附录D中木家具TVOC释放检测方法，开展木家具检测。从测试5个木家具VOCs释放检测结果来看木家具VOCs释放成分种类与《木家具中高关注度挥发性有机化合物限量》(征求意见稿）中污染物目标成分一致，具体检出成分见表6-1所示。木家具VOCs释放均检测出苯系物、酯类等。

表6-1 木家具VOCs释放检测成分表

序号	VOCs名称	木家具代号	是否为国家标准中目标污染物
1	甲苯	木家具1、木家具2、木家具3、木家具4、木家具5、木家具6	是
2	乙酸丁酯	木家具1、木家具2、木家具3	是
3	乙苯	木家具1、木家具2、木家具3	是
4	二甲苯	木家具1、木家具2、木家具3、木家具4	是
5	苯乙烯	木家具1、木家具2、木家具3	是

（2）沙发VOCs释放污染物

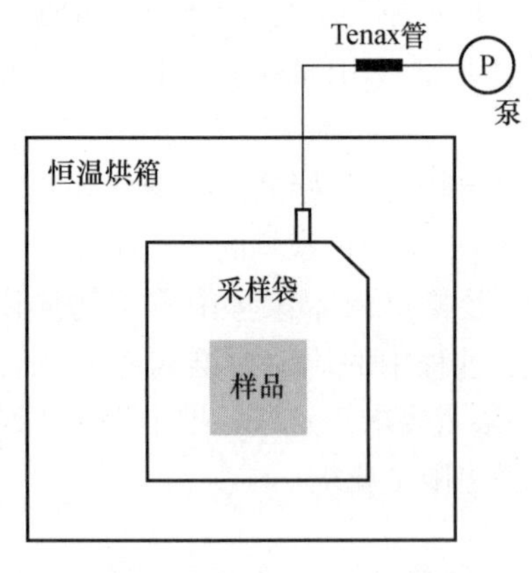

图6-8 沙发革VOCs释放测试方法示意图（采样袋法）

沙发的表面材料是其释放VOCs的一个来源，为在认证过程中提供关键原料VOCs释放控制，便于认证对关键原料的把控，开展了皮沙发用革原料VOCs释放快速检测方法的研究。课题主要开展了采样袋法（检测方法示意图见图6-8）对沙发主要面材皮革VOCs释放的测试，样品面积与采样体积之比为$2m^2/m^3$，在45℃烘箱中放置18h进行采样检测，共检测25个皮革样品。采样袋法检测出28种VOCs成分，包含烃类、醇类、酯类、醛酮类等物质，检出物质次数见图6-9所示。检出次数超过一半的VOCs成分有12种，其中烷烃6种，苯系物2种（苯和甲苯），酯类2种，烯烃和酮类各1种。丙酮、三氯甲烷、乙酸乙酯的检出次数最高，这3种物质是常用的有机溶剂。其中苯、甲苯、三氯甲烷是国家标准《软体家具产品中高关注度挥发性有机化合物释放浓度要求》(征求意见稿）中的目标污染物。因此在工厂检查中，需要对沙发面料VOCs释放给予重点关注。

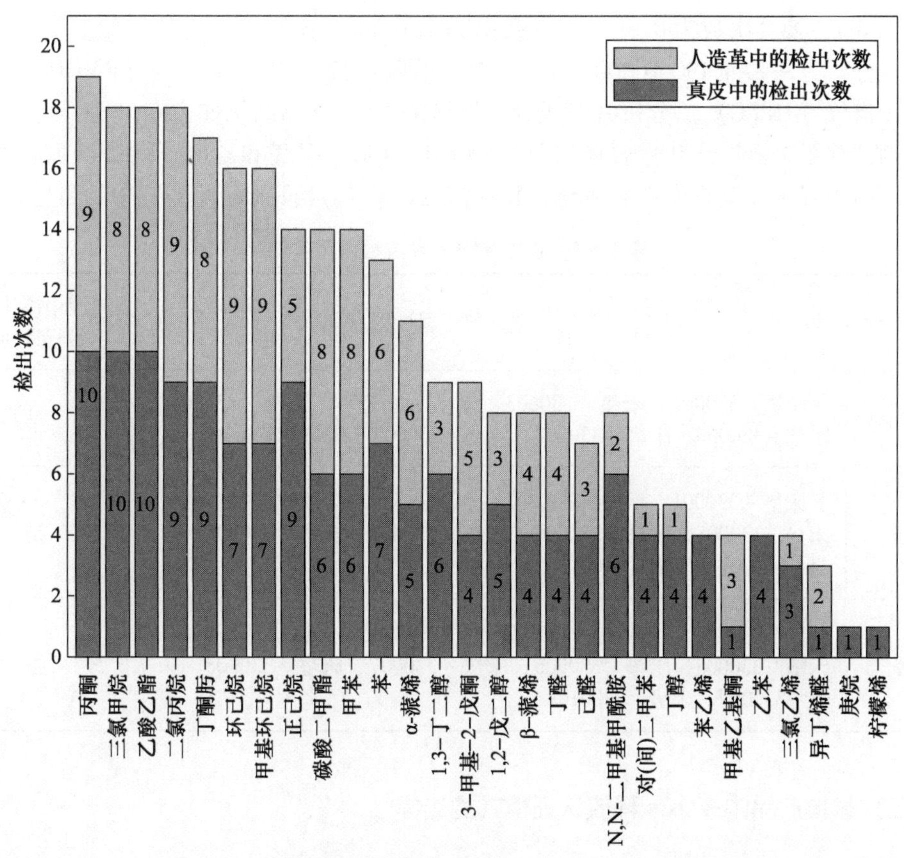

图 6-9　采样袋法检测沙发用皮革 VOCs 成分次数统计图

研究人员参照 GB/T 35607—2017 中附录 B 中沙发 TVOC 释放检测方法，开展沙发部件和沙发 VOCs 检测。从测试沙发及部件 VOCs 释放检测结果来看，沙发 VOCs 释放成分种类与《软体家具产品中高关注度挥发性有机化合物释放浓度要求》(征求意见稿）中污染物目标成分一致，具体检出成分见表 6-2 所示。木家具 VOCs 释放均检测出苯系物、酯类、酰胺类等。

表 6-2　沙发及部件 VOCs 释放检测成分表

序号	VOCs 名称	沙发及部件代号	是否为国家标准中目标 VOCs
1	苯乙烯	沙发底座、沙发靠背、沙发海绵垫、布艺沙发、真皮沙发	是
2	乙酸丁酯	真皮沙发	是
3	N,N-二甲基甲酰胺	沙发靠背	是

（3）床垫 VOCs 释放污染物

按照课题确定的环境舱方法，参照 ISO 16000-9 标准要求，开展床垫的 VOCs 释放检测。按课题商定的软体家具 VOCs 释放环境舱测试条件，测试室环境舱温度为 23.0℃，湿度为50% RH，换气次数为 $0.5h^{-1}$，承载率为 $1m^2/m^3$，在样品放进环境舱后24h进行采样分析。分析方法参照ISO 16000－6，采用气质联用仪（GC－MS）分析VOCs，使用高效液相色谱仪（HPLC）法分析醛酮成分。测试的10个样品结果如表6－3所示。从10个样品的测试结果来看，床垫主要检出目标物质是甲苯、甲醛和乙醛，均为国家标准《软体家具产品中高关注度挥发性有机化合物释放浓度要求》（征求意见稿）中的目标污染物。

表6－3 床垫VOCs释放检测污染物

VOCs名称	床垫代号	是否为国家标准中目标VOCs
甲苯	床垫－330001、床垫－330003、床垫－330004、床垫－330005、床垫－330006、床垫－330007、床垫－330008、床垫－330010	是
甲醛	床垫－330001、床垫－330002、床垫－330003、床垫－330004、床垫－330005、床垫－330006、床垫－330007、床垫－330008、床垫－330009、床垫－330010	是
乙醛	床垫－330001、床垫－330002、床垫－330003、床垫－330004、床垫－330005、床垫－330006、床垫－330007、床垫－330008、床垫－330009、床垫－330010	是

（二）家具产品中VOCs释放认证模式的选择

根据产品认证的8种模式，产品认证模式应根据产品种类、生产产品所采用的工艺、购买者的不同需要、认证成本和机构所承担的风险等确定采用何种认证模式。[4~5]

相关研究资料开展了影响家具产品中VOCs散发标识认证类型的因素的研究，引入了多属性决策模型，开展家具产品中VOCs散发标识认证类型决策，研究结果表明对家具VOCs散发标识开展强制性认证是较优选择。[6]这与开展的家具产品中VOCs释放认证需求消费者调研结果一致。

根据现行法规，不在强制性产品目录内的产品，均属于自愿性产品认证，而且家具产品中VOCs释放认证也不属于国家统一推行的自愿性认证。因此开展家具产品中VOCs释放认证研究，按新兴的自愿性产品认证研究。至于是否能成为强制性产品认证，还要根据国家政策、行业发展、社会接受程度等，在家具产品中VOCs释放认证实施后，经过充分讨论后再向国家有关部门提出建议。

认证模式中第五种认证模式特别适合于批量生产的硬件产品，尤其是涉及安全问题的产品。这种模式可促使企业在最佳条件下持续稳定地生产符合标准要求的产品，使顾客买到不合格产品的风险降到最低。认证模式中的型式检验能考核企业生产出符合认证产品的能力，工厂质量体系评定能够保证工厂保障产品质量一致性的能力，认证后监督能够持续保证工厂获证后保障产品质量的稳定性。[4~6]

综上所述，通过对家具产品中VOCs释放认证需求调研，综合考虑各种认证模式的特点、家具企业调研结果、自愿性产品认证通用模式，最终选定第五种认证模式为家具产品中VOCs释放认证模式。

二、典型家具产品中 VOCs 认证规则制定

认证规则制定要从市场接受和避免产品重大不足方面来考虑，要基于对风险的认真分析、需要与涉及的风险协调。由于目前木家具和软体家具 VOCs 释放限量标准还在制定过程中，而且家具产品中 VOCs 释放认证在我国属于新认证，因此考虑认证规则由认证技术规范和实施细则两部分组成。在认证技术规范中，规定产品应满足的 VOCs 释放量要求及评价要求。在实施细则中，规定家具产品中 VOCs 释放认证开展流程、单元划分、抽样、认证决定、证书保持和变更、标识使用等，明确认证各环节要求。

依据确定的家具产品中 VOCs 释放技术要求，根据初步选定的认证模式，确定了标识认证单元划分原则和一致性检查要求。结合家具产品中 VOCs 释放污染物的控制要求及认证风险，讨论标识认证的环保特性保证能力要求，编制了家具产品中 VOCs 释放标识认证实施总体规则，按照总体规则起草木家具 VOCs 释放标识限量认证技术规范及实施细则、软体家具——沙发 VOCs 释放标识限量认证技术规范及实施细则、软体家具——床垫 VOCs 释放标识限量认证技术规范及实施细则。

（一）家具产品中 VOCs 释放量标识认证技术规范[3]

家具产品中 VOCs 释放量认证技术规范重点关注产品 VOCs 释放指标要求。目前由于只有 GB/T 35607－2017 中规定了家具 TVOC 限量要求，另外课题 2016YFF0204505 研究的是绿色家具 VOCs 释放认证，因此认证规范中明确了家具产品首先需要符合绿色家具 TVOC 的属性。其次作为项目 2016YFF0204500 研究的重要成果，在研制的国家标准《木家具中高关注度挥发性有机化合物限量》《软体家具产品中高关注度挥发性有机化合物释放浓度要求》是质量属性重要要求，作为指标要求在技术规范中明确。同时考虑到单一 VOC 释放过高可能会对 VOCs 释放评价产生风险，因此借鉴德国 AgBB 认证中，将每种 VOC 对家具整体 VOCs 释放贡献程度作为标识认证的一个指标 R 值，要求每种 VOC 释放量与限值的比值之和不大于 1。最后家具产品物理性能也应符合相关技术标准，保证使用的物理安全，在技术规范中予以明确。

认证技术规范中还规定了指标的检测方法。因为家具产品中 TVOC 释放量和物理性能已研制了相应的标准，技术规范直接引用这些标准作为检测方法。家具产品中 VOCs 释放量的检测，认证技术规范引用《木家具中高关注度挥发性有机化合物限量》《软体家具产品中高关注度挥发性有机化合物释放浓度要求》标准的征求意见稿中方法作为检测方法。

《木家具 VOCs 释放量标识认证技术规范》由上海市质量监督检验技术研究院（上海质检院）负责编制，《软体家具——沙发 VOCs 释放量认证技术规范》由中国建材检验认证集团股份有限公司（国检集团）负责编制，《软体家具——床垫 VOCs 释放量认证技术规范》由上海市建筑科学研究院（集团）有限公司（上海建科院）负责编制。

（二）家具产品中 VOCs 释放标识认证实施总则及实施细则[3]

总则按照前述认证实施规则典型内容编制。总则包括适用范围、认证依据标准、认证模式、认证的基本环节、认证实施的基本要求、认证证书的保持和变更、认证标志和收费 8 个部分。总则适用于家具产品 VOCs 释放标识认证的要求，产品范围包括木家具、软体

家具（沙发、床垫）。认证依据标准是课题编制的3个认证技术规范，认证模式是课题确定的第五种认证模式。认证的基本环节包括认证的委托和受理、初始工厂检查、产品抽样检测、认证结果评价与批准、获证后的监督。

认证实施的基本要求对认证各环节提出了要求。在认证的委托和受理环节，明确了单元的划分原则、申请认证企业需要递交文件种类。

初始工厂检查明确了工厂检查时间、工厂检查内容、OEM企业和ODM企业的要求。申请文件符合要求后进行工厂检查，工厂检查时间根据所申请认证单元的数量确定，并适当考虑工厂的生产规模，工厂检查内容主要是产品VOCs释放控制情况评价和产品一致性检查，这是认证重要环节，评价工厂是否有能力保持产品VOCs释放水平的一致性以及申请认证产品、使用材料、生产地址及工艺是否与申请文件一致，后面将详细介绍。考虑到目前家具企业有组合加工或贴牌加工，明确了对于这两种企业检查的内容。

在产品抽样检测中包括抽样原则、抽样时机、抽样场所、抽样人员、抽样要求、检验方法、检测机构。为使样品具有代表性，同时考虑到认证风险，抽样原则中要求抽取污染因子最多、VOCs释放水平最高的产品，并考虑其他污染因子释放量综合判断。并对应增加抽样的情形做出了原则规定。抽样时机是按照产品认证一般要求在工厂检查时抽取，抽取地点是加工场所。抽样人员是认证机构确认的人员。抽取两个相同的样品，一个用于检测，一个用于备样，以备运输过程中意外损坏备用，待检测结果出具后备样就可解封。检测方法在认证技术中明确，检测机构要求拥有CMA资质，同时要被CNAS认可。被CNAS认可的检测机构出具的检测报告，可根据国际实验室认可合作组织（International Laboratory Accreditation Cooperation，ILAC）的规则被其他国家采信，更具有公信力，因此检测机构同时需要CMA、CNAS认可。

认证结果评价与批准包括认证结果评价与批准和认证时限。认证机构对工厂检查和产品检测结果进行综合评价。工厂检查和产品检测均符合要求时，经认证机构评定后，按照申请认证单元颁发认证证书。认证时限提出了认证各环节的时间要求，尽可能尽快为客户提供认证服务。

获证后的监督包括获证后的监督频次和方式、获证后的监督内容和获证后监督结果的评价。获证后的监督频次和方式明确了获证后监督的周期、应增加频次情况。获证后的监督内容规定了监督的模式、工厂检查、产品抽样检测，监督模式采用工厂检查+产品抽样，工厂检查规定了检查内容，产品抽样检测与申请认证时一致。获证后监督结果的评价明确了评价合格和存在不符合项处理要求。

认证证书的保持和变更包括认证证书的保持、认证证书覆盖的内容、认证证书的变更、认证范围的扩大、认证范围的缩小和认证的暂停和撤销，明确了认证证书有效时间、到期保持申请、证书内容、证书信息变更、增加产品种类、减少产品种类、暂停和撤销证书的情况。

认证标识包括标志试样和使用要求。认证后使用的标识是课题设计的家具中挥发性有机化合物释放量标识，已经用于国家标准《家具中挥发性有机物化合物释放量标识方法》的编制（后面有详细介绍）。使用要求规定了按照国家标准《家具中挥发性有机物化合物释放量标识方法》中的标识样式印制标识，并只能使用于通过认证的产品上。

收费中明确了认证机构应公示认证费用。

根据产品的实际，编制了《木家具 VOCs 释放量标识认证技术规范实施细则》《软体家具——沙发 VOCs 释放量标识认证技术规范实施细则》和《软体家具——床垫 VOCs 释放量标识认证技术规范实施细则》。

《木家具 VOCs 释放量标识认证技术规范实施细则》中明确了木家具单元划分原则，抽样中增加了关键原材料的抽检等。《软体家具——沙发 VOCs 释放量标识认证技术规范实施细则》和《软体家具——床垫 VOCs 释放量标识认证技术规范实施细则》明确了沙发、床垫单元的划分，工厂检查时重点关注的原材料或工艺以及其他报告的利用。关键原材料及工艺的关注，主要是为了了解工厂控制产品 VOCs 释放的一致性，掌握认证中的风险。其他报告的利用是为了降低认证申请人的成本，充分利用互认的报告。

（三）工厂质量保证能力要求

工厂质量保证能力是指工厂保证批量生产的认证产品符合认证要求并与型式试验的样品保持一致的能力。目前大部分强制性产品认证和自愿性产品认证的认证实施规则中，“质量保证能力要求”一般包括下列 10 个要素：职责和资源，文件和记录，采购和进货检验，生产过程控制和过程检验，例行检验和确认检验，检验试验仪器设备，不合格品的控制，内部质量审核，认证产品的出厂一致性，包装、搬运和储存。

我国目前普遍使用的以 10 个条款为基础的“质量保证能力要求”的内容，根据家具 VOCs 释放标识认证的实际需求，编制了《家具产品中 VOCs 释放标识认证工厂质量保证能力要求》，作为总则的附件，主要内容及解释见表 6-4。《家具产品中 VOCs 释放标识认证工厂质量保证能力要求》包含职责和资源、文件和记录、关键原料的采购、关键原料使用和生产工艺的控制、VOCs 释放量检测、产品 VOCs 释放量出厂确认、VOCs 释放量不合格品的控制、内部检查、产品标识 9 个部分。

表 6-4　《家具产品中 VOCs 释放标识认证工厂质量保证能力要求》各部分内容及解释

条　文	解　释
1. 职责和资源 1.1　职责 工厂应规定与其家具产品中 VOCs 释放控制活动有关的各类人员职责及相互关系，在其组织内指定一名负责人，无论该成员在其他方面的职责如何，应具有以下方面的职责和权限： a）负责建立满足本文件要求的工厂产品 VOCs 释放控制体系，并确保其实施和保持； b）确保加施认证标志的产品符合本规则规定的标准要求； c）建立文件化的程序，确保认证标志的妥善保管和使用； d）建立文件化的程序，确保不合格品和认证产品变更后未经认证机构确认，不加施认证标志	（1）与家具产品中 VOCs 释放控制活动有关的各类人员通常包括：质量负责人、设计人员、采购人员、检验/试验人员、质量管理人员、内审员、生产现场操作人员、与产品搬运、包装、储存相关的人员等。 （2）以上各类人员的职责、权限和相互关系应明确规定并形成文件。这种规定可以集中在一份文件中，也可以分散在相关的文件中。 （3）质量负责人应是工厂组织内的人员，原则上应是最高管理层的人员，至少是能直接同最高管理者沟通的人员。 （4）质量负责人应被赋予并有履行《质量保证能力要求》中 1.1（a～d）的职责和权限。必要时工厂可指定一名质量负责人的代理人。当质量负责人不在时履行相应的职责和权限。 （5）质量负责人和其代理人的指定及职责和权限的赋予应以文件的形式体现

表6-4（续）

条　文	解　释
1.2　资源 工厂应配备相应的人力资源，确保关键岗位人员具备必要的能力： a）识别与产品中VOCs释放控制有关的关键岗位人员的能力要求； b）上述人员应接受必要的培训； 对上述人员的能力以及培训的有效性进行评价并保存适当的记录	（1）本条款是对工厂人力资源的总要求。 （2）工厂可根据产品特点、生产工艺、规模大小、人员素质和认证机构的要求，以满足稳定生产符合认证要求的产品为原则，确定并提供所需人力资源。 （3）从事对产品中VOCs释放控制工作的人员应有能力胜任其工作，人员的数量应满足持续稳定生产符合认证要求的需要，并需要进行能力评价确认。人员能力的评定应基于适当的教育、培训、技能和经验，评价应保留记录
2. 文件和记录 2.1　工厂应对产品中VOCs释放控制体系进行策划并形成相应的控制文件。该控制文件可以多种形式体现，如可对原有质量管理体系文件进行补充完善，或单独形成VOCs释放控制体系文件。无论以何种形式体现该控制文件，均应覆盖本附件的所有要求	（1）本条款是对工厂产品中VOCs释放控制质量文件的总要求。工厂应制定的产品中VOCs释放控制质量文件除《工厂质量保证能力要求》各相关条款明确规定的文件外，还可根据产品实现过程的需要，制定为确保过程有效运作和控制所需的文件，如生产流程图、作业指导书、操作规程、工序监视和测量要求、资源的配置和使用规定等。 （2）工厂需形成文件的程序、要求、规定等，可以在不同文件中体现，也可以编制成一份《质量计划》或《质量手册》或其他名称的文件，但不要求工厂必须有称为《质量计划》或《质量手册》的文件。《质量计划》或《质量手册》的文件可以是一份独立的文件，也可以是若干文件的集合。 （3）《工厂质量保证能力要求》规定工厂通常应建立并保持的文件如下：与质量有关人员的职责和相关关系、认证标志的保管和使用控制程序、认证产品变更控制程序、文件和资料控制程序、质量记录控制程序、供应商选择及评定和日常管理程序、关键原料的检验或验证程序、关键原料的定期确认检验程序、生产设备维护保养制度、例行检验和确认检验程序、不合格品控制程序、内部质量审核程序等
2.2　工厂应建立并保持文件化的程序以对本文件要求的文件和资料进行有效的控制。确保在使用处可获得相应文件的有效版本，防止作废文件的非预期使用	（1）文件：信息及其承载媒体。媒体可以是纸张、计算机磁盘、光盘或其他电子媒体，也可以是照片或标准样品，或上述内容的组合。在家具产品中VOCs释放认证中，应关注与认证产品质量及其管理有关的文件。 （2）需控制的文件和资料包括：《工厂质量保证能力要求》规定的、认证机构要求的、工厂认为需要的以及必要的外来文件。 （3）文件控制的要点包括：文件审批、识别文件的现行修订状态及更改状态、文件的使用。 （4）记录是一种特殊的文件。记录表格应按本条款的要求进行控制，作为证据的记录应按2.3的要求控制

表6-4（续）

条　　文	解　　释
2.3　工厂应建立并保持文件化的与VOCs释放量有关的记录的标识、储存、保管和处理的文件化程序。质量记录应清晰、完整以作为产品符合规定要求的证据。 文件化记录应有适当的保存期限，至少应超过5年	（1）质量记录的作用：对外能作为满足法律、法规和认证要求的证据；对内能作为产品、工艺和质量体系符合要求及有效运行方面的证据，并为纠正和预防措施提供信息。 （2）质量记录控制程序的内容应包括质量记录的标识、储存、保管、保存期限和处理等规定。 （3）需控制的质量记录包括：《工厂质量保证能力要求》规定的、认证机构要求的以及工厂认为需要的。 （4）质量记录的控制要求如下： 1）标识：可采用颜色、编号、记录的内容和时间等方式。标识的目的是为了识别不同的记录； 2）储存：储存质量记录的场所、设施及环境条件应适宜； 3）保管：包括质量记录的防护和管理（归档、编目、查阅等要求），使记录易于检索、查阅、防止损坏或丢失； 4）保存期限：规定质量记录的保存期限，应考虑法律、法规要求、认证机构要求，认证产品特点，追溯期限等因素。从认证要求考虑，记录的保存期限应不小于一个认证证书有效周期，以确保在一个认证周期内检查到所产生的所有记录。因此保存期限限定为至少5年； 5）处理：记录超过保存期限的处理方法（如销毁等）。 （5）质量记录的填写、复制应字迹清晰、内容完整、不随意涂改
3. 关键原料的采购 工厂应建立和实施文件化的程序对关键原料的采购进行控制，确保其所带来的VOCs释放不影响认证产品中VOCs释放量符合规定要求。 获得认证后，当关键原料的种类和来源发生变更时，在实施前应向认证机构申报并获得批准后方可执行	（1）关键原料是指对产品的VOCs释放、物理安全等主要质量特性有重要影响的原料。 （2）本条款的控制对象仅限于提供关键原料的供应商，以保证关键原料不影响产品中VOCs释放量符合认证要求。本条款要求的控制程序中应规定如何对供应商进行选择、评定、日常管理和记录。 （3）工厂确定供应商的选择、评定准则时可考虑的因素如下： 1）供应商提供的产品实物质量、历史业绩； 2）供应商的质量保证能力； 3）供应商的供货及交付能力； 4）行业的地位； 5）满足法律、法规要求的情况； 6）对成品家具产品中VOCs释放的影响。 （4）采用的评定方式可考虑：样品检测、生产现场审核、书面调查、历史数据分析、了解同行的评价和供应商的信誉等。

表6－4（续）

条　文	解　释
3. 关键原料的采购 工厂应建立和实施文件化的程序对关键原料的采购进行控制，确保其所带来的VOCs释放不影响认证产品中VOCs释放量符合规定要求。 获得认证后，当关键原料的种类和来源发生变更时，在实施前应向认证机构申报并获得批准后方可执行	（5）工厂可根据所提供的关键原料对最终产品中VOCs释放的影响程度，对供应商采用不同的选择、评定准则和评定方式。 （6）对供应商的日常管理内容可包括：定期或不定期的重新评价；资源条件、质量保证能力、所提供产品的关键件等发生变化时的处理；所提供产品出现不合格时的处理；供货业绩统计分析等。 （7）对供应商的选择、评价记录包括合格供应商名录、供应商的质量保证能力评价记录、样品测试报告等；对供应商的日常管理记录包括供货业绩记录、重新评价记录、提供产品出现不合格时的处理记录、所采取的纠正措施或预防措施等。 （8）获得认证后，关键原料出现变更时，可能会对产品中VOCs释放产生影响，应及时向认证机构报告。在认证机构认可后方可在产品生产上使用变更后的关键原料，以保证产品中VOCs释放量一致性，维持认证的有效性
4. 关键原料使用和生产工艺的控制 工厂应建立和实施文件化的程序对关键原料的使用和生产工艺进行控制，确保认证产品的VOCs释放量符合规定要求。 获得认证后，当关键原料的最高使用量增大或生产工艺变化可能增加认证产品VOCs释放量时，在实施前应向认证机构申报并获得批准后方可执行	（1）关键生产工序是指对形成产品的重要质量特性起关键作用的工序。 （2）通常可以对所识别的关键原料和关键工序加以标识，标识方法可以是在原料或工位上挂牌，工艺文件上盖章，工艺流程图上做标识。 （3）关键原料的使用和生产工艺文件是对产品中VOCs释放有直接影响的，需要对其通过工序作业指导进行控制，指导操作者进行生产、加工和对工序实施监控的文件，保证产品中VOCs释放量符合认证要求。这类文件也可称为工艺作业指导书、工艺卡、工序卡等。通常，工序作业指导书的内容包括：工艺的步骤、方法、要求等；必要时，还包括对工艺过程监控的要求和需形成的记录。 （4）获得认证后，当关键原料的最高使用量增大或生产工艺变化可能增加认证产品VOCs释放量时，直接影响到产品中VOCs释放量是否一致，关系到认证是否有效，需要向认证机构申报。在认证机构确认对产品中VOCs释放无显著影响后，才能在产品上执行新工艺或增加关键原料使用，维持认证的有效性

表6－4（续）

条　文	解　释
5. VOCs 释放量检测 工厂应建立和实施文件化的程序以确保在以下情况发生时对认证产品的 VOCs 释放量进行检测： a）新系列批量生产时； b）生产工艺及关键原料有较大改变时； c）每年至少对 VOCs 释放水平最高的认证产品进行一次检测。 工厂应对批量生产产品与检测合格产品的一致性进行控制，以确保认证产品中 VOCs 释放量持续符合本规则规定的标准要求	（1）本章规定了必须对认证产品进行 VOCs 释放量进行检测的情况，以保证认证产品的 VOCs 释放量水平的一致性。 （2）工厂应建立产品中 VOCs 释放检测的程序化的文件，并保存检测结果记录，以备核查。 （3）产品中 VOCs 释放检测要求通常应包括检验的项目、方法、放行准则等
6. 产品中 VOCs 释放量出厂确认 工厂应建立和实施文件化的程序对认证产品或包装上明示的产品系列名称、认证标志和相关标识是否与认证证书信息及相关规定一致进行出厂确认	（1）出厂确认是为提供认证产品持续满足认证标准要求的证据。 （2）由工厂策划并组织实施出厂确认，检验点在工厂或具备能力的机构，这种机构可以是企业实验室、第三方检测机构。工厂应对这些机构的能力进行评价确认。 （3）确认检验程序通常应包括：检验项目、内容、方法、频次、检验点、判定等内容。 （4）本条款要求形成的质量记录为出厂确认检验的记录或报告
7. VOCs 释放量不合格品的控制 工厂应建立和实施文件化的程序对 VOCs 释放量不合格品进行控制，包括： a）发现潜在 VOCs 释放量不合格品的途径； b）对已确认的不符合 VOCs 释放量规定要求的产品不能加施认证标志，并保存对其的处置记录	（1）不合格品控制范围涉及产品形成的各个阶段，包括：采购、生产过程、产品的贮存、搬运和包装等。 （2）不合格品的控制目的是防止不合格品被施加标识。 （3）不合格品控制程序中应包括对不合格品处置的职责、权限和控制要求，为消除不合格及针对不合格原因采取的纠正与纠正措施的途径。 （4）工厂可通过下列一种或几种方式，处置不合格品： 1）采取措施：防止不合格品的加贴标识、非预期使用或应用。措施包括对不合格品进行标注、隔离等； 2）制定有关不合格品控制的规定。 （5）不合格品的处置记录包括记录不合格品的性质、不合格品去向。 （6）根据相关信息的分析、判断，针对可能发生不合格品的趋势制定预防措施，防止产生不合格品

表6-4（续）

条　　文	解　　释
8. 内部检查 工厂应建立和实施文件化的程序进行内部检查。确保VOCs释放控制体系的有效性和认证产品的一致性，并记录检查结果。 对工厂的投诉尤其是对产品VOCs释放量不符合实施规则中规定的标准要求的投诉，应保存记录，并作为内部检查的信息输入。 对检查中发现的问题，应采取纠正和预防措施，并保存相关的记录	（1）内部检查的目的是确保质量体系的有效性和认证产品的一致性； （2）内部检查程序应对检查的策划、实施和需保存的记录等做出规定； （3）应根据质量体系运行的实际情况和产品质量的稳定性策划检查方案、制定检查计划。质量体系的检查频次，应确保1年内的审核覆盖《工厂质量保证能力要求》的全部内容；产品质量的检查频次，应考虑涉及每年每一产品类别，并注意与产品确认检验的结合； （4）检查人员应具备相应能力，实施质量体系的检查人员应与受检查区域无直接责任关系； （5）应检查对工厂的投诉尤其是对产品VOCs释放量不符合实施规则中规定的标准要求的投诉的处理情况。对检查中发现的问题，责任部门应及时采取纠正措施，工厂应组织对纠正措施的实施结果及其有效性进行验证。对发现的潜在问题，可从问题的性质和对产品质量的影响程度上来考虑，确定预防措施的需求； （6）每年至少出具一份内审报告。报告应对质量体系运行的有效性及认证产品一致性做出评价； （7）本条款要求形成的质量记录包括：外部投诉记录，内审策划、实施、总结的相关记录，针对内审中发现的不符合项采取纠正措施及验证的记录
9. 产品标识 产品标识应符合GB/T ×××《家具中挥发性有机化合物释放量标识方法》。工厂应按实施规则要求将认证标志加施在产品或包装上	（1）本条规定认证合格后使用的标识为家具中挥发性有机化合物释放量标识，标识的使用需要符合相关国家标准。 （2）工厂应按规则要求使用标识，并做好施加标识的记录

认证产品的一致性主要保证获得产品认证的产品的名称、规格型号以及生产者（制造商）、加工场所等相关内容应当与产品认证证书中描述的内容相一致，确保认证的产品所需的工艺、材料、设备、人员资质等方面未发生认证机构未认可的变更。因此在编制《家具产品中VOCs释放标识认证工厂质量保证能力要求》时重点关注了影响家具产品中VOCs释放的关键原料的采购、关键原料使用和生产工艺的控制，同时对于家具产品中VOCs释放检测和出厂确认也提出了要求，这是保证家具产品中VOCs释放量重要的验证手段和最后控制程序。对于木家具，使用的涂料、胶黏剂、人造板是其VOCs释放的重要来源，涂刷、胶合等工艺是影响木家具VOCs释放的重要工艺，这些原材料及工艺在工厂检查和工厂质量能力保证中均是重点关注的。[7]对于沙发，使用的皮革、织物、填充物等是其VOCs释放的重要来源，海绵粘贴等工艺是影响沙发VOCs释放量的重要工艺，这些原材料及工艺在工厂检查和工厂质量能力保证中均是重点关注的。对于床垫，纺织品、泡

沫塑料等的VOCs释放的重要来源，发泡、粘贴、印染等工艺是影响床垫VOCs释放量的重要工艺，这些原材料及工艺在工厂检查和工厂质量能力保证中均是重点关注的。[8]

三、家具产品中VOCs释放认证文件体系基本建立

通过对认证认可相关规章及研究资料的梳理、家具VOCs释放标识认证的调研，作为自愿性产品认证的家具VOCs释放标识认证模式采用国际通用的第五种模式。依据课题2016YFF0204503对家具产品中VOCs释放量研究编制的国家标准《木家具中高关注度挥发性有机化合物限量》《软体家具产品中高关注度挥发性有机化合物释放浓度要求》，起草了《木家具VOCs释放量标识认证技术规范》《软体家具——沙发VOCs释放量认证技术规范》和《软体家具——床垫VOCs释放量认证技术规范》。根据编制的《家具挥发性有机物释放量标识认证实施总则》，分别编制了《木家具VOCs释放量标识认证技术规范实施细则》《软体家具——沙发VOCs释放量标识认证技术规范实施细则》和《软体家具—床垫VOCs释放量标识认证技术规范实施细则》。初步形成了家具VOCs释放标识认证的技术文件，为开展家具VOCs释放标识认证提供了技术依据。今后将开展家具VOCs释放认证，并根据认证反馈和标准发布，修改完善家具VOCs释放标识认证技术文件。

四、家具产品中VOCs释放认证流程[4]

按照总则的要求，家具产品中VOCs释放认证流程如图6－10所示，主要包括申请、资料评审、签订认证协议、初始工厂检查、认证决定、颁发证书、获证后监督。企业递交申请资料，认证机构评审资料的合规性，在申请资料符合认证需求时，申请企业和认证机构双方签订认证协议，明确双方在认证过程中的权责，完成认证的委托和受理的环节。若申请企业递交的资料不符合认证需求，认证机构应退回申请资料，并告知申请企业需要补充或完善的资料。认证机构在接受申请企业认证委托后，需要组织初始工厂检查，在确定现场检查员和时间后完成工厂现场检查质量体系和抽检样品，将抽检样品邮寄给检测机构，完成初始工厂检查、产品抽样检测环节。根据初始工厂检查结果和抽检样品检测结果，做出认证决定，完成认证结果评价与批准环节。若申请企业符合认证要求，认证机构将在规定的期限内向认证机构颁发认证证书。若申请企业出现可整改的不符合项，认证机构应告知企业限期整改后再次开展现场检查。若申请企业出现严重不符合项，认证机构应告知申请企业，并终止认证。申请企业在获得认证证书后，在认证证书有效期内，每年将开展获证后监督，完成获证后监督的环节，保证申请企业生产通过认证的家具产品持续符合认证要求。

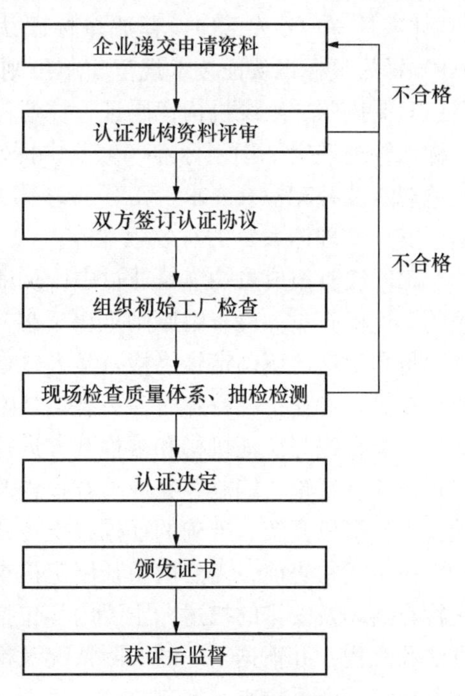

图6－10　认证流程图

在认证流程中，初始工厂检查是评价申请认证工厂的质量保证能力及认证产品的一致性与产品认证准则的符合程度，判断工厂是否具备持续稳定生产符合认证要求的产品的能力，为认证机构做出认证决定提供依据，是认证过程中一个重要环节。工厂检查包括策划与准备、检查中的会议、内/外部沟通、现场信息收集、样本识别和抽样、不符合项及不符合报告、检查报告和结论、检查后的活动。

家具工厂检查的策划与准备主要包括确定检查范围、检查准则、检查组的组成，编制检查计划，准备检查表和检查记录。

核查范围主要需确定产品范围和生产区域。对于家具行业而言，存在OBM、ODM和OEM多种情况，因此某种家具品牌可能会包含多家生产场所和区域，此时则需依据工厂申请文件确认申请组织名称以及注册地址、制造商名称以及制造商注册地址、生产企业名称以及生产地址。产品范围依据相应技术规范进行划分，如木家具、软体家具——床垫、软体家具——沙发等。同时需要给定认证家具产品的规格、型号以及注册商标等。认证机构通过申请书对申请认证的产品范围以及生产区域进行确认和评审。如果工厂检查组在检查现场发现场所范围有变化时，应首先同申请人进行沟通，确认范围的变化。当变化的范围超出工厂检查组的授权范围时，应向认证机构报告，并按批准的范围进行检查。

检查准则包括申请书、家具产品中VOCs释放技术规范（《木家具VOCs释放量标识认证技术规范》《软体家具——沙发VOCs释放量认证技术规范》《软体家具——床垫VOCs释放量认证技术规范》)、实施细则（《木家具VOCs释放量标识认证技术规范实施细则》《软体家具——沙发VOCs释放量标识认证技术规范实施细则》和《软体家具——床垫VOCs释放量标识认证技术规范实施细则》）以及认证机构规定的工厂检查文件（如申请书、营业执照、组织机构代码证、注册商标复印件、《工厂质量保证能力要求》等)、认证标识管理规定（国家标准《家具中挥发性有机化合物释放量标识方法》)、认证机构的相关规定及补充检查要求、工厂管理体系文件（质量管理体系、环境管理体系以及职业健康安全管理体系）的有效版本等。

工厂检查组成员均应是通过中国认证认可协会（CCAA）考核合格，并经认证机构聘用的工厂检查员。检查组原则上由2名（含）以上检查员组成，并根据工厂检查产品种类数量和生产区域确定最终检查员人日数。检查组中至少应有一名与被检查产品相关的专业检查员，专业情况特殊时，可聘请技术专家，技术专家不承担检查任务。检查组组长职责包括检查组与认证机构和被检查方进行沟通、负责检查工作、承担检查任务、指导检查组得出检查结论、编制并完成检查报告等。检查员职责包括按分工独立承担检查任务，为检查报告提供真实、准确的证据，支持并配合组长的工作等。

在正式检查前，需要由组长制定检查计划并以书面等形式告知企业。检查计划是对一次检查活动及安排的描述，主要内容包括需依据认证要求，以产品为主线确定检查路线、方法和流程，并根据工厂的实际情况及检查组成员的专业特点进行分工。如针对企业基本状况核实、资质检查、控制文件、家具生产车间现场核查以及抽查检测报告等方面。此外，检查计划包括受检查方名称、检查目的、检查范围、检查准则、检查组成员、检查日期、保密承诺、查日程安排、检查组长签字、被检查方代表签字。检查计划需要根据申请工厂提供资料，确定影响VOCs释放的原材料及工艺，确定现场检查的重点。对于木家具而言，涂料、胶黏剂、人造板等是对木家具VOCs释放有重要影响的关键原材料，检查计划可重点检查这些原料的资料。涂刷、胶合是木家具制造过程中对产品 VOCs 释放有重要影响的工艺，在安排现场检查时可重点检查。对于沙发而言，皮革、植物、填充物、海绵胶等是对沙发 VOCs 释放有重要影响的关键原材料，检查计划可重点检查这些原料的资料。海绵粘贴等工艺是沙发制造过程中对产品 VOCs 释放有重要影响的工艺，在安排现场检查时可重点检查。床垫，纺织品、泡沫塑料等是对床垫 VOCs 释放有重要影响的关键原料，检查计划可重点检查这些原料的资料。型材发泡等工艺是床垫制造过程中对产品 VOCs 释放有重要影响的工艺，在安排现场检查时可重点检查。对于存在 OBM、ODM 和 OEM 多种情况，需要根据申请企业实际情况确定影响产品 VOCs 释放的关键原材料及制造工艺，确定现场检查的重点。

检查表可使检查员在检查过程中始终遵循既定的目标，正确执行检查意图，按计划、有序地收集相关证据，减少随意性，有节奏而完整地开展检查活动。检查员应根据检查计划的安排和检查准则的要求，针对各自分工范围的部门和要素编制检查表。要有全局意识，按照检查计划确定的重点，兼顾全面，不得遗漏要素。对于家具 VOCs 释放标识现场检查，重点需要检查涉及影响产品 VOCs 释放的过程、记录及相关人员的能力水平。检查记录需要描述的事实完整，给出的信息充分，涉及时间、地点、当事人、文件、记录、设备、产品时，要使描述具有重查性、再现性、可追溯性。

工厂检查中的会议主要包括首次会议、检查组内部沟通会和末次会议。首次会议通常由检查组主持，参会人员为检查组成员、工厂质量负责人及各相关部门的管理人员。首次会议目的是使检查组和被检查方都知晓即将要进行的工作。检查组内部沟通会为末次会议召开之前的内部沟通会，可在现场检查之前、过程之中及末次会议召开之前进行。检查组内部沟通会主要是对收集的全部证据进行整理、分析，并做出判断；根据不符合项的具体情况确定验证方式；得出检查结论，形成检查报告；做好末次会议的准备工作，特定情况下，还需对检查结果未达成共识可能会引起的意外情况做好充分的应对准备。末次会议通常由检查组长主持，参会人员与首次会议相同。主要目的是通报检查结论，解释后续工作事项。

内部沟通可在现场检查之前、过程之中及末次会议召开之前进行。内部沟通主要是检查方案的制定，检查任务的安排；对不符合检查准则的证据进行充分讨论，确定不符合项和验证方式；得出检查结论。内部沟通可采用内部会议、检查小组/检查员之间的随时交换信息等方式进行。外部沟通可在现场检查之前、过程之中及末次会议召开之前（内部沟通后）进行。外部沟通主要是检查计划的确认（包括检查时间、检查员的确认），必要时进一步了解受检查方的情况；每天检查结束后将当天检查的情况做简要通报；适宜时，在末次会议之前将检查结果和不符合项向被检查方领导通报。外部沟通可采用会议、非正式场合随时交换信息等方式进行。

现场信息收集包括与相关人员面谈，查阅文件、资料与记录，观察相关人员的操作、抽样检测等。需确认的信息包括企业基本状况核实（企业名称、加工场所、产品名称及种类是否与申请文件一致，属于 ODM 还是 OEM 等）、资质检查（营业执照、组织机构代码注册商标是否与申请文件一致）、职责和资源检查（是否明确规定与家具产品 VOCs 限量控制活动的职责权限，推进部门是否明确，负责人是否指定同时能够理解认证实施规则的要求、是否制定与家具产品 VOCs 释放控制有关的关键岗位人员能力要求，该类岗位人员是否具备相应的能力）、文件和资料管理（企业是否依据认证实施规则编制相应的控制文件、是否建立文件化程序、文件是否有效运行、是否有效管理等）、涂料、胶黏剂、人造板、皮革、海绵填充物、纺织品、泡沫塑料等关键原材料采购的控制（影响VOCs释放的关键原材料采购是否建立文件化的程序进行控制，是否对关键原料的供方进行评价、原材料是否具备检验报告等）、生产过程中对关键原材料的控制（是否建立和实施文件化的程序对关键原料的使用进行控制、检查每批产品所下达任务单是否严格执行相关要求）、抽查家具生产车间现场以及检测报告等方面、产品一致性确认（是否符合认证实施规则的要求、包装箱以及产品合格证是否与认证证书信息一致、出厂记录是否符合文件规定等）、不合格品的控制、产品标识（是否依据国家标准《家具中挥发性有机化合物释放量标识方法》制定标示管理规定、产品包装箱是否加施满足国家标准《家具中挥发性有机化合物释放量标识方法》要求的标示，产品类别是否与认证证书一致等）。

在现场核查过程中，需要和相关人员面谈与检查范围内实施活动或任务的适当的层次并具有相应的职能的对象面谈，找到所需的可行证据，做好要点记录。查阅文件主要关注其有效性、符合性、可操作性及管理。查阅记录主要关注其客观性（真实性）、完整性、可追溯性及其管理。查阅文件和记录时，应记录有价值的线索和下一步检查时所需的信息，查阅文件和记录贯穿于检查的全过程，是收集证据最直接、最客观的取证方法。重点观察影响产品VOCs释放相关工艺的人员操作，应认真观察现场的场景，包括现场的环境、生产设备的状态、发生的活动、人员的操作、张贴的信息、标识及标记、产品状况等。发现与检查准则不符合的证据时，记录的信息要准确、全面，对事实发生的地点、时间、当事人、对应事物的特定标识或标记做详细记录。现场抽样送检获取信息是产品认证的一致性控制重点。现场抽样应根据产品及工艺情况，选取污染因素最多或最复杂的样品作为抽样产品。

检查员按检查计划的分工编制检查表时，应根据分工范围内的要素和部门，识别并选取样本。检查员应随机抽取有代表性的样本。抽取样本时，应依据实施细则中各项要求，要考虑突出重点和覆盖面相结合；适度均衡，照顾全面；在发现有价值的线索时，可适当扩大抽样。检查员应按检查计划和检查表的提示独立抽取样本，不能接受被检查方刻意安排的样本。

不符合项是指在检查过程中发现的不满足检查准则要求的事实。不符合事实的描述应注意所描述的事实完整，给出的信息充分，包括：涉及时间、地点、当事人、文件、记录、设备、产品时，要描述准确，使之具有重查性、再现性、可追溯性；文字简练，用词准确；描述事实，不做评论；不带感情色彩、不推测；引用准则时，力求与不符合事实有直接关联。不符合报告是将不符合事实以书面形式表述的一种记录，检查组应以不符合报告方式告知申请企业不符合项。

检查组长编制检查报告，向认证机构报告工厂检查情况。检查组长应将完整、准确、简明和清晰的检查报告提供给认证机构。检查报告的内容包括检查目的、范围及准则；被检查方；检查组长和成员；现场检查活动实施的日期和地点；检查发现（或内容）；检查时涉及的产品范围；指定试验报告；检查结论等。检查结论前应考虑：工厂遵守国家法律、法规的情况；工厂质量保证能力的符合性、适宜性和有效性；认证产品的一致性；指定试验的结果等。检查结论包括以下情况：

（1）无不符合项，工厂检查通过；

（2）存在（少量）不符合项，工厂应在规定的期限内采取纠正措施，报检查组验证有效后，工厂检查通过。否则，工厂检查不通过；

（3）存在（大量）不符合项，工厂应在规定的期限内采取纠正措施，检查组现场验证有效后，工厂检查通过。否则，工厂检查不通过；

（4）存在（严重）不符合项，工厂检查不通过。

检查的后续活动主要包括不符合项的验证和检查结果的上报。不符合项验证包括书面验证和现场验证。书面验证适用于不符合项的事实不直接影响产品满足认证特性的要求，不带普遍性且易于纠正的。不符合项的事实可能会导致产品不满足认证特性的要求；某要素、某部门涉及的要素普遍未得到有效控制；内审、外审时发现的不符合项未得到有效纠正而重复发生都应进行现场验证。现场检查结束后，检查组长整理与检查相关的资料和记录，上报认证机构。无不符合项时，应在现场完成必要的签字手续和文件资料的整理，按期上报认证机构。有不符合项时，检查组对不符合项所采取的纠正措施验证有效后，将验证有效的证实性文件资料进行整理，和其他相关资料和记录一起上报认证机构。

第三节　认证技术推广应用的研究

通过建立家具中 VOCs 释放量标识方法，为家具产品中 VOCs 释放认证结果的公示提供了方法。开发家具中 VOCs 释放量认证平台，采用信息化手段服务认证过程，提高认证效率，便于认证资料的信息化管理，也为今后通过平台宣传标识提供了信息化基础。通过编制认证机构、认证人员和检测机构的要求，提出自律的要求，为认证在推广过程中的质量保证提供制度支撑。

一、家具中 VOCs 认证标识的研究

（一）标识的作用

在市场交易中，由于供方对于产品（服务）质量、企业（组织）管理、机构和人员能力等掌握的信息远远大于购买商或消费者，这就是信息不对称。如果这种信息不对称严重到一定程度，不仅制约市场机制优胜劣汰作用的发挥，甚至交易本身也很难实现。

标识是以公示合格评定结果的方式，向社会传递有关法规、标准和技术规范符合性的信息。由于广泛存在信息不对称的问题，需要用标识来传递产品或服务符合性信息，减轻信息不对称带来对交易的阻碍。由于技术、管理过程的复杂性及交易范围的广泛性，第一方和第二方的合格评定结果很难取得需方及社会公众的普遍信赖，从而难以达到有效解决信息不对称问题的目的。而由于认证由利益独立的、具有较强专业背景的机构进行合格评定，因此其评定结果更加客观、公正，而且通过一种颁发认证证书、许可使用标识的方式，公开向购买商、消费者以及社会公众传递认证对象是否符合有关法规、标准和技术规范规定的信息，更容易获得各方的信赖。[9]

通常，对于标识使用的控制是通过标识所有者或代表所有者机构（认证机构）颁发的许可来实现的。控制标识的使用，对于标识许可都是至关重要，加贴其标识的产品是在

通过合格评定认定的质量体系控制下生产的，是标识所有者或代表所有者机构（认证机构）对产品的质量信用担保。因此只有通过标识所有者或代表所有者机构（认证机构）合格评定的产品才能加贴标识。[10]

（二）国内外家具相关标识的现状

欧美国家的相关部门和行业组织建立了多个旨在控制室内材料物品VOCs散发的标识体系，标识从单一级别标识变为分级标识，目标污染物数量逐渐增加，污染物释放阈值更加严格，VOCs释放标识体系在欧美运行30余年，效果明显，产品的VOCs释放水平显著下降，具体已在第一章中详细介绍。

（三）家具产品中VOCs释放量标识

鉴于我国家具产品中VOCs释放标识的空缺，必须建立统一的VOCs标识，才能使消费者在选购家具时知晓家具产品中VOCs释放量的符合性，帮助消费者选择，解决信息不对称的问题。另外通过加贴标识公布VOCs释放量，也可倒逼家具生产企业技术改进，逐步降低我国家具产品中VOCs释放水平，促进产业环保发展。

由前述家具产品中VOCs释放认证需求的调研可以看到，建立家具产品中VOCs释放标识认证十分必要。因此，在2017年由国检集团牵头申请家具产品中VOCs释放标识国家标准，2018年成功立项国家标准《家具中挥发性有机化合物释放量标识方法》(计划编号20180881－T－607)。标准立项后通过收集国内标识标准、走访家具企业、召开行业研讨会，汇总已有标识资料和业内对标准的意见，完善标准文本和标识设计。该标准经过起草、公开征求意见、会议审查，已于2019年11月通过标准审查，形成了标准报批稿，后续将按国家标准制定程序报批。

《家具中挥发性有机化合物释放量标识方法》报批稿主要包括术语和定义、标识方法、标识和标识二维码，该标准适用于家具中挥发性有机化合物释放量标识方法。标准给出挥发性有机化合物释放量标识的定义，表明标准中标识是一种信息标签，用于表示家具中VOCs释放量符合规定标准要求的信息标签。

在标识方法中规定了家具中挥发性有机化合物释放量标识方法，包括符合标准的要求和标识方式。木家具中VOCs释放量应符合《木家具中高关注度挥发性有机化合物限量》的规定，软体家具中VOCs释放量应符合《软体家具中高关注度挥发性有机化合物释放浓度要求》的规定。达到标准中规定要求的，家具生产企业可在家具上和使用说明中标注出家具挥发性有机化合物释放量标识（以下简称标识）。

图6－11　标识图案示意图

标识部分包括图形样式、含义、规格和要求。标准中给出了标识的图形样式，如图6－11所示，并提出可配有标识二维码及其放置位置。该标识整体颜色为绿色，核心部分是“合格”字样，同时配有中文“挥发性有机化合物”、英文“Volatile Organic Compounds”的标注，并采用一圈橄榄枝形状的图案包围起来，表示符合规定的标准要求。标识核心是代表产品符合家具中 VOCs 释放量标准的要求。标识可根据产品尺寸决定大小，但不能改变标识比例。标准在附录中给出了标识的比例样式、字体、颜色。标准规定了标识的标注形式，且标识应清晰可见，且不应损害家具的使用性能，不损坏家具涂覆层，同时对标识的粘贴部位进行了说明。

标识二维码作为标识一个选配部分，标准中规定了信息内容、功能区和规格样式。标识二维码是给想展示家具产品中 VOCs 释放量的企业设计的，为今后逐步开展符合标识要求的家具公示其 VOCs 释放量预留的区域，这也是符合国外标识在实施后管理区域严格趋势和满足消费者更多知情权所做的储备。标识二维码内至少包含信息包括生产企业名称、生产日期/批号；产品名称、规格型号；执行标准号；执行标准中 VOCs 种类及限量；声明“本家具中挥发性有机化合物的释放量符合限量要求”。标识二维码内容采用功能区进行划分，由“标题区”和“信息区”两个功能区组成，样式见图 6－12。“标题区”位于标识顶端，显示标识名称信息。标题区左侧为企业标志，右侧为标题名称。标识名称为“家具中挥发性有机化合物释放量”，对应英文大写的“EMISSION OF VOLITLE ORGANIC COMPOUNDS FROM FURNITURE”，采用中文居上，英文居下的方式排列。“信息区”分为“家具基本信息区”和“VOCs 释放量信息区”两部分。“家具基本信息区”位于信息

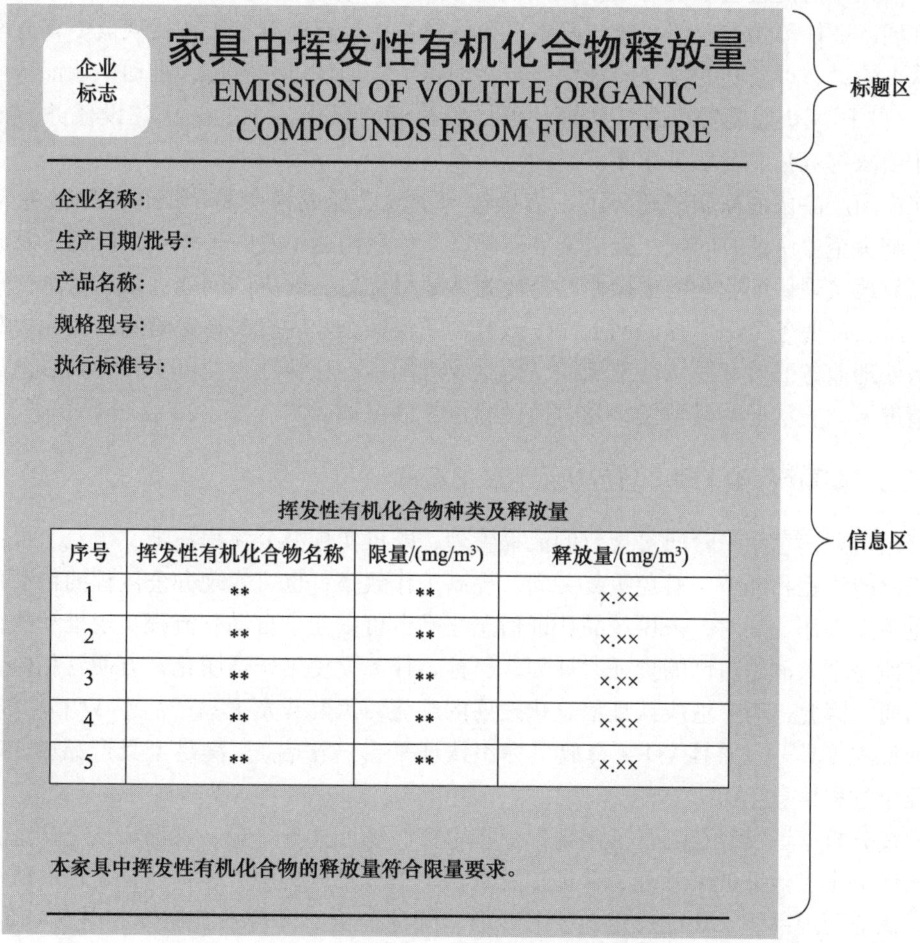

企业标志

家具中挥发性有机化合物释放量
EMISSION OF VOLITLE ORGANIC
COMPOUNDS FROM FURNITURE

标题区

企业名称：
生产日期/批号：
产品名称：
规格型号：
执行标准号：

挥发性有机化合物种类及释放量

序号	挥发性有机化合物名称	限量/(mg/m³)	释放量/(mg/m³)
1	**	**	×.××
2	**	**	×.××
3	**	**	×.××
4	**	**	×.××
5	**	**	×.××

本家具中挥发性有机化合物的释放量符合限量要求。

信息区

图 6－12　标识二维码信息样式示意图

区的上部，包括企业名称、生产日期/批号、产品名称、规格型号、执行标准号等；“VOCs 释放量信息区”位于信息区的下部，包括 VOCs 种类、限量、释放量等，以及声明“本家具中挥发性有机化合物的释放量符合限量要求”。标识二维码的信息样式应简单明晰，易于消费者理解。家具企业也可根据企业实际，设计标识二维码信息样式，但家具企业设计标识二维码信息的内容应包括执行标准号；执行标准中 VOCs 种类及限量；声明“本家具中挥发性有机化合物的释放量符合限量要求”的内容。

标准制定主要针对家具中 VOCs 释放量标识的内容及标识样式，在制定过程中充分征求家具行业相关院所、质检机构、生产企业、经销企业等单位的意见和建议，力求制定后的标准具科学性和可操作性，以利于进一步完善家具产品中 VOCs 释放标识的适用性，倒逼企业进行工艺改进，促进行业技术进步，规范市场秩序，保障消费者合法权益。

二、家具产品中 VOCs 释放量标识认证集成平台的研究

（一）认证信息化现状

在我国经济和社会发展，尤其是改革开放发展进程中，认证认可工作具有举足轻重的地位，信息化是促进认证认可发展的一种重要手段，国家认监委推动认证认可信息化建设，开展认证认可相关业务系统与网络平台的建设、运行和维护工作。认监委官方网站把认证认可信息、可公开的数据向社会公布，加强了认证认可的宣传，推动了认证认可事业的发展。[11]国家认监委发布的《认证认可检验检测信息化“十三五”建设任务与行动计划》中要求提高信息化服务水平。

在中国产品认证互联网趋势下，信息技术手段已经成为产品认证行业新的业务增长点。为解决企业认证时间长、报送文件需邮寄、信息沟通不及时等痛点，便捷、及时、准确、高效地实现认证业务网上操作已经成为认证机构急需解决的问题。认证信息化平台服务于产品认证业务全部流程的网上操作，节约了认证企业的材料递送时间，大大提高了认证机构处理业务的效率及认证准确性，信息及时同步，让认证企业可实时看到自己认证业务申请进展。为认证的科学性，及时性做出可靠的保证。[12]

（二）家具产品中 VOCs 释放认证信息化需求

产品认证信息化平台通过规范的流程管理，既可实现办公流程清晰、规范、可控，消除不必要的流程和环节，避免重复劳动，提高工作效率；也可实现办公流程的自动化，减少大量手工操作。同时，采用产品认证信息化平台可以通过自动化流程实现推动执行，即系统可使每个人清楚自己的责任、计划、目标、任务，使工作透明化，方便互相监督、指导和沟通。因此，为了适应认证信息化发展的趋势，需要开发家具产品中 VOCs 释放量标识认证集成工具——家具 VOCs 释放量标识认证平台（平台），满足家具产品中 VOCs 释放认证全过程信息化需求。

通过分析认证过程包括认证申请、受理审核、认证任务分配、现场审核、认证资料提交、认证决定、认证证书管理、认证信息查询，平台集成的服务包括认证受理、认证企业管理、认证管理系统、认证决定、证书管理、统计分析，平台系统构架如图 6 - 13 所示。认证受理实现认证机构决定是否受理家具产品中 VOCs 释放认证申请，决定接受的进入认

证管理流程，决定不接受的给出理由并告知申请企业。认证企业管理实现家具企业在线申请家具产品中 VOCs 释放认证，提交认证申请所需要的文件或补充文件。认证管理实现接受认证申请后开展认证的管理，包括机构管理、人员管理、交派认证审核任务、认证审核策划、认证审核资料上传、认证监督策划等。认证决定实现认证机构根据认证管理提交的资料决定是否发放家具产品中 VOCs 释放认证证书。证书管理实现根据认证决定，实现认证证书生成、打印，管理证书信息。统计分析实现平台使用人员查询相关信息功能。

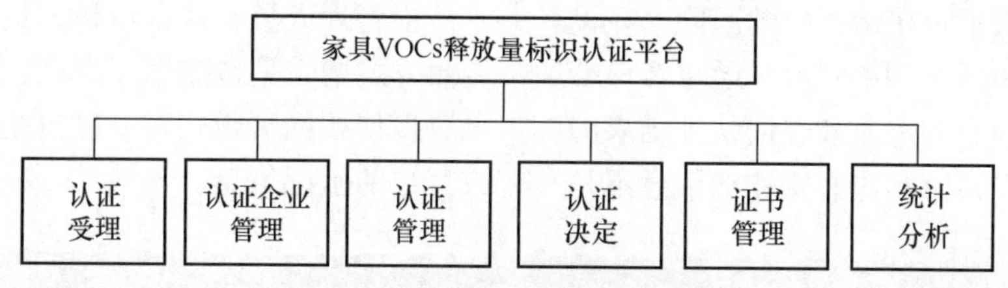

图 6－13　平台集成的服务框架

认证受理模块接受家具企业申请家具产品中 VOCs 释放认证资料，根据企业提供的资料决定接受的进入认证管理流程，如决定不接受的给出理由并告知申请企业。认证受理模块下面主要包括组织信息、项目受理、证书信息变更审核表、认证项目通知书等。组织信息主要录入申请认证企业的基本信息和联系信息。项目受理主要录入企业申请的认证范围、申请性质等信息。证书信息变更审核表主要是针对企业提供信息出现错误，提供更改申请审核功能。认证项目通知书是根据企业提供的资料确定是否接受认证申请，并告知企业申请结果。

认证企业管理实现申请家具产品中 VOCs 释放认证企业编号信息查询和联系信息管理。认证企业管理模块主要包括统计工厂编号和企业联系方式。

认证管理实现接受认证申请后开展认证流程的管理，是平台核心模块，包括人员管理、审核策划、认证审核资料上传等。人员管理主要是对平台工作人员进行信息管理，记录人员审核领域、经历及能力评价。审核策划主要是实现认证审核任务分派、查询，通知企业现场审核事宜，下达认证抽检检测任务等功能，认证审核资料上传实现向平台提交认证审核资料。

认证决定实现认证机构根据认证管理提交的资料，评定申请企业是否符合认证规范要求，在符合情况下决定发放家具产品中 VOCs 释放认证证书，在不符合情况下给出不予通过评定的理由。

证书管理实现根据认证决定，实现认证证书生成、打印，查询证书信息，包括证书颁发和证书查询。

统计分析实现平台使用人员查询相关信息功能，实现企业信息、证书信息、审核任务的统计，主要包括企业信息统计、证书信息统计、审核任务统计等。

（三）家具 VOCs 释放量标识认证平台的建设

根据确定的需求，课题按服务模块开发了平台。认证过程在平台中需要按照认证一般流程进行，认证流程包括认证受理、认证审核实施、认证评定、证书出具、获证后监督，平台流程控制要实现向下一个流程进行的流转，不能实现跳跃式流转，防范认证过程中流程上的风险发生。

平台在网络上只能向有权限的人员开发权限内的访问内容，因此平台风险控制技术是平台建设的关键。为解决平台安全问题，一个是从硬件上安装防火墙，增加平台硬件上安全性，另外是从平台设计和管理上增加平台安全性。在管理上，通过关键信息需要通过客户访问、授权人员方可查看关键信息、操作过程记录追踪和关键信息效验等实现增加平台安全性，降低平台在运行中的风险。在设计上，认证管理人员、认证审核人员平台采用客户端登录，如图 6 – 14 所示，通过客户端加密传输方式增强平台数据安全性。进入平台登记业务信息的家具企业和查询认证结果的客户可直接使用网页版登录，主要是方便家具企业和客户操作，而且这些操作的信息不是平台或客户的敏感信息。

图 6 – 14　平台客户端登录界面

平台登陆后的界面如图 6 – 15 所示，包括认证受理、认证企业管理、认证管理、认证决定、证书管理和统计分析。平台分包实验室模块也已开发完成，解决认证和检测不在同一家机构进行的问题。

平台主要服务于家具产品中 VOCs 释放认证，平台开发工作主要围绕家具产品中 VOCs 释放认证规范提出的要求，满足认证规范要求的电子化流程。在优化过程中要听取使用各方的意见，尽量满足认证审核人员和认证评定人员提出的需求，使平台成为家具产品中 VOCs 释放认证的最佳助手。同时平台也是展示家具产品中 VOCs 释放量标识的媒介，可利用平台网络开放的认证检测服务资源、认证标识信息介绍等公开信息，后续将考虑利用平台做好标识的宣传工作，扩大家具产品中 VOCs 释放量标识在行业内的影响力。

三、家具产品中 VOCs 释放认证管理研究[3]

随着社会对认证活动接受程度的提高，认证已逐渐成为政府管理助手和消费者选购的帮手。认证后效果如何，决定着认证行业的信誉，是认证机构能否巩固扩大认证成果的基础，更是政府机构是否支持认证行业发展的根本。随着我国认证市场的发展，认证活动或

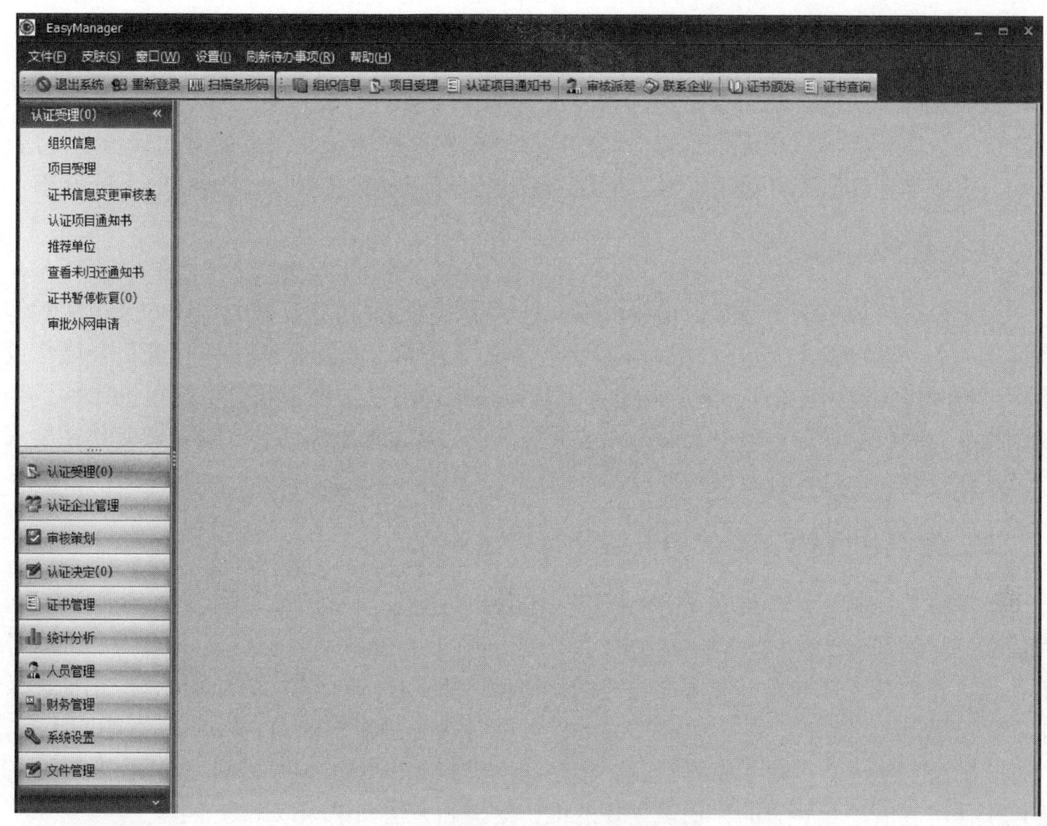

图 6－15　平台登录后的界面

多或少的出现了一些乱象和杂音。认证作为一种第三方机构与申请认证组织间的商业活动，除去对申请认证组织质量管理的规范外，增进其客户与消费者信任的附加作用。认证体系的持续运行，申请者使对应质量产品品质的提高，则是获得了一种质量信誉的保障。如果认证质量得不到保障，认证对有意向申请认证组织的吸引力就会大为下降，就是已取得认证资质的组织，放弃认证的情况也时有发生，因此必要的行业自律，对标识认证发展有着决定性意义。因此对家具产品中 VOCs 释放认证提出自律要求有利于塑造行业的信誉、有助标识认证的健康发展、便于主管部门监管。家具产品中 VOCs 释放认证从认证中涉及的机构和人员入手，编制了《家具产品中挥发性有机物释放量标识认证机构要求》《家具中挥发性有机化合物释放量标识认证　人员能力要求》和《家具中挥发性有机化合物释放量标识　检测机构能力要求》，作为行业自律的约束。

（一）认证机构要求

依据 ISO/IEC 导则 65《产品认证机构认可基本要求》以及 ISO/IEC 导则 2《标准化及相关活动的基本术语与定义》编制了《家具产品中挥发性有机物释放量标识认证机构要求》。该要求适用于国家对从事第三方家具产品中 VOCs 释放量标识认证机构批准和监督管理，规定了在中国境内提供第三方家具产品中 VOCs 释放量标识认证机构应满足的基本要求，为批准和监督管理提供依据。

（二）认证人员

认证人员是认证活动中重要的因素，编制的《家具中挥发性有机化合物释放量标识认证 人员能力要求》规定了家具产品中 VOCs 释放量标识认证人员能力的评价、使用、培训、发展和持续监控，适用于参与家具产品中 VOCs 释放量标识认证活动的人员管理。

（三）检测机构要求

为选择符合要求的实验室，确保承担家具产品中 VOCs 释放量标识认证的分包实验室环境条件、仪器设备及人员的配置满足要求，特编制了《家具中挥发性有机化合物释放量标识检测机构能力要求》。该文件包含了对检测机构的基本要求和具备评审的条件，环境条件、实验仪器设备要求以及关键岗位人员的能力要求及资格条件、质量管理体系要求以及应建立健全内部管理及检验制度。

四、家具中 VOCs 释放标识认证推广建议[1]

从源头上控制家具产品中 VOCs 释放是改善室内空气质量的最直接和最有效的方法，而建立科学的家具产品中 VOCs 释放体系，是从源头上控制室内空气质量的一个重要环节，也可在消费者选购建材及家具时考虑其环保性能提供引导作用，从而促使经销商以及生产厂家通过改进生产工艺、提高产品环保性能等措施提高对家具产品环保性能的重视，以迎合消费者需求。而对于家具行业，建立的家具产品中 VOCs 释放认证体系，其后续的推广工作也起着举足轻重的作用。主要的推广渠道和方法归纳为以下 3 点：

第一，增强相关知识教育。通过公开家具产品中 VOCs 释放认证文件，公示认证的技术指标、认证过程、结果公示等，让消费者了解家具产品中 VOCs 释放认证，通过潜移默化的过程增强大家对家具产品中 VOCs 释放认证的认识和信赖。

第二，加大宣传力度。国内认证制度由于均是自愿性认证，故企业申请认证的积极性不高。虽然基于《室内装饰装修材料木家具中有害物质限量》(GB 18584—2001) 标准，即便“十环”标志认证对材料制定了严于国家标准的技术要求，但对家具产品中 VOCs 释放未提出限量要求，故不能满足国内消费水平多层次的需求，而且尚未在消费领域形成知名并被广大消费者认可的认证标识。建立家具 VOCs 释放认证体系后，为提升认证标识的认知度，树立与巩固标识的重要性和主导市场地位，增强在消费者中的影响力，不管是认证机构还是生产企业，均需通过网络、电视、新媒体、厂商活动、展会等渠道进行大力度的宣传。此外，通过企业需及时将通过认证的家具产品告知消费者，可在家具产品上张贴标识，以此向消费者传达安全信息。

第三，政府引导市场。在市场资源配置中，政府的引导作用极为重要。尤其是对一些互联网发育程度较低的地区，政府对于经济的导向作用更是不可或缺的。此外，对于家具产品中 VOCs 释放的信息不对称问题，消费者很难准确了解相关信息，因此，对于家具产品中 VOCs 释放认证体系的推广，可向政府提出政策建议，在部分政府采购中作为参考指标等，引导社会逐渐接受家具产品中 VOCs 释放认证。

通过以上渠道的宣传和推广，引导消费者理性、透明地购买家具产品，减少家具产品中 VOCs 对环境、人体健康造成的危害，营造健康的居住环境。

参 考 文 献

[1] 王瑞蕴，韩光辉，尹靖宇．消费者对家具中挥发性有机物释放认证需求的分析［J］．家具，2018，39（03）：89－94．

[2] 陈璐，孙宏娟，俞海勇等．家具产品挥发性有机物（VOCs）释放标识及认证体系研究第2年度报告［R］．91110000101123421K—2016YFF0204505/02，2018．

[3] 陈璐，孙宏娟，王瑞蕴等．家具产品挥发性有机物（VOCs）释放标识及认证体系研究第3年度报告［R］．91110000101123421K—2016YFF0204505/03，2019．

[4] 石新勇．建材行业认证知识宝典［M］．第1版．北京，中国质检出版社，中国标准出版社，2015．

[5] 梁米加，赵改萍，汤玉训，邵立军．家具产品有毒有害物质限制认证的必要性和认证模式选择［J］．家具，2008（03）：39－42．

[6] 刘巍巍．家具VOCs散发标识中的若干关键问题研究［D］．清华大学，2013．

[7] 古鸣，黄松军．我国家具质量环保认证技术研究［J］．质量与认证，2019（12）：67－69．

[8] 车燕萍，盛露倩，张滨．床垫产品挥发性有机化合物释放量标识认证现状分析［J］．建材与装饰，2019（35）：61－62．

[9] 刘建辉，袁勋，旷乐．国际认证认可——质量管理与认证实践［M］．第1版．北京，清华大学出版社，2018：6－7．

[10] 全国认证认可标准化技术委员会．合格评定建立信任——合格评定工具箱［M］．第1版．北京，中国标准出版社，2011：28．

[11] 金锦长．聚焦认证认可信息化发展［J］．上海信息化，2012（06）：54－55．

[12] 张昊辰．产品认证信息化服务系统的设计与实现［D］．天津大学，2018．

第七章　家具中 VOCs NQI 技术的集成与示范应用的研究

第一节　示范企业的筛选

一、示范企业筛选的目的意义

为了使家具中挥发性有机化合物质量基础共性技术的落地实施，在全国范围内选择有技术能力、有转型升级积极性、有产品代表性、有行业影响力的企业来执行，非常必要，以点概面形成示范企业带动行业发展，推动家具行业节能减排，促使家具产业产品结构转型升级，实现绿色家具生产，促进市场和产业向更绿色和环保的方向发展，提升我国家具产品的国际竞争力等方面具有重要意义。

二、示范企业筛选的基本原则

研究成员在设计一系列筛选评价指标来筛选示范企业，评价指标遵循了以下五大原则。

（一）科学性原则

根据家具中 VOCs 标准物质、标准、检验检测、认证等 NQI 技术研究成果、降低家具产品中 VOCs 的技术措施与家具企业的发展速度、发展规模等相结合考虑，要客观真实地分析家具企业的内在能动性和技术能力、区域代表性、产品代表性等，力求全面、客观、科学。

（二）可比性原则

由于家具企业的经营方式、生产特点、产品类型等是不完全一样的，特别是企业规模大小不一样，水平参差不齐，单纯从评价指标的绝对数上看，有时往往是不可比的。因此对评估指标的含义、统计口径和范围，尽可能地应用相对数等形式加以标准化，确保指标的可比性。

（三）操作性原则

筛选评价指标应具有可操作性和可度量性。在示范企业招募时，设计的企业调查问卷尽量考虑到这些因素，避免出现难以回答和定义模糊等问题。指标体系的设置应尽量避免形成庞大的指标群或层次复杂的指标数，有些很难量化或没有可靠数据来源的指标原则上不予考虑。

（四）系统性原则

筛选评价指标中，各个要素都是整个体系中的一部分，且它们之间是互相关联的，每一个指标的变化都会引起整个企业综合得分指数的变化。

（五）定量和定性相结合的原则

筛选评价指标尽可能地采用已有的数据做定量分析，在遇到难以量化的指标时，则需要适当地加以定性分析。所以在企业调查问卷中有一部分选择题和最后的问答题，都作为分析题为企业评分做定性分析。

三、筛选评价指标的设计和评价要求

根据对企业的特点、产品分类，结合频度统计法、层次分析方法和专家咨询法的具体运用，将“家具示范企业”筛选评价的定量评价指标体系最终分解为八大评价要求：企业质量、企业规模、盈利能力、地域分布、生产产品种类、员工素质、管理体系和研发能力。家具示范企业必须同时达到 8 个评价要求，才能入选家具示范企业名录。

（一）企业质量

作为家具示范企业首先应为“良心企业”，即应近年来无国家、省级、CCC 专项抽查不合格的产品被曝光、应合规守法、无对社会造成不良影响的质量投诉或事件。有积极提升家具产品质量安全的主观能动性，有一定的技术能力。

（二）企业规模

家具行业全部规模以上企业 5 290 家（2016 年统计），2020 年为 6 387 家，其中大型企业约占 2%；中型企业约占 16%；小型企业约占 82%，虽然行业中小型企业比重所占较大，但就行业整体发展来分析，只有大中型企业（分类规定见表 7－1）能成为家具行业中的标杆企业，能助推家具企业转型升级，淘汰落后产能，能为家具行业的 VOCs 降低提供引领作用，达到家具产品 VOCs 总体释放水平降低 30% 以上。所以大中型规模的企业是本次研究的首要指标对象。

表 7－1　家具大、中型企业分类要求

指标名称	计算单位	大　型	中　型
从业人员数	人	2 000 及以上	300～2 000 以下
销售额	万元	30 000 及以上	3 000～30 000 以下
资产总额	万元	40 000 及以上	4 000～40 000 以下

（三）盈利能力

盈利能力是企业生存的首要能力。长期不能盈利企业是没有前途和潜力的，最终也会被行业所淘汰，因此盈利能力也应作为评价的一个重要指标模块。根据 2015 年家具行业情况分析，大型企业平均年主营业务收入 12. 57 亿元，比 2014 年增加 0. 94 亿元，同比增长 8. 04%；中型企业平均年主营业务收入 2. 86 亿元，比 2014 年增加 0. 17 亿元，同比增长6.15%；从不同规模企业主营业务利润率上看，家具行业大型企业主营业务利润率8.91%，比2014年增长1.25个百分点；中型企业主营业务利润率5.91%，比2014年增长0.06个百分点；小型企业主营业务利润率5.78%，比2014年增长0.06个百分点。故本筛选机制中所选企业应至少保持连续3年以上盈利。不同规模企业主营业务收入均值对比见图7－1，利润率对比见图7－2。

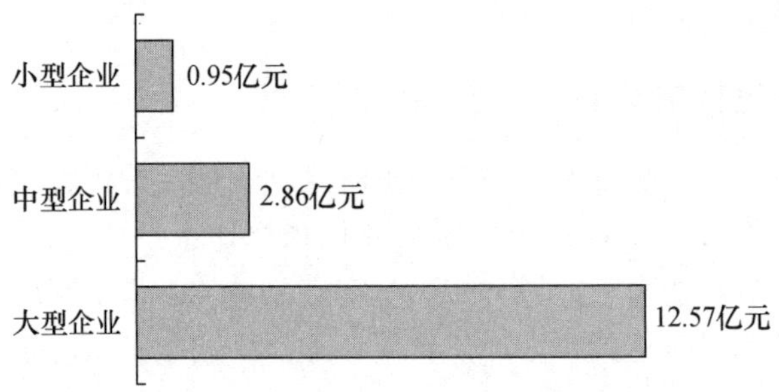

图7－1　不同规模企业主营业务收入均值对比

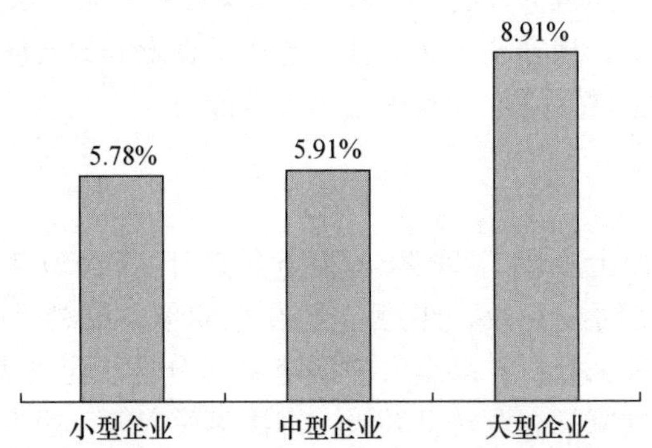

图7－2　不同规模企业主营业务利润率对比

（四）地域分布

由于典型应用示范企业必须能带动区域甚至整个行业发展，所以企业所在的地域的选择十分关键，要有代表性和独特性。结合家具行业区域发展的格局和比重，将我国家具生产企业区域分为东部地区、中部和西部地区、东北地区4个部分。2015年，全国家具行业完成累计产量7.70亿件，同比增长0.38%。其中，东部地区产量6.13亿件，占79.63%；中部地区产量0.95亿件，占12.29%；西部地区产量0.34亿件，占4.42%；东北部完成累计产量0.28亿件，占3.66%，见图7－3。东部沿海地区依然是我国家具的主产区，家具产量占比接近80%。但就增速来看，中西部地区的增长优势明显，中部地区同比增长8.18%，西部地区同比增长7.55%，见图7－4。

"十二五"期间，随着中西部地区行业投资的增大以及东部地区家具产业向中西部转移，中西部地区的家具产业得以快速发展，占全国家具行业的比重也逐渐扩大，我国家具产业布局开始趋向平衡（图7－5）。从主营业务收入的占比来看，东部从65.64%收窄为63.06%，而中部和西部则分别从15.07%和10.08%扩大为20.41%和10.40%。

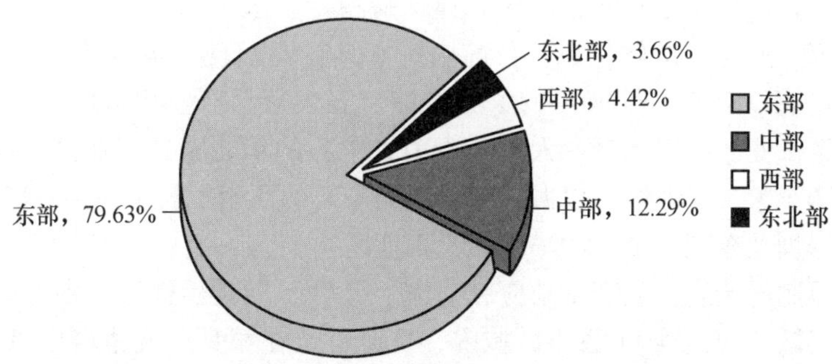

图 7－3　家具行业累计产量地区占比情况

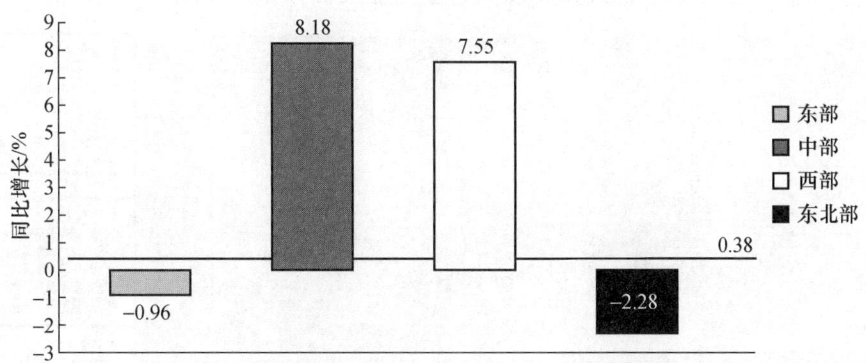

图 7－4　家具行业产量地区同比增长情况

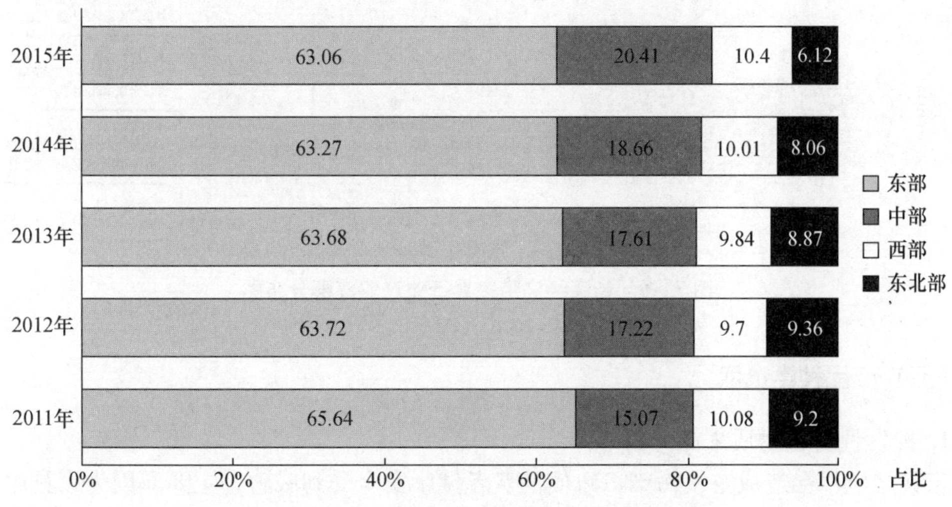

图 7－5　家具行业主营业务收入区域比重变化情况

东部地区家具行业主营业务收入仍占全国家具行业的大半部分。对于河南、四川、安徽等中西部地区，近年来已经逐渐成为家具生产的中坚力量。这些地区由于城镇化过程中本地居民有更多的消费需求，本地的家具市场将助力当地家具企业快速走上规模化的发展道路。东北地区在前几年主营业务占比总体保持稳定，但 2015 年起，辽宁、黑龙江等东北老工业区的家具业显现疲软状态。目前中国家具行业呈现“五分天下”的格局，五大家具产业集群目前集中了中国 90% 的家具产能。五大家具产业集群为：以沈阳、大连为中心的东北家具工业区；以北京、天津、唐山为中心的华北家具工业区；以上海、江苏、浙江为中心的华东家具工业区；以四川、重庆为中心的西南家具工业区；以广州及周边的顺德、中山、深圳及东莞为中心的华南家具工业区。

故本筛选机制所选企业生产基地应在广东、江西、湖南、江苏、浙江、福建、上海、河南、山东、安徽和四川等 11 省市区域内，且应首选在家具产业集群中进行企业应用示范，我国的产业集群主要集中在长江经济带，且形成了相对完整的产业链，产业集群在促进区域优势扩大，推动区域品牌成长，促进产业转型升级、带动中国家具行业整体水平的提升方面有突出的成效，长江经济带家具行业产业集群分布图见图 7－6。

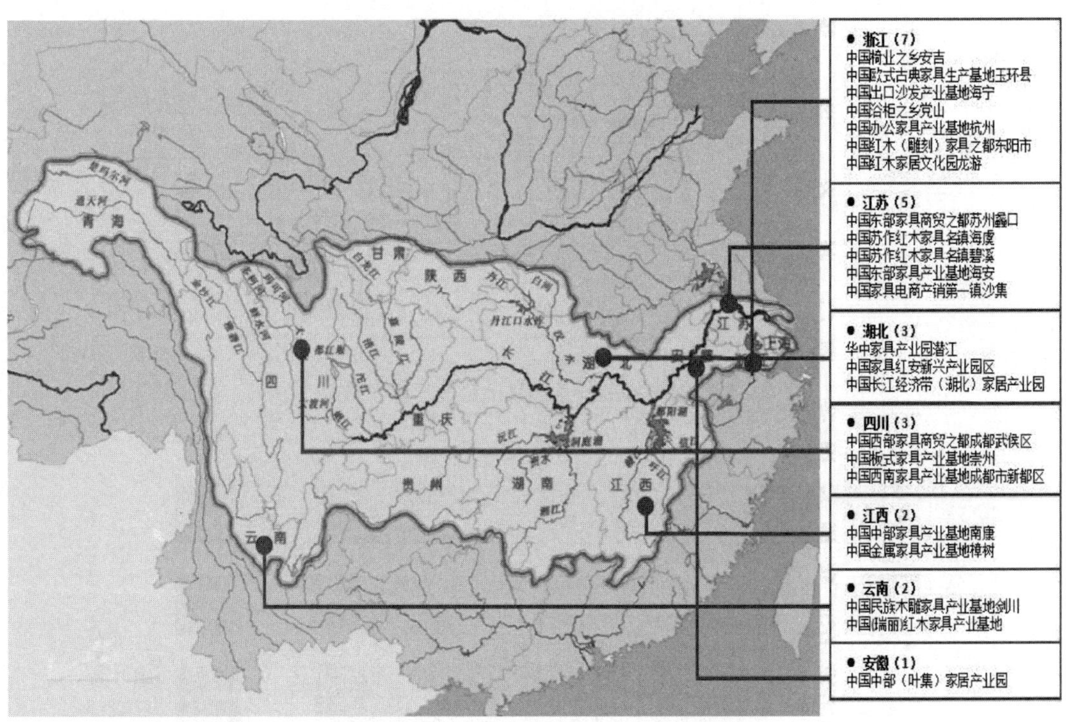

图 7－6　长江经济带家具行业产业集群分布图

（五）产品种类选取

1. 挥发性有害物质来源分析

家具之所以会造成空气污染，致使消费者健康安全受到威胁，主要原因为家具原辅材料及生产过程中使用涂料、胶黏剂等，这些物质存在挥发性有害物质，制成家具产品后，这些挥发性有害物质没有完全挥发所致。主要来源详见第二章。

2. 确定的产品类型

企业生产的产品种类主要包括产品的材质、尺寸、功能等方面。根据家具行业情况分析，木质家具制造的总额仍居首位，在一般家庭购置时，木家具的数量也远远超过沙发

（不包括木沙发）和床垫的数量，所以本筛选机制中的家具企业筛选时，侧重考虑其主要生产产品为木质家具的企业。

木质家具材质主要分为实木和综合类（板木和人造板），针对每种不同材质最主要生产的家具以及家庭所需不同功能的家具，本筛选机制中企业主要生产的产品应涉及以下至少 2 类产品：

——人造板的衣柜；

——书柜和餐桌椅；

——实木的床头柜；

——综合类的床头柜；

——双人弹簧软床垫；

——皮革单人沙发；

——单人沙发。

（六）员工素质

一个企业要生存、要发展，员工是最重要的，“人是第一生产力”。员工素质已经成为企业的核心竞争力。只有高素质的员工，才能提升企业的产品质量、管理水平、执行能力的综合效益。拥有一流的员工，才可能成为一流的企业。本筛选机制中主要以大专及其以上学历所占比率为依据，比例越大则说明企业中员工的综合素质潜力也就越高，企业员工的创造性和可塑性越强。故本筛选机制所选企业的员工大专以上学历所占比率应至少达到 10% 。

（七）管理体系

本筛选机制中示范企业应具备以下的管理体系：

1. 质量管理和环境体系要求

企业应建立并实施、保持和持续地改进文件化质量和环境管理体系，应对质量和环境记录的控制做出明确的规定。应有质量控制等文件化的程序，确保产品的持续化生产质量。应有质量记录的标识、储存、保管和处理的文件化程序。质量记录应清晰、完整。企业应有控制不合格产品的程序、有预防措施和纠正措施程序。

2. 采购控制要求

企业应建立控制采购质量的程序，采购文件应明确采购的原辅材料的要求，并经授权人批准。企业应建立采购的原辅材料的验证和放行的程序。

3. 样品储存要求

企业对产品贮存的场所、库房及贮存管理应做出明确规定。

4. 检验设备、检验过程、检验环境要求

企业应对检验、测量和设备的管理做出规定。企业应有充分的实验室检测资源配置、基本的生产设备和计量器具，生产设备达到行业先进水平；企业应对检测设备制定校准、周期检定计划，保证设备须经校准、检定合格方可使用。检测设备应放置在规定的环境条件下。检测设备维修保养后，使用前应进行校验或检定。企业应规定过程检验，检验完成前不得放行。应有保持适宜的生产、贮存所需的环境条件。

5. 内部审核要求

企业应建立内部审核程序。从事内部审核的人员应经过培训。内部审核后应形成审核报告，对质量管理体系有效实施做出评价。对审核中发现的问题应及时采取纠正措施，并有效跟踪。交付产品的验证应建立程序，交付产品的放行应经授权人批准。

（八）技术能力

技术能力是科技型企业自主创新能力的一个重要组成部分，我国当前正处于工业化加速发展的阶段，技术来源已从模仿和技术引进转向自主研发和技术引进相结合。增强技术能力要求企业加强研发活动的投入和人才储备。具有技术能力的企业更能适应市场和引领行业发展。技术能力指标模块分解成3个评价指标（见表7－2），企业取近3年的人均技术改造和升级经费平均支出比例、科研人员比例、有专利申请或授权，必须满足其中2条及以上要求。

表7－2　科研指标筛选条件计算及评价要求

筛选条件	计算公式	评价要求
近3年人均技术改造、升级经费平均支出比例达5%	3年技术改造、升级总投入/员工总数/3	
科研人员比例达5%	科研人员数量/员工总数	
近3年有专利申请或授权	—	

四、家具示范企业名录

根据上述筛选评价设计的指标和评价要求，示范企业有表7－3所示的34家。

表7－3　家具示范企业名录

序号	企业名称	属地	地址	类型	所属区域
1	喜临门家具股份有限公司	浙江	浙江省绍兴市二环北路1号	床垫	东部
2	浙江绍兴花为媒家私有限公司	浙江	浙江省绍兴市柯桥区福全镇五洋桥	床垫	东部
				床头柜	
3	浙江梦神家居股份有限公司	浙江	浙江省宁波市慈溪滨海经济开发区淡水泓2路	床垫	东部
4	南京金榜麒麟家居股份有限公司	江苏	南京高新技术开发区华盛路39号	床垫	东部
5	杭州恒丰家具有限公司	浙江	杭州市莫干山路祥符桥新文经济开发区南坝128号	沙发	东部
				衣橱	

表 7-3（续）

序号	企业名称	属地	地址	类型	所属区域
6	湖南星港家居发展有限公司	湖南	湖南省长沙市宁乡县金洲新区星港工业园	床垫	东部
7	烟台吉斯家具集团有限公司	山东	烟台市牟平区武五路 555 号	床垫 沙发	北部
8	浙江圣奥家具制造有限公司	浙江	杭州市萧山区经济技术开发区宁东路 35 号	办公家具	东部
9	亚振家具股份有限公司	江苏	江苏省如东县曹埠镇亚振桥	床头柜	东部
10	震旦（中国）有限公司	上海	上海市嘉定区申霞路 369 号	办公家具	东部
11	浙江恒林椅业股份有限公司	浙江	安吉县递铺街道夹溪路 378、380 号	办公家具 沙发	东部
12	永艺家具股份有限公司	浙江	浙江省湖州市安吉县递铺镇永艺西路 1 号	办公家具	东部
13	宜华生活科技股份有限公司	广东	广东省汕头市澄海区莲下镇槐东工业区	床头柜 办公家具	南部
14	佛山市南海新达高梵实业有限公司	广东	佛山市南海区狮山大涡塘工业区	办公家具	南部
15	东莞美时家具有限公司	广东	广东东莞市塘厦镇莲湖第一工业区环市东路 191 号	办公家具	南部
16	深圳市左右家私有限公司	广东	深圳市龙岗区南湾街道下李朗社区平吉大道 10 号	沙发	南部
17	东莞慕思寝室用品有限公司	广东	东莞市厚街双岗上环工业区	床垫	南部
18	贵州大自然科技股份有限公司	贵州	贵州省贵阳市高川东路 777 号	床垫	中西部
19	湖北联乐床具集团有限公司	湖北	武汉市洪山区团结大道联盟南路联乐工业园	床垫	中西部
20	福乐家具有限公司	陕西	西安市长安区郭杜街道办张康村仓台北路 9 号	床垫	中西部
21	明珠家具股份有限公司	四川	四川省成都市崇州市经济开发区崇阳大道 921 号	床头柜	中西部

表7-3（续）

序号	企业名称	属地	地址	类型	所属区域
22	重庆市朗萨家私（集团）有限公司	重庆	重庆市渝北区顺义路1号	床头柜	中西部
23	廊坊华日家具股份有限公司	河北	河北省廊坊市开发区芙蓉道10号	床头柜	北部
24	北京东方万隆家俱有限公司	北京	北京市通州区漷县镇南阳村村委会南800米	床头柜	北部
25	美克国际家居用品股份有限公司	天津	新疆乌鲁木齐经济技术开发区迎宾路160号（注册地址）	床头柜	中西部
				沙发	
26	北京黎明文仪家具有限公司	北京	北京市通州区中关村科技园通州园金桥科技产业基地景盛南四街18号	办公家具	北部
				沙发	
27	强力家具股份有限公司	北京	北京市通州区梨园南街1号	沙发	北部
				床头柜	
28	青岛一木家具集团有限公司	山东	山东省青岛市胶西杜村镇青岛一木工业园	床头柜	北部
29	广东联邦家私集团有限公司	广东	南海区盐步广佛公路平地西3号	木家具	南部
30	上海壹加壹实业发展有限公司	上海	上海市嘉定区丰饶路845号	木家具	东部
				沙发	
				办公家具	
31	上海雅风企业发展有限公司	上海	上海市嘉定区北和公路677号A座	沙发	东部
				办公家具	
32	上海享意企业发展有限公司	上海	上海市宝山区泰和路2038号G203	木家具	东部
				办公家具	
33	杭州两平米智能家居科技有限公司	浙江	杭州市滨江区长江路336号动漫广场4幢6楼	书桌	东部
34	上海芙儿优婴童睡眠科技股份有限公司	上海	上海市闵行区春东路508号E栋301室	童床	东部
				床垫	

第二节　示范企业 VOCs 控制技术的研究

为了精准降低家具中 VOCs 的释放浓度，帮助示范企业改进生产工艺很重要。研究成员调研了我国东部、北部、西南部、南部等各地木家具、软体家具（床垫和沙发）等示范企业的生产现状，从家具的设计、原材料采购、生产工艺、包装、贮存和运输等环节找问题，制定指导家具企业降低 VOCs 的管控措施。

一、示范企业调研

（一）我国 4 大集散地调研情况

1. 东部（江浙）企业调研

浙江家具五金研究所是研究小组选择的试验验证测试单位之一，研究组成员调研了其检测能力（见图 7－7）。主营木家具、办公家具、地板等产品检测，实验室包含树种鉴定实验室，床垫实验室，“被窝法”实验舱和力学性能检测实验室。配备液相色谱－质谱、原子吸收等分析仪器，满足家具中 VOCs 检测能力。

图 7－7　赴浙江省家具与五金研究所调研

浙江杭州恒丰家具主营餐饮家具、公寓家具、学校家具（见图7－8），公司管控VOCs的改进措施之一是采用原辅料替代技术，用VOCs释放量低的采购产品替换VOCs释放量高的产品，做好VOCs的源头管控。公司采购部要求供方按照有效版本HJ2537《环境标志产品技术要求　水性涂料》规定的方法检测水性涂料，并提供当年内合格的检测报告。海绵车间配置有半开放的海绵堆放场地，以确保其通风良好，并将海绵堆放其中，至少进行1个月以上的塑化过程，以便通过良好的自然通风，将海绵中的VOCs挥发散尽。

图7－8　赴恒丰家具调研

浙江圣奥家具作为家具行业内首家获得“国家级工业设计中心”称号的企业，拥有办公家具行业首个通过CNAS认证的实验室（见图7－9）。该企业主要生产实木家具，从原材料选购和开料、喷漆、交合工艺全部在生产车间流水线上自主完成。圣奥通过积极推进“机器换人”战略，布局“智慧工厂”，利用工业云、大数据平台对采集到数据进行挖掘、智能分析，实现预测性运维，提高产品的优良率，在生产、设计、销售、用户体验和满意度环节实现定制化。作为美国室内空气质量Greenguard认证企业，始终秉持高标准环保要求，无论在产品设计、选材、生产还是技术研究方面，都保持环保高标准。集家具研发、展示体验、家具历史展览、检测、信息发布、教育培训、文化交流等于一体的25万平方米的圣奥健康办公生态产业园将引领全球办公家具的产业升级，成为全球用户信赖的办公服务商。企业对工艺改革的决心和执行力度很大，对采购板材要求出具检测报告，使

图7－9　赴圣奥家具调研

用的胶水和油漆也都不断进行变革。圣奥家具公司使用 E_1、E_0 等级板材作为原材料进行家具生产，胶水统一使用白乳胶、热熔胶等无醛胶，将油性涂料改进为光固化涂料与水性涂料，大大降低了家具散逸 VOCs 的风险。

位于浙江安吉的恒林椅业主要生产竹子材料作为基材的特色家具，其椅、凳、沙发等产品极具特色和代表性（见图 7－10），是瑞典宜家的主要装配及供货商。企业积极地开展工艺革新和产品自检工作，频繁出具检测报告并要求胶黏剂供应商提供检测报告。椅、凳类产品一般很少产生可挥发性有机物，但是恒林椅业精益求精，对座位面板的释放量不断提高要求，建立了自检实验室与自检体系。

图 7－10　赴恒林椅业调研

2. 中西部企业调研

崇州掌上明珠家具厂房（见图 7－11）有真空系统，在切割位点对粉尘进行收集，有效地避免了扬尘的产生，且引进了单向隔离阀技术，有效地保障了生产安全。采用高真空粉尘收集系统降低扬尘，采用天然气辅助燃烧降解生产线上的有机废气。

朗萨家私是位于重庆渝北区的家具行业领先者，企业革新生产工艺，引进了 Selco 电脑锯、封边机、宽带砂光机、冷压机、全自动排钻、自动喷漆线、纵横开料锯等先进设备（见图 7－12）。工厂也同样配备了真空吸尘系统。企业引进了序列式催化燃烧系统，通过逐级燃烧降解产线和厂房产生的废气。VOCs 改进方向之一是原材料控制为主导，结合材料特性优化处理方法和加工工艺。经过 2 年的实验研究，成功将水性涂料喷涂技术研发成功，替换了溶剂型涂料。

图7-11 赴掌上明珠调研

图7-12 赴朗萨家私调研

（二）示范企业生产现状和存在的问题

家具生产行业整体平稳向好，大部分企业在订单增加，市场行情稳定的情况下都在积极改进生产工艺，扩大企业规模，提高产品质量，开拓国外市场。企业在产品设计上投入成本聘请专业外籍设计师，在员工福利上大量建造员工宿舍、活动室和休息室，努力打造生产生活和谐发展的企业文化。在生产上不惜大量投入资金建立通过认证的自检实验室，甚至对外承接外包检测业务；积极自检提升产品质量，倒逼原料生产企业改进工艺生产特供原料，提升采购要求，主动需求检测报告；引进产自意大利、德国的先进生产设备，铺设回路合理的生产流水线，经过培训的员工操作整齐高效，大大提高了生产力和生产质量。在“绿水青山就是金山银山”的口号号召，提倡节能环保的大环境下，企业投入重金建设生产环境净化体系和减排系统，努力达到环保局的要求以保障生产。虽然在 2018 年下半年开始整个产业感受到了中美贸易战对家具产品出口的波动影响，但是在无数企业家的带领和无数员工的辛勤努力下，家具企业不畏险阻，愈挫愈勇，砥砺前行，在夹缝中求生存，在围堵中开拓新的发展方向和对外业务。东边不亮西边亮，示范应用企业积极进取，成果丰硕，使得整个产业呈现欣欣向荣的状态。

在调研过程中，暴露的问题也有很多，少数企业生产环境脏乱的问题集中出现，生产过程中产生的废气、废渣等问题亟待解决（见图 7 - 13）。

图 7 - 13　亟待解决的家具生产工艺

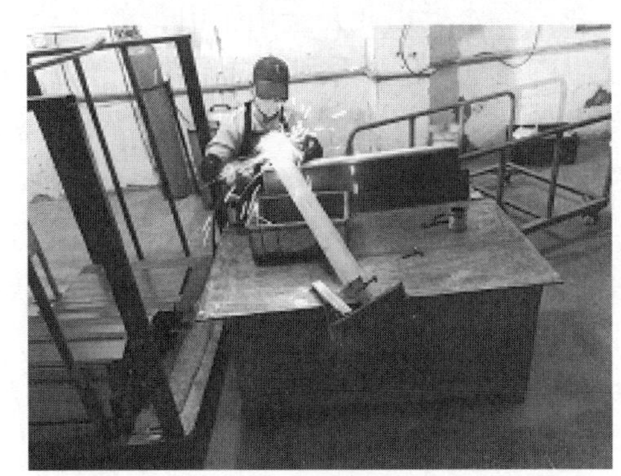

图7－13（续）

（1）由于家具生产是劳动密集型行为，涉及噪声和污染物排放等，在地方环保部门加强环境监管的情况下，许多家具企业生产要么关关停停，要么被迫将厂区搬至郊区或三、四线城市。小的企业举步维艰，停产转型；有的有技术能力的大企业搬迁重新规划，改良生产线、改进生产工艺、实现升级转型；大部分家具企业是盲流盲从，在技术改进等产业转型升级中需要指导。

（2）办公家具企业大部分用现成的模压板、三聚氰胺板来加工生产办公家具，不涉及原料生产和涂饰等饰面处理工序，在排放废气、废水等方面有着得天独厚的优势。有的在城市中幸存，但是生产规模受限，优质原料的价格也大大提升了生产成本，压缩了企业的利润空间。生产油漆办公家具的企业，采用水性漆和油性漆相结合的方式较多，大型企业油性漆的施工采用了进口的封闭式设备，水性漆的施工采用了水幕吸收的方法，以及多层薄涂改进干燥工艺的办法，促进产品中VOCs少残留。

（3）木家具小型企业生产车间的共同点是木屑灰尘、设备噪声、涂料废气等有害因素贯穿生产的各个工艺环节，家具生产企业安全事故频发，从业人员的安全和健康难以保障。

（4）设计人员水平不高，大部分学工艺美术的人员从事家具设计，选材、结构、生产工艺等方面的缺陷明显呈现在图纸中。

（5）采购人员和企业财务在产品成本的把控上分配不合理，存在产品缺陷，消费服务成本升高，原材料采购成本管控过严，使得采购人员购买低价伪劣原材料，生产的家具产品存在 VOCs 等“气味”问题，将成本投在问题产品的处理上。

（6）油性漆改水性漆的工艺改进过程中，家具产品表面漆膜质量达不到标准要求，涂装设备要改进，涂装工艺要改进，漆膜干燥工艺要改进等，使许多企业很茫然，迫切需要技术人员加以指导。

二、示范企业现状分析

（一）主导产品

根据调研，目前示范企业的主导产品基本为木家具（实木家具和综合类家具）、软体家具（床垫和沙发），其中木家具占主要比例。主导产品分布见图 7 – 14。

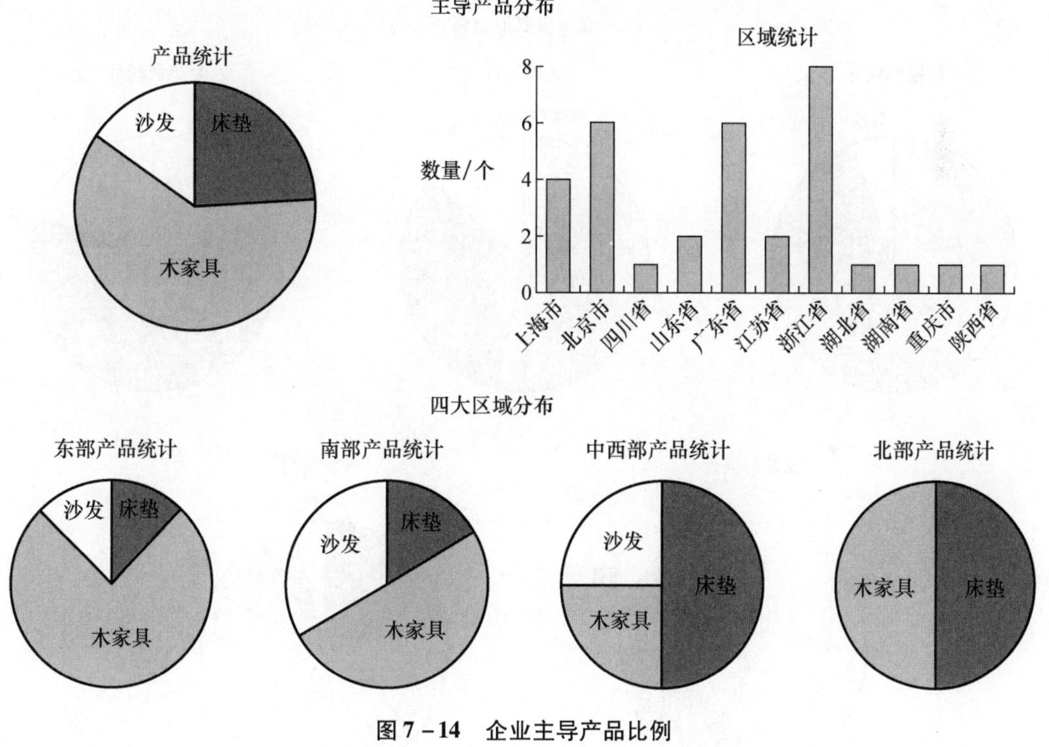

图 7 – 14　企业主导产品比例

（二）原材料

家具产品的原料涉及木料和辅料，不同木料的家具所用的辅料也不同。以木家具为例，木家具木料可以分为实木和综合类家具。辅料中又有贴面胶、贴面、胶黏剂、涂料等。人造板分为胶合板、纤维板、刨花板和细木工板，一般的人造板家具基本都有贴面材料来降低 VOCs 的释放。实木材料本身的树种就具有某些 VOCs。

家具表面涂料的种类日新月异，出现了紫外光（UV）固化、PE（聚乙烯）、高固体分涂料、粉末等产品。UV 固化涂料就是在 UV 光子的作用下实现快干的一种涂料，基本没有溶剂的挥发。PE 漆为自由基引发聚合，其溶剂为苯乙烯，成膜时参与反应，其固含量可近 100%，比聚氨酯涂料（PU）漆提高了一倍。高固体分涂料是固含量超过涂料总质量的 60% 或者更高的环保型涂料，其通过提高固含量、减少溶剂使用来降低 VOCs。粉末涂料是将涂料物质细粉末覆盖在家具上后，以超过粉末熔点的温度将之融化形成漆膜，没有 VOCs。

涂装相同面积时，使用油性涂料产生的 VOCs 最多，水性涂料次之，粉末涂料最少。目前家具制造企业生产过程主要使用 PU、硝基类、醇酸类等油性涂料，而对于 UV 固化、高固体份、粉末等涂料的生产工艺比传统更为复杂，成本也更高。

1. 实木家具

实木家具中主要涉及 VOCs 的原料为拼板胶、贴面、贴面胶、封边胶、胶黏剂、油漆。大多数企业已逐步采用水性的拼板胶、固体的封边胶，但胶黏剂和油漆依旧是溶剂型的占大多数。实木家具原材料比例见图 7 – 15。

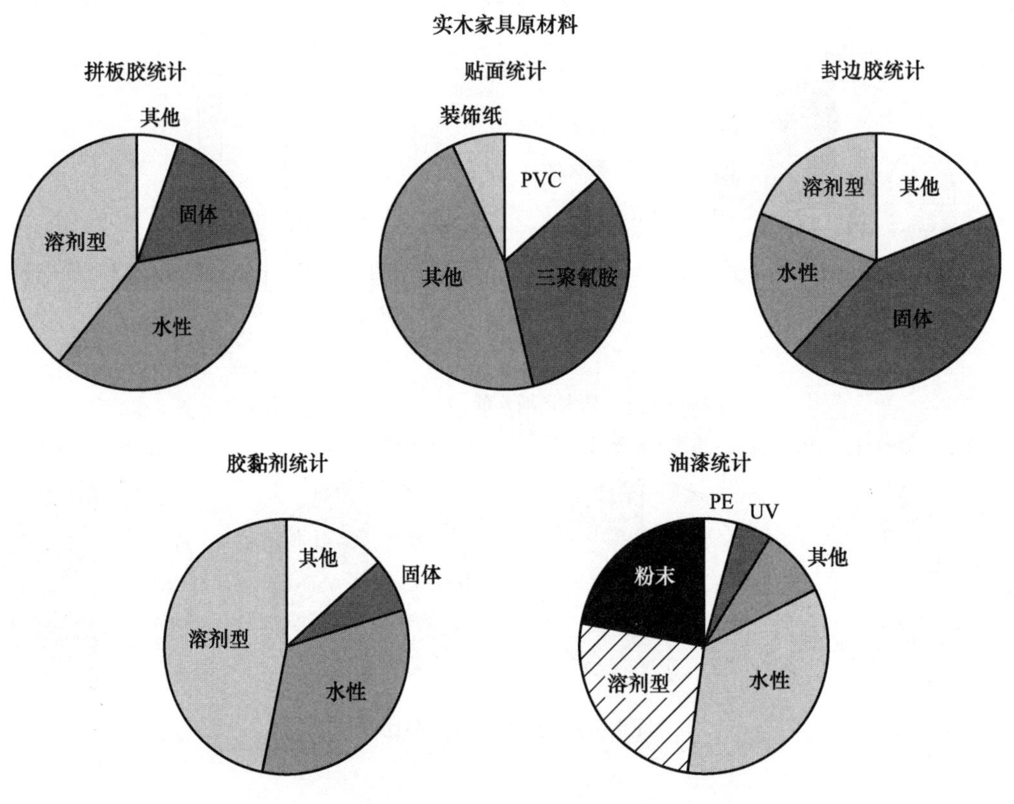

图 7 – 15　实木家具原材料比例

2. 综合类家具

综合类家具主要涉及 VOCs 的原料为拼板胶、刨花板和纤维板、胶合板等人造板、贴面工艺、贴面、贴面胶、胶黏剂、油漆。综合类家具虽然部分企业已用水性胶，但板材中的 VOCs 依旧影响综合家具。所以贴面材料、工艺、贴面胶和油漆的选取就尤为重要，目前示范企业以热压工艺为主，贴面胶也逐渐采用水性胶，贴面的种类也因实际产品性质种类繁多，油漆也极大程度减少了溶剂型或者增加 UV 等新型处理工艺来降低 VOCs。综合类家具原材料比例见图 7 – 16。

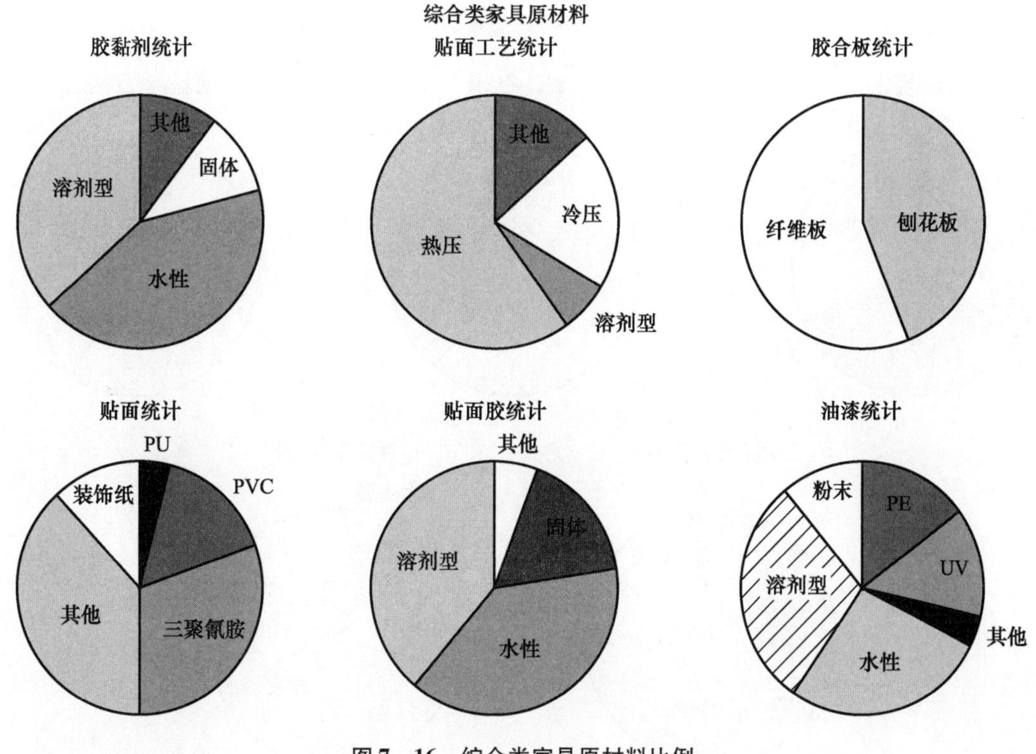

图 7－16　综合类家具原材料比例

3. 沙发

本课题调研的主要原料为面料、框架结构材料、填充材料、胶黏剂和弹簧防锈处理。原材料比例见图 7－17。示范企业中沙发的面料为真皮、人造革、布艺。填充料主要以海绵和羽绒为主，框架结构中实木略多，胶黏剂中还是以溶剂型为主。

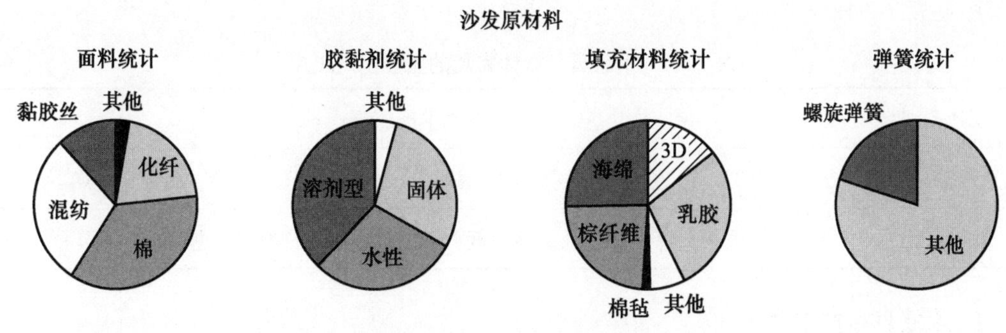

图 7－17　沙发原材料比例

4. 床垫

本课题调研的主要原料为面料、主体材料、胶黏剂和弹簧防锈处理。示范企业中床垫面料种类基本为棉、化纤、混纺和黏胶丝，主体材料主要为乳胶、海绵和棕纤维，近年来 3D 技术的发展也出现了以此为主体的材料。原材料比例见图 7－18。床垫中使用的胶黏剂里溶剂型依旧占较大比例。

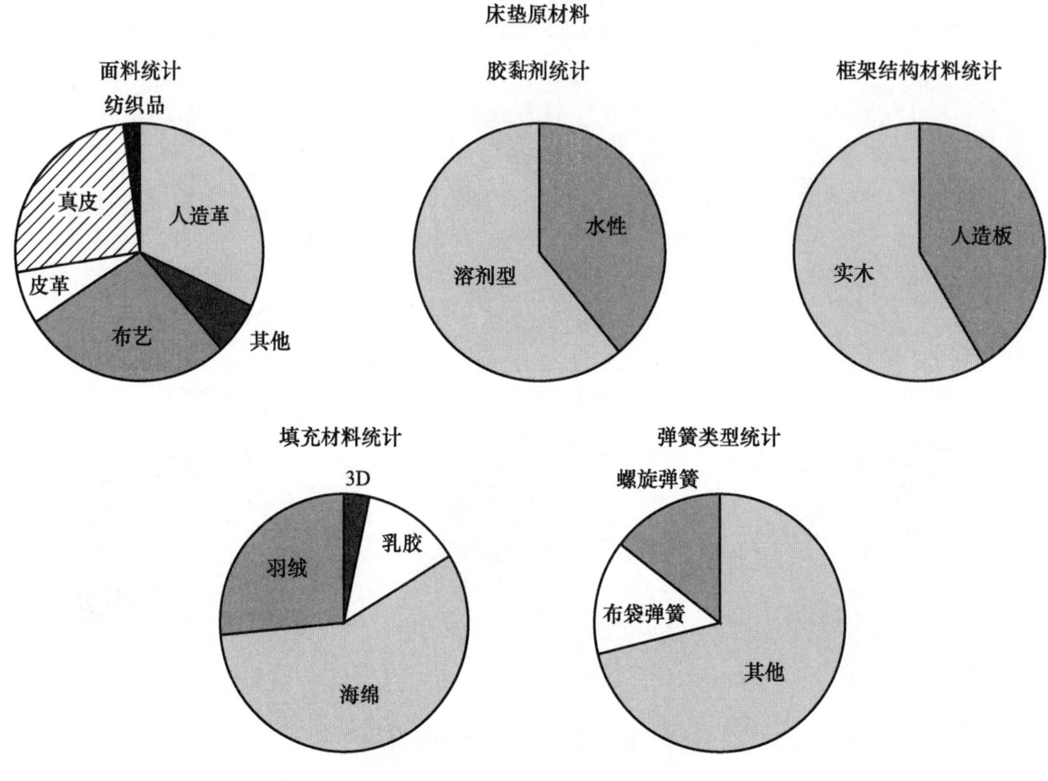

图7－18　床垫原材料比例

（三）生产工艺

家具生产企业生产的产品种类繁多，生产工艺也不尽相同。木家具、软体家具主要生产工序见表7－4。

表7－4　木家具、软体家具的主要生产工序

家具类别	主要生产工序
木家具	开料、封边、钻孔、机加工、涂底、干燥、砂光、面涂、抛光、干燥
软体家具	框架、打底、贴棉、面料裁剪和缝纫、软包件制作、包装和装配

1. 木家具生产工艺

木家具工艺通常为选取一种或几种木制材料为基材，按照设计要求进行加工、组装，然后在基料表面涂装一层或多层涂料，形成产品；也可以是加工后，对各个组件进行涂装，然后组装成产品。典型木家具生产工艺见图7－19。

在整个生产工艺中增加或者决定木家具VOCs释放量的就是涂饰环节，涂饰环节中涂饰干燥方式是重中之重。原先，传统家具行业基本使用的是自然干燥，这个过程时间长并且会造成干燥不完全，使得底层的溶剂挥发不出，导致VOCs的提高。在涂饰方面，采用传统的喷涂方式依旧占较大比重，且一般涂饰次数在2次～6次。随着国外先进的技术和

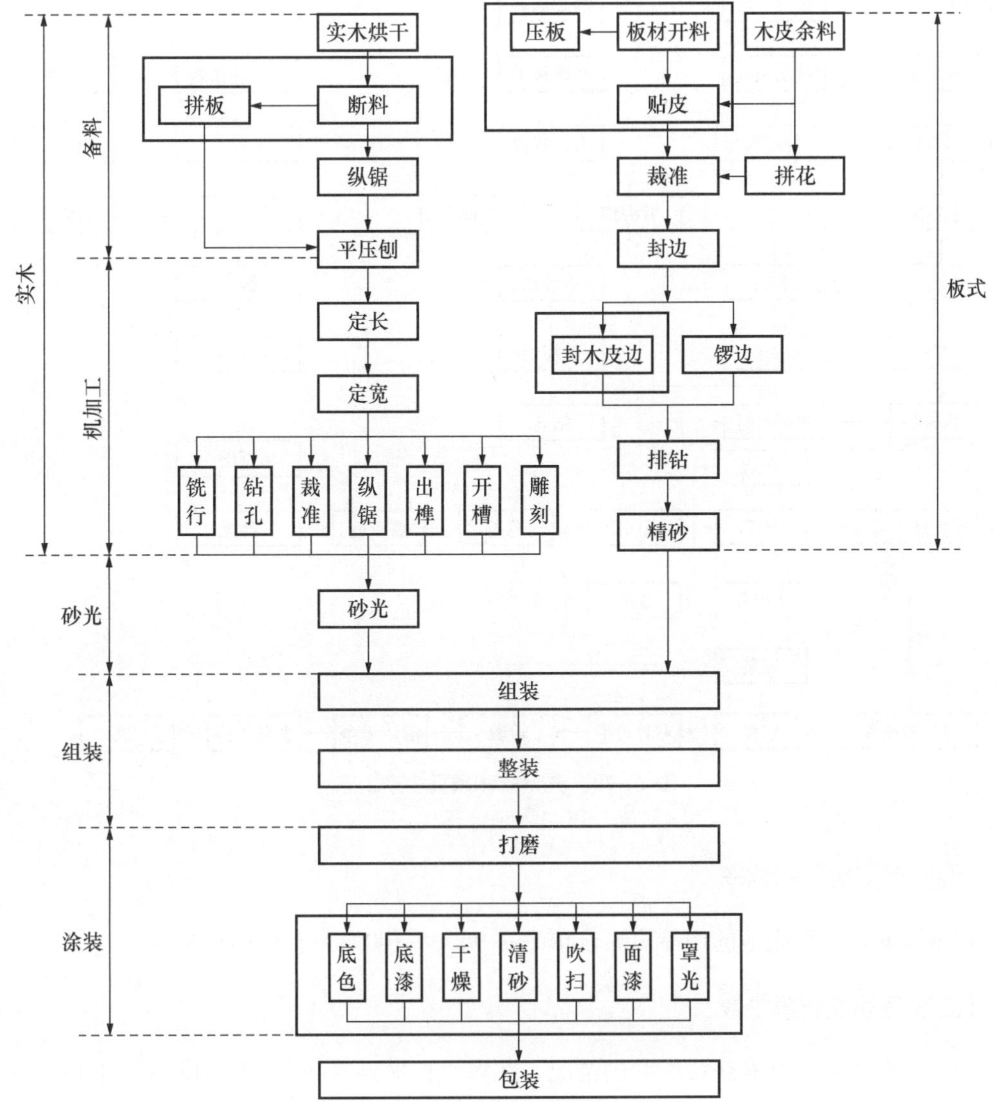

图 7－19　典型木家具生产工艺

我国自身的发展，目前已有不少企业原材料的涂饰方式开始采用空气加热干燥，有的还用红外线干燥、紫外固化、电子束固化等先进技术来代替传统的常温干燥。

2. 软体家具生产工艺

软体家具是由弹性材料和软体材料（皮革和布艺类）制成的家具，主要工序包括钉内架、打底布、粘海绵、裁、车外套到最后的扪工工艺，软体家具的 VOCs 排放主要来自胶黏剂的使用，主要有水性胶黏剂和溶剂型胶黏剂。

目前示范企业对于沙发（开料工艺、裁剪工艺、钉架工艺、胶粘工艺、扪工工艺）和床垫（弹簧工艺、绗缝工艺、包边工艺、中芯制造工艺、包装工艺）都制定作业指导书，每个企业都根据自身产品的特点，生产工艺都不同。典型软体家具生产工艺见图 7－20。

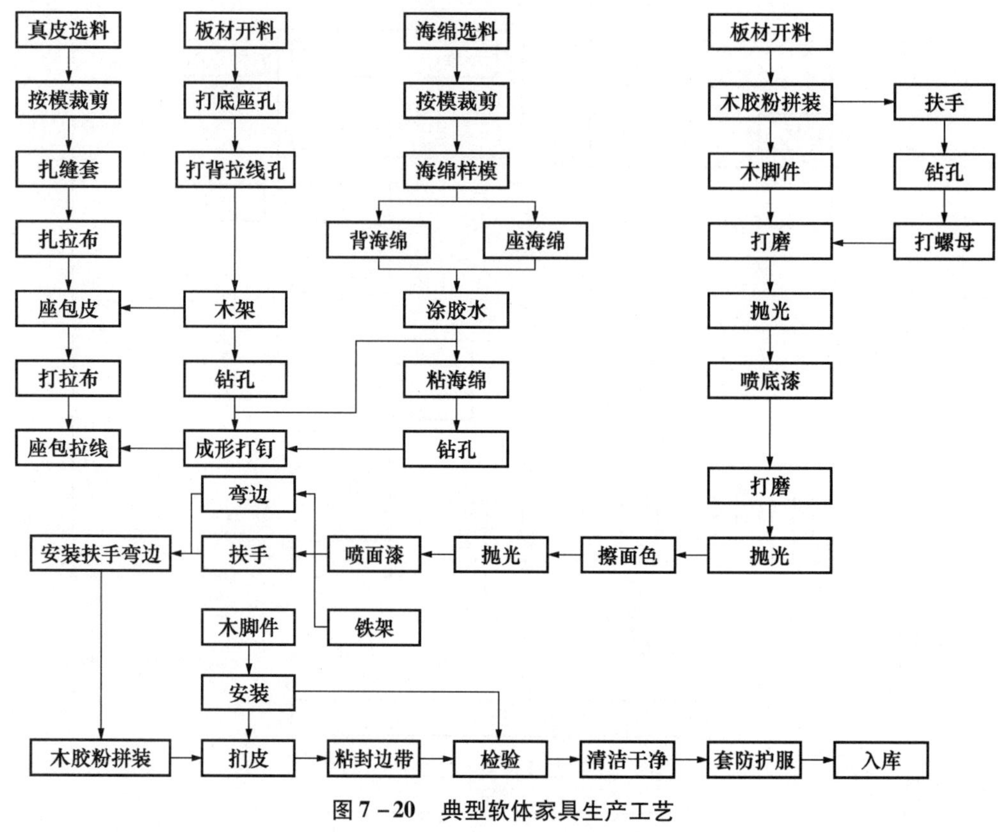

图7-20　典型软体家具生产工艺

（四）产品出厂合格率

根据调研，示范企业的产品出厂合格率在96%～100%，合格的比例较高。

（五）专利数获得个数

示范企业中基本都有获得专利的情况，在科研技术方面都有一定的成果，有的企业十分重视产品和工艺的创新，有100多个专利以上企业不在少数，且有个别企业的专利数达到了1 300多个。示范企业专利授权情况见图7-21。

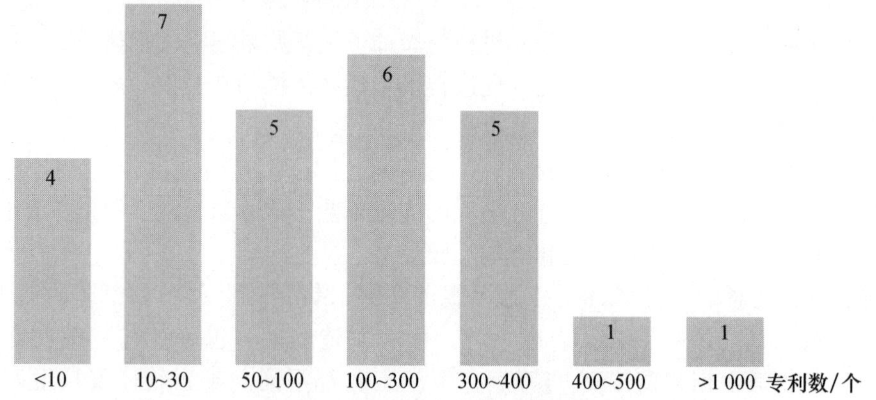

图7-21　示范企业专利授权情况

（六）示范企业规模情况

示范企业中小型企业为 4 家，中型企业为 20 家，大型企业为 10 家，示范企业规模能兼顾到家具企业的整体情况，具有一定的代表性。

三、示范企业典型产品中 VOCs 释放情况

2017 年 1 月至 2019 年 6 月，研究成员对示范企业生产的木家具、软体家具（沙发、床垫）产品中 VOCs 释放量进行了验证试验，不断分析家具 VOCs 释放量及主要来源，进一步改进降低家具产品中 VOCs 释放量的措施。

（一）实施方案

研究成员采用“分区域，集中收集，集中送样，集中盲样检测”的方式，生产企业在规定的时间内将满足送样要求的家具产品送往研究指定的收集点，统一收集编号后再由研究成员（课题组）委托相应的检验机构进行检测。

检测将分示范前和示范后至少 2 次，送检要求如下：

（1）送样要求：课题组事先给企业一个指定的编号，企业提供的产品应为刚生产且未贴牌，此样品在外包装或产品上写上指定编号后，企业将产品送往指定地点。（盲样检测确保数据真实性和可靠性。）每件家具产品的尺寸不限，但企业要保证完善生产工艺后再次送样产品应与第一次送样产品功能、材质及尺寸保持一致（满足 VOCs 下降 30% 的计算要求）。

送检时附上样品外观照片，产品名称、外观尺寸、材质等信息（统一设计样品送样清单和样品信息表格，将所有这些信息同时输入到信息库中）

（2）具体家具产品功能、材质：

按功能划分：衣柜、书柜、餐桌椅、床头柜、双人弹簧软床垫、皮革单人沙发、布艺单人沙发。

按材质划分：综合类——人造板（衣柜、书柜、餐桌椅）、实木（衣柜、床头柜）、综合类——板木（床头柜）、双人弹簧软床垫、单人沙发（皮革、布艺）。

实木家具企业提供的样品：建议实木衣柜 1 件，实木床头柜 1 件，实木书柜或实木餐桌椅 1 件，或其他实木产品；但总数至少 3 件，同类产品只需 1 件。

综合类家具企业提供的样品：建议板木衣柜 1 件，板木床头柜 1 件，板木书柜或实木餐桌椅 1 件，或其他板木产品；但总数至少 3 件，同类产品只需 1 件。

软体家具企业提供的样品：皮革单人沙发、布艺单人沙发各 1 件，如果没有皮革或者布艺，可以只提供另外材质的 1 件；双人弹簧软床垫 1 件。

（3）产品尺寸测量及材质确定

企业在送样前需对产品尺寸进行测量和材质确定，并提供对应的数据。课题组在收到企业送样后测量尺寸、确认材质、外形拍照并与企业提供的尺寸、材质进行核对，核对完成后存档。

（二）验证试验机构的选择

课题组对验证试验机构的能力进行了调研，选取家具比较集中的地区有能力的质检机构进行验证试验，至少两家检验机构。两家检验机构的信息见表7-5。

表7-5　检测机构信息

推荐的检测单位	气候舱规格及数量	分析仪器	检测能力
上海市质量监督检验技术研究院	$1m^3\times2$、$5m^3\times1$、$12m^3\times1$、$30m^3\times1$	GC-FID、GC-MS、HPLC	木家具中VOCs 沙发中VOCs 床垫中VOCs
浙江省家具与五金研究所	$1m^3\times2$、$5m^3\times1$、$12m^3\times1$、$30m^3\times1$	GC-FID、GC-MS、HPLC	木家具中VOCs 沙发中VOCs 床垫中VOCs

根据多次试验验证，发现了家具释放VOCs的主要问题：如承载率过高（设计问题），使用的原材料不好（采购问题），漆膜涂层里外干燥不完全（涂饰工艺问题）等。根据发现的问题，研究人员开展了下面的研究。

四、木家具中VOCs释放控制释放点的研究

对家具生产企业VOCs释放量的控制主要包括3个方面：源头预防、过程控制和末端治理。

挥发性有机物污染预防控制措施是控制VOCs的最佳选择，主要包括替换原材料以减少引入到生产过程中的VOCs总量，改进生产工艺、改变运行条件等减少VOCs的形成和挥发，更换设备、加强生产管理和技术维修等以减少VOCs泄露等手段。

（一）源头预防

使用低VOCs含量的涂料和稀释剂来替代原有的溶剂型涂料和其他高VOCs含量的原辅材料，倡导使用符合环境标志产品技术要求的人造板、油漆、胶黏剂等材料作为原料（原材料标准见表7-6），从源头控制产品VOCs释放量。对于平面板式木制家具，推广使用UV涂料、水性涂料等低VOCs含量的涂料，配套使用辊涂等高效涂装方式。多为形状不规则的木质家具，可实施部分或全部水性化。

表7-6　原材料标准

名　称	参　考　标　准
人造板	HJ 571—2010 环境标志产品技术要求　人造板及其制品
油漆	HJ 2547—2016 环境标志产品技术要求　家具中5.1.7
胶黏剂	HJ 2541—2016 环境标志产品技术要求　胶黏剂

（二）过程控制

生产工艺改进：采用涂装高效的静电喷涂、淋涂、辊涂、浸涂等工艺，替代较为落后的空气喷涂、刷涂和手工涂装；在涂装工序实施生产过程封闭化、连续化、自动化技术改造，以减少涂装过程中产生的 VOCs。

（三）末端治理——保障产品不被污染

末端治理过程包括产品成型之后的处理工艺与包装工艺。家具生产企业为了降低生产成本，提高生产效率，往往在接到订单之后赶工生产，流水线上对成品进行直接包装。如产品成型后能下线一段时间，进行通风晾晒处理，如用具有净化 VOCs 功能的喷剂对产品进行清洁和护理，可保证产品出厂前有害物质达标。同时改进包装工艺，相对于聚碳酸酯和聚苯乙烯等包装材料，聚丙烯更加洁净，也能减少运输过程对家具产品的影响。外包装使用的纸盒材料如果经过多次回收打浆漂白，难免会存在漂白剂的刺鼻味道，可以通过使用低循环次数的无异味纸盒来避免。产品包装注意密封效果，避免合格产品在存储、运输等过程中不被外界及其他产品污染。

五、新型木家具中 VOCs 释放控制方法的研究——“捕捉 + 分解”的双通道技术

为了提高对传统工艺改进，课题组研究了通过在胶黏剂、面漆中添加具有净化 VOCs 功能的助剂，采用“捕捉 + 分解”的双通道技术，实现同时达到捕捉并分解家具产品及空气中 VOCs 等有害物质的双重功效。该助剂的加入不仅能有效降低家具产品的 VOCs 释放量，同时还能降低室内环境中的 VOCs 含量。

（一）壳聚糖 - 二氧化硅复合气凝胶

以一种廉价易得的生物多糖高分子材料——壳聚糖作为有机相，通过共溶胶 - 凝胶法与无机相的二氧化硅粒子进行纳米级的复合，并对其进行进一步的接枝改性。制得的壳聚糖 - 二氧化硅复合气凝胶既保留了气凝胶的轻质结构和介孔特性，又含有壳聚糖所具有的烷基、羟基、氨基、酰胺基等活泼有机基团，且通过改性提高其活性。

1. 溶胶 - 凝胶的制备

称取 0. 9g 壳聚糖，用 60mL 浓度为 0. 15mol/L 的稀盐酸溶解，过滤。将 18. 9mL 正硅酸四乙酯与 15mL 无水乙醇均匀混合，缓慢加入上述溶液，密封烧杯，室温下搅拌 12h。再逐滴滴加 0. 75mL5% 的 HF 溶液，搅拌 15min，静置 12h 得到半透明的壳聚糖 - 二氧化硅复合湿凝胶（g1）。另配置一份溶胶，不加入壳聚糖，其他条件不变，得到二氧化硅湿凝胶（g0）。将烧杯中的凝胶 g0、g1 用去离子水和无水乙醇分别交换，每次 6h，共交换 3 次。

2. 改性壳聚糖 - 二氧化硅复合湿凝胶（modified chitosan - silica composite wet gel，MCG）的制备

取 4. 50mL 环氧氯丙烷、3 滴高氯酸（70%）和 75mL 无水乙醇混合液，加入 g1。室温下静置 12h 后用无水乙醇洗去凝胶中残留的环氧氯丙烷和高氯酸。再加入 4. 5mL 乙二

胺 $C_2H_8N_2$ 与 75mL 无水乙醇的混合溶液，分别在 40℃、50℃、80℃水浴下放置 12h，再用无水乙醇洗涤，得到氨基改性的壳聚糖－二氧化硅复合湿凝胶（g2、g3、g4）。将湿凝胶 g0、g1、g2、g3 和 g4 分别使用 100mL 正己烷 C_6H_{14} 每 6h 交换一次，共 3 次，再用 6.0mL 的六甲基二硅氮烷 $C_6H_{19}NSi_2$ 与 30mL 正己烷的混合液体浸泡 12h。最后用正己烷洗去凝胶中残留的硅烷和反应物。室温干燥 12h 后放入 60℃烘箱中干燥 6h，得到最终产物气凝胶 G0、G1、G2、G3 和 G4。

3. 其他改性剂改性的壳聚糖－二氧化硅复合湿凝胶的制备

更换改性剂为乙二醇 $C_2H_6O_2$ 和戊二醛 $C_5H_8O_2$，改性温度为 50℃，得到最终产物气凝胶 G5 和 G6。

4. 结果与讨论

（1）MCG 表征：不同反应条件下得到的 MCG 的显微组织见图 7－22。

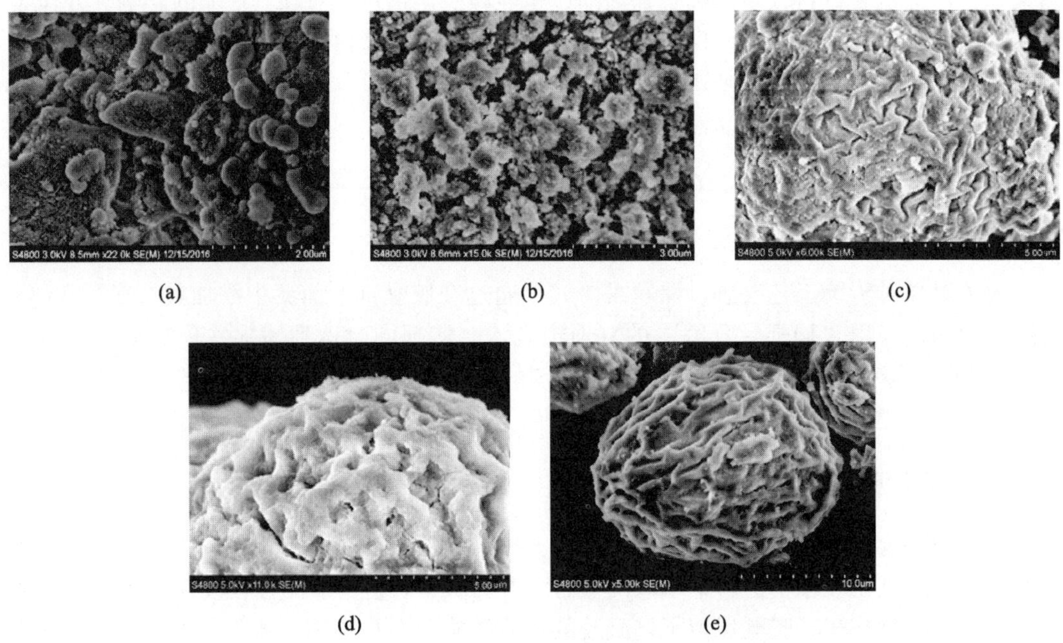

图 7－22　不同反应条件下得到的 MCG 的显微组织

（a）气凝胶 G0；（b）壳聚糖－二氧化硅复合湿凝胶 G1；（c）乙二胺改性壳聚糖－二氧化硅复合湿凝胶 G4；（d）乙二醇改性壳聚糖－二氧化硅复合湿凝胶 G5；（e）戊二醛改性壳聚糖－二氧化硅复合湿凝胶 G6

对比图 7－22，壳聚糖的掺杂增加了许多对吸附有利的纳米级孔道结构，改性的样品的表面增加了更多的凹凸和褶皱，表面疏松，间隙变大，其孔隙尺寸基本在 3nm～10nm，说明改性改善了其对木家具中 VOCs 和重金属的吸附。

（2）MCG 红外特征峰

将 G0、G1、G2、G3、G4、G5、G6 和壳聚糖（CS）样品采用 KBr 压片，用红外光谱仪表征其表面官能团。G0、G1、G2、G3、G4、G5、G6 和壳聚糖的红外图谱见图 7－23。壳聚糖和 G0 红外特征谱带的振动归属见表 7－7。

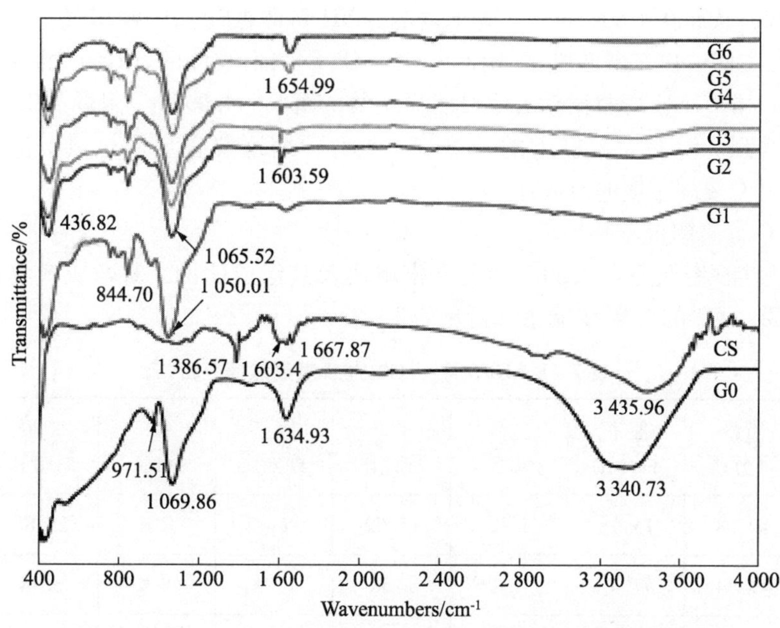

图 7-23　G0、G1、G2、G3、G4、G5、G6 和壳聚糖的红外图谱

表 7-7　壳聚糖和 G0 红外特征谱带的振动归属

光谱带(CS) cm^{-1}	红外光谱	光谱带(G0) cm^{-1}	红外光谱
3 435.96	拉伸振动(-OH)	3 340.73	不对称拉伸振动(-OH)
2 927.18、2 851.97	拉伸振动(-CH)	1 634.94	弯曲振动(H-O-H)
1 667.87	酰胺Ⅰ	1 069.86	不对称拉伸振动(Si-O-Si)
1 603.40	弯曲振动(-NH)	971.51	弯曲振动(Si-OH)
1 550.68	酰胺Ⅱ	432.96	拉伸振动(Si-O)
1 420 ~ 1 378	弯曲振动($-CH_3$)		
1 160.62	拉伸振动(C-O-C)		
1 084.64、1 029.39	拉伸振动(C-OH)		

未改性的壳聚糖-二氧化硅复合湿凝胶（G1）的红外光谱在 1 603cm^{-1}（壳聚糖的-NH 弯曲振动）、432.96cm^{-1}（Si-O 键对称伸缩振动））基本与原料（SiO_2 和 CS）相同。而在 1 050.01cm^{-1}与 G0 的 Si-O-Si 反对称伸缩振动产生的偏移和增强。并在 800cm^{-1} ~ 850cm^{-1}间产生一系列多个联峰，这些说明壳聚糖和二氧化硅生成了复合湿凝胶，从而引起吸收峰的偏移。

乙二胺改性的 MCG（G2 ~ G4）和未改性的（G1）的红外光谱，改性剂增加了复合凝胶上的氨基，从而在1 603cm^{-1}（壳聚糖的 - NH 弯曲振动）的峰增强，说明乙二胺的改性成功。乙二醇、戊二醛改性的MCG（G5，G6）和未改性的（G1）的红外光谱，其在1 603.4cm^{-1}的 - NH 弯曲振动吸收峰明显减弱，而1 654.99cm^{-1}附近 - C = N 伸缩振动吸收峰有所增强。说明壳聚糖上的氨基（ - NH_2）缩水聚合反应生成亚胺键（ - C = N - ），形成具有较高强度的凝胶体。

（3）MCG元素组成（EDS）

为了进一步探究制备合成的产物的元素组成及其组成比例，对合成产物进行了EDS分析。G0、G1、G2的X射线能谱分析见表7 - 8。

表7 - 8　G0、G1、G2的X射线能谱分析

G0 元素	重量 百分比	原子 百分比	G1 元素	重量 百分比	原子 百分比	G2 元素	重量 百分比	原子 百分比
C K	10.08	15.58	C K	15.52	22.42	C K	22.88	31.01
O K	49.94	57.97	N K	1.58	1.96	N K	6.14	7.13
Si K	39.98	26.44	O K	52.19	56.63	O K	48.34	49.19
			Si K	30.71	18.98	Si K	18.85	10.93
						Cl K	3.79	1.74
总计	100.00		总计	100.00		总计	100.00	

G0带有一定的C元素，是表面改性所引入的CH_3所致。而掺杂了壳聚糖形成的复合气凝胶G1则含有壳聚糖所引入的N元素，但含量较低。经过环氧氯丙烷和乙二胺的改性形成的G2，其C和N的含量有了较明显的增加，这是由于壳聚糖侧链上的碳原子增多，并接枝了较多的氨基，而存在Cl是改性过程中高氯酸的残留。EDS分析说明了乙二胺改性MCG的反应过程有效，制得的物质与红外光谱结果吻合。

（4）MCG比表面积和孔径分布分析（BET）

将所制得的G0、G1、G2、G3、G4、G5、G6进行BET的检测，使用了不同改性剂的MCG，其孔径均明显增加，平均孔径基本在4nm ~ 5nm之间，与扫描电镜的结果基本一致。G0、G1、G2、G3、G4、G5、G6的比表面积和平均孔径分析见表7 - 9。

表7 - 9　G0、G1、G2、G3、G4、G5、G6的比表面积和平均孔径分析

样　　品	G0	G1	G2	G3	G4	G5	G6
比表面积/(m^2/g)	669.848	566.226	412.041	561.327	383.096	587.628	443.971
平均孔径/nm	2.662	3.931	5.774	4.549	4.926	3.618	5.301

（5）MCG对挥发性有机物吸附率

1）挥发性有机物吸附率结果计算

MCG 吸附率以% 表示，按公式（7－1）计算：

$$X = \frac{m - m_1}{m} \times 100\% \quad (7-1)$$

式中：

X——吸附率,%；

m_1——最终浓度，g；

m——初始浓度，g。

2）挥发性有机物吸附率

由于木家具中的挥发性有机物的种类繁多，且目前也没有针对 VOC 单组分检测的标准，故本课题选取木家具中存在较多且危害较大的 VOCs 研究 MCG 吸附能力。分别取 2g 的 G0，G1，G2，G3，G4，G5，G6 样品，放置在采样袋中，充入 10L 空气，再加入 5μl 浓度为 2.0mg/L 的乙苯、对二甲苯、甲苯、邻二甲苯、正十一烷、苯乙烯、乙酸丁酯的混合标样，静置 30min 后，取样作为初始浓度（m），再静置 24h 后取样作为最终浓度（m_1），计算 MCG 对 VOCs 的吸附率。具体如图 7－24 所示。

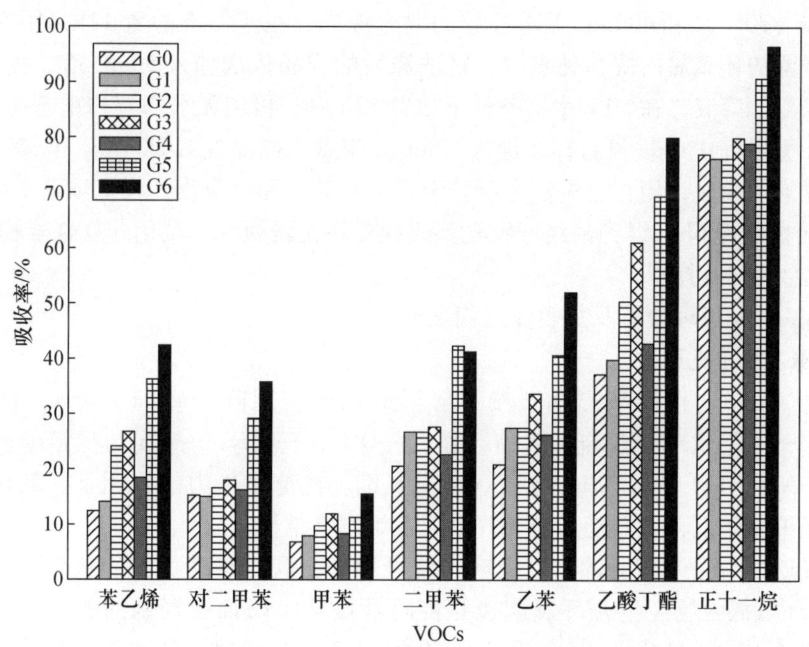

图 7－24　G0、G1、G2、G3、G4、G5、G6 对挥发性有机物的吸附率

结果证明，本研究制备的 MCG 能有效地吸附挥发性有机物，总体上吸附能力情况如下：

戊二醛改性 MCG > 乙二醇改性 MCG > 掺杂壳聚糖－二氧化硅复合湿凝胶 > 二氧化硅凝胶。戊二醛改性 MCG 对乙酸丁酯和正十一烷这些极性分子吸附率为 85% ~95%，这也与 BET 的检测结果吻合，其较大的孔径和比表面积增加了有机物的吸附；

吸附极性物质 > 吸附非极性物质，这是因为改性试验增加了复合湿凝胶的极性，更有利于吸附极性物质。

G3 > G2 > G4，说明改性温度以 50℃最适宜，这也与 BET 的结果吻合。

G6吸附VOCs能力是G0的1.92倍，是G1的1.69倍。虽然戊二醛改性MCG的比表面积略低于二氧化硅，但增加的烷基、羟基、氨基、酰胺基等活泼有机基更有利于吸附。

（二）氨基改性交联壳聚糖－二氧化硅复合凝胶

根据MCG的研究，为了提高助剂成球增加介孔结构，课题组调整了方法，在合成过程中增加了戊二醛作为交联剂，且调整优化的投料比，最大程度保证了8个点位氨基改性。并将制成的氨基改性交联壳聚糖－二氧化硅复合凝胶（amino modified－crosslinked chitosan－silica composite aerogel，AMCCA）添加到PU漆中再进一步引入木家具中。

1. AMCCA的制备

将9g壳聚糖溶解到500mL的0.15mol/L稀盐酸，并过滤。然后缓慢地加入到体积比为1∶1的正硅酸四乙酯与无水乙醇混合溶液（250mL）中，之后加入10mL戊二醛，密封后在室温下搅拌12h。再逐滴加入9mL 5%的HF溶液，滴加过程中不断搅拌，静置12h后即得到半透明状的壳聚糖－二氧化硅复合凝胶（简称g_1）。将所得到的样品用去离子水和无水乙醇分别交换3次，每次持续6h。将洗涤干净的样品g_1加入到45mL环氧氯丙烷、2mL高氯酸（70%）和400mL无水乙醇的混合液中，在室温下静置12h，用无水乙醇洗去样品中残留的环氧氯丙烷和高氯酸。将洗涤后的样品依次加入50mL乙二胺$C_2H_8N_2$和400mL无水乙醇溶液，在50℃水浴条件下放置12h后，再用无水乙醇和正己烷C_6H_{14}分别交换3次，每次持续6h。再将样品加入65mL六甲基二硅氮烷$C_6H_{19}NSi_2$和300mL正己烷的溶液，浸泡12h后，用正己烷洗去凝胶中残留的硅烷和反应物，在室温下干燥12h后放入60℃烘箱中干燥6h，得到最终产物氨基改性交联壳聚糖－二氧化硅复合凝胶。

2. 实验结果与讨论

（1）AMCCA机理分析及其表面形貌表征

1）AMCCA的机理

在HF作用下，正硅酸乙酯缓慢水解形成以溶胶矩阵（silica matrix）的形式存在的—Si—O—Si—。壳聚糖长链上含有丰富的—OH和—NH_2，—OH与裸露的硅酸形成共价键，而—NH_2中的—H与Si—O中O形成氢键。在范德华力的作用下，氧化硅胶束稳定结合在壳聚糖链上，二者稳定混杂并形成三维网络结构。

戊二醛通过与壳聚糖上的氨基反应，使壳聚糖交联。在高氯酸的催化下，壳聚糖上的—OH与环氧氯丙烷产生开环反应，并将丙基氯基团修饰在羟基的氧上。在碱性条件下，改性剂乙二胺通过替代—Cl，获得更多的—NH_2，反应过程如图7－25所示。

2）AMCCA表面形貌表征

由扫描电镜图（见图7－26）中可看出，制备的AMCCA基本为球状，稍有团聚现象，微粒直径在12μm～16μm。改性样品的表面有许多的凹凸和褶皱，表面疏松，间隙变大，其纳米级孔道结构对挥发性有机物及重金属的吸附有着显著的作用。

（2）AMCCA比表面积和孔径分布分析（BET）

AMCCA的氮气吸附－脱附等温线显示出典型的Ⅳ型等温线，因此它是一种典型的介孔材料；同时，它在低压区也可大量吸附氮气，说明AMCCA中也含有大量微孔。它的滞后环为H2型形状，因此它的介孔可能是由相对均匀的颗粒堆积构成的inkbottle状孔。介孔主要来自二氧化硅纳米颗粒堆积构成，而微孔主要源自颗粒表面接枝改性的氨基酸组装

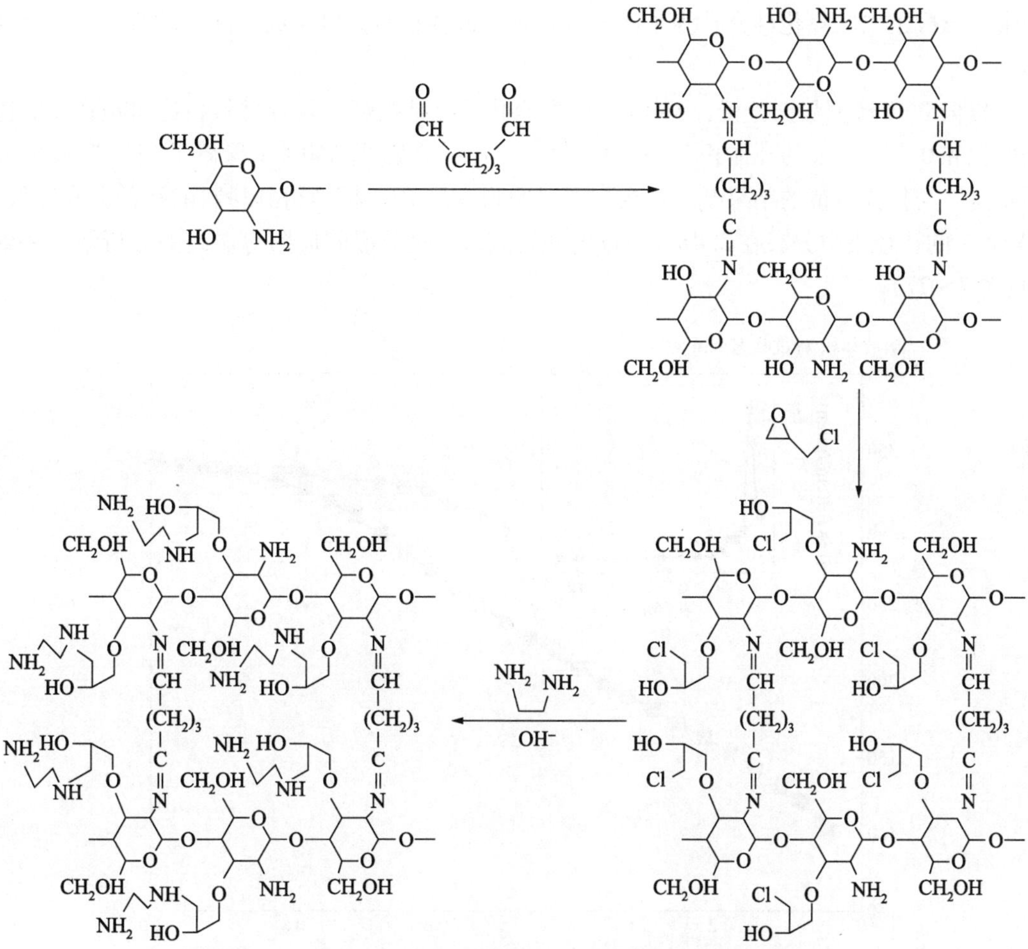

图 7－25　复合凝胶上壳聚糖分子的交联氨基改性反应示意图

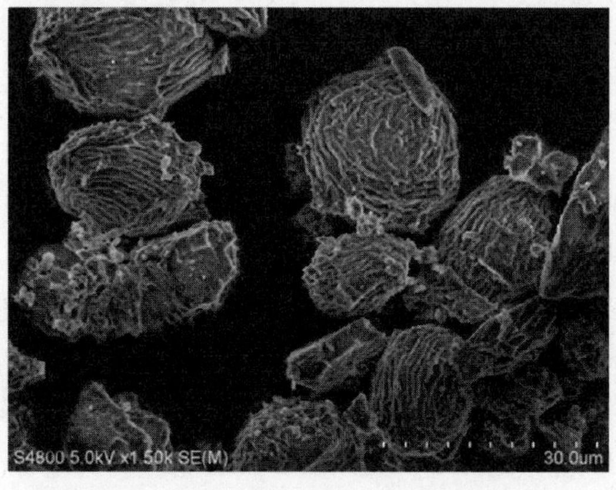

图 7－26　AMCCA 扫描电镜图

而成的大分子结构。

由 AMCCA 的吸附－脱附等温曲线中的 D 类回线可发现，分子中可能存在典型的锥形吸附，形成了以二氧化硅介孔为本体，以氨基酸改性材料为骨架的空间上的折叠锥形微孔结构。

根据 BET 检测数据分析，AMCCA 的微介孔共存结构赋予复合材料高达 $588m^2/g$ 的比表面积和 $0.53cm^3/g$ 的孔体积，平均孔径为 3.62nm。说明 AMCCA 保留了 SiO_2 凝胶的表面特点，与扫描电镜的结果基本一致。通过脱附支的 BJH 模拟得到材料的孔径分布曲线，AMCCA 的孔径集中分布在 2.4nm 附近的介孔区域，这与吸附脱附等温线的分析结果一致（见图 7－27）。

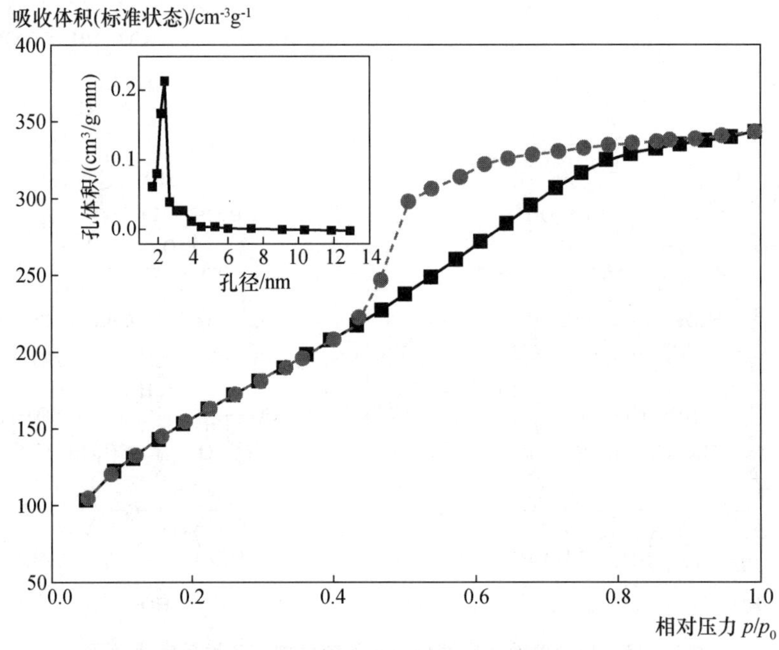

图 7－27　AMCCA 氮气吸附脱附曲线和孔径分布

在实际应用中，其介孔可有效加速吸附质扩散到材料内部微孔，从而快速达到吸附平衡，而丰富的微孔可对吸附质进行有效的吸附和固定，最终达到高效大量的吸附效果。

（3）AMCCA 红外光谱分析

从 AMCCA、壳聚糖和二氧化硅的红外图谱（图 7－28）看，AMCCA 的红外吸收峰为：1 658.17cm^{-1}（—C = N 伸缩振动）、436.82cm^{-1}（Si—O 键对称伸缩振动）和 1 052.37cm^{-1}（Si—O—Si 反对称伸缩振动），前者主要由于壳聚糖上的氨基（—NH_2）缩水聚合反应生成亚胺键（—C = N—），形成具有较高强度的凝胶体。后两者基本为二氧化硅的峰。红外光谱证明形成了氨基改性交联复合凝胶。

（4）AMCCA 降低木家具及其原料中有害物质

用两个 1.5m^3 试验舱，A 舱为空白舱，B 舱为试验舱。将 PU 漆倒入两个烧杯（A_1、B_1）中，每个烧杯内溶液 200mL。将未经处理的基纸或木板（杉木、橡胶木和樟子松木）上悬挂在空白试验舱 A 中，将用丙烯酸稀释溶解的 AMCCA 均匀喷涂在 3 张 1m^2 基纸或木

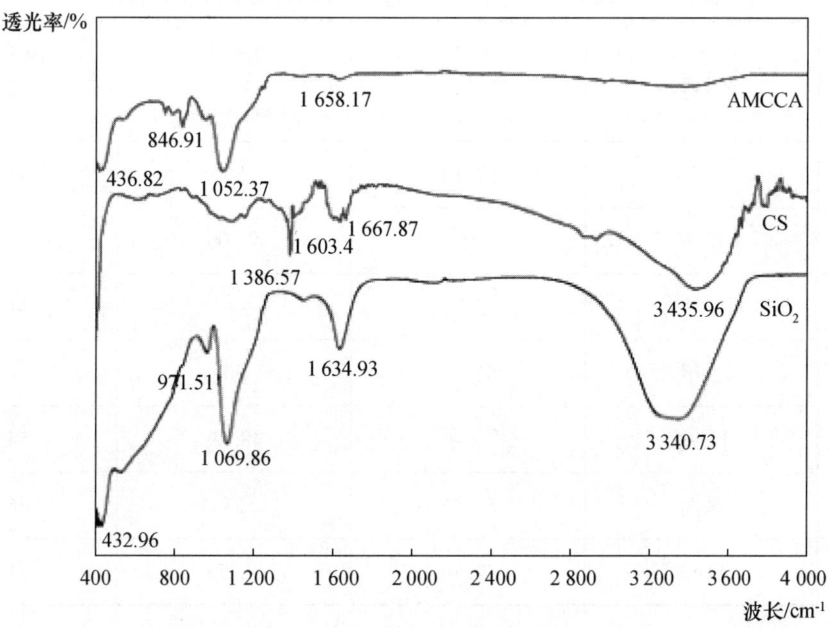

图 7－28　AMCCA、壳聚糖和二氧化硅的红外图谱

板（杉木、橡胶木和樟子松木）上并悬挂于试验舱 B 中。同时密闭舱门。在室温条件下，开启 A 舱和 B 舱风扇，搅拌 1min，使空气混匀后，同时关闭风扇。24h 后利用 Tenax 管对两舱的空气进行采样，采气量选择 10L（V_1），采气速率 0. 2L/min，采气时间 50min，以尽可能多地捕集 VOCs，获得试验数据，记录实际的温度（T_1）和气压（p_1），代入公式（7－2）换算标准体积 V_0。并利用气质联用仪分析浓度，空白舱 A 内浓度记作 C_A，样品舱内浓度记作 C_B。按公式（7－3）计算。

$$V_0 = \frac{T_0 \times p_1 \times V_1}{T_1 \times p_0} \tag{7-2}$$

式中：

p_0——标准大气压，101. 3kPa；

T_0——273K。

$$y(\text{降低率}/\%) = \frac{C_A - C_B}{C_A} \times 100\% \tag{7-3}$$

对于 PU 漆：根据上述方法，AMCCA 降低情况为：VOCs 的降低率为 44. 07%，苯的降低率为 82%，甲苯、二甲苯和乙苯的降低率为 71. 7%。

对于杉木、橡胶木和樟子松木：根据上述方法，AMCCA 降低情况结果如表 7－10 所示。杉木和橡胶木中主要的 VOCs 物质是萜类物质，樟子松主要为烷烃和烯烃物质且 VOCs 浓度相对也较低。AMCCA 对于杉木和橡胶木材质作用较为明显，对于杉木中的 VOCs 最大降低率达到了 72. 86%.（见图 7－29、图 7－30、图 7－31）。

表 7 - 10 AMCCA 对于杉木、橡胶木和樟子松木最大降低率

序号	有机物	杉木	橡胶木	樟子松木
		降低率/%		
1	苯	57.14	50	41.67
2	甲苯	55	47.06	—
3	对二甲苯	35.71	—	41.38
4	邻二甲苯	51.06	50	—
5	十一烷	- -	48.39	54.76
6	苯酚	55.56	25	46.15
7	VOCs	72.86	58.79	51.10

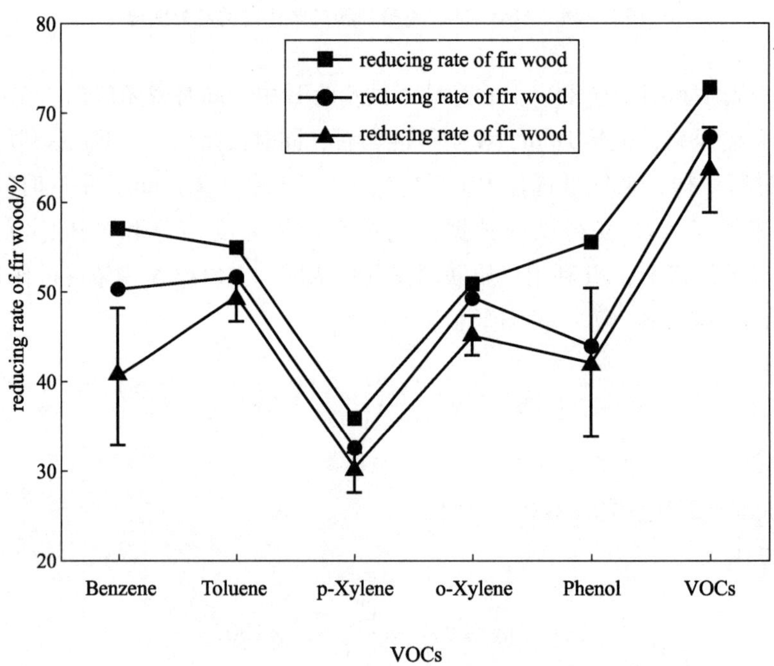

图 7 - 29 AMCCA 对于杉木（fir wood）VOCs 的降低率

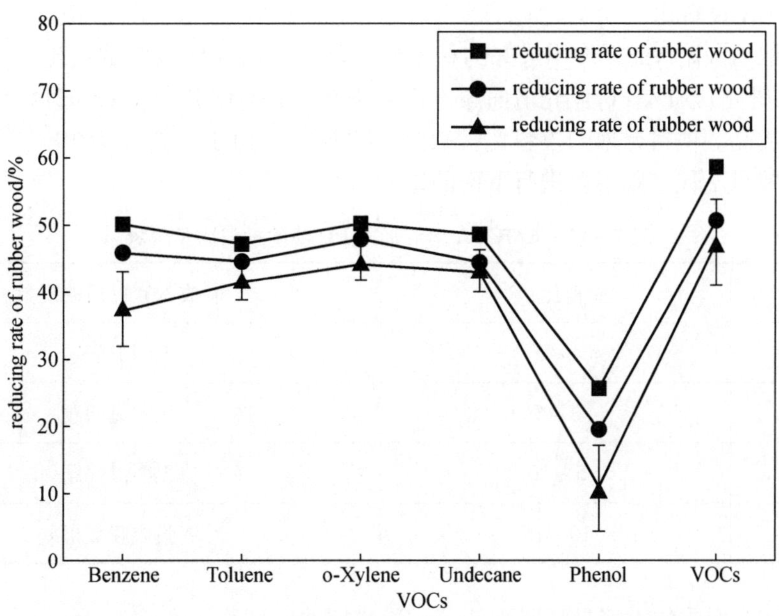

图 7－30 AMCCA 对于橡胶木（rubber wood）VOCs 的降低率

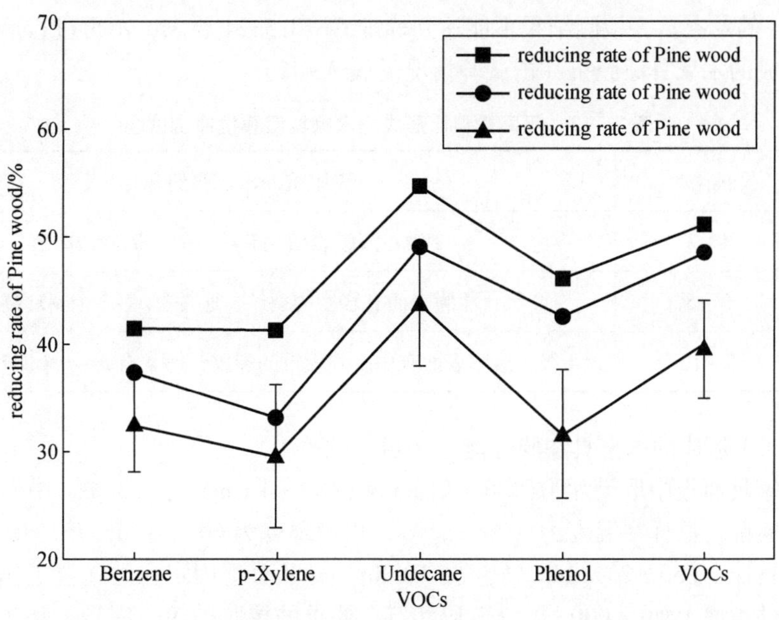

图 7－31 AMCCA 对于松木（pine wood）VOCs 的降低率

（三）助剂的应用

基于上述研究，课题组将助剂应用于家具，并重点研究 AMCCA 的添加量确定，使之既能满足双通道协同管控要求，也能达到标准 GB/T 3324—2008《木家具通用技术条件》中对于家具漆膜性能要求，并最大程度减少成本，增加经济效益。

1. AMCCA投料比

初步选取对吸附VOCs作用最好的杉木作为基材，以丙烯酸按重量比7∶5稀释溶解AMCCA，并研究其加入PU亚光清面漆（广东华润涂料有限公司，YAM214）的体积比形成杉木家具成品。项目计划的投料比按表7－11所示，由于投料比为10%～15%的木家具漆膜成膜效果不佳，则不再进行下面的试验。

表7－11　AMCCA溶液加入PU漆的投料比及现象

序号	投料比/%	制成木家具后的现象
1	1～3	无明显问题
2	3～5	无明显问题
3	5～10	无明显问题
4	10～15	漆膜成膜效果差

2. AMCCA形成的木家具漆膜性能——漆膜抗冲击试验

试验前，杉木家具在温度为（20±2）℃，相对湿度为60%～70%环境中预处理24h。调节冲击仪高度为50mm。冲击5个不同位置，冲击点用6倍～10倍放大镜观察，投料比为5%～10%的木家具，检测结果不能达到标准GB/T 3324要求，不再进行后续试验。不同投料比形成的木家具漆膜抗冲击试验情况见表7－12。

表7－12　不同投料比形成的木家具漆膜抗冲击试验

序号	投料比/%	漆膜抗冲击试验的现象
1	1～3	2级：漆膜表面无裂纹，但可见冲击印痕
2	3～5	3级：漆膜表面有轻度的裂纹，通常有1～2个圈环裂或弧裂
3	5～10	4级：漆膜表面有中度到较重的裂纹，通常有3～4个圈环裂或弧裂

3. AMCCA形成的木家具漆膜性能——耐磨试验

将杉木家具面板中取尺寸为(100±1)mm×(100±1)mm大小3块，中心开一个合适的小孔。试验前，试样在温度为（20±2）℃，相对湿度为60%～70%环境中预处理24h。调节磨耗仪转速：(60±2)r/min，转数：1 000r。样品合适固定在磨耗仪工作台上，通过加压臂在试件表面上加(1 000±1)g砝码和符合要求的橡胶砂轮，序号1和2的木家具均能满足标准GB/T 3324要求。不同投料比形成的木家具耐磨试验情况见表7－13。

表7－13　不同投料比形成的木家具耐磨试验

序号	投料比/%	耐磨试验的现象
1	1～3	2级：漆膜局部轻微露白
2	3～5	2级：漆膜局部轻微露白

4. VOCs 的降低率

采用 GB/T 35607—2017 方法进行检测，利用气质联用仪分析浓度，分析条件按照 GB/T 18883—2002，将样品 1 和样品 2 分别检测。将添加 AMCCA 的记作 C_B，未添加 AMCCA 家具成品的同样按照上述标准检测，检测结果记作 C_A。并根据公式（7 -3）计算得到样品 1 的降低率为 3.68%，样品 2 的降低率为 11.86%。说明研究的“捕捉 + 分解”的双通道技术能有效地降低木家具中的 VOCs，有一定的推广应用前景。

六、新型木家具中 VOCs 释放控制方法的研究——“温控调漆法”

采用先进的“温控调漆法”替代常温下完全依靠溶剂调节木器漆的黏度的方法，有效减少有机溶剂的用量，减少挥发性物质含量。该方法既能有效减少家具成品的 VOCs 含量，同时也能有效减少喷涂车间 VOCs 的排放量，减少空气污染。

七、新型木家具中 VOCs 释放控制方法的研究——PID 检测技术和实时监控技术

采用 PID 检测技术和实时监控技术，对喷涂车间内 VOCs 气体含量进行实时监控，同时采用生物法与化学法相结合的方法对车间尾气进行实时处理并实现达标排放。

八、软体家具中 VOCs 释放控制释放点的研究

（一）源头预防

采用 VOCs 低释放的发泡材料、植物纤维类填充材料，皮革及非真皮材料。采用的家具用纺织面料无异味，VOCs 释放量低。

（二）过程控制

可以海绵采用挤压破孔负压或气提脱挥等先进技术，发泡剂得到充分挥发后投入生产，仓储环境配备通风换气装置，使用热风对流加速 VOCs 释放。

九、新型软体家具中 VOCs 释放控制方法的研究——气提脱挥技术

利用气提原理将原辅材料置于一个密闭的环境中，然后采用抽真空技术使密闭环境内达到真空水平，使原辅材料内部形成强大的负压，使原辅材料内部的挥发性小分子有机物分子得到有效的释放。

（1）基于床垫产品和床垫原辅料的真空气提设备研发和设计，床垫产品由几十种原辅材料组合而成，体积大且结构多样，普通的气提设备无法使用。本项目将开发出专门用于床垫产品和床垫原辅料的气提设备，在密闭容器内置滚压翻动挤压装置，实现对原辅材料的翻动和挤压，加快对挥发性小分子有机物的气提分离。将密闭容器与传送带连接，实现原辅材料自进自出，形成气体处理循环系统，提高气提设备的运转效率。

（2）用正交试验方法研究分析真空度、真空时间、环境温度等关键参数对挥发性小分子有机物祛除效率的影响。

（3）通过对不同种类的原辅材料进行挥发性小分子有机物释放分析，对原辅材料进

行挥发性小分子有机物释放贡献分类，改变对不同原辅材料的处理方式，降低处理成本和时间。

十、新型软体家具中VOCs释放控制方法的研究——长效稳定的吸附介质

筛选合适的长效挥发性小分子有机物吸附介质，提高床垫中微量挥发性小分子有机物的吸附稳定性。研究一种能够长久植于床垫内部的高效吸附介质，对床垫中的挥发性小分子有机物进行永久过滤吸附。

（1）采用热熔复合技术将高性能活性炭粉末复合在床垫内衬中，置于床垫舒适层表层，分析活性炭密度对挥发性小分子有机物释放的影响；

（2）采用新型的活性炭纤维毡，设计于床垫舒适层中，分析不同纤维毡对挥发性小分子有机物释放的影响；

（3）采用新型的活性炭纤维毡，设计于床垫舒适层中，分析在不同温度、湿度条件下，对挥发性小分子有机物释放的影响；

（4）对活性炭或者活性炭纤维毡进行疏水改性研究，避免床垫中的潮气对活性炭的吸附性产生影响，优化活性炭的性能，确保在潮湿环境中的吸附活性。

十一、家具生产企业VOCs释放量控制关键方案

研究人员围绕家具产品中挥发性有机物NQI集成技术，针对木家具企业及软体家具企业，确定质量管理、生产设施、设备工装、测量设备、人员管理、技术文件管理、产品设计、原料采购、工艺管理、过程及出厂检验、包装贮存等整个过程中VOCs释放关键质控点，提出各项控制指标的技术要求，制定家具生产企业VOCs释放量控制技术方案，见表7－14，帮助企业对照使用。

表7－14　家具生产企业VOCs释放量控制关键方案

序号	关键阶段	技术类型	技术名称	水平分级
1	源头控制	原辅材料替代技术	替换溶剂型涂料，采用UV涂料	□示范　采用的UV涂料中挥发性有机化合物（VOCs）含量(g/L)≤500 （按GB 18581—2009《室内装饰装修材料溶剂型木器涂料中有害物质限量》规定的方法测试） □合格　采用的UV涂料中挥发性有机化合物（VOCs）含量(g/L)≤580 （按GB 18581—2009《室内装饰装修材料溶剂型木器涂料中有害物质限量》规定的方法测试）
2	源头控制	原辅材料替代技术	替换溶剂型涂料，采用水性涂料（净味、环保涂料）	□示范　采用的水性涂料中挥发性有机化合物（VOCs）含量(g/L)≤70 （按HJ 2537—2014《环境标志产品技术要求 水性涂料》规定的方法测试） □合格　采用的水性涂料中挥发性有机化合物（VOCs）含量(g/L)≤80 （按HJ 2537—2014《环境标志产品技术要求 水性涂料》规定的方法测试）

表 7-14（续）

序号	关键阶段	技术类型	技术名称	水平分级
3	源头控制	原辅材料替代技术	替换溶剂型涂料，采用粉末涂料（生物染料染色的环氧树脂粉末）	□示范　采用 VOCs 低释放的粉末涂料 □合格　采用 VOCs 释放合格的粉末涂料
4	源头控制	原辅材料替代技术	替换溶剂型涂料，采用木蜡油涂抹擦拭工艺	□示范　木蜡油（醇酸类涂料）中挥发性有机化合物(VOCs)含量(g/L)≤450 （按 GB 18581—2009《室内装饰装修材料溶剂型木器涂料中有害物质限量》规定的方法测试） □合格　木蜡油（醇酸类涂料）中挥发性有机化合物(VOCs)含量(g/L)≤500 （按 GB 18581—2009《室内装饰装修材料溶剂型木器涂料中有害物质限量》规定的方法测试）
5	源头控制	原辅材料替代技术	替换溶剂型胶黏剂，采用水性胶黏剂（无苯稀释剂）、无溶剂胶黏剂（酚醛树脂、热熔胶、白乳胶、大豆胶等）	□示范　采用的胶黏剂中挥发性有机化合物(VOCs)含量(g/L)≤100 （按 GB 18583—2008《室内装饰装修材料　胶黏剂中有害物质限量》规定的方法测试） □合格　采用的胶黏剂中挥发性有机化合物(VOCs)含量(g/L)≤250 （按 GB 18583—2008《室内装饰装修材料　胶黏剂中有害物质限量》规定的方法测试）
6	源头控制	原辅材料替代技术	改变溶剂型涂料配方，采用高固低黏涂料	□示范　改进溶剂型涂料配方，采用高固低黏涂料，涂料固含量大于 40% □合格　调改进溶剂型涂料配方，减少稀释剂的使用，涂料固含量大于 30%
7	源头控制	原辅材料替代技术	用（非涂装的）金属材料、石材等材料代替涂饰部件的材料	□示范　合理使用非涂装材料代替涂饰部件材料，材料比例≥10% □合格　具有非涂装材料代替涂饰部件材料的工艺
8	源头控制	原辅材料替代技术	使用洁净的人造板材	□示范　人造板中总挥发性有机化合物（TVOC）的释放率不得超过 0.40mg/(m^2·h)(按 HJ 571—2010《环境标志产品技术要求　人造板及其制品》规定的方法测试) □合格　人造板中总挥发性有机化合物（TVOC）的释放率不得超过 0.50mg/(m^2·h)(按 HJ 571—2010《环境标志产品技术要求　人造板及其制品》规定的方法测试)
9	源头控制	原辅材料管理技术	对原材料供应商每年应提供当年内的原材料合格检测报告	□示范　全面采用有合格报告的原材料，提供有效期 1 年的检测，当满足工艺改变、停产等条件增加检测频率 □合格　采用有合格报告的原材料，定期检测
10	源头控制	原辅材料管理技术	企业应定期对原材料进行自查抽检	□示范　定期按照计划、结合批次，进行原辅材料抽检，并根据产品新工艺、新材料等变动，适时补充抽检批次 □合格　定期对原辅材料进行抽检

表7-14（续）

序号	关键阶段	技术类型	技术名称	水平分级
11	源头控制	原辅材料替代技术	合理使用海绵发泡材料、催化剂（硅油）、乳胶等发泡性材料	□示范　采用VOCs低释放的发泡材料 □合格　全套采用VOCs合格的发泡材料
12	源头控制	原辅材料替代技术	合理使用植物纤维类填充材料	□示范　采用VOCs低释放的植物纤维类填充材料 □合格　采用VOCs合格的植物纤维类填充材料
13	源头控制	原辅材料替代技术	合理使用家具用皮革，非真皮系列产品，替换PVC人造革，使用PU、超纤等材料	□示范　采用VOCs低释放的皮革及非真皮材料，家具使用的皮革气味等级≤2 （按GB/T 16799—2018《家具用皮革》规定的方法测试） □合格　采用VOCs合格的皮革及非真皮材料，家具使用的皮革气味等级≤3 （按GB/T 16799—2018《家具用皮革》规定的方法测试）
14	源头控制	原辅材料替代技术	合理使用家具用纺织面料	□示范　采用的家具用纺织面料无异味，VOCs释放量低 □合格　采用的家具用纺织面料VOCs释放量合格
15	源头控制	原材料表面处理技术技术	使用表面贴塑（PP\PVC\ABS）或贴面（三聚氰胺）的人造板材	□示范　合理采用表面贴塑或贴面等表面改进措施，降低VOCs释放，使用比例≥10% □合格　具有表面贴塑或贴面工艺措施
16	过程控制	原辅材料表面处理技术	使用人造板式家具的分缝处（例如多层板、刨花板、纤维板等）必须进行封边贴面处理	□示范　全套采用低VOCs释放量的封边贴面材料，人造板式家具的分缝处进行完整的封边贴面处理，减少封边后涂饰工艺 □合格　具有人造板式家具的分缝处封边贴面处理工艺
17	过程控制	原辅材料保存技术	企业需有原材料仓储管理控制，确保仓储环境有一定的空气流通条件	□示范　具有仓储管理控制要求,配备单独的原材料仓储空间,取代传统的叠式法进行仓储,内部设有空气流通装置,保证仓储内空气工艺通风 □合格　具有原材料仓储措施，保证空气自然通风
18	过程控制	原材料表面处理技术	家具中的金属部件应经过静电喷涂、浸塑等工艺处理	□示范　全部的金属部件应经过静电喷涂、浸塑等先进工艺处理 □合格　全部金属部件具有表面涂饰工艺处理
19	过程控制	原辅材料保存技术	盛放含VOCs涂料、稀释剂，胶黏剂的容器应密封	□示范　配备全套的VOCs原辅材料的容器密封设备，注意使用过程中保护，使用时合理取量，未取用时敞开时间≤10min □合格　具有VOCs原辅材料密封措施，合理使用

表 7－14（续）

序号	关键阶段	技术类型	技术名称	水平分级
20	过程控制	原辅材料保存技术	使用海绵等原材料的家具生产企业，在熟化过程中，要采用具有一定空气流速的通风环境，使其中发泡剂得到充分挥发，再投入生产	□示范　海绵采用挤压破孔负压或气提脱挥等先进技术，发泡剂得到充分挥发后投入生产，仓储环境配备通风换气装置，使用热风对流加速 VOCs 释放 □合格　海绵采用挤压破孔等措施，仓储环境具备通风措施
21	过程控制	喷涂处理技术	喷涂房进行有效通风换气	□示范　配备良好的喷涂房，风量风压稳定，气流自动循环，操作环境良好 □合格　喷涂房空气流通，可健康操作
22	过程控制	喷涂处理技术	干燥房进行有效通风换气	□示范　配备良好的干燥房，配备空气流通装置，保证空气正负压平衡 □合格　干燥房空气流通，无空气交叉现象
23	过程控制	喷涂处理技术	高压无气喷涂（适合黏度大或高固体分的涂料，涂料中不需要加稀料或只加少量的稀释剂），减少 VOCs 释放	□示范　配备全套的高压无气喷涂设施，减少 VOCs 释放 □合格　具有高压无气喷涂措施
24	过程控制	喷涂处理技术	无气喷涂、混气喷涂和静电喷涂时，应注意防飞溅，保证传递效率	□示范　采用无气喷涂、混气喷涂和静电喷涂时，配备有防飞溅系统装置，安装正（负）压通风系统，传递效率为 60% ~80% □合格　采用无气喷涂、混气喷涂和静电喷涂时，具有防飞溅和正（负）压通风措施，传递效率为 30% ~60%
25	过程控制	喷涂处理技术	空气辅助喷涂	□示范　配备全套的空气辅助喷涂设施 □合格　具有空气辅助喷涂措施
26	过程控制	喷涂处理技术	超临界 CO_2 喷涂	□示范　配备全套的超临界 CO_2 喷涂设施 □合格　具有超临界 CO_2 喷涂措施
27	过程控制	喷涂处理技术	采用机械自动喷涂代替手工喷涂工艺	□示范　配备全套的水性涂料替代技术 + 自动喷涂设施，操作高效、安全、便捷 □合格　具有水性涂料替代技术 + 自动喷涂措施
28	过程控制	喷涂处理技术	采用机械自动喷胶代替手工施胶工艺	□示范　配备全套的水性胶黏剂替代技术 + 自动喷胶设施，操作高效、安全、便捷 □合格　具有水性胶黏剂替代技术 + 自动喷胶措施
29	过程控制	喷涂处理技术	高流量低压、低流量高压喷涂	□示范　配备高流量低压、低流量高压喷涂设备，技术成熟，操作安全 □合格　可以实现高流量低压、低流量高压喷涂操作

表7-14（续）

序号	关键阶段	技术类型	技术名称	水平分级
30	过程控制	喷涂处理技术	适宜的环境，匹配对应的涂料、胶黏剂施工要求	□示范　制定详细的操作环境要求，车间配备温度控制调节装置，符合涂料、胶黏剂施工要求 □合格　制定环境控制措施，并符合要求
31	过程控制	喷涂漆雾处理技术	采用蜂窝纸、迷宫盒、纤维网等多级干式过滤方式，有效阻拦漆雾	□示范　配备全套的多级干式过滤设备，工艺成熟，便于操作，“阻拦”效率≥70% □合格　具有多级干式过滤设施，“阻拦”效率≥50%
32	过程控制	喷涂漆雾处理技术	企业生产过程中的废气应采用活性炭吸附	□示范　配备全套的活性炭吸附设备，工艺成熟，便于操作 □合格　具有活性炭吸附设施
33	过程控制	喷涂漆雾处理技术	采用分子筛转轮吸附，有组织排放	□示范　配备全套的分子筛转轮吸附设备，工艺成熟，便于操作 □合格　具有分子筛转轮吸附设施
34	过程控制	喷涂漆雾处理技术	在处理废水时应采用净化技术	□示范　配备全套的采用生物净化设备，工艺成熟，企业具备自行处理废水的能力，符合环保要求，做到有组织排放 □合格　具有采用生物净化设施，企业能交由相关机构处理废水，符合环保要求
35	过程控制	喷涂漆雾处理技术	在处理废气时，应配备废气集中收集系统，定期检查维护，无泄漏	□示范　配备全套的废气集中收集系统，具有脱附能力，定期维护，无泄漏 □合格　配备废气集中收集措施，有效吸附废气，操作安全
36	过程控制	喷涂漆雾处理技术	清洗喷涂仪器及流水线时，应使用低毒性（如乙醇、丁酯、乙酸乙酯等）溶剂为主成分的清洗剂，使用后应进行脱苯处理	□示范　使用净味低毒性的清洗剂，清洗后的清洗液可通过设备装置净化循环利用 □合格　使用合格的稀释剂清洗，清洗后的清洗液可做到有组织排放
37	过程控制	喷涂漆雾处理技术	喷涂底漆时，由于工艺要求涂饰多次，应严格按照操作规程，保证待干时间足够	□示范　符合涂饰工艺晾晒时间要求，待上一层底漆充分凝固后，再进行下一层底漆的涂饰，采用微波、远红外、蒸汽、热风、紫外光照射等方式 □合格　符合涂饰工艺晾晒时间要求，确保待干时间足够
38	末端控制	漆雾末端处理技术	脱附燃烧处理（RTO）	□示范　配备在线燃烧脱附设备，定期维护，有维护记录 □合格　配备在线燃烧脱附设备，操作安全
39	末端控制	漆雾末端处理技术	湿式除尘+生物净化法处理	□示范　配备全套的湿式除尘+生物净化法处理系统设施，定期维护，有维护记录 □合格　具有湿式除尘+生物净化法处理，操作安全

表 7－14（续）

序号	关键阶段	技术类型	技术名称	水平分级
40	末端控制	漆雾末端处理技术	活性炭 + UV、UV + 活性炭、活性炭再生/燃烧处理技术	□示范　配备全套的活性炭 + UV、UV + 活性炭、活性炭再生/燃烧处理技术系统设施，定期维护，有维护记录 □合格　具有活性炭 + UV、UV + 活性炭、活性炭再生/燃烧处理技术，操作安全
41	末端控制	漆雾末端处理技术	多级干式 + 吸附 + 再生/燃烧	□示范　配备全套的多级干式 + 吸附 + 再生/燃烧处理系统设施，定期维护，有维护记录 □合格　具有多级干式 + 吸附 + 再生/燃烧处理，操作安全
42	末端控制	漆雾末端处理技术	湿式除尘 + 生物 + UV + 生物	□示范　配备全套的湿式除尘 + 生物 + UV + 生物处理系统设施，定期维护，有维护记录 □合格　具有湿式除尘 + 生物 + UV + 生物处理，操作安全
43	末端控制	漆雾末端处理技术	布袋除尘	□示范　配备全套的布袋除尘处理系统设施，定期维护，有维护记录 □合格　具有布袋除尘处理，操作安全
44	末端控制	成品自检控制	成品包装前，进行气味检查，并周期抽检做 VOCs 等相关测试	□示范　制定成品气味及 VOC 抽检控制程序，形成相关记录，并制定异常产品处理措施 □合格　符合产品出厂检验标准要求
45	末端控制	包装运输处理技术	包装运输过程中为避免二次污染，合理包装，注意运输过程中防潮处理	□示范　采用聚丙烯缠绕膜、气泡棉、珍珠棉、内芯瓦楞纸、牛皮纸外皮、蜂窝纸、蜂窝板等材料进行包装，使用聚丙烯，优质瓦楞纸等，袋中加装炭包、干燥剂、防潮剂等助剂 □合格　采用其他种类聚合物包装，运输过程中具有防潮处理措施

该方案包含各类家具，覆盖所有家具生产环节。从源头控制、过程控制和末端控制 3 个关键阶段着手，制定了控制 VOCs 释放的关键技术，并对其进行水平分级，分为示范级和合格级。改进原则按照企业自身经济能力和技术条件，帮助企业在可承受范围内进行控制 VOCs 释放的工艺改进。由于每家企业的工艺、环境、设备、资金投入等各有不同，所以各家企业采用的工艺改进措施也不尽相同。研究人员根据企业现状“对症下药”，对企业进行适合而有差异的工艺改进，工艺改进的措施可以是一种或几种的组合，最终目的是帮助企业实现产品控制 VOCs 的释放量。

研究人员还根据企业实际技术改进措施逐条进行分级评判，最终分析后形成企业的示范等级。鼓励企业选择示范级别的控制技术方案，最大限度地降低 VOCs 释放。

所有家具生产企业均可在本方案中选择适合自己的控制技术，促进我国家具产品 VOCs 释放量整体降低。

第三节　家具中VOCs控制技术及NQI技术示范应用推广

一、推广应用方案

挥发性有机物污染预防是控制VOCs的最佳选择，主要包括替换原材料以减少引入到生产过程中的VOCs总量，改进生产工艺、改变运行条件等减少VOCs的形成和挥发，更换设备、加强生产管理和技术维修等以减少VOCs泄露等手段。即采用对“源头控制”、“过程控制”和“末端治理”3个主要环节的VOCs降低技术措施。

（一）木家具企业

1. 以原材料控制为主导，结合材料特性优化处理方法和加工工艺。项目组建议企业在原材料的选择上，替换溶剂型涂料，采用净味、环保的水性涂料。按HJ 2537－2014《环境标志产品技术要求　水性涂料》规定的方法测试，项目组建议企业采用的水性涂料中挥发性有机化合物VOCs含量≤70g/L（优于国家标准，VOCs含量≤80g/L）。逐步将油性漆替换为水性漆，以降低有机溶剂挥发所带来的VOCs。

2. 在原材料的选择上，替换原有的溶剂型胶黏剂，项目组建议采用水性胶黏剂，也可以将板材中所使用的脲醛胶升级为采购自3M、巴斯夫等大型外资化工企业的高转化率的脲醛胶，或者改用热熔胶、大豆胶，产品的VOCs释放量更低。按GB 18583—2008《室内装饰装修材料　胶黏剂中有害物质限量》规定的方法测试，企业采用的水性胶黏剂中挥发性有机化合物VOCs含量小于100g/L（优于国家标准，VOCs含量≤250g/L）。

3. 项目组建议将PU漆喷涂、自然晾干工艺改进为UV漆滚涂、紫外线干燥工艺。在产品的喷涂过程中，配备良好的干燥房，配备空气流通装置，保证空气正负压平衡。底漆喷涂过程，每次喷涂严格按照工艺要求的周期进行烘干干燥，确保待干时间足够。根据产品结构、工艺、环境温、湿度等因素，调节干燥房的温度和风量，加快产品喷涂后的干燥速度，降低产品的VOCs的释放量。

4. 项目组建议逐步将油漆的喷涂工艺升级，人工喷涂转变为机械自动喷涂，增加了吸收水帘和蜂箱式吸附盒。车间配备产品生产过程中的温度控制调节装置，操作环境完全符合涂料、胶黏剂施工要求，并保证空间通透，保证空气流通和挥发物质及时挥发流通。

5. 项目组建议企业在所有使用人造板式家具的分缝处（例如多层板、刨花板、纤维板等）进行封边贴面处理，全套采用低VOCs释放量的封边贴面材料，分缝处进行完整的封边贴面处理，减少封边后涂饰工艺。

6. 项目组建议企业在包装运输过程中为避免二次污染，合理包装产品，采用聚丙烯缠绕膜、气泡棉、珍珠棉、内芯瓦楞纸、牛皮纸外皮、蜂窝纸、蜂窝板等材料进行包装，使用聚丙烯，优质瓦楞纸等。同时，运输过程中具有防潮处理措施，袋中加装炭包、干燥剂、防潮剂等助剂。

（二）软体家具企业

（1）项目组建议将传统软体家具生产过程中的聚乙酸乙烯酯替换为热熔胶。并且将海绵的存储工艺进行全面升级，从发泡、开料到投入生产，海绵原料要在通风的空旷室内晾晒 20 天，以全面散发生产过程中残留的 VOCs。车间配备产品生产过程中的温度控制调节装置，操作环境完全符合涂料、胶黏剂施工要求，并保证空间通透，保证空气流通和挥发物质及时挥发流通。

（2）养成质量内控和原料监控的 VOCs 风险防范意识。生产前主动向原料供应商索要成分检测报告，生产后积极进行原料自检，或请三防检测公司出具检测报告。项目组建议企业增加自查抽查力度，主要包括：原辅材料的入库及使用过程的抽查、产品制造过程的工艺检查及产品质量检查、成品的检查等。所有的自查与抽查都按照制度进行，对于新产品、新工艺、新材料等根据需要适当地提高抽查频率。

（3）项目组建议在包装运输过程中，淘汰原有的聚氯乙烯材料包装工艺，改为聚丙烯包装。聚丙烯材料对于外界 VOCs 有更小的吸附特性，而且生产过程更加清洁。同时，运输过程中具有防潮处理措施，袋中加装炭包、干燥剂、防潮剂等助剂。

（4）项目组建议在软体家具生产过程中对喷涂生产工艺进行改进，主要可采取两种先进技术：第一种采用无气喷涂技术，大幅减少喷涂产生的胶雾带来的污染；另外一种就是对产生的胶雾进行强制回收处理，大幅减少胶雾带来的不良影响。

二、制定控制措施，淘汰落后工艺，助推家具行业产业升级

（一）原材料升级

1. 替代传统涂料

VOCs 改进方向之一是以原材料控制为主导，结合材料特性优化处理方法和加工工艺。示范企业在原材料的选择上，替换溶剂型涂料，采用净味、环保的水性涂料（见图 7 – 32）。

图 7 – 32　替代传统涂料

如按 HJ 2537—2014《环境标志产品技术要求　水性涂料》规定的方法测试，采用的水性涂料中挥发性有机化合物 VOCs 含量≤70g/L（优于国家标准，VOCs 含量≤80g/L）。

2. 替代传统胶黏剂

部分示范企业采用水性胶黏剂或者固体热熔胶黏剂替代原有的溶剂型胶黏剂（见图 7 – 33）或者产品的 VOCs 释放量更低。如按 GB 18583—2008《室内装饰装修材料胶黏剂中有害物质限量》规定的方法测试，采用的水性胶黏剂中挥发性有机化合物 VOCs 含量实测值为低于 100g/L（优于国家标准，VOCs 含量≤250g/L）。

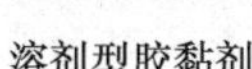

溶剂型胶黏剂 → 固体热熔胶黏剂

图 7－33　替代传统胶黏剂

3. 使用洁净人造板（见图 7－34）

原传统人造板 → 优于国家标准的人造板

检验结果汇总			
检测项目	标准值	检测结果	单项判定
IDC（72h），$mg/m^2 \cdot h$	≤0.50	0.03	合格

图 7－34　使用洁净人造板

如按 HJ 571—2010《环境标志产品技术要求　人造板及其制品》规定的方法测试，人造板中总挥发性有机化合物 TVOC 的释放率为 $0.03mg/(m^2 \cdot h)$［优于国家标准，TVOC $\leqslant 0.50mg/(m^2 \cdot h)$］。

4. 替代传统填充材料

部分示范企业采用全新涤纶纤维和韩国 LMF 低熔点双组份纤维加工而成的环保毡替代传统填充材料（见图 7－35），大约能降低 20% 的 VOCs 释放量。

5. 替代胶黏剂粘合

部分示范企业采用金属环锁定的方式将相邻的弹簧相连接代替胶黏剂粘合（见图 7－36）。减少胶黏剂使用。

6. 改进封边工艺（见图 7－37）

示范企业在所有使用人造板式家具的分缝处（例如多层板、刨花板、纤维板等）进

定型毡 ⟹ 环保毡

图 7-35　替代传统填充材料

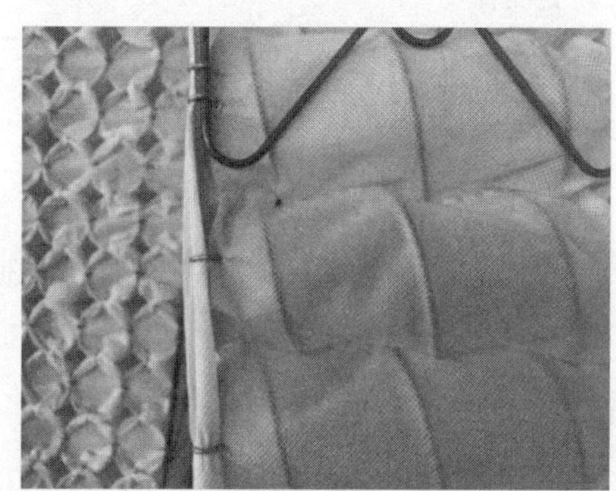

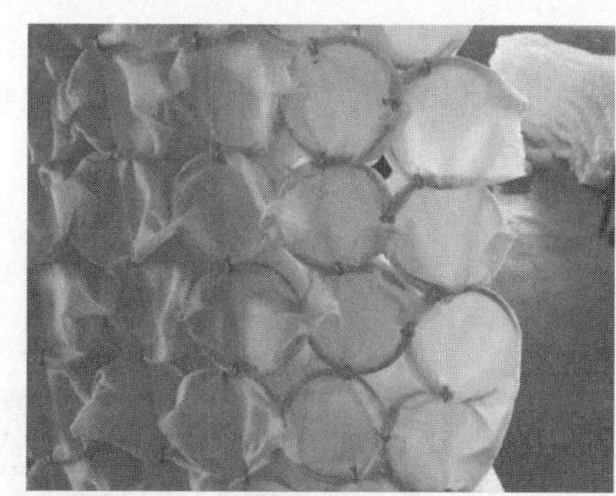

胶黏弹簧袋 ⟹ 金属环扣接弹簧袋

图 7-36　替代胶黏剂粘合

原传统手工封边 ⟹ 改进后的封闭工艺

图 7-37　改进封边工艺

行封边贴面处理，全套采用低 VOCs 释放量的封边贴面材料，分缝处进行完整的封边贴面处理，减少封边后涂饰工艺。

7. 原辅材料密封保存（见图 7-38）

示范企业注重原辅材料的保存技术，如盛放含 VOCs 涂料、稀释剂，胶黏剂的容器都

原辅材料使用 → 原辅材料专人负责

图 7－38　原辅材料密封保存

采取了良好的密封保存。配备了 VOCs 原辅材料的容器，注意使用过程中保护，使用时合理取量，未取用时敞开时间≤5min。

8. 增加产品存储仓库的通风设施

示范企业在成品及部分原料仓库添置了数台大型风扇，以增加通风速率（见图 7－39），有效降低了产品中 VOCs 的散发速度。

图 7－39　原料仓库更新

（二）工艺过程改进

1. 代替手工喷涂工艺

部分企业采取自动喷涂代替手工喷涂，见图 7－40，以增加涂料的利用率和降低排放。

2. 代替全面涂布溶剂胶黏剂

部分床垫的示范企业之前在棕床垫基材与表面纺织物之间采用溶剂胶黏剂进行粘合，由于溶剂胶黏剂为液态且胶合效果一般，因此需要将溶剂胶黏剂涂布（刷涂）于整个基

溶剂型涂料手工喷涂

水性涂料自动喷涂

传统溶剂型胶黏剂涂饰工艺

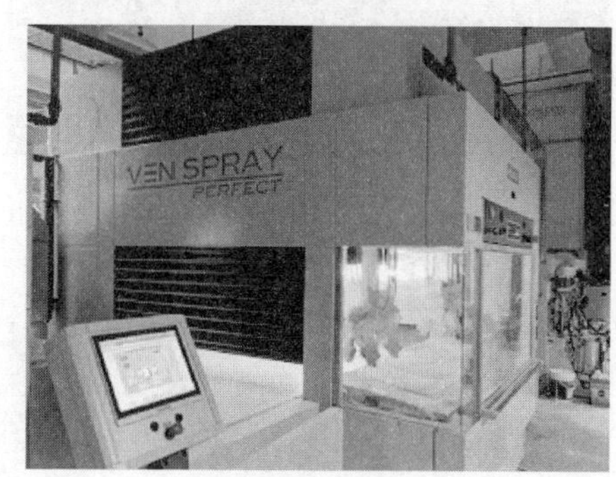

水性胶黏剂涂饰工艺

图 7－40　代替手工喷涂工艺

材表面以保证胶合强度。改进工艺后采用热熔胶黏剂（见图 7－41），只需将胶液喷雾喷涂于基材四周及中心局部位置，即可保证足够的胶合强度。根据测算，采用喷涂工艺后，每张床垫仅在这一工序可以减少 23.56% 的施胶量，预计可以降低约 20% 的 VOCs 释放量且喷胶工艺的施胶效率比原工艺略有提高，综合测算，此工艺改进也可以降低这一工序约 10% 的综合成本（材料＋人工）。

3. 干燥通风换气技术（见图 7－42）

溶剂胶黏剂进行粘合

喷涂热熔胶贴合表面织物

图 7－41　代替全面涂布溶剂胶黏剂

在产品的喷涂过程中，示范企业配备良好的干燥房，配备空气流通装置，保证空气正负压平衡。底漆喷涂过程，每次喷涂严格按照工艺要求的周期进行烘干干燥，确保待干时间足够。根据产品结构、工艺、环境温、湿度等因素，调节干燥房的温度和风量，加快产品喷涂后的干燥速度，降低产品的 VOCs 的释放量。

原自然干燥　　干燥通风技术

图 7－42　干燥通风技术

4. 改进操作环境

示范企业制定了详细的操作环境要求，车间配备产品生产过程中的温度控制调节装置，操作环境完全符合涂料、胶黏剂施工要求，并保证空间通透，保证空气流通和挥发物质及时挥发流通。

5. 合格供应商管控

示范企业对原辅材料进行严格管控，对原材料供应商要求提供有效期为当年内的原材料合格检测报告。当产品发生重大工艺改变、停产 6 个月以上情况时，会适当增加检测频率（图 7－43）。

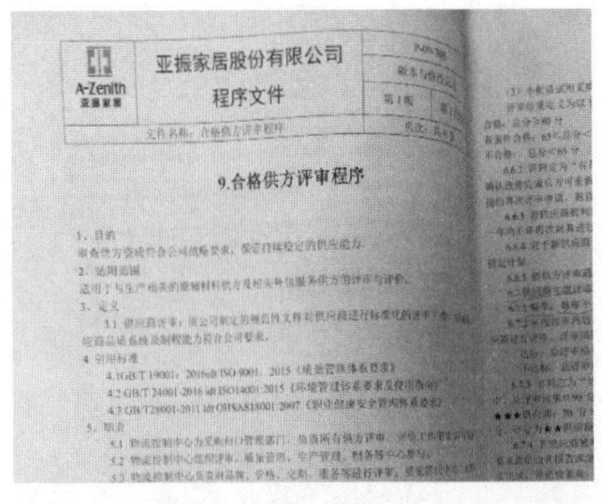

A-Zenith 亚振家居

亚振家居股份有限公司

程序文件

9.合格供方评审程序

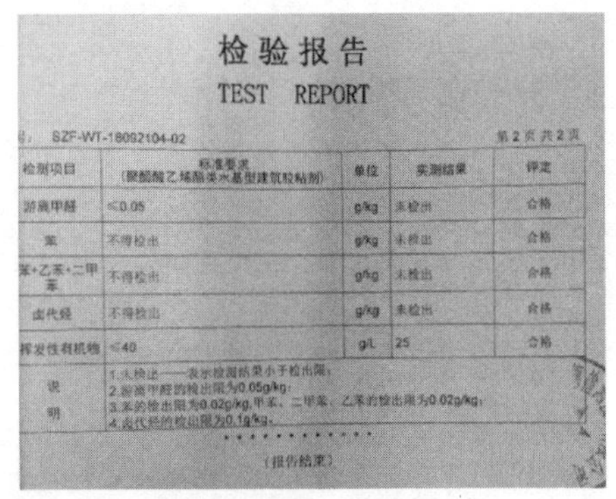

检验报告

TEST REPORT

SZF-WT-18092104-02　　第 2 页 共 2 页

检测项目	标准要求（聚醋酸乙烯酯类水基型建筑胶粘剂）	单位	实测结果	评定
游离甲醛	≤0.05	g/kg	未检出	合格
苯	不得检出	g/kg	未检出	合格
苯+乙苯+二甲苯	不得检出	g/kg	未检出	合格
卤代烃	不得检出	g/kg	未检出	合格
挥发性有机物	≤40	g/L	25	合格
说明	1.未检出——表示检测结果小于检出限； 2.游离甲醛的检出限为0.05g/kg； 3.苯的检出限为0.02g/kg,甲苯、二甲苯、乙苯的检出限为0.02g/kg； 4.卤代烃的检出限为0.1g/kg。			

（报告结束）

合格供应商管控

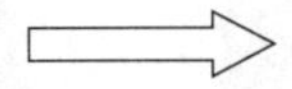

增加检测频次

图 7－43　合格供应商管控和增加检测频次

6. 企业自查抽检，增加有关 VOCs 检验项目内容（图 7－44）

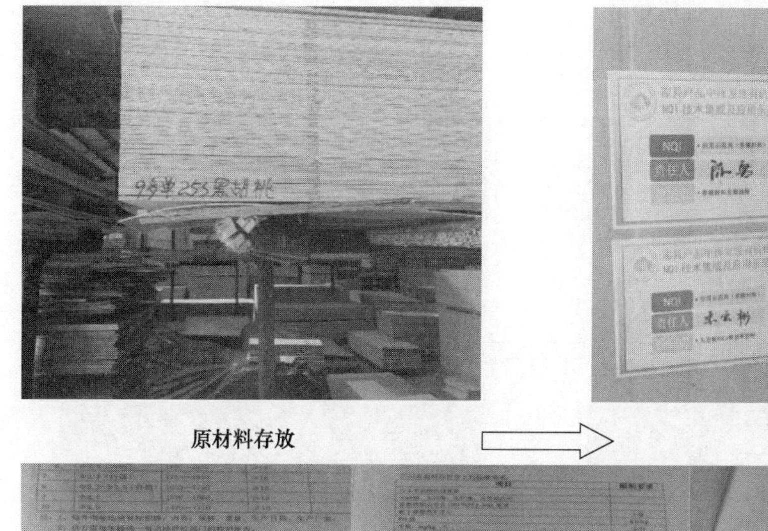

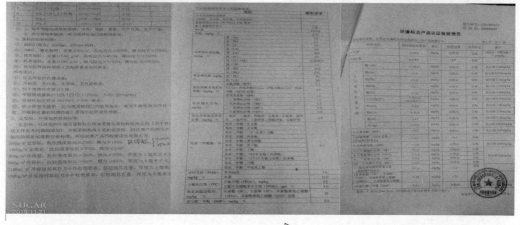

修改前的面料检测项目　　修改后增加的面料检测项目

图 7－44　自查抽检，增加检测项目

部分示范企业定期对原辅材料进行自查抽检，原来只检测克重、拉力、甲醛、色牢度、阻燃性等项目，为了进一步降低产品中的 VOCs 释放量，修改了检验规程，增加 VOCs 释放量要求的检测项目并定期按照计划、结合批次，进行原辅材料抽检，并根据产品新工艺、新材料等变动，适时补充抽检批次。

（三）末端治理

1. 合理使用软质包覆材料（图 7－45）

示范企业在产品的包覆材料上，合理使用皮革、纺织面料等软质包覆材料。其中，合理使用家具用皮革、非真皮系列产品，替换 PVC 人造革，使用 PU、超纤等材料。按 GB/T 16799—2018《家具用皮革》规定的方法测试，采用 VOCs 低释放的皮革及非真皮材料，家具使用的皮革气味等级≤2（优于国家标准，皮革气味等级≤3）。选用的家具用纺织面料无异味，VOCs 释放量低。

优于国家标准的家具用皮革 ⇨ 优于国家标准的纺织面料

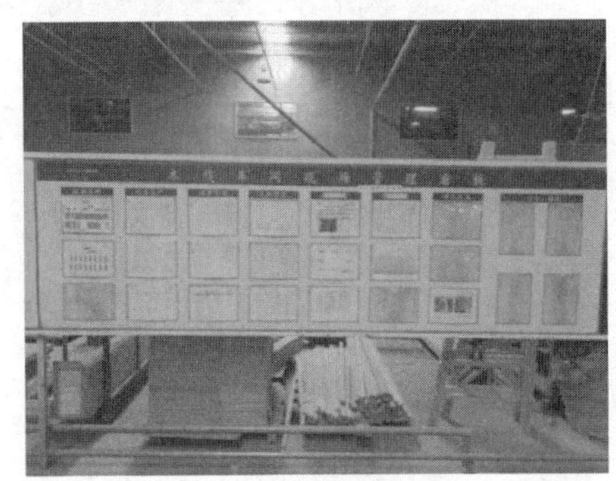

原操作环境 ⇨ 改进后的操作环境

图7－45　合理使用软质包覆材料

2. 产品包装技术（图7－46）

原传统包装 ⇨ 改进后的包装技术

图7－46　改进包装技术

示范企业注重产品的运输包装，在包装运输过程中为避免二次污染，合理包装产品，采用聚丙烯缠绕膜、气泡棉、珍珠棉、内芯瓦楞纸、牛皮纸外皮、蜂窝纸、蜂窝板等材料进行包装，使用聚丙烯，优质瓦楞纸等。同时，运输过程中具有防潮处理措施，袋中加装炭包、干燥剂、防潮剂等助剂。

三、构建示范标杆企业，引领行业发展

通过示范应用，企业养成了质量内控和原料监控的 VOCs 风险防范意识。生产前企业会主动向原料供应商索要成分检测报告，生产后企业会积极进行自检，或请三防检测公司出具报告。

通过示范应用，企业对家具外包装进行了全面升级，淘汰了原有的聚氯乙烯材料包装工艺，改为聚丙烯包装。聚丙烯材料对于外界 VOCs 有更小的吸附特性，而且生产过程更加清洁，对家具整体 VOCs 降低做出了一定的贡献。

（一）椅子生产企业

通过示范应用，企业将制作塑料椅凳扶手、凳脚用的原材料聚丙烯由再生 PP 改进为原生 PP。为了降低椅凳释放的 VOCs，企业将椅凳扶手、凳脚由塑料件替换为钢管件，又将钢管升级为不锈钢管。钢管抛光工艺也由喷砂抛光升级为手工抛光。通过示范应用，企业将劣质发泡海绵升级为采购自巴斯夫公司的低 VOCs 气泡棉。通过示范应用，企业建立了海绵熟化生产线，让注塑发泡好的海绵有充分的时间和空间进行熟化和通风，以此降低 VOCs 释放量。

（二）木质家具生产企业

通过示范应用，企业正在逐步将油性漆替换为水性漆，以降低有机溶剂挥发所带来的 VOCs。通过示范应用，企业将 PU 漆喷涂、自然晾干工艺改进为 UV 漆滚涂、紫外线干燥工艺。通过示范应用，为了降低工作场所的 VOCs 排放，企业逐步将油漆的喷涂工艺升级，增加了吸收水帘和蜂箱式吸附盒。人工喷涂转变为机械自动喷涂。通过示范应用，企业将板材中所使用的脲醛胶升级为采购自 3M、巴斯夫等大型外资化工企业的高转化率的脲醛胶，或者改用热熔胶、大豆胶。

（三）床垫生产企业

床垫中的 VOCs 主要来自发泡海绵和胶黏剂，通过示范应用，企业已将聚乙酸乙烯酯替换为热熔胶。并且将海绵的存储工艺进行了全面升级，从发泡、开料到投入生产，海绵原料要在通风的空旷室内晾晒一定天数，以全面散发生产过程中残留的 VOCs。

四、构建在线评价系统，直观全面展示研究成果，实现在线评级

在线评价系统是项目各课题技术成果的集成平台。能够更直观、更形象地展现示范企业应用的成果。通过大数据分析，在线评价系统分析评价示范家具企业 VOCs 数据，可实现不同区域、不同家具产品、不同企业间数据的交叉搜索统计。实现企业示范情况在线评级。针对 4 类访问用户（一般消费者、监管机构、项目组、示范企业），满足不同人员的查询需求。通过对示范企业的评级，促进企业提升产品质量，严格控制家具中 VOCs 的释放。

对于已经纳入数据库的家具企业，可以增加其企业知名度，提高其优质产品在家具市场的销量。为不同家具生产企业提出个性化的工艺改进措施，从技术层面引导其使用新工艺，淘汰旧产线。同时督促其不断改进生产工艺措施，研发新型涂料和交联剂，降低 VOCs 排放量。促进企业间生产参数比对和技术交流，形成产业优势，在家具行业中起到领头羊的作用。

对于尚未纳入数据库的企业，利用示范企业树立行业标杆对其进行引导，鼓励其学习新型工艺技术，升级改进产业链及上下游原材料，规范管理生产方式。诱导其加入家具企业数据库，在线显示生产环节和原料产品的各项详细参数，提高企业知名度。

对于监管部门，通过分析家具中 VOCs 物化性能和对人体的危害性建立多种重要 VOCs 数据库，方便有关部门监督管理。根据不同化合物的挥发性和毒理建立示范企业产品在线评级系统，评级计算公式科学精确，结果简单明了，有代表性。

对于检测机构，在数据库内整合多种检测方法和技术指标，方便查询、对比试验结果。对企业生产地域、产品种类、销售分部、年均产值等信息进行统计整合，方便为其提供科学高效的工艺改进建议，了解国内家具行业 VOCs 的释放现状，引领企业整合资源，落实技术改革，给现场快速检测各项指标提供便利条件。

对于家具消费者和普通老百姓，可以实现企业信息的在线查询，方便获悉产品参数及原材料、成品的综合检测报告。打破行业黑幕和技术壁垒，实现企业信息和产品信息的全透明公示。通过对比产品的各项指标实现产品分级，打造在百姓心中口碑和品质双优异的明星品牌。

五、示范企业 VOCs 总体下降，实现家具绿色发展

本项目通过家具示范企业的带动作用，强化行业内的标杆示范力度，使市场和产业向更绿色和环保的方向发展，便于后期编写推广应用建议技术方案，有利于家具示范企业的成功经验的普及推广，将为整个家具行业带来以下良好的效果：

（1）在家具行业及家具检测机构实现集家具产品中挥发性有机物的研究标准、检测、分析、认证的集成式应用示范，实现示范对象有广度，示范内容有深度和成体系的科技成果典型应用示范。

（2）通过家具企业 VOCs 释放控制技术的运用，实现示范应用企业 VOCs 降低率达到 30% 的目标，以达到“节能减排”和降低“碳排放”的政策要求。

（3）加强后期对获证示范企业的监督管理，努力探索监管长效机制，能够切实提高监管有效性，明确监管职责，强化企业责任意识和诚信意识，形成家具示范企业准入门槛，为政府监管提供支撑，切实提高监管有效性。